## 岩土工程西湖论坛系列丛书

本书受浙江省"尖兵""领雁"研发攻关计划项目（No. 2022C03180；No. 2023C03182）、中国工程院战略研究与咨询项目（No. 2022-XZ-51）资助

# 城市地下空间开发岩土工程新进展

龚晓南　主编

中国建筑工业出版社

**图书在版编目（CIP）数据**

城市地下空间开发岩土工程新进展 / 龚晓南主编
. — 北京：中国建筑工业出版社，2023.10
（岩土工程西湖论坛系列丛书）
ISBN 978-7-112-29123-6

Ⅰ. ①城⋯ Ⅱ. ①龚⋯ Ⅲ. ①城市空间－地下工程－
岩土工程－工程施工 Ⅳ. ①TU94

中国国家版本馆 CIP 数据核字（2023）第 172205 号

　　本书为"岩土工程西湖论坛系列丛书"第 7 册，介绍城市地下空间开发岩土工程
新进展。全书分 13 章，主要内容为：概述；场地工程地质和水文地质勘察；基坑工程
技术；盾构法隧道工程技术；顶管法管道工程技术；既有建筑物地下空间开发技术；
沉井工程技术；深隧工程建造技术；城市地下空间结构抗浮设计与施工；地下空间结
构抗裂防漏技术；地下空间开发中的环境效应和对策；城市地下空间开发监测与控制
技术；地下工程数字孪生技术新进展。
　　本书可供从事城市地下空间开发的岩土工程技术人员及高等学校相关专业的师生
参考使用。

责任编辑：辛海丽
责任校对：芦欣甜

岩土工程西湖论坛系列丛书
# 城市地下空间开发岩土工程新进展
龚晓南　主编

\*

中国建筑工业出版社出版、发行（北京海淀三里河路 9 号）
各地新华书店、建筑书店经销
北京红光制版公司制版
北京圣夫亚美印刷有限公司印刷

\*

开本：787 毫米×1092 毫米　1/16　印张：37　字数：923 千字
2023 年 10 月第一版　　2023 年 10 月第一次印刷
定价：**128.00** 元
ISBN 978-7-112-29123-6
（41834）

# 岩土工程西湖论坛理事会

（排名不分先后，持续增补）

中国土木工程学会土力学及岩土工程分会
浙江省岩土力学与工程学会
浙江大学滨海和城市岩土工程研究中心
中交天津港湾工程研究院有限公司
宁波中淳高科股份有限公司
中科院广州化灌工程有限公司
浙江开天工程技术有限公司
宁波高新区围海工程技术开发有限公司
东通岩土科技股份有限公司
山西机械化建设集团有限公司
浙江大学－浙江交工协同创新联合研究中心
中天控股集团新建造研究总院
中交公路长大桥建设国家工程研究中心有限公司
浙江交工集团股份有限公司
兆弟集团有限公司
浙江省建投交通基础建设集团有限公司
浙江省工程勘察设计院集团有限公司
深圳市工勘岩土集团有限公司
浙江有色地球物理技术应用研究院有限公司
北京中岩大地科技股份有限公司
浙江大学建筑设计研究院有限公司
中国 PC 工法技术交流会
浙江省建筑设计研究院
中国兵器工业北方勘察设计研究院有限公司
浙江大通建设科技有限公司
浙大城市学院
中国电建集团华东勘测设计研究院有限公司
浙江交工地下工程有限公司
浙江工业大学工程设计集团有限公司
中交四航工程研究院有限公司
上海隧道工程有限公司
杭州市土木建筑学会
浙江华东岩土勘察设计研究院有限公司
中国建筑第八工程局有限公司
浙江省建工集团有限责任公司

# 前　言

岩土工程西湖论坛是由中国工程院院士、浙江大学龚晓南教授发起，由中国土木工程学会土力学及岩土工程分会、浙江省科学技术协会、浙江大学滨海和城市岩土工程研究中心、岩土工程西湖论坛理事会和"地基处理"理事会共同主办，中国工程院土木、水利、建筑学部指导的一年一个主题的系列岩土工程学术讨论会。自2017年起，今年是第七届。历届岩土工程西湖论坛的主题分别是"岩土工程测试技术"，"岩土工程变形控制设计理论与实践"，"地基处理新技术、新进展"，"岩土工程地下水控制理论、技术及工程实践"，"岩土工程计算与分析"和"海洋岩土工程"，今年岩土工程西湖论坛的主题是"城市地下空间开发岩土工程新进展"。每次岩土工程西湖论坛前，由浙江大学滨海和城市岩土工程研究中心邀请全国有关专家编著论坛丛书，并由中国建筑工业出版社出版发行。

2023年论坛丛书分册《城市地下空间开发岩土工程新进展》由浙江大学龚晓南教授任主编。全书共13章，第1章，概述，编写人：龚晓南（浙江大学滨海和城市岩土工程研究中心）；第2章，场地工程地质和水文地质勘察，编写人：徐杨青，杨龙伟，王孝臣，江强强（中煤科工集团武汉设计研究院有限公司）；第3章，基坑工程技术，编写人：俞建霖（浙江大学滨海和城市岩土工程研究中心），杨学林（浙江省建筑设计研究院），胡琦（浙江浙峰工程咨询有限公司），金小荣（浙江大学建筑设计研究院有限公司）；第4章，盾构法隧道工程技术，编写人：洪开荣（中铁隧道局集团有限公司，盾构及掘进技术国家重点实验室），陈馈（中铁隧道局集团有限公司，陕西铁路工程职业技术学院），卢高明，周建军，王凯，杨振兴，范文超，翟乾智，周振建（盾构及掘进技术国家重点实验室），冯欢欢（中铁隧道局集团有限公司）；第5章，顶管法管道工程技术，编写人：钟显奇，邵孟新，张国强，许健（广东省基础工程集团有限公司），李才波，黎东辉，兰泽鑫（广东省基础工程集团有限公司，广东华顶工程技术有限公司）；第6章，既有建筑物地下空间开发技术，编写人：王卫东（华东建筑集团股份有限公司），吴江斌，胡耘，岳建勇（华东建筑设计研究院有限公司）；第7章，沉井工程技术，编写人：李耀良，罗云峰，邹峰，刘桂荣，张海锋，何建（上海市基础工程集团有限公司，上海城市非开挖建造工程技术研究中心），李煜峰（同济大学）；第8章，深隧工程建造技术，编写人：沈庞勇（上海城投水务工程项目管理有限公司）；第9章，城市地下空间结构抗浮设计与施工，编写人：杨学林，高超（浙江省建筑设计研究院）；第10章，地下空间结构抗裂防漏技术，编写人：刘加平（东南大学材料科学与工程学院），王育江，李华（东南大学材料科学与工程学院，江苏省建筑科学研究院有限公司），王文彬，李明，张坚（江苏省建筑科学研究院有限公司）；第11章，地下空间开发中的环境效应和对策，编写人：徐日庆，俞建霖（浙江大学滨海和城市岩土工程研究中心）；第12章，城市地下空间开发监测与控制技术，编写人：马海志（北京城建勘测设计研究院有限责任公司，北京城建设计发展集团股份有限公司），任干，曹宝宁，姚爱敏，龚洁英，廖鹏，薛伊芫（北京城建勘测设计研究院有限责任公司），闫宇蕾，李芳凝（北京城建勘测设计研究院有限责任公司，城市轨道交通深基坑岩土工程北京市重点实验室）；第13章，地下工程数字孪生技术新进展，编写人：张洋，杨磊（中国电建集团华东勘测设计研究院有限公司），严佳佳（浙江省智慧轨道交通工程技术研究中心），邱卉（浙江浙峰云智科技有限公司）。

书中引用了许多科研、高校、工程单位及研究生的研究成果和工程实例。成书过程中，浙江大学滨海和城市岩土工程研究中心宋秀英女士在组稿联系，以及汇集、校稿等方面做了大量工作。在此一并表示感谢。

由于作者水平有限，书中难免有错误和不当之处，敬请读者批评指正。

龚晓南

2023年8月26日　于杭州景湖苑

# 目　　录

# 1  概述

龚晓南

（浙江大学滨海和城市岩土工程研究中心，浙江 杭州 310058）

## 1.1  城市地下空间开发岩土工程发展概况

利用地下空间为人类服务的历史很难说从什么时期开始，或者可以说人类利用地下空间为自己服务的历史一直伴随着人类历史的发展，从简单到复杂。1863 年，英国伦敦建成了世界上第一条地铁线，应该是人类利用地下空间为自己服务发展过程中的重要里程碑，它开启了城市大规模开发地下空间利用的序幕。近一个多世纪来，地下停车库、地下商城、地下建筑综合体、地下过街通道、地下交通道路、城市地下人防系统、城市地下大型供水、排水、地下排污以及城市地下管廊等在世界各地大量出现，规模越来越大，发展越来越快。向地下要空间、要土地、要资源，已成为现代化城市发展的必然。我国城市地下空间开发发展比较晚，有规模地利用始于 20 世纪 60 年代的人防和地铁工程，但规模比较小，应用技术比较落后。自改革开放以来，我国土木工程建设进入快车道，规模大，发展快。进入 21 世纪，城市化建设的不断发展使得对地下空间开发利用的需求达到了前所未有的高度。为了缓解城市停车难的问题，各地城市不断增加地下停车场的建设规模和建设速度；为了解决城市交通拥堵问题，不断增加地铁和地下交通隧道工程的建设规模和建设速度；为了解决城市内涝问题，不少城市已经规划和开始建设深隧排水系统。近年来，各地大中城市地下停车库、地下街区、地下综合体、地下过街通道、地铁和地下交通道路、地下交通枢纽以及地下管廊等城市地下空间开发利用工程发展规模和速度都很快。

在基坑支护技术方面，各种基坑支护技术得到发展和应用，包括土钉墙及复合土钉墙支护、重力式水泥土墙支护、排桩墙支护，地下连续墙支护、SMW 工法桩支护、TRD 水泥土墙支护及其他形式支护等，浅的采用悬臂式，深的采用内支承式或锚杆锚固，内支承形式也很多，近年钢支撑发展很快，可回收锚杆技术发展也很快。基坑工程通过不断的实践逐渐形成了与不同基坑深度、环境条件、工程地质和工程水文条件相适应的、经济合理的基坑工程支护体系。在此基础之上，基坑工程的施工方法、设计方法和计算方法得到了不断的发展和完善。近年来，基坑工程发展呈现规模不断扩大、深度不断增加的趋势，为了适应城市建设对于地下工程开发利用越来越高的要求，基坑工程设计及施工水平也相应地向着更高的水平发展，基坑工程信息化施工技术必将不断地发展和应用。

在隧道工程技术方面发展也很快。国内盾构法发展较晚，1953 年开始采用盾构法修建隧道。近些年，随着国家科技水平、制造业不断飞速崛起及相关技术的突破，盾构在国内外市场竞争力不断提升，并越来越多地应用于地下隧道工程修建中。如今我国已是世界上地铁盾构法隧道工程建设规模最大、盾构隧道数量最多，修建技术发展速度最快的国家。目前，国内盾构行业已处于世界领先地位。我国盾构法隧道正朝着超大断面化、异形断面化、超大深度化、超长距离化发展，追求施工快速化、自动化、智能化。从盾构法隧道工程特征来看，盾构法隧道工程呈现出由单一软土地层向复合地层发展、由中小直径盾构向大直径和超大直径盾构发展、由中等水压向高水压和超高水压发展、由常规岩土层向特殊岩土和不良地质发展、由单一工法向多工法组合发展。

在硬岩的开挖技术方面，我国已经取得了不小的成就。从设计方法来看，我国的硬岩开发设计方法已经从最初的矿山法发展到今天的新奥法，控制重点也已经从岩体疏散压力的控制转移到岩体变形压力的控制上来，而随着计算机数值法的运用，我们对岩体的受力形变机理的分析也变得越来越准确；从施工工艺上来说，已经由最初的钻孔爆破法发展为今天的 TMB 机施工法，随着新技术的应用和新设备的开发，硬岩开挖的施工呈现出机械化程度越来越高的发展趋势。我国在硬岩开发地下空间这一领域已经达到了世界领先的水平。

沉井法施工技术在我国地下工程建设中的应用时间较长，它在城市地下空间开发利用工程中的应用范围依然比较广。沉井法施工技术的优点包括技术比较简单、施工占地面积小、挖土量比较少、造价一般比较低等。沉井结构可用作地下构筑物的围护结构，这样一来，沉井结构的内部空间亦可被利用。钻吸法沉井新工艺和中心岛式槽挖法是传统沉井法施工技术的创新，已在城市地下空间开发利用工程中得到应用。

顶管施工工艺对设施环境交通的可控范围小，非开挖工程技术解决了管道埋设施工中对城市建筑物的破坏和道路交通的堵塞等难题，在稳定土层和环境保护方面有优势。这对交通繁忙、人口密集、地面建筑物众多、地下管线复杂的城市是非常重要的。顶管技术在越来越多的城市地下工程中得到应用，如热力管道的敷设、电力电缆隧道、污水排水电力通信、天然气管道等工程。顶管法施工技术在我国地下工程建设中应用发展也很快。

在城市的地下空间开发过程中，有时会遇到旧建筑需要保护，有的还需要竖向变换建筑标高或水平向移动位置以满足新的要求，因此建筑物基础托换和建筑物迁移技术应运得到发展。基础托换和建筑物迁移技术的发展，不但有效解决了原有建筑设施与新地下空间开发工程之间的矛盾，还实现了对原有建筑基础需要处理的部分进行加固和修缮。经过多年的工程实践，我国已经形成了种类齐全的托换技术和建筑物迁移技术。根据城市地下空间开发工程的具体条件和要求，选择合理的托换技术，能够实现在城市地下空间开发工程施工中对原有建筑的保护。

随着城市化不断发展，我国城市地下空间开发各种岩土工程技术发展很快，新技术不断涌现，不少技术已处于世界先进或世界领先水平。

## 1.2　城市地下工程特点

下面笔者就城市地下工程特点谈谈个人意见，望能得到广大同行指正。分析一些城市地下工程出现事故的原因，人们不难发现绝大多数城市地下工程事故都与设计、施工和管理人员对城市地下工程特点缺乏深刻认识，未能因地制宜、针对性地采取有效措施有关。因此，不断加深对城市地下工程特点的认识，有助于提高城市地下工程岩土工程的技术水平。

1) 城市地下工程受到的制约性强

城市地下空间的开发要受到场地工程地质和水文地质条件、已有地下设施、已有建筑物基础、土地的所有权与地价、施工技术、经济能力、开发后的综合效益等因素的影响。城市地下工程建设受到各方面的制约性强。

2) 城市地下工程的不可逆性与层次性

地下空间的开发往往是不可逆的，地下工程一旦实施，将很难回到原来的状态。要树立对城市地下空间资源进行合理规划、有序开发和保护的意识。地下空间资源有浅层、中层和深层之分，地下空间的开发一般由浅层向深层发展。要处理好局部和总体的关系。

3) 城市地下工程具有较大的风险性

城市地下工程规划、勘察、设计、施工和管理中不可预见的问题比较多，工程实践积累少，经验不足，地下工程施工条件差，风险评估管理能力弱，因此地下工程具有较大的风险性，特别是城市地下工程，深度大、空间大的地下工程。因此，对城市地下工程的设计、施工和管理，都要重视和加强风险评估。

4) 城市地下工程具有很强的区域性

岩土是自然、历史的产物，其工程性质区域性很强。我国地域辽阔，东西南北中各地工程地质条件和水文地质条件差异很大。北部和西部分布有季节性冻土、长期冻土区域，沿海和沿江分布有软黏土区域，陕西、山西等地分布黄土区域。地区工程地质条件和水文地质条件对地下工程性状具有极大的影响。不仅软黏土、砂性土、黄土等地基中的地下工程性状差别很大，同是软黏土地基，不同地区之间也有较大差异。地下水，特别是承压水对地下工程性状有重要影响，而且各地承压水特性也有较大差异。据统计，大部分地下工程事故源于地下水没有得到有效控制。在一个区域从事地下工程勘察设计、施工和管理，一定要了解该区域的工程地质形成和变迁情况。

5) 重视岩土体的工程特性

岩土是自然、历史的产物，其工程性质除区域性强以外，还有如下特性：在同一场地，岩土体性质沿深度和水平方向变化复杂，不均匀性强；沿深度土体是分层的，层与层之间是逐渐改变的，不是突变的，一般有过渡区。地基土体中初始应力场复杂且难以测定，地基岩体中初始应力场更复杂、更难测定；土体是多相体，一般由固相、液相和气相三相组成。土体中的三相很难区分，处于不同状态的土体，各相之间在一定条件下可以转化；地基岩体中有节理面，很难测定。岩土体中水的状态十分复杂；岩土体具有结构性，与岩土体中的矿物成分、形成历史、应力历史和环境条件等因素有关，十分复杂。总之，岩土体的强度、变形和渗透特性都很复杂，而且测定比较困难。岩土体的本构关系很复杂，影响因素很多。

6) 城市地下工程环境效应强

城市地下工程不仅自己本身要结构安全稳定可靠、控制好变形，还不能对周围环境产生不良影响，要保证周围的建（构）筑物安全和正常使用不受影响。城市地下工程变形和引起地下水位的变化都可能对地下工程周围的道路、地下管道、管线和建筑物产生不良影响，严重的可能导致破坏。城市地下工程环境效应强，设计和施工一定要重视环境效应。周围环境条件复杂，需要严格控制地下工程结构体系的变形，则城市地下工程设计需要按变形控制设计。

7）城市地下工程时空效应个性强

以基坑工程为例，基坑空间大小和形状对基坑围护体系受力情况具有较大影响，基坑土方开挖顺序对基坑围护体系受力也具有较大影响，因此基坑工程空间效应强。土体具有蠕变性，随着蠕变的发展，变形增大，抗剪强度降低，因此时间效应强。在基坑围护设计和土方开挖中，要重视和利用基坑工程的时空效应。其他城市地下工程情况类似。因此，要加强地下工程施工组织设计，要重视坚持"边观测、边施工"的原则。

8）城市地下工程设计计算理论不完善，应重视概念设计理念

顾宝和认为："土工问题分析中计算条件的模糊性和信息的不完全性，单纯力学计算不能解决实际问题，需要岩土工程师综合判断。不求计算精确，只求判断正确。"城市地下工程建设具有概念设计的特性。作用在城市地下工程结构上的主要荷载是土压力。土压力大小与土的抗剪强度、结构的位移、作用时间等因素有关，十分复杂。城市地下工程结构又是一个很复杂的体系，不确定因素很多。土压力的合理选用、计算模型的选择、计算参数的确定等都需要岩土工程师综合判断，因此城市地下工程设计的概念设计特性更为明显。太沙基说的"岩土工程与其说是一门科学，不如说是一门艺术（Geotechnology is an art，rather than a science)"的论述对城市地下工程特别适用。岩土工程分析在很大程度上取决于工程师的判断，具有很强的艺术性。这些原则对城市地下工程设计更为重要。设计计算理论不完善，城市地下工程设计中应重视概念设计理念。

9）学科综合性强

城市地下工程设计中不仅涉及土力学中稳定、变形和渗流三个基本课题，而且涉及岩土工程和结构工程两个学科。城市地下工程结构体系受力复杂，要求设计人员较好掌握岩土工程和结构工程知识。从事地下工程设计和施工的技术人员要重视施工机械的合理选用和正确使用。近年我国地下工程技术水平提高很快，应该说施工机械设备的进步贡献不小。

10）系统性强

城市地下工程设计、施工，土方开挖，地下结构施工是一个系统工程。合理的区域规划、城市规划、具体工程的规划都很重要。城市地下工程设计应尽量方便施工。城市地下工程设计应对工程施工组织设计提出要求，对监测和变形允许值提出要求。城市地下工程需要加强监测，实行信息化工。

## 1.3 城市地下空间开发利用中几个应重视的问题

城市地下空间开发利用中应重视的问题首推规划问题。我国城市地下空间开发利用起步晚、发展快、规模大，做好规划更为重要。不少城市至今缺失地下空间开发利用规划。缺乏统一的规划，城市地下空间利用效率低、成本高。要根据城市中长期发展规划制定城市地下空间开发利用规划。城市地下空间开发利用还要因地制宜。地下空间开发利用一般工程费用大，运行维护费用高，对小城市、可用土地比较富裕的城市，不要盲目追求地下空间开发利用率。笔者认为对每一个城市控制合理的地下空间开发利用率也很重要。

在地下空间开发利用工程设计和施工中应重视地下水控制和环境影响控制。源自地下水控制未处理好而造成的工程事故在基坑工程和隧道工程等地下空间开发利用工程事故中

占有很大比例。当地下空间开发利用工程在地下较深时，还经常会遇到承压水层，使地下水控制问题变得更加复杂。在进行杭州青春路钱圹江隧道（钱圹江第一条隧道）盾构工作井承压水处理技术研究过程中，我们对杭州、上海、武汉、天津、北京等地承压水分布、性状，以及处理对策作了比较分析（详见文献［5］）。比较分析表明：杭州、上海、武汉、大津、北京等地承压水性状相差很人。杭州钱塘江古河道承压水埋深一般为 35—45m，由上游至下游逐渐加深；含水层顶板为淤泥质黏土，厚度一般为 8～15m，承压水位埋深一般为 5～10m。含水层厚度一般为 5～15m，从古河道中心向两侧逐渐变薄。单井涌水量钱塘江古河道为 3000～5000 m³/d。杭州钱塘江古河道承压水层以上游富春江为主要补给源，具有含水层埋深大、水头高度大、涌水量大、补给丰富的特点。杭州庆春路过江隧道江南工作井承压含水层厚度大于 20m，主要由砂层、圆砾、卵石层构成，渗透性极强，渗透系数约 $1.16 \times 10^{-1}$ cm/s，一般单井涌水量 1000～3000m³/d，静止水位标高 $-2.58$m 左右，为钱塘江古河道承压水。上覆约 20m 厚的黏性土作为含水层的承压顶板。控制承压水有两种思路：止水帷幕隔断和抽水降压。对杭州钱塘江古河道承压水，单用止水帷幕隔断有一定的困难。一般采用止水帷幕隔断和抽水降压相结合，也可以以抽水降压为主。理论分析和工程实践表明，钱塘江古河道承压水在降压范围影响区内地面沉降很小。其原因一是钱塘江古河道承压水与承压顶板上地下水无水力联系，二是承压水上覆土层厚。

控制地下水有两种思路：止水和降水。止水帷幕施工成本较高，有时施工还比较困难。当止水帷幕两侧水位差较大时，止水帷幕的止水效果往往难以保证。笔者认为有条件降水时应首先考虑采用降水的方法。在降水设计时需要合理评估地下水位下降对周围环境的影响。为了减小基坑降水对周围的影响，也可通过回灌以提高基坑外侧地基中的地下水位。总之，要重视城市地下空间开发工程中地下水控制，尽量减少由于地下水控制未处理好造成的工程事故。

在地下空间开发利用工程设计和施工中环境影响控制也很重要，特别在深厚软黏土地基地区。无论是地下工程围护结构施工还是土方开挖施工都要改变地下工程周围地基中的应力场、位移场和渗流场，对地下工程周围的地基及位于地基上和地基中的建（构）筑物产生影响。严重的可影响这些建（构）筑物的安全使用，甚至引起破坏。经常可以看到基坑工程和隧道工程施工不慎引起地基不均匀沉降过大，或土体水平位移过大，对周围已建成的建筑物、隧道、地下管网以及道路工程的不良影响报道。如何评估地下工程施工以及运营阶段对周围的建（构）筑物的影响大小，如何控制、减小地下工程施工以及运营阶段对周围的建（构）筑物的影响，应引起大家的重视，加强该领域的研究，提高认识和技术水平。

提高地下工程施工和运营阶段环境效应控制重要性的认识非常重要。对地下工程施工和运营阶段产生环境效应的影响因素很多，主要有：场地工程地质和水文地质条件，新建工程与既有建（构）筑物的距离，既有和新建建（构）筑物的结构形式和安全储备等。因此在新建工程规划阶段就要重视新建工程施工和运营阶段可能对周围环境产生的不良影响，规划一定要合理。在合理规划的前提下，一定要进行精心设计。要采用按变形控制进行设计的理念。岩土工程施工要遵循"边观察、边施工"的理念。在地下工程施工和运营阶段要加强观察，发现不良倾向，尽快采取合理措施，有效控制不良影响。在规划、设计、施工和运营阶段都要重视地下工程环境影响控制。

为了不断地提高地下工程施工和运营阶段中地下水控制和环境影响控制技术水平，需要加强下述领域科学和技术的研究工作。如：地下工程施工和运营阶段地基土体变形规律和变形控制理论、地下工程按变形控制设计理论和设计方法、地下工程地基土体改良和加固技术、地下工程施工和运营阶段地基土体位移监测技术、地下工程防渗漏和堵漏技术等。除需要加强上述领域科学和技术研究工作外，还需要加强地下工程施工设备、施工工艺的研究。研发施工新技术、新设备，不断提高地下工程施工能力。

## 1.4 城市地下空间开发岩土工程技术发展展望

发展城市地下空间开发利用，建立地下交通系统和地下物流系统，城市地面的交通拥堵就会大大地缓解，城市的空气污染也会有所好转。通过建设浅层和深层蓄排系统可以解决城市的污水排放，以及城市内涝问题。总之利用地下空间可有效解决城市环境问题。城市地下空间还可成为居民抵御一些自然灾害和战争灾害的重要场所。

地下空间是一种宝贵和不可逆的资源，需要先规划后建设。科学的规划是最重要的，城市的成片地下空间要统一规划、统一建设和统一管理，才能达到最大的效益。我国前期的地下空间缺乏科学统一规划，致使目前大部分城市地下空间的功能和规模严重落后于城市的发展需要，面临着改造和扩建的需求。地上地下的规划要相互协调，地下的各项规划要相互衔接，也就是说横向相互连通，竖向分层安排。同时在搞地下空间的设计、施工的时候要用不留历史遗憾的态度来精心做好地下空间的设计与施工。

利用地下空间成为新兴的稳步发展的国际潮流。伴随着城市的增长，现在和未来的高科技将使这一国际潮流有更大的发展，地下空间的利用也将更加多样化。从国内外地下空间发展现状分析，其发展趋势有以下特点：

（1）从大型建筑物向地下自然延伸，从布置上分散、功能单一的孤立的地下建筑物发展成功能复杂的大型综合空间，并因经济效益调动社会在地下空间综合开发的积极投资。

（2）交通是未来地下空间开发利用的重点。交通拥挤是21世纪不变的城市问题，城市道路建设赶不上机动车数量的发展也是21世纪城市发展的规律。地下高速轨道交通将成为大城市和高密度、高城市化地区城市间交通的最佳选择。

（3）一些先进城市地下浅层部分已基本利用完毕，且深层开挖技术和装备的逐步完善，使其在竖向上进行功能分区、逐步向深层发展成为可能。

（4）在旧城改造开发中，地下空间开发利用发挥更重要的作用。

地下空间资源的开发从理论上说几乎是无限的，地下空间资源有浅层、中层和深层之分，地下空间的开发总是由浅层向深层发展。

在发展城市地下空间开发中要将地下空间资源作为重要的城市空间资源，有序开发，合理利用，有效保护。对城市地下资源进行全面、有效的勘查，将城市地下空间（地下室、地下市政管线、地下交通、人防、地下综合体等）的数量、位置、功能、开发利用情况完整掌握，实现城市地下空间开发利用的透明化。

从实现城市可持续发展的要求出发，以提高城市韧性为目标，明确城市各类基础设施建设时优先考虑地下建设的功能。

对城市地下空间资源根据其分布情况合理分层，明确各层的主导功能、开发时序、保护策略等。

将地下空间作为城市空间的重要组成部分,地上地下空间一体化综合利用。将地下空间真正纳入城市总体规划,使城市总体规划从原来的平面规划转化成三维立体。从可持续发展的高度准确定位地下空间建设发展在城市中的地位,明确地下空间开发强度和功能布局,各类设施地下化的指标和策略等。在规划和设计中,树立地上地下一体化理念,将地上地下空间作为一个整体,在功能、布局、造型、装修、园林等各个方面,充分发挥地上地下空间各自的优势,综合考虑,实现地上地下空间一体化。

建立符合中国国情的法律法规和政策保障体系。推进城市地下空间开发利用的科学立法,完善城市空间资源保护法律法规体系。注重城市地下空间开发重点领域立法研究,健全地下空间资源利用政策支持体系。深化城市地下空间管理体制机制改革,建立城市地下空间开发建设制度保障体系。强化城市地下空间应用技术与知识产权保护,构建地下空间产业可持续的司法保障体系。

地下空间的开发利用应当结合实际、立足长远,实现地上、地面和地下三维协调发展,并为未来地下设施预留空间。遵循分层次、可持续、综合开发的原则,有效利用地下空间资源。应体现以人为本的价值追求,满足人对城市空间功能的多样性需求,使地下空间利用真正实现社会效益、经济效益和环境效益的一体化。

# 参考文献

[1] 龚晓南,侯伟生. 深基坑工程设计施工手册[M]. 2版. 北京:中国建筑工业出版社,2018.

[2] 龚晓南,杨仲轩. 岩土工程变形控制设计理论与实践[M]. 北京:中国建筑工业出版社,2018.

[3] 龚晓南,沈小克. 岩土工程地下水控制理论、技术与工程实践[M]. 北京:中国建筑工业出版社,2020.

[4] 龚晓南,杨仲轩. 岩土工程计算与分析[M]. 北京:中国建筑工业出版社,2021.

[5] 张雪婵,张杰,龚晓南,等. 典型城市承压含水层区域性特性[J]. 浙江大学学报:工学版,2010 (10):7.

# 2 场地工程地质和水文地质勘察

徐杨青，杨龙伟，王孝臣，江强强

（中煤科工集团武汉设计研究院有限公司，湖北 武汉 430064）

## 2.1 概述

随着我国经济工业化、城镇化进程的推进，我国城市地下空间开发利用进入了快速增长阶段，建设规模和速度均处于世界前列[1-3]。由于我国幅员辽阔、地势西高东低、呈现阶梯状分布，地质环境十分复杂，不同地域地质环境存在明显差异，如处于龙门山断裂活动带影响的四川盆地地区，受活动断裂发育作用影响的乌鲁木齐、西宁和西安等西北重要枢纽城市[4]、受软土问题困扰的京津沪和苏锡常等地区[5]、岩溶塌陷高发的长江经济带地区[6]。由此，在这些工程地质条件复杂的区域进行城市地下空间开发过程中，由于受到地应力、活动断裂、地下水、施工技术等多因素影响，基坑突涌、坍塌、围岩失稳、结构失效等事故频繁发生，其中对场地复杂地质条件、岩土力学特性等情况掌握不足是事故发生重要原因之一。由此可见，重视并加强岩土工程勘察工作，并提高岩土工程勘察质量，是保障地下工程安全建设及运营的重要环节[7]。

开展地下空间岩土工程勘察工作，其工作核心是查明、分析、评价地下空间建设场地的地质、环境特征和岩土工程条件，提供工程设计所需的计算参数，提出地下工程开挖和支护方式、工程降水、地基处理和不良地质作用的防治建议。经过近 20 年的行业发展，超深、超大且环境复杂的基坑开挖及支护、地铁近接施工、穿越江河的城市隧道建设等复杂地下空间工程相继涌现，对岩土工程勘察技术提出了新的、更高的要求。因此，引导岩土工程勘察技术创新发展，提升岩土工程勘察精细化水平和装备迭代升级，保障城市地下工程建设质量，有助于提高城市韧性、建设宜居城市和促进可持续发展。

基于此，本章以场地工程地质和水文地质勘察为研究主题，总结了城市地下空间岩土工程特点和主要问题，阐述了各类城市地下工程、特殊性岩土和不良地质作用场地勘察要素，并探讨了场地工程勘察技术新进展。上述相关新进展技术为城市地下工程勘察、设计和施工等全生命周期建设过程提供借鉴和参考。

## 2.2 城市地下空间开发岩土工程勘察

### 2.2.1 城市地下空间开发岩土工程面临的挑战

#### 1. 城市地下空间岩土工程特点

随着城市地下空间开发的全面推进，地下空间作为城市地表空间的有效补充得到了全面发展，包括地下交通、地下公共服务设施、地下市政工程及地下人防工程等各类地下工程，这些已成为现代城市功能逐步转入地下空间的重要载体方式，为城市正常运转发挥巨大作用。随着城市地下工程建设规模的扩大和密度的提高，工程活动非常频繁，并且地下工程所处的地质环境相对复杂，具有一定的不确定性，使得城市地下空间岩土工程更加复杂，主要呈现出以下特点，这些都加剧了城市地下空间开发的安全风险。

（1）地下空间由浅层利用向次深层、深层开发利用，工程规模逐渐增大，工程多以基坑开挖和隧道开挖等相结合的形式来开展，呈现出开挖面积越大、开挖深度越深等特点，这些都使得在施工过程中对场地岩土体造成强烈扰动，由此诱发地表沉陷、建（构）筑物开裂等各种环境安全问题。

（2）地下工程形式多样，功能日益丰富完善，由最初的以地铁隧道为主的地铁轨道交通、地下人防工程等逐步扩容为以地下商业综合体、地下仓库、地下博物馆、地下医院等为代表的地下公共服务设施、以综合管廊为代表的地下市政公用工程等地下工程，由此适应不同的地下工程特点及工程地质环境的差异，各类地下工程施工技术取得了较大发展，如明挖法、逆作法、暗挖法、矿山法、沉井法、盾构法和顶管法等。

（3）城市建筑分布密集，这使得地下工程建设面临更加复杂的工程环境，如工程建设周围紧邻立交桥、地铁隧道、车站或轨道交通存在，增加了工程建设难度。如近接既有地铁线的基坑工程，既要求基坑自身的安全稳定，也要控制基坑开挖对周围地铁隧道产生的影响。

（4）我国城市地下空间开发面临活动断裂、地裂缝、岩溶、软土地基处理等工程地质环境问题，各类岩土体性质变化较大，使得场地环境工程更加复杂。

综上所述，由于城市大型建筑物分布较为密集、地下管线密布、工程地基无选择性、工程开挖深度大、工程开挖面积大等工程特点，带来诸如城市区域稳定性、水文与地下水等岩土工程问题，而岩土工程勘察是保障工程安全建设运营和城市居民生活质量的关键环节之一。

**2. 城市地下空间岩土工程主要问题**

与地面建筑、工程相比，地下工程的勘察设计与实施更加复杂，其引起的环境岩土工程问题主要如下。

1）岩土体变形/稳定性问题

由于在地下工程建设过程中，深大基坑日益增多，工程开挖破坏了天然土体原始的应力平衡状态，土体围压减小，抗剪强度降低，加之开挖形成的临空面条件，使坑周土体产生朝向坑内的变形、位移趋势，则出现基坑侧壁失稳、滑塌等灾害事故。此外，在地下隧道修建过程中，地质体既是开挖对象，开挖后又是承载结构，围岩的性质与自稳能力是影响隧道开挖面稳定的主要原因。合理的支护压力是保证开挖面稳定的关键。特别是对富水砂性土地层，盾构施工过程中，若开挖面支护压力过小，则导致开挖面附近岩土体产生整体或局部的主动失稳滑移，表现为开挖面坍塌、地层沉陷；而支护压力过大又会引起岩土体被动失稳破坏，表现为开挖面以上地表隆起。

2）地下水控制问题

在城市地下工程开挖过程中，由于地下水对岩土体的工程性质有较强的弱化作用，由其诱发产生的基坑突水、管涌和突涌等灾害，极易造成基坑边坡失稳和周边土层大范围的下沉，使得周围建筑物、道路、管线等开裂破坏。此外，在地下隧道掘进过程中，直接揭露含水构造（断层破碎带、岩溶管道、蚀变带等），导致水体和充填介质在重力和水压力作用下喷射而出，涌入隧道发生突水突泥灾害。

3）工程措施与工程地质条件适配性问题

在地下工程建设过程中，需要全面掌握场地工程地质环境条件，合理选择地下工程支护设计及施工工艺等工程措施，掌握其适用范围，才能有效保障地下工程建设安全。如在基坑开挖过程中，锚杆不宜用在软土层和高水位的碎石土、砂土层中，还有在松散砂土、软塑、流塑黏性土以及有丰富地下水源的情况下不能单独使用土钉支护，必须与其他的土体加固支护方法相结合使用等。由此可见，根据场地工程地质环境特点，了解支护设计及施工工艺的应用场景显得尤为重要，否则极易造成安全事故。

4）已有工程对待建城市地下空间工程的影响

城市地下空间工程的修建往往落后于城市轨道交通等城市建设，如地铁线路的密集开发，使得城市地下工程建设开挖的深大基坑无法避免在地铁隧道周围的"轨道交通控制保护区"内建设施工，即近接地铁线的基坑工程，该类基坑工程既要求基坑自身的安全稳定，也要控制基坑开挖对周围地铁隧道产生的影响。如何有效协同已有城市地下工程与待建工程之间的相互关系，是不同于地面一般工程的特殊岩土工程问题。

综上所述，城市地下空间建造过程中存在的岩土工程问题，可以归纳为未能全面掌握城市地下工程地质情况、地下空间设计理念及理论滞后、建造技术落后等，需要围绕勘察-设计-施工-工程管理等方面采取相应措施，其中岩土工程勘察又是后续地下工程建设的重要前提，通过对各类地下工程开展高质量岩土工程勘察，查清地下空间工程地质环境特点，提供准确可靠的岩土工程参数（如孔隙比、压缩模量、黏聚力、内摩擦角、标准贯入试验锤击数、圆锥动力触探锤击数、岩石抗压强度等），为地下工程开挖、支护和地基处置等工程措施提供建议。

## 2.2.2　各类城市地下空间岩土工程勘察

### 1. 基坑工程勘察

伴随城市建设快速发展，大规模的市政工程如地下停车场、大型地铁车站、地下变电站及地下商场的建设都涉及基坑工程，其呈现出基坑开挖越来越深、基坑规模越来越大和基坑长度也大幅度增加等特点。此外，基坑周边环境更加复杂，这是由于越来越多的工程建设不可避免地紧邻立交桥、地铁隧道、车站、轨道交通或水体，以及相邻地块深基坑同步施工等现象。因此，基坑工程面临的技术挑战和施工风险日趋增大，常面临如下岩土工程问题。

1）基坑底卸荷回弹（隆起）

基坑开挖对坑底土层的卸荷过程中引起基坑底面及坑外一定范围内土体的回弹或隆起，其中坑底土体回弹量的大小直接影响到基坑稳定性与桩基承载性。

2）基坑渗透变形问题

在软土地区进行基坑开挖过程中，必须进行降排水工作，从而产生基坑内外水头，在高水头差的作用下易于出现渗透变形问题，渗透变形主要有流土、管涌和突涌等形式，需要更好地预防和减少因土地渗透变形而引起的工程事故。

（1）基坑坑壁流土：在饱和含水地层（特别是有砂层、粉砂层或者其他的夹层等透水性较好的地层），由于围护墙的止水效果不好或止水结构失效，致使大量的水夹带砂粒涌入基坑，严重的水土流失会造成基坑边坡失稳、地面塌陷，威胁基坑周围建（构）筑物安全。

（2）基坑坑底突涌：当基坑开挖减小了含水层上面覆盖的不透水层的厚度，且厚度减小到一定程度时，由于对承压水的降水不当，承压水的水头压力能顶破基坑底板土层，造成坑底突涌，具体表现形式为基底顶裂、基底流砂和基底"沸腾"积水。

（3）基坑坑底管涌：当基坑底面以下或周围的土层为疏松的粉细砂土层时，在不打井点或井点失效后，坑底土在一定的渗透速度（或水力坡度）的水流速度下，其细小颗粒被逐渐带走，土体颗粒间的孔隙逐渐增大，形成穿越地基的细管状的渗流通路，使得坑底及基坑侧壁逐渐被掏空，严重时会导致基坑失稳。

3）基坑边坡稳定性问题

基坑工程开挖后，形成坡度较陡的边坡，在基坑开挖中，出现坡形重塑、土体重新稳定或失稳滑移等现象，都存在边坡稳定性的问题。这主要是由于基坑在失稳、坍塌的过程中，都伴随着支护结构、边坡土体的变形破坏，其稳定性与变形问题是紧密联系在一起且不可分割的。

因此，加强基坑岩土工程勘察工作，保证岩土工程勘察结果的可靠性以及数据的精确性，才能为后续基坑设计及施工提供支撑，确保基坑工程安全[8,9]。基坑工程勘察主要聚焦以下方面：

（1）查明场地岩土层的类型、深度、分布、工程特性及其在水平与垂直方向的变化，特别是查明特殊性岩土的分布与特征；

（2）提供各岩土层的物理力学性质指标及基坑支护设计、施工所需的有关参数指标，对基坑支护及施工方案提出建议；

（3）查明地下水的类型、补给来源、排泄条件，分层提供地下水位及其变化幅度；含水层特征、埋藏深度、渗透性及其与地表水的关系；透水层和隔水层的层位、埋藏和分布，分析地下水对基坑开挖或支护结构受力状态的影响，提供基坑地下水处理建议方案；

（4）查明邻近建筑物的结构类型、基础形式与埋置深度以及使用年限和完好程度；周边管线位置及其规模、埋置深度、结构类型等现状；

（5）对基坑内的边坡的局部稳定性、整体稳定性和坑底抗隆起稳定性、坑底和侧壁的渗透稳定性、挡土结构和边坡可能发生的变形、降水效果和降水对环境的影响、开挖和降水对邻近建筑物和地下设施的影响等内容进行分析，并提供相关计算参数和建议。

**2. 地下洞室勘察**

地下洞室主要是指在人工开挖或天然存在于岩土体内作为各种用途的建（构）筑物，如地铁、人行地道等地下交通通道、地下冷库、粮仓等地下仓储设施、地下商场、旅馆等地下民用设施、地下工厂或车间。在地下洞室建设过程中，面临岩体稳定性、突水涌水、有害气体等工程地质问题。因此，通过开展地下洞室岩土工程勘察来查明洞室周边的工程地质和水文地质环境，划分地下洞室周围围岩类别和质量等级，并为设计方提供洞址、洞口和洞轴线位置的建议，为地下洞室设计、施工等提供岩土工程技术支撑和依据。由此，地下洞室勘察主要聚焦于以下方面：

（1）查明工作区的地形地貌、岩性特征及地层分布、工程地质与水文地质环境条件，判别地应力最大主应力方向，确定岩体质量等级（围岩类别），并选择合适洞口和洞址等；

（2）查明场地不良工程地质作用，探明地下水及淤泥物分布特征，查清洞室穿越地带的地下建（构）筑物分布特征；

（3）开展场地内有害气体测量，查明有害气体类型、分布、含量、压力，预测有害气体涌出量及突出危险性，评价有害气体对地下洞室的危害程度，并提出处理措施建议；

（4）对于地下洞室可能产生偏压、膨胀压力、岩爆和其他特殊情况时，应进行专门研究；根据需要进行围岩变形观测；

（5）查明场区主要含水层的分布、厚度和埋深，地下水的类型、水位、地下水的补给排泄条件，计算分析开挖期间的地下水的出水、涌水量和水质特性，并给出工程施工过程中的降水方案；

（6）分析洞室开挖建造过程中对周围地面建筑及地下构筑物等工程的影响分布情况，并制定相应的防护治理措施。

**3. 地下隧道工程勘察**

隧道以其不占用地面土地资源的突出优势，在城市建设中发挥着越来越重要的作用。城市隧道包括的范围很广，且种类繁多，根据用途可以分为交通隧道（铁路隧道、公路隧道、水底隧道、地铁隧道、人行地道）、市政工程隧道（给水隧道、污水隧道、管路隧道、线路隧道、人防隧道）等。与地面建筑物不同，隧道施工的空间有限、工作面相对狭小、光线暗，施工难度比较大，常用的施工方法主要有矿山法、盾构法、顶管法和冻结法等。

1）矿山法

矿山法是传统煤矿地下巷道施工方法，特点是以钻眼爆破方式进行开挖。在 20 世纪50 年代，奥地利学者拉布西维兹提出了岩体自身具有承载能力的理论，给传统矿山法赋予了新的理念，逐步形成了以保护和发挥围岩自承能力为原则，以控制爆破或机械开挖为掘进手段，以锚喷支护为主要支护措施，通过监控量测实现信息化动态施工的现代隧道施工技术。矿山法具有不影响城市交通、受地表环境条件限制相对小、地层适应性强等特点，被广泛运用在地铁隧道、电力和市政等地下隧道修建过程中。

因此，矿山法的勘察主要聚焦于以下方面：土层隧道应查明场地岩土类型、成因、分布与工程特性；重点查明隧道通过土层的性状、密实度及自稳性，古河道、古湖泊、地下水、饱和粉细砂层、有害气体的分布等。在基岩地区应查明基岩起伏、岩石坚硬程度、岩体结构形态和完整状态、岩石风化程度、岩层产状、结构面发育情况、构造破碎带特征、岩溶发育及富水情况、围岩的膨胀性等。根据隧道开挖方法及围岩类型与特征，提供各岩土层的物理力学性质指标及地下工程设计、施工所需的基床系数、静止侧压力系数等岩土参数。预测施工可能产生突水、涌砂、开挖面坍塌、冒顶、边墙失稳、洞底隆起、围岩松动等风险的地段，并提出防治措施建议。查明场地水文地质条件，分析地下水对工程施工的危害，提出合理的地下水控制建议，提供地下水控制设计、施工所需的水文地质参数；当采用降水措施时应分析地下水位降低对工程及工程周边环境的影响。根据围岩岩土条件、隧道断面形式和尺寸、开挖特点分析隧道开挖引起的围岩变形特征；根据围岩变形特征和工程周边环境变形控制要求，对隧道开挖步序、围岩加固、初期支护、隧道衬砌以及环境保护提出建议。

2）盾构法

盾构法是一种全机械化施工的暗挖法，是将盾构机依靠千斤顶加压在土体或岩层中推进，同时拼装预制混凝土管片，封闭成环，继续顶进。通过盾构机外壳和管片支承四周围岩来防止隧道坍塌，以此形成隧道结构的一种机械化施工方法。近年来，盾构法施工被广泛运用于城市地铁隧道施工过程中，以替代原来明挖法等施工方法，但是往往由于施工地质环境复杂及地质水文勘察不足，会导致盾构机选型、行进路线、地质加固不当，进一步影响盾构掘进设备的安全，甚至造成地表坍塌。地下水相对较浅，容易引发水害事故。

因此，盾构法施工隧道的岩土工程勘察主要针对盾构机选型、设计、掘进参数，并查明场地相关工程地质条件，关注线路隧道穿越范围内的废弃基础桩、锚索，以及区域内的地下管线、人防工程等，查明线路工程地表建（构）筑物、地表水体和轨道线路，并进行环境风险评估。同时针对黏性土地层、砂砾类地层、砂卵石类地层和复合地层等地层特点，查明土层性质、分布情况及相关力学参数，并确定盾构隧道围岩质量分级；查明场地断层破碎带、岩溶、土洞、有害气体等不良地质作用，分析场区地下水位和地下水类型、埋藏条件、穿越地层的渗透性及承压水头、补给排泄条件，估算掌子面涌水量（作为衡量隧道失稳后破坏后果的一个参考指标）。整理分析岩土工程施工隧道岩土试验成果，在勘察过程中还需要对可能出现的岩土工程问题提出建议，如盾构始发井、接收井、联络通道的加固范围和方法、盾构刀盘刀具的选择，以及对盾构隧道下伏的淤泥质土层、易于发生液化的饱和粉土层、砂层等进行处理。在实际盾构工程中，需要加强岩土工程勘察理论，综合分析场区工程地质环境，应用工程地质类比、岩土力学分析等方法进行工程掘进和施工，进一步提高工程安全性。

3）顶管法

顶管法主要是采用液压千斤顶或者具有顶进、牵引功能的设备，以顶管工作井作承压壁，将管节按照设计高程、方位、坡度等逐根依次顶进土层直至达到设计终点，其应用场景主要为建造穿越城市交通繁忙地带的地下工程，且其长度、断面尺寸均受到较大限制，如穿越城市建筑群、煤气管道工程、穿越重要公路、铁路路基下的电气电缆、通道等管道工程。顶管法的关键是地层适应性，即根据地层性质选择合理的顶管施工方法，通常在顶管施工过程中，由于顶推力的变化，开挖面支护压力的大小、掘进机及后续管道与土体之间的摩擦力以及顶管掘进机出现偏斜等，会引起地面沉降，则会造成相邻地下管线及建筑物的损坏。

因此，需要在顶管法勘察中掌握场地工程地质环境及各层土的物理力学参数，为顶管设计提供可靠的岩土参数，主要聚焦于以下方面：查明管道沿线地形、地貌、各类土层的性质及空间分布和地层结构特征等；查明管道沿线暗河、暗塘及有害气体等不良地质作用的分布；查明管道范围内障碍物的分布情况，评价其对施工的影响，并提出处理建议；预测顶进过程中产生流砂、管涌、顶管低头和下沉等的可能性，并提出相应的处理措施建议；根据顶管范围内地层性质，评价管道顶进的适宜性；分析地下水、土对管道的腐蚀性问题。提供管道设计、施工所需的各层土的物理力学参数（含水率、最大干密度、压缩系数、压缩模量、抗剪强度和容许承载力等），对顶管的机型选择、顶管的方向控制、顶力大小及方向、工具管开挖面正面土体的稳定性、承压壁后靠结构及土体的稳定性等提供建议。

4）冻结法

冻结法通过利用人工制冷技术，将待开挖地下空间周围的土体中的水冻结为冰，并与土体胶结在一起，形成一个冻土墙或密闭的冻体，用以抵抗土体压力、隔绝地下水，并在冻土墙的保护下，进行地下工程的施工。冻结法适用于各类地层，尤其适合在城市地下管线密布和施工条件困难地段的施工，经过多年来国内外施工实践经验可知，冻结法施工具有可有效隔绝地下水、抗渗透性性能强、冻土强度可达 5～10MPa、对周边环境无污染以及有效缩短施工工期等特点。目前冻结法在地铁盾构隧道掘进施工、双线区间隧道旁通道和泵房井施工、顶管进出洞施工、地下工程堵漏抢救施工等方面得到了广泛应用。

在上述工程应用中，冻结法应用成功的关键在于冻土结构能否形成且满足施工全过程的安全稳定性要求、地层土体冻胀及施工后融沉变形能否可控且满足施工全过程中周围建（构）筑物和设施的安全与环境要求等。冻结法勘察设计中需要聚焦于以下方面[10]：掌握拟建地下工程结构特征与要求，查明冻结地层的含水量、含盐量以及水的流速、流向、水温、地下水位变化、地层冻结施工范围以及与其直接接触地层下面是否存在承压水以及承压水的压力、承压水与外部水源的水力联系等，掌握冻结地层的隔水层位置、厚度及其物理力学性质；对冻结管可能布置范围内的地层，需进行详细的地质勘察，需关注冻结地层范围内是否有诸如孤石、杂物等影响冻结孔布置与钻机的物体，查明场地内是否有过采用土体固化剂或施工扰动的历史，查明场地内气体分布或气体聚积情况，掌握冻结地层范围内土体的类型与分布、矿物成分及其颗粒级配，准确分析施工范围内及其关联地层是否有其他地下热源的影响，掌握冻结地层初始温度以及土体的导热系数、比热、潜热、热容量等热物理参数。通过开展上述岩土工程勘察，为冻结法设计提供可靠的岩土工程参数，为冻土结构形式及其计算模型的选取提供建议，为后续冻结孔施工、冻结管安装、冻结站安装以及冻结过程检测提供支撑，确保地下工程施工安全。冻结法在城市地下空间开发中发挥着重要作用，未来随着城市化进程的推进和地下空间利用的增加，冻结法的应用将更加广泛。

**4. 地下综合管廊勘察**

地下综合管廊是指将电力、通信、燃气、供给、给水排水等各种工程管线集于一体，并设置专门的检修口、吊装口和监测系统，实施统一规划、统一设计、统一建设和管理，是维护和保障城市安全运行的重要"生命线"。根据其所容纳的管线，可以将综合管廊分为干线综合管廊、支线型管廊、缆线型综合管廊和干支线混合型综合管廊；根据其断面形式，可以将综合管廊划分为矩形、半圆形、圆形、拱形。目前，地下综合管廊建设处于当前各大城市市政建设的主要焦点之一，《城市综合管廊工程技术规范》GB 50838—2015 及一批地方规程与导则相继颁布和应用，为地下综合管廊的建设起到了重要指导作用。结合大量的工程案例和地区经验，地下综合管廊勘察主要聚焦于以下方面：

（1）调查综合管廊沿线范围内各层岩土的类别、结构、厚度、坡度，岩土的物理力学性质指标及地下工程设计、施工所需的基床系数、静止侧压力系数等岩土参数，并对地基的稳定性及承载力作出评价；

（2）查明不良地质作用、特殊性岩土及对工程施工不利地质条件的分布和特征，分析其对本工程的危害和影响，提出工程防治措施和建议；

（3）定性预测由于管廊修建对沿线重要构筑物、地下构筑物及管线可能引起的变化及预防措施；

（4）确定场地类别、进行工程区地震效应分析预测，如粉土、砂土地震液化（应计算液化指数）等，并提出措施建议；

（5）调查沿线障碍物（如井、桩等）、建（构）筑物、管线勘察等；

（6）调查地下水类型、埋藏条件、补给来源、提出水质评价，并提供抗浮设计水位、土层渗透等基坑降水设计及渗透稳定性分析参数；判定地下水和土、岩对建筑材料的腐蚀性；并对产生流砂、管涌、坑底突涌等可能性进行分析评价；

（7）提供地基变形计算参数、建议合理的持力层；

（8）提供综合管廊建设过程中基坑设计所需的岩土物理力学参数，并为综合管廊基槽开挖和支护建议提供合理的支护方案，并提供相关设计参数，论证和评价基坑开挖、降水对邻近工程的影响。此外，对于综合管廊上覆回填土的沉降措施、特殊性土地基处理、综合管廊结构及其上部覆土抗滑验算进行综合分析并给出相应处理措施。

## 2.2.3　特殊性岩土和不良地质作用场地勘察

### 1. 特殊性岩土勘察

特殊性岩土是指在特定的地理环境或人为条件下形成的具有特殊的物理力学性质和工程特征，以及特殊的物质组成、结构构造的岩土。在城市地下空间工程建设过程中，湿陷性黄土、红黏土、软土、膨胀性岩土等特殊性岩土对工程建设造成巨大威胁。因此，掌握各类特殊性岩土勘察要点，可以有效保障工程建设安全。

1）湿陷性土

湿陷性土是指非饱和结构不稳定的土，在一定压力作用下受水浸湿后，结构迅速破坏，并产生显著附加下沉，其会使地基出现不均匀沉降、构筑物倾斜、房屋墙身破坏，严重威胁地下工程安全运营，其勘察要点如下：

（1）查明湿陷性土地层形成时代、成因、厚度、湿陷系数和湿陷起始压力随深度变化，湿陷类型和级别划分，变形参数和承载力以及地下水位变化情况等；

（2）采取不扰动土样，必须保持土样的天然湿度、密度以及结构，并符合Ⅰ级土样质量要求；

（3）勘探点使用完毕后，应立即用原土进行分层回填夯实，且不宜小于该场地天然黄土的密度；

（4）需通过搜集资料、现场调查等工作对场地选择以及拟建场地稳定性和适宜性作出初步评价；

（5）初步勘察阶段应查明场地各土层物理力学性质、场地湿陷类型、地基湿陷等级、不良地质现象及其影响，并对场地稳定性作出初步评价；

（6）详勘阶段应查明地基土层及其物理力学性质指标，确定场地湿陷类型、地基湿陷等级的平面分布和承载力。

2）红黏土

红黏土主要指在湿热气候条件下，碳酸盐岩石经红土化作用形成并覆盖于基岩上，呈棕红、褐黄等的高塑性土。由于红黏土具有高塑性、高含水性和低密度等特性，使得在降雨和地下水活动等作用下,其含水量增大、土质变软。此外,红黏土具有失水收缩性、一旦再遇水浸润则湿化崩解,土体的含水率的变化直接会影响隧道等地下工程的稳定性,引起地表沉陷,都会危害地下工程的稳定性。因此,红黏土的勘察要点如下:

(1) 不同地貌单元的红黏土和次生红黏土的厚度、分布、物质组成以及土性等特征和差异;

(2) 下伏基岩岩性,岩溶发育特征及其与红黏土厚度和土性变化的关系;

(3) 地裂分布、发育特征及其成因,土体结构及裂隙密度、深度、延展方向及规律;

(4) 地表水和地下水的分布、动态及其与红黏土状态垂向分带的关系;

(5) 现有建筑物开裂的原因分析,当地施工经验等;

(6) 红黏土室内试验除应满足常规试验外,对裂隙发育的红黏土应进行三轴剪切试验或无侧限抗压强度试验。必要时,可进行收缩试验和复浸水试验。

3) 软土

软土主要指在静水或缓慢水流环境中以细颗粒为主的近代沉积物,包括有淤泥、淤泥质土、泥炭、泥炭质土等。软土特点主要为含水量高、孔隙比大、渗透性差、强度低、变形大、固结时间相对长、压缩性高,并有触变性、流变性和不均匀性。在软土地区进行地下工程建设时,易发生强烈的不均匀下沉,甚至出现滑动变形造成地基失稳。因此,对于软土地区的勘察需要查明以下内容:

(1) 成因类型、成层条件、分布规律、层理特征、水平方向和垂直方向的均匀性和渗透性;

(2) 地表硬壳层的分布与厚度,下伏硬土层或基岩的埋深和起伏情况;

(3) 固结历史、应力水平和结构破坏对强度和变形的影响;

(4) 微地貌形态、埋藏深度及填土情况;

(5) 基坑开挖、回填、支护、降水、打桩、沉井等对软土应力状态、强度和压缩性的影响;

(6) 地震区产生震陷的可能性以及实际工程经验。

4) 膨胀岩土

膨胀岩土指含有较多亲水矿物、具有吸水膨胀、软化、崩解和失水收缩、开裂等特性的岩土。在膨胀岩土地区进行地下工程建设时,膨胀土的胀缩、软化及裂隙会导致地下工程产生开裂、倾斜甚至破坏,造成重大经济损失。因此,对于膨胀岩土地区的勘察需要查明以下内容:

(1) 查明膨胀岩土的地质年代、岩性、矿物成分、成因、产状、分布以及颜色、裂隙发育情况和充填物等特征;

(2) 划分地形、地貌单元和场地类型;

(3) 调查地表水的排泄和积聚情况、地下水的类型、水位及其变化规律;

(4) 收集当地降水量、干湿季节、干旱持续时间等气象资料、大气影响深度;

(5) 测定自由膨胀率,一定压力下的膨胀率、收缩变形量、胀缩变形量、胀缩等级;

(6) 确定膨胀潜势、地基的膨胀变形量、收缩变形量、胀缩变形量、胀缩等级;

(7) 提供膨胀岩土预防措施及地基处理方案的建议。

**2. 采空区场地勘察**

由于人为采掘地下矿产资源后而形成的地下空间称之为地下采空区。根据采空区的开采现状可以分为老采空区、新采空区和未来采空区三类；按照采深或采深采厚比可以分为浅层采空区、中深层采空区和深层采空区等。由于开采过程中形成了一定的地下空间，进而使得周围岩体向地下空间移动，当开采空间的位置很深或尺寸不大时，围岩的变形破坏将局限在一定的范围内，对地表影响较小；当开采空间的位置较浅或尺寸很大时，围岩变形破坏则会对地表造成影响，并出现沉降现象，进一步形成地表移动盆地，出现裂缝或者崩陷，这对地面建筑物造成威胁，且严重制约城市地下工程建设。开展采空区场地勘察，其目的是查明老采空区的分布范围、埋深、充填程度及上覆岩层的稳定性情况，分析预测现采空区和未来采空区的地表变形特征和规律、采空区对工程建设可能造成的影响及采空区中残存的有害气体、充水情况及其造成危害的可能性，为城市地下工程选址、设计和施工提供翔实可靠的岩土工程资料。采空区勘察要点如下：

（1）矿层的分布、层数、厚度、深度、埋藏特征和上覆岩层的岩性、构造等；

（2）矿层开采的分布、深度、厚度、时间、方法和顶板管理，采空区的塌落、密实程度、孔隙和积水等；

（3）地表变形特征和分布，包括地表塌陷坑、台阶、裂缝的位置、形状、大小、深度、延伸方向及其与地质构造、开采边界、工作面推进方向等的关系；

（4）采空区覆岩及垮落类型、发育规律、岩性组合及其稳定性，对采空区上覆不同性质的岩土层应分别取代表性试样进行物理力学性质试验，提供稳定性验算及工程设计所需岩土参数；

（5）地表移动盆地的特征、划分中间区、内边缘区和外边缘区，确定地表移动和变形的特征值；

（6）地下水赋存类型、埋藏条件、分布范围、补给排泄条件、水质及其腐蚀性，采空区充水情况及赋水变化对采空区稳定性的影响。采空区附近的抽水和排水情况及其对采空区稳定的影响；

（7）有害气体的类型、浓度、分布特征、压力等赋存情况和危害程度，对可能储气部位，必要时应进行有害气体含量、压力的现场测试；

（8）采空区对既有地下结构的破坏情况及针对采空区覆岩移动变形所采取工程措施的成功经验。

**3. 岩溶发育场地勘察**

岩溶是指碳酸盐类可溶岩岩石（石灰岩、白云岩、大理岩、碳酸盐质砂岩或砾岩等）在地表、地下水的作用下，在漫长的地质历史中形成（溶解 $CaCO_3$ 及冲蚀）各种形态的沟槽、溶隙、空洞、管道等地质现象。在城市地下空间开发建设过程中，岩溶极易诱发下列岩土工程问题：

（1）地下工程修建过程中，管道突水、冒泥、洞穴填充物冒顶、底板下沉或脱空等是地下工程建设的主要危害。此外，地下工程大量排出岩溶水致使地面沉降也是地下工程建设的主要危害因素；

（2）建（构）筑物地基基础（天然地基、桩基）持力层的稳定性，基底或桩端持力层完整岩体厚度不足时压塌或刺穿下方溶洞顶板，使得桩基工程桩端持力层失稳，桩基失效；

（3）岩溶地面塌陷是岩溶对工程（环境）危害最严重的岩溶地质灾害之一。岩溶地面塌陷是指隐伏在第四纪覆盖层下的可溶岩中存在空洞、沟槽，且存在与覆盖层相连的通道，在某些自然因素或人为因素的作用下，覆盖层物质沿着岩溶通道漏失到岩溶空洞中，引起覆盖土体发生塌陷，导致地面出现塌陷的自然现象。结合大量的工程经验，岩溶地面塌陷可以划分为砂漏型塌陷、土洞型塌陷和真空吸蚀型塌陷三类，其成因演化过程如图 2.2-1～图 2.2-3 所示。

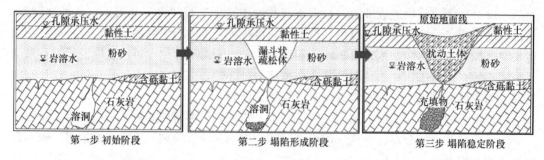

图 2.2-1　砂漏型塌陷演化形成示意图

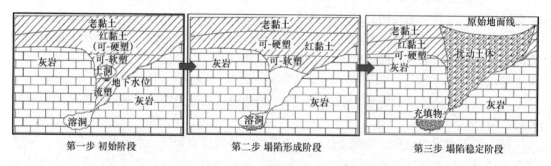

图 2.2-2　土洞型塌陷演化形成示意图

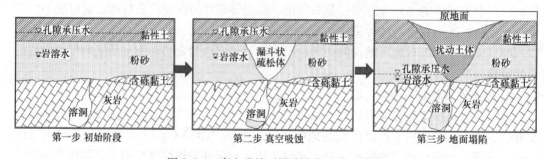

图 2.2-3　真空吸蚀型塌陷演化形成示意图

综上所述，岩溶一般具有隐蔽性、构造复杂及类型多样等特点，对城市地下工程建设和安全运营都会造成严重威胁。如果不及时预防和处理，则会造成重要安全隐患。因此，在岩溶区域开展城市地下工程建设，需要重视岩溶勘察工作，需要查明以下内容：

（1）可溶岩地层分布、地层年代、岩性成分、地层厚度、结晶程度、裂隙发育程度、单层厚度、产状、所含杂质及溶蚀、风化程度；

（2）可溶岩与非可溶岩的分布特征、接触关系；

（3）地下岩溶发育程度，较大岩溶洞穴、暗河的空间位置、形态、深度及分布和充填情况，岩溶与工程的关系；

（4）断裂的力学性质、产状，断裂带的破碎程度、宽度、胶结程度、阻水或导水条件，以及与岩溶发育程度的关系；

（5）褶曲不同部位的特征，节理、裂隙性质，岩体破碎程度，以及与岩溶发育程度的关系；

（6）溶洞或暗河发育的层数、标高、连通性，分析区域侵蚀基准面、地方侵蚀基准面与岩溶发育的关系；

（7）岩溶水动力垂直分带不同特征及补给、径流、排泄条件，划分垂直入渗带、季节变动带、水平径流带和深部缓流带；岩溶地下水的流向、流速，地表岩溶泉的出露位置、水量及变化情况，岩溶水与地表水的联系；

（8）土洞和塌陷的分布、形态和发育规律；土洞和塌陷的成因及其发展趋势；当地治理岩溶、土洞和塌陷的经验。

**4. 高地震烈度场地及活动断裂勘察**

目前，我国地下工程建设规模不断扩大，各大城市纷纷修建城市地下综合体，地下轨道交通等工程。我国恰好地处欧亚大陆板块和印度板块之间，地震活动非常频繁。现行《建筑抗震设计规范》GB 50011—2010 规定抗震设防烈度等于或大于 6 度的地区，在进行场地和地基的岩土工程勘察时，必须进行强震区的地震效应勘察，并根据国家批准的地震动参数区划和有关规范，提出勘察场地的抗震设防烈度、设计基本地震加速度和设计分组。由于地震会造成地面破裂、地基失效和斜坡变形破坏等问题，因此，在强震区开展场地和地基的地震效应的岩土工程勘察，提前预测调查场地、地基可能发生的震害，根据场地工程的重要性、场地条件及工作要求分别予以评价，并提出合理的工程措施，可以有效保障城市地下工程抗震建设安全。其勘察具体要求如下：

（1）确定场地土的类型和建筑场地类别，并划分对地下工程有利、不利或危险的地段；

（2）对场地与地基应判别液化、确定液化程度（等级）、提出处理方案，对于可能发生震陷的场地与地基，应判别震陷并提出处理方案；

（3）对地下工程场地区域的滑坡、崩塌、岩溶、采空区等不良地质现象在地震作用下的稳定性进行评价；

（4）对于缺乏历史资料和地下工程建设经验的地区，应提出地面峰值加速度、场地特征周期、覆盖层厚度等参数。对于需要采用时程分析的工程，应根据设计要求，提供土层剖面、覆盖层厚度和剪切波速度等有关参数，结合项目工程需求，可进行地震安全性评估或抗震设防区划；

（5）对于重大地下工程进行断裂勘察。必要时宜作地震危险性分析或地震小区划和震害预测。一般活动断裂对地下工程危害较大，其主要是指现今仍在活动或者近期有过活动，不久的将来还可能活动的断层，其中后一种也叫潜在活断层。活动断裂的地面错动直接损害跨越该断层修建的地下隧道等地下工程，同时会影响到邻近的建（构）筑物。此外，长期蠕动和地震发生时突然滑动的活断层，都可对建筑物造成直接损害。因此城市地下空间工程场地应进行活动断裂勘察，断裂勘察应查明断裂的位置和类型，分析其活动性和地震效应，评价断裂对隧道工程、地下洞室等可能产生的影响，并提出相应的处理方案。断裂的地震工程分类可划分为全新活动断裂和非全新活动断裂，全新活动断裂又可划分为强烈全新活动断裂、中等全新活动断裂和微弱全新活动断裂。对活动断裂进行工程地质测绘及勘察中，应查明断裂位置及类型，分析其活动性和地震效应，评价断裂对工程建设产生的影响，并提出处理方案。需要对活动断裂相关特征进行调查，具体如下。

（1）地形地貌特征：山区或高原不断上升剥蚀或有长距离的平滑分界线；非岩性影响的陡坡、峭壁，深切的直线河谷，一系列滑坡、崩塌和山前叠置的洪积扇；定向断续线性分布的残丘、洼地、沼泽、芦苇地、盐碱地、湖泊、跌水、泉、温泉等；水系定向展布或同向扭曲错动等；

（2）地质特征：近期断裂活动留下的第四系错动，地下水和植被的特征；断层带的破碎和胶结特征；宜采用放射性碳定年法、热释光法和轴系法等，测定已错断层位和未错断层位的地质年龄，并确定断裂活动的最新时限；

（3）地震特征：与地震有关的断层、地裂缝、崩塌、滑坡、地震湖、河流改道和砂土液化等；

（4）断裂特征：断裂的性质、产状、破碎带宽度等。

## 2.3　城市地下空间场地勘察技术新进展

近年来，随着国家"十四五"规划和2035年远景目标纲要等政策的实施，一大批轨道交通设施、城市地下综合体、地下综合管廊等基础设施已开工建设或逐步提上日程，极大地促进了地下工程建设的繁荣发展。同时，地下工程在修建过程中受到气候环境多变、场地工程地质环境多样、地下水位条件复杂和施工工艺等因素的影响，易于诱发地面沉降、隧道突涌水、基坑垮塌等工程事故。由此可见，场地岩土工程勘察质量是影响工程建设和安全运营的直接影响要素之一，而传统的场地勘察技术难以满足工程设计要求，严重制约了城市地下工程建设，面临着技术急需迭代升级、信息数字化程度有待提升、获取的岩土参数精准性有待提高等迫切需求，这些都给场地勘察技术提出了更高的要求。本节结合场地岩土工程勘察行业现状，查阅大量的国内外权威技术文献，从原位测试、工程钻探、综合物探、空-天-地一体化勘察技术方法和智能勘察技术等方面来概述城市地下工程建设过程中的岩土工程勘察测试技术的新发展，为勘察单位认识、了解、研发岩土工程勘察新技术、为场地岩土工程项目建设需求提供参考借鉴。

### 2.3.1　原位测试

岩土工程原位试验具有扰动较小、免于取样、能够最大限度保持岩土参数的准确性，可以避免试验结果受环境因素的影响等优点。在岩土工程勘察技术持续发展的背景下，原位测试技术持续进步，在场地工程勘察行业中的作用越发明显。因此，加强原位测试技术对于保证城市地下工程质量安全十分重要。本节内容主要介绍了旁压试验和静力触探技术的新进展。此外，在场地工程实践过程中，需要结合工程特性及地质环境背景，选择相应合适的原位测试方法，并结合其他测试试验方法，可以充分保障场地岩土工程勘察质量，有力保障后续工程建设的有序进行。

**1. 预钻式旁压仪**

旁压试验主要是通过旁压器加压对土体施加径向均匀压力，并求得压力与径向位移关系曲线得出土体承载力特征值。结合地区经验，旁压试验可用来评定地基承载力、变形参数、估算桩基承载力和计算土的侧向基床系数，适用于黏性土、粉土、砂土、碎石土、残积土、极软岩和软岩等地层。目前，旁压试验主要分为预钻式、自钻式和压入式三种。预钻式旁压仪是预先用钻具钻出一个符合要求的垂直钻孔，然后将旁压器放入钻孔内的设计标高，再进行旁压试验。自钻式旁压仪主要是将旁压仪设备和钻机一体化，将旁压器安装在钻杆上，并在旁压器的端部安装探头。在钻进的过程中，用泥浆将切碎的土屑从旁压器（钻杆）的空心部位带走，直至预定标高后开展旁压试验，其优越性就是最大限度地保证了地基土的原状性，其代表性产品有法国道桥式（PAF）和英国剑桥式（Camkometer）旁压仪，历经多次迭代更新，实现了数字化和自动化，操作也相对灵活简单，且精度较高。此外，由于压入式对土体的挤压效应十分明显，一般使用相对较少。目前，旁压仪的应用范围已从浅部土层原位测试向隧道岩体拓展，旁压仪器也实现了多功能用途，比如法国第三代道桥式旁压仪探头可以调换成剪切仪、摩擦仪和渗透仪等，这样可以有效地提高工作效率。

在城市轨道交通勘察中（图 2.3-1），通常采用预钻旁压试验来获取土的侧向基床系数，以此来模拟地基土与结构物的相互作用，计算结构物内力及变位。用来测试基床系数的各种原位测试和室内试验的特点如表 2.3-1 所示，在预钻式旁压试验实际操作中对成孔质量要求较高，其是试验成败的关键所在，尤其是软弱土层易发生缩孔、坍孔现象，会存在旁压曲线反常失真及无法应用的现象，需要结合地区经验进行修正。基于此，建立基床系数与压缩模量、标贯击数等其他常规物理力学参数间的换算关系，以期得到一种快速获取基床系数取值方法，这也是原位测试试验研究的热点之一。

图 2.3-1　预钻式旁压仪在地铁线路勘察中的应用

各种基床系数测试与试验方法对比研究　　　　　表 2.3-1

| 测试与试验方法 | | 适用地层 | 参数 | 实施难度 | 成本 | 周期 | 可靠性 |
|---|---|---|---|---|---|---|---|
| 原位测试 | 载荷板 | 所有地层 | $k_h$、$k_v$ | 深层难 | 高 | 长 | 好 |
| | 扁铲 | 软弱土、松散土 | $k_h$ | 一般 | 一般 | 一般 | 需修正 |

续表

| 测试与试验方法 | | 适用地层 | 参数 | 实施难度 | 成本 | 周期 | 可靠性 |
|---|---|---|---|---|---|---|---|
| 原位测试 | 预钻旁压 | 一般性土、黄土、软/风化岩 | $k_h$ | 一般 | 一般 | 一般 | 需修正 |
| 土工试验 | 固结 | 土层 | $k_h$、$k_v$ | 小 | 小 | 短 | 需修正 |
| | 三轴 | | $k_h$ | 试验要求高 | 小 | 短 | 需修正 |
| 经验公式 | | 公式适用条件 | | — | | | 结合地区经验 |

**2. 多功能静力触探技术**

静力触探试验（CPT）是利用压力装置将探头在竖直方向上按一定的速率压入土中，利用安装在探头上的传感器测量贯入过程中各种数据的一种原位测试技术。静力触探的优势在于测试连续、快速高效、操作方便简单。静力触探的主要目的是通过对所采集的数据进行地层评价，可以辨别土类及划分土层，进一步确定地基土的承载力和变形指标，判别砂土液化及估算单桩承载力等。目前，静力触探技术被广泛应用在城市地下空间岩土工程勘察、资源开发、桥隧交通工程、地质灾害评估等方面[11]。由于其应用场景及要求逐渐提高，在CPT探头上配备的传感器不断迭代升级（图2.3-2）。

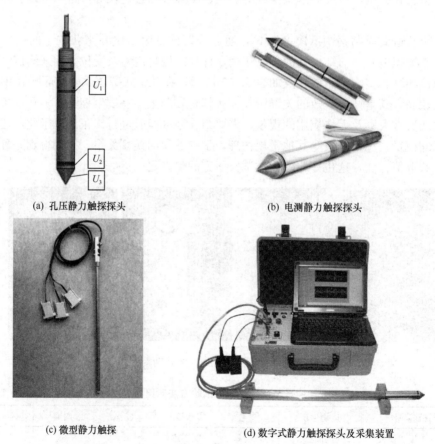

(a) 孔压静力触探探头　　　　　　　　　(b) 电测静力触探探头

(c) 微型静力触探　　　　　　(d) 数字式静力触探探头及采集装置

图2.3-2　典型静力触探技术新装备

（1）CPTU（孔压静力触探）探头：利用安装在锥尖或锥肩上的孔隙水压力传感器测量贯入过程中探头周围土体中孔隙水压力的变化。

（2）旁压 CPT 探头：用来测量侧压力和变形模量，由于锥体贯入时对土体造成了扰动，理论尚需要加强。

（3）侧压力 CPT 探头：通过安装在摩擦筒上的传感器测量土体的侧压力。

（4）电阻率 CPT 探头：测量土体的电阻率及孔隙水的电阻率。

（5）核子密度 CPT 探头：通过测量安装在探头上的放射源穿过土体前后能级的变化来测量土体体积密度。

此外，静力触探除了探头传感器的发展，在集成化和自动化方面也丰硕成绩，出现了全地形静力触探车、履带式静力触探、集装箱贯入式、全自动式连续静力触探设备。综上所述，由于静力触探设备的不断迭代更新，其应用场景不断拓展，已从最初的地下工程场地勘察、工业污染场地环境评价等传统建筑行业方面逐渐扩展至水运、海洋岩土勘察、海洋环境保护等领域，但是静力触探结果易受到多方面因素的影响，需要结合项目工程实际情况来开展测试工作，使得静力触探试验结果相对准确。

## 2.3.2 工程钻探

工程勘察作业是城市地下空间工程建设过程的重要环节之一，对后续工程施工、监测和运营起到重要作用，而钻探工艺作为常用勘察的基本手段之一，在岩土工程中发挥着重要作用。由于城市地下工程规模及环境更加复杂，且更加注重效率、环保，这对工程钻探提出了更高的要求，朝向智能化、模块化、轻量化钻探装备及配套的高效环保钻探工艺技术发展。本节以水平定向勘察技术、声波钻进技术等为例来介绍工程钻探近年来的新发展。

**1. 水平定向勘察技术**

在进行工程地质勘探过程中，由于受到各种不同的地表建筑物影响，造成传统的垂直钻探无法开钻。寻求地质钻探新方法摆在了勘探部门的面前，开展水平定向取芯钻探是解决办法之一。水平定向钻探技术将传统的地勘取芯技术与水平定向钻进技术结合，辅以孔内测试技术，能直观、准确地了解地层情况，已逐步在重大工程勘察中运用，其具有勘察精度高、适应能力强、对周边环境友好、场地选择更加灵活等特点（图 2.3-3、图 2.3-4）。这种定向钻探技术被广泛运用到煤层气开采、采空区治理和城市工民建勘察领域中，如在山东济南章丘采空区项目中，综合采用定向钻探与注浆技术进行采空区治理，为后续工程建

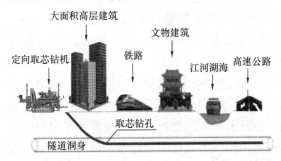
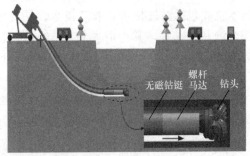

图 2.3-3 水平定向钻探应用场景及钻探示意图

设提供安全的地基基础（图 2.3-5），现已逐步拓展至城市地下工程勘察中。

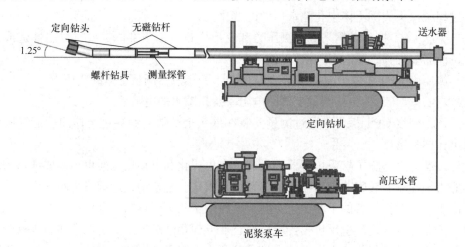

图 2.3-4　水平定向钻进技术与装备系统组成

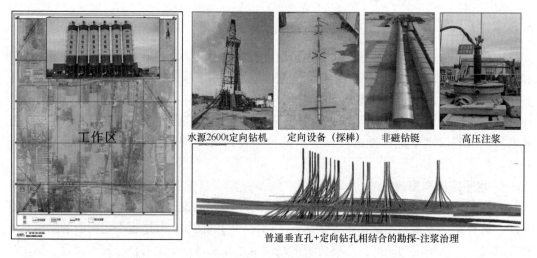

图 2.3-5　采空区改造治理中的定向钻探技术综合运用

（1）定向钻探技术：通过一定的技术手段，使井身沿着预先设定的方位和井斜钻达目的层的钻进方法，并结合随钻测量技术、综合测井技术、对目标地层的岩性变化、混杂岩发育情况、破碎带分布、裂隙水涌水或构造岩溶情况、有毒有害气体等进行探查，其核心技术主要包括钻进技术、取芯技术、钻孔轨迹控制技术、随钻测量技术/随钻测井技术、综合测井技术等，其中取芯技术与钻孔轨迹控制技术是关系水平定向勘察成功的重要环节[12]。

（2）取芯技术：水平孔取芯钻具扭矩增大，钻进中需大的钻压克服钻进中的钻具托压，岩芯管在回转中因易弯曲影响岩芯原状形态和采取率，而且易发生掉块卡钻和形成岩屑床，尤其是当岩芯是近似平行于层理方向，钻具卡取岩芯更加困难。通常水平定向取芯技术主要为绳索取芯和提钻取芯。绳索取芯通常采用较大直径的钻杆作为外管，在钻杆内安装一套取芯内管（图 2.3-6）。在定向钻进过程中，岩芯慢慢装入取芯管内，当岩芯装满取芯管时，使用钢丝绳打捞器将取芯管从钻杆中提出，待取出岩芯后，将取芯管再次下入孔底，然后继续进行钻进。相比常规取芯工艺，绳索取芯的钻进效率和岩芯采取率得到提高，有效降低施工成本。在提钻取芯方面，多以短钻程工具为主，但是存在在硬岩、致密类岩层和破碎岩层中钻进效率低、钻具稳定性差、岩芯采取率不足等问题。

图 2.3-6  绳索取芯器

（3）钻孔轨迹控制技术：主要是通过采用螺杆钻具结合随钻测量仪器实时监测钻孔参数和钻具姿态信息来确定造斜方向，并按照设计方向不断延伸。在钻进过程中，通过不断调节工具面角，即螺杆电动机的弯外壳朝向（一般为 0°～3°）来达到钻孔轨迹受控定向钻进的目的。

**2. 随钻测量技术**

随钻测量是指在钻进地层过程中采集相关的地质物理数据，以提供对地层结构、岩性、地应力等地质参数的认识和评估。随钻测量系统由地面接收部分和地下发射部分组成（图 2.3-7）。地下部分包括定向及地质信息传感器、数据调制器、功率放大器、数据发送及执行机构，信息利用钻杆与地层构成的信息传输通道发送出去。地面部分利用已有的设备收集地下传输的数据进行分析，将分析结果实时传递给机控人员，从而随时调整钻进。随钻测井是在随钻测量的基础上，增加若干用于地层评价的参数传感器，通过传感器测量近钻头参数信息，包括定向数据（井斜角、方位角、工具面角）、地层特性（伽马射线、电阻率测井）以及钻井参数（井底钻压、扭矩、转速）等（图 2.3-8）。国内外众多学者对此做了许多研究，研发了包括 PAPERO、ENPASOL 以及 Kajima 车载地层测量等系统。加拿大 Montreal 公司采用 Atlas Copco Roc 810H 旋转冲击式钻机对大理岩进行了研究，表明有效轴压和瞬时穿孔速率是特别重要的量化数据，与所经过地层的岩石特征及岩体地质力学属性相关联。岳中琦[13]提出了一套能够完善和提升现有工程岩体质量评价方法的新技术，利用现场钻孔过程监测（DPM）技术和钻孔过程时空数据的快速直观时间序列分析方法，更加全面客观地对岩块单轴抗压强度、岩体质量指标、岩体完整程度以及岩石坚硬程度等物理力学性质进行了评价。多年来，随钻测量领域的相关技术和方法为隧道掘进机研发、隧道地层随钻监测预报与识别、地质勘探随钻监测地层与界面力学质量、

图 2.3-7  随钻高清成像仪

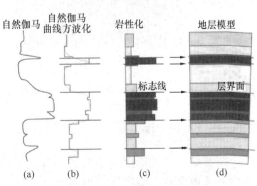

图 2.3-8  自然伽马地层处理示意图

随钻监测岩石力学参数试验以及智能与高效钻机研制等方面提供了科学依据，推动了相关领域的进步与发展，为岩土和地质工程的新一代精细、快速、高效勘探与设计分析提供了理论和技术支撑。

**3. 声波钻进技术**

声波钻进技术主要是通过高频振动力、回转力和压力三者的结合使钻头切入土层或软岩，进一步加深钻孔，达到钻探目的的新型钻探技术方法（图 2.3-9）。声波钻机具有如下优点：可车载可便携，机动性强，钻机速度快，比常规回转钻机和螺旋钻进快 3～5 倍，且对土层扰动小，岩土样保真度好，相比常规钻机采用泥浆和其他洗孔介质，声波钻机更加环保，钻机产生的废物比常规钻机少 70%～80%，从而减少钻机液对环境的污染，适应地层相对范围较广，可以在各种覆盖层，如砂土、粉砂土、黏土、垃圾堆积物和砂岩、灰岩等，有效采集连续岩芯样品，钻机成本相对较低，应用场景广，如环境勘探、矿产勘探、水文水井钻探、岩土工程勘察与施工等。如在覆盖层或软基岩中，声波钻进过程中可以采集代表性强、直径大、保真性好的连续岩土样，能够准确确定地层厚度、岩土物性和成分以及污染物含量，为场地岩土工程勘察获取准确的岩土物理力学性质与水文地质参数等提供信息。荷兰 Eijkelamp 公司研发的 SmallRotoSonic 小型声波钻机为世界上最小的旋转声波钻机，分为长冲程和短冲程两种。由于国内岩土工程勘察行业通过购买相关钻进设备组装声波钻机，生产成本较高，且维修和维护成本较高，行业围绕相关痛点开展技术攻关，主要围绕提高振频动力头寿命、解决高振频下钻具疲劳损伤问题，同时引入物联网、大数据分析、语音识别、在线监测等技术，大幅度提升高频声波钻机的智能化和自动化水平，进一步推动声波钻机的推广和使用[14]。

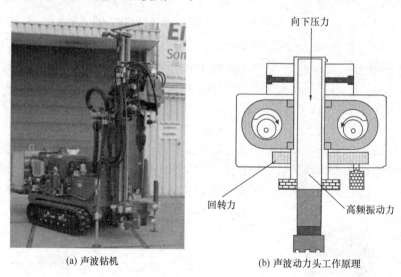

(a) 声波钻机　　　　　　　　(b) 声波动力头工作原理

图 2.3-9　声波钻机及其声波动力头工作原理示意

## 2.3.3　综合物探

随着地下开发深度不断增加，且地下地质条件复杂多变，物探方法在城市地下空间探测中越来越受到人们重视，但在复杂的城市环境下开展地下空间物探工作，面临着噪声干扰、地下纵横交错的管网、密集的建筑、硬化路面、外业工作安全及施工场地条件等外界干扰或限制条件。因此，新方法新技术的应用一直是物探工作面临的重要挑战。近年来，随着新技术的发展和新设备的推出，地球物理勘探技术已经取得了重大进展，主要包括以下方面。

**1. 微重力**

微重力勘探是通过在小范围内布设密集测点对地下介质密度的不均匀性引起的微弱重力异常变化进行测定，以研究与工程建设有关的地质构造的工程地球物理勘探方法，主要包括剖面法测量、垂直重力梯度测量和井中重力测量。与常规重力相比，微重力测区范围一般较小，但测点密度和测量精度要求较高。微重力法由于受地形等因素影响较小，在解决工程勘察中的某些问题上能发挥独特的作用，特别是与其他工程地球物理勘探方法，如工程电法勘探、工程地震勘探等方法相配合，能取得更为理想的效果。微伽级精度的重力仪可以对小尺度地质体引起的异常进行探测，探测精度得到较大提升（图 2.3-10）。目前随着仪器精度提升以及数据处理技术的发展，微重力勘探应用越来越广泛，其不仅可以在地面进行测量，还可在竖井和坑道内测量，甚至在建筑物内部进行重力测量，通过采集三维空间重力数据可以很好地克服多解性问题。微重力探测具有数据采集快捷、成本低、抗干扰等优势，在城市地下空间开发应用较广，如城市地下空间、地下水迁移塌陷及范围探测、坑洞、隧道、管道以及建筑物的变形和沉降情况、地下隧道、地下室等建筑物的支撑结构的稳定性和安全性、探查小断层和破碎带、小规模浅部岩溶以及岩土体崩塌预报，取得了良好的应用效果。

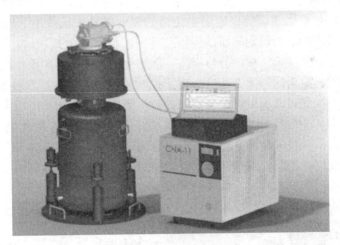

图 2.3-10　便携式超导重力仪

**2. 三维地质雷达**

三维地质雷达是根据地下介质的电性差异，通过发射和接收雷达波，获取地下物质的电磁响应信号，进而识别地下物质的空间分布和性质，在工程地质勘探、隧道掘进、地下管线探测、城市建筑物地下基础检测等领域得到了广泛应用（图 2.3-11）。与常规的电磁探测技术相比，三维地质雷达的电磁波传播速度更高，受地下介质影响导致的传播衰减系数明显更低。此外，在处理城市地下管线探测工作的过程中，必须要解决地下介质对探测电磁波造成的影响，才能够保障探测结果的精度。蔡勤波等[15]从测区地质地貌、水文地质条件及地球物理特性等方面，分析总结了三维地质雷达系统在城市道路地下空洞探测工作中的应用，经钻孔和孔内摄像验证，地质雷达探测效果良好，可为城市地质病害超前预报、风险评估和综合治理提供服务。周东等[16]针对探地雷达法隧道内溶洞探测过程中存在位置标定模糊和形状确定困难等问题，采用三维属性体和等值面提取技术，在一定程度上解决了探地雷达传统三维可视化方法振幅阈值设置时过度依赖解译人员经验等问题，适用于沉积岩层等层状介质解释。三维地质雷达不仅能够提供更加准确的地下结构信息，还能够帮助工程师更好地规划和管理地下空间资源，提高工程施工效率和安全性。

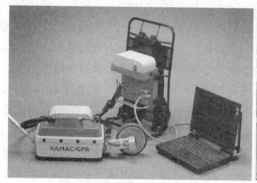

(a) 三维地质雷达仪器设备图　　　　　　　　(b) 加拿大SSI探地雷达

图 2.3-11　典型三维地质雷达仪器设备

### 3. 浅层三维地震

浅层地震勘探是根据地震波在地层中传播的弹性差异来反映地下地质情况，具有快速、全面、高分辨率的反映场地地质结构信息特征的特点（图 2.3-12）。浅层三维地震勘探数据量大、偏移归位准确、横向分辨率高，能够克服二维地震勘探在城市中受障碍物限制致使测线布设与构造走向斜交，浅层小构造控制程度较差和断层归位不够准确等问题，因此浅层三维地震探测可以为城市地下空间探查、活动断裂探测和地质灾害勘查等方面提供更高质量的数据，主要可分为地震反射波勘探、折射波勘探、横波勘探等方法。近年来，浅层三维地震勘探技术在城市地下空间开发和环境地质领域得到了广泛应用，包括地下管线检测、活断层探测、岩溶地区地下空洞探测等。此外，超浅层三维地震数据采集观测系统也被逐渐推广，其具有较高施工效率的密集炮点排列，并利用 omega 地震数据处理软件对超浅层三维地震叠加数据体进行三维可视化解释，从而推断出地下隧道的分布范

(a) Strata Visor NZXP地震仪　　　　　　(b) 数字化检波器

图 2.3-12　三维地震仪仪器设备

围[17]。随着数据采集技术的不断提高和计算机处理能力的增强，未来的浅层三维地震勘探技术将能够更加精准地刻画地下地质结构和物性信息，将会在城市地下空间开发领域发挥越来越重要的作用。

**4. 微动探测**

微动探测方法是以背景噪声成像理论和平稳随机过程理论为基础，从微动信号提取面波（瑞雷波）频散曲线，通过对频散曲线的反演获取地下结构信息的地球物理探测方法（图 2.3-13）。获取野外数据的观测台站方式主要为微动阵列方法，根据台阵群（台站数量≥2）观测记录的微动信号对地下地质结构进行探测。微动阵列探测方法可提供有效的 S 波速度、土层厚度等关键地球物理参数[18]。通过微动阵列探测技术可以获得沉积层厚度，土层厚度在场地稳定性评价、工程质量无损检测等方面起着非常关键的作用[19]。微动探测方法的野外观测阵列目前以圆形散点阵列为主，对于城市勘探中障碍物相对较多的

(a) VIDO一体化智能微动探测仪设备实物图 　　　　　(b) 现场布设图

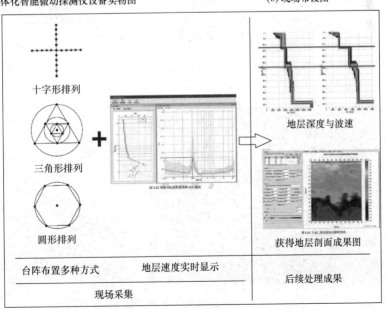

(c) 数据采集与处理成果

图 2.3-13　微动探测设备布设与处理成果

难点，有必要发展多种观测阵列，从而适应多变观测环境，提高方法的普适性。此外，迷你阵列微动探测方法可以有效地识别岩体的不同风化程度，并可提供浅层精细地质结构[20]。该方法不受城市中强电磁环境和工业活动的干扰，无需主动震源，对城市地下环境没有损害。由此可见，微动探测技术在地下管道监测、城市断层探测、地基勘察以及轨道交通等领域均应用广泛，其主要用来监测地下结构物的变形、沉降和位移等，可及时掌握地下环境的变化情况，提高城市地下空间的安全性和可持续发展能力。

**5. 微震监测**

微震监测技术是在野外布设地震检波器，并与室内进行实时通信，可以实时获得地下地震信号，对地下岩体变形和断裂过程中产生的微小震动信号进行收集和记录，然后对数据进行处理和分析（图2.3-14）。微震监测技术具有实时监测、全范围立体监测、空间定位、全数字化数据采集存储、远程监测和信息远程输送、高灵敏度、高分辨率、无损检测等特点，可以实时监测地下岩土体的变化，对于预测地下岩土体的变形和破坏等问题具有较好的效果（图2.3-15）。

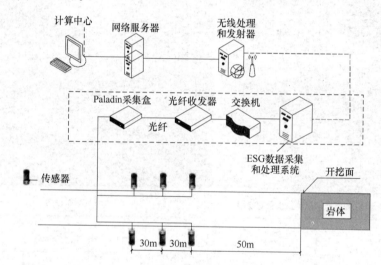

图 2.3-14　隧道微震监测系统结构

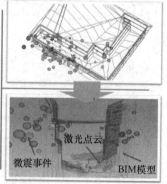

图 2.3-15　基于BIM实现微震与激光点云的结合

微震监测技术在地下工程中的作用是多方面的，包括监测岩爆和矿震、应力集中与重分配、岩体大冒落及边坡破坏等，为地下结构设计提供参数和优化地下工程设计与施工，灾害定位监测、隧道围岩稳定性监测、预报和灾害预警，地下灾害安全救助，检测工程（如大体积混凝土、地下注浆等）施工质量，监测岩体和混凝土结构的损伤和老化过程等诸多方面。在隧道工程安全监测方面，可以采用便携式微震监测设备，进行流动的抽样监测，也可对长大隧道进行固定式多通道微震监测，监测系统可沿用到隧道使用阶段的安全监测，还可对围岩体和支护结构进行实时监测，监测岩体随时间弱化和混凝土老化，掌握结构内的微破裂前兆、损伤程度等，有效防止灾害发生，确保隧道运营安全。

**6. 跨孔弹性波 CT**

跨孔弹性波 CT 技术是一种地下介质成像无损检测技术，通过在地下设置两个或多个互相垂直的钻孔，并在每个钻孔内布置发射器和接收器，利用地下介质对弹性波的散射和衰减特性，获取地下介质的成像信息（图 2.3-16），有利于全面细致地了解探测区域异常体的大小、形态及空间分布，也有利于确定地下异常体的工程性质，属于探测精度较高的勘探方法之一。

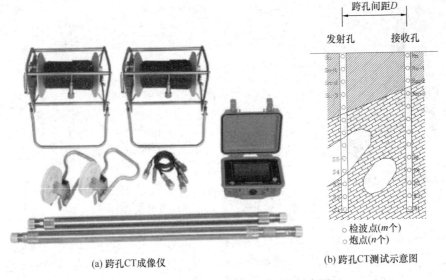

(a) 跨孔CT成像仪　　　　　　(b) 跨孔CT测试示意图

图 2.3-16　跨孔 CT 成像仪及测试示意图

与传统的地震勘探方法相比，跨孔弹性波 CT 技术具有高信噪比和分辨率、探测深度大、成像精度高等优点，地震波的运动学和动力学更为明显，解析效果直观，可以精确地探测地下管线和隧道结构，为城市规划和建设提供重要的地质信息。该技术通过对地震资料的处理、解释提供精确的速度模型，可以较精确地识别工程场地地层中的速度异常区域，利用波在不同介质中传播速度的差异原理，并结合计算机重建技术，重现地质体内部结构。同时还可提高地面地震数据的解译效果，甚至可以利用跨孔弹性波 CT 资料对地质层位进行标定，对岩性进行进一步研究。在盾构隧道施工超前地质预报中，应用跨孔弹性波 CT 技术对地铁盾构隧道区间地层进行高精度的探测，获取测试孔间的地层信息和不良地质体分布情况，从而达到对盾构隧道施工超前地质预报的目的。随着数据解译研究不断深入，跨孔弹性波 CT 技术有望在城市地下空间开发中继续发挥更加重要的作用。

### 7. 全景式孔内电视

全景式孔内电视是一种可以实现钻孔内全景影像拍摄的设备，能够将孔壁的全景影像传送至地面，并提供高分辨率的视觉信息，对各类城市地下工程开发具有重要的意义。全景式孔内电视系统主要由成像主机、探头、半自动绞车等组成（图 2.3-17）。钻孔成孔后，经洗孔与试剂的投放使得孔壁干净或孔内水体清澈；探头进入钻孔后利用自身的摄像光源照明，将探头周围的岩体的孔壁通过锥面镜反射传输至地面主机中；半自动绞车从钻孔底匀速提升探头至孔口，对不同深度的岩体孔壁成像采集。全景式孔内电视设备除了在岩土工程勘察中应用广泛外，在工程物探、市政工作、水文工程、地下管道等多个领域都可以提供实时、高清、三维的检测服务，为各类工程的安全施工和平稳运行保驾护航，具体应用场景包括混凝土浇筑质量检测、管桩检测、水井检修、地下管道检测、地应力测量以及大坝渗漏水检查等方面。邹先坚等[21]利用数字全景钻孔摄像系统获得的大量高清全景钻孔图像，采用基于聚类和特征函数的自动识别方法进行了智能分析和自动识别研究，并成功应用在乌东德水电站获得的实际全景钻孔图像中。

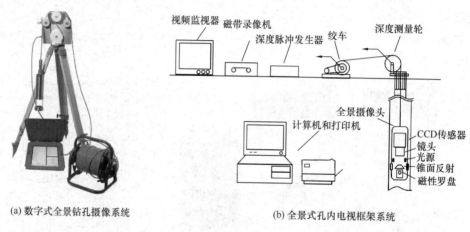

(a) 数字式全景钻孔摄像系统　　　　(b) 全景式孔内电视框架系统

图 2.3-17　数字式全景钻孔摄像系统及其示意图[22]

总的来说，全景式孔内电视技术在城市地下空间开发中有着广泛的应用前景和发展空间。通过数字图像处理技术的不断创新和完善，可以提高勘探和开发的效率和精度，从而进一步促进城市地下空间建设开发的可持续发展。

### 8. 隧道地质超前预报

在城市地下工程快速建设的过程中，一大批地铁隧道、水工隧洞和城市综合管廊等重大隧道工程建设迅速发展，对隧道工程地质勘探应用创新性技术和地质装备感知提出了更高的要求，这主要是由于场地工程地质条件复杂，需要结合不同地质体地球物理响应和赋存特征，综合采用各类预报方法在识别精度、探测距离和适应范围等方面的优点，才能进一步提高预报结果的准确性、可靠性，保障隧道施工安全（图 2.3-18）。隧道施工超前地质预报方法历经几十年的发展，已经由单一的地质分析预报阶段发展到地质分析结合地球物理探测的综合预报阶段，以 AGI-T3 隧道地质超前预报仪器系统为例，介绍如下：

AGI-T3 隧道地质超前预报仪器系统基于三维观测方式和"F-K"二维速度滤波技术，实现了高精度三维隧道地质超前预报（图 2.3-19）。其原理是应用大型动力有限元分析软

图 2.3-18 隧道图像测量设备[23]

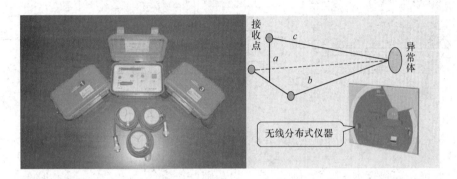

图 2.3-19 AGI-T3 三维成像隧道地质超前预报仪器及其原理示意图

件建立隧道三维立体模型，在掌子面前方一定距离处设置含水层、破碎带等不良地质体，通过加载锤击地震作用，模拟地震波在隧道围岩中的传播过程，得到地震波传播变化特点及规律。现场工作时采用锤击震源，采集过程简单、省时、易操作；使用锤击方式在隧道左侧、右侧壁沿测线进行多点位置激发，既可以保证有足够的数据信息，也便于应用"F-K"二维滤波方法，对共接收点信号排列进行去噪，有效提取掌子面前方回波信号。应用三分量检波器进行数据采集，可同时采集到纵横波信号，便于综合分析。成像软件首先对实测信号进行纵、横波分离，提取得到共接收点信号排列，然后应用"F-K"二维滤波等技术，有效提取掌子面前方回波信号（负速度），同时进行信号去噪等数据处理。对实测信号进行分析处理及去噪之后，基于地震波共反射面元叠加和偏移成像原理，可分别对纵波和横波进行隧道地质三维成像和综合解释。成像结果直观，可较准确反映地质构造和异常隐患的空间分布位置和形态，进一步提高隧道建设安全稳定性。

**9. 城市地下管线探测**

地下管线是城市建设中的重要组成部分，主要包括给水、排水、通信、电力、燃气、热力、工业等多种管线类型。地下管线被视为城市的生命线，但目前我国许多城市、企业地下管网分布不清，档案资料管理不够规范，给城市地下空间开发建设以及管线的使用与维护带来很多的困难，引发了许多管线损坏、人员伤亡、停水停电等重大事故。因此，地下管线的探测已成为施工必不可少的前提条件。城市地下管线探测技术主要包括探地雷达电磁波法、示踪线探测法以及声波检测法等（图 2.3-20 和图 2.3-21），可应用于近间距并行式管线探测以及非金属类管线探测等工作中。城市地下管线的探测工作难度较大，需针对具体探测要求展开分析，同时选择具有针对性的探测设备与探测方式，确保探测方法的合理性，为后续管线维护管理与城市地下空间开发建设等提供保障。李育强等[24]分析了城市地下管线探测的基本原理与技术优势，介绍了探地雷达电磁波法等城市新型地下管线探测技术，并从非金属类管线探测等方面研究了城市新型地下管线探测技术的应用。未来需要进一步加强研究和技术创新，推动城市地下管线探测技术的发展和应用，以满足城市地下管线管理的需求，推动城市建设的可持续发展。

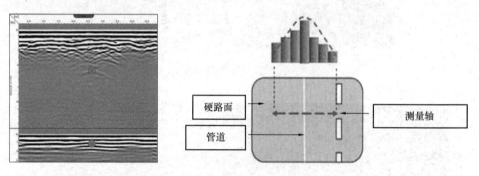

图 2.3-20　探地雷达图像识别　　　　图 2.3-21　同种介质声波信号示意图

### 2.3.4　空-天-地一体化勘察技术方法

空-天-地一体化技术主要是以遥感技术为基础，并综合卫星、无人机、地面测试手段的成套勘探技术，被广泛运用于工程地质灾害防治、城市地下空间工程勘察等领域，该方法主要是通过星载 InSAR 遥感手段等"空"类技术对工作区进行监测普查，圈定解译疑似变形区，利用高分无人机测绘等"天"类技术进行倾斜摄影测量详查，然后利用地质调绘、钻探和物探等"地"类技术进行勘探，最终实现对场地的"空-天-地"一体化综合勘察，具体各类涉及勘察技术如下：

（1）"空"类勘察技术：主要包括热红外遥感，高、低分辨率卫片地质解译，多光谱地层岩性识别，高光谱等卫星遥感。

（2）"天"类勘察技术：主要包括高分无人机测绘及勘察技术，机载激光雷达，航空像片地质解译技术，热红外航空扫描图像技术。

（3）"地"类勘察技术：主要包括常规的地质调绘，钻探，物探，超前地质预报，微动观测，三维激光扫描等技术。

根据工程勘察各阶段特点，合理选用各类勘察技术，如在踏勘阶段和可研阶段，通过对场地地质资料进行分析，利用遥感影像卫星解译等"空"类技术及现场踏勘等方法来宏观了解场地工程地质环境，在初步勘察阶段，则以"天"和"地"类勘察技术为主，主要通过无人机勘察、详细地质调绘、工程钻探、综合物探、三维激光扫描等技术开展综合勘察，查明场地不良地质发育特征，地下水流动特征规律，并获取工程设计所需的综合物理力学参数。在详细勘察阶段，则主要通过"地"类技术，针对场地开展综合物探及钻探等勘察工作，对于隧道需要进行超前地质预测预报工作，应用工程地质勘察集成等系统进行综合分析[25]（图 2.3-22）。针对场地工程地质特征，并根据勘察技术的适用条件及优缺点，选择经济合理的各类勘察技术进行组合，进而高效查明场地工程地质条件，为工程的规划、设计、施工和运营提供可靠的地质依据。

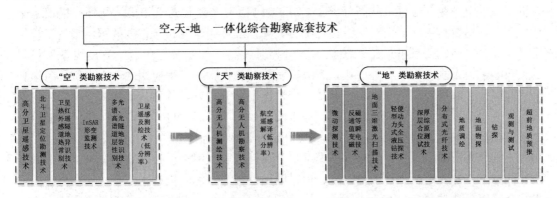

图2.3-22　空-天-地一体化综合勘察成套技术（深色方框是新技术，浅色方框是常规技术）

### 1. 干涉合成孔径雷达技术

合成孔径雷达干涉测量技术（Interferometric Synthetic Aperture Radar，以下简称InSAR技术）起源于20世纪60年代中后期，集成了合成孔径雷达技术和微波干涉技术等，主要被运用于地震形变监测、地质灾害早期识别、地表形变监测等领域，现运用较多的是时序InSAR技术，即通过长时间序列的SAR数据进行分析，以去除干涉相位中的轨道、大气、DEM误差以及低相干性等因素的影响，其具有高精度、高空间密度、长时间尺度等特点，如小基线集技术、永久散射体技术及其相关的演变技术[26]。在岩土工程领域，时序InSAR技术可以运用在城市地表形变监测方面。由于城市区域主要为工业建筑，具有相对稳定的散射特性，可以一定程度上减少InSAR技术中的时间失相干，进而得到比较可靠的形变信号。伴随SAR影像分辨率的不断提高和轨道重返周期的缩短，InSAR技术被广泛运用在因过度抽取地下水而导致的地表大范围、大量级形变，以及因修建城市地铁、高层建筑、公路等造成的地面沉降问题中，为城市地下工程的安全运营提供技术支撑（图2.3-23）。

图2.3-23　某地铁及其周边时序变形结果分析（图源网络）

**2. 无人机航测技术**

无人机是通过采用无线电遥控设备和自备的程序控制装置操纵的不载人飞机，即以无人机作为空中平台，通过机载高分辨率 CCD 数码相机、轻型光学相机、红外扫描仪等来获取信息，然后利用计算机对图像进行综合处理，最终制定成相应精度的图像来供工程使用（图 2.3-24a）。无人机遥感系统技术含量相对较高，其涉及遥感、空气动力学、材料学、微电子、无线电、航空等专业，组成相对复杂。在实际工程应用中，无人机具备体积小、数字化、重量轻、精度高、存储量大和性能优异等特点，其已从最初的空中照相机发展演化成岩土工程建设与决策的重要支撑手段，如在项目规划过程及可研阶段，可通过无人机航拍测绘系统快速获取地表信息，获得高分辨率的遥感影像，并生成三维正射影像图、三维地表模型等三维可视化数据模型，上述模型可以用于项目规划测量、工程地图标注、计算土方量变化、监督项目进度、项目展示模型等。无人机技术不断发展，与其他技术结合应用越来越紧密，使其应用场景逐渐扩大，如无人机＋建筑信息模型（Building Information Modeling，BIM）相结合技术，在工程勘察、设计、施工和运营各阶段，分别利用无人机通过倾斜摄影或激光扫描来获取场地图像数据，并生成高精度稠密点云或三维模型，然后利用 BIM 进行设计建模与优化，实时指导工程建设，缩短工期和节省造价（图 2.3-24b）。此外，贴近式摄影测量技术等代表的新兴无人机倾斜摄影测量技术也被广泛运用在工程地质灾害、岩土工程勘察建设过程中，其主要通过贴近式摄影来获取超高分辨率的影像，从而进行精细化模型的建设，可以较高程度地还原地物精细化结构特点，可以精细化重建岩土工程模型或精细刻画灾害体特征。

(a) 无人机航测系统示意图  (b) 无人机航测指导岩土工程建设

图 2.3-24  无人机航测及其工程应用（图源网络）

**3. 三维激光扫描技术**

三维激光扫描技术可以快速地获取场地的高精度三维点云数据，在数字勘察、数字管线等应用较多，主要由激光扫描仪、控制器、电源和软件等组成，其原理是通过激光束从发射到反射回系统的时间差（或相位差），来计算得到扫描仪到被测物体之间的距离，然后通过仪器内的精密时钟控制编码器保证系统来同步量测出每个激光脉冲横向扫描角度值和纵向扫描角度值；通过计算可得到被测物体的三维空间坐标[27]（图 2.3-25）。目前三维激光扫描仪种类繁多，主要分为脉冲式和相位式。脉冲式优点是扫描距离长，而相位式扫描仪的优点则是激光发射频率高、扫描速度快、测距精度高，但扫描距离相对较短。三维激光扫描技术的主要特点：采用非接触式工作，实现了不可到达目标的测量，可以在短时间内获取空间目标的三维信息，即扫描速度快，且可以在进行空间三维坐标测量的同时，获取目标表面的激光强度信号和真彩色信息等丰富的数据信息，能够以高密度、高精度的方式获取场地目标表面的细部特征；可以准确量测点云三维坐标、距离和方位角等信息，这使得三维激光扫描技术在岩土工程勘察中具有广阔的应用场景，如在城市道路、基坑开挖等工程中，可利用三维激光扫描仪对目标对象进行三维快速建模，并进行工程变形测量；此外，三维激光扫描技术也可应用于隧道断面形变检测及隧道整体变形分析中，同时结合超声层析成像法可以探查混凝土内部缺陷，查明混凝土表面缺陷向内部的延伸展布情况，由此对混凝土的结构健康状况进行检测（图 2.3-26）。综上所述，三维激光扫描的核心本质是多维点云数据变化与分类、多维点云几何与属性协同的尺度转化，主要体现在广义点云三维数据建模的理论与方法的迭代升级，需要提升三维激光扫描装备及搭载平台、引入人工智能、深度学习等新型数据处理方法，提升点云处理能力，进一步扩大三维激光扫描技术的应用场景[28]。

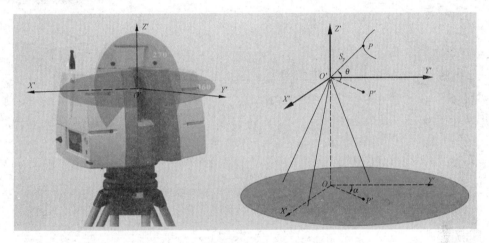

图 2.3-25　三维激光扫描仪器及其原理示意图

图 2.3-26　地下洞室三维激光扫描应用

### 4. 分布式光纤传感技术

随着光电技术的大力发展，光纤传感器作为重要的监测元件被广泛运用在城市地下工程岩土技术中，其中以分布式光纤传感技术为代表，主要是采用独特的分布式光纤探测技术，对沿光纤传输路径上的空间分布和随时间变化信息进行测量或监控的传感器。它将传感光纤沿场排布，可以同时获得被测场的空间分布和随时间的变化信息，实现自动采集和实时传输模式，用于城市地下隧道与地下工程的监测。南京大学施斌团队研发攻关了布里渊光时域反射技术、布拉格光纤光栅传感技术及布里渊光时/频域分析技术等新型分布式光电传感技术，成功研制了各类工程检测与监测的新型应变、应力、位移和温度等分布式光纤传感器件和采集终端，并被成功运用于城市地下工程领域中，如通过分布式光纤传感监测技术和光纤光栅传感技术对隧道围岩变形及应力变化过程、支护结构形变及受力、隧道局部差异沉降、渗透、落石及隧道火灾等进行全分布式实时监测，也可以对基坑的支护内力、支护体变形及周围土体变形进行有效监测[29]（图 2.3-27）。分布式光纤传感技术表现出精度高、多路复用、连续空间、尺寸小、重量比较轻、耐久性好、耐高温、耐侵蚀、传输距离远等特点，现被推广运用于城市地下工程建设中，应用前景十分广阔。

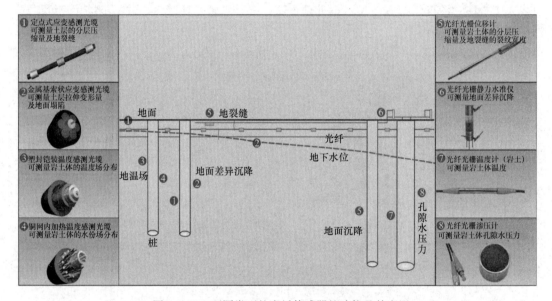

图 2.3-27　不同类型的光纤传感器的功能及其应用

## 2.3.5　工程勘察数字化平台建设

工程勘察数字化技术是指将先进的信息技术应用于岩土工程勘察中，以提高勘察效率和准确度、降低勘察成本和风险，是岩土工程勘察领域重要研究方向之一。工程勘察数字化建设的总体目标为实现信息管理"四化"：基础信息编码统一化、信息资源共享化，管理模式协同化、过程控制网络化，建立一个岩土工程大数据与信息服务中心，融合多个专题数据库，并在此基础上建设工程勘察内外业生产管理系统、工程勘察质量监管系统、地质调绘信息化系统、岩土 BIM 建模引擎、工程监测预警系统（图 2.3-28）、土壤环境调查系统以及集成多专业数据的 GIS/BIM 展示系统等，实现勘察内外业生产的数字化协同与信息化监管。

近年来，随着各种传感器和数据采集设备的不断更新，数据采集和处理技术得到了极大的改进和提高。例如，通过无人机、激光扫描仪等设备实现快速高效的数据采集，基于人工智能技术的图像识别、数据挖掘等方法，对大量勘察数据进行处理和分析，实现自动化地识别勘察数据中的岩土层信息等。此外，数字化地质建模是数字化勘察的重要环节之一，其将勘察数据转化为数字模型，并通过数学模型对地质结构进行分析和预测（图2.3-29），可以有效提高勘察效率，并预测地质灾害风险。云计算和大数据技术可以提供高效、安全、可靠的计算和存储资源，实现勘察数据的远程访问和共享，满足勘察数据处理和管理的需求。通过物联网技术可以实现勘察设备的远程监测和控制，提高勘察效率和安全性。最后，还可以基于面向对象的编程语言 C♯，以及数据库存储技术 SQL Server 2005 来建立监测预警系统，该系统基本涵盖了基坑监测中所使用的监测手段，提高监测的标准化和准确率，使用效果良好[30]。由此可见，工程勘察数字化技术的研究和应用，可以提高勘察工作的效率和准确性，为城市地下空间开发利用提供科学依据和决策支持。

图 2.3-28　基坑施工现场实时监测系统　　　　图 2.3-29　基坑开挖施工模拟

## 2.4　结语

自"十三五"以来，我国城市地下空间开发利用呈现大规模发展态势，助力韧性城市的高质量建设。而在城市地下空间高速发展的过程中，与之对应的我国城市工程地质环境复杂多样，超深、超大且环境复杂的基坑开挖及支护，地铁近接施工，穿越江河的城市隧道建设等复杂地下空间工程相继涌现，这些对城市地下工程的勘察-设计-施工-运营监测等全生命周期建设提出了更高要求。本章内容以场地工程地质和水文地质勘察为例，总结了城市地下空间开发岩土工程面临的挑战及各类城市地下工程勘察特点，讨论了以空-天-地一体化和勘察数字化技术等为代表的新型勘察技术发展，同时倡导加强岩土工程勘察与工程地质学、计算机科学、机械制造、地震学等学科交叉融合，进一步构建勘察新方法、研发勘察技术装备，提升勘察数据处理分析效率和精准度，完善勘察数据库的建立。推广绿色勘察理念，提升勘察施工低碳环保绿色能力，逐步实现勘察施工风险预测、智能化预警能力提升，提高勘察质量安全、进度及管理效益，进一步提升工程师对复杂环境下城市地下空间建设的认知水平，形成特色鲜明的、面向复杂工程地质环境的城市地下空间场地勘察技术体系。

## 参考文献

[1]　徐杨青，江强强．城市地下空间基坑工程技术发展综述[J]．建井技术，2020，41(6)：1-9，23.
[2]　朱合华，丁文其，乔亚飞，等．简析我国城市地下空间开发利用的问题与挑战[J]．地学前缘，

2019，26（3）：22-31.

[3] 黄强兵，彭建兵，王飞永，刘妮娜 . 特殊地质城市地下空间开发利用面临的问题与挑战[J]. 地学前缘，2019，26（3）：85-94.

[4] 徐锡伟，吴熙彦，于贵华，等 . 中国大陆高震级地震危险区判定的地震地质学标志及其应用[J]. 地震地质，2017，39（2）：219-275.

[5] 薛禹群，张云，叶淑君，等 . 中国地面沉降及其需要解决的几个问题[J]. 第四纪研究，2003（6）：585-593.

[6] 戴建玲，雷明堂，蒋小珍，等 . 长江经济带岩溶塌陷分布、成因及其对工程建设的影响[J/OL]. 中国地质：1-25[2023-5-15].

[7] 胡志平，彭建兵，张飞，等 . 浅谈城市地下空间开发中的关键科学问题与创新思路[J]. 地学前缘，2019，26（3）：76-84.

[8] 徐杨青 . 深基坑工程设计的优化原理与途径[J]. 岩石力学与工程学报，2001（2）：248-251.

[9] 徐杨青 . 深基坑工程设计方案优化决策与评价模型研究[J]. 岩土工程学报，2005（7）：844-848.

[10] 鲁先龙，陈湘生，陈曦 . 人工地层冻结法风险预控[J]. 岩土工程学报，2021，43（12）：2308-2314.

[11] 宋友建，邱敏 . 水下静力触探（CPT）测试技术的发展及应用[J]. 城市勘测，2022，192（4）：199-204.

[12] 吴纪修，尹浩，张恒春，等 . 水平定向勘察技术在长大隧道勘察中的应用现状与展望[J]. 钻探工程，2021，48（5）：1-8.

[13] 岳中琦 . 钻孔过程监测（DPM）对工程岩体质量评价方法的完善与提升[J]. 岩石力学与工程学报，2014，33（10）：1977-1996.

[14] 潘云雨，徐静，梅金星，等 . 国内外土壤环境调查声波钻机研究进展及发展探讨[J]. 钻探工程，2022，49（6）：96-103.

[15] 蔡勤波，王成亮，张雪 . 地质雷达探测城市地下空洞案例分析[J]. 勘察科学技术，2021（4）：57-61.

[16] 周东，刘毛毛，刘宗辉，等 . 基于探地雷达属性分析的隧道内溶洞三维可视化研究[J]. 岩土工程学报，2023，45（2）：310-317，442.

[17] 石战结，田钢，赵文轲，等 . 超浅层三维地震勘探技术应用[J]. 浙江大学学报（工学版），2013，47（5）：912-917.

[18] 李巧灵，雷晓东，李晨，等 . 微动测深法探测厚覆盖层结构——以北京城市副中心为例[J]. 地球物理学进展，2019，34（4）：1635-1643.

[19] Tian B，Du Y，You Z，et al. Measuring the sediment thickness in urban areas using revised H/V spectral ratio method[J]. Engineering Geology，2019，260：105-223.

[20] Tian B，Du Y，Jiang H，et al. Estimating the shear wave velocity structure above the fresh bedrock based on small scale microtremor observation array[J]. Bulletin of Engineering Geology and the Environment，2020，79（6）：2997-3006.

[21] 邹先坚，王川婴，宋欢 . 全景钻孔图像自动识别技术在工程实践中的应用研究[J]. 应用基础与工程科学学报，2022，30（1）：246-256.

[22] 王川婴，葛修润，白世伟 . 数字式全景钻孔摄像系统研究[J]. 岩石力学与工程学报，2002（3）：398-403.

[23] Gao Z，Li F，Liu Y，et al. Tunnel contour detection during construction based on digital image correlation[J]. Optics and Lasers in Engineering，2019，126.

[24] 李育强，孙士辉，李奕洁，等 . 城市新型地下管线的探测技术及其应用研究[J]. 工程建设与设

计，2023，503（9）：144-146.

[25] 冯涛，蒋良文，曹化平，等．高铁复杂岩溶"空天地"一体化综合勘察技术[J]．铁道工程学报，2018，35（6）：1-6.

[26] 朱建军，李志伟，胡俊．InSAR 变形监测方法与研究进展[J]．测绘学报，2017，46（10）：1717-1733.

[27] 习晓环，骆社周，王方建，等．地面三维激光扫描系统现状及发展评述[J]．地理空间信息，2012，10（6）：13-15，5.

[28] 杨必胜，梁福逊，黄荣刚．三维激光扫描点云数据处理研究进展、挑战与趋势[J]．测绘学报，2017，46（10）：1509-1516.

[29] 施斌，顾凯，魏广庆，等．地面沉降钻孔全断面分布式光纤监测技术[J]．工程地质学报，2018，26（2）：356-364.

[30] 徐杨青，程琳．基坑监测数据分析处理及预测预警系统研究[J]．岩土工程学报，2014，36（S1）：219-224.

# 3  基坑工程技术

俞建霖[1]，杨学林[2]，胡琦[3]，金小荣[4]
（1. 浙江大学滨海和城市岩土工程研究中心，浙江 杭州 310058；2. 浙江省建筑设计研究院，浙江 杭州 310030；3. 浙江浙峰工程咨询有限公司，浙江 杭州 310019；4. 浙江大学建筑设计研究院有限公司，浙江 杭州 310028）

## 3.1  概述

地下空间作为新型国土资源已成为世界性发展趋势。我国城市基础建设已进入全新纵向立体化开发与利用阶段，大规模城市地下工程如高层建筑地下室、地下商场、地下停车场、地下变电站、地下轨道交通、大型污水及污水处理系统等得到快速发展，基坑工程的规模迅速扩大。一方面，基坑工程的面积越来越大，例如杭州大江东河庄城乡一体化安置小区单个基坑面积达 25.5 万 m²，南京江北新区 CBD 一期工程，包含 24 个地块，基坑总面积 30 万 m²；另一方面，基坑工程向超深方向发展，如杭州恒隆广场基坑周长约1200m，落地面积 4.4 万 m²，基坑普遍开挖深度达 30m（图 3.1-1）；杭嘉湖南排后续西部通道（南北线）工程九曲洋港进水口竖井基坑开挖深度约 64m；上海苏州河深隧调蓄工程设 8 个工作竖井，挖深达 45～72m；珠三角水资源配置工程 LG03 号出发井基坑开挖深度 76m。基坑支护技术已成为地下空间开发的重要手段。与此同时，城市环境条件日趋复杂，基坑周边往往建筑物密集、市政道路纵横交错、地下设施和管线繁多（图 3.1-2），因此基坑工程不仅要保证自身的安全，还需满足变形控制和环境保护要求。随着近年来一系列超大超深、复杂、高难度基坑的顺利实施，我国基坑工程的设计和施工水平得到了长足的发展。

图 3.1-1  杭州恒隆广场基坑工程

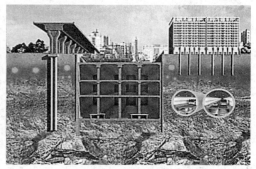

图 3.1-2  复杂的基坑周边环境

另外，传统的基坑支护技术往往存在一些弊端：（1）能源和资源消耗大，表现为混凝土围护桩和预应力锚杆退出工作后形成的地下障碍物，混凝土支撑拆除产生的大量建筑垃圾；（2）工业化程度低，表现为施工效率低、作业条件差、质量不易控制；（3）环境影响严重，表现为泥浆排放量大，施工时变形和振动影响大；（4）施工装备难以适应超深基坑的发展需求和各种复杂地层条件等。这些弊端与我国提倡维护生态环境安全、降低能耗的可持续发展理念不相协调。

近年来绿色安全、高效节能、环境低影响及超深基坑支护新技术在我国得到了快速发展。本章将从可回收围护墙技术、加筋水泥土墙技术、钢支撑技术、可回收锚杆技术、基坑变形主动控制技术、超深基坑围护技术等方面进行介绍和总结，以推进绿色可持续发展的基坑支护技术和超深基坑支护技术的发展和应用。

## 3.2 基坑围护墙新技术

常用的基坑围护墙体有土钉墙、钢板桩、水泥土墙、灌注排桩墙、型钢水泥土搅拌墙、现浇地下连续墙和预制钢筋混凝土板桩墙等形式。为了在保证基坑自身和周边环境安全的前提下，实现节约资源、减少泥浆污染、提高施工效率、降低工程造价的目的，相关工程技术和研究人员在基坑围护墙新技术方面开展了大量的创新、改进和工程应用。本节主要介绍在可回收围护墙、加筋水泥土墙和预制-现浇咬合地下连续墙方面的新进展。

### 3.2.1 可回收围护墙技术

传统的可回收围护墙主要是钢板桩，通过锁口或钳口相互连接咬合，形成连续的钢质围护墙，在国内外的建筑、市政、港口等领域具有悠久的使用历史。为进一步提高围护墙的刚度和强度，减小围护墙变形，近年来通过在钢管桩或 H 型钢上焊接锁扣，与拉森钢板桩通过锁口连接；或在钢板桩上焊接卡槽后插入型钢形成的新型钢质可回收连续墙，如组合钢管桩（PC 工法桩）、钢板组合型钢（HC 工法桩、HU 工法桩、H＋HAT 工法桩）等。

新型可回收围护墙采用工厂化加工的钢管、型钢和钢板桩，具有以下优点：

（1）桩身质量可靠，容易监管，避免了灌注桩和地下连续墙的露筋、钢筋笼焊接、桩长不足等质量缺陷以及水泥土的施工质量问题；

（2）施工设备和工艺简单，对施工场地适用性强、施工速度快、无需养护，尤其适合于工程抢险和工期紧张的项目；

（3）钢质围护墙刚度大，强度高，受力性能好；

（4）无泥浆污染，施工噪声较小，无大振动；

（5）可回收重复利用，无遗留障碍物，节约水泥和钢材，绿色节能；

（6）适用土层广，目前已在淤填土、吹填土、软土、黏土、粉砂、圆砾、卵石和软岩中得到成功应用；

（7）围护墙通过锁口搭接后止水性能较好。

上述新型可回收围护墙的设计方法与传统的围护墙类似，通常认为由较长的钢管桩或H 型钢承担弯矩和剪力，并与较短的钢板桩相互连接后起到止水帷幕或防挤淤的作用；

但是在软土地基中应保证钢板桩有足够的插入深度，防止坑外软土绕过钢板桩底部产生坑底隆起破坏。计算分析中，宜考虑围护桩打入时的挤土效应和振动，对土体抗剪强度指标予以折减。

另外，从受力机理分析，H 型钢与钢板桩连接形成的围护墙尚有一定的缺陷：垂直于基坑边方向是 H 型钢的强轴方向，可以充分发挥 H 型钢截面惯性矩大的特点；但是平行于基坑边方向是 H 型钢的弱轴方向，同时桩侧土对 H 型钢的约束较弱，抗侧向稳定性差，尤其是角撑情况下在沿围檩方向分力作用下可能会发生 H 型钢偏转或倾斜。因此，需要增加压顶梁对 H 型钢的约束，或通过卡槽将 H 型钢与拉森钢板桩相互固定，必要时还需要在坑内侧不同标高处增设 H 型钢的横向连接构造以防止型钢扭转。

随着我国基坑工程的进步，以可回收围护墙为代表的绿色支护技术得到了长足的发展，开辟了基坑工程高质量发展的一个新方向。

### 1. PC 工法桩技术

PC（Pipe-Combination）组合钢管桩是钢管桩通过焊接两侧的锁扣与一个或多个拉森桩连接形成钢质连续墙（图 3.2-1）。目前常用的钢管桩外径为 630mm、750mm、820mm 和 915mm，壁厚均为 14mm，钢管与拉森桩的布置可采用"一拖一"（图 3.2-1b）或"一拖二"（图 3.2-1a）的形式。该工艺于 2015 年由浙江大学建筑设计研究院有限公司和浙江万华郭永等人提出，并首次应用于杭州大华饭店改造工程-G20 峰会配套项目，同年该工艺获得浙江省省级工法称号。PC 工法桩充分利用了钢管桩刚度大、强度高的特点，同时与钢板桩之间通过锁扣搭接来满足止水要求。

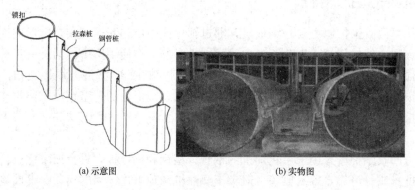

(a) 示意图  (b) 实物图

图 3.2-1  PC 工法桩

PC 工法桩常采用机械手或履带式起重机配合振动锤施工。其基本原理是利用装有两组或多组偏心块的振动锤，由偏心块产生偏心力。当偏心块以相向同速运转，横向偏心力抵消，竖向偏心力相加，使振动体系产生垂直往复高频率振动，产生强大的激振力后将 PC 工法桩打入或拔出地基土。PC 工法桩的施工速度与振动锤的功率大小、振动体系的质量和土层的性质均有关，由此也会对周边环境产生一定的振动和噪声。当土质坚硬，普通的振动锤无法顺利达到设计要求时，往往会采用更大功率的振动锤施工；PC 工法桩经历基坑变形后极端情况下会导致含锁扣钢管桩和拉森桩锁紧，同时由于钢管桩内土芯，需要更大的机械设备和振动锤进行可靠回收，上述原因都可能对周边环境产生不利影响。经过大量的工程实践和总结，目前已提出了一套切实可行的 PC 工法桩沉桩和回收施工工艺，扩大了 PC 工法桩的应用范围并控制其施工环境影响。

PC工法桩沉桩工艺如下:

(1) 施工前平整场地至设计标高,清除施工区域的表层硬物及地下障碍物,如遇明塘暗浜应及时抽水、清淤回填并夯实。

(2) 场地临时施工道路应满足车辆平稳行走的要求,必要时可进行地基处理。

(3) PC工法桩在沉桩前应在干燥条件下清除表面污垢和铁锈、内部残余土,其内外应涂减摩材料。

(4) 根据PC工法桩桩位平面布置图,确定合理的施工顺序及配套机械、设备、材料等的场地布置。

(5) 打桩机应在现场组装,试运行正常后方可就位。

(6) 为控制施工环境影响,PC工法桩宜采用三支点免共振设备(图3.2-2)或搅拌植桩工艺(图3.2-3)进行施工。三支点免共振设备应符合下列规定:①三支点桩基底盘应保持水平,平面允许偏差为±20mm,立柱导向架垂直度偏差不应大于1/250;②应具有桩架垂直度调节功能;③偏心块大小、质量、密度应完全相同,保证两组偏心块在旋转的同时,在任何相位角的时候均能保证两组偏心块的激振力相互抵消;④采用电驱动的卷扬机应具有电机工作电流显示,采用液压驱动的卷扬机应有油压显示;⑤工作转速应不小于2300r/min;⑥夹具应保证组合钢管桩沉桩时连接牢靠。

(7) 在硬可塑或硬塑黏土、密实中粗砂层中沉桩困难时,可配备高压水刀(图3.2-4)辅助沉桩。PC工法桩桩身焊接高压注水管和高压注水头,通过后台连接高压水泵,控制高压水泵的出水压力和水流量,形成水刀后切割土体,便于沉桩施工。高压水泵的最大压力通常不小于25MPa。

(8) 在卵石层、岩层等坚硬地基中沉桩困难时,采用预先引孔方式辅助沉桩。环境敏感工程应优先采用搅拌植桩工艺。图3.2-3为PC工法桩搅拌植桩设备,其动力头装置具有如下突出优点:①大直径钻杆不易偏钻,且具有加压功能;②钻杆扭矩大,入岩相对轻松;③设备接地面积大,有效防止倾覆;④移动方便,场地适用性强。

图3.2-2 三支点免共振桩机

图3.2-3 搅拌植桩设备

图3.2-4 高压水刀

PC工法桩回收工艺如下:

(1) PC工法桩的回收应在肥槽回填施工完成后进行,回填土宜采用粉砂土,分层回填密实;环境敏感部位,可采用低强度混凝土或泡沫混凝土回填;

（2）回收采用免共振设备，回收设备的作业区域，场地宜整平并满铺钢板；

（3）回收空间不足时，回收设备可考虑在地下室顶板上行走，地下室顶板应预先进行加强处理，满足回收设备行走要求并通过结构设计复核同意；

（4）PC工法桩回收时应先跳拔回收拉森钢板桩，然后跳拔回收锁扣钢管桩；PC工法桩回收后，槽壁内应及时进行注浆处理；

（5）注浆材料为纯水泥浆，注浆压力宜为 $2\sim3MPa$，浆液水灰比宜为 $0.5\sim0.6$。沿桩长方向每延米水泥用量如下：拉森钢板桩不小于 10kg，$\phi630$ 钢管不小于 20kg，$\phi750$ 钢管不小于 25kg，$\phi820$ 钢管不小于 28kg，$\phi915$ 钢管不小于 30kg；

（6）PC工法桩回收后，应及时运出场地，并进行校正、修复处理，并对其截面尺寸和强度进行复核。

根据基坑开挖深度、环境条件和地基土质条件不同，可采用 PC 工法桩形成悬臂式、拉锚式、内撑式围护结构（图 3.2-5）。

(a) 悬臂式围护结构　　　　　　　　　(b) 拉锚式围护结构

(c) 水平内撑式围护结构　　　　　　　(d) 斜撑式围护结构

图 3.2-5　PC工法桩在各种形式围护结构中应用

## 2. HC 工法桩技术

HC 工法桩是 H 型钢通过焊接在两侧的锁扣与一个或多个拉森桩连接形成钢质连续墙（图 3.2-6）。HC 工法桩整体刚度较大，止水和受力性能较好，后期可采用免共振锤或

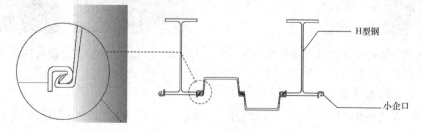

图 3.2-6　HC 工法桩简图

静力拔除等方式回收，环境影响较小。根据计算在 H 型钢之间布置一个或多个拉森桩，从而降低围护成本，其经济性优于 PC 工法桩。目前 HC 工法桩多用于 1～2 层地下室的基坑围护工程中（图 3.2-7），最大基坑开挖深度约 12.55m，使用型钢最大长度约 30m。

(a) 软土地基　　　　　　　　　　(b) 砂性土地基

图 3.2-7　HC 工法桩在基坑围护结构中应用

**3. HU 工法桩技术**

HU 工法桩也是由型钢和拉森钢板桩组合形成的钢质连续围护墙（图 3.2-8）。其施工工艺包括：

（1）预先在钢板桩后设置插拔型钢的卡槽；

（2）按传统工艺打设钢板桩并通过锁口相互连接；

（3）沿钢板桩后的卡槽插入型钢形成围护墙。

(a) 打设钢板桩　　　　　(b) 沿卡槽插入型钢　　　　　(c) 成墙

图 3.2-8　HU 工法桩施工过程

**4. H＋HAT 工法桩技术**

H＋HAT 工法桩由 H 型钢和帽型拉森钢板桩组合形成（图 3.2-9），钢板桩间通过锁扣相互连接，H 型钢通过焊接或高强度螺栓固定于钢板桩背部，如图 3.2-10 和图 3.2-11 所示。

**5. 可回收围护墙打拔施工的环境影响与控制**

可回收围护墙打拔施工的环境影响主要来自以下方面：

（1）钢板桩、钢管和 H 型钢等围护桩打拔施工采用振动锤产生的振动和噪声。当地基土质较为坚硬时，普通的振动锤难以顺利达到设计要求，往往采用更大功率的振动锤施工，进一步加剧周边环境的影响；

（2）钢板桩、钢管和 H 型钢打入过程中产生的挤土效应；

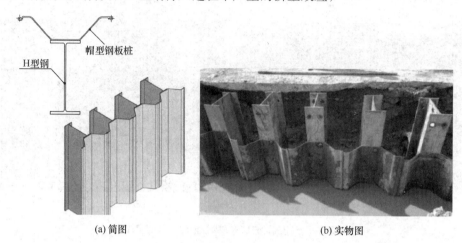

(a) 简图          (b) 实物图

图 3.2-9    H＋HAT 工法桩

图 3.2-10   H＋HAT 工法桩焊接加工      图 3.2-11   H＋HAT 工法桩螺栓连接

（3）围护桩拔除时在地基土体中形成的缝隙，甚至带出一定量的土体，尤其是钢管桩；

（4）围护桩拔除后，所有的侧压力均由肥槽内的回填土承担。如果回填土不密实，则可能带来严重变形，出现地面开裂等现象。

为了控制钢板桩、钢管和 H 型钢等围护桩打拔施工对周边环境的不利影响，可以针对上述原因分别采取以下控制措施：

（1）采用免共振沉桩工艺，减少施工振动和噪声。传统的振动锤在启动和停机过程中均会经过土体的共振频率范围，这两次共振会对施工及周边环境造成不利影响：一方面，共振沿着土体传递到更深更远的地层，可能还会造成邻近地基基础的损坏；另一方面，共振能量传递到振动锤，再通过振动锤传递至履带起重机，对履带起重机的吊臂产生不利影响，尤其在停机过程中振动剧烈且持续时间长，常表现为振动锤及周围设备（如吊机）的大幅度晃动，并伴随较大的噪声，因此需要避免发生土体共振。免共振技术主要是通过对偏心块的改进实现的。通过设计两组偏心块，在高速旋转的同时在任何相位角都能保持上下两组偏心块的激振力刚好抵消。这样可以保证在免共振振动锤启动和关闭的时候偏心块的高频且不会产生激振力，从而避开机械本身和土体的共振频率；一旦振动锤达到其操作频率时就可以重新启动偏心力矩，且振动锤振幅可以在 0～100％之间自由调整，可以保证最大振动值和峰值振速不会超标。对周边环境敏感区域已有大量免共振沉桩施工的实例，主要采用荷兰的 ICE 免共振系列、法国的 PTC 免共振系列、美国的 APE 免共振系列以及国内的振中、永安等厂商免共振系列。

（2）采用引孔或搅拌引孔后再插入或植入围护桩的工艺，控制沉桩施工的挤土效应。在环境条件敏感地区，为进一步保护周边环境安全和控制引孔后土体变形，可在引孔时对土体进行搅拌并掺入水泥浆，水泥掺量为 5％～10％，当土质较差或者周边环境的保护要求较高时宜取大值。在粉砂土、卵石等地基宜掺入膨润土，膨润土掺量（按土体质量比）为 5％～10％。

（3）优化拔桩速度和顺序，在围护桩拔除后及时在地基孔隙内注入水泥浆进行填实，以控制周边的土体位移。

（4）完善肥槽内土方回填工艺，加强质量控制，保证回填土的密实度，减小围护桩拔除后周边环境产生的次生变形。

## 3.2.2　加筋水泥土连续墙技术

加筋水泥土连续墙是在水泥土连续墙内插入型钢、预制混凝土桩、预制混凝土板桩等加筋体形成的复合围护结构，兼具止水和承担侧压力的功能。其中，水泥土连续墙可采用多轴水泥搅拌桩相互搭接、渠式切割水泥土墙（TRD 工法）和铣削水泥土搅拌墙（CSM 工法）等形成。加筋水泥土连续墙具有以下优点：

（1）利用工厂化预制的高强度加筋桩体承担弯矩和剪力，利用强度较低的水泥土作为止水帷幕，充分发挥了两种材料的强度特性；

（2）加筋桩体采用工厂化预制，高效、节能，桩身质量和桩长有保证，节约工程造价；

（3）加筋水泥土连续墙兼具挡土和止水的功能，可节约场地，加快施工进度；

（4）水泥土连续墙止水性能可靠，尤其是 TRD 工法可形成基本无缝的水泥土墙；

（5）水泥土硬化前植入加筋桩体，可减小对周边土体的扰动，降低围护桩施工对周边地面、道路、建筑物和地下设施的影响，并减少废浆排放量；

（6）型钢加筋体后期可以回收重复利用，预制板桩可作为地下室外墙的一部分，降低工程造价，绿色低碳。

### 1. 型钢水泥土连续墙

型钢水泥土连续墙是在水泥浆与土体充分搅拌后，水泥土浆液尚未硬化前插入型钢形成的围护墙。型钢插入前预先在表面涂抹阻摩剂，在基坑开挖完成土方回填后可以回收重复利用。

采用多轴搅拌桩内插 H 型钢形成的围护墙也称为 SMW 工法。常用水泥搅拌桩直径650mm 和 850mm，搭接形式宜为套接一孔法。对于 $\phi650@450$ 多轴搅拌桩，内插型钢常采用 H500×300 规格；对于 $\phi850@600$ 多轴搅拌桩，内插型钢常采用 H700×300 规格。型钢常用的平面布置形式包括密插型、插二跳一型和插一跳一型三种（图 3.2-12）。

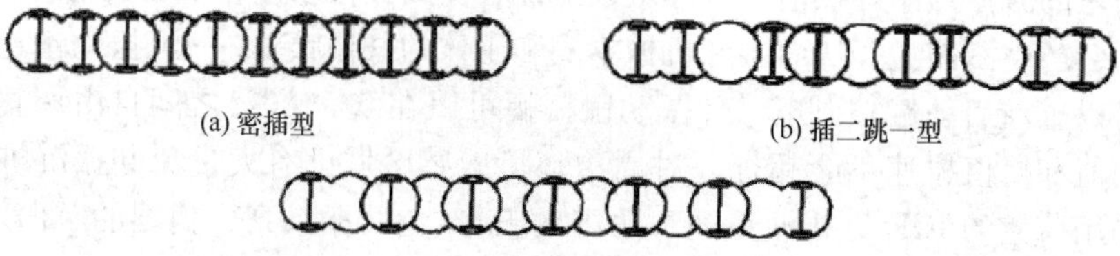

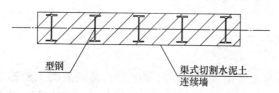

(a)密插型　　　　　　　　(b)插二跳一型

(c)插一跳一型

图 3.2-12　型钢布置形式

渠式切割水泥土墙和铣削水泥土搅拌墙的成墙质量、止水性能、施工深度、地层适用性和成墙速度均明显优于多轴搅拌桩，但造价相对较高。其中型钢的平面布置形式应根据计算确定，中心距通常在 $500\sim1200\mathrm{mm}$ 之间（图 3.2-13 和图 3.2-14）。

型钢　　　　渠式切割水泥土连续墙

图 3.2-13　渠式切割水泥土墙内插型钢大样图

图 3.2-14　渠式切割水泥土墙内插型钢现场开挖效果

## 2. 预制桩水泥土连续墙

预制桩水泥土连续墙是在水泥浆与土体充分搅拌后，水泥土浆液尚未硬化前插入预制桩形成的围护墙（图 3.2-15）。预制桩可采用预应力高强混凝土管桩（PHC 桩）、预应力混合配筋混凝土管桩（PRC 桩）、预制方桩和预制工形桩等；水泥土连续墙可采用 TRD 工法、CSM 工法或多轴水泥搅拌桩相互搭接形成。根据测算，在相同抗弯刚度的前提下，预应力混凝土桩只消耗钻孔灌注桩 $30\%\sim50\%$ 的钢材和 $25\%\sim40\%$ 的混凝土，可节约造价约 $25\%$ 以上。

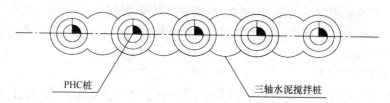

PHC桩　　　　　　　　　　三轴水泥搅拌桩

图 3.2-15　三轴水泥搅拌桩内插 PHC 桩大样图

与 H 型钢相比，预制桩作为水泥土连续墙中的加筋体具有以下优势：

（1）H 型钢基本为租赁方式，租费随工期延长而增加。H 型钢回收时对施工作业面有要求，在施工工作面不足的情况下，H 型钢不能顺利拔出，成本较高；

（2）预制桩水泥土连续墙造价不受工期影响；

（3）预制桩表面可与水泥土紧密结合，避免了 H 型钢为回收而在表面涂抹阻摩剂导致型钢与水泥土连接不紧密的问题，提高了围护墙的整体受力性能。

PHC 桩采用先张预应力离心成型工艺，并经过 10 个大气压（1.0MPa 左右）、180℃左右的蒸汽养护，制成的空心圆筒型混凝土预制构件，直径 300～800mm，混凝土强度等级≥C80。PHC 桩具有单桩承载力高、施工速度快、应用范围广、工业化程度高、操作简单、造价低等优点。

PRC 桩是在 PHC 桩基础上加入一定数量的非预应力钢筋，形成的一种新型的混合配筋预应力混凝土管桩。相较于 PHC 桩，PRC 桩添加了非预应力筋后具有更好的延展性、耐久性与受弯承载力，有效解决了预应力管桩脆性易破坏、抗弯抗剪能力差等问题。三轴水泥搅拌桩内插 PRC 桩现场如图 3.2-16 和图 3.2-17 所示。

图 3.2-16　三轴水泥搅拌桩内插 PRC 桩施工现场　　图 3.2-17　三轴水泥搅拌桩内插 PRC 桩开挖现场

工形预制桩截面为工形，受力配筋分布在两端，因此其抗弯功效要高于圆桩，具有较好的经济性。图 3.2-18 为三轴水泥搅拌桩内插工形预制桩大样图，施工现场如图 3.2-19 和图 3.2-20 所示。

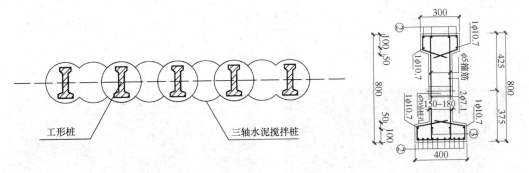

图 3.2-18　三轴水泥搅拌桩内插工形预制桩大样图

### 3. 预制板桩水泥土连续墙

预制板桩水泥土连续墙通常将渠式切割水泥土连续墙和预制板桩相结合，在 TRD 主机将水泥土搅拌均匀后，插入高强度的预制混凝土板桩作为主要受力构件，板桩间通过高强卡槽相扣连接形成。与传统的地下连续墙相比，预制板桩水泥土连续墙具有以下优点：

（1）板桩墙在工厂预制，现场装配施工，施工质量较为可靠；

图 3.2-19　插工形预制桩接桩

图 3.2-20　工形预制桩植入

（2）施工现场无需制作钢筋笼、浇筑混凝土及养护，节约施工工期，适用于场地狭小的项目；

（3）克服了传统地下连续墙成槽过程中环境影响大的问题，施工过程的泥浆排放量少；

（4）止水性能可靠，共有两道防线：第一道是渠式切割水泥土连续墙，第二道是接缝经过防水处理的预制板桩；

（5）板桩墙后期还可作为地下室外墙的一部分使用，大大节约施工工期和成本。

图 3.2-21 为预制板桩水泥土连续墙大样图，图 3.2-22 和图 3.2-23 为施工现场图。

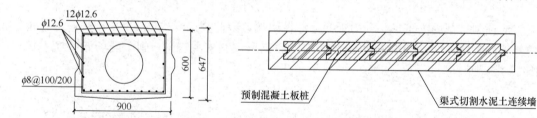

图 3.2-21　预制板桩水泥土连续墙大样图

图 3.2-22　预制板桩植入

图 3.2-23　现场开挖效果

### 3.2.3 预制-现浇咬合地下连续墙技术

**1. 传统全现浇地下连续墙存在的问题**

传统地下连续墙成槽时间长，诱发的土体变形不可忽视，如杭州地铁武林广场站地下连续墙成槽施工导致邻近的浙江展览馆（历保建筑）下沉约 40mm，造成墙体开裂。图 3.2-24 为杭州国大城市广场（浙江第一个 5 层地下室）基坑地下连续墙成槽变形监测结果，图 3.2-25 为杭州钱江新城 D-09 地块（钱江新城第一个 5 层地下室）基坑地下连续墙成槽变形监测结果，可见地下连续墙成槽诱发的土体侧向变形可达 30mm 以上。

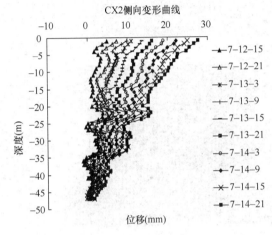

图 3.2-24 国大城市广场地下
连续墙成槽变形监测

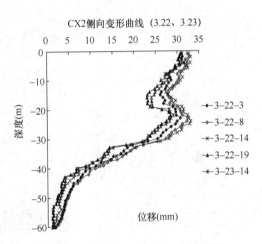

图 3.2-25 钱江新城 D-09 地块地下
连续墙成槽变形监测

地下连续墙施工过程中经常受夜间施工、环保控制、早晚高峰混凝土不能连续供应等外部环境干扰，使得地下连续墙不能连续施工。碎片化的施工容易导致槽壁坍塌，使地下连续墙墙面出现露筋现象（图 3.2-26）。

图 3.2-26 地下连续墙墙面露筋

先行幅槽段每个接头至少需多开挖 700mm 以安放锁口管，锁口管背后需回填土，但难以回填密实（图 3.2-27）；由于锁口管阻挡混凝土宽度有限，先行幅槽段混凝土易向锁口管背后绕流，导致地下连续墙接缝位置难以处理干净，常发生接缝夹泥现象，成为基坑渗漏水的薄弱部位，见图 3.2-28。

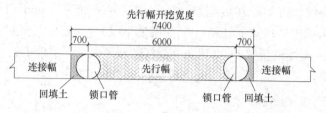

图 3.2-27　地下连续墙施工锁口管平面布置示意图

图 3.2-28　混凝土绕流及接缝处夹泥缺陷

另外，锁口管安放和回收，大大增加了地下连续墙槽壁的暴露时间，显著影响槽壁稳定性，增加土体变形，并导致沉渣过厚。混凝土在灌注过程中，沉渣过厚会阻碍混凝土的上升，并被混凝土挤至两侧的接缝处，进一步加剧接缝处的夹泥现象（图 3.2-29）。

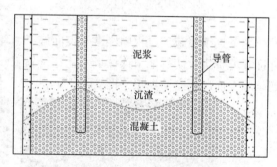

图 3.2-29　沉渣对水下混凝土浇筑的影响

**2. 预制-现浇咬合地下连续墙的技术优势**

预制-现浇咬合地下连续墙是在原有全现浇工艺的基础上进行改进的一种地下连续墙技术，由浙江省地矿建设有限公司和浙江省建筑设计研究院等单位联合研发并应用于实际工程，符合国家绿色建筑及装配式建筑向地下建筑延伸的相关政策，可以解决原有工艺始终难以克服的相关质量问题，加快施工进度，减少现场劳务用工，进行工厂化生产和标准化施工。

预制墙段采用预应力薄壁箱体结构，预制墙体内部镂空，以减轻运输和吊装荷重。预制墙段分为底节、中节和顶节，单节长度 12～15m，宽度为 2.4m。为使预制墙段顺利沉放入槽，预制地下连续墙墙体厚度一般较成槽宽度小 20mm 左右，常用墙厚有 780mm 和 980mm。顶节预埋打拔钢板，用于预制墙下放到位后，将墙体高频振动插入墙底土体。

标准节规格见图 3.2-30～图 3.2-32。预制墙段侧面设计为凹凸榫构造，与现浇段墙体互相咬合连接，形成装配整体式地下连续墙。

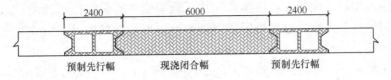

图 3.2-30 预制-现浇咬合地下连续墙平面示意

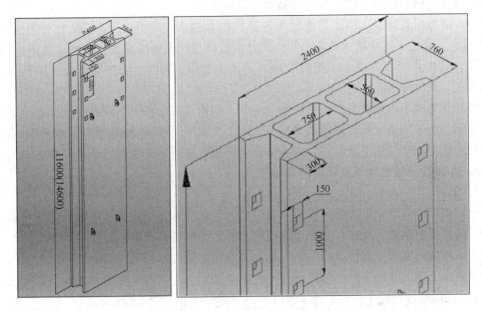

图 3.2-31 预制墙段标准节截面示意

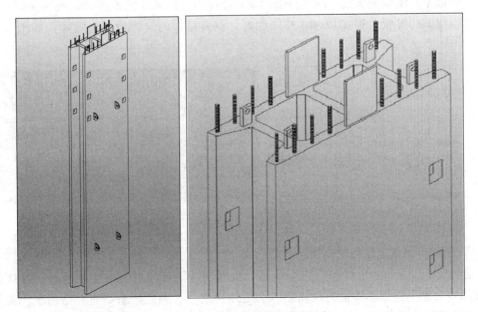

图 3.2-32 预制墙段顶节截面示意

预制-现浇咬合地下连续墙具有以下主要优点：

（1）有效缩短工程工期。预制地下连续墙采用工厂化、标准化生产，运输至现场后可直接吊放施工，缩短了现场准备时间，加快了预制墙现场装配施工速度。同时，无需吊放、顶拔锁口管或反力箱，也加快了现浇嵌幅地下连续墙的施工，使得整体施工速度加快，缩短了工期。

（2）施工质量更加可控。有效地解决了传统现浇工艺始终难以解决的混凝土绕流问题，保障了接缝质量，减少了现浇墙的墙面露筋、鼓包等质量通病发生；同时，可通过先张法及高压蒸汽养护等手段，提高预制构件强度等级。

（3）降低工程建设成本。传统地下连续墙的接缝大多采用 H 型钢或十字钢板接头，预制-现浇咬合地下连续墙的接头为凹榫设计，直接与现浇墙的混凝土连接，防渗路径长，效果好，节约了 H 型钢或十字钢板的材料及加工费用；同时，施工速度快，降低了施工期间人工、机械等施工成本。

（4）显著减小成槽诱发的土体变形，有利于周边环境保护。传统地下连续墙单元槽段施工期间，由于成槽完成后槽段搁置时间较长，对周边敏感环境的变形保护不利，预制-现浇咬合地下连续墙施工速度快，槽段搁置时间短，更有利于对周边环境的保护及控制。

**3. 预制-现浇咬合地下连续墙的关键技术**

1）墙身

预制墙段的墙身验算主要包括：墙身整体的承载力和变形验算；墙体局部受弯承载力验算；局部受剪承载力验算；兼作永久结构时的墙身抗裂验算等。

根据基坑挡墙的受力特点，坑底附近为墙身受力最大的部位。为提高预制墙受剪承载力，预制地下连续墙的空腔内可根据需要灌注素混凝土，一般可在空腔内自墙顶至坑底以下 5.0m 范围灌注混凝土，坑底 5.0m 以下部分采用碎石回填处理。

2）连接接头

预制地下连续墙根据设计深度分节预制，上下节之间采用螺栓连接，预制墙幅与幅之间采用现浇凹凸榫咬合连接，形成整体性好、刚度足够的整体地下连续墙，如图 3.2-33 所示。

图 3.2-33　预制墙段连接接头示意

3）预制幅调垂定位和咬合界面刷壁

预制地下连续墙的定位和垂直度控制、预制与现浇部分之间的泥浆清除，是确保预制-现浇咬合地下连续墙质量的现场施工关键工序之一。为此，需要研发适用于预制墙段定位和调垂的专用装置，其主要功能为水平定位、垂直度调控及搁置连接操作平台，如

图 3.2-34所示。完成定位和调垂后,利用高频液压振动锤将预制墙插入墙趾 1.0m 左右至设计标高(图 3.2-35)。同时,开发了与预制墙段侧壁凹凸榫相配套的专用刷壁器,如图 3.2-36所示。

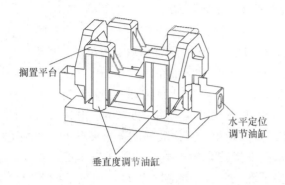

图 3.2-34  预制地下连续墙定位调垂装置

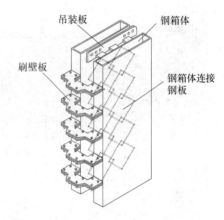

图 3.2-35  振动锤高频激振下沉          图 3.2-36  预制-现浇咬合地下连续墙专用刷壁器

4)施工工艺流程

预制-现浇咬合地下连续墙中的预制墙段作为先行幅,现浇槽段作为闭合幅,具体施工作业流程如下:

(1)测量放样,制作导墙,预制墙段成槽开挖;

(2)将定位调垂架吊至槽口就位;

(3)吊装预制墙:起吊预制墙时,用主吊和副吊履带起重机抬吊,将预制墙水平吊起,然后主吊起升,并将副吊下放,将预制墙凌空吊直;

(4)吊运预制墙至槽口的定位架后,调整水平定位,缓缓下放并进行垂直度调整,然后用搁置扁担穿入预制墙搁置孔内,搁置在定位调垂架上。吊运、移动预制墙必须单独使用主吊,必须使预制墙呈垂直悬吊状态;

(5)预制墙搁置在调垂架后,涂抹聚氨酯遇水膨胀止水胶,同时吊装另一节预制墙至槽口,采用高强度螺栓连接;

(6)重复吊装、连接、下放预制墙,直至将预制墙全部连接完成并下放至槽底,采用高频液压振动锤将预制墙插入墙趾1.0m左右至设计标高；

（7）现浇墙段成槽开挖至墙底；

（8）刷壁、换浆，下放现浇段钢筋笼；

（9）水下灌注现浇段混凝土，形成咬合整体地下连续墙。

**4. 工程应用效果**

（1）余政储出2018（40）号地块项目（二期）一标段（杭州城北万象城）项目

项目位于杭州市余杭区杭运路与良运路交会处，建筑面积47万m²，框架-剪力墙结构，2019年12月开工，2020年11月完工。基坑北侧B-1区局部采用预制-现浇咬合整体地下连续墙围护，基坑深度15.65~18.15m，预制地下连续墙长度33m，分为3节，每节长度11m。地质情况依次为杂填土、粉质黏土夹粉土、淤泥质粉质黏土夹粉土、淤泥质粉质黏土、粉质黏土、黏土。由于采用"预制-现浇咬合地下连续墙技术"（图3.2-37~图3.2-43），缩短了现场准备时间，显著加快了现浇闭合幅的施工速度，缩短了地下连续墙工程整体施工工期；同时，有效解决了传统现浇工艺始终难以解决的混凝土绕流问题，保障了接缝质量，减少了现浇墙的墙面露筋、鼓包等质量通病发生。

图3.2-37　预制墙工厂预制（模具安装-芯模安装）

图3.2-38　预制墙浇筑成型（成品）

（2）苏州312国道改扩建工程园区段YQ312-SG1标段

项目位于苏州市阳澄湖大道（阳澄湖大桥西端至京沪高铁交叉口）。全长2180m，箱体结构，2019年6月开工，2021年12月完工，I-1区基坑采用预制-现浇咬合整体地下连续墙围护，设计墙厚800mm，墙深22m，预制墙11m/节，采用三道支撑，第一道为钢筋混凝土支撑，第二、三道为钢支撑，地质情况依次为杂填土、粉质黏土、粉土、粉砂夹粉土、粉质黏土，开挖第一、二、三层土方墙体最大测斜位移分别为2.9mm、4.0mm、6.4mm。

图 3.2-39 预制墙段吊装入槽

图 3.2-40 预制墙段定位调垂　　　　图 3.2-41 预制墙段上下节螺栓连接

图 3.2-42 高频激振下沉最后 1m　　　　图 3.2-43 咬合部位取芯抽检

图 3.2-44 为基坑开挖后的预制墙效果，可见预制段和现浇段之间接缝处咬合良好，无渗漏水现象；图 3.2-45 为传统全现浇地下连续墙，接缝处夹泥、渗漏水现象频发。工程应用证明，预制-现浇咬合地下连续墙技术，可显著提高接缝质量，较好地解决夹泥、渗漏水问题。

图 3.2-44　开挖后的连续墙效果，接缝处咬合好，无渗漏水现象

图 3.2-45　全现浇地下连续墙接缝处夹泥、渗漏水现象频发

## 3.3　钢支撑新技术

传统的钢筋混凝土支撑刚度大，可靠性高，形式多样，但施工周期长，拆除后将产生大量的建筑垃圾，资源和能耗浪费严重。可回收重复利用的绿色钢支撑技术，符合节能、减排的社会发展趋势，在我国经过长期发展，从单杆体系逐步演化为目前广泛应用的组合

体系。近年来，钢支撑技术在结构体系稳定性和节点强度等方面的突破，极大地拓展了其应用范围。

### 3.3.1 型钢组合支撑

型钢组合支撑采用工厂精加工的模块化标准钢构件，通过高强度螺栓现场拼装形成整体。其结构体系由多种类型型钢构件组合而成，根据基坑的形状，可以组合成角撑、对撑、八字对撑，结构受力明确。安装完成后，型钢组合支撑通过施加预应力消除安装缝隙、增加刚度并减少后续基坑变形。该支撑体系是一种刚度大、强度高、稳定性好、所有节点全刚性连接的超静定结构。

**1. 型钢组合支撑构件及组合截面**

钢管作为单根支撑构件，有其受力性能上的优势：水平和竖向都是对称结构，无弱轴方向；作为一种闭口结构，受力均衡，不易发生应力集中。但应用在组合式结构中，存在闭口结构无法进行内部螺栓安装、节点连接方式受限的问题；经常需要进行焊接，而焊接对构件损伤大，且施工便利性较差。H型钢是一种开口结构，便于进行螺栓连接；腹板、翼板表面均为平面，不论是正交连接还是斜交叉连接，都是平面与平面连接或平面与直线连接，连接方便，且不易出现曲面连接中容易存在的应力集中问题。支撑结构主要是受压构件，首选采用宽翼缘H型钢（HW），其次是中翼缘H型钢（HM），应避免采用窄翼缘H型钢（HN）和工字钢。型钢组合支撑结构属于一种重型钢结构，需要大刚度、高强度、高稳定等特性，因此支撑结构材料选用重型或中型型材，常用型材为型钢H350×350×12×19、H400×400×13×21、H700×400×16×25。

型钢组合支撑主要标准构件包括支撑梁、围檩梁、受力转换构件、支撑缀板等。支撑梁通过H型钢焊接端板、筋板制作而成，端板及翼缘上设置螺栓孔用于连接（图3.3-1）。围檩梁可与支撑梁构件通用，由于支撑梁为受压结构，承受的少量弯矩主要为自重产生，安装时多以工字形摆放；围檩梁为受弯结构，安装时多以H形摆放。受力转换构件主要用于角撑及八字撑，是采用型钢及钢板加工而成的整体刚性受力转换构件，能将不同方向荷载均匀传递；尽可能保证支撑轴线与传力件垂直相交，螺栓拼接面只承受轴力，如图3.3-2所示。支撑缀板包括盖板和槽钢，用于刚性连接单道支撑中的每根型钢，让支撑形成"几何不变体"。

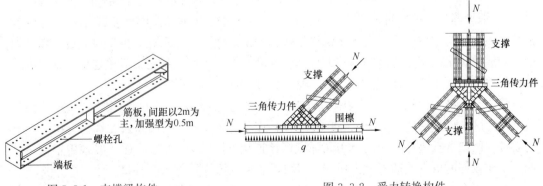

图 3.3-1　支撑梁构件　　　　　　　　图 3.3-2　受力转换构件

单杆压弯结构稳定性差，支撑密集，作业面狭小，局部失稳容易导致连锁破坏；因此型钢组合支撑采用多根型钢形成组合截面，并设置缀板作为斜腹杆，使每道支撑均成为稳定性高的桁架结构。常用的组合形式及截面如图 3.3-3 所示。

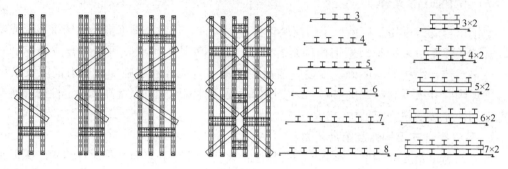

图 3.3-3　常用支撑截面组合形式

对于型钢组合支撑结构，材料的屈服强度越高，结构越安全或用钢量越少，材料发生塑性变形的情况也就越少，能确保材料多次循环使用；材料抗拉强度高，在极端受力条件下确保结构不整体破坏的可靠性越高。因此，对于型钢组合支撑中的主要受力构件，支撑、围檩、受力转换构件、筋板、端板等，通常采用 Q355B 级及以上型号的材质；对于构造构件或辅助构件，支架、托座、支撑缀板、角钢连杆等，通常采用 Q235B 级及以上型号的材质。

稳定性好、高刚度、高强度使得型钢支撑可应用于大跨度基坑及超深基坑中，陈赟等依托实际工程案例介绍了对撑跨度达 150m 的型钢组合支撑，胡琦等对某特大基坑支护选型进行分析，其中型钢组合支撑对撑跨度 170m，角撑跨度 125m，王晓双等提及了跨度 133m 的型钢组合支撑应用，金波介绍了型钢组合支撑在深度 34.3m 基坑中的应用，该基坑采用六道型钢组合支撑与两道钢筋混凝土支撑。

**2. 型钢组合支撑构造**

型钢组合支撑结构体系包括水平支撑结构与竖向支承结构，水平支撑结构由支撑、围檩、支撑缀板、受力转换构件及传力件等拼装而成。如前文所述，多根型钢通过支撑缀板连接形成具有稳定桁架结构的支撑。支撑与型钢围檩通过受力转换构件连接，三者间用高强度螺栓连接，角撑或八字撑的受力转换构件应嵌入型钢围檩，避免螺栓受剪（图 3.3-4a）。型钢围檩与围护桩间设置传力件（图 3.3-4b），传力件与围护桩连接可采用焊接或植筋，传力件与型钢围檩用高强度螺栓连接。型钢围檩可由两根或三根型钢通过高强度螺栓组合成叠合梁。支撑或型钢围檩亦可通过预埋螺杆与钢筋混凝土梁直接连接，并根据需要设置钢筋混凝土三角件（图 3.3-4c）避免预埋螺杆承受大量剪力。

竖向支承结构包括立柱与横梁。每道支撑会设置多道横梁，每道横梁之间距离约为 10m，起到方便安装及提供竖向约束的作用。横梁与支撑之间采用高强度螺栓连接。横梁与立柱之间设置托座件，与两者用高强度螺栓连接（图 3.3-4d）。立柱一般采用型钢，当地基土质较好时可直接插入，土质较差时可设置钻孔灌注桩作为立柱桩。

型钢组合支撑在两端或中部设置由保力盒和加压件组成的加压装置（图 3.3-4e），用以施加预应力，施加完成之后通过保力盒锁定轴力。预应力应根据土层情况、围护结构和

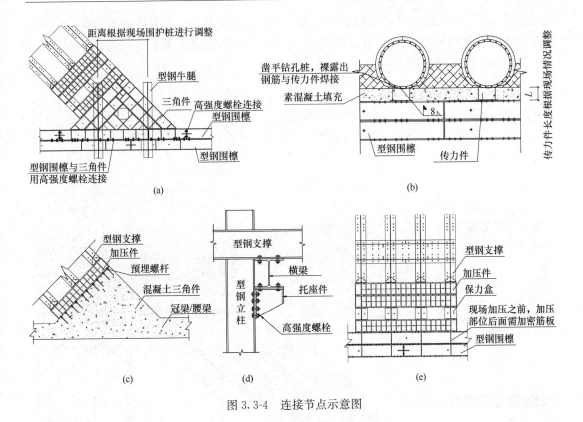

图 3.3-4 连接节点示意图

止水帷幕的形式、支撑稳定性等综合因素合理设置,同时还需要根据变形的控制情况分级加载。如果轴力施加过大或施加不均匀,可能导致混凝土支撑、围护结构或止水帷幕受损。

结构荷载传递路径为围护桩(墙)面荷载传递给围檩,围檩线荷载传递给支撑,支撑点荷载转换成平衡的结构内力,所有传力路径上的节点和构件连接节点均应为刚性连接,节点强度要大于杆件强度。

**3. 型钢组合支撑布置**

型钢组合支撑根据受力的需要可以灵活组合,形成超静定桁架结构体系,每道支撑的强度和稳定性均取决于桁架结构自身,受力明确。正常工作阶段,支撑体系以受压为主,但需要能够承受拉、压、弯、剪、扭等复杂受力工况荷载的作用。同时,支撑结构应集束,占据较少的工作面,支撑之间的空间开阔,可以实现流水化施工作业。综上,支撑布局的原则为受力平衡、变形协调、无应力集中、不受拉、不受扭、少受弯、支撑密度合理、施工作业面开阔、有利于分区施工。

对于平面形状呈较规则矩形的基坑,型钢组合支撑宜采用"角撑加对撑"的平面布置形式,即短边方向对撑,两端水平角撑;对于平面形状呈较规则正方形的基坑,考虑到土方开挖的便利性,宜采用"四周角撑"的型钢组合支撑。当基坑周边对环境保护要求较为严格且基坑形状不太规则时,预应力型钢组合支撑可以考虑相互正交的布置形式。李建平在某钝角角度过大的基坑中设计了交错叠合预应力型钢支撑,施工效果良好。当基坑形状存在圆弧等异形时,型钢组合支撑可与钢筋混凝土支撑结合使用。对于大跨度支撑,推荐采用复合八字结构，增加结构的稳定性。边桁架形式的支撑可以在拉大支撑间距的同时，让基坑变形更为均匀，适用于形状较为规则、开挖深度较小或土质较好的基坑。图 3.3-5 为一些基坑支撑平面布局示例。

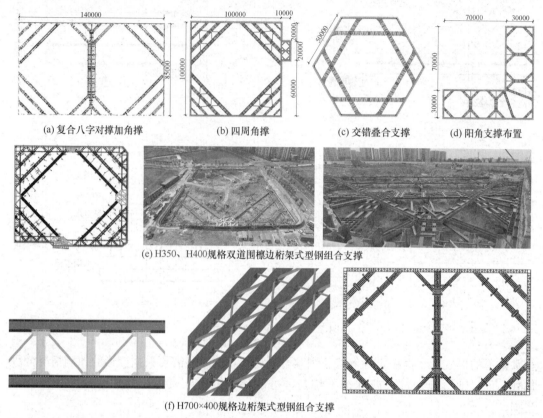

(a) 复合八字对撑加角撑　　(b) 四周角撑　　(c) 交错叠合支撑　　(d) 阳角支撑布置

(e) H350、H400规格双道围檩边桁架式型钢组合支撑

(f) H700×400规格边桁架式型钢组合支撑

图 3.3-5　基坑支撑平面布局示例

型钢组合支撑平面布置应遵循以下原则：

（1）支撑应在同一平面内形成整体，上下各道支撑宜对齐布置；

（2）围檩或压顶梁上相邻支撑的水平净距：叠合梁结构围檩，砂土、粉土、黏性土中不宜大于 10m，淤泥质土、淤泥质粉质黏土中不宜大于 8m，淤泥中不宜大于 6m 或采用三拼叠合梁；

（3）八字撑结构宜左右对称布置，与围檩之间的夹角宜取 30°～60°；

（4）基坑向内凸出的阳角应设置可靠的双向约束；

（5）支撑立柱宜避开主体结构的梁、柱及承重墙，相邻立柱间距不宜大于 10m，不同方向支撑交会处应设置立柱和井字托架。

型钢组合支撑竖向布置应遵循以下原则：

（1）支撑标高的设置应利于控制围护桩（墙）的受力和变形；

（2）为方便土方开挖作业，支撑竖向净距及支撑与底板底的净距不宜小于 4m；

（3）如需楼板换撑施工，为方便地下室主体结构的施工作业，支撑底面与其下的基础底板或楼板顶面净距不宜小于 1.2m。

**4. 型钢组合支撑计算**

型钢组合支撑设计计算主要包括刚度计算、结构整体计算、构件计算。构件计算包括组合支撑结构及单根杆件承载力验算、组合围檩结构抗弯和抗剪验算、立柱和立柱桩承载力验算、盖板节点抗剪验算、横梁抗弯验算等。型钢组合支撑结构是一种装配式结构体系，且为了实现循环利用，需要采用螺栓进行连接。因此，其结构刚度和承载力的验算与整体浇筑结构或焊接结构存在一定差异，需要考虑螺栓连接一旦松动可能给刚度和承载力带来的影响。

1）支撑系统刚度计算

对单道支撑而言，可视为常规直线弹性构件计算刚度，即构件材料弹性模量和组合截面面积的乘积与支撑长度的比值。对于整个支撑结构，基坑相关规范给出了支撑控制宽度内弹性支点刚度系数的计算公式，该公式适用于水平对撑且支撑腰梁或冠梁的挠度可忽略不计时。施坚在不考虑腰梁挠度的条件下通过理论计算分析了不同形式型钢组合支撑的刚度对比，认为在同一截面形式跨度下，八字撑刚度最大，但是相对于其他形式施工更复杂且使用钢材量更多。当单道支撑控制范围或围檩净跨较小时，围檩的弯曲刚度较大，支撑体系的刚度主要由支撑的压缩刚度决定，可通过上式计算；当单道支撑控制范围或围檩净跨较大时，围檩的弯曲刚度较小，支撑体系的刚度主要由围檩的弯曲刚度决定。胡琦采用了考虑围檩弯曲变形以及支座转动时型钢组合支撑体系的刚度计算方法，并计算了各形式的支撑体系的刚度，计算结果显示支撑体系的刚度不仅与杆件压缩刚度有关，还取决于围檩弯曲变形以及支座转动，而且围檩弯曲变形和支座转动会占主导作用。因此，对变形控制要求高的情况，应尽量减小围檩跨度或增大围檩抗弯刚度，应对称布置支撑体系，避免发生过大转动。

2）结构整体计算

结构整体计算应遵循以下原则：

（1）可按杆系结构采用有限元法进行整体计算分析，支撑杆件、盖板、斜腹板单独按杆单元建模，围檩按等效刚度的压弯杆件建模，有限元模型应符合实际的结构布置；

（2）采用二维有限元分析时围护桩（墙）传至支撑的荷载，可取围护桩（墙）剖面内力分析时得出的支反力；

（3）结构整体分析应考虑下列荷载作用：由围护桩（墙）传至支撑结构的水平作用力，支撑结构自重及活荷载，预加轴力，当温度改变引起的支撑结构内力不可忽略时，应考虑温度作用；

（4）根据节点构造，合理确定约束条件，节点连接方式应反映实际情况，三个及三个以上螺栓连接的节点可以看作是刚接；

（5）结构整体分析应考虑施工全过程工况：土方开挖至各道支撑底标高下 0.5～1.0m（横梁、托座件、角钢牛腿的工作面），支撑安装完成施加预加轴力，基坑开挖至坑底，换撑及拆撑工况。

3）构件计算

支撑构件承载力计算包括强度、平面内与平面外稳定计算。型钢组合支撑是一种装配式结构，支撑构件是循环使用构件，不可避免地会有部分损伤或尺寸偏差，拼接中也会有平面不贴合、部分螺栓松动等问题，会导致受力不均匀、结构体系和约束条件不完整，应考虑型钢组合支撑结构的受力不均匀性和结构体系不完整性的折减系数。

**5. 型钢组合支撑承载力试验**

型钢组合支撑结构是典型的装配式结构，且需要回收重复利用，均采用螺栓连接，其构件包含：支撑结构、围檩结构、刚性受力转换件结构、螺栓连接结构、传力件结构等。型钢组合支撑试验的目的是：

（1）研究不同拼接做法对装配式结构受力特性的影响；

（2）验证实际承载力对比理论计算的安全性，以及温度等外界因素对承载力的影响。由于支撑体系中每种结构的功能、受力状态和受力模型都不一样，针对每种结构的受力情况，需进行不同的载荷试验。

1）支撑受压试验

支撑结构以受压为主，进行轴向受压和偏心受压试验，可以获得装配式支撑结构的真实受压刚度和承载力。胡琦等对某基坑工程中跨度约百米的对撑及角撑进行了多次轴向加卸载试验，实测支撑刚度相较于理论刚度偏小，差距约 $10\%\sim30\%$；实测承载力大于规范理论计算值，安全系数 1.66，同时支撑的水平与竖向变形均较小。徐晓兵等进行了复合八字支撑的原位轴向加压试验，试验测得整道支撑的弹性支点刚度接近规范建议值 $2.5\sim3.5$ MN/m² 中的低值。为了进一步研究支撑稳定性，胡琦对一系列角撑及对撑进行去约束（去除横梁与支撑之间高强度螺栓）轴向与偏心（偏心距 20cm）加压试验。结果显示在支撑安装平整度较好的情况下，去约束轴向受压试验最大终止加载量均大于按稳定性计算的承载力控制值，去约束偏心试验最大终止加载量接近承载力控制值，最大偏差约 $10\%$；实测支撑刚度均略小于理论刚度。但在对上下双拼（上下各 8 根型钢）八字对撑的轴向加压试验中，由于加压处构件屈服破坏，未能加载到接近理论计算值。

综合上述试验数据，支撑实际刚度略小于理论计算值，因此预应力设计值及现场锁定值对基坑变形至关重要，应对支撑轴力持续监测，当轴力小于要求值时进行补压。按整体构件压弯稳定性计算支撑承载力是合理的，但当支撑组合截面很强（例如上下双拼组合），稳定性超高时，可能出现局部构件应力集中屈曲破坏先于支撑结构失稳，设计时应予以考虑。

2）围檩受弯试验

围檩结构以受剪和受弯为主，进行弯曲试验，以获得不同拼接方式围檩结构的抗弯刚度和承载力。试验测试了支座净间距为 8m 的单拼、双拼、三拼 H400 围檩及 H700 单拼围檩、H700＋H400 双拼围檩的受弯承载力及刚度，见图 3.3-6、图 3.3-7。

图 3.3-6　试验现场

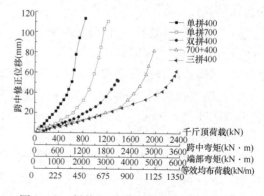

图 3.3-7　拼接方式对型钢围檩力学性能影响

单拼 H400 围檩、单拼 H700 围檩、双拼 H400 围檩、H700 拼 H400 围檩、三拼 400 围檩最大有效加载量对应的基坑实际使用条件下的均布荷载分别为 338kN/m、563kN/m、788kN/m、1010kN/m、1240kN/m。上述试验的终止加载条件均为支座端部围檩翼板和螺栓连接处屈服或螺栓断裂，与围檩实际受力工况存在差异。其中最常使用的 H400 双拼围檩（单拼围檩通常安装于压顶梁上，不单独使用），在有效加载荷载内刚度约为 25MN/m²，可见围檩净距为 8m 时，依据支撑刚度计算支撑体系整体刚度是合理的。

由于型钢围檩由标准构件拼接而成，且需要重复利用，因此不可避免地存在拼接接缝，接缝处不能焊接，需要采用螺栓连接。与整体式结构相比，接缝处是受力薄弱点。通过原尺模型研究接缝位置、接缝处理对围檩结构受弯刚度和承载力的影响。

如图 3.3-8、图 3.3-9 所示，对于单拼围檩，受接缝的影响，围檩刚度和承载力均有显著下降。因此，单拼围檩拼接接缝可设置在支座位置或离支座 1/3 位置处，并采用侧盖板或卡槽加强。对于双拼围檩，采用错缝拼接，外侧围檩跨中无缝、内侧围檩跨中设接缝时，其抗弯刚度和强度均接近于无缝整梁；若不进行错缝拼接，内外围檩均跨中设接缝时，围檩抗弯刚度和强度均大大降低，因此对于双拼围檩，必须采用错缝拼接的方式，且外侧围檩拼接接缝可设置在支座位置或离支座 1/3 位置处，内侧围檩拼接接缝可设置在跨中位置或围檩与支撑交接处的中部，并采用侧盖板或卡槽对外侧围檩进行加强。

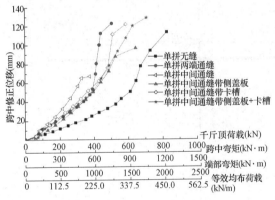

图 3.3-8 单根梁不同接缝形式对力学性能影响

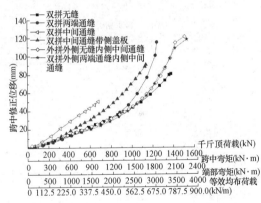

图 3.3-9 不同接缝形式对双拼支撑力学性能影响

**6. 型钢组合支撑工程应用**

1）超深异形基坑中的应用

杭州某地铁车站为 T 形换乘站（图 3.3-10），北侧为部分完工的市政隧道，西南侧存在地下环廊，南侧约 300m 紧靠钱塘江。基坑开挖深度 23.85～32.41m，属于工况复杂的超深基坑。基坑开挖及影响范围内主要土层见图 3.3-11。原围护设计采用 3 道钢筋混凝土支撑结合 6 道钢管支撑，由图可见，因钢管支撑的受力特点所限，采用封堵墙方案，将基坑分为规则形状，先深后浅施工，深侧基坑回筑至顶板前，相邻的浅侧基坑无法开挖，该方案工期难以满足地铁建设要求。为加快工期，考虑双向地铁基坑同时开挖，同步施工主体结构，在换乘节点过渡段对支撑体系进行调整，采用 3 道钢筋混凝土支撑结合 5 道型钢组合支撑，基坑典型剖面图如图 3.3-12 所示，支撑平面布置图如图 3.3-13 所示。图 3.3-14、图 3.3-15 所示监测数据分别为支撑轴力和深层土体水平位移，项目实测地下连续墙最大

图 3.3-10　工程地理位置

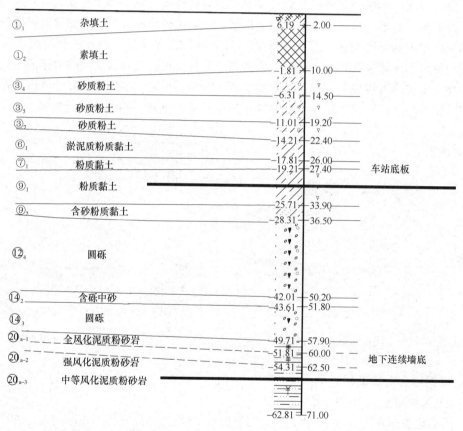

图 3.3-11　开挖及影响范围内主要土层

侧向变形 2.5~3.8cm，在满足基坑变形控制要求的同时保证了施工进度。

2) 超大跨基坑中的应用

项目位于杭州市萧山区，为两层地下室基坑工程，整体形状接近矩形，局部有阳角。基坑开挖深度 9.4~10.5 m，基坑周长 1060m(2×180m+2×350m)，基坑面积约 6 万 m²，属于超宽、超大型深基坑。采用 SMW 工法桩结合一层双拼型钢组合支撑，坑内被动区加固的围护体系（图 3.3-16~图 3.3-19）。支撑的型钢用量 9000 余吨，角撑最大长度 120m，对撑最大长度 170m。场地地貌单元属于冲海积平原区，基坑开挖影响深度内主要为地表

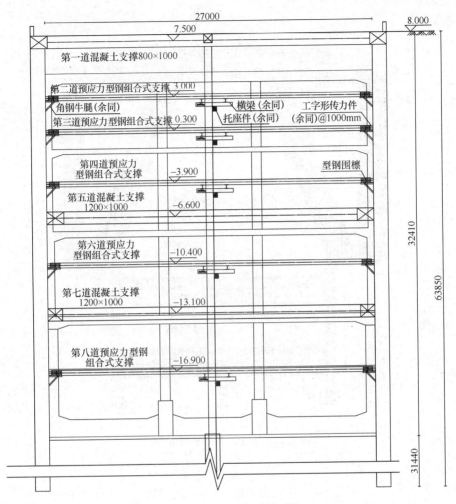

图 3.3-12  基坑典型剖面图

的黏质粉土和 18m 厚的淤泥质粉质黏土。基坑开挖至坑底后深层土体水平位移最大值为 17.36mm，底板浇筑完成后为 23.00mm，位移控制良好。

## 3.3.2  鱼腹梁钢支撑

为了给地下结构施工提供更友好的环境，需要更开阔的施工空间。与房屋结构和桥梁结构一样，想获得更大的使用空间、跨越更大的河流沟谷，就需要减少柱墩的数量。如果想减少支撑的覆盖面积，就需要拉开支撑间距。而拉开支撑的间距，必然会增大围檩的跨度，对围檩的受弯性能提出了更高的要求。在这一方面，支撑体系的发展借鉴了大跨度空间结构的原理，鱼腹梁钢支撑是其中具有代表性的一种。

### 1. 鱼腹梁钢支撑构造

鱼腹梁钢支撑结构体系由水平支撑结构和竖向支承结构组成（图 3.3-20）。水平支撑结构包括对撑、角撑、预应力鱼腹梁、腰梁和连接件等；竖向支承结构包括立柱（立柱桩）和连接件。

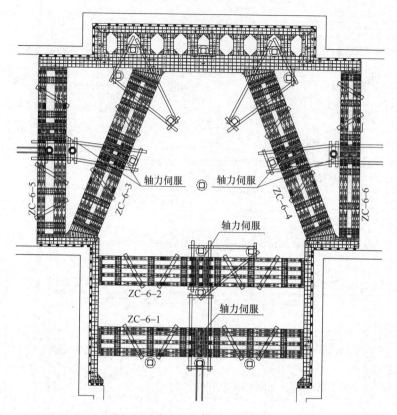

图 3.3-13　支撑典型平面布置图

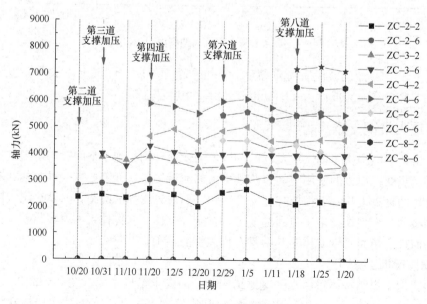

图 3.3-14　支撑轴力监测数据

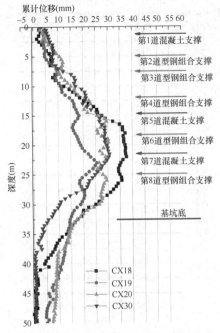

图 3.3-15 基坑深层土体水平位移

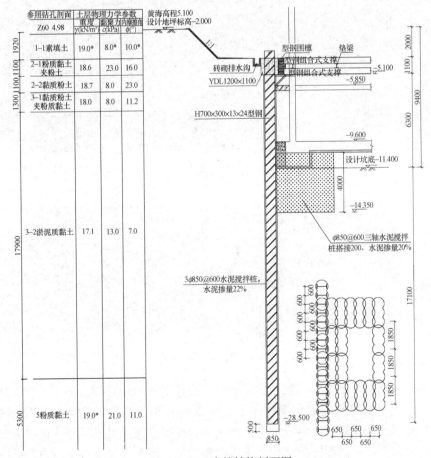

图 3.3-16 支护结构剖面图

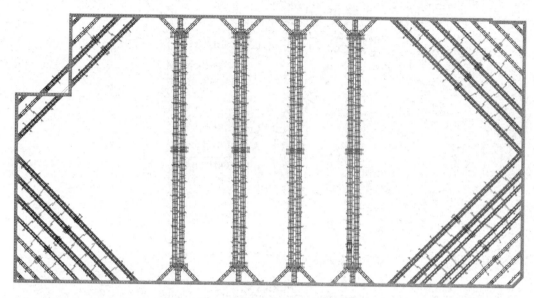

图 3.3-17　支撑平面布置图

图 3.3-18　角撑区域先开挖施工

图 3.3-19　对撑区域后开挖施工

　　鱼腹梁由上弦梁（腰梁）直腹杆、斜腹杆、连杆下弦钢绞线和桥架等标准件拼接构成（图 3.3-21）。支撑系统通过对鱼腹梁弦上的钢绞线施加预应力，形成大跨度围檩结构，经与对撑、角撑及锚具组合，形成一个平面预应力支撑系统。对钢绞线的预应力会通过直腹杆传递回上弦梁，从而跟围护结构上土压力相抵消，或者大大减小土压力，可以有效地

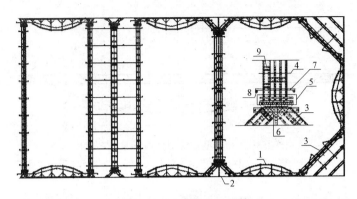

图 3.3-20 装配式预应力鱼腹梁钢支撑体系平面布置图

1—鱼腹梁；2—钢腰梁；3—角撑；4—对撑；5—加压装置；6—连接件；

7—支撑托梁；8—立柱；9—盖板

控制围护结构的变形。与实腹梁相比，在抗弯方面，将受拉、受压的截面分别集中布置在上弦和钢绞线上，增大了内力臂，同样的材料用量却实现了更大的抗弯刚度。

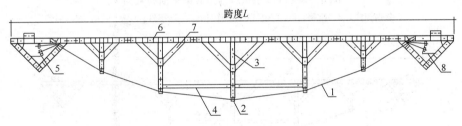

图 3.3-21 预应力鱼腹梁平面布置图

1—下弦钢绞线；2—桥架；3—直腹杆；4—连杆；

5—连接件；6—上弦梁；7—斜腹杆；8—锚具

鱼腹梁按跨度可分为 FS 型（图 3.3-22）、FA 型（图 3.3-23）、SS 型（图 3.3-24），其型号及标准尺寸、平面布置可参照表 3.3-1。

预应力鱼腹梁常用规格 表 3.3-1

| 型号 | 标准尺寸（m） | | 安装钢绞线的最大数量（根） | 张拉端标准件型号 | 上弦杆 H 型钢型号 |
|---|---|---|---|---|---|
| | 跨度 L | 模数 | | | |
| FS-400 | 8～18 | 1 | 30 | AF400 | H400 |
| FA-400 | 19～23 | 1 | 72 | AS400 | H400 |
| SS-400 | 24～52 | 1 | 12 | AS400 | H400 |
| SS-428 | 30～52 | 1 | 144 | AS428 | H428 |

对撑和角撑包括支撑杆件及预应力装置，通过锚具与鱼腹梁结构连成整体。支撑杆件（包括对撑、八字撑和角撑）采用 H 型钢标准件加工而成，常用规格为 H300×300、H350×350、H400×400 或 H428×407。当支撑采用多根杆件组合时，设置支撑盖板和系杆，使其成为超静定的桁架结构。支撑杆件拼接节点强度不宜小于杆件强度，对撑、角撑组合构件之间的间距一般取 500mm、1000mm 和 1500mm 三种。

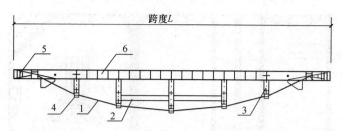

图 3.3-22　FS 型预应力鱼腹梁平面布置图

1—下弦钢绞线；2—连杆；3—直腹杆；4—桥架；5—锚固端；6—上弦梁

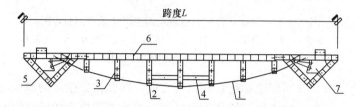

图 3.3-23　FA 型预应力鱼腹梁平面布置图

1—下弦钢绞线；2—桥架；3—直腹杆；4—连杆；5—连接件；6—上弦梁；7—锚具

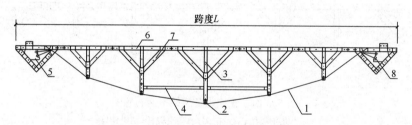

图 3.3-24　SS 型预应力鱼腹梁平面布置图

1—下弦钢绞线；2—桥架；3—直腹杆；4—连杆；5—连接件；
6—上弦梁；7—斜腹杆；8—锚具

　　鱼腹梁钢支撑通常采用 H 型钢柱或矩形钢管混凝柱作为钢支撑的竖向支承。当地基土土质条件较差时，或基坑设置多道鱼腹梁钢支撑，可采用灌注桩内插格构式钢立柱的形式。考虑到立柱间差异变形过大对支撑受力安全会产生较不利影响，以及立柱的抗侧移刚度直接影响组合支撑的水平向稳定性等综合因素，立柱之间常设置剪刀撑或斜拉杆，如图 3.3-25所示，可大大提高立柱的抗侧移刚度及冗余度，剪刀撑与立柱夹角宜为 45°～60°。剪刀撑上、下两端与支撑净间距不宜小于 0.5m，且下端与底板面净间距不应小于 0.5m。

　　在基坑开挖的过程中，针对可能产生的较大土压力和水压力或者突发荷载，预应力鱼腹梁内支撑结构可以通过改装组件、改变预应力大小等方法来增大支撑结构的整体刚度，控制支护结构的变形，从而控制对基坑周边建筑物、市政管线的影响。

**2. 鱼腹梁钢支撑计算**

（1）基坑支护结构的计算

采用鱼腹梁钢支撑体系的基坑支护结构有平面分析方法和空间分析方法两类计算方法。

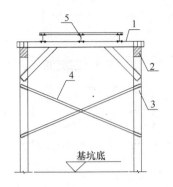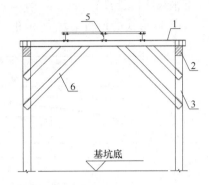

图 3.3-25　立柱设置方式与剪刀撑布置
1—托梁；2—托座；3—立柱；4—剪刀撑；5—盖板；6—斜拉杆

平面分析的计算方法，将鱼腹梁支护结构体系分解为挡土结构和支撑体系分别独立分析。挡土结构采用平面杆系结构弹性支点法进行分析，内支撑结构可按平面结构进行分析，挡土结构传至内支撑的荷载应取挡土结构分析时得出的支点反力。对挡土结构和内支撑结构分别进行分析时，应考虑其相互之间的变形协调。

空间分析的计算方法主要适用于空间效应明显的基坑工程。对于有明显空间效应的深基坑工程，平面分析做了过多的简化而不能反映实际的空间变形性状。空间分析方法可采用挡土结构与鱼腹梁体系共同作用的三维"m"法或考虑土与支护结构共同作用的整体分析方法进行计算。三维"m"法继承了平面竖向弹性支点法中"m"法的计算原理，建立挡土结构、水平支撑与竖向支承系统共同作用的三维计算模型并采用有限元方法进行求解。考虑土与支护结构共同作用的分析方法是按基坑实际工况进行三维模拟分析，该方法是岩土工程计算方法的发展方向，但需要可靠的计算参数，目前其结果直接应用于工程设计尚不成熟。

实际工程中更普遍采用平面分析方法，即将装配式预应力鱼腹梁钢支撑支挡结构分解为挡土结构和支撑体系分别独立分析。采用该方法计算时，需确定装配式预应力鱼腹梁钢支撑支挡结构的弹性支点刚度系数。

（2）鱼腹梁钢支撑系统刚度计算

对于鱼腹梁钢支撑系统，由于支撑间距即围檩净距较大，腰梁或冠梁的挠度不可忽略，相关基坑规范给出的整体结构刚度计算公式难以适用，可采用支撑与鱼腹梁结构的综合刚度作为系统刚度，如下式：

$$K = \frac{K_1 \cdot K_2}{K_1 + K_2} \tag{3.3-1}$$

式中　$K_1$——支撑的平均刚度；

　　　$K_2$——鱼腹梁的平均刚度。

鱼腹梁钢支撑系统的刚度计算，尚未有国家规范作出的明确规定，上述刚度计算方法供参考。经过大量工程的实际分析，预应力鱼腹梁钢支撑体系的支撑整体平均刚度主要取决于鱼腹梁刚度，其整体平均刚度取值范围为 $2\sim5\mathrm{MN/m^2}$，大跨鱼腹梁支撑体系刚度取小值，小跨鱼腹梁支撑体系刚度取大值，更为合理的计算模型待更多研究。

（3）鱼腹梁钢绞线设计计算

图 3.3-26 为不同形式的鱼腹梁受力简图。

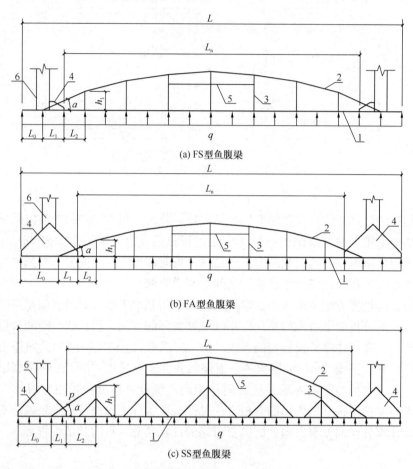

(a) FS型鱼腹梁

(b) FA型鱼腹梁

(c) SS型鱼腹梁

图 3.3-26　鱼腹梁的受力计算简图

1—上弦梁（腰梁）；2—钢绞线；3—直腹杆；

4—连接件（上弦梁端头）；5—连杆；6—对撑或角撑

钢绞线与上弦梁夹角按下式计算：

$$\alpha = \arctan \frac{h_1}{L_1 + L_2} \tag{3.3-2}$$

式中　$\alpha$——钢绞线与上弦梁夹角（°）；

　　　$L_1$——端部钢绞线与腰梁中心线交点到连接件端部的距离（m）；

　　　$L_2$——连接件端部到端侧直腹杆的距离（m）；

　　　$h_1$——端侧直腹杆高度（m）。

钢绞线轴力设计值应按下式计算：

$$p = 1.1 \times \frac{qL_n/2}{\sin\alpha} \tag{3.3-3a}$$

$$L_n = L - 2(L_0 + L_1) \tag{3.3-3b}$$

式中　$p$——钢绞线轴力设计值（kN）；

$L$——鱼腹梁跨度（m）；

$L_n$——鱼腹梁连接件端部净距（m）；

$L_0$——端部钢绞线与腰梁中心线交点到鱼腹梁端部的距离（m）；

$q$——装配式预应力鱼腹梁钢支撑体系的水平荷载设计值（kN/m），即基坑支护结构弹性支点法计算所得已考虑预应力作用的支点力设计值。

钢绞线数量应按下式计算，且应在计算数量结果上增加 5% 作为备用钢绞线。钢绞线数量应为偶数根。

$$n = \frac{p}{k f_{py} A_s} \tag{3.3-4}$$

式中　$f_{py}$——钢绞线抗拉强度设计值（N/mm²），按现行国家标准《混凝土结构设计规范》GB 50010 取值；

　　　$A_s$——单根钢绞线截面积（m²），按现行国家标准《预应力混凝土用钢绞线》GB/T 5224 取值；

　　　$k$——钢绞线强度折减系数，取 0.8。

（4）预应力设计值

鱼腹梁钢绞线预加轴向拉力可减小基坑开挖后支护结构的水平位移、检验支撑连接节点的可靠性。但如果预加轴力过小，无法有效控制基坑变形；如果预加轴力过大，可能使支挡结构产生过大反向变形、增大基坑开挖后的支撑轴力。根据以往的设计和施工经验，钢绞线预加轴向拉力取其轴向拉力设计值的 0.6～0.75 倍较合适，对撑和角撑构件预加轴向压力取其轴向压力设计值的 0.6～0.7 倍较合适。施工时应保证消除预应力损失后的锁定值满足设计预加力值要求。

**3. 工程应用实例**

北京市西城区百万庄北里居民住房改善项目 A 地块，位于永定河古道，西侧为三里河路，北侧为车公庄大街。项目占地面积约 15130m²，基坑周长约 535m，基坑开挖深度为 25.1m，现场如图 3.3-27 所示。该项目地处北京市中心核心地带，靠近住房和城乡建设部办公大楼，从降噪、质量，尤其是扬尘控制等多个方面都对施工提出了极高的要求。

图 3.3-27　鱼腹式钢支撑结合钢栈桥现场

同时，基坑工程开挖深度大、出土困难、施工场地窄小，给施工现场带来了极大的挑战。

鉴于上述问题，项目基坑工程采用了绿色、环保的鱼腹式钢支撑技术，提供了较大的施工工作面，开挖土方便、快捷；同时，便于布设防尘系统，保证了施工过程中无扬尘及垃圾的产生。鱼腹式钢支撑施加预应力后表现出较大的刚度，基坑整体变形量小。

### 3.3.3 超前竖向斜撑

基坑工程不仅要保证基坑自身的安全，还需满足变形控制和环境保护要求，因此常采用水平内支撑体系为支护墙提供支点以约束变形。在面积较大的基坑工程中，水平钢支撑体系的刚度相对较弱，故多采用刚度大、稳定性好和变形控制能力强的水平混凝土支撑支护体系，但其在大面积基坑工程中应用时存在以下缺点：

（1）混凝土内支撑为临时结构，资源和能源消耗大，造价高，可占整个基坑支护体系的 20%～50%；

（2）施工工期长，混凝土内支撑支模、浇筑、养护和拆撑的时间往往占用基坑总工期的 25%～40%；

（3）施工难度大，混凝土内支撑大范围覆盖基坑，土方开挖、出土运输和地下结构施工的难度增大，工期延误；

（4）混凝土内支撑拆除时产生大量固体废弃物、噪声和粉尘等，与当前我国提倡维护生态环境、降低能耗的可持续发展理念不相协调。

为克服上述缺点，近年来超前斜撑式支护结构（以下简称为前撑式支护结构）在我国基坑工程中逐步得到发展应用。该支护结构是在支护墙施工完成后，自坑内地表打设竖向超前斜撑（图 3.3-28～图 3.3-30），斜撑与支护墙之间通过压顶梁或围檩连接后形成支点，控制支护结构的变形和环境影响。

图 3.3-28　H 型钢超前　　　　　图 3.3-29　角钢格构柱超前　　　　　图 3.3-30　钢管超前
　　　　竖向斜撑　　　　　　　　　　竖向斜撑　　　　　　　　　　竖向斜撑

前撑式支护结构具有如下优点：

（1）与水平混凝土内支撑相比，斜撑和斜向复合桩节约资源和能耗，造价低，尤其适用于大面积的基坑工程；

（2）斜撑覆盖范围小、施工速度快、土方开挖和出土运输方便，大大缩短工期、提高工效；

（3）基坑坡脚土体可一次性开挖，无需保留，克服了传统"中心岛"工艺的缺陷。

因此，目前前撑式支护结构已迅速在浙江、上海、江苏、广东、福建、安徽等省市设有1～2层地下室、面积较大的基坑工程中得到推广应用。

**1. 超前竖向斜撑构造**

超前竖向斜撑排桩支护结构的构造如图 3.3-31 所示。竖向斜撑主体可选择 H 型钢、钢管、钢格构柱等钢材，上端与围护桩连接，下端通常插入在采用搅拌法或旋喷法形成的水泥土桩（图 3.3-31a）中。水泥土桩一方面可起到引孔植桩的作用，便于斜撑主体植入；另一方面斜撑主体和水泥土组合形成劲性复合桩。劲性复合桩综合了钢材和水泥土的优点，即利用高强度的钢材承担大部分荷载，利用水泥土桩较大的侧表面积和截面积提高侧摩阻力和侧向抗力，因此具有较大的承载力和刚度，有利于基坑变形控制。当坑底土质较好或坚硬土层埋藏较浅时，斜撑主体下端也可直接插入在坑底土层中（图 3.3-31b）。当斜撑主体采用钢管时，还可在钢管打入地基后通过预先打设的孔眼采取注浆措施，提高钢管的承载能力。

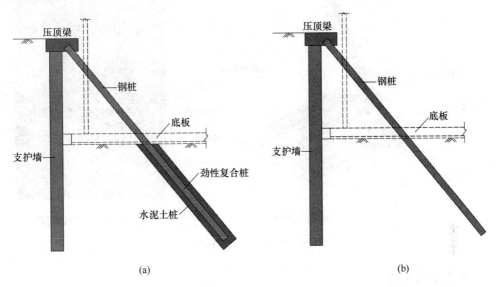

图 3.3-31 超前竖向斜撑排桩支护简图

另外，为提高劲性复合桩的承载力并节约工程造价，斜撑主体在坑底以下部分可改用预制管桩或方桩，通过电焊与坑底以上部分的钢管或钢格构柱连接。

**2. 超前竖向斜撑施工方法**

目前，超前竖向斜撑的施工方法主要有以下几种：

1）直接打入法

直接打入法是指通过机械手、振动锤等设备将斜撑主体直接打入土体内部（图 3.3-32）。此类方法在坚硬地层中施工难度较大、倾斜度控制较难。目前，国内已研发出可满足倾斜度在0°～20°的方桩、管桩施工的静力压桩机（图 3.3-33），但不能完全满足超前竖向斜撑的倾斜角度要求。

2）套管跟进预钻孔法

与锚杆施工工艺类似，通过钻机钻进的同时套管跟进防止塌孔，成孔后插入斜撑主体并注浆填充，此类方法成桩桩径小，斜桩轴向和侧向承载力低。

图 3.3-32　打入式 H 型钢或钢管超前竖向斜撑

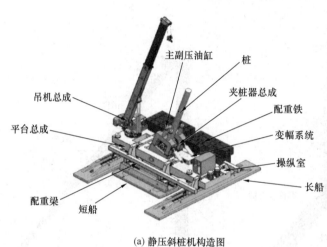

(a) 静压斜桩机构造图　　　　　　　　(b) 静压斜桩机现场图

图 3.3-33　静压斜桩机

3）水泥土预搅植入法

水泥土预搅植入法是当前应用最多的施工方法。该法采用高压旋喷或搅拌桩机将水泥浆与土体混合形成水泥土桩，在水泥土硬化前植入斜撑主体，形成劲性复合桩（图 3.3-34）。劲性复合桩具有较高的承载力和侧向刚度，有利于提高斜撑刚度，控制基坑变形。

图 3.3-34　桩侧土体采用高压旋喷桩加固

采用水泥土预搅植入法形成斜向劲性复合桩作为竖向超前斜撑桩时，以下问题需引起重视：

（1）水泥土桩施工能力及质量

水泥土桩施工方法可采用单轴搅拌工艺或高压旋喷工艺，应注意其在复杂地层中的适应性，尤其是在坚硬土层中的搅拌均匀性或高压喷射效果，不能一味追求过大的桩径和桩长，忽视成桩质量。通过选择合适的施工装备、施工工艺和水泥土桩身参数，提高水泥土强度和均匀性，一方面便于斜撑主体顺利植入，另一方面可保证水泥土-土、斜撑主体-土两个界面之间的摩擦力和桩端阻力，有利于劲性复合桩承载力和刚度的发挥。在淤泥质土中，水泥土桩常用桩径为 $1.0\sim1.2m$；在粉砂与黏性土地层中，水泥土桩常用桩径为 $0.8\sim1.0m$。为减少水泥土的养护时间，应掺入能提高早期强度的外加剂，尤其是在淤泥质土地层中。

（2）斜撑主体的对中问题

为便于植入，斜撑主体植入时水泥土尚未硬化，在自重作用下斜撑主体必然产生下沉，导致形成的劲性复合桩处于偏心状态，对其承载力和刚度有一定影响，因此应有对中保证措施。

（3）劲性复合桩的质量检验

加强对劲性复合桩轴向承载力、侧向承载力和水泥土强度的检验。一方面可检验其是否满足设计要求，另一方面也可为斜撑侧向刚度的取值提供依据。

（4）施工作业面和施工工序问题

施工作业面包括外部作业面和内部作业面。外部作业面指要确保斜撑桩施工机械的操作空间；内部作业面指斜撑要避开地下室的桩基、承台、梁、柱和剪力墙等结构。为确保水泥土有足够的养护时间，要合理规划施工工序。

**3. 前撑式支护结构设计计算**

前撑式支护结构可采用竖放的弹性地基梁法进行设计计算，其难点在于斜撑侧向刚度的取值。与传统的水平内支撑不同，前撑式支护结构中斜撑的承载力和侧向刚度与基坑开挖卸荷、坑底土层性质密切相关（表 3.3-2）。超前竖向斜撑对挡土结构的支撑作用不仅是力的分解和承载力问题，还与其轴向刚度和侧向刚度有关。

水平内支撑与超前竖向斜撑的差异 表 3.3-2

| 差异点 | 水平内撑式支护结构 | 前撑式支护结构 |
| --- | --- | --- |
| 支撑承载能力 | 为混凝土支撑或钢支撑系统的承载力，与坑底土层无关 | 包括斜撑桩的轴向承载力和侧向承载力，与坑底土层密切相关 |
| 支撑刚度 | 基本为常数，与坑底土层无关 | 包括斜撑的轴向刚度和侧向刚度。随开挖过程和支护位移而变化，与坑底土层关系密切 |
| 土方开挖卸荷 | 对支撑刚度和承载力基本无影响 | 对斜撑刚度和承载力有显著影响 |
| 基坑稳定性 | 水平支撑对基坑稳定影响较小 | 斜向复合桩嵌入土中，对基坑稳定有较大影响 |

同时基坑开挖卸荷还会对坑底斜撑桩产生较大影响，主要表现在两方面：

（1）坑底土体产生回弹变形，使桩体产生"上浮作用"，桩土间相对位移导致桩侧摩阻力分布发生改变，桩身上段承受正摩阻力作用，下段承受负摩阻力作用；

（2）开挖卸荷后桩侧法向土压力和摩阻力减小，导致桩体承载力和桩身刚度降低。

另外，劲性复合桩在水泥土-土界面的基础上新增了斜撑主体-水泥土界面，其荷载传递机理和变形特性与传统桩基有较大差异。在荷载作用下，荷载由斜撑主体依次向水泥土、桩周土呈由内向外扩散传递，目前尚无斜向劲性复合桩的分析方法。

由上述分析可见，超前竖向斜撑的设计计算涉及斜撑桩的轴向刚度和承载力、侧向刚度和承载力分析，而且其承载力和刚度是随着基坑开挖和支护结构变形不断复杂变化的，斜撑受力分析时需要考虑斜撑桩轴向与径向刚度的耦合，以及基坑开挖的卸荷效应，才能合理评估斜撑桩的承载力、刚度与变形。因此，前撑式支护结构的设计计算方法还有待进一步的深入研究。目前，通常是根据经验假设斜撑刚度为某一定值，然后采用弹性地基梁法进行支护结构分析，与实际情况有较大差异。

**4. 超前竖向斜撑轴向承载力现场试验**

（1）粉砂土中 IMS 搅拌桩预搅植入型钢斜撑

杭州滨江区某项目设一层地下室，主要影响土层为粉砂土，围护桩采用 SMW 工法桩，支撑体系大部分采用一道预应力型钢组合支撑，局部采用超前竖向斜撑。斜撑主体为 15m 长 H350×350×12×19 型钢，与竖直面夹角 45°，采用 φ1200 IMS 斜向搅拌桩预搅后植入，水泥掺量 25%。斜撑承载力设计值 1000kN，对其进行加压试验，以测得其承载力极限值。斜撑剖面及现场试验如图 3.3-35 所示。试验最终加载值 2163kN，斜撑及搅拌桩均完好，未出现破坏，达到设计承载力的两倍以上。

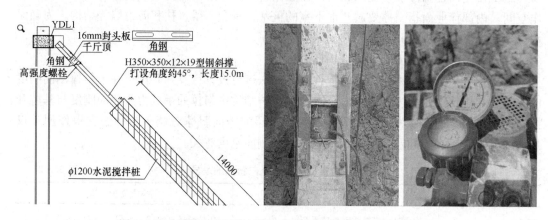

图 3.3-35　粉砂土中型钢斜撑＋IMS 斜向搅拌桩现场加载试验

（2）淤泥质土中水泥搅拌桩预搅植入双拼型钢斜撑

宁波镇海区某项目基坑开挖深度 5.9m，主要影响土层为淤泥质土，围护桩采用 SMW 工法桩，支撑体系大部分采用一道钢筋混凝土支撑，局部采用超前竖向斜撑。斜撑间距 5m，主体采用 22m 长双拼 H350×350×12×19 型钢，与竖直面夹角 45°，用 φ1000 水泥搅拌桩预搅后植入，水泥掺量 35%，搅拌桩端部 2m 扩径至 φ1600（图 3.3-36）。斜撑设计承载力 1300kN，对其进行加压试验，并测量斜撑压缩量。试验数据如表 3.3-3 所示。

图 3.3-36　淤泥质土中双拼型钢斜撑＋水泥搅拌桩现场加载试验

试验加载值及斜撑压缩量　　　　　　　　　表 3.3-3

| 阶段 | 加载值（kN） | 加压位置间距（cm） | 斜撑压缩量（cm） |
|---|---|---|---|
| 0 | 0 | 39.1 | — |
| 1 | 1000 | 40.2 | 1.1 |
| 2 | 2000 | 42.0 | 1.8 |

试验结束时斜撑及搅拌桩均完好未出现破坏，结果显示斜桩满足设计承载力要求。由于试验数据偏少，难以计算准确的斜撑刚度，取两次加压的压缩量平均值，斜撑间距 5m 计算该双拼型钢斜撑系统刚度约 $14MN/m^2$。

**5. 超前竖向斜撑工程应用**

上海市某基坑开挖面积约 $37720m^2$，总延长米约 772m，普遍区域挖深 5.60m。由于基坑东侧及南侧存在已建市政道路，且距离较近，采用超前竖向斜撑控制基坑变形，其他侧采用放坡或重力坝围护。工程地质参数及支护剖面如表 3.3-4、图 3.3-37 所示。

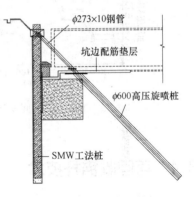

图 3.3-37　典型支护剖面

工程地质参数　　　　　　　　　表 3.3-4

| 土层名称 | 层厚（m） | 理度 $\gamma$（kN/m³） | 黏聚力 $c$（kPa） | 内摩擦角 $\varphi$（°） | 渗透系数（cm/s） |
|---|---|---|---|---|---|
| ①$_{1-2}$杂填土 | 0.7 | 18.0 | 10.0 | 10.0 | $2.0 \times 10^{-5}$ |
| ②粉质黏土 | 1.9 | 18.5 | 21.0 | 18.0 | $3.0 \times 10^{-7}$ |
| ③淤泥质粉质黏土 | 4.9 | 17.6 | 11.0 | 18.5 | $3.0 \times 10^{-6}$ |
| ④淤泥质黏土 | 5.0 | 17.2 | 12.0 | 12.5 | $2.0 \times 10^{-7}$ |
| ⑤$_{1-1}$黏土 | 5.3 | 18.2 | 13.0 | 20.5 | $3.0 \times 10^{-7}$ |
| ⑤$_{1-2}$粉质黏土 | 7.3 | 17.5 | 14.0 | 13.5 | $2.0 \times 10^{-7}$ |

该项目采用 SMW 工法桩兼作围护桩及止水桩结合超前竖向斜撑作为支撑结构。斜撑主体采用 $\phi273 \times 10$ 钢管，$\phi600$ 高压旋喷桩作为钢管插入土体前的引孔桩，待其达到一定强度后，与钢管共同受力，作为坑底以下的承载扩大体。斜撑角度分别为 45°（斜撑 1）、

55°（斜撑 2）。

施工完成后，土方开挖前，对超前竖向斜撑承载力及刚度采用试桩法检验。设计荷载及试桩加载设计值如表 3.3-5 所示。

设计荷载及试桩加载设计值

表 3.3-5

| 编号 | 坑底以上斜撑与土体间侧摩阻力（kN） | 设计荷载（kN） | 加载设计值（kN） |
|---|---|---|---|
| 斜撑 1 | 73.29 | 539.58 | 740 |
| 斜撑 2 | 56.94 | 591.37 | 790 |

由图 3.3-38 可知，加载压力达到设计加载值后能够保持稳定，据此推断，施工完成的钢管斜撑承载力满足设计要求。由图 3.3-39 可知，加载压力达到设计加载值后的相当长一段时间，钢管斜撑斜向位移增量微小，最终保持稳定。斜撑 1 最大位移为 19.17mm，斜撑 2 最大位移为 24.3mm，两者均与理论计算值相近。施工完成的钢管斜撑工作状态良好，位移控制效果显著，取得一定经济和社会效益。

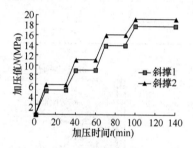

图 3.3-38　加压值随时间变化曲线

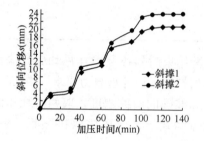

图 3.3-39　斜向位移随时间变化曲线

# 3.4　可回收锚杆技术

随着我国工程建设的发展和地下空间的开发利用，基坑工程的数量和规模不断扩大。拉锚式围护结构通过设置锚杆对挡土结构提供支点，为后续基坑开挖和地下室施工提供相对宽裕的空间，可提高施工速度和施工效率，同时具有较好的经济性，目前已在基坑支护工程中得到大量应用。但是由于地下空间开发用地紧张，预应力锚杆常常会超越用地红线，产生侵权问题；同时传统的预应力锚杆主筋不可回收形成了长期的地下障碍物，严重影响了场地的二次开发利用，给后续工程建设留下了隐患，后期处理难度大且费用高。据1999 年 4 月 8 日《中国建设报》报道，仅广州地区地下遗留锚杆就达 20 万～30 万 m。我国深圳、厦门、石家庄、昆明、太原等地在地铁盾构隧道施工中，为清除地下遗留的锚杆都付出了高昂的代价。

21 世纪是人类开发利用地下空间的世纪。随着土地市场化的发展和人们对地下空间产权意识的提高，超越用地红线范围之外的常规锚杆应用将会受到限制。可回收锚杆为解决这一工程问题提供了有效手段。与常规锚杆相比，可回收锚杆通过主筋回收避免了永久超越用地红线，不影响场地的二次开发利用，节约资源且环境友好，符合绿色可持续发展的理念，因此具有比较广阔的工程应用前景。

## 3.4.1 发展历程

锚杆回收的最初构想始于 20 世纪 60 年代，但在 20 世纪 80 年代以前只能简单地完成锚杆自由段部分的杆体回收。20 世纪 80 年代英国 Tony Barley 根据登山绳原理，开发出单孔复合锚固系统，在同一钻孔中安装若干个锚杆单元，采用无粘结钢绞线和 U 形承载体，实现主筋的完全回收。20 世纪 90 年代中期开始，英国、德国、瑞典等欧洲国家和日本、韩国等亚洲国家先后开发了多种可回收锚杆，包括英国的 SBMA，德国的 DYWID-AG，瑞典的扩大头可回收锚杆，韩国的 SW-RCD，日本的 KTB、GCE、JCE、IH 和日特等型号的可回收锚杆。

与其他国家相比，我国可回收锚杆技术的应用和研究起步较晚但发展较快。1997 年原冶金部建筑研究总院程良奎研发了压力分散型可回收锚杆，采用 U 形结构的聚酯纤维承载体，首次在国内成功应用于北京中银大厦基坑工程，回收率达 96%。2003 年总参工程兵科研三所也研制出了一种压力分散型可回收预应力锚杆。2006 年之后，我国可回收锚杆技术得到了快速的发展，授权专利和专业施工队伍数量大幅增加，并在基坑工程中大量推广应用。2018 年 9 月，在兰州召开了第十届全国基坑工程研讨会暨第一届全国可回收锚杆技术研讨会。2019 年 5 月，在杭州召开了第二届全国可回收锚杆技术研讨会，并在浙江大学龚晓南发起下成立了全国回收锚杆技术与产业联盟（筹）。2020 年 11 月，在成都召开了第十一届全国基坑工程研讨会暨第三届全国可回收锚杆技术研讨会。2022 年 12 月，由华东交通大学承办的第十二届全国基坑工程研讨会暨第四届全国可回收锚杆技术研讨会以线上方式召开。一系列的技术交流与研讨会推动了我国可回收锚杆技术的发展，目前自有可回收锚杆技术的厂家包括北京力川、浙江浙峰、杭州钜力、苏州能工、浙江中桥、厦门金海明、杭州科盾等 20 余家。

在可回收锚杆技术标准和指南方面，2001 年日本建筑学会《建筑地基锚杆设计施工指南》将可回收锚杆专门列为一章；2005 年《岩土锚杆（索）技术规程》CECS 22：2005 第 4.5 节也专门列入了 U 形锚筋回转可回收锚杆；2015 年《岩土锚杆与喷射混凝土支护工程技术规范》GB 50086 将可拆芯锚杆作为一种临时锚杆类型；2016 年北京市标准《可拆除锚杆技术规程》DB11/T 1366 颁布，将可拆除锚杆分为 U 形及端部锁止型两种类型；2018 年广西标准《可拆芯式锚索技术规范》DBJ/T 45-077 颁布，将可拆芯锚杆分为机械式、力学式、化学式三种主要类型；2022 年 7 月由浙江大学和上海勘察设计研究院（集团）有限公司共同主编的中国工程建设标准化协会标准《可回收锚杆应用技术规程》T/CECS 999—2022 发布实施。

## 3.4.2 可回收锚杆的分类

可回收锚杆通常采用压力集中型或压力分散型锚杆，其中压力分散型锚杆通过设置多个承载头改善了锚杆主筋、锚固体和侧壁土体的受力状态，有利于提供更大的承载力。

根据可回收锚杆锚固体的形状，可分为常规的等直径形和旋喷扩体形（图 3.4-1）；根据锚固体材料，可分为常规的水泥浆型和旋喷扩体之后的水泥土型。旋喷扩体形锚杆与普通锚杆相比锚固段直径扩大 2~4 倍，有利于解决普通锚杆锚固体与土体间抗拔力低的问题；但由于可回收锚杆为压力型锚杆，其承载力又受到水泥土锚固体端部承载力偏低的制约，故旋喷扩体形可回收锚杆宜采用压力分散型锚杆。为改善水泥土锚固体强度偏低的问题，可采用水泥浆通过二次注浆或囊袋注浆（图 3.4-2）进行加强。

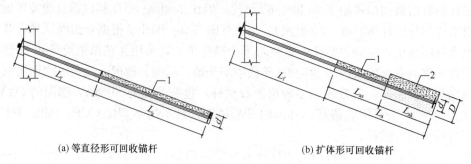

(a) 等直径形可回收锚杆　　　　　　　　(b) 扩体形可回收锚杆

图 3.4-1　等直径和扩体形可回收锚杆

1—原孔锚固段；2—扩体锚固段；

$d$—原孔锚固体直径；$D$—扩体锚固体直径；$L_f$—锚杆自由段长度；

$L_a$—锚杆锚固段长度；$L_{as}$—原孔锚固段长度；$L_{ak}$—扩体锚固段长度

图 3.4-2　采用囊袋注浆之后的水泥土锚固体

根据锚杆的回收机理，可将可回收锚杆分成五大类，见表 3.4-1。

可回收锚杆分类及代表性产品　　　　　　　　表 3.4-1

| 序号 | 一级分类 | 二级分类 | 三级分类 | 代表产品或厂家 |
|---|---|---|---|---|
| 1 | 自解锁类 | 螺栓螺母型 | — | |
| | | 机械锁型 | 辅索拉拔解锁型 | 日本 JCE、浙江中桥 |
| | | | 顶进解锁型 | 浙江浙峰、北京力川 |
| | | | 旋转解锁型 | 厦门金海明 |
| | | | 顶进旋转解锁型 | 韩国 SW-RCD、杭州钜力、杭州科盾 |
| | | 自切断型 | — | 日本日特 |
| | | 熔解型 | 热熔型 | 德国 DYWIDAG、苏州能工 |
| | | | 电磁型 | 日本 IH |
| | | | 铝热剂型 | |

| 序号 | 一级分类 | 二级分类 | 三级分类 | 代表产品或厂家 |
|---|---|---|---|---|
| 2 | 锚筋回转类 | U形 | — | 英国 SBMA、冶建院、总参三所 |
| | | 合页形 | — | 深圳钜联 |
| 3 | 自钻自锁类 | 全长连续型 | — | |
| | | 部分连续型 | — | |
| | | 断续型 | — | |
| 4 | 半拆筋类 | 全金属型 | — | |
| | | 半金属型 | — | |
| 5 | 强力拉拔类 | 焊接型 | — | |
| | | 挤压套型 | — | |
| | | 砂浆型 | — | |
| | | 粘结型 | 麻花头粘结型 | |
| | | | 胀壳粘结型 | |
| | | 气囊型 | — | |

### 3.4.3　常用的可回收锚杆类型

目前工程应用较广、技术较为成熟的可回收锚杆，主要包括机械锁型、热熔型和锚筋回转型三种。下面简要介绍其回收机理。

**1. 机械锁型可回收锚杆**

机械锁型可回收锚杆是目前工程应用最多的可回收锚杆类型，其主筋（通常采用钢绞线）预先通过楔块、螺纹、插销等机械连接方式与解锁装置锚固，回收时通过顶进、拉拔辅索、旋转等单一或复合行为使主筋与锚固件解锁脱开，从而实现主筋回收。机械锁型可回收锚杆又可分为辅索拉拔解锁型、顶进解锁型、旋转解锁型、顶进旋转解锁型四种。

（1）辅索拉拔解锁型可回收锚杆构造及机理

锚杆杆体端头的解锁装置（图 3.4-3）中单独设置一条钢绞线作为辅助回收索（简称辅索）。辅索专用于回收，不承担工作拉力。工作索、辅索及承载体之间，通过套筒、插

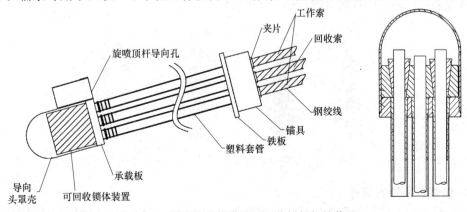

图 3.4-3　辅索拉拔解锁型可回收锚杆解锁装置

销或夹片、楔形体相互约束。拆除时，先将辅索用千斤顶拔出，解除工作索、副索与插销（或夹片）、承载体之间的相互约束，再依次拔出工作索。

（2）顶进解锁型可回收锚杆构造及机理

解锁装置内设置挤压套等夹紧机构锁定钢绞线主筋，在挤压套内将钢绞线"中丝"预先割断。回收时，在锚头处用冲击锤推进钢绞线，在钢绞线末端的啮合机构辅助下截断的中丝被抽出，挤压套与钢绞线分离，之后张拉回收钢绞线（图3.4-4）。

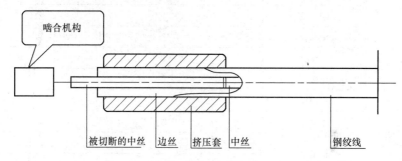

图3.4-4　顶进解锁型可回收锚杆解锁装置

（3）旋转解锁型可回收锚杆构造及机理

解锁装置内设有啮合机构，解锁时顺时针旋转钢绞线，带动传动块及螺旋套转动，使得夹片逐渐脱离锚具锥体内孔腔，从而实现解锁和钢绞线主筋回收（图3.4-5）。

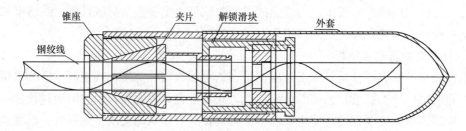

图3.4-5　旋转解锁型可回收锚杆解锁装置

（4）顶进旋转解锁型可回收锚杆构造与机理

解锁装置内设有啮合机构，解锁时逐个推进并旋转钢绞线，在啮合机构辅助下钢绞线与锚具分离，再拆除回收钢绞线（图3.4-6）。

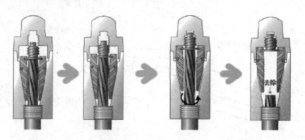

图3.4-6　顶进旋转解锁型可回收锚杆解锁装置

**2. 热熔型可回收锚杆**

热熔型可回收锚杆的解锁锚具内装有热熔材料。拆筋时通电加热使热熔材料熔化，无粘结钢绞线主筋与锚具内的夹片解锁脱开，钢绞线即可拉出拆除回收（图3.4-7）。

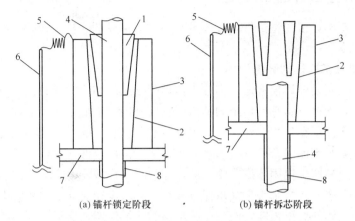

(a) 锚杆锁定阶段　　　　　　(b) 锚杆拆芯阶段

图 3.4-7　热熔型可回收锚杆解锁装置

1—金属夹片；2—内嵌热熔材料的锚具；3—电加热环；4—预应力筋；
5—导线；6—护线管；7—压板；8—护套管

**3. 锚筋回转型可回收锚杆**

锚筋回转型可回收锚杆分为 U 形及合页形，其端头设置带有弧形槽或合页的承载体，无粘结钢绞线锚筋绕承载体回转 180°。由于承载体末端转弯半径小，拆除时钢绞线需要较大的拉力，且回收后的钢绞线损伤较严重，不宜重复使用，因此目前锚筋回转型可回收锚杆逐步被回收效率更高的机械解锁型和热熔型可回收锚杆所取代。

（1）U 形锚筋回转可回收锚杆构造与机理

U 形锚筋回转可回收锚杆（图 3.4-8a）是国内工程应用最早的可回收锚杆类型。锚筋采用无粘结钢绞线，杆体内端头设置带有弧形槽的承载体，钢绞线绕承载体回转 180°弯曲成 U 形后成对张拉锁定，拆除时夹住一端将钢绞线拉出。

（2）合页形锚筋回转可回收锚杆构造与机理

合页形锚筋回转可回收锚杆（图 3.4-8b）与 U 形构造及机理基本相同，但承载体为合页，置入钻孔前为闭合状态，置入后张开，拆除时也是夹住一端将钢绞线拉出。

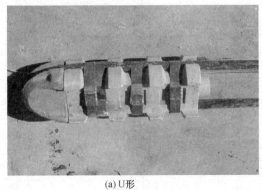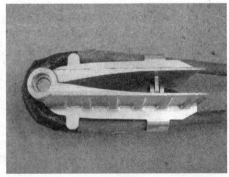

(a) U 形　　　　　　　　　　(b) 合页形

图 3.4-8　锚筋回转型可回收锚杆

### 3.4.4 设计和施工应注意的问题

可回收锚杆基本为压力型锚杆，杆体带有解锁装置或承载头，在设计和施工中对以下问题需予以重视。

**1. 可回收锚杆锚固体的强度问题**

可回收锚杆的主要破坏模式之一即锚固体局部受压破坏，因此必须对各单元锚杆锚固段注浆体的抗压强度进行验算。传统的钻机成孔后采用纯水泥浆注浆的施工工艺形成的锚固体强度相对较高。但在工程实践中为了提高锚杆的抗拔承载力，常采用旋喷扩孔工艺，其锚固体为水泥浆与土体混合后形成的水泥土，抗压强度较低，且随着养护龄期增加抗压强度增长较慢，容易产生锚固体局部受压破坏导致锚杆承载能力丧失。因此对于旋喷扩孔形锚杆宜采取水泥浆二次注浆来替换水泥土或在扩孔段设置囊袋，向囊袋中注入纯水泥浆等工艺来提高锚固体的抗压强度，同时应有足够的养护龄期来保证锚固体的抗压强度，这对于软土地基中的可回收锚杆尤为重要。

**2. 旋喷扩体形可回收锚杆的杆体对中问题**

旋喷扩体后可回收锚杆的杆体无法采用传统的对中支架进行对中，同时由于杆体带有解锁装置或承载头后自重较大，在杆体置入钻孔后容易下沉产生偏心受压（图 3.4-9），从而降低了锚杆的承载力。

为解决旋喷扩体形可回收锚杆的杆体对中问题可考虑采用以下两种方法：

（1）在锚固段采用囊袋注浆

旋喷扩孔后在可回收锚杆的锚固段置入囊袋（囊袋预先隔一定间距采用钢丝绑扎），在囊

图 3.4-9 可回收锚杆杆体下沉

袋内注入水泥浆后即形成了自动对中的糖葫芦状锚固体（图 3.4-10），从而解决杆体对中的问题。

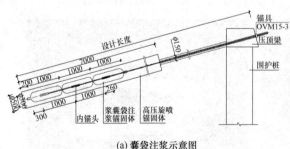

(a) 囊袋注浆示意图

(b) 现场开挖

图 3.4-10 囊袋注浆后的可回收锚杆

（2）在杆体末端设置对中钢管

在锚杆杆体的末端设置一段对中钢管（图 3.4-11），成孔后将对中钢管插入孔底的原状土中，从而避免旋喷扩孔引起杆体下沉，保证杆体的对中。

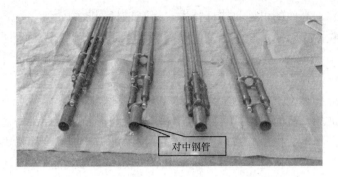

图 3.4-11　可回收锚杆杆体末端的对中钢管

**3. 可回收锚杆回收失败的补救措施**

1）回收失败的原因

可回收锚杆主筋的回收受锚杆产品性能、加工制造、成孔工艺、注浆工艺、地质条件、回收期限、锚头保护及回收施工空间等诸多因素的影响，可能存在部分锚杆主筋无法正常回收的情况。例如：

（1）施工过程中，注浆浆液进入钢绞线外侧的 PE 隔离套管，导致钢绞线与套管粘结后难以回收；

（2）解锁装置失效或通电导线断线无法进行热熔解锁；

（3）外露出围檩的钢绞线弯折导致锚具无法卸除；

（4）预留回收作业面不足等。

2）补救措施

当锚杆主筋无法正常回收时，可采用或综合采用以下补救措施：

（1）当仅有少量筋体无法回收且锚杆承载力不高时，可用千斤顶强行拉拔钢绞线，直至抽出筋体；

（2）用锚杆钻机全套管跟进钻孔，使锚固段与周边土体粘结力丧失后，再拔除筋体；

（3）在锚杆周边进行钻孔，或采用旋喷工艺对锚固段周围土体进行软化处理，降低锚杆锚固力后，再拔除筋体。

在采取上述补救措施过程中，应及时进行注浆回灌处理；并加强周边环境监测，发现问题及时调整施工方案，以减小对周边环境的影响。

## 3.4.5　可回收锚杆技术发展展望

当前可回收锚杆技术已在我国得到了蓬勃发展和应用，培育了一批专业化施工队伍和产品厂家。在可回收锚杆技术发展和研究中，应重视以下几方面的工作。

1）发展完全回收的可回收锚杆

目前，可回收锚杆技术已解决锚杆杆体钢绞线的回收问题，但锚杆承载头仍不可回收。金属承载头留置于地下仍有一定环境污染问题，因此应进一步研发可完全回收的锚杆技术。短期内可考虑研发采用非金属材料或可降解材料制作的承载头，以缓解环境影响问题。

2）发展便捷高效的锚杆回收技术

研发回收可靠、高效的可回收锚杆技术，提高锚杆回收的效率，发展免千斤顶回收技术，缩短锚杆回收操作时间，减小锚杆回收对施工工期的影响，以利可回收锚杆技术的进一步推广应用。

3）研发高承载力的可回收锚杆技术

压力分散型锚杆改善了锚杆的工作性状，但采用旋喷扩孔技术后水泥土锚固体强度低易产生局部受压破坏，从而限制了可回收锚杆承载力的提高，因此还需要进一步研发高承载力的可回收锚杆技术。拉压分散型可回收锚杆技术可为此提供一种解决方案，其受压段仍采用现行成熟的可回收构造，在受拉段采用不回收的玻璃纤维筋或玄武岩纤维筋作为主筋。玻璃纤维筋和玄武岩纤维筋抗剪强度较低，对后期场地二次开发的影响较小。

4）加强可回收锚杆工作机理和设计理论研究

进一步加强对压力分散型可回收锚杆工作机理、锚固体局部受压破坏机理和验算方法、锚固段长度对承载力的影响、锚杆承载力和变形的蠕变效应等方面的研究，完善可回收锚杆设计计算方法。

## 3.5  基坑变形主动控制技术

常用的基坑变形控制措施包括提高围护墙刚度和插入深度、增加支锚体系刚度和道数、加固基坑内外土体、优化土方开挖顺序和施工工序以发挥时空效应、增设分隔墙实行分坑支护和施工、设置隔离桩等。这些措施属于"被动控制"方法，其被动性主要体现在如下两个方面。

1）基坑变形难以逆转

基坑开挖过程中一旦出现围护结构变形过大或诱发周边保护对象产生超过控制标准的变形时，后续施工只能在现有的变形基础上，通过采取各种措施尽可能减小后续施工引起的变形增量，但已产生的变形很难减小或消除。

2）控制成本高、效率低

工程实践表明，基坑变形的被动控制措施往往导致基坑围护成本和施工难度大幅度增加、施工工期不同程度延长。同时，变形控制结果未必理想，效率相对较低。

基坑变形主动控制技术是根据基坑或保护对象的实时变形状况，通过伺服支撑系统动态调控基坑围护墙的变形，或在坑外土体采取补偿注浆等手段动态控制保护对象的变形，使基坑或保护对象的变形处于控制范围内的反馈式控制方法。该方法克服了被动控制技术存在的上述两方面问题，实现基坑或保护对象变形的逆转，并且大大降低工程造价、缩短施工工期。

### 3.5.1  伺服钢支撑系统

伺服钢支撑系统通过实时调整支撑轴力达到主动变形控制的目的，不仅可以有效减少基坑位移，还能够实现高精度的变形控制。2009 年，伺服钢支撑系统首次应用于"大上海会德丰广场"深基坑工程，成功保护了紧邻的上海地铁 2 号线运营隧道安全。此后，伺服钢支撑逐渐得到广泛应用，依据对相关典型工程案例的总结，伺服钢支撑相较于普通钢支撑可平均减小围护结构的最大水平位移 45.6%，控制变形效果明显。如何合理调整各道支撑轴力来实现基坑变形的精细化控制，以及更为精准、及时的监测数据反馈技术，是值得进一步研究的方向。

**1. 钢支撑伺服系统概述**

温度变化、应力松弛、局部发生松动或滑动等因素都会导致钢支撑轴力损失，轴力损失后，基坑变形会进一步增大，伺服系统可以实时监测并补偿支撑轴力，将其维持在设计要求状态。而要实现基坑变形主动控制，伺服系统的应用不能仅局限于消除部分支撑压缩量和补偿轴力，还应根据围护结构的实测变形，主动调整支撑轴力，通过计算机处理控制系统、自动控制系统和液压泵站实现变形控制与支撑轴力调控的耦合，达到减小围护结构变形的目的。

1）钢支撑伺服系统构成

如图 3.5-1～图 3.5-6 所示，钢支撑伺服系统由以下几部分组成：（1）程控主机（位于现场监控室内）；（2）数控泵站（位于基坑边）；（3）支撑端部总成（固定于基坑侧壁）；（4）管理平台（程控主机软件系统）。支撑端部总成内置压力传感器及超声波位移传感器，用以监测钢支撑的轴力及位移。另外，还配备激光收敛计测量基坑侧壁的双侧收敛位移值，用以校核水平位移。

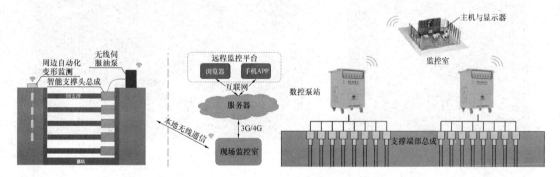

图 3.5-1　程控主机与数控泵站

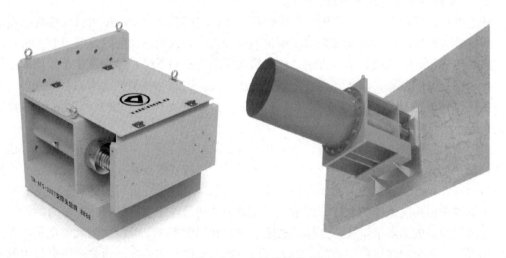

图 3.5-2　支撑端部总成

图 3.5-3　分离式双机械锁

图 3.5-4　支撑端部总成与支撑连接

图 3.5-5　数控泵站

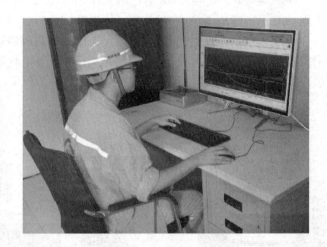

图 3.5-6　程控主机

2）钢支撑伺服系统作用机理

随着基坑开挖，围护结构向坑内产生位移，支撑端部总成内置的压力及位移传感器对轴力与位移进行监测。当钢支撑变形压缩位移或轴力达到预先设计值时，通过管理平台向数控泵站传递信号，数控泵站再将信号传递给液压动力控制系统，增大液压千斤顶油压使油缸产生向坑外的位移，以此来弥补钢支撑的压缩量，进而控制围护结构的水平变形。数控泵站实时调整施加在每个钢支撑接头上的轴力，并将支撑轴力数据和油缸位移数据上传。

主动变形控制是一个动态过程。根据基坑变形的发展情况，主动调节支撑轴力，达到位移控制目标。变形控制是结果，轴力调节是手段。实施变形控制前，需要先设定变形控制的目标，并以此设定轴力的初始施加值和调节范围。为达到变形可控的目的，需要限定每一工况围护结构与土体的允许变形量，因此轴力的初始施加值宜按静止土压力的计算结果。轴力可调节的上限值取决于支撑的极限承载力和伺服系统千斤顶的最大加载量。为达到限制变形，甚至逆转变形的目的，轴力可调节的上限值与初始施加值之间应有较大的富余度。若支撑轴力已达到可调节的上限值，但变形仍未达到需要的控制目标，则可以通过增设支撑的方式，提高轴力可调节的上限值。

3）钢管支撑伺服节点

首先，传统的钢管支撑（图 3.5-7）端部的活络头通过钢楔紧固，钢楔与钢楔之间是一种线接触，比较容易发生松动；其次，钢管支撑之间的距离较近，相邻支撑施加预应力会相互影响，后序钢管支撑施加预应力会削弱前序钢管支撑的预应力，下层支撑施加预应力会削弱上层支撑的轴力；再次，围护结构或预埋钢板不平整，易造成支撑端头与围护结构或预埋钢板接触不完全，受力不均匀；最后，钢管支撑通常采用压力盒进行轴力测试，压力盒的接触面积很小，会发生端部屈曲的情况，导致支撑轴力损失。单杆型钢支撑同样存在上述问题。

图 3.5-7　传统钢管支撑预应力施加

伺服系统改变了钢管支撑活络端的构造，不再采用钢楔紧固的做法，而是采用荷载箱进行预应力施加和轴力补偿。如图 3.5-8～图 3.5-11 所示，荷载箱端板与钢管支撑通过高强度螺栓连接，在地面拼装完成后整体吊装。荷载箱另一端通过预埋钢板与地下连续墙或围檩连接。荷载箱下方应设置托架，上方应设置膨胀螺栓及钢丝绳防坠落。

图 3.5-8　整体吊装　　　图 3.5-9　连接管线　　　图 3.5-10　安装　　　图 3.5-11　支撑安装
　　　　　　　　　　　　　　　　并调试　　　　　激光收敛计　　　　　完毕

4）型钢组合支撑伺服节点

型钢组合支撑，支撑连接位置均为面面接触，支撑端部采用保力盒加钢板的方式紧固，在轴向压力作用下不易发生松动。但是，围檩结构通过承压型螺栓紧固的受弯和受剪构件，当结合面上的剪力超过抗滑力时，结合面会发生相对滑动。螺栓连接的节点位置局部发生松动或滑动，是导致型钢组合支撑轴力损失的主要原因之一。

在不使用伺服系统时，支撑加压处保力盒完全锁死（图 3.5-12），是高稳定性的超静定结构。而伺服节点位置需要沿轴线方向自由移动，不能完全固定，同时还要保证在轴力伺服系统失效时结构体系的稳定性，如图 3.5-13 所示。

除了增设盖板等约束以外，在伺服节点位置，必须采用螺栓连接等方式，在加压件与

图 3.5-12    不采用伺服时保力盒锁死

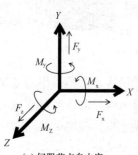

(a) 伺服节点自由度                    (b) 采用伺服时增加侧向和竖向贯通盖板

图 3.5-13    伺服节点约束

横梁之间进行有效约束，如图 3.5-14 所示。

(a) 加压件与横梁之间未约束导致加压后起拱或下坠                    (b) 增设约束

图 3.5-14    伺服节点与横梁的连接约束

**2. 钢支撑伺服应用要点**

主动变形控制应该在保证支撑安全的前提下进行，因此需要根据支撑的最大抗力和千斤顶的最大工作荷载设置轴力控制上限值。同时，主动变形控制过程中，千斤顶一直处于高负荷工作状态，对千斤顶的液压系统稳定性也提出了很高的要求。主动变形控制技术包含高强度支撑体系技术、液压控制技术和动态测控技术三方面。

1）高强度支撑体系技术

支撑体系的最大抗力（包括支撑的受压承载能力、围檩受弯和受剪承载能力、传力件受剪承载能力等）决定了主动变形控制的能力上限。如果支撑体系抗力小，无法提供足够的支撑反力，则导致主动变形控制能力低下。在严格控制基坑变形的情况下，坑外土压力将大于主动土压力；同时在特定工况下，甚至要将围护结构朝坑外挤压产生负位移，因此土压力的设定可能会超过静止土压力，此时对支撑最大抗力的要求应能超过静止土压力的作用。这种朝坑外的挤压负位移也不能过大，应避免坑外土体发生隆起变形。

对于单根受压杆件结构体系的钢管支撑，支撑所能提供的最大抗力取决于支撑跨度、构件尺寸、支撑密度、支撑端部约束条件。为获得最大限度的支撑抗力，可选用大壁厚、大截面的钢管构件，如 $\phi800\times20$ 钢管构件；采用双拼支撑，增大支撑密度；支撑端部与围护结构或围檩进行焊接或有效螺栓连接。

对于型钢组合支撑，应采用大截面的重型 H 型钢构件，如 H700×400 构件，或采用上下双拼支撑体系，加大组合桁架体系截面宽度，提高桁架结构的稳定性；应力集中部位进行加强，充分发挥钢材抗压承载力高的特点。

2）液压控制技术

传统油压控制是采用比例溢流阀不断输出液压油。当压力超过系统设定值时，多余油液通过比例溢流阀控制重新流回油箱。但在恶劣的施工环境中油管内会流入泥浆杂质，导致比例溢流阀损坏。因此采用比例油压阀来调控千斤顶油压存在失压的可能性，无法实现对油压的精确操作。伺服钢支撑系统通过控制变频电机的转速直接调整液压泵输出系统设定的液压油流量，采用单向阀和三位四通电磁截止阀来保障液压系统的安全，不仅大幅降低系统失效的可能性，还能实现无级调速，达到精准、快速调节压力的作用。

为达到主动控制基坑变形的目的，应预先制定每个挖土工况下对应的围护结构变形控制值。一旦变形超出控制值，则通过液压系统动态调整钢支撑轴力，使得围护墙变形满足控制要求，从而限制基坑开挖对周边环境的影响。

3）动态测控技术

将设有位移传感器的支撑端部总成固定于基坑两侧支护结构上，由数控泵站通过油管及线缆连接后来控制支撑端部总成动作。钢支撑安装好以后，支撑轴力测控体系开始伺服，基坑向下开挖至设定值，待位移趋稳时，系统通过支撑端部总成上的位移传感器采集基坑围护结构的位移数据。通过设定位移传感器的采样频率，合理地定时测量位移值，计算位移变化速率。当基坑侧壁位移超出控制值时，数控泵站启动加载并发出报警，同时监控钢支撑的轴力。当支撑轴力超出轴力控制值时，数控泵站发出报警请求人工介入加撑。当钢支撑的位移及轴力都在控制值的范围内时，数控泵站通过分析位移变化速率及轴力变化值来进行轴力的控制。如果位移变化量发生突变或者轴力急剧增大时，数控泵站将自动报警或自动加压并报警。

伺服钢支撑对支撑处墙体变形控制效果最为直接有效，伺服钢支撑启动后该处墙体变形可被限制或顶回，甚至使得围护墙体产生向坑外的负位移，墙体变形从"弓"形向"S"形发展，但易造成坑外侧墙体弯矩值的显著增大，应避免过大的支撑轴力造成墙体受弯破坏。由于墙体最大变形多发生在开挖面以下，伺服钢支撑无法直接限制最大变形发展，因此在整个基坑开挖过程中墙体最大变形可能依旧有不断发展的趋势，甚至可能使围护结构的侧移分布模式向"踢脚型"模式发展。因此，合理设置各道伺服钢支撑轴力和变形控制值，是实行基坑变形主动控制的关键。

**3. 伺服钢支撑系统应用工程实例**

项目位于杭州市江干区，北侧既有建筑距离基坑 8～10m，南侧浅基础既有建筑距离基坑 2～5m，东侧浅基础既有建筑距离基坑 1.7～5m，场地西侧紧邻秋涛北路秋石高架，距离基坑 14～15m（图 3.5-15～图 3.5-20）。设三层地下室，开挖深度 14.2m，整体形状接近矩形，基坑周长 286m，基坑开挖面积约 5000m²，基坑开挖影响深度内主要为第四系全新统中组冲海层黏质粉土。本项目的特点为周边环境复杂，浅基础民居房和高架桥等距离基坑很近，基坑开挖需要严格控制渗漏水情况和基坑变形。支护结构采用 850mm 厚 TRD 水泥土搅拌桩内插 H700 型钢作挡土结构和止水帷幕，设三层型钢组合支撑，并采用主动变形控制伺服系统。

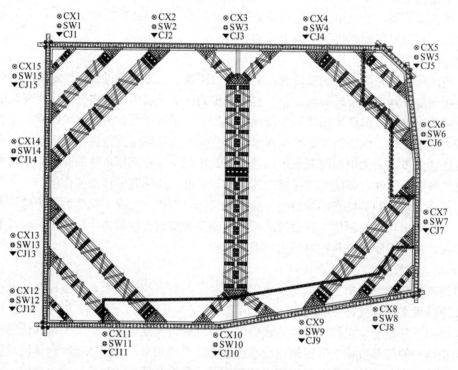

图 3.5-15　基坑监测点平面布置

从监测数据（图 3.5-21～图 3.5-24）可以看出：

（1）开挖至坑底时围护结构最大变形 7～15mm，其中基坑角部变形小、中部位置变形大；

（2）同一道支撑中的每根支撑轴力分布比较均匀；

（3）坑外水位稳定在地表以下 1.4～2.2m，随季节性降雨略有浮动，说明帷幕质量较好；

（4）坑外地表最大沉降基本在 2～9mm 之间，个别点受冠梁施工开挖表层土流失的影响达到 14～16mm，后期采用注浆加固后沉降稳定。

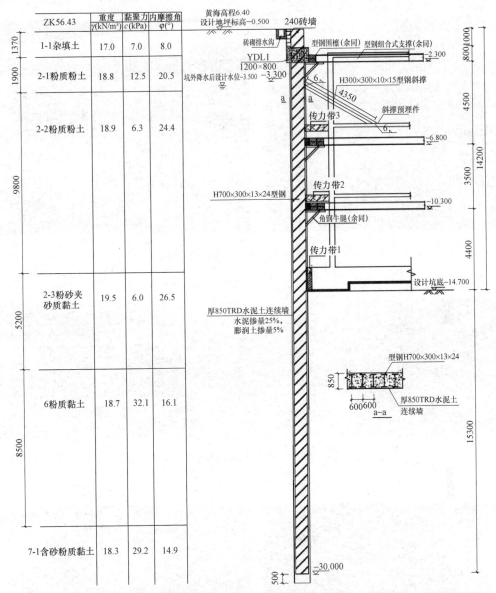

图 3.5-16  围护剖面

图 3.5-17  基坑周边环境

图 3.5-18　土方开挖过程

图 3.5-19　开挖至坑底

(a)上部拉通盖板增强伺服位置的竖向稳定性　　　　(b) 侧面拉通盖板增强伺服位置的侧向稳定性

图 3.5-20　主动变形控制系统

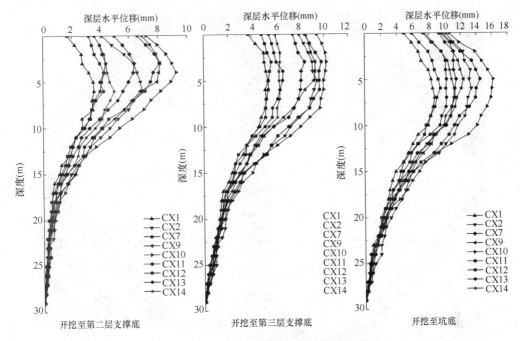

图 3.5-21 开挖至坑底围护结构最大变形

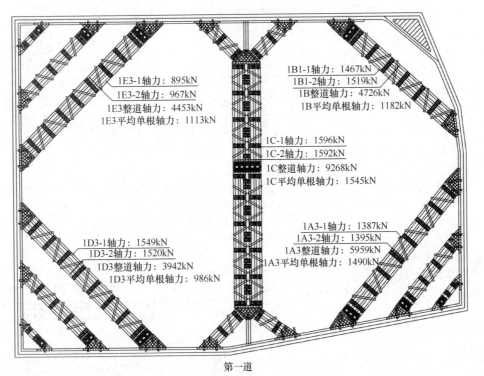

第一道

图 3.5-22 支撑轴力监测结果（一）

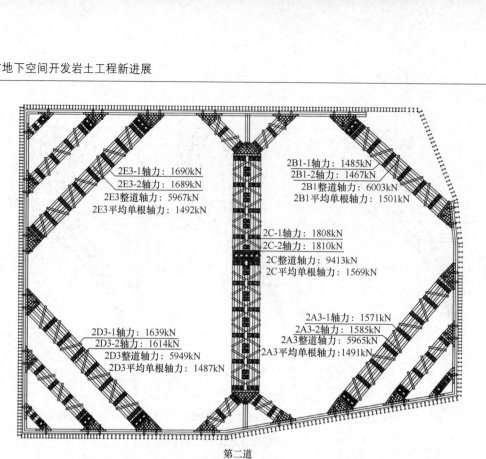

第二道

图 3.5-22　支撑轴力监测结果（二）

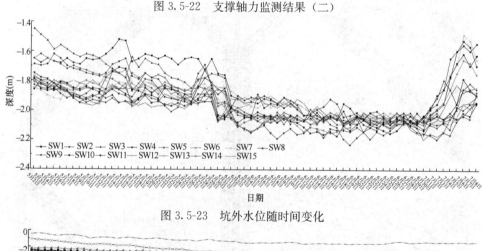

图 3.5-23　坑外水位随时间变化

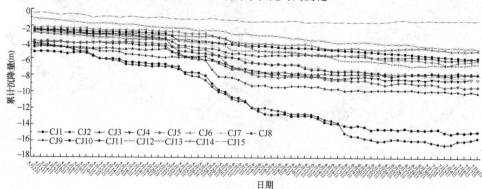

图 3.5-24　坑外地表沉降随时间变化

### 3.5.2 伺服混凝土支撑系统

**1. 混凝土水平支撑结构变形问题**

与钢支撑结构相比，混凝土支撑结构具有以下优点：

（1）支撑结构冗余度高，刚度大、整体性强，基坑稳定性好。如对于软土地层的基坑工程，支撑体系出现整体失稳破坏的大多为钢支撑基坑。

（2）与围护墙之间（排桩墙、地下连续墙）连接方便，节点可靠，可承受拉力。杭州地铁1号线湘湖站北2基坑坍塌事故调查分析报告中的建议部分提到：对有多道内支撑的基坑围护体系，应加强支撑体系的整体稳定性，考虑到基坑工程施工中第一道支撑可能产生拉应力，建议第一道支撑采用钢筋混凝土支撑。

（3）可利用混凝土支撑设置施工栈桥，解决狭小场地的基坑工程施工空间问题。

（4）有利于支护结构与主体结构的相结合，如地下室结构逆作或上下结构同步施工等。

同时，与钢支撑结构相比，传统混凝土支撑结构的缺点也十分明显，主要为：

（1）混凝土支撑施工时间长，形成受力体系慢，造成围护墙无支撑暴露时间延长，软土流变效应影响加剧，导致基坑变形加大。如杭州西湖凯悦大酒店地下3层，基坑开挖深度14.65m，采用地下连续墙二墙合一支护，上下部结构同步逆作施工，周边地下连续墙的最大侧向变形达到145mm；武林广场地下商城逆作基坑，地下3层，基坑开挖深度23m，周边地下连续墙的最大侧向变形达到120mm；杭州中心地下6层，基坑开挖深度30.6m，采用地下连续墙二墙合一支护，设6道混凝土水平内支撑，周边地下连续墙最大侧向变形达到160mm；杭州恒隆广场地下5层，基坑开挖深度30m，A坑设5道混凝土支撑，周边地下连续墙最大侧向变形为106mm（表3.5-1）。

杭州软土地基典型基坑挡墙侧向变形统计      表3.5-1

| 项目名称 | 地下室数 | 开挖深度（m） | 施工方式 | 支护形式 | 最大侧向变形（mm） |
|---|---|---|---|---|---|
| 杭州西湖凯悦大酒店 | 3 | 14.65 | 逆作 | 地下连续墙+结构梁板 | 145 |
| 武林广场地下商城 | 3 | 23.0 | 逆作 | 地下连续墙+结构梁板 | 120 |
| 杭州中心 | 6 | 30.6 | 顺作 | 地下连续墙+6道混凝土支撑 | 160 |
| 杭州恒隆广场A区 | 5 | 29.8 | 顺作 | 地下连续墙+5道混凝土支撑 | 106 |

（2）混凝土支撑结构收缩徐变效应显著，进一步加大了支护结构变形。混凝土结构构件在压应力作用下，即使应力不再增加，但其变形会随时间继续加大。如杭州国际金融会展中心3层地下室，地下室建筑面积达到45万m²，基坑平面尺寸约650m×250m，采用逆作施工，经分析计算，水平支撑结构的总变形（弹性压缩＋收缩徐变变形）达到80mm。

（3）随着基坑开挖深度加大，作用在混凝土支撑上的水土压力不断增大；与此同时，支撑轴力和变形不断发展。整个过程是被动的，无法像钢支撑结构一样事先施加预压轴力，无法对支护结构变形进行主动控制。

（4）混凝土支撑结构服役完成后需要凿除，产生大量建筑垃圾和环境噪声。采用主体永久结构兼作临时支护结构的逆作技术，可较好地解决该问题。

上述第（1）～（3）关于混凝土支撑的问题，归根结底为支护结构的变形控制问题。尽管混凝土支撑存在上述多方面的不足，但由于其在支护结构体系整体刚度和稳定性方面的独特优势，目前软土地层的建筑基坑工程绝大多数仍采用混凝土支撑体系。

**2. 混凝土支撑伺服加载技术及变形主动控制原理**

针对混凝土支撑存在的问题，浙江省建筑设计研究院杨学林等研发了基坑工程伺服加载混凝土支撑，包括带变形补偿装置的双围檩混凝土内支撑系统（专利号：ZL 201910990040.8）、逆作基坑水平梁板支撑结构变形控制方法及装置（专利号：ZL 201910990048.4）、能主动控制基坑围护侧向变形的混凝土支撑系统（专利号：ZL202110055829.1）等。图3.5-25为带伺服加载装置的混凝土支撑结构平面示意，其中外围檩梁与基坑周边挡墙（地下连续墙或排桩墙）连接，内围檩梁与水平支撑结构连接，内、外围檩梁之间设置伺服加载装置。伺服加载时产生的预压力，通过外围檩梁均匀传递给挡墙，通过内围檩梁均匀传递给内支撑结构。图3.5-26为带伺服加载装置的双围檩混凝土支撑系统应用。

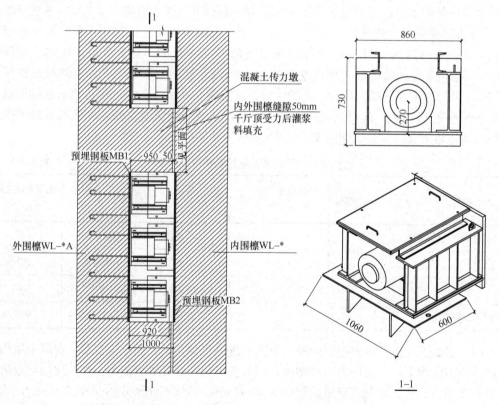

图 3.5-25　双围檩与伺服加载装置示意图

利用混凝土支撑伺服加载技术可实现对基坑支护结构变形的主动控制。混凝土支撑作用点处的挡墙侧向变形，包括支撑结构的轴向弹性压缩变形、混凝土的收缩徐变变形、支撑设置前挡墙已经存在的侧向变形 $\Delta i$。对基坑支护结构变形主动控制的基本原理为：

图 3.5-26 带伺服加载装置的双围檩混凝土支撑系统应用

（1）当某一层支撑结构施工完成、混凝土达到设计强度后，即可进行第一次伺服加载，使该层支撑结构提前建立预压应力，减小支撑结构在后续开挖工况的侧向水土压力作用下产生的弹性压缩变形；

（2）后续开挖工况下，可通过二次或多次加载，减小混凝土支撑的收缩徐变变形；

（3）伺服加载产生的预压力，通过外围檩梁均匀传递给挡墙，能抵消或部分抵消支撑结构设置前挡墙已产生的侧向变形 $\Delta i$。

内、外围檩梁之间同时设置有混凝土传力墩，传力墩类似悬臂的混凝土牛腿：传力墩的一端与内围檩梁或外围檩梁连为整体，传力墩的另一悬挑端与围檩梁之间留有 $30 \sim 50\text{mm}$ 的空隙，混凝土浇筑时设置木板或泡沫板填充。当伺服千斤顶加载时，传力墩与围檩梁之间的缝隙会加大，加载完成后，可将隔离木板或泡沫板拆除，并灌注高强灌浆料充填，如图 3.5-25 所示。当伺服千斤顶卸载时，伺服轴力转移至传力墩；伺服千斤顶再次加载时，传力墩悬臂端又会产生新的缝隙，可再次用高强灌浆料充填。若本层支撑结构后续不再需要进行伺服加载，可将伺服千斤顶移至下层支撑使用。

对于逆作基坑工程，可利用地下室水平结构内预留的后浇带，布置伺服加载装置。后浇带两侧应布置刚度较大的宽梁，宽梁作用类似于双围檩。宽梁之间同样应设置混凝土传力墩。水平梁板结构在后浇带处的钢筋应断开，后期再采用搭接方式进行连接。

伺服千斤顶加载和卸载由计算机系统（伺服控制系统）统一控制。伺服控制系统的现场控制及执行单元由监控室（主机与显示屏）、数控泵站、伺服千斤顶组成。监控室与数控泵站采用无线传输，数控泵站与千斤顶之间采用高压油管连接，单个数控泵站可控制多个千斤顶。在施工现场，无线伺服泵站可以对每个伺服千斤顶进行精准调整，主控电脑根据轴力、温度及变形数据实时分析处理，实现现场设备 24h 智能伺服控制。计算机伺服控制系统需具备以下功能：

（1）可人工设定支撑轴力等技术参数；

（2）实时采集支撑轴力等施工过程数据；

（3）对监控数据进行自动分析处理，并根据设定的支撑轴力值操控液压动力控制系统进行实时自动调节；

（4）实现监控数据、系统设备故障自动报警；

（5）实现监控数据及设备状态的实时监控显示，历史数据存储、查询、上传及打印，报警项目查看等。

伺服加载装置带自锁装置，螺纹机械锁位于千斤顶的两侧。正常工作时，螺母和钢端板之间保持 0.5mm 的间距。当千斤顶失效时，支撑头被慢慢压缩，此时螺母和钢端板接触压实，使支撑头不再继续压缩，保障轴力不再继续损失。双围檩之间的混凝土传力墩和伺服千斤顶的自锁功能，使混凝土支撑系统中的加载装置具有多重保险功能。如遇伺服千斤顶突然失效，也能保证支撑系统内的预加轴力。

由于岩土参数取值的准确性、基坑支护结构与土体共同工作计算模型的合理性、基坑开挖工况的复杂性等方面存在的问题，支护结构内力变形计算结果与实测值之间往往存在较大差异，基坑支护设计不能如上部结构一样做到"一步到位、一次完成"，需要基于基坑监测数据实行施工全过程的动态设计。

利用基坑自动化监测技术与智能监控系统，可方便得到基坑变形的大量实时监测数据。基于基坑变形反演技术，可实现对各土层关键参数的反演分析，并用于下一步开挖工况的基坑变形预测，使得预测结果与实测变形更接近。如预测变形超过控制变形，可提前对混凝土支撑结构体系进行伺服加载，根据反演参数计算确定伺服加载比例，达到对基坑挡墙和周边环境变形的主动控制。基于基坑工程自动化监测、软土基坑变形的快速反演技术和混凝土支撑结构的伺服加载技术，可形成软土地层基坑工程"监测-反演-伺服加载"变形的主动控制技术。

**3. 伺服混凝土支撑应用工程实例**

（1）杭州望江新城始版桥未来社区 SC0402-R21/R22-06 地块基坑工程。

杭州望江新城始版桥未来社区 SC0402-R21/R22-06 地块设 3 层地下室，基坑开挖深度 14.4m，开挖面积约 3 万 $m^2$，基坑周长约 740m。场地工程地质和水文地质条件复杂，基坑周边紧邻建筑物和城市道路，地下市政管线分布密集。其中，西侧邻近地铁 7 号线盾构隧道，采用 1000mm 厚地下连续墙"二墙合一"结合三道混凝土水平内支撑、TRD 工法水泥土墙槽壁加固的围护体系进行支护，并采用带伺服加载装置的双围檩系统（图 3.5-27）；其余三侧采用钻孔灌注桩排桩墙结合三道混凝土水平内支撑、三轴水泥搅拌桩止水的围护体系进行支护。

通过对内支撑结构多次伺服加载，实现了对邻近地铁盾构隧道一侧支护结构的变形主动控制，最终使该侧地下连续墙最大侧向变形小于 10mm，有效地解决了深厚软弱地基基坑变形控制的难题，确保了地铁设施和周边环境的安全。从挡墙外侧土体深层水平位移曲线（图 3.5-28）看，由于第二、三道支撑采用了伺服加载，挡墙最大侧向位移发生在上部，第二、三道支撑点的挡墙侧移很小，坑底附近侧移也很小。而常规基坑挡墙最大侧移一般发生在坑底附近。因此本工程挡墙侧向变形曲线形态与常规基坑具有显著不同。同时，由于采用了伺服支撑加载系统，在拆撑工况下挡墙侧向位移变化相对较大。

（2）杭州恒隆广场基坑工程。

杭州恒隆广场位于武林商业中心核心区、体育场路与延安路交会处的东南侧（图 3.5-29），设 5 层地下室，基坑开挖深度约 30m，基坑开挖面积约 44320 $m^2$，周长约 1072m。基坑周边环境极其复杂，北侧紧邻体育场路，南面为百井坊巷，西侧为杭州百货

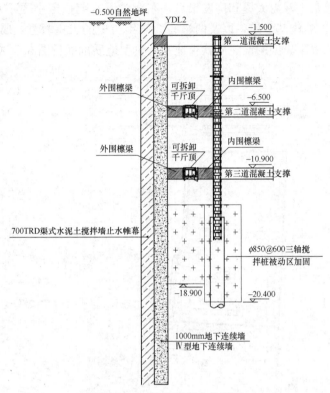

图 3.5-27　基坑西侧支护剖面

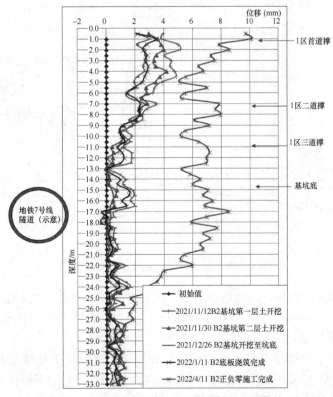

图 3.5-28　基坑西侧 CX6 号测斜孔监测曲线

大楼、杭州武林银泰、标力大厦和广发银行，东侧为天水苑住宅小区，大多为建于 20 世纪 80～90 年代的天然浅基建筑，以及两幢有 300 年历史的天主教堂，属于文保建筑。场地土质条件较差，属于典型的淤泥质软土地基，典型地质剖面见图 3.5-30。

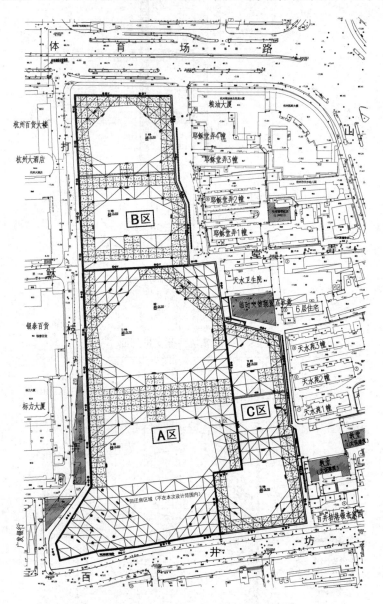

图 3.5-29 杭州恒隆广场周边环境总图

基坑围护方案采用地下连续墙结合混凝土内支撑的支护形式。地下连续墙厚度东侧为 1200mm，其余为 1000mm。整个基坑工程划分为 A、B、C 三个区（图 3.5-29），采用分坑施工，先施工 A 区基坑，后同时施工 B 区和 C 区基坑。

A 区基坑由于采用传统混凝土支撑结构，开挖至坑底时地下连续墙的最大侧向变形达到 106mm。当 A 区基坑开挖至第二道支撑标高时，其东北侧的下城区天水卫生院即产生不均匀沉降，且整体往西倾斜。该建筑距基坑边约 5.6m，原为凤起中学教学楼，建造

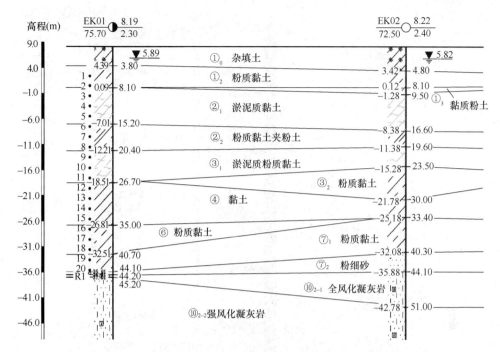

图 3.5-30 杭州恒隆广场典型地质剖面

于 20 世纪 90 年代初，于 2015 年改为社区卫生门诊和住院部。该楼为地上 5 层砖混结构，建筑高度 17.25m，总建筑面积约 3200m²。天然地基浅基础，墙下为条形基础。为确保房屋安全与正常，采用了锚杆静压钢管桩进行托换控沉加固（图 3.5-31），并采用持荷封桩技术，在 A 区基坑底板浇筑完成，基坑变形稳定后，再进行钢管桩的封桩处理。

图 3.5-31 天水卫生院（5 层砖混结构，天然浅基础）及基础预加固现场

B 区基坑东侧紧贴耶稣堂弄住宅小区，C 区基坑东侧紧贴天水苑住宅小区和教堂，上述建筑大多建于 20 世纪 80~90 年代，基本为天然地基浅基础或搅拌桩复合地基，对变形十分敏感。为控制基坑变形，B 区、C 区基坑东侧采用带伺服加载装置的双围檩支撑体系，图 3.5-32 为 B 区、C 区东侧典型支护剖面。图 3.5-33 为双围檩支撑结构施工，图 3.5-34为双围檩之间安装的伺服加载装置。

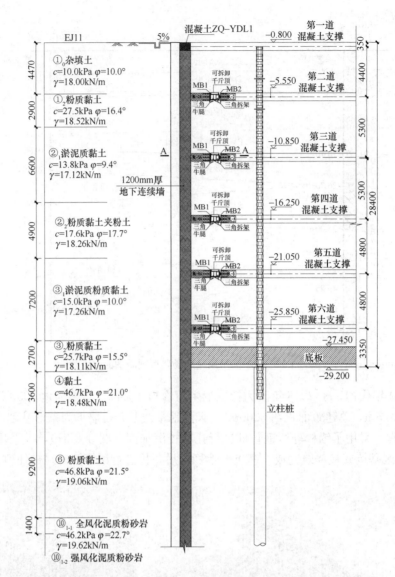

图 3.5-32　B区、C区东侧典型支护剖面（带伺服加载装置的双围檩体系）

图 3.5-33　双围檩支撑结构施工

图 3.5-34　双围檩伺服加载装置

图 3.5-35 为 B 区基坑开挖至第 5 道底标高时双围檩伺服加载一侧测斜孔（测点 ZQT-04）的深层水平位移随深度的变化曲线，图 3.5-36 为无伺服加载一侧测斜孔（测点 ZQT-28）的深层水平位移随深度的变化曲线。根据地下连续墙侧向位移监测结果，伺服加载一侧与无伺服加载部位的测斜曲线形态显著不同，伺服加载一侧地下连续墙的侧向变形具有以下特点：

① 伺服区围护结构变形相对非伺服区减小约 2.5 倍，增量减小约 3 倍；

② 伺服区最大位移发生在开挖面附近，而非伺服区最大位移发生在开挖面以上；

③ 伺服支撑加载后，该支撑所在标高处的水平位移不再扩大，甚至减小，曲线成 S 形特点（测点 ZQT-04）；

（3）非伺服区各支撑所在标高处围护结构水平位移不受混凝土支撑控制，随基坑开挖不断扩大，曲线呈弓形（测点 ZQT-28）。

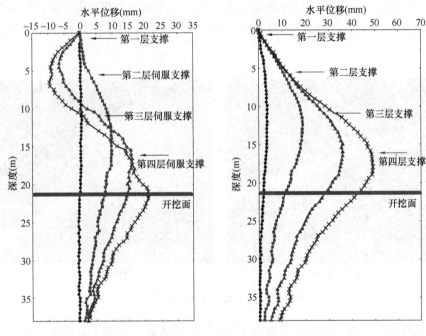

图 3.5-35　ZQT-04 测点的测斜曲线　　　　图 3.5-36　ZQT-28 测点的测斜曲线

图 3.5-37 为 ZQT-04 测点斜孔最大侧向位移-时间曲线。可以发现，在第 2、3、4 道伺服系统加载前位移持续增加，伺服加载后立即出现拐点，甚至产生负位移。

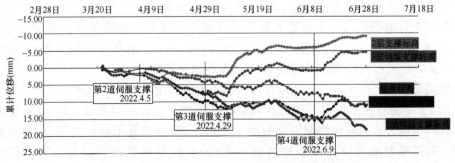

图 3.5-37　ZQT-04 测斜孔最大侧向位移-时间曲线

### 3.5.3 囊体扩张注浆技术

在基坑开挖过程中，当邻近保护对象的变形超过允许值时可对地基土体进行注浆加固，补偿其由于基坑开挖所产生的变形，使保护对象的变形处于控制范围内。常用的补偿注浆工艺（如袖阀管注浆等）存在可控性较差、易窜浆等问题，难以对土体产生预期的挤压应力和位移。天津大学郑刚等提出将囊体扩张注浆技术应用于坑外土体的补偿注浆中，以实现变形的主动控制。

囊体扩张注浆技术是将浆液注入预先植入地基中预定深度范围内的可膨胀高强度囊体，使囊体产生预定的膨胀扩张形状和体积（图 3.5-38），从而实现预定深度、预定体积、预定形状（等直径圆柱、上大下小非等直径圆柱、糖葫芦状分段膨胀）的膨胀，调控地基土体的应力和变形，从而实现保护对象的变形控制。由于注入囊体的浆液具有缓凝特性，因此与保护对象的变形监测系统相结合，可以实现多次注浆扩张，对保护对象变形进行实时主动控制；同时扩张后囊体具有明确的位移和水力边界条件，便于模拟和预测变形控制效果。

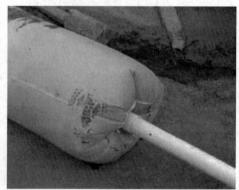

(a) 囊体扩张前      (b) 囊体扩张后

图 3.5-38　囊体扩张

郑刚等基于天津市某邻近既有地铁 3 号线的基坑工程，开展了囊体扩张对隧道变形控制的原位试验研究。天津地铁 3 号线区间隧道为双线盾构区间，区间管片每环由 6 块管片拼装而成，隧道外径 6.2m，内径 5.5m，管片厚度 0.35m，隧道中心埋深约为 12.7m。囊体扩张技术对隧道水平变形控制的原位试验选定于基坑场地东南角，位于基坑与左线隧道之间。共设置 3 个囊体扩张试验孔，孔间距为 3m，与隧道净距 3.6m，对应于 3 个试验孔位设置了 3 个监测断面，每个隧道监测断面设置 2 个测点，如图 3.5-39 所示。C1、C2、C3 孔位对应的囊体扩张直径分别为 20cm、30cm 和 40cm，囊体全长均为 8m，囊体扩张深度为 $-8.7 \sim -16.7$m，囊体中心正对隧道中心埋深 $-12.7$m。

注浆试验按照 C1、C2、C3 的顺序依次启动囊体扩张试验孔，以距离试验孔最近的左线隧道的 Z1 监测点数据作为主要分析对象，见图 3.5-40。可以发现，20cm 直径囊体扩张结束，隧道最大水平位移控制量仅为 0.21mm，控制效果并不佳；当 30cm 直径囊体扩张结束，隧道最大水平位移控制量达到 0.79mm，控制效果提升明显，主要原因分析如下：

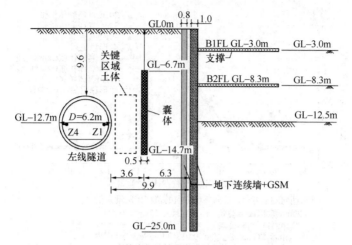

(a) 基坑与地铁隧道关系剖面图

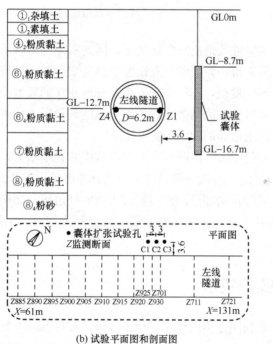

(b) 试验平面图和剖面图

图 3.5-39 隧道与基坑关系及试验平、剖面图（单位：m）

（1）20cm 囊体扩张体积过小，控制效果不明显；

（2）由于预埋设的囊体与周边土体接触不够紧密，第一次启动的 20cm 囊体起到了挤密缝隙的作用，因此后续启动效果更加明显。当 40cm 直接囊体扩张结束，隧道最大水平位移控制量达到 1.49mm。后续持续保持观测，由于固结效应，最终隧道最大水平位移控制量稳定在 1.03mm，控制效率约为 69.2%。

此外，如图 3.5-40 所示，三次囊体扩张试验后瞬时以及稳定后的隧道水平位移控制量曲线也都符合高斯曲线规律。由于试验区右侧区域监测断面有限，监测断面间隔大，既

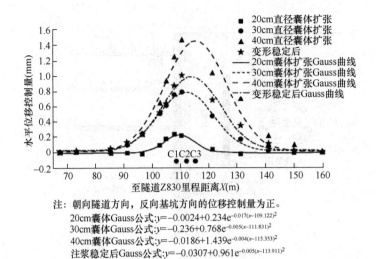

注：朝向隧道方向，反向基坑方向的位移控制量为正。
20cm囊体Gauss公式：$y=-0.0024+0.234e^{-0.017(x-109.122)^2}$
30cm囊体Gauss公式：$y=-0.236+0.768e^{-0.005(x-111.831)^2}$
40cm囊体Gauss公式：$y=-0.0186+1.439e^{-0.004(x-115.353)^2}$
注浆稳定后Gauss公式：$y=-0.0307+0.961e^{-0.005(x-113.911)^2}$

图 3.5-40　试验隧道水平位移控制量

有实测的变形峰值并不能准确地反映实际情况，因此实测变形峰值与高斯曲线峰值有所错位。同时，试验孔位间隔很小，因此三孔试验全部完成后并未出现多峰叠加，位移控制量曲线仍是单峰曲线。可以发现，不同工况下高斯变形曲线的峰值位置精确对应该工况所启动的试验孔的位置。同时，在固结效应作用下变形达到稳定，注浆引起的变形峰值略向左移动，但整体偏向于作用最强的 40cm 囊体孔位。

随着囊体扩张直径的增大，沿隧道纵向控制范围亦逐渐增大，三孔全部启动完毕控制范围达到约 50m 宽。因此，后续工程应用时应充分考虑单孔扩张的影响范围，保证多次、间隔启动囊体扩张，以防止局部变形控制量过大而矫枉过正，影响结构安全。同时，考虑囊体埋设时存在未填实空隙，建议囊体扩张主动控制应用时，采用邻近双孔成对启动的方式。

## 3.6　超深基坑围护技术

随着地下空间开发利用逐步向更深层地下推进，促使基坑工程向超深方向发展，一般的围护桩（墙）施工设备已无法满足工程的需要。通常开挖深度超过 30m 的基坑可称为超深基坑。超深基坑将面临更大的侧向水土压力、更复杂的工程与水文地质条件和更严苛的环境保护要求，相应对基坑工程的设计与实施也提出了更高的挑战。

高地下水位超深基坑面临的主要问题有：

（1）超深基坑的地下水控制，尤其是围护结构止水的可靠性和深层承压水处理问题。超深基坑开挖至基底时，坑外水土侧压力可能达 0.5MPa 以上，已接近甚至超过常规水泥土止水帷幕的强度。在基坑内外巨大压力差作用下，围护结构如发生渗漏易在短时间内引发严重的涌水涌砂，对基坑和周边环境安全影响极大，而且应急抢险窗口期短、困难大；

（2）侧向水土压力大幅增长带来的基坑围护结构的承载能力和变形控制问题；

（3）超深基坑施工的环境影响控制问题，包括围护墙施工、基坑土方开挖和基坑降水对周围环境的影响控制；

（4）适应超深基坑需求的超深围护体、超深止水帷幕及地基加固等新技术、新装备和新工艺。

近年来，随着工程实践需要的推动和施工装备的技术进步，超深基坑围护技术也得到了发展。

## 3.6.1　超深地下连续墙技术

软土地区超深基坑对基坑围护体的承载力、抗弯刚度、整体性以及抗渗性能都提出了极高的要求。地下连续墙是深基坑工程中常用的挡土止水结构之一，随着城市地下空间开发朝大深度方向发展，地下连续墙亦有越来越深的趋势，且穿越的地层也越来越错综复杂。一般 50m 以上深度的地下连续墙可称为超深地下连续墙。软土地区超深基坑基本上都采用超深"两墙合一"地下连续墙作为围护体。复杂地层中的超深地下连续墙施工涉及成墙工效、接头形式、槽壁稳定与垂直度控制等一系列难题。新型施工装备（如铣槽机）及新型接头技术为超深地下连续墙的施工提供了有效手段。

铣槽机是目前最先进的地下连续墙成槽机械，成槽时通过安装在铣轮上不同形状和硬度的铣齿来切削地层，将泥土和岩石破碎成小块，与槽段中的泥浆混合后，通过排泥回浆泵和泥砂分离系统处理回收泥浆，处理后干净的泥浆重新抽回槽中循环使用，直至终孔成槽。铣槽机地层适应性强，淤泥、砂、砾石、卵石、中等硬度岩石均可铣削。国产 SX50 双轮铣槽机（图 3.6-1）采用大扭矩铣头、大通径气举排渣，根据地层配置不同刀盘，成槽深度可达 80～120m，目前工程中最大实际施工深度已达到 80m。进口宝峨 MC128 双轮铣槽机（图 3.6-2）最大成槽深度可达 150m，通过自动测斜控制手段随挖随纠偏，垂直度可达 1 /1000。

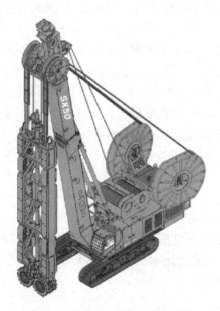

图 3.6-1　国产 SX50 双轮铣槽机　　　　图 3.6-2　宝峨 MC128 双轮铣槽机

地下连续墙槽段接头形式直接决定墙身防渗可靠性。超深地下连续墙接头可采用 H 型钢接头方式，施工时分为先行槽段和后续槽段，先行槽段的钢筋笼两端为 H 型钢，与钢筋焊接成整体，后续槽段可设置接头钢筋深入接头的拼接钢板区。这种接头形式没有无筋区域，止水性能良好，且整体性好，适用于入土深度在 60～70m 的地下连续墙。入土深度超过 70m 的超深地下连续墙宜采用套铣接头，即利用铣槽机在二期槽段成槽过程中直接切削一期槽段的混凝土，每侧切削长度一般为 200～300mm，将接缝面铣削成锯齿状的新鲜混凝土接触面，从而形成止水良好、致密的地下连续墙接头。套铣接头具有免设置用钢量大的刚性接头、免接头箱、无预挖区及无绕流问题等优点，近年来在超深基坑工程中得到较广泛的应用，超深地下连续墙接缝止水是超深基坑重点解决的问题。由于槽段接头可能存在的夹泥夹砂、成槽垂直度偏差导致深部槽段间出现平面内外的开叉，以及开挖时变形过大引发槽段接缝张开等因素，都有可能引发接缝出现渗漏水甚至侧壁突涌等安全隐患。当基坑开挖影响范围内有渗透性强的含水层，尤其基坑开挖面附近分布有承压含水层时，地下连续墙接缝迎土侧宜设置高压旋喷桩止水。超深地下连续墙接缝高压旋喷止水桩应根据桩长及环境条件选择工艺：当高压旋喷桩桩长小于 70m 时，可采用超高压喷射注浆（RJP）工艺；环境复杂时可选择微扰动的全方位高压喷射注浆（MJS）工艺；当超过 70m 时，可采用施工能力更强的 N-JET 工艺。

"两墙合一"地下连续墙一般通过预埋插筋和接驳器与主体结构基础底板、中楼板及内衬墙或壁柱等进行连接。已有工程实践表明，当地下连续墙内预埋较密的插筋和接驳器等预埋件时，插筋接驳器位置在混凝土水下浇筑时易被泥浆中泥沙包裹，混凝土石子也易卡滞于该位置，导致该位置墙身混凝土易发生质量缺陷，严重时成为坑内外侧壁漏水点或突涌通道。而超深基坑工程由于坑内外侧存在巨大压力差，更加大了该问题引发事故的概率并加剧事故后果。因此，超深基坑地下连续墙预埋件不宜过多过密，且预埋件锚入墙体深度不能贯穿整个墙厚以避免成为渗漏通道，或者地下连续墙与地下室结构外墙采用两墙界面无连接钢筋的复合墙形式，从而无需在地下连续墙内预留与地下结构连接的埋件。

在上海苏州河段深层排水隧道系统工程（试验段）云岭西项目场地内开展了超深地下连续墙成槽试验，成槽深度为 150m，墙厚为 1.2m。该工程地层复杂，浅层淤泥质黏土流塑性较高，其下粉砂层中的粉砂颗粒难以被泥水系统处理，此外还涉及上海地区第二、第三承压水层，施工难度大。采用宝峨 MC128 双轮铣槽机成槽，每幅宽度 2.8m。采用套铣接头，一、二期槽段套铣搭接长度 300mm。三幅试验槽段的实测垂直度均小于 1/1000，最小的达到 1/3765。各项试验参数均符合预期，成槽工效、垂直度、混凝土强度等指标均满足设计要求。

### 3.6.2　超深止水帷幕及地基加固

传统的单轴、双轴及三轴水泥搅拌桩由于施工深度能力限制，已无法满足超深基坑止水的需要。目前在超深基坑工程中可采用的水泥土止水帷幕和地基加固施工工艺如表 3.6-1 所示。

超深基坑适用的水泥土止水帷幕及地基加固工艺       表 3.6-1

| 类型 | 直径或厚度（mm） | 施工深度（m） | 水泥掺量（%） | 水泥土强度（MPa） | 主要应用 |
|---|---|---|---|---|---|
| 超深三轴搅拌桩 | 850～1000 | 50 | ≥20 | ＞0.5 | 槽壁加固/地基加固 |
| 四轴搅拌桩 | 850 | 45 | 13～18 | ＞0.8 | 槽壁加固/地基加固 |
| TRD工法 | 550～1200 | 85 | ≥20 | ＞0.8 | 槽壁加固/超深帷幕 |
| CSM工法 | 500～1200 | 80 | ≥20 | ＞0.8 | 槽壁加固/超深帷幕 |
| RJP工法 | 1600～3000 | 70 | ≥40 | ＞1.0 | 接缝处理/地基加固 |
| MJS工法 | ＜3600 | 70 | ≥40 | ＞1.0 | 接缝处理/地基加固 |
| N-Jet工法 | ＜8000 | 120 | ≥35 | ＞1.0 | 接缝处理/地基加固 |

超深三轴搅拌桩与四轴搅拌桩施工深度可达 45～50m，主要应用于超深基坑中地下连续墙槽壁加固以及坑内土体加固。TRD 工法和 CSM 工法施工深度大，形成的等厚度水泥土连续墙止水可靠性高，近年来作为超深止水帷幕以及地下连续墙的槽壁加固措施在基坑工程中得到了大量的应用。其中 TRD 工法可适用于软黏土、标准贯入击数 100 以内的密实砂土、粒径 10cm 以内的卵砾石及单轴抗压强度不超过 10MPa 的软岩等地层，CSM 工法可适用软黏土、密实砂土、粒径 20cm 内的卵砾石和单轴抗压强度达 20MPa 的岩层等多种地层。RJP、MJS 和 N-Jet 均为超高压喷射注浆工法，但其施工深度、成桩直径以及对环境扰动程度有所不同，主要应用在地下连续墙接缝处理、被动区和局部深坑加固、基坑封底加固等场合中，特殊情况下也可用作连续的止水帷幕。MJS 工法可实现微扰动施工，尤其适用于敏感环境条件下施工。

在超深基坑工程中，为了进一步提高围护结构的止水可靠性，可在地下连续墙外侧再增设一道水泥土连续墙（或素混凝土连续墙）止水帷幕组成双层帷幕体系。止水帷幕的设计应综合考虑地下水控制和环境保护的要求确定采用隔断式或悬挂式止水帷幕。在工程实践中，通常优先考虑将水泥土连续墙作为主要止水帷幕，采用较大的插入深度；当止水帷幕设计深度超过水泥土连续墙施工能力时，则将地下连续墙作为主要的止水结构。

根据双层帷幕间距不同，可将双层帷幕体系分为紧贴型、小间距型和大间距型三种类型（图 3.6-3）。

（1）紧贴型

紧贴型双层帷幕常见于基坑围护墙距离用地红线较近的情况，其主要功能是为超深基坑止水提供双重保障，提高超深围护结构止水性能的可靠度，控制基坑因帷幕渗漏发生破坏的风险。紧贴型双层帷幕外侧的水泥土连续墙帷幕可兼作为地下连续墙槽壁加固措施。

（2）小间距型

小间距型双层帷幕是在双层帷幕之间预留 3～5m 净距，并在其间设置备用应急降水井。一旦地下连续墙发生严重渗漏时，立即启用应急降水井降低地下连续墙外水位，减小坑内外水头差，控制险情的同时也为基坑堵漏创造条件。

（3）大间距型

当场地条件允许时，可进一步加大双层帷幕之间的净距，形成大间距型双层帷幕。同时，在双层帷幕之间设置降水井，在基坑开挖期间降低地下连续墙外侧地下水位，既可减小侧向水压力，还可提高双层帷幕之间土体的抗剪强度从而减小侧向土压力，进而改善地

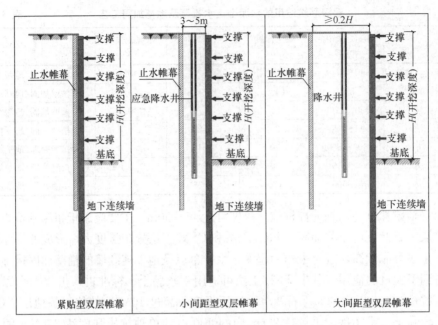

图 3.6-3　双层帷幕体系的三种类型

下连续墙的受力条件，减小墙身内力和变形。另外，大间距型双层帷幕还兼具有小间距型双层帷幕的控制渗漏及应急抢险功能，实现超深基坑变形和风险的双重控制。

### 3.6.3　下沉式竖井掘进（VSM）技术

目前开挖深度在 40m 以上超深基坑中，开挖面积或开挖直径较小的工作井及地下停车库基坑占了相当大的比例。在这些开挖面积较小的超深基坑中采用传统的明挖施工工艺往往存在基坑围护成本高昂、施工难度大、工期长、风险高、占用场地大等问题。

2003 年，德国海瑞克公司基于装配式竖井挖掘下沉的理念，开发了高度集约化的竖井施工装备（Vertical Shaft Sinking Machine，VSM）。VSM 设备主要由竖井挖掘设备、沉降单元和泥水分离系统组成（图 3.6-4）。挖掘设备（VSM 主机）通过机械臂固定在井壁上，可随井筒一起下沉；通过铣挖刀头在竖井底部进行水下削挖岩土体；借助潜水泵，以液压方式将渣土泵送到地面上的泥水分离系统出渣。沉降单元为竖井提拉设备，通过钢

图 3.6-4　VSM 设备图

绞线与竖井刃脚环相连，将整个竖井结构悬吊住，随竖井底部开挖而逐步下沉，并通过钢绞线控制竖井下沉速度和垂直度。井筒可在地面上采用预制装配式管片拼装而成，实现掘进和拼装同步进行。对于有特殊需求的工程，例如盾构或顶管的工作井，局部管节段也可灵活采用现浇方式实施。

VSM工法原理是通过全断面铣挖机向下破碎岩土，泥浆反循环排渣，井口安装续接的井壁跟随铣挖机掘进下沉，直至设计深度。该施工技术已在欧洲、中东、美国、新加坡、中国等国家或地区得到应用，最大开挖直径为15.2m，最大下沉深度达115.2m，最大水下开挖深度达85m。在我国，已于南京、上海等城市的地下停车库和工作井中得到成功应用。VSM技术具有以下优点：

（1）铣削机械的挖掘效率高，掘进与管片拼装同步进行，施工速度快；

（2）在水下进行挖掘，并采用泥水平衡开挖面，对周边环境的影响小；

（3）竖井结构由提拉设备通过钢绞线悬吊住，并可精确控制沉井的下沉速度和垂直度；

（4）施工工艺简单，整个施工过程可在地面控制和监测，施工精度有保证；

（5）竖井内无需施工人员，施工安全性好；

（6）地层适应性广，可用于各种土层和抗压强度在80MPa岩层；

（7）施工设备采用模块式结构，布置灵活，可在狭窄的空间内使用。

典型的VSM工法施工工序如下（图3.6-5）：

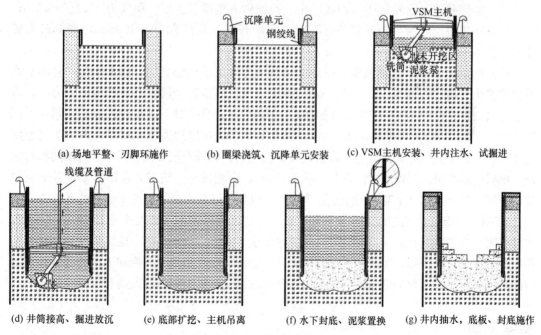

图3.6-5　VSM工法施工工序

（1）场地平整、地层加固；

（2）刃脚环施工区开挖，现浇施工刃脚环，并在刃脚环底部设置钢刃脚；

（3）刃脚环脱模，现浇施工环形圈梁；

（4）沉降单元安装，钢绞线与刃脚环连接；

（5）撑靴环拼装，VSM 主机安装与调试；

（6）井内注水，并在井壁后注入膨润土泥浆，以减小井壁与土体之间的摩擦力；

（7）铣挖机进行水下开挖和破碎，通过泥水管路将开挖出来的物料输送到地面的泥浆分离站，泥水分离站将泥水与渣土分离后，又将泥水循环注入竖井中；

（8）在提拉设备的精密操控下逐步下沉井壁，在地面拼装管片，接高井筒；

（9）循环第（7）和第（8）步骤，直至下沉至设计标高，并进行底部扩挖；

（10）井壁冲刷和井底清淤，之后水下浇筑混凝土进行竖井封底，并采用水泥浆置换壁后泥浆，以形成摩擦支护，固定深井；

（11）井内排空泥水，浇筑底板；

（12）施工封顶环，将井筒与圈梁连接成整体。

在我国，VSM 工法于 2020 年首次应用于南京市建邺区沉井式地下智能停车库（一期）工程。该工程包括 2 座全地下沉井式智能停车库，最大开挖深度约 68m，合计车位 200 个。沉井结构断面为圆环状，外径 12.8m，壁厚 0.4m，环宽 1.5m，采用预制装配式钢筋混凝土管片进行拼装，圆环分为形式完全相同的 6 块。竖井穿越地层按从上到下的顺序大致分为 5 层：

（1）杂填土层，厚度为 2.8～4.2m；

（2）淤泥质粉质黏土层，厚度为 2.9～5.2m；

（3）粉细砂层，含粉细砂、粉质黏土、粉细砂夹粉质黏土层，厚度为 41.1～43.1m；

（4）卵砾石层，含中粗砂混卵砾石层和卵砾石层，粒径为 10～100mm，局部最大粒径大于 100mm，厚度为 7.8～8.5m；

（5）砂质泥岩层，含强风化砂质泥岩层和中等风化砂质泥岩层，遇水软化，岩体基本质量等级为 V 级，厚度为 13.9～14.8m，以中等风化砂质泥岩层作为竖井封底持力层。首个竖井自 2020 年 12 月 23 日始发试掘进，于 2021 年 2 月 7 日下沉至设计标高，累计下沉深度为 61.75m，最大开挖深度为 68 m。竖井平均下沉速度约为 1.54m/d，最快下沉速度为 4m/d。在砂性土层中下沉速度较快，在黏性土层、卵砾石层和泥岩层中下沉速度相对缓慢。根据监测结果，周边地层沉降量不大于 5mm，影响较小。施工方在第 1 个竖井下沉过程中积累了经验，第 2 个竖井的施工更为顺利，仅用 28d 就完成了第 2 个竖井的下沉施工。

VSM 工法起步虽然较晚，目前可施工的竖井直径相对较小（最大外径 15.2m）。但工程实践表明，该工法具有地层适应性广、施工速度快、施工占用场地小、施工精度高和对周边环境影响小等技术优势，可应用于建筑密集区、老旧小区建造地下车库和工作井等城市地下空间开发工程，并有效降低竖井施工对周边环境的影响，具有较好的发展和工程应用前景。

# 参考文献

［1］ 龚晓南，侯伟生．深基坑工程设计施工手册［M］．2 版．北京：中国建筑工业出版社，2018.

［2］ 龚晓南，俞建霖．可回收锚杆技术发展与展望［J］．土木工程学报，2021，54(10)：90-96.

［3］ 刘国彬，王卫东．基坑工程手册［M］．2 版．北京：中国建筑工业出版社，2009.

［4］ 王卫东，丁文其，杨秀仁，等．基坑工程与地下工程——高效节能、环境低影响及可持续发展新技术［J］．土木工程学报，2020，53(7)：78-98.

［5］　郑刚，朱合华，刘新荣，等．基坑工程与地下工程安全及环境影响控制［J］．土木工程学报，2016，49（6）：1-24.

［6］　郑刚．软土地区基坑工程变形控制方法及工程应用［J］．岩土工程学报，2022，44（1）：1-36.

［7］　郑刚，苏奕铭，刁钰，等．基坑引起环境变形囊体扩张主动控制试验研究与工程应用［J］．土木工程学报，2022，55（10）：80-92.

［8］　黄茂松，王卫东，郑刚．软土地下工程与深基坑研究进展［J］．土木工程学报，2012，45（6）：146-161.

［9］　翁其平，王卫东．软土超深基坑工程关键技术问题研究［J/OL］．地基处理．

［10］　俞建霖，龚晓南．深基坑工程的空间性状分析［J］．岩土工程学报，1999，21（1）：21-25.

［11］　俞建霖，龚晓南．基坑工程变形性状研究［J］．土木工程学报，2002，35（4）：86-90.

［12］　杨学林．基坑工程设计、施工和监测中应关注的若干问题［J］．岩石力学与工程学报，2012，31（11）：2327-2333.

［13］　基于VSM沉井施工过程的井壁受力实测研究——以南京沉井式地下智能停车库工程为例［J］．隧道建设（中英文），2022，42（6）：1033-1043.

［14］　金小荣，陈树龙，吴国彬，等．一种新型绿色围护工艺——PC工法桩［J］．地基处理，2019，1（3）：87-90.

［15］　赵海丰，项伟，樊金平，等．H＋Hat组合型钢板桩沉桩特性现场试验研究［J］．长江科学院院报，2015，32（7）：64-69.

［16］　浙江省土木建筑学会．预制-现浇咬合地下连续墙技术规程：T/ZCEAS 1002—2022［S］．杭州，2022.

［17］　胡琦，施坚，方华建，等．型钢组合支撑研究综述［J］．建筑施工，2019，41（12）：2111-2113.

［18］　胡琦．深基坑型钢组合支撑与变形控制技术［M］．北京：中国建筑工业出版社，2019.

［19］　浙江省住房和城乡建设厅．基坑工程装配式型钢组合支撑应用技术规程：DB 33/T1142—2017［S］．北京：中国建材工业出版社，2017.

［20］　刘兴旺，童根树，李瑛，等．深基坑组合型钢支撑梁稳定性分析［J］．工程力学，2018，35（4）：200-207，218.

［21］　胡琦，施坚，黄天明，等．预应力型钢组合支撑受力性能分析及试验研究［J］．岩土工程学报，2019，41（S1）：93-96.

［22］　Xiao Bing Xu，Yu Ying，Qi Hu，et al. In-situ axial loading tests on H-shaped steel strut with double splay supports［J］. Geotechnical Engineering（ICE），2022.

［23］　庄诗潮，张建霖，张灿辉，等．装配式预应力鱼腹式钢支撑系统的刚度研究［J］．土木工程学报，2021，54（4）：18-25.

［24］　朱碧堂，王瑞祥，杨敏．超前斜撑排桩支护的力学特性与分析设计［J］．地下空间与工程学报，2020，16（6）：1763-1770.

［25］　贾坚，谢小林，罗发扬，等．控制深基坑变形的支撑轴力伺服系统［J］．上海交通大学学报，2009，43（10）：1589-1594.

［26］　王志杰，李振，蔡李斌，等．基坑钢支撑伺服系统应用技术研究［J］．隧道建设（中英文），2020，40（S2）：10-22.

［27］　黄彪．伺服钢支撑支护结构的控制算法及受力变形特性研究［D］．上海：上海交通大学，2019.

［28］　孙九春，白廷辉，廖少明．基于支撑轴力相干性的深基坑变形主动控制［J］．地下空间与工程学报，2021，17（2）：529-540.

［29］　浙江省土木建筑学会．基坑工程轴力伺服混凝土支撑技术规程：T/ZCEAS 1001—2022［S］．杭州，2022.

# 4 盾构法隧道工程技术

洪开荣[1,2]，陈馈[1,3]，卢高明[2]，冯欢欢[1]，周建军[2]，王凯[2]，杨振兴[2]，范文超[2]，翟乾智[2]，周振建[2]

（1. 中铁隧道局集团有限公司，广东 广州 511458；2. 盾构及掘进技术国家重点实验室，河南 郑州 450000；3. 陕西铁路工程职业技术学院，陕西 渭南 714000）

## 4.1 盾构法隧道概况

我国是世界上隧道规模最大、数量最多，地质条件、环境条件和结构形式最复杂，修建技术发展速度最快的国家。盾构法作为一种适用于现代隧道工程建设的重要施工方法之一，具有安全性相对较高、建设速度较快、质量可控性较好的优势，在地铁隧道、市政公路隧道、城市铁路隧道、城市水利隧洞、城市综合管廊等各个领域的隧道工程建设中发挥了越来越重要的作用。

### 4.1.1 地铁隧道

中国地铁建设发展的历程，大致分为四个阶段：起步阶段、平稳发展阶段、快速发展阶段和严格规划阶段。进入 21 世纪，尤其是 2008 年以后，我国通过扩大内需，促进经济平稳增长的一揽子计划，带动了国内基础建设的发展，同时我国大型城市逐渐面临交通拥堵的问题，进一步加快了城市轨道交通建设。

截至 2022 年 12 月 31 日，31 个省（自治区、直辖市）共有 55 个城市建设了地铁，近 10 年地铁隧道运营里程新增超过 5300km，地铁隧道年度在建里程由 2012 年 2162.54km 到 2022 年增至 5326.88km，平均年增长率超过 10%，绝大多数地铁隧道采用盾构进行施工，盾构法已成为我国地铁隧道施工主要工法。我国近 10 年地铁隧道在建里程如图 4.1-1 所示。

不同形式盾构所适应的地层范围不同，土压平衡盾构、泥水平衡盾构、TBM 及多模式盾构在地铁隧道的施工中均有应用。上海、广州及北京地铁是我国盾构应用较多且较早的地区，这 3 个地区分别代表了我国 3 大典型地层特征，即软土地层、复合地层和砂卵石地层。

以上海、天津、郑州、长春、苏州、杭州、石家庄、无锡、贵阳、常州、温州、徐州、济南为代表的地区和城市以软土地层为主，主要采用土压平衡盾构进行地铁隧道施工；北京、成都、南昌、兰州、沈阳、哈尔滨、大连、南宁、昆明等城市以砂卵石地层为主，这些城市的地铁隧道部分采用了泥水平衡盾构；在青岛、深圳、广州、重庆等城市的硬岩地层中应用了 TBM 或双护盾 TBM 进行施工；近年来在广州深圳地铁等工程中进行

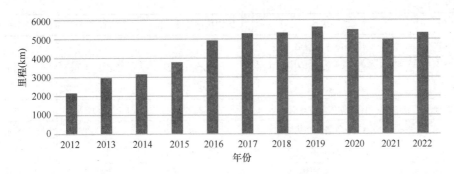

图 4.1-1　我国近 10 年地铁隧道在建里程

了多模盾构的应用，多模盾构在泥水平衡盾构、土压平衡盾构、TBM 中的两种或多种工作模型间进行转换，以适应不同的地层。

我国地铁隧道一般为单洞单线形式，多采用直径 6～7m 的盾构进行施工，少数单洞双线形式的地铁隧道一般选用直径 10～12m 的盾构进行施工。

我国已是世界上采用盾构法建设地铁隧道最多的国家，而且有许多创新性的进展。

## 4.1.2　市政公路隧道

21 世纪是地下空间开发利用的时代，地下空间的可持续发展与高质量开发已成为国际共识。在我国经济发展、城市空间扩展的背景下，通过对地下空间的开发与利用，拓展城市的生产、生活空间，节约地面土地资源，促进城市功能完善与可持续发展。开发利用地下空间修建城市隧道，对改善交通、提高通行效率作用显著，而盾构法在城市交通隧道的建造中大显身手，可发挥其安全、高效、环境友好的优势。

近 10 年来，市政公路隧道数量的增长十分明显，从媒体的公开报道和文献资料中可以发现，各个城市中市政公路隧道也越来越多见[1]。如上海市，早在 2003 年开始采用盾构法修建直径 14.5m 的上中路隧道，2010 年后陆续修建周家嘴路越江隧道、郊环隧道、虹梅南路隧道等城市盾构隧道工程，其中上海北横通道的西段隧道已于 2021 年 6 月通车，全长 7.8km；在建的东段隧道全长 6.9km，建成后东西段隧道总长 14.7km；将成为中国最长的市政公路隧道[2]。此外，在武汉、南京等城市也使用盾构法修建了大量的市政公路隧道。

城市公路隧道需求主要是在城市化加速和汽车保有量增长的背景下产生，目的是满足交通出行需求，2020 年后出现了市政公路隧道建设的高峰，产生了一批具有代表性的盾构隧道工程，部分工程实例见表 4.1-1。

国内市政公路盾构隧道部分典型工程实例　　　　　　　　　　　表 4.1-1

| 建设年份 | 隧道名称 | 盾构掘进长度（km） | 盾构直径（m） | 盾构类型 |
| --- | --- | --- | --- | --- |
| 2010—2015 | 上海虹梅南路隧道 | 3.39×2 | 14.93 | 泥水 |
| 2010—2016 | 南京定淮门长江隧道 | 3.557+4.135 | 14.93 | 泥水 |

| 建设年份 | 隧道名称 | 盾构掘进长度（km） | 盾构直径（m） | 盾构类型 |
|---|---|---|---|---|
| 2011—2014 | 扬州瘦西湖隧道 | 1.28 | 14.93 | 泥水 |
| 2013—2015 | 香港屯门赤鱲角隧道 | 0.8＋4.2 | 17.60/14.00 | 泥水 |
| 2013—2018 | 武汉三阳路隧道 | 2.590 | 15.76 | 泥水 |
| 2013—2019 | 上海周家嘴路隧道 | 2.572 | 14.93 | 泥水 |
| 2014—2018 | 广东珠海马骝洲交通隧道 | 1.10×2 | 14.93 | 泥水 |
| 2014—2019 | 上海郊环隧道工程 | 5.264＋5.219 | 15.43 | 泥水 |
| 2014—2019 | 上海北横通道 | 6.4 | 15.56 | 泥水 |
| 2015—2019 | 香港莲塘公路隧道 | 2.4×2 | 14.1 | 土压 |
| 2015—2019 | 上海诸光路隧道 | 1.39 | 14.45 | 土压 |
| 2015—2019 | 上海周家嘴路越江隧道 | 2.572 | 14.93 | 泥水 |
| 2015—2022 | 汕头海湾隧道 | 3.05 | 15.01＋15.03 | 泥水 |
| 2016— | 深圳春风隧道 | 3.603 | 15.80 | 泥水 |
| 2017—2020 | 南京长江第五大桥夹江隧道 | 1.159 | 15.46 | 泥水 |
| 2017—2021 | 济南黄河济泺隧道 | 2.520 | 15.76 | 泥水 |
| 2017—2022 | 南京和燕路过江通道 | 2.97 | 14.93/15.03 | 泥水 |
| 2017—2023 | 武汉和平大道南延隧道 | 1.39 | 16.03 | 泥水 |
| 2017— | 芜湖城南过江隧道工程 | 3.95 | 15.05 | 泥水 |
| 2017— | 珠海兴业快速隧道（南段）2标工程 | 1.739 | 15.76 | 泥水 |
| 2018—2022 | 杭州下沙路隧道 | 1.612 | 15.07 | 泥水 |
| 2018—2022 | 杭州艮山东路过江隧道 | 3.160 | 15.06 | 泥水 |
| 2018— | 南京建宁西路过江通道 | 2.35 | 15.03 | 泥水 |
| 2019— | 北京东六环改造工程 | 7.4＋7.39 | 16.05/16.07 | 泥水 |
| 2019— | 深圳妈湾隧道 | 2.06 | 15.53 | 泥水 |
| 2019— | 长沙湘雅路过江通道 | 1.4 | 15.01 | 泥水 |
| 2019— | 杭州之江路输水管廊 | 2.75 | 15.03 | 泥水 |
| 2020— | 佛山季华路西延工程顺德水道隧道 | 1.472 | 15.56 | 泥水 |
| 2020— | 深圳皇岗路快速改造工程 | 2.675＋1.50 | 15.87 | 泥水 |
| 2020— | 江阴第二过江通道工程 | 4.95 | 16.00 | 泥水 |
| 2020— | 珠海隧道工程 | 2.93 | 15.01 | 泥水 |
| 2020— | 广州海珠湾隧道 | 2.077 | 15.05 | 泥水 |
| 2020— | 武汉两湖隧道 | 11.8 | 15.5 | 泥水 |

使用盾构法施工的市政公路隧道主要呈现出以下特点与趋势：

（1）断面尺寸不断增大。随着盾构隧道断面的不断增大，近年来出现许多单洞四车道以及六车道的超大断面公路隧道。深圳市在建的春风隧道采用"单洞双层"双向四车道的断面形式，全长4.82km，使用直径15.80m的泥水平衡盾构施工[3]。北京东六环改造工程隧道段长9.2km，盾构段7.4km，采用"双洞单层"双向六车道设计[4]。

（2）水下隧道数量明显增多。我国幅员辽阔，诸多城市依水而建、因水而兴，伴随城市空间拓展，水域阻隔制约了城市的协调发展，沿江、沿海城市对越江跨海交通基础设施的需求日趋强烈，相比桥梁而言，具有对航道影响小、通行不受天气条件限制、节约土地资源等诸多优点，因而水下隧道近年备受青睐，建设步伐也迎势而上，在黄浦江、甬江、珠江、黄河及长江等我国大江大河陆续修建了不少水下隧道[5-6]。与此同时，在水下隧道修建的施工方法中，盾构法以掘进速度快、施工效率高、安全环保等优点广泛应用。武汉修建三阳路隧道穿越长江，两湖隧道穿越城市湖泊[7]；汕头市修建海湾隧道穿越苏埃海湾连接南北两岸；上海市新增了龙耀路越江隧道、周家嘴路越江隧道和江浦路越江隧道等数条过江通道。

（3）隧道施工环境日趋复杂。随着隧道断面尺寸增大，隧道开挖面地层也愈加复杂，多为复合地层，在开挖断面范围内和开挖延伸三维方向上，由两种或两种以上不同地层组成，这些地层的岩土力学、工程地质和水文地质等特征相差悬殊[8]；此外为了适应城市复杂的周边环境和邻近既有建筑，为盾构隧道的设计和施工带来诸多挑战。

（4）施工智能化水平不断提升。智能化是盾构法隧道发展的必然趋势，目前，行业内多家单位先后研制了盾构TBM工程大数据平台，采用数据挖掘技术，结合地层数据对盾构掘进进行精确指导及辅助控制，如在上海机场联络线工程中使用了智能掘进系统、内部结构预制拼装技术[9]等。

## 4.1.3　城市铁路隧道

由于地面环境的限制，城市铁路地下化时有出现，比如长株潭城际铁路湘江隧道、佛莞城际狮子洋隧道、北京铁路地下直径线工程、天津地下直径线、上海机场联络线等。

长株潭城际铁路为连接长沙市、株洲市和湘潭市的城际铁路，线路全长105km，共设24座车站，设计速度200km/h。长株潭城际铁路湘江隧道是全线重难点控制性工程之一，全长17km，其中开福寺站至滨江新城站区间长2710.7m，穿越湘江段约1100m，是我国首条土压平衡盾构铁路隧道，也是国内首个采用大直径土压平衡盾构施工的过江隧道[10]。项目采用2台土压平衡盾构掘进，盾构开挖直径9.34m，管片外径9m，内径8.1m，环宽1.8m。洞身部位主要为弱风化板岩，部分断面拱顶部位有少量强风化板岩，节理裂隙较发育，局部含石英脉，岩层较稳定。地面建筑物密集，交通繁忙，需穿越管线、道路、高压电塔、湘江大堤及湘江，水头高18～32m，隧道最大水压为0.35MPa。盾构穿越湘江段地质复杂多变、覆土浅，同时还要下穿湘江东西大堤、银盆岭大桥主桥等高风险地带，施工难度全线第一。2014年10月16日，湘江隧道开福寺站至滨江新城站区间左线顺利贯通，标志着长株潭城际铁路成功穿越湘江。

北京铁路地下直径线是承接北京站与北京西站的重要地下铁路线工程。线路全长9151m，隧道长7230m，其中盾构段长5175m。隧道穿越地层东西两端差异性大。西端（天宁寺至和平门）主要穿越的地层为卵石层、圆砾层，局部为粉质黏土层、粉土层和粉质黏土层等土层，一般粒径20～60mm，大于20mm的颗粒含量约占总重的65%，亚圆形，中粗砂充填，并且存在最大强度约30MPa的砂层与卵石层的胶结层[11]。东端（和平门至崇文门）穿越的地层主要为粉质黏土层、粉土层和砂层等土层。地下水主要为层间潜水，渗透系数$K=150$m/d，涌水量$Q=37200$m³/d。隧道沿线两侧地面建（构）筑物密集、煤气、热力、电力、污水等大型地下管线繁多；下穿西便门桥、天宁寺桥、护城河和4号线宣武门站等构筑物；近邻箭楼、正阳门等重要文物；与地铁2号线平行近4km，其中最近距离不足2m。盾构机采用泥水加压平衡盾构，项目地质条件复杂，盾构独头掘进5.2km，变形控制标准严格，2013年7月26日北京铁路地下直径线工程顺利贯通[12]。该工程是国内第一条在市区地下修建的铁路全电气化隧道，第一条在国内同类地质条件下采用直径12.04m的泥水盾构施工的隧道，北京市首次采用泥水盾构施工的隧道，被北京市列为"最难的，风险最大的在建地下工程"（图4.1-2 a）；被铁道部列为"极高风险1号工程"[13]。

(a) 北京铁路地下直径线      (b) 天津地下直径线

图 4.1-2 城市铁路隧道

天津地下直径线位于天津枢纽内，是连接京沪高速和津秦客专的一条重要便捷通道（图4.1-2 b）。全长约5.2km，海河隧道全长3.61km，其中盾构隧道长2146m，单洞双线，最小平面曲线半径600m，最大纵坡23‰，隧道埋深9～32m，采用1台直径1.97m的泥水平衡盾构施工[14]。盾构隧道结构形式为圆形断面，衬砌采用通用楔形环管片，管片外径11.6m，环宽1.8m，厚500mm。盾构隧道穿越地层主要为粉土和粉质黏土层，局部夹粉细砂。隧道范围内受潜水和承压水影响，潜水地下水位埋藏较浅，埋深为0.30～3.96m，承压水水位埋深为3.73～7.85m，含水层为粉细砂层和粉土层。盾构从天津站端始发，始发井的深度为24.12m，到达接收井的深度为25.57m。工程在$R$600m圆曲线上盾构接收技术、复杂的地下障碍物清理技术（如海河两岸亲水平台的护岸桩、永乐桥试桩等地下障碍物）、泥水平衡盾构的施工技术以及泥水处理分离技术、复杂的周边环境及苛刻的变形控制等方面进行攻关，2012年6月隧道贯通[15]。

上海轨道交通市域线机场联络线是一条市域快线，于2019年开工建设，东西方向走向，全长68.6km，设站9座，从虹桥火车站出发经过沪杭铁路外环线、七宝、华泾、三林镇、张江、上海迪士尼度假区、浦东国际机场等重要地区，最后到达上海东站，最高时速可达160km。项目建成后，虹桥和浦东两大综合交通枢纽间运行时间可控制在40min之内，与多条既有和在建轨道交通实现换乘，方便沿线市民和旅客出行。全线采用10余台盾构进行施工，直径14m级盾构达到8台，其中11标段为代表性标段。11标段包含一区间、一井，度假区站—凌空路转换井区间长4721m，凌空路转换井长209m，基坑最大开挖深度28.5m，区间结构采用全预制拼装施工，环宽2m，穿越地层主要为淤泥质黏土、黏土、粉土和粉砂，覆土厚度为 11.0～29.5m，其中高承压水粉砂地层长达 1985m。采用 14.04m 超大直径泥水平衡盾构——"虹浦号"进行施工。隧道内部采用全预制拼装结构，包括下部结构弧形件、中隔墙、顶部连接件和疏散平台。项目围绕智能互联、盾构智能运维及制造/运维互馈机理等开展研究，将智能掘进、智能拼装、智能协同、智能诊断、智能物管等应用到隧道建造上，提升了盾构法隧道智能建造的水平。2023 年 5 月上海机场联络线 11 标凌空路转换井至度假区站盾构隧道顺利贯通。

## 4.1.4 城市水利隧洞

由于我国水问题的复杂性和治水的艰巨性，与构建现代化高质量基础设施体系要求相比，水利工程体系还存在系统性不强、标准不够高、智能化水平有待提升等问题，国家水网总体格局尚未完全形成。加快构建国家水网，是解决水资源时空分布不均、更大范围实现空间均衡的必然要求。珠江三角洲水资源配置工程、环北部湾广东水资源配置工程等城市间的水资源调配工程，已逐步提上建设日程，为后续类似水利隧洞建设提供了有力借鉴。

珠江三角洲水资源配置工程横跨佛山市、广州市、东莞市、深圳市。由西江水系鲤鱼洲取水口取水，向东延伸经高新沙水库、松木山水库、罗田水库至终点公明水库。主要供水目标是广州市南沙区、深圳市和东莞市的缺水地区。输水线路总长度 113.2km。

珠江三角洲水资源配置工程土建施工 B3 标段为输水干线高新沙水库至沙溪高位水池的一部分，也是工程难度大、具有代表性标段。全长 11.359km，包含 4 个盾构区间，其中 2 个土压盾构区间，隧洞长度分别为 2279.4m 和 2398.152m，剩余盾构区间为泥水盾构，隧洞长度分别为 3406.971m 和 3178.516m。工程所用泥水盾构须穿越莲花山水道及狮子洋水道，掘进过程中切口压力波动易造成开挖面土体的流失，造成开挖面失稳，甚至造成盾构上方覆土出现冒顶、涌水的重大风险；盾尾和主轴承密封系统的密封磨损及失效风险高；盾构掘进最长距离为 3425m，主要地层为泥质粉砂岩、石英质砂岩夹层、含砾砂岩、部分地段有钙质泥岩，部分地段岩石饱和抗压强度达 97.2MPa，岩层石英含量达 50%～70%，对刀具磨损较大，需多次进行刀具检查更换和仓内管路检修工作，在高水压工况下频繁进仓换刀，风险极高，同时掘进过程中刀盘结泥饼、糊刀预防及处理需要关注。2022 年 10 月 23 日，随着"粤海 35 号"盾构安全接收，该标段隧洞全部贯通。

## 4.1.5 城市综合管廊

自 2015 年 1 月，国家住房和城乡建设部等部门联合支持地下综合管廊试点工作[16]。截至 2022 年 6 月，全国累计开工建设管廊项目 1647 个、长度 5902km，形成廊体 3997km。地下综合管廊的建设，大大提升了城市安全保障和灾害应对能力，促进了集约高效利用土地资源[17]。地下综合管廊常用的施工方法有明挖法、矿山法、浅埋暗挖法、盾构法等[18-19]。近些年，盾构法作为地下领域最先进的工法，具有施工速度快、安全系数高等特点，已广泛用于城市建筑密集、交通繁忙、地下管线集中地段的地下管廊施工中[20]。

苏通 GIL 综合管廊工程采用泥水盾构施工，开挖直径达到 12.07m，掘进总长度达 5.468km，管廊直径大、掘进距离长、管廊埋深大，地质复杂，是国内埋深最大、水压最高（隧道结构底面标高-74.83m，水压力最高达0.8MPa）管廊隧道。

中俄天然气管道工程穿越长江段采用了常压刀盘泥水盾构施工，开挖直径7.95m，全长10.226km，地质复杂，隧道穿越强透水、高水压以及强、弱透水复合并伴有沼气的地层，穿越长江北岸堤角、南岸大堤、主航道等众多敏感建筑物。

广州中心城区综合管廊工程是国内规模最大的地下环线隧道[21]，穿越广州市最为繁华的海珠区、天河区、白云区、越秀区和荔湾区等中心城区，全部采用地下敷设方式，在城市地下建造一个隧道空间，将电力、通信、给水排水等各种工程管线集于一体，设有专门的检修口、吊装口和监测系统，实施统一规划、统一设计、统一建设和统一管理，是保障城市运行的重要基础设施和"生命线"。管廊所经区域地质与环境条件非常复杂，3次穿越珠江，3次下穿既有铁路，16次穿越既有地铁运营线，30余处与广州地铁11号线交会穿越，20余处下穿、侧穿危旧房屋群、敏感建（构）筑物。全线有4个区间位于溶洞发育区，14个区间穿越断裂破碎带，5个区间洞身及洞顶范围存在淤泥、砂层、花岗岩残积土层等不良地质，28处穿越围岩强度差异较大的上软下硬地层，地质极为复杂。受平面及立面建（构）筑物交叉干扰影响，管廊项目最小曲线半径仅为235m，最大纵坡达45‰，线形设计基本达到盾构施工极限；沿途管线密布，地面交通车流量大。

随着盾构施工技术的日渐成熟，地下综合管廊的规划设计中越来越多地采用盾构法进行施工，以容纳更多综合管线等设施。

## 4.1.6　盾构法隧道应用整体情况

### 1. 盾构法隧道应用概述

国内盾构法发展较晚，1953年开始采用盾构法修建隧道。近些年，随着国家科技水平、制造业不断飞速崛起及相关技术的突破，盾构在国内外市场竞争力不断提升，并越来越多地应用于地下隧道工程修建中。目前，国内盾构行业已处于世界领先地位，市场份额接近70%，且中国隧道中超过95%的盾构都是"中国制造"[22]。

近些年，中国已成为世界上隧道及地下工程规模最大、数量最多、地质条件和结构形式最复杂、修建技术发展速度最快的国家[23-24]。随着各大城市地铁建设力度的不断加大，跨江越海隧道不断增加，国家重点建设项目，如长距离供水、水下交通、西气东输等工程均涉及穿越江河问题，目前，盾构法已发展成地下隧道工程重要的施工方法之一，已广泛应用于市政、铁路、公路、水利、煤矿等领域地下工程施工中。

### 2. 盾构法隧道发展特点

随着盾构法施工技术的日渐成熟，功能逐步完善，盾构法已应用于不同领域的地下隧道工程中，特别是穿江越海隧道、城市地下隧道等复杂环境下工程建设。相比于矿山法、明挖法、沉管法，盾构法具有施工安全、质量好、速度快、洞内环境好等优点，据统计，全世界约70%水下隧道采用盾构法修建。

近些年，伴随着盾构装备与施工技术不断提升，诸多重大险难工程开工建设，如汕头海湾隧道、深圳春风隧道、济南济泺路黄河隧道、深圳妈湾隧道等。从盾构法隧道发展方向来看，我国盾构法隧道正朝着超大断面化、异形断面化、超大深度化、超长距离化发展，追求施工快速化、自动化、智能化。从盾构法隧道工程特征来看，盾构法隧道工程呈现出由单一软土地层向复合地层发展、由中小直径盾构向大直径和超大直径盾构发展、由中等水压向高水压和超高水压发展、由常规岩土层向特殊岩土和不良地质发展、由单一工法向多工法组合发展[25]。总体来说，盾构法隧道的技术发展特点如下[26]：①由常规断面向超大/微小断面发展；②由圆形断面向异形断面发展；③由单一模式向多模式发展；④由传统水平方向向多维度发展。

## 4.2 盾构法隧道技术新进展

近年来，随着科技的不断进步与发展，盾构法隧道技术已成为我国重大地下工程领域不可或缺的关键技术，我国盾构法隧道技术不断出现新进展，诸如：超大直径盾构装备及施工技术、超长距离施工及水下对接技术、水下高地震烈度盾构隧道减隔振抗震技术、软硬极端悬殊地层直接掘进技术、富水砂卵石地层土压盾构技术、大直径泥水盾构常压换刀技术、类矩形盾构隧道建造技术、联络通道盾构建造技术以及多模盾构技术等，这些技术极大地提高了盾构法隧道修建的安全性、高效性和经济性，促进了我国盾构法隧道的快速发展。

### 4.2.1 超大直径盾构装备及施工技术

#### 1. 技术背景

中国幅员辽阔，大江、大河、大湖、大海等水系纵横，许多大城市沿江河湖海建设，甚至跨江河湖海而建，随着中国经济的飞速发展，城市交通、轨道交通、铁路、综合管廊等跨江越海的需求急剧增多，与此同时，城市里越来越难以找出适合建设桥梁的空间。铁路方面行车速度越来越高，为减少占地，单洞双线大断面隧道成为发展方向；公路方面因公路等级越来越高，车流量越来越大，必然导致公路隧道断面越来越大。在此形势下，超大直径盾构隧道工程越来越多，从而促进了我国超大直径盾构装备及施工技术的快速发展，形成了以中铁装备、铁建重工、中交天和为代表的中国盾构装备制造企业，逐步掌握了大直径盾构装备成套技术，在刀盘系统、主轴承密封、推进系统、环流系统等方面进行技术革新，国产大直径盾构装备逐步占领国内市场并出口其他国家。

#### 2. 主要技术内容

1）刀盘系统

大直径盾构长距离掘进，刀具磨损快、状态感知难，设计合理的刀盘系统难度很大。国内通过工程实践，积累了地质条件与盾构刀具对应关系，形成软土地层、砂卵石地层、软硬不均复合地层下刀具配置典型方案。在刀盘刀具配置基础上，常压刀盘技术在国内大直径盾构上得到推广与发展，通过常压刀盘和常压换刀装置的配合可在常压环境更换盾构开挖刀具，解决了带压进仓作业风险高、效率低、辅助工法繁琐的问题。图 4.2-1（a）为常压刀盘结构，图 4.2-1（b）为常压更换滚刀作业流程，国内研制了长寿命高可靠常压换刀密封装置、刀具状态监测装置，实现对刀具状态的感知及更换。

2）主轴承及密封系统

随盾构尺寸越大，其所受载荷越大，要匹配更大直径主轴承，高水压环境主轴承密封需要承受更高压力，主轴承及密封系统可靠性是决定项目风险的关键因素之一。自主研发了伸缩摆动主驱动技术，通过液压装置驱动刀盘伸缩和摆动，满足刀具更换及扩挖需要，

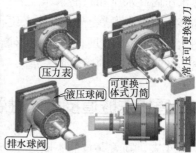

(a) 常压刀盘结构　　　　　　　　　　　　(b) 常压更换滚刀作业

图 4.2-1　常压刀盘设计与应用

而且液压装置对刀盘挤压力进行测量指导盾构施工。盾构密封上，土压盾构主驱动密封以聚氨酯密封为主，耐压能力较弱，国内大直径盾构以泥水机型为主，设计上采用多道唇形密封结构，依靠补偿式高承压密封系统，通过控制多道密封腔内外压差值，各密封腔压力随开挖面泥水压力变化，提高密封耐压能力及可靠性。国内开展了盾构主轴承国产化研究，已实现 6m 级盾构主轴承、减速机国产化，大直径重载盾构主轴承作为工业基础零部件，国内正从数字化设计、制造与检测、工业试验平台维度进行突破。

　　3）油缸自由分区技术

　　大直径盾构自重大、重心偏离几何中心，特殊地层姿态不易控制，油缸固定分组不适应盾构姿态灵活调整需要，因此在油缸默认分区模式、慢速推进模式基础上，进一步提出油缸自由分区技术，利用多个比例减压阀达到推进模式之间转换，推进油缸可实现自由分区，控制推进油缸各分区压力差来对盾构姿态进行调整（图 4.2-2）。油缸自由分区技术已在汕头海湾隧道、深圳春风隧道项目中成功应用，在上软下硬地层或软弱地层中可有效对盾构姿态进行控制。

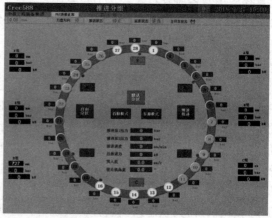

图 4.2-2　推进油缸分区布置和控制界面

　　4）高精度自动保压系统

　　大直径泥水盾构要求精准的压力控制，掘进断层破碎带、推进速度波动等因素使气垫仓泥水液位发生变化时，需采用压缩空气进行压力补偿，稳定开挖面支护压力。国内研发了四回路并联式分段控制自动保压系统，将保压系统进气调节阀分为大、小阀并联进气，将排气阀门分为大、小阀并联排气。控制器对大、小阀门进行分段控制，从而减少系统响应时间，提高系统控制精度。

此外，在管片同步拼装、箱涵同步拼装、冷冻刀盘、盾尾间隙自动测量、管片上浮监测、泥水仓可视化等方面都有所突破，为施工安全性、效率及信息化程度提升提供了基础条件。

5）施工关键技术

近年来，陆续修建了一批超大直径盾构工程，工程的地质水文及周边环境复杂多变，攻克了若干技术难题，促进了超大直径盾构施工技术的进步。如武汉三阳路隧道作为世界首例公铁合建盾构隧道，为国内 15m 以上超大直径盾构首次穿越土岩复合地层隧道。南京和燕路长江隧道水深达 53m，隧道最大水压 0.79MPa，且在最大水深处以浅覆土穿越土岩软硬不均地层，穿越长江大堤、冲槽、岩溶、断裂带等不良地质条件。汕头海湾隧道直接掘进穿越高强度基岩段，形成了极软极硬地层盾构直接掘进技术。扬州市瘦西湖隧道是世界上首例在全断面硬塑黏土地质中施工的最大直径（外径 14.93m）的单管双层隧道，保证了盾构开挖面稳定与泥水处理设备正常运转，解决盾构掘进同时组织双层隧道内部结构同步快速施工和隧道建设中的环境与文物保护等挑战与难题。

## 4.2.2　超长距离施工及水下对接技术

### 1. 技术背景

针对超长水下隧道建设方面，跨江越海隧道越来越多，隧道建设将向越来越深、越来越长发展（如琼州海峡隧道），在大直径盾构领域已然朝着超大直径、超大埋深、超高水压、超长距离的趋势发展。

### 2. 主要技术内容

1）超长距离施工技术

随着盾构技术发展及隧道埋深等因素影响，在 2000 年前后盾构隧道的区间距离一般在 1.5～2.0km，到 2020 年前后区间距离达 4.0～5.0km，超长距离施工也是盾构隧道发展趋势之一。超长距离施工技术包括盾构刀具更换、尾刷更换、管路磨损监测及耐磨改进技术等[27]。

（1）盾构刀具的更换。盾构刀具更换主要有常压换刀技术和带压开舱换刀技术。在常压换刀时，作业人员通过刀盘中心舱进入中空的刀盘辐条臂内，并在常规大气压条件下进行刀盘及刀具的检查维护作业[28]，此外常压换刀装置配置了诸多感知元件，方便工作人员对刀具状态的检查。

（2）盾尾刷磨损会导致盾尾密封系统失效，长距离施工需要进行尾刷更换。因大部分隧道均处于地下水环境中，盾尾刷更换过程存在一定的风险，尤其是江底等大埋深盾构隧道工程，盾尾刷更换前有必要对盾尾及对应的管片周围地层进行密封止水加固，盾尾的止水加固技术是盾尾刷更换技术的关键，常见有注浆加固法、旋喷搅拌法、冻结法等。

（3）泥水盾构长距离施工势必出现管路磨损及更换，主要对管路进行耐磨处理和使用耐磨材料着手，措施是对排浆管内泥浆参数优化、管路材料选择、管路线型的设计、粗颗粒石块的处理等。

2）水下对接技术

盾构地下对接技术包括辅助式对接和直接式对接。辅助式对接技术是 2 台盾构相向掘进到接合位置，对接位置附近地层进行加固后完成对接贯通，一般辅以注浆加固工法或者冻结工法。直接式对接则是利用盾构中设计的特殊机械装置，在对接位置完成对接施工。

广深港狮子洋隧道是国内首次水下盾构对接施工典型案例。狮子洋隧道为高速铁路跨海双洞单线隧道（图 4.2-3），全长 10.8km，隧道线型要求高，隧道盾构段全长 9.3km。

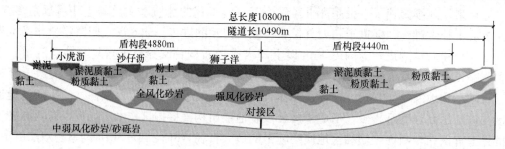

图 4.2-3 狮子洋隧道地质剖面

为缩短盾构单次掘进距离及施工工期，将 9.3km 盾构段分为两段，采用 4 台盾构从隧道两侧同时掘进约 4.5km 的区间距离、最后在水下对接的方法[29]。该工程为国内首次水下盾构对接施工，在对接过程中主要遇到了对接精度控制、开挖面稳定等问题。在砂岩地层对接前先对周围地层注浆加固辅助对接，施工过程中在 2 台盾构相距 20～30m 时，第 1 台盾构停止掘进并拆除部分盾构部件，第 2 台盾构向前缓慢掘进至对接地点，观察隧道内压力稳定和地下水的渗流情况，最终在常压下进行最后的拆机工作。狮子洋隧道对接后水平精度偏差为 28.5mm，高程偏差为 19.6mm，满足安全、精准对接要求。

### 4.2.3 水下高地震烈度盾构隧道减隔振抗震技术

**1. 技术背景**

针对国内极具挑战性的首条地处 8 度抗震设防烈度区的汕头海湾隧道，在周福霖院士、王复明院士、陈湘生院士等团队共同研究下，通过自主攻关，形成了水下高地震烈度盾构隧道减隔振抗震技术。

**2. 主要技术内容**

隧道结构的抗震目标为：遭受低于工程抗震设防烈度的地震时，隧道结构不损坏，对周围环境和结构正常运营无影响；遭受工程设防烈度相当的地震时，隧道结构不损坏或仅需一般性修理，对周围环境影响轻微，不影响结构正常运营；当高于工程设防烈度的罕遇地震影响时，隧道主要结构支撑体系不发生严重破坏且便于修复。汕头海湾隧道隧址所处地区为 8 度地震烈度区，线路穿越极软土、砂土（可液化层）、硬岩、孤石等海底复杂地层，受高地震烈度与复杂海底地层条件耦合作用，隧道减隔振抗震设计难度大。为了确保隧道结构达到设计使用年限指标，盾构隧道的纵向拉伸量主要产生在隧道纵向接头处，因此增强盾构隧道纵向接头的变形能力是抗减震的有效措施。可以考虑纵向接头采用直螺

栓、加长纵向螺栓长度、在接头处加弹性垫圈等方式吸收位移，从而达到减震的目的。图
4.2-4 为弯螺栓和直螺栓的示意图，显然，直螺栓在地震时更容易变形，且变形时对隧道
管片结构的损害相对较小，从抗震角度推荐采用直螺栓连接形式。

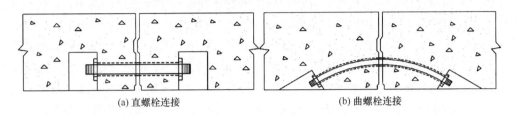

(a) 直螺栓连接　　　　　　　　　　　(b) 曲螺栓连接

图 4.2-4　螺栓连接方式对比

　　海湾隧道结构抗震设防烈度高且地层力学性质差异大，在花岩两侧土层变化处布置两
道柔性减震节点并对其相邻局部接头螺栓加强，可改善土层变化处一定范围内接头的张开
量，使隧道全线接头张开量（除减震节点外）不超过 15mm，确保隧道在罕遇地震作用下
处于安全状态；且减震节点的集中变形在经历地震后，可一定程度上恢复原位。在遭遇超
烈度地震时，减震效果更为明显，隧道地震安全储备大为提高。纵向接头采用直螺栓、加
长纵向螺栓长度、在接头处加弹性垫圈等方式吸收地震能量。在盾构隧道接头处采用回弹
能力强的复合止水条，且适当增加复合止水条的厚度。在投资容许的情况下，可在减震节
点处外包隔震层，以减少地层传递至隧道结构的地震能量。

　　图 4.2-5 为汕头海湾隧道抗震节点的设计，采用 SMA 减震节点，结构形式为记忆合
金棒材（图 4.2-6），具有超弹性、耗能及自复位功能。外包隔震层采用橡胶砂土注浆隔
震层减少地震能量，主要材料为废轮胎颗粒、砂土、黏土等组成橡胶砂土混合物。

　　通过形状记忆合金制成的柔性减震节点，地震时该处接头变形出现较明显的集中，同
时改善了一定范围内（约 200m）其他普通接头的张开量，除记忆合金柔性减震节点位置
外其他位置接头张开量均小于 15mm，在柔性减震节点处采取特殊的防水处理后，隧道接
头能够保证不漏水，外包隔震层具有隔震作用。最后，形状记忆合金具有复位功能，可保
证经历地震后柔性减震节点处的接头在一定程度上恢复原位，有效提高了隧道的地震安全
储备。

图 4.2-5　汕头海湾隧道 SMA 减震节点

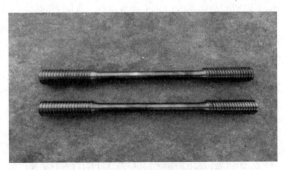

图 4.2-6　汕头海湾隧道 SMA 棒材

#### 4.2.4 软硬极端悬殊地层直接掘进技术

##### 1. 技术背景

市政公路隧道断面一般较大,在盾构掘进沿线往往存在多种地层,超大直径盾构在开挖面及对应延伸方向上一般由多种地层组成[30,31]。在我国华南地区上部软土、下部硬岩的土岩交互地层较常见,在汕头海湾工程中主航道下方有 3 段长度累计约 182m 的基岩突起段,其单轴抗压强度最高达 214MPa,而上部为淤泥、淤泥质土等极软弱(标贯击数 2~4)地层,地层的力学性质相差悬殊,在这种软硬极端悬殊地层掘进,上部极容易击穿上覆土而导致水底冒浆、开挖面失稳坍塌,下部为基岩会导致刀具磨损快、易损坏,掘进时盾构载荷波动大。

针对这种水下高强度基岩突起的工况,珠海马骝洲隧道、台山核电引水隧洞等工程采取先爆破预处理,再盾构掘进通过的施工方法,汕头海湾隧道由于基岩段在主航道下方,且靠近敏感区域,爆破的预处理方法难以实施。

##### 2. 主要技术内容

1) 盾构装备针对性选型设计

针对盾构长距离水下掘进且穿越基岩突起段,无法采用爆破对基岩预处理,海域实施带压进仓作业困难,掌子面支护压力要求严格的情况下,综合比选采用带常压刀盘的泥水盾构装备。针对基岩等不良地质,装备在常压换刀装置上配置滚刀旋转状态监测、磨损检测装置、温度传感器,对滚刀状态进行实时感知、评估,指导刀具的维修更换;配置颚式破碎机对岩石二次破碎,便于岩渣排出;增加泥浆循环系统流量并优化冲刷喷头安装位置,防止滞排和泥饼滋生;主驱动配置伸缩摆动功能,实现刀盘的小幅后退及摆动。特别是在钱七虎院士的支持和指导下,我国研制出了首台直径 15m 级的超大直径盾构在工程中取得了巨大的成功。

2) 盾构掘进姿态及地层稳定性控制

为确保超大直径泥水盾构在软硬极端不均地层掘进时盾构姿态满足施工需求,同时改善管片结构受力,减少管片崩角、破损的情况,建立盾构主机受力平衡方程,掌握在总推力一定的情况下各个分区压力、推力变化规律,分析推进系统各个分区输出不同推力时管片结构受力及变化情况,进而调整推进系统分区压力,保证总推力、优化分区推力,保证盾构掘进姿态和管片合理受力。地层稳定性控制,采用数值模拟和经验公式计算初始泥水支护压力,根据地表和海床沉降监测值,调整支护压力设定值保持地层稳定。

3) 基岩突起段地层掘进参数选取控制

基岩突起段地层掘进控制技术,首先从现场取岩样开展软硬不均地层掘进模拟室内试验,获取不同掘进参数下滚刀破岩效果与受力情况,为盾构直接掘进基岩突起地层参数控制提供指导;其次,在现场掘进中设置多组掘进参数进行交叉验证试验,根据掘进效果优选;最后,掘进过程中加强刀具管理,对状态异常刀具及时检查更换。

#### 4.2.5 富水砂卵石地层土压盾构技术

##### 1. 技术背景

砂卵石地层孔隙率大,盾构掘进扰动后地层逐渐密实,造成地层损失。局部砂卵石地层夹透镜体砂层，自稳能力差，透水性强，开挖面容易产生涌水、涌砂，造成细颗粒物质大量流失，引起开挖面失稳、地面沉降甚至塌陷。沿线周边建筑物、地铁车站施工降水，砂卵石地层中粉细砂等细颗粒随着降水排走，卵石之间形成孔洞，地层疏松，卵石骨架受到盾构施工扰动而垮塌。特别是成都地铁盾构隧道穿越的地质，其黏土含量极少，特别是有些标段几乎不含黏土，泥膜形成较困难，虽然其渗透系数较大，但由于黏土含量极少（不足10%），经实践验证，在黏土含量极少的富水砂卵石地层使用泥水盾构具有一定风险，较适宜采用土压平衡盾构施工[32]。

**2. 主要技术内容**

1）盾构始发端头加固技术

盾构始发、到达端头均为降水区，掘进过程中刀盘旋转对地层再次扰动易造成地面沉降、坍塌，端头加固技术采用地面袖阀管加固和隧道拱顶大管棚加固两种方式相结合。①地面袖阀管加固技术：始发、到达处在端墙至15m长，距盾体左右各4.15m宽，间隔2m设置注浆孔，成梅花状，钻孔深度为隧道中心；注浆材料选用普通硅酸盐水泥，浆液水灰比0.8∶1～1∶1，注浆压力0.2～0.4MPa。②大管棚加固技术：大管棚设置在洞门顶部120°范围内，间距30cm，共34根，每根长18m；注浆浆液采用水泥单液浆，注浆材料选用普通硅酸盐水泥，浆液水灰比0.8∶1～1∶1，注浆压力0.2～0.4MPa，目的是加固地层和止水。

2）渣土改良技术

砂卵石地层切削下的渣土极不均匀，原状渣土中卵石和砂土分离严重，几乎不可能单纯依靠切削下来的渣土压力来保持开挖面平衡；流动性很差，原状渣土很难通过螺旋机排出。因此必须改良渣土，以保持开挖面的稳定和顺利出渣。施工中采用膨润土＋泡沫＋水、泡沫＋水两种方式取得较好效果。①常规区段掘进时的渣土改良，采用泡沫＋水的方式改良渣土。②加固区、降水区及高风险区掘进时的渣土改良，采用膨润土＋泡沫＋水的方式改良渣土。

3）渣土仓位控制技术

砂卵石地层中仓内渣土卵石含量高、粒径大、密度大，满仓位推进将出现：扭矩大、推力高、渣土滞排、渣温高、速度慢、憋仓加大对周边地层的扰动而增加超挖、易结泥饼等。因此在砂卵石地层中宜采用控制欠压推进，但可能会导致超挖。解决措施：①采用控制欠压模式推进，保证推进速度，减少超挖。②适当保压，欠压推进时在仓内土体上方充填膨润土液或泡沫，浆液压力或气压对掌子面起到一定稳定和止水作用，渣土改良较好时可以适当提高渣土仓位。③通过土仓壁板上各高度位置的压力传感器间差值变化可以推断出渣土仓位，从而进行渣土仓位控制。

4）泥饼防治技术

①减少泥饼生成条件，在掘进过程中通过渣土改良控制、土仓渣土仓位控制（避免刻意建立土仓压力）、土仓温度控制（注水降温）等措施减少泥饼的生成条件。②及时发现泥饼，主要现象：土压频繁波动变化；扭矩规律性波动；推力持续增加；推进速度降低；渣温持续上升；卵石过度破碎；当出现这些异常现象时，应及时采取相应措施或开仓检查。③泥饼处理，在泥饼形成前期阶段可使用分散剂泡仓，或根据参数波动情况预判板结位置，并通过土仓壁板预留的注入孔对该位置进行冲洗，泥饼严重时则开仓清理。

5）喷涌防控技术

①保压掘进，保压后，同步注浆不会串到土仓，管片背后也会饱满，产生喷涌的情况会大大降低。②减小加水量，把泡沫水量减到最小，泡沫交替开启加入，前提要保证泡沫孔不能堵塞，加水管关闭，保证管路没有堵塞。③螺旋输送机控制，螺旋输送机要开启，转速2～3转即可，不造成螺旋堆积压力。④管片后部放水，打开管片吊装孔，把后部积水放掉，减少土仓水汇积。⑤二次双液浆做封水环，连续注多环双液浆做封水环隔断后部来水。

6）坍塌防控技术

砂卵石地层受扰动后变得松散，易产生掌子面及刀盘上前方土体超挖，甚至造成地层坍塌和地面较大沉降或塌陷。防控技术为：①严格控制每环出土量，采用出土体积和出土质量双重指标控制。②严格把控同步注浆的浆液质量和注浆量，同步注浆采用凝结时间较短、强度高的浆液，每环注浆结束或中途停机要及时采用膨润土清洗注浆管路以防堵管；正常注浆量为计算空隙体积1.5～1.8倍，在出土超方地段加大同步注浆方量，或采取背后二次补注浆。③空洞回填，当出现大方量超方时，立即停止掘进探测寻找空洞，做好土仓保压工作。若空洞与开挖面连通，径向及盾尾注入膨润土防止盾体被抱死，在刀盘周围回填砂子形成隔离层后，再回填水泥砂浆或混凝土让地层形成板块效应，待回填材料凝固后再恢复掘进。

7）穿越重要建（构）筑物控制技术

盾构成功穿越河流、建（构）筑物、管线、铁路和既有地铁线等重特大风险源共58处，控制措施：①穿越前准备：对被穿越物及其基底地层进行预加固或施做隔离桩，对建筑物基底地层加固是在地表采用袖阀管注浆，或者管棚加固；邻近穿越的50～100m为试验段，积累最佳参数；做好盾构设备维保及刀盘刀具检修，保证穿越过程中盾构设备处于良好状态，避免停机。②穿越过程控制：严格控制穿越掘进参数，采用注入膨润土＋泡沫＋水为渣土改良措施，高仓位保压推进；连续施工快速通过，减少停顿；加大同步注浆量，及时二次补注浆，确保将盾尾建筑间隙及扰动松散带填充密实，控制注浆压力防止地层隆起；通过盾体径向注浆孔向盾体周边注浆，确保被扰动后松散土体充分填充加固。

**3. 适用条件与应用范围**

该技术主要适用于黏土含量极少的富水砂卵石地层。

## 4.2.6 大直径泥水盾构常压换刀技术

**1. 技术背景**

近年来，我国大直径盾构隧道不断涌现，隧道掘进长度不断增加，在砂卵石、卵砾石、硬岩地质等条件下掘进，盾构刀具磨损严重，过程中需要多次检修和更换刀具，带压进仓检查和更换刀具风险高、耗时长。如何提高刀具检查和更换的效率、降低换刀风险，成了制约盾构掘进的一大难题。

**2. 主要技术内容**

采用常压刀盘，作业人员可以通过刀盘中心舱进入中空的刀盘辐条臂内，并在常规大气压条件下进行刀盘及刀具的检查维护作业（图4.2-7），有效降低了高水压环境下换刀作业风险[33]。

图 4.2-7　刀盘辐条臂常压状态换刀

　　刀盘结构设计为 6 个中空主梁，主梁上刮刀和滚刀可在常压环境下更换，同时主梁内集成设计了刀具更换油缸固定装置、刀具运输系统、冲刷管路、爬梯、可拆卸作业平台等，保证了主梁内常压更换刀具的安全性和快捷性。刀盘整体开口率为 28%，在满足中心区域常压更换滚刀布置和刀盘结构强度和刚度情况下，增大了中心开口率，有利于中心区域渣土流动，减少中心刀具的磨损。同时，刀盘设置限径格栅，可防止较大粒径岩块进入舱内造成滞排。常压换刀装置（图 4.2-8）是实现常压换刀的压力隔绝机构，主要由密封座、闸门和刀筒等组成；刀盘辐条臂上刮刀和滚刀可在常压环境下更换。常压换刀装置设计有防误装的对位销钉，可以防止刀具错装。

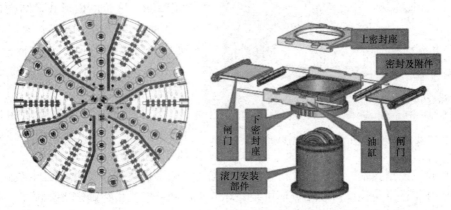

图 4.2-8　常压刀盘及换刀装置

　　常压换刀装置和换刀作业方式有多种，诸如汕头海湾隧道项目和春风隧道项目利用中心舱进入常压刀盘辐条臂，在常规大气压条件下进行刀盘及刀具的检查维护作业，是较为优选的方法。由于地质条件不同，刀盘形式不同，根据实际工况，其他类型的常压刀盘和换刀技术也有成功应用；为确保压力控制精准和排渣顺畅，选用舱内舱外双破碎机，可有效解决滞排问题。

**3. 主要技术性能和技术特点**

（1）安全性高。在常压下进行刀具检查和更换，相比带压进仓进行刀具检查与更换，避免了人员在高压环境下进入盾构仓内进行作业时可能出现的涌水涌沙、掌子面坍塌造成的人员伤亡，也避免了高气压作业对人体健康的危害。

（2）方便快速。常压下进行刀具检查和更换，可以利用盾构设备检修时间对刀具进行检查和更换，作业时间没有限制，无需像带压进仓作业那样需专门停机进行保压后才能进仓。

（3）刀具检查和更换费用低。与带压进仓进行刀具检查和更换相比，常压下进行刀具检查和更换，普通人员经过简单培训即可实施，无须保压，且无须由专业高压作业人员实施，刀具检查和更换的费用更低。

**4. 适用条件与应用范围**

适用于地铁、市政、铁路等大直径配置常压换刀功能的泥水平衡盾构的刀具检查与更换。

## 4.2.7 类矩形盾构隧道建造技术

**1. 技术背景**

传统圆形盾构在狭窄的老城区道路下施工时，会遇到地下空间"放不下"、周边建筑"碰不得"的工程技术难题。为有效破解这一难题，推动城市地下空间的集约化利用，减少盾构施工对周边环境的影响，开发了类矩形盾构隧道修建技术。

图 4.2-9　全断面切削类矩形土压平衡盾构

**2. 主要技术内容**

（1）结构设计。设计以 4 条光滑相切的圆曲线形成的成拱效果明显的"类矩形"隧道断面形式，结构包含分散式逃生横通道、内置式泵房等。衬砌环全环由 11 分块（含中间立柱块）组成。环间采用 A、B 型衬砌环交错拼装形成错缝形式。

（2）类矩形土压平衡盾构。采用 $11.83m \times 7.27m$ 全断面切削类矩形土压平衡盾构（图 4.2-9）。

（3）施工控制技术。通过管片拼装仿真模型初步确定拼装顺序及质量控制措施，并经管片水平拼装、拼装机试拼装、负环拼装等环节验证和反馈，最终确定拼装顺序。通过室内试验、现场试验确定浆液配合比及注浆参数，采取八点位注浆的方式保障注浆质量。采用防背土装置、土压调节装置和出土计量系统。出土计量系统采用高精度皮带秤和轨道智能土量检测系统，检测出土量，并与综合管控系统进行数据交互，实现盾构施工的"土量平衡控制"，以有效控制地表沉降。

**3. 主要技术性能和技术特点**

（1）节约地下空间占用率。类矩形断面结构形式可节约地下空间占用率，且具有较大结构强度和刚度；11.83m×7.27m 全断面切削类矩形土压平衡盾构可保证全断面切削，施工扰动小。

（2）施工控制要求高。类矩形盾构隧道为扁狭结构，隧道纠偏过程易偏转，且偏转对隧道成型质量影响大。施工过程实时监控隧道偏转状态，出现偏转时及时采用压载、不对称注浆等方式纠偏。盾构铰接系统可实现上下纠偏角度±1.5°、左右纠偏角度±1.1°和最小转弯半径 250m 的急转弯。

**4. 适用条件与应用范围**

主要适用于城市轨道交通建设中沿线道路狭窄、交通繁忙、建筑物密集区域的隧道施工。已成功应用于宁波轨道交通 3 号线出入段线工程、宁波轨道交通 4 号线翠柏里站—大卿桥站区间、宁波轨道交通 2 号线五里牌站—枫园区间等项目。

## 4.2.8 联络通道盾构建造技术

**1. 技术背景**

根据《地铁设计规范》GB 50157—2013 的规定：2 条单线区间隧道之间，当隧道连贯长度大于 600m 时，应设联络通道。因此地铁隧道上下行线之间均设置有大量联络通道。目前软土地区联络通道施工主要采用冻结法加固结合矿山法开挖的工法，该工法存在工期长、机械化程度低、工后冻融沉降控制难等不足。如何实现高安全、高效率、低扰动地联络通道施工成为工程亟待解决的关键问题。因此，开展了盾构法联络通道修建技术研发。

**2. 主要技术内容**

（1）结构设计。联络通道隧道管片分 5 块（图 4.2-10）：1 块封顶、2 块邻接、2 块标准，洞门一定范围内联络通道管片采用钢管片。联络通道洞门采用钢混复合管片结构，复合管片采用玻璃纤维筋替代原钢筋。联络通道与主隧道 T 形接头包含特殊衬砌环、后封板、后做环梁结构。

(a) 联络通道结构形式

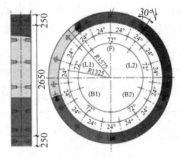

(b) 联络通道隧道管片分块

图 4.2-10　联络通道及隧道管片分块

（2）盾构法联络通道掘进装备。包含盾构及其后配套、始发和接收套筒、快速支撑体系三大部分。盾构采用锥形刀盘，通过特殊设计满足狭小空间内的始发、掘进、接收；始发套筒采用分段设计并在内部设置密封刷，接收套筒内部带压灌注泥浆；始发及接收影响范围内设置一体化的内支撑台车系统，支撑系统由液压控制，通过伺服控制的千斤顶支撑，达到施工全过程隧道结构保护的目的。

（3）施工控制技术。采用微扰动双液注浆加固技术，对联络通道与主隧道连接位置的T形接头位置进行第一道止水注浆；盾构始发过程直接在始发套筒内切削复合管片混凝土洞门，同时实时监测支撑轴力变化、千斤顶推力变化、扭矩变化等；通过盾构微调、精确测量等手段实现狭小空间的盾构精确定位始发。

**3. 主要技术特点**

联络通道盾构建造技术的主要技术特点（图4.2-11）如下：①微加固。为保证联络通道与主体结构之间的密封性，防止联络通道施工过程中地下水土沿着间隙进入隧道，对联络通道与主体结构连接部位进行局部微加固处理。②全封闭。采用套筒始发、接收，保障施工过程全封闭。③强支护。快速支撑体系主动加压保障联络通道施工全过程结构受力、变形可控。④集约化。实现狭小空间全机械化施工。

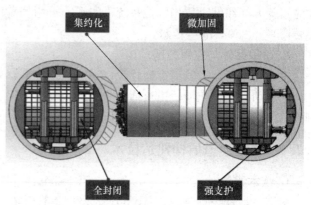

图4.2-11 联络通道盾构建造技术的主要技术特点

**4. 适用条件与应用范围**

除地铁联络通道外还可在交通、市政、水利工程盾构隧道连接工程中推广应用。

## 4.2.9 多模盾构技术

**1. 技术背景**

近年来，隧道建设逐渐呈现出长距离化、地质条件多样化、施工环境复杂化等发展趋势，现有机械化施工方法对于地层的适应性受到了极大的挑战，对隧道掘进设备的创新性设计要求越来越高[34]。为解决存在显著地质差异的地层掘进难题，多模式盾构/TBM掘进设备应运而生。目前，多模式盾构/TBM在城市地铁隧道建设中应用最为广泛。据统计，国内外多例采用多模式盾构的隧道工程，如表4.2-1所示。

国内外双模盾构使用情况简表 表4.2-1

| 序号 | 制造商 | 编号 | 始发年份 | 盾构型号 | 应用工程 | 地质情况 | 开挖直径(m) | 隧道长度(km) | 平均月进尺(m) |
|---|---|---|---|---|---|---|---|---|---|
| 1 | 海瑞克 | S-246 | 2005 | 泥水/TBM | 瑞典Hallandsas双管隧道[35] | 片麻岩、闪岩、辉绿岩带 | 10.53 | 10.925 | 110 |
| 2 | 罗宾斯 | — | 2015 | 土压/TBM | 墨西哥TEPⅡ排水隧道 | 凝灰岩带与安山岩 | 8.70 | 5.800 | — |
| 3 | 铁建重工 | DL379 | 2018 | 土压/TBM | 广佛东环线 | 中风化花岗岩、中风化片麻岩等 | 9.14 | 5.998 | 432 |

续表

| 序号 | 制造商 | 编号 | 始发年份 | 盾构型号 | 应用工程 | 地质情况 | 开挖直径(m) | 隧道长度(km) | 平均月进尺(m) |
|---|---|---|---|---|---|---|---|---|---|
| 4 | 中铁装备 | CREC755 | 2019 | 土压/TBM(中心皮带机) | 深圳地铁12号线[36] | 中微、强风化混合岩 | 6.47 | 1.723 | 350 |
| 5 | 中铁装备 | CREC740 | 2018 | 土压/TBM(中心螺机式) | 深圳地铁14号线 | 全强中风化角岩 | 6.48 | 2.122 | 163 |
| 6 | 三菱重工 | 1735 | 2016 | 泥水/土压 | 广州地铁9号线2标 | 中粗砂、砾砂、黏土等 | 6.28 | 1.680 | 98.9 |

现阶段多模式盾构/TBM施工技术的研究主要围绕"选一转一掘"，即设备选型、模式转换和掘进效能三个方面展开。

**2. 主要技术内容**

(1) 首先，针对多模式盾构在复杂地质情况下的掘进适应性，众多学者依托隧道工程中的实际地质情况展开了广泛研究，总结出不同类型多模式盾构的主要适应地层及工作特点[37]，如表4.2-2所示。

多模式盾构适应地层及工作特点　　　　　　　　　　　表4.2-2

| 多模盾构类型 | 适应地层 | 工作特点 |
|---|---|---|
| 土压/TBM 双模 | 长距离硬岩段及软岩、软土段复合地层 | TBM模式提高硬岩段掘进效率；软岩软土地层采用土压模式平衡掌子面压力 |
| 土压/泥水双模 | 高地下水压力及软岩、软土复合地层 | 软土层采用土压模式，降低成本，提高掘进效率；强透水地层采用泥水模式规避施工风险，控制地层沉降 |
| 泥水/TBM 双模 | 长距离硬岩与强透水性软土复合地层 | 强渗透性地层采用密闭式泥水模式开挖；硬岩及渗透性弱地层段采用TBM模式 |
| 土压/泥水/TBM 三模 | 高透水及沉降敏感地层、长段硬岩及软土共存复合地质 | 高水压、地表沉降敏感地层及透水破碎带采用泥水模式，风化软土层采用土压模式，孤石及硬岩段采用TBM模式 |

(2) 模式转换是多模式盾构/TBM设备的重要施工工序之一，主要体现在对于施工安全和项目工期造价的影响，针对复合地层的合理模式转换点选取开展研究，同时提出了掘进设备针对性设计及模式转换工序优化建议。

(3) 多模式盾构/TBM施工技术在实际施工过程中的效能分析是检验其地层适应性的重要途径。

总体来看，多模式盾构/TBM创新型掘进设备应用地层更为广泛多变，当前中国各大城市采用多模式设备施工的隧道项目都在施工安全和掘进效率方面取得了良好效果，随着国内外隧道建设的深入发展，具有灵活地层适应性的多模式盾构将会是未来城市隧道技术发展的重要方向，未来将广泛应用于铁路隧道、城市地铁等领域。

## 4.3 盾构智能化掘进技术

随着工业 4.0 和人工智能 2.0 的来临，智能建造理念已进入地下工程领域，盾构隧道智能化建造是隧道工程建设的必然趋势，代表了未来隧道修建技术的发展方向。近年来，我国的盾构智能化掘进技术得到了长足的进步与发展，涌现出大批先进技术，主要包含不良地质识别技术、设备状态实时感知技术、同步推拼连续掘进技术等，为我国盾构智能化掘进提供了良好的技术基础。

### 4.3.1 不良地质识别技术

不良地质的定性辨识和定量预报明细主要包含有：（1）探明断层及其影响带的位置、规模及其性质，是否充填水；（2）探测岩溶位置、规模，判断其充填物性质；（3）探测不同岩体接触面位置及其产状形态；（4）判断隧道围岩级别变化情况；（5）判断地质灾害可能发生的位置和规模。隧道开挖过程中实时准确地对掌子面前方的地质情况及不良地质体的性质及位置、产状进行探测、分析解释及预报，以此实现对开挖面前方不良地质体空间位置、赋存形态、充填特性的定性辨识和定量预报[38-39]。

为达到超前地质预报的目的，不同的超前探测方法应运而生，主要有直流电法、地震波法、电磁波法等超前探测技术，并且已经在大量工程实际中得到应用。但是不同的检测方法对不同地质缺陷预报效果、探测距离及施工方式不尽相同，如电法类适用于溶洞、富水不良地质的检测；声波法对断层、破碎带地质具有准确的识别特性；电法中发射电流的聚焦效果及电磁干扰的屏蔽效果直接影响不良地质探测准确性；声波法中震源不同的发射方式与盾构施工效率相关，如人工敲击管片激发震源，需要盾构停机操作，占用一定的施工时间；电磁法根据电磁波天线与收发系统对掌子面前方岩体介质全方位探测，获得波阻抗异常界面的分布，进一步判断异常体的性质，但是在盾构电磁环境复杂工况下，电磁波收发天线的布置受到极大限制[40-41]。

### 4.3.2 设备状态实时感知技术

#### 1. 刀盘刀具智能检测技术

盾构以安全、快速、高效的巨大优势被广泛应用于地铁及长大隧道工程项目，而施工中带压进仓对刀具检修是盾构施工最易发生重大安全事故的工作。由于刀盘运行工况复杂，刀具消耗严重，施工中需多次人工带压进仓检修刀具，人工开仓作业因开挖面未支护存在一定的安全隐患。为解决人员带压进仓检查过程中的重大安全风险问题，及时避免刀具更换不及时造成的经济损失，同时科学准确地指导司机在复杂地质下的掘进操作，创新研制稳定、可靠、准确的刀具智能诊断系统非常重要。

1）刀具关键参数在线检测方法

鉴于滚刀处于强冲击振动、高压富水、渣土淤泥的工作环境中，接触式的检测方法无法满足工作要求，通过建立非接触式磨损传感器（电涡流、超声波）的模拟试验[9]，设计采用电涡流传感器直接测量滚刀刀刃磨损量，数据更加准确可靠；针对滚刀出现异常磨损或卡死的状况，采用磁传感器测量转速，深入对滚刀刀圈中预埋的钕铁硼磁场强度、传感器嵌入深度、测量距离开展研究，设计微控制器处理复杂磁场环境下，开关磁场元件利用周期法测量计算滚刀转速，以实现刀具转速的准确测量。

2）刀具参数实时传输技术

基于复杂工况下无线通信方式的选择，一方面需满足传输信号不被盾构大量的钢铁所屏蔽，同时需要解决在渣土或泥浆介质下的传输问题；另一方面针对信号传输过程中背景噪声进行过滤处理。通过无线通信传输方案的设计和工业性验证，采用双频通信技术，实现不同盾构施工环境下的无线通信。

3）刀具智能诊断算法

在复杂地层中刀具参数检测数据呈现波动明显、多参数冗余的特点，存在刀具状态判断困难、判断准确率较低的问题，如何通过刀具的多维度多参数信息综合判断刀具磨损程度及损坏类型是数据分析的难点。针对上述难题，通过刀具多参数的综合分析、大数据的深度学习及模型策略的研究，构建刀具状态综合分析诊断模型，实现多特征参量协同判断刀具状态的功能，辅助盾构司机准确判断刀具当前状态。刀具智能诊断算法根据采集到的刀具关键数据，采用小波去噪和经验模态分解法（EMD）对参数信号进行预处理，通过建立卷积神经网络模型（CNN）判断识别刀具状态，实现多特征参量协同判断刀具状态的功能，解决复杂工况下实时监控的数据波动幅度大、数据冗余和刀具分析判断难的问题，从而实现刀具状态的智能诊断（图 4.3-1）。

(a) 刀具诊断结果–偏磨　　　　　　　　　(b) 拆刀结果–偏磨

图 4.3-1　多节点无线组网通信技术

**2. 开挖状态智能监测预警技术**

1）仓内可视化装置

盾构在富水地层掘进，土仓内存在结泥饼情况时，容易诱发喷涌现象，导致土仓压力波动，引起地表沉降；采用土仓可视化装置可视频监控土仓内的工作状况，包括刀盘刀具状态、开挖地层的图像信息和渣土的流动特性，在土仓内泥饼尚未压固前，预警施工人员提前干预处理，稳定平衡土仓内压力。可视化系统硬件组成及连接：仓内可视化系统主要由上位机、前端设备、PLC、水气阀及其管路等组成，其中前端设备主要由控制单元、摄像机、补光灯、冷却装置和壳体等组成，系统连接如图 4.3-2 所示。

系统配置有自动冲洗功能，定时清洗摄像头视窗，以保证监控的清晰度。视频监控画

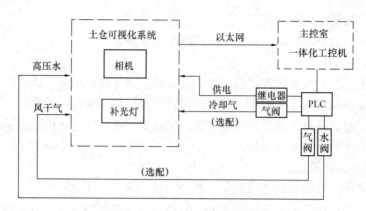

图 4.3-2 土仓可视化原理

面设置在主控室内，盾构司机可实时对仓内情况进行观测。

2）出渣实时测量系统

盾构施工过程中，控制土仓内的泥土压力与开挖面水土压力之间的平衡是盾构平稳推进的决定因素；然而，为控制地层变形，避免超挖造成地层沉降，更需要掌握盾构掘进挖土量与出渣量之间的平衡，发出险情预警及时排查处理，把风险的损失降到最低，因此，准确、及时的出渣控制是盾构精细化施工的重要依据。

盾构通过螺旋输送机排出的渣土量大于盾构开挖进土仓的渣土量时，即发生盾构超排。盾构超排易造成地层扰动，严重时甚至引发地表塌陷等工程事故。因此，基于出渣量的实时监测，计算渣土超排量，通过调控螺旋输送机排渣速度控制超排，可平衡土仓压力与开挖面水土压力。该系统调节过程如下：在土仓平衡盾构土仓隔板上安装有土压力传感器，土仓压力值由土压传感器测得并输送给可编程控制器，PLC 将测得的土压力值与设定的土仓压力值相比较后输出电信号调控液压控制系统中的比例流量阀，以此改变螺旋输送机转速或推进液压缸的伸出速度，使土仓压力的测定值与设定土仓压力相等。渣土测量系统具有灵活性、实用性与可靠性等优点，由软硬件两大部分组成。硬件部分包括激光雷达、编码器、计算机。软件部分实现渣土截面实时显示及出渣量计算。整个系统的结构如图 4.3-3 所示。

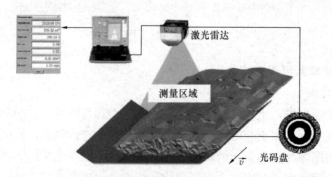

图 4.3-3 出渣实时测量系统总体结构设计

**3. 盾尾密封状态监测系统**

在盾构掘进过程中，尾盾支护与管片之间会形成一定尺寸的间隙，该间隙连通着具有一定压力的隧道土层与盾体内的安全空间，故需要相应的密封装置来进行隔断。现阶段，大部分的盾构都采用钢丝刷涂抹盾尾密封油脂实现盾尾密封的目的。由于复杂的地下环境（富水中粗砂地层）和密封结构形式的固有缺陷，盾构在掘进过程中将不可避免地产生漏水、漏泥、漏浆等危险。实际盾构掘进过程中，盾构姿态、盾尾密封关键参数（尾刷间距、刷丝数目、盾尾间隙）、外部水压都会对盾尾密封系统的密封能力产生不同程度的影响，其中外部水压过高是造成盾尾密封能力下降的主要因素。尾刷腔状态监测系统包括腔体监测单元、信号采集单元、上位机，腔体监测单元主要包括布设结构件和尾刷腔内部的串联式尾刷腔前端感知传感器，系统方案如图 4.3-4 所示。

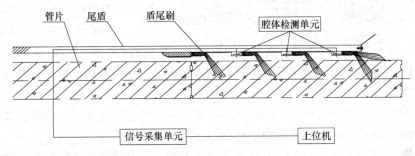

图 4.3-4 尾刷腔状态监测系统安装方案

### 4.3.3 同步推拼连续掘进技术

**1. 同步推拼技术概况**

盾构施工一般采用掘进-管片拼装交替进行的方式工作，盾构掘进一环后必须停机一段时间进行管片拼装，盾构工期主要由掘进和拼装两部分时间组成。这种"走走停停"的作业模式成为盾构施工效率提升的瓶颈。随着国内外长大盾构隧道工程项目的不断涌现，特别是针对长度为 10km 以上项目，若依然采用常规盾构进行掘进，施工周期过长。提高长距离或超长距离盾构法施工工效、实现盾构同步推拼已成为当下盾构施工技术亟待突破的关键问题。

同步推拼技术可以使盾构在掘进的同时进行管片的拼装作业，将以往的推进、拼装的串行工序转变为同步进行的并行工序，实现盾构的连续掘进，提升了盾构法施工的整体效率。目前，国外对同步拼装功能实现主要集中在 LoseZero 工法、ASC-OM 系统、格构式油缸盾构工法、双油缸式同步掘进盾构工法、F-NAVI 盾构工法等技术[42]。日本从 20 世纪八九十年代开始进行盾构同步推拼技术研发并走在世界的前列，诞生了包含 F-NAVI 盾构工法、Lattice 格构式油缸盾构工法、双油缸同步推拼工法等多种同步推拼技术。上述技术需要对常规盾构或者衬砌管片进行较大的结构改造，技术难度与建设成本均较高，故仅在研发之初进行了少量工程的示范应用。

国内对于盾构同步推拼技术的研究尚处于起步阶段，没有成熟的研究成果。随着近二十年国内外长大盾构隧道尤其是 10km 级以上工程项目的不断涌现，以大幅提升盾构建造工效、降低施工建设成本为主要目标，将传统盾构推进与拼装"串联"的作业方式升级为"并联"的盾构同步推拼技术（图 4.3-5）已是新一代智能盾构技术的关键核心技术。

同步推拼技术的实质是在盾构向前掘进的时段内完成前一环管片拼装，避免掘进与拼

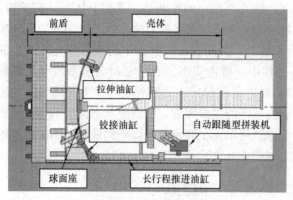

图 4.3-5　同步推拼盾构

装交替循环，从而减少盾构停机时间。

据统计，盾构采用同步推拼技术可以提高掘进施工效率达 20%～50%。同步推拼是智能化盾构的重要技术支撑，结合管片快速接头、管片自动拼装、盾构智能掘进等技术，可以实现盾构隧道的全智能化建造。同步推拼盾构的施工流程如下：

（1）初始状态下，所有推进油缸的靴板均压在上一环管片上并伸出一定距离。当所有油缸伸出长度大于管片环宽一定距离后，保持盾构掘进的同时开始进行当前环管片拼装。

（2）收回预拼装管片对应区域的推进缸，保持其余推进缸处于正常顶推管片状态，开始第一块管片的拼装，并保持盾构同步掘进。

（3）按顺序拼装其他管片，同时保持盾构正常掘进，直到推进油缸行程达到最大值。

（4）整环管片拼装完后重复工序（1）～（3）。

**2. 同步推拼技术关键**

同步推拼技术首先需要通过改进管片连接方式、提高拼装效率等手段尽量缩短管片拼装用时；同时，需要改进盾构推进系统，通过适当增加推进油缸行程、动态调整掘进速度，保证管片拼装与盾构掘进的有序协同。此外，同步推拼技术需要攻克以下关键技术：

1）盾构掘进轴线自主规划技术

在掘进时盾构的姿态关系到整个隧道的贯通精度与走向，也易因推进油缸对后部管片推力不均而造成管片破裂、盾尾密封刷失效等一系列工程问题。因此合理规划盾构掘进轴线、保证盾构姿态稳定是同步推拼技术的一个关键问题。通过有效利用盾构推进油缸的压力控制，实现盾构掘进同步完成部分甚至整环管片的拼装。

为保证盾构按照设计轴线稳定连续掘进，控制掘进轴线在设计轴线误差范围内，需要及时对盾构掘进轴线进行合理规划，并通过有效利用盾构推进油缸的压力控制保持盾构姿态的稳定。需要通过研究盾构掘进姿态空间向量轨迹跟踪方法，解析盾构掘进参数与实际轴线拟合之间的数学关系，构建盾构执行机构的三维空间姿态控制模型；结合人工经验对盾构姿态纠偏进行定性和定量分析，建立关于盾构姿态自适应控制策略；分析不同地层下盾构推进参数与盾构姿态控制方法，将分类集成技术引入盾构掘进状态和不同软土层分析识别，寻找控制参数与土层之间特征值，研究对应的深度学习特征模型；基于姿态控制策略、深度学习模型，开发盾构掘进轴线自适应控制系统，实现同步推拼盾构自主连续掘进与安全高效施工。

2）推拼同步模式下盾构推进系统力矩矢量控制算法及组态控制

推拼同步系统的本质是在部分推进油缸缺位的前提下对推进系统进行压力控制，控制盾构推进总推力以及合力矩，从而保持推进姿态不发生改变。传统盾构推进油缸被分区编组后，每区均由单个比例减压阀进行开度控制，各分区油缸压力根据盾构实际掘进负载开环获取。与传统盾构不同的是，推拼同步盾构每组推进油缸均安装了独立的比例减压阀以及油压和行程传感器，可实现各个推进单元的压力闭环调节和伸缩功能。

在同步推拼模式下，油缸推动盾构向前掘进的同时，需要缩回若干个相邻的油缸用于管片拼装。但是直接缩回部分油缸将会导致盾构总体推力矢量变化，为维持盾构姿态稳定，剩余各组油缸必须进行推力的重新分配以维持推力矢量的一致性。这需要将推进油缸压力控制实现推进系统压力从常规盾构的被动响应转化为同步推拼盾构的主动控制，对每组油缸的压力进行精确控制（图 4.3-6）。

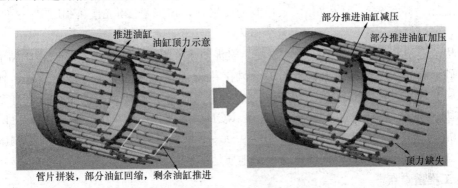

图 4.3-6  同步推拼盾构推力分布模式

因此，需要构建盾构多种工况条件下的负载动力学模型，构建基于围岩环境扰动的盾构掘进姿态与推力矢量之间的数学关系，研究盾构掘进与管片同步拼装稳态控制方法和矢量控制模型，通过组态控制策略比选随机场土压力条件下的盾构推力矢量关键性控制最优算法；形成盾构推拼同步控制技术，解决同步拼装条件下姿态稳定控制难题。在此基础上，开发同步推拼矢量推进的程序化控制模块研发，通过嵌入同步推拼模式下推进油缸推力矢量控制算法，控制推进系统各组油缸压力，实现推进系统分组推力的精确控制。

3）推拼同步模式下拼装机平移机构运动控制

传统盾构施工管片拼装作业是在停机状态下进行的。而盾构在同步推拼状态下作业时，盾构处于持续前进运动状态，管片拼装机随之运动。为确保管片抓取与拼装作业的顺利进行，管片拼装机抓取头与已拼好的整环管片间要保持相对静止。因此需要对传统拼装机进行改进，对拼装机平移机构进行高精度闭环位移控制，研发管片拼装机同步拼装功能，实现对盾构位移量的精确、实时补偿，以确保盾构掘进过程中待拼装管片与已成环管片间的相对静止。

## 4.4  盾构法隧道工程典型案例

随着我国基础设施建设日益增多，城市轨道交通、大型过江过河隧道工程大规模兴建，盾构法隧道技术的应用越来越广泛，大批典型盾构法隧道工程不断涌现，如汕头海湾隧道、佛莞城际狮子洋隧道、深圳春风隧道、深圳妈湾跨海通道工程、青岛地铁 8 号线过海通道、济南地铁 5 号线黄河隧道、上海机场联络线 11 标工程、济南济泺路黄河隧道等。这些典型工程展现出了我国盾构法隧道工程蓬勃发展的现状。

### 4.4.1　汕头海湾隧道

**1. 工程概况**

汕头市重要过海通道，位于已建的海湾大桥和礐石大桥之间，线路全长 6.68km，分东线和西线两条隧道，东西线间距为 23.3m～9.7m。东线采用德国海瑞克盾构，西线采用国内首台具有自主知识产权的 15.03m 超大直径泥水盾构，东西线盾构隧道长均为 3047.5m。隧道从围堰始发井始发，全线基本在海面下掘进。盾构隧道内径为 13.3m，外径为 14.5m，环宽 2m，厚 0.6m，采用双面楔形环，楔形量 48mm，采用"7+2+1"分块模式，错缝拼装。

盾构段隧道穿越地层为填筑土、淤泥、淤泥质土、淤泥混砂、粉细砂、粉质黏土、中砂、粗砂、砾砂、砾质黏性土、微弱中全风化花岗岩等，不良地质有砂土液化、软土震陷、花岗岩球状风化体（孤石）、基岩突起、有害气体等。盾构穿越的主航道下有 3 处基岩突起段，补勘结果表明，基岩突起段 RQD＝55%～78%，层顶高程 −34.72～−27.46m，层底未揭穿，揭露厚度 1.10～9.00m，饱和单轴抗压强度 41.7～214MPa，抗拉强度 2.02～9.35MPa，工程线位所处的地质情况比较复杂。

**2. 工程重难点**

汕头海湾隧道是国内首条地处 8 度地震烈度区、采用超大直径盾构穿越复杂地层的海底隧道，对隧道结构的抗震性提出了很高要求。工程重难点如下：

（1）超大直径盾构刀盘刀具地质适应性设计是本工程的重难点。由于汕头海湾隧道开挖地层中存在三段基岩突起段，需要采用盘形滚刀进行破岩，并且该段地层将会对盾构刀具的寿命带来不利的影响，需要研究滚刀常压换刀装置，以提高刀具更换效率和安全性。为了提高滚刀的破岩效率，需要结合常压换刀装置研究滚刀间距的设置及刀具布置，在换刀装置结构紧凑性、滚刀破岩能力及刀间距之间寻求平衡，保证盾构能顺利通过基岩突起段。

（2）超大直径盾构隧道海底孤石探测与处理技术是本工程的重难点。根据工程地质勘察，汕头海湾隧道始发段存在大小不一、形状各异的花岗岩球状风化体（孤石）。由于目前无法准确探明花岗岩球状风化体的大小与位置，导致盾构始发与掘进存在较大的不确定性，增加了施工风险。

（3）海底浅覆土地层掘进稳定性控制技术是本工程的重难点。海湾隧道盾构始发端头位于淤泥层中，隧道埋深约 8m；到达端头位于淤泥和砂层中，隧道埋深 12m，均小于 1 倍洞径；主航道浅埋段埋深 12.8m，不足 1 倍洞径。盾构在中粗砂及软弱的淤泥层掘进过程中可能产生海底冒浆，甚至海水倒灌、隧道涌水涌砂、冒顶等事故，面临浅覆土施工地层稳定性控制难题。

（4）超大直径盾构基岩突起地层施工技术是本工程的重难点。海湾隧道海域段主航道下方存在 3 段花岗岩基岩突起地层，侵入隧道最高 6.6m，最大抗压强度达到 214MPa，不仅给盾构的适应性设计提出了更高的要求，同时给基岩段超大直径泥水盾构施工方案的制定、掘进参数及盾构姿态的控制带来巨大挑战。

**3. 主要技术创新**

1）盾构刀盘刀具设计技术

汕头海湾隧道盾构刀盘设计为具有常压换刀功能的辐条箱体式刀盘，开挖直径为15.03m，厚度约为2m，开口率为28%，采用6根主梁和6根副梁的结构形式。其中，6根主梁为箱体式，便于在主梁上安装滚刀、切刀常压换刀装置，并给作业人员留出常压换刀作业的空间；6根副梁为条状钢结构，上面安装固定式切刀和边刮刀。为了应对含孤石地层及软硬不均地层，刀盘上安装滚刀共计78把，均为常压更换滚刀。利用刀具互换功能可将滚刀更换为撕裂刀，以适应粉质黏土、淤泥质软土地层及孤石地层、软硬不均地层对刀具的不同需求。刀盘上布置常压更换切刀48把，带压更换切刀194把，带压更换边刮刀36把。

2）刀盘刀具磨损状态监测技术

海湾隧道盾构设计安装油压式磨损检测装置，通过对测点内腔油压的测量，判断刀盘刀具是否达到设定的磨损上限。设定的测点位置一旦达到磨损上限，预留的内腔结构被磨穿，内腔压力无法保持，压力传感器检测到压力的变化，由此判断刀盘刀具的磨损状态。刀盘正面板布置6道磨损检测，背面板布置3道磨损检测，如图4.4-1所示。

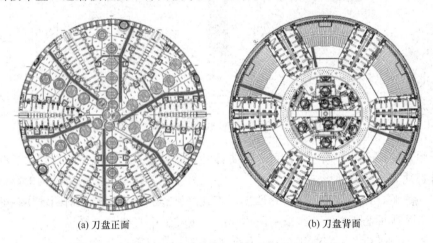

(a) 刀盘正面    (b) 刀盘背面

图 4.4-1　刀盘面板油压式磨损检测装置布置图

刀盘面板上布置有油压式磨损检测装置（图4.4-2）。相对刀盘面板设置3组不同的高度，分别为超出面板101mm、64mm、26mm，依靠逐级布置的油压式磨损检测装置，实现对刀盘面板磨损分层次的预警。

图 4.4-2　刀盘面板上的油压式磨损检测布置图

刀盘上在12把双轴双刃17英寸中心滚刀上设置6个检测点，54把19英寸双轴双刃正滚刀上设置27个检测点，10把19英寸双轴双刃边滚刀上设置5个检测点，另有2把19英寸单刃边滚刀设置2个检测点，一共在滚刀上设置40套磨损检测装置。此外，还创新设计了滚刀磨损、温度、旋转状态监测装置。

3）孤石探测与处理技术

始发端隧道范围内按照 3m×3m 布置，局部地段根据前期补勘揭露的孤石、基岩突起情况，按照 1.5m×1.5m 加密布置，共布置 73 个孔；根据钻孔揭露的孤石情况，进一步加密钻孔间距，以探明孤石边界形状，孔深 27m，终孔位置距隧道底部 1m，最终探明始发端加固区孤石分布如图 4.4-3 所示。根据钻孔揭露的孤石情况，将始发端的孤石确定为 7 块孤石及 1 处基岩突起（7 号区域），其中东线 3 块孤石，西线 4 块孤石和 1 处基岩突起。对补勘岩石做抗压强度试验，岩石强度最大值在 4 号孤石区，单轴抗压强度最大为 110MPa。

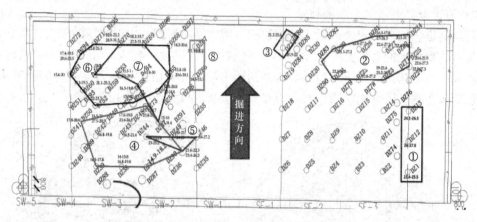

图 4.4-3　始发端加固区孤石分布平面图

由于始发端孤石处于加固体内部、与主体结构及外包素墙距离近，处理始发端加固区内孤石时必须充分考虑到该过程对加固体、始发井主体结构及外包素墙结构的影响。现场初步拟定三种孤石处理方案：牙轮钻取出、潜孔钻破碎和爆破。根据前期地质纵断面图采用物探 CT 探测回填区的孤石，采用钻孔验证。按隧道中心线方向横纵 3m×3m（从南往北 30m）和 5m×5m（从南往北 60m）进行初步验证，终孔位置距隧道底板 1m。钻进过程中对发现基岩的钻孔周围行加密钻孔，以锁定孤石分布区域、探明孤石边界为准，加密布孔原则为从发现孤石钻孔位置向四周（前后左右 1m×1m）布置。回填区孤石预处理措施为爆破＋注浆加固。

4）基岩突起地层泥水压力控制技术

对基岩突起段地层劈裂压力进行分析计算，分别计算 3 段基岩突起段的静止土压力、劈裂压力和朗肯被动土压力。盾构在基岩突起段掘进时，以静止土压力为泥水舱顶部压力的基准，以落潮时的劈裂压力为控制上限，确保了极软、极硬工况下掌子面的稳定，平稳顺利通过了基岩突起段。

5）基岩突起地层掘进参数控制技术

基岩突起段主要是微风化花岗岩，局部强度较大，最大抗压强度约 214MPa，侵入隧道最大高度 6.6m，盾构刀盘正面区域将作用在这段硬岩上，刀盘正面区域刀间距以 100mm 为主，部分滚刀间距为 90mm 和 120mm。在此刀间距下，如何选取合适的掘进参数（总推力、刀盘转速、掘进速度）既满足盾构正常掘进通过这段高强度岩石，又能避免滚刀过载是工程的重难点。通过试验得知：19 英寸盘形滚刀在刀间距 100mm 时可顺利破

岩，相邻刀间距之间不会形成"岩脊"；以不超过 19 英寸盘形滚刀最大工作载荷的 80%
为滚刀载荷上限，则贯入度宜不超过 3.7mm/r。室内试验结果表明盾构可直接掘进通过
花岗岩基岩突起段，泥水盾构在 3 段基岩突起段的掘进参数曲线如图 4.4-4 所示。

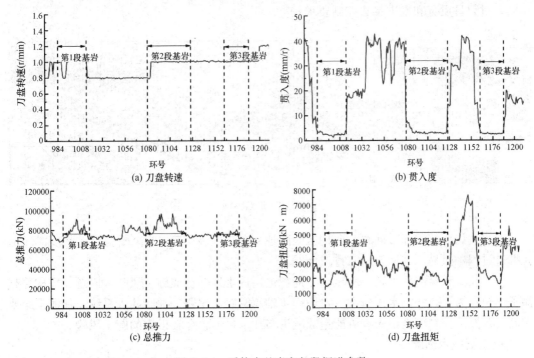

(a) 刀盘转速      (b) 贯入度

(c) 总推力      (d) 刀盘扭矩

图 4.4-4 盾构在基岩突起段掘进参数

## 4.4.2 佛莞城际狮子洋隧道

### 1. 工程概况

佛莞城际铁路西起广佛环线广州南站，向东下穿珠江狮子洋后进入东莞境内，终点为
穗莞深线望洪站，其中狮子洋隧道为全线的控制性工程。该线路的建成，将极大地促进珠
三角地区重要城市之间的互通互联。佛莞城际铁路狮子洋隧道全长 6.476km，最大埋深
约 64m，最大水深 17m，为单洞双线隧道。地面以下 40m 范围内以淤泥和砂层为主，
40m 以下以石英砂岩和泥质板岩为主。明挖隧道区间均位于淤泥和砂层中；盾构区间长
距离穿越典型的软弱破碎地层、含水软岩、软硬不均混合地层等特殊地段复合地层，在国
内城际铁路尚属首次。盾构隧道于 2019 年 12 月 17 日实现贯通，是世界上已建成的最大
直径水下铁路盾构隧道。

### 2. 工程重难点

（1）软弱地层大直径盾构端头加固问题。盾构始发端头地质主要为淤泥层、砂层，地
基承载力低，稳定性差，且覆土厚度均小于 1 倍洞径，最小覆土厚度仅约 8m。盾构掘进
过程中易出现"栽头"、地面冒浆和地表沉降超限等问题。

（2）浅覆土施工掘进控制问题。盾构隧道到达端最浅覆土埋深仅约 4m，不足 1 倍洞
径，存在盾构冒顶、上浮风险。

（3）刀具磨损与更换问题。隧道穿越地层地下水丰富，水位高，隧道洞身段基岩及破

碎带富存中等透水～强透水性承压水，盾构隧道洞身主要穿过第四系沉积层、软弱土层、软硬不均、全断面砂岩、全断面泥岩和破碎带等地层（图4.4-5）。全断面硬岩长度达2380m，占隧道总长48.5%，岩石最大饱和抗压强度为75.7MPa，石英含量达70%～80%，对刀具质量和掘进参数控制要求较高。

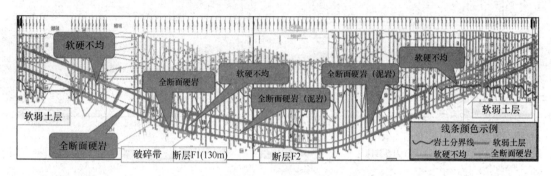

图 4.4-5　纵断面图

（4）盾构穿越破碎带问题。盾构区间隧道穿越1处破碎带、2个断层，总长度424m，在掘进过程中极易出现堵舱、滞排等问题。

（5）长距离穿越狮子洋、水压高、局部地层透水性强造成施工风险大问题。盾构穿越狮子洋长度为1780m，水压较大，对盾构主轴承密封、尾刷、油脂注入系统、加泥系统要求高。若掘进控制不当，极有可能造成隧道与江水贯通，存在极大的施工风险。

**3. 主要技术创新**

该工程重点突破了以下五大关键技术[43]。

1）常压换刀刀盘设计技术

该工程盾构采用常压刀盘，可在常压条件下对35把滚刀、48把刮刀进行更换，避免带压进舱作业带来的施工风险。

2）镶齿型滚刀设计技术

按照"低硬材料做母体，硬度材料做牙齿，耐磨材料做外衣"思路，自主研发了适合硬岩掘进的镶齿型滚刀，解决了刀具一直存在的"耐磨不耐撞，耐撞不耐磨"的困境。

3）始发延伸导轨设计技术

由于主机质量很大，盾构在空推过程中，最大悬臂长度达2.5m，为防止"栽头"，在洞门圈内设置5条1m长导轨。该导轨由10cm厚钢板加工而成，通过8.8级螺栓与主体结构植筋连接。

4）反力架轴力计设计技术

将基坑支护用的轴力计运用到盾构始发中，既可以根据监测情况调整推力，保证反力系统稳定，又可以根据受力稳定情况，确定拆除负环管片的时间。

5）泥浆管环缝滚焊机设计技术

自行设计的泥浆管环缝滚焊机既能确保钢管环缝焊接速度，又能保证焊缝的焊接质量。

### 4.4.3 深圳春风隧道

#### 1. 工程概况

春风隧道工程跨越深圳市福田区、罗湖区，西起滨河大道上步立交东侧，与滨河大道相接，自西向东布线，在滨河路上步立交与红岭立交之间进入地下。沿线位于北斗路东侧，归入沿河南路，新秀立交以南穿出地面，在新秀立交西侧与东部过境高速公路市政连接线配套工程相接。

工程起止里程为 SK0+000.000～K5+078.220，线路全长约 5.078km，隧道土建工程分为西明挖段、盾构段和东明挖段三部分。西明挖段分敞开 U 形槽段、暗埋段和盾构始发井，为上下双层矩形框架结构，上层敞开段长 228.5m，暗埋段长 133m，下层敞开段长 190m，暗埋段长 281m，盾构井长 25m。东明挖段分盾构接收井、暗埋段和敞开 U 形槽段，暗埋段为上下双层矩形框架结构，接收井长 25m，上层暗埋段长 353m，敞开段长 361.2m，下层暗埋段长 353m，敞开段长 361.2m。盾构段全长 3.603km，采用 1 台泥水平衡盾构施工，隧道断面内径 13.9m，外径 15.2m，管片厚 0.65m，标准环宽 2.00m，采用通用双面楔形环管片，楔形量为 56mm，采用"7+2+1"分块模式，错缝拼装。

#### 2. 工程重难点

(1) 隧道范围内地表沉降控制、建（构）筑物保护是本工程的重点。春风隧道工程沿线穿越众多桥梁、地铁、重要管线、河道、建（构）筑物、人行通道、铁路等，建设环境非常复杂，其中穿越重要桥梁 3 座，地铁人行通道 1 座，地铁车站 1 座，以及深圳火车站、国有铁路，隧道开挖轮廓线外 20m 范围内住宅 50 栋，较大断面管涵 6 条。并且，穿越影响范围内住宅大部分为国家机关单位所有，风险等级较高，社会环境风险较大。

(2) 保障结构防水质量与耐久性是本工程的重点。春风隧道工程线路全长约 5.078km，主要为明挖隧道、工作井、盾构隧道和路基，地下水水质对混凝土具弱腐蚀性，对钢筋混凝土结构中的钢筋具有弱腐蚀性，对钢结构具有微腐蚀性。同时，线路分布的碎裂岩、片岩以及变质砂岩中均发现含有黄铁矿，而当黄铁矿暴露于湿润的空气中时，与氧和水反应会形成硫酸，对混凝土造成强腐蚀而降低其强度，影响隧道结构的使用寿命。因此，隧道设计、施工时需采取一定措施，防止岩石中的黄铁矿造成的影响。加之，受施工缝及结构本身混凝土质量、施工质量、施工条件、施工环境等因素的影响，结构防水质量和耐久性保障难度大。

(3) 施工环保和水保是本工程的重点。作为深圳最早开发的老城区，罗湖是深圳市东向发展轴上的重要城市中心组团，也是福田、南山、前海与东部联系的必经之地。周边环境敏感，明挖隧道和泥水盾构施工将产生大量的废渣和废水，做好环保和水保是本工程的重点，需采取有效控制可能造成的环境污染和水土流失。

(4) 超大直径盾构装备的地质适应性选型是本工程的难点。春风隧道工程采用开挖直径达 15.80m 的超大直径泥水盾构施工，地质条件恶劣，穿越构造碎裂岩、凝灰质砂岩、片岩、变质砂岩构造角砾岩、糜棱岩，全线全断面岩层占全线 80% 以上。同时，隧道沿线建（构）筑物众多，施工环境复杂，要求超大直径盾构推进系统能够提供足够的破岩推力，主轴承及密封系统应能抵抗刀盘刀具破岩产生的震动损伤，刀盘刀具应具备应对掘进硬岩地层换刀频繁的能力，泥浆循环系统应具备防止岩渣滞排的能力等。

（5）软硬不均、破碎岩层掘进的防滞排、防坍塌施工是本工程的难点。超大直径盾构掘进上软下硬地层时，刀盘刀具受力不均匀，振动强度变大，使得刀盘主轴承承受较大偏载扭矩，刀具损坏严重，地层扰动变大，盾构掘进方向容易发生上漂，严重时将造成地面坍塌；超大直径盾构掘进破碎岩层时，由于岩层破碎后密度大，掘进过程中易发生滞排。

（6）超大直径盾构始发与接收施工是本工程的难点。春风隧道工程盾构始发段位于滨河大道红岭高架桥下，施工场地狭小，盾构始发施工期间，施工围挡两侧为滨河大道车行道。盾构始发开挖面距构筑物红岭高架桥墩柱仅 3.67m，距滨河小区建筑物 8 栋约 35.53m，周边分布有污水、燃气、雨水等各类管线 12 条。始发段范围内从上向下依次为卵石、强风化岩、中等风化岩、微风化岩，洞顶埋深 14.6m。综合来看，超大直径泥水盾构始发施工难度大，施工风险高。盾构接收段位于沿河南路下，新秀立交以南。接收段从上向下依次为细砂、砾砂、卵石、强风化岩、中风化岩，洞顶埋深约 7.10m，地层具有强透水性，盾构接收过程中极易发生涌水、涌泥沙。

（7）超大直径盾构小曲线半径施工是本工程的难点。春风隧道工程盾构段全长 3.603km，其中曲线段占比 85.21%，最小圆曲线半径为 750m，半径小于 800m 圆曲线段占隧道全长 46.7%。由于超大直径盾构设计最小转弯半径为 600m，几乎为盾构极限转弯能力，盾构掘进曲线段过程中对外侧地层造成挤压，并依靠管片和地层反力提供掘进推力，超大直径盾构小曲线半径施工可能引起管片和地层的过量位移。

（8）超大直径盾构近距离穿越建（构）筑物是本工程的难点。春风隧道工程穿越深圳主城区，沿线穿越众多现况桥梁、地铁、重要管线、建（构）筑物、人行通道、铁路等，建设环境非常复杂。其中，穿越重要桥梁 3 座，地铁人行通道 1 座，地铁车站 1 座，以及深圳火车站及国有铁路，隧道开挖轮廓线外 20m 范围内住宅 50 栋，较大断面管涵 6 条等。

### 3. 主要技术创新

1) 刀盘刀具结构设计技术

春风隧道工程各地层渗透系数如表 4.4-1 所示，其中典型的断裂带渗透系数在 $1.2 \times 10^{-4} \sim 5.8 \times 10^{-5}$ m/s 之间，渗透性较高。

春风隧道工程主要地层渗透系数　　　　　　　表 4.4-1

| 地层 | 淤泥质黏土 | 粉质黏土 | 粉砂 | 细砂 | 中砂 | 砾石 | 卵石 |
|---|---|---|---|---|---|---|---|
| 渗透系数（m/s） | $5.8 \times 10^{-8}$ | $5.8 \times 10^{-8}$ | $9.5 \times 10^{-5}$ | $1.2 \times 10^{-4}$ | $1.7 \times 10^{-4}$ | $1.2 \times 10^{-4}$ | $5.8 \times 10^{-4}$ |

根据对地层渗透性的分析，春风隧道工程主要地层渗透系数为 $9.5 \times 10^{-5} \sim 5.8 \times 10^{-4}$ m/s 之间。因此，优选泥水平衡盾构。春风隧道工程盾构刀盘采用常压可更换滚刀设计方案，采用 6 主梁＋6 辅梁的结构形式。

春风隧道工程穿越地层包括变质砂岩和高强度微风化岩层等，地层石英含量较高，因此刀盘刀具需要具有较好的耐磨性。为此，刀盘面板采用耐磨复合钢板全覆盖设计，刀圈外圈梁后部采用全环合金耐磨块设计，有效提高了整体耐磨性能。由于刀盘采用常压可更换滚刀设计方案，刀梁为一个密闭腔体，刀盘的整体密闭性至关重要。因此，刀盘需要考虑面板磨损检测的可靠性。为此，每个刀梁面板设计有一个覆盖全半径的磨损检测油道，有效监测刀盘面板磨损情况。同时，刀盘前面板设计有 6 条连续磨损检测带，设计为三个高度，每个检测带具有自己的供油源，保障了检测参数的可靠性。具体磨损检测如图 4.4-6所示。

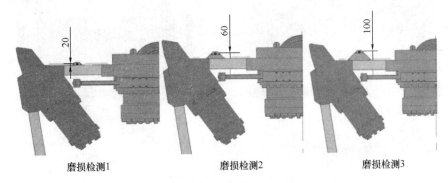

磨损检测1　　　　磨损检测2　　　　磨损检测3

图 4.4-6　磨损检测示意图

2）刀盘防结泥饼技术

春风隧道工程刀盘采用常压可更换滚刀设计方案，导致刀盘厚度较大，刀孔呈封闭状，渣土流动性较差，特别是刀盘中心区域较大直径范围内无开口，进一步增加了泥饼形成的概率。为此，刀盘采取了以下防结泥饼的措施：

① 刀盘中心面板横向冲刷及刀盘开口冲刷。为解决刀盘中心区域大面积无开口、渣土滞留问题。刀盘中心面板区域设计有多路冲刷喷口，喷口方向为刀盘径向方向，既不会对开挖面泥膜造成损坏，又能有效地解决渣土滞留问题，减小了刀盘中心面板泥饼的形成概率。同时，为防止由于刀盘开口不畅引起的刀盘泥饼，刀盘设计有相应的刀盘开口冲刷，可有效地防止开口堵塞，降低刀盘结泥饼概率。

②直排式排浆。环流系统设计有一根备用排浆管，管道直接伸入泥水舱内。在这种模式下，新鲜浆液可以绝大部分注入泥水舱内，可有效地降低泥水舱内浆液密度，降低刀盘结泥饼概率；通过连通管道实现气垫压力传递，保证了压力控制的精度。

③主机段小循环模式。针对排渣不畅、刀盘泥饼等问题，特别增设主机段小循环模式。该模式下，通过 P0.2 泵从采石箱引浆，回打入泥水舱内，可额外增加约 $800\text{m}^3$ 的进浆量。增大泥水舱内浆液循环力度，降低了渣土滞排及刀盘泥饼的概率。

3）刀盘推进系统设计技术

推进油缸分布满足春风隧道工程管片所有封顶块拼装点位的要求。推进油缸采用分组设计，在掘进模式下，每组油缸单独控制，可更好地对盾构姿态进行调整和控制。每一分组油缸中均配置有行程传感器，可为盾构姿态提供相应的参考数据。在管片拼装模式下，每组油缸单独控制。推进油缸采用悬浮式自适应设计，结构形式如图 4.4-7 所示。

4）主驱动润滑与密封系统设计技术

盾构主驱动包括两套密封系统，外密封负责开挖舱方向的密封，内密封负责盾体内部常压侧的密封。外密封把主轴承与外面承压的开挖舱隔开，外密封示意如图 4.4-8 所示。

齿轮箱一侧的密封为特殊的轴型密封，可以承受齿轮腔的压力。外层密封直接从主轴承前部安装以确保径向的系统偏差。密封附带有连续油脂润滑和泄漏监测系统。通过几个径向分布的注脂孔，油脂被注入密封腔里并充满整个环形腔体，这样的注脂方式可以建立一种持续的压力作用在油脂腔内。通过油脂分配泵，每条注脂管路补充的油脂量是稳定

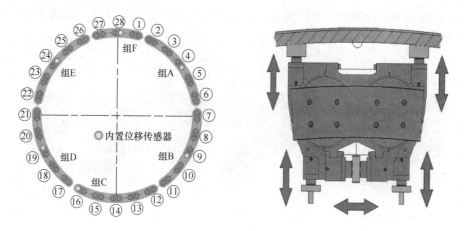

图 4.4-7　推进油缸布置结构简图

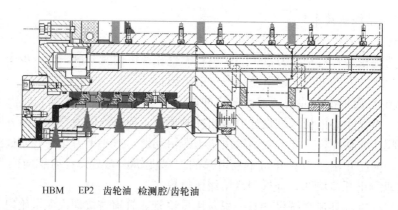

HBM　EP2　齿轮油　检测腔/齿轮油

图 4.4-8　外密封示意图

的。通过调节多点泵柱塞长度来控制油脂注入量。检测腔通过几个径向通道连接到盾体常压侧，可以方便地进行检测。

内密封是多层唇型密封和一个前导的迷宫密封，从而形成多个分隔的区域，通常情况下为常压密封，密封的润滑在日常维护时集中以半自动方式进行。内密封的设计同样与外密封设计一致，密封作用在一个表面硬化处理过的耐磨圈上，该耐磨圈为第一层唇型密封提供了可变的接触面。向齿轮箱一侧的密封为特殊的轴型密封，可以承受齿轮腔的压力。外层密封直接从主轴承前部安装以确保径向的系统偏差。密封附带间断性和连续性油脂润滑和泄漏监测系统。

5）狭小空间超大直径盾构始发技术

春风隧道工程始发段位于滨河大道红岭高架桥下，始发开挖面距最近的构筑物红岭高架墩柱 3.67m。盾构始发区域施工区域周边主要有污水、燃气、雨水、通信、电力、给水等各类管线 12 条。盾构始发采取整机井下组装调试、整体始发方案，盾构始发施工工艺流程如图 4.4-9 所示。

盾构始发范围场地狭小，单件重量及尺寸较大，需要制定详细合理的工期计划，确保设备分批次进场，进场后及时组装，使组装场地快速周转使用。刀盘、主驱动需做好地面组装时的位置摆放规划。在盾构主机、后配套及其附属设备组装就位、管线连接完毕，盾

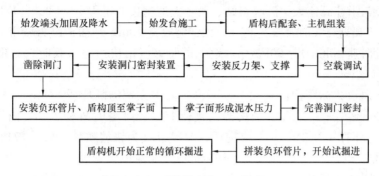

图 4.4-9 盾构始发施工工艺流程

构供电、供水到位后开始调试，盾构调试分设备调试和系统调试，单独调试合格后，才联机调试。整机调试完成后，刀盘和主机步进，进入密封装置，开始始发掘进。盾构刀盘安装完毕后，盾构向前步进至掌子面。在盾构空推过程中，及时垫实负环管片与始发架导轨间的空隙，然后继续将管片推出，直至与反力架靠紧，然后用钢板将负环管片与反力架之间的缝隙填实并将垫块焊接牢固。当盾构推进−5环管片时，盾构刀盘缓慢进入洞门圈密封帘布，当刀盘距掌子面 20cm 时，停机、建舱。

盾构试掘进过程中，泥水压力的设定是泥水平衡盾构施工的关键，维持和调整压力值又是盾构推进操作的重要环节，其中包括推力、推进速度和排浆量三者的相互关系，以及对盾构施工轴线和地层变形量的控制。应根据不同地质条件、覆土厚度、地面情况设定泥水压力，选定泥水性质指标，并根据地表隆沉监测结果及时调整泥水压力和性能。试掘进过程中，必须严格控制盾构的掘进参数，降低掘进速度，减少掘进速度波动，控制盾构掘进方向，实时调整各系统参数、掘进参数、泥浆参数等，保证盾构的顺利掘进。

6）不良地层盾构施工技术

春风隧道工程盾构区间段存在长距离碎裂岩、板岩、变质砂岩等不良地质，分别长约500m、2180m、607m。超大直径盾构掘进三类典型地层时，由于开挖面面积大，开挖面变形量对泥水舱压力值、掘进参数等的敏感程度增大。因此，盾构掘进控制不仅要满足一般地层掘进控制要求，而且要采取针对性措施严格控制掘进参数。

7）盾构穿越建（构）筑物施工技术

①盾构侧穿立交桥施工关键技术。春风隧道盾构侧穿红岭立交主桥 2 号桥 2-3 号、2-4 号、2-5 号桥桩，侧穿段长约 50m 范围，水平净距分别为 1.3m、6.6m、12.3m。盾构施工过程中通过重点采取泥水舱压力控制、同步注浆控制、盾构姿态控制、盾构总推力控制及加强监测等措施，顺利侧穿了红岭立交 2 号桥。

②盾构正穿/侧穿边检大厦等建筑群。春风隧道盾构正穿边检二大院宿舍楼 17 栋、14栋、13 栋等建筑楼，侧穿边检大厦、玫瑰公寓等建筑群。盾构施工过程中通过重点采取掘进参数控制、同步注浆控制、盾构姿态控制、刀具及时更换与管理、加强监测等措施，确保了穿越建筑物的安全。

## 4.4.4 深圳妈湾跨海通道工程

### 1. 工程概况

工程起于南山妈湾港区的妈湾大道与月亮湾大道交叉处，穿越前海湾止于宝安区大铲湾港区,终点与沿江高速大铲湾收费站、西乡大道相接,里程 K0+000~K8+049,线路全长 8.05km。规划红线前海段宽 80m,大铲湾段宽 70m。地面道路为城市主干道,双向六车道,设计时速 40km/h、60km/h,地下道路为城市快速路,双向六车道,设计时速 80 km/h。

妈湾跨海通道 2 标盾构段全长 2.063km,其中大铲湾陆域段 696m,海域段 1159m,前海陆域段 208m(图 4.4-10)。盾构开挖直径 15.53m,管片外径 15m,内径 13.7m,管片环宽 2m,每环管片由 7+2+1 块构成,拼装方式为错缝拼装,管片楔形量为 50mm。管片采用斜螺栓连接,接触面为连续凹凸榫。盾构最大纵坡 3.75%、最小平面曲线 2000m、最小竖曲线 4500m、最小覆土厚度 10m。盾构隧道内为三层结构,分别为通风、行车、疏散。

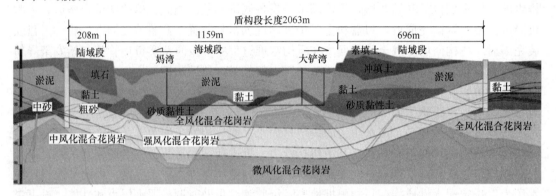

图 4.4-10　盾构隧道纵剖面示意图

妈湾跨海通道 2 标盾构段全断面土层 329m,占比 16%;全断面岩层 585m,占比 28%;上软下硬 1069m,占比 52%;断裂带 80m,占比 4%。基岩起伏大,上软下硬占比高,岩层为混合花岗岩,主要矿物为石英、长石、黑云母等,石英含量平均为 34%,最高达 54%,长石含量平均为 55%,最高为 69%。岩石平均强度 44.9MPa,最大为 193MPa。地下水主要有第四系松散层中的孔隙潜水、孔隙承压水和基岩裂隙水三种。

**2. 工程重难点**

本工程盾构掘进的难点主要包括岩层地层掘进、砂质黏土和淤泥质黏土地层掘进、浅覆土地层掘进和高水压环境的保压。

(1)岩层地层掘进。盾构段 52% 为上软下硬地层,32% 为全断面硬岩地层。盾构在该段地层掘进时重难点为:刀具破岩;上软下硬地层掘进刀具异常损坏、轴承偏载、滞排堵舱、盾构姿态控制等;刀具更换频繁;刀盘、刀具、泥浆管路磨损。

(2)砂质黏土和淤泥质黏土地层掘进。该段地层掘进时重难点为:刀盘泥饼;黏土块滞排;泥水分离困难。

(3)浅覆土地层掘进。始发、到达段覆土较浅,且上部覆土为淤泥等软弱地层。盾构始发掘进如何控制地表沉降、盾构姿态是本工程的重难点。

(4)高水压环境的保压。盾构下穿 1.1km 的海域段,最大水压 5bar,如何保证高水压环境下密封的可靠性是本工程的重难点。

**3. 主要技术创新**

1) 盾构适应性设计技术

采用常压换刀刀盘，刀盘开挖直径为 15530mm，结构设计为 6 个中空主梁＋6 个辅梁，主梁上刮刀和滚刀可在常压环境下更换，保证了刀具检查更换的效率与安全。滚刀选用双轴双刃滚刀（两把单刃刀共用一个刀筒）和单刃滚刀，提高了滚刀在本区间高强度岩石的刀具破岩能力，同时增大了刀具的允许磨损量，减少刀具更换频率。刀盘前后面板采用耐磨复合钢板全覆盖设计，刀盘外圈梁后部采用全环合金耐磨块设计，刀盘过渡区域采用合金耐磨块＋耐磨复合钢板设计，可有效地提高整体耐磨性能。刀盘设计有 6 条连续磨损检测带，每条检测带均可独立检测，保证了检测参数的可靠性。刀盘后部面板上设置有磨损检测带，可对后部面板磨损情况进行有效的检测。每把滚刀刀筒均设计有可更换液压磨损检测，用于检测该滚刀刀毂的磨损，大圆环外表面圆周布置有可更换液压磨损检测装置，用于检测大圆环外表面磨损状况。常压刀盘刀筒内部配置有滚刀状态监测装置，用于实时测量滚刀转速、温度和磨损量数据。常压刀盘中心存在渣土流通性差导致结泥饼的问题。为此，配置有独立 $P_{0.1}$ 增压冲刷泵，可向刀盘正面提供最大 1500m³/h 冲刷流量，可对刀盘中心、刀盘夹角等区域进行冲刷，降低泥饼和刀盘前部滞渣的概率，具体如图 4.4-11 所示。

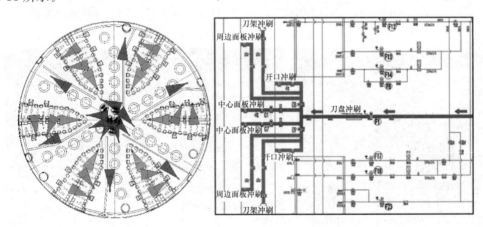

图 4.4-11　刀盘前部冲刷

区间既有岩层又有软土地层，刀盘的刀具可根据地层需要进行常压更换。在岩层中掘进采用滚刀，在软土地层中掘进采用撕裂刀。同时区间绝大部分上软下硬地层基岩高度未超过隧道中心，刀盘正面及周边可安装滚刀，中心区域可安装撕裂刀，同时每个撕裂刀刀筒配置两个刀孔冲刷，降低常压刀盘中心结泥饼及滞渣概率。

刀盘主驱动（图 4.4-12）采用 $\phi$7.6m 大规格重载轴承，轴承抵抗偏载能力更强。主驱动具备伸缩摆动功能，通过伸缩油缸回收可方便更换正面刀具；通过刀盘摆动超挖便于更换最外轨迹刀具，具体如图 4.4-13 所示。主驱动具备加压功能，通过驱动箱加压，理论上最大承压能力可以达到 10bar。

2) 超前地质预报及舱内视频监控技术

设备配置超前地质预报系统（可控震源法），由安装在刀盘上的震源和检波器组成，通过发射换能器向探测地层发送上扫地震波，遇到声阻抗较大的孤石或障碍物后就会发生发射。反射回的地震波进行数字化并进行相关算法处理，就可以得到地层前方孤石的位置和大小。如图 4.4-14 所示，盾构配置开挖舱可视化系统，在盾构掘进过程中，可以在主控室实时观察刀盘的旋转状态和开挖地层的图像信息。可视化系统主要由前端设备、一体化工控机、网络设备、水/气阀及控制机构等组成。前端设备安装在掘进舱隔板上，工业级计算机、网络设备、水/气阀及控制机构等安装在相关操作控制台。

图 4.4-12　刀盘主驱动

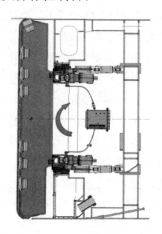

图 4.4-13　刀盘摆动超挖示意图

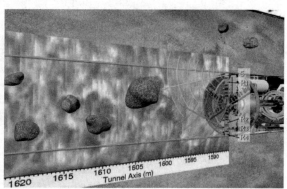

图 4.4-14　超前地质预报示意图

3）全断面岩层掘进施工技术

盾构进入海域段开始为水下长距离全断面岩层掘进，岩体强度最高达 193MPa，平均强度为 74 MPa，掘进过程中刀具磨损加大、换刀频繁。主要控制措施：①掘进过程中以贯入度为基准，适当提高刀盘转速，同时控制刀盘挤压力，避免刀具异常损坏；②严控泥浆密度，加大底部冲刷，防止积渣堵塞出渣口，对岩样分析，合理选择掘进参数；③施工过程中严格控制同步注浆量和浆液质量，保证管片背部填充的密实性，二次注浆紧跟，以减缓制约管片上浮；④采用大流量掘进，提高泥浆密度、黏度，增加泥浆携渣能力，避免出现堵舱；⑤掘进过程中每 0.5h 停机一次进行舱内循环，每次循环 10min，用于排出舱内积渣。停机后进行循环出渣，直至分离设备无碎石等排出后停止循环；⑥加强刀具管理，密切关注刀具监测情况；加大破碎机工作频率。

4) 上软下硬地层掘进施工技术

对顶部软土地层扰动大，刀盘受力不均易造成刀具异常损坏；舱内易堆积石块，造成滞排；上软下硬地层泥浆上涨较快，密度过大易造成刀盘结泥。主要控制措施：①严格控制泥水压力波动在±0.1bar；掘进过程中以扭矩波动为基准，适当降低刀盘转速，同时控制刀盘挤压力，避免刀具异常损坏；②严控泥浆密度，加大底部冲刷，防止积渣堵塞出渣口；对岩样分析，合理选择掘进参数；③施工过程中严格控制同步注浆量和浆液质量，保证管片背部填充的密实性；④采用较大流量掘进，并加大中心冲刷流量，避免刀盘刀具结泥；⑤加强刀具管理，密切关注刀具监测情况；加大破碎带机工作频率。

5) 浅覆土全软弱地层掘进施工技术

浅覆土地区地层软弱，双线先后开挖通过，存在显著扰动范围的交叠区域，扰动水平较高，易造成过大地表变形。主要控制措施为：①严格控制泥水压力，过大的压力会导致地表隆起，较小的压力会使地表出现沉降；②严控同步注浆量和注浆压力，保证盾尾后注浆饱满；③监测掘进出土方量，控制盾构参数，防止超方开挖出现；④盾构施工过程中，盾构上方地表设置多点位移测试设备，实现盾构上方深层土体至地表的全深度范围自动化监测，监测数据实时反馈施工，及时调整施工参数控制地表变形。

6) 盾构交会施工技术

2台盾构相向掘进，交会段隧道净间距21.2~21.5m，左右线隧道盾构交会位置左线隧道处于全断面硬岩，右线隧道10环为上软下硬地层、10环为全断面岩层，两条隧道中间地层为全断面岩层。主要控制措施：①严格控制泥水压力波动在±0.1bar；软硬不均段采取低转速掘进，严格控制土舱压力波动及掘进速度，减少对周边土体的扰动；②严控泥浆密度，加大底部冲刷，防止积渣堵塞出渣口；对岩样分析，合理选择掘进参数；③交会期间采取盾壳注泥；施工过程中严格控制同步注浆量和浆液质量，保证管片背部填充的密实性；二次注浆紧跟；④全断面岩层采用大流量掘进，提高泥浆密度、黏度，增加泥浆携渣能力，避免出现堵舱；上软下硬地层采用较大流量掘进，并加大中心冲刷流量，避免刀盘刀具结泥；⑤加强刀具管理，密切关注刀具监测情况；加大破碎带机工作频率；⑥建立双方沟通协调机制；⑦隧道交会期间加强两线隧道洞内监测。鉴于盾构隧道施工过程中后配套设施遮挡，在此之前集成全站仪、激光测距仪与人工量测，于隧道拱顶设置全站仪测点，拱肩和拱底布置自动化激光收敛计，实现从管片在盾壳内拼装完成到后配套抵达时的衬砌快速变形期监测；⑧交会期间加密测量频率，根据管片拱顶下沉、管片净空收敛及管片错台等多项监测控制值，建立实时预警系统。

7) 盾构穿越断裂带施工技术

F2断裂带其构造岩岩性主要为碎裂岩及糜棱岩，具绿泥石化，岩芯多呈碎块~短柱状，局部手可捏碎，遇水易软化，渗透性强，围岩基本无自稳能力。主要控制措施为：①值班人员根据每环实际掘进参数、出渣情况、实测泥浆性能等综合分析研判，拟定当环掘进施工环报表，对当环掘进情况作出评价并对下一环掘进提出意见及建议；②施工过程中不断总结分析，加强对盾构掘进各项参数的控制、泥水管理、同步注浆及二次注浆管理、盾构掘进姿态的控制管理，保证盾构设备完好率；③同步注浆与掘进匹配，盾构开始掘进时，开始同步注浆，掘进完毕注浆结束；施工过程中严格控制同步注浆量和浆液质量，保证管片背部填充的密实性；二次注浆紧跟；④掘进方向控制，采用隧道自动测量导向系统和人工测量辅助进行盾构姿态监测，过程中通过加密导向系统自动测量频率至90s/次、每日进行人工辅助矫正测量偏差；⑤管片拼装质量管理，管片施工过程全程旁站监督，保证管片安装后错台及张开量在设计控制范围内，安装完成后及时对盾尾间隙、错台以及张开量进行量测，确保下一环掘进正常施工；⑥加强洞内管片监测及海面巡视。

## 4.4.5 青岛地铁 8 号线过海通道

### 1. 工程概况

青岛地铁 8 号线全长 48.3km，串联青岛主城区、红岛经济区、胶州市，是连接胶州北站、胶东国际机场、济青高铁红岛站和青岛北站的重要纽带工程。过海段大洋站—青岛北站全长 7.9km，其中海域段长 5.4km，最大埋深 56m，是地铁 8 号线关键控制性工程，为当时国内穿越海底距离最长的地铁隧道。由于地质条件复杂，东侧过海段采用"泥水平衡盾构"施工，掘进距离长 2.9km；西侧过海段采用"矿山法＋双模式 TBM"联合施工，掘进距离长 2.47km。

### 2. 工程重难点

（1）盾构机选型与地质适应性设计。青岛地铁 8 号线过海段隧道地质条件复杂多变，包括砂层、黏土层、凝灰岩、安山岩、泥质粉砂岩、火山角砾岩等，盾构机需适应掘进软土与硬岩的性能，对盾构机密封性能和抗磨能力提出了更高要求。

（2）盾构始发与接收的难题。青岛地铁 8 号线过海段东侧采用泥水盾构施工，始发井地层主要为粉质黏土、中粗砂和强风化泥质砂岩，砂层与海水连通。盾构始发与接收过程中易造成洞门涌砂涌水、地面塌陷。因此，过海段泥水盾构安全、准确地始发与接收是工程的重难点之一。

（3）盾构掘进海底断层破碎带。青岛地铁 8 号线过海段隧道共穿越 9 条断层破碎带，总长约 1.5km，其中 F5 断层破碎带宽度达 500m，岩体破碎，软硬不均。由于断层破碎带围岩破碎、渗透性强，并且部分连通海水，在如此高水压、长距离、大量断裂带中施工，难度和安全风险极高。

（4）盾构海底保压换刀。盾构带压进仓换刀的仓压控制在 3.6bar 以内，青岛地铁 8 号线过海段最大埋深 56m，最高带压换刀作业需要在 5.4bar 左右的压力进行。因此，高压带压进仓换刀作业是工程的重难点之一。

### 3. 主要技术创新

1）综合超前地质预报技术

工程综合采用 TSP、地质雷达、超前钻孔、孔内成像等超前地质预报方法，尤其是围岩突变、富含水层等特殊情况。将超前地质预报结果和 TBM 平行导洞揭露的地质情况进行对比验证，以确保其可靠性。

2）盾构过断层破碎带超前注浆技术

根据围岩破碎情况和探水孔水压，建立了局部断面注浆、周围帷幕注浆、全断面帷幕注浆的方案，确立单孔注浆结束判定标准和全段结束标准，根据检查孔成像检测，注浆效果良好，保障了盾构的安全、高效掘进。

3）"矿山法＋双模式 TBM＋泥水盾构"联合施工技术

青岛地铁 8 号线过海段采用"矿山法＋双模式 TBM＋泥水盾构"联合施工技术，解决了高水压复杂地质海底隧道建设和通风难题，创造了国内泥水盾构月均掘进 220m 的纪录。

### 4.4.6 济南地铁 5 号线黄河隧道

#### 1. 工程概况

济南地铁 5 号线黄河隧道工程是目前世界最大直径公轨合建盾构隧道。该工程位于济南城市中轴线，隧道北连鹊山、济北次中心，南接济泺路，隧道全长 4.76km，其中，盾构段长 2.519km，管片外径 15.2m、内径 13.9m。设计为双管双层，上层为双向 6 车道公路，下层为预留轨道交通、烟道、纵向逃生通道、管廊等。工程平面图及纵断面情况如图 4.4-15 所示。

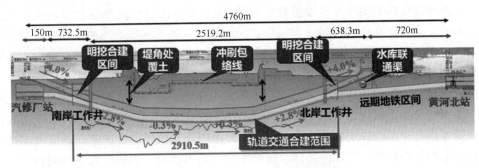

图 4.4-15　工程平面图及纵断面图

#### 2. 工程重难点

（1）工作井主体埋藏较深，围护结构深度大，地下连续墙施工质量控制难度高；

（2）盾构下穿黄河段河底时，施工风险大，施工难以控制；

（3）盾构进出洞端地层渗透系数较大及承载能力差，风险系数大，施工控制难度高；

（4）盾构施工期间如何减小黄河大堤、二环北路高架桥等建（构）筑物的沉降、保证建（构）筑物的安全是本工程的重难点。

#### 3. 主要技术创新

1）高黏粒地层超大直径泥水盾构防结泥饼技术

对实际施工中盾构刀盘泥饼硬化机理进行分析，并从土壤学的角度分析刀盘掘土时为什么会出现盾构刀盘结泥饼问题；研究分析了泡沫改良黏性土以防止刀盘结泥饼的作用机理，提出了在黏性土样中添加泡沫配制泡沫土处置刀盘结泥饼的方法，揭示了该种方法相比泡沫渣土改良对结泥饼问题处置更具有一定的适用性。

2）基于大数据的穿黄盾构隧道施工技术

基于自动化监测技术，研发了一整套的盾构施工监测数据采集装置，配合盾构的数字化系统，构建数据库，实现盾构数据的自动化收集、储存；利用盾构施工参数及其施工监测数据，分析出盾构施工对地面及周边建（构）筑物的影响，建立了基于盾构施工监测数据的环境影响效应预测模型。

3）临近地上悬河超深基坑安全施工技术

提出富水粉质黏土地层条件下地铁深基坑的降水治理和支护结构安全施工方法。

4）超大直径泥水盾构废弃泥浆绿色处理及循环再利用技术

提出在粉质黏土地层中采用带式压滤、絮凝固化、絮凝抽滤等盾构施工泥浆高效处理技术，达到了废弃泥浆处理再利用目的。

5）基于 BIM 技术的超大直径盾构隧道信息化施工技术

BIM+GIS 的集成应用，施工过程协同管理，以 BIM 模型为载体的施工大数据记录，进一步协助项目实现精细化施工管理；通过 BIM 技术模拟在盾构过程中施工难点、重要控制点，对专项施工方案形成可视化交底文件。

### 4.4.7　上海机场联络线 11 标

#### 1. 工程概况

上海机场联络线是国家发改委首批确定的 11 条市域铁路示范线路之一，也是轨道上的长三角的一条重要东西向市域线。机场联络线建成后将进一步增强浦东和虹桥综合交通枢纽对长三角区域的辐射作用，服务长三角城市群，改善城市营商环境，更好地发挥对区域城市群和虹桥商务区、国际旅游度假区、自由贸易区等重点地区发展的服务功能，为提升上海全球城市能级和核心竞争力、落实长三角一体化发展国家战略提供有力支撑。

上海轨道交通市域线机场联络线工程 JCXSG-11 标全长 4.72km，单洞双线布置，盾构隧道管片内外径 12.5m/13.6m，环宽 2.0m，由中铁隧道局负责承建。隧道内部结构主要包括弧形件、中隔墙、顶部连接件、疏散平台和电缆沟槽，内部结构全预制拼装施工精度高；隧道长距离富水粉砂地层独头掘进安全风险高；密集下穿建（构）筑物，沉降控制要求高；采用一台直径 14.04m 泥水盾构施工，隧道于 2023 年 5 月贯通。

#### 2. 工程重难点

（1）大直径泥水盾构始发、接收施工是本工程控制的重点。接收端洞顶埋深约 11.076m，洞身处于④淤泥质粉质黏土、⑤$_1$ 粉质黏土富水软弱地层；始发端洞顶埋深约 11.43m，洞身处于④淤泥质粉质黏土、⑤$_1$ 粉质黏土富水软弱地层。盾构始发及接收端头存在渗漏的风险高，加固效果要求高，施工过程需要严格控制加固效果防止造成塌方的情况。盾构隧道是本项目的控制性工程，盾构进出洞施工是盾构隧道成败的关键，盾构进出洞的安全直接关系地表建（构）筑物及地下设施的安全，是盾构工程施工的重点，确保盾构始发接收安全是本工程的首要目标。

（2）承压水地层大直径盾构施工是工程的控制重点。本工程度假区站（不含）—凌空路转换井区间约有 1985m 隧道进入⑦$_2$ 承压水层，隧道下部进入⑦$_2$ 层最大约 4.5m，承压水水压在 3.1～3.4bar，盾构在承压水层内掘进，盾尾一旦发生漏浆极易造成涌水涌砂险情，盾构掘进、管片拼装和同步注浆管理有异常极易造成成型隧道漏水。因此，盾构在⑦$_2$ 承压水层内掘进，盾构密封设计和掘进施工控制是本工程控制的重点。

（3）大直径盾构长距离掘进的风险控制是本工程安全控制的重点。度假区站（不含）—凌空路转换井区间隧道长达 4.721km，盾构单洞掘进距离较长，对盾构设备可靠性及耐磨性等带来一些问题，尤其是⑦$_2$ 层粉砂；同时盾构穿越区域④层淤泥质黏土呈流塑状、⑤$_1$ 层灰色黏土呈软塑～流塑状、⑥$_1$ 层粉质黏土呈硬可塑状，在盾构掘进中容易形成泥饼。因此，需针对设备性能、施工工效等制定针对性措施，并设定合理盾构参数，确保施工顺利进行。

**3. 主要技术创新**

1) 智能掘进技术

盾构智能掘进系统（图 4.4-16）由盾构大数据平台提供数据支持，在智能掘进模式下，盾构由大数据库云端提供掘进参数，在智能算法的控制下完成智能自主掘进。能够自主分析不同复杂地层条件，识判各类重大风险源，系统设置参数预警和事件预警功能，并给出科学掘进参数。目前共陆续完成 142 环整环的智能掘进测试，测试效果良好，实现了智能掘进的常态化。智能掘进测试对盾构姿态和人工掘进无影响，且参数控制较人工掘进更为平稳，无突变；对整个线路中线控制更为准确和平顺。

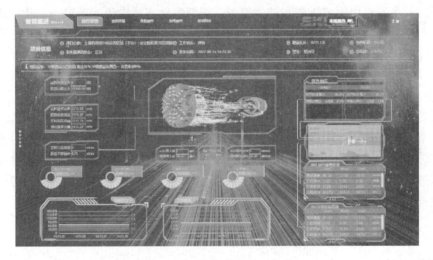

图 4.4-16　盾构智能掘进运行界面

2) 弧形件智能拼装技术

该系统（图 4.4-17）主要由主机架、副机架、微调平台、液压系统及智能控制系统

图 4.4-17　弧形件智能拼装系统

等组成。设备采用双框架式步进结构，穿梭于弧形件中箱，配备自动检测避障、自动测量精调系统。整机具备 6 自由度三维姿态精调控制，集成了自动检测与感知、自动运算与分析处理、自动决策与动作执行、人机交互与信息存储等智能化施工功能。目前实现大型预制构件一键自动安装，施工工效提升 36%，安装误差由 20mm 降至 2mm 以下，节约时间 15min/块，节省人力 4 人。

3）中隔墙智能拼装技术

该系统主要由主架总成、抓取机构、伸缩机构、旋转机构、平移机构等部分组成。为保证施工运输车辆正常通行，安装机门架采用穿行式大净空设计，满足施工车辆通行空间要求。整机具备 6 自由度三维姿态精调控制，能够自动完成中隔墙抓取、翻转、精调等一系列安装动作，极大地提升拼装精度和施工效率。目前正进行拼装测试，已安装中隔墙 65 块，安装精度和验收指标均满足设计要求。较传统现浇施工，安装误差由 20mm 降至 0.5~1mm；安装时间为 38min；作业人员由 8 人/班减至 1 人/班。

4）智能诊断技术

智慧盾构 TBM 工程大数据平台由中铁隧道局盾构及掘进技术国家重点实验室研发，目前已在全球累计接入 451 台各类型盾构 TBM，505 条盾构 TBM 线路。该平台集智能监控、数据分析、协同管理及大数据应用于一体，对掘进参数实时监控、自动预警和实时推送预警信息，并可在个人终端上全时段、全地域对掘进参数进行监控和查阅，为管理决策层提供数据支撑，为施工提供参数化建议，极大地推进隧道智能化建造水平。

## 4.4.8　济南济泺路黄河隧道

### 1. 工程概况

济南济泺路黄河隧道是中国山东省济南市境内过河通道，位于黄河河道之下，北起鹊山龙湖桥，南至泺安路，是作为加快建设新旧动能转换起步区、深入实施"北起"战略的重要跨河通道。隧道主体及南北岸接线道路全长 4.76km，隧道部分全长 3.89km，盾构段长度约 2.5km，盾构直径达 15.76m，属于超大直径盾构隧道，被誉为"万里黄河第一隧"。隧道采用管片衬砌以及非封闭内衬的结构形式，使用"9+1"的分块方式、错缝拼装，并设置分布式圆端凹凸榫。

### 2. 工程重难点

（1）盾构始发与接收。济泺路黄河隧道受北岸大堤控制，始发井深度达到 30m，并且存在透水性较强的细砂地层，容易发生涌水漏砂、地表塌陷事故；接收井深度达到 35m，地层为粉质黏土含泥，对洞门漏水漏砂和地层沉降提出了较高的要求。

（2）超大直径盾构隧道穿越地上悬河，施工风险高。济南泺口段河床高出南岸天桥区地面 5m，最大洪水位高出 11.62m，隧道最低点位于河床下 54m，最大水土压力 6.5bar，施工风险高。

（3）隧道穿越钙质结核地层、全断面粉质黏土。超大直径盾构掘进钙质结核地层，易造成刀具磨损、刀齿崩断，核径较大钙质结核易造成格栅口堵塞，排浆困难。除穿越钙质结核地层外，隧道还穿越全断面粉质黏土，掘进会造成泥浆密度增大，产生大量的废浆；土质黏性高，刀盘易结泥饼，排泥吸口易堵塞。

（4）公轨合建隧道首次采用 π 形箱涵同步施工，施工控制难度大。济泺路黄河隧道首次采用π形箱涵同步施工，面临预制、吊装、运输、安装等一系列难题。

**3. 主要技术创新**

该工程重点突破了以下四大关键技术。

1）高水压软土地层盾构始发与接收技术

由于济泺路黄河隧道始发井与接收井地层为粉质黏土含砂、粉细砂等软土层，并且水位高，为了防止地层沉降、周边建筑物开裂，超大直径盾构始发端头和接收端头采取了"高压旋喷＋冻结法"加固方式。同时，采用在接收井内堆土、灌水，以保证泥水仓中正常工作泥水压力，平衡盾构接收时盾构推力，保障盾构安全接收。

2）π形预制箱涵同步施工技术

济泺路黄河隧道共轨合建首次采用了π形预制箱涵同步施工技术，同步施工箱涵首次采用可调节箱涵，方便交通组织，提高了拼装精度，节省了工期。

3）超大直径盾构管片生产线设计及生产创新技术

研发了国内第一条15m以上自动化管片生产线，研发了管片抹面机器人、管片3D智能检测系统，开展20余项技术创新，系统性地研发了超大直径盾构管片生产线设计及生产创新技术。

4）盾构管片预制及拼装信息化施工技术

采用国内领先水平的盾构管片智能化生产管理信息系统，每块管片均有信息芯片，实现了管片预制信息化及可追溯性。通过安装盾构数据监控系统，实现盾构数据实时监控、分析、报警，最终实现了盾构施工信息化管理。

## 4.5 结论与展望

### 4.5.1 结论

随着科技水平的不断进步，地下空间建设不断发展，地铁隧道、城市道路、综合管廊等设施日趋完善，盾构法隧道应用日趋广泛、盾构法隧道技术日趋更新、盾构智能化掘进日趋精益，为地下空间的建设发展提供了保障。

**1. 盾构法隧道应用日趋广泛**

随着各大城市地铁建设力度的不断加大，跨江越海隧道不断增加，国家重点建设项目，如长距离供水、水下交通、西气东输等工程均涉及穿越江河的问题，采用盾构法施工地下隧道得到广泛应用。目前盾构法已发展成地下隧道工程重要的施工方法之一，已广泛应用于市政、铁路、公路、水利、煤矿等领域地下工程施工中。盾构法具有施工安全、质量好、速度快、洞内环境好等优点，据统计，全世界70％的水下隧道均采用盾构法修建。截至2021年，国内盾构机行业已处于世界领先地位，市场份额接近70％，而且中国隧道中的盾构机超过90％都是"中国制造"。

我国已是世界上地铁盾构法隧道规模最大、数量最多、地质条件和结构形式最复杂、修建技术发展速度最快的国家，盾构法已成为我国地铁隧道施工的主要工法。截至2022年底，我国共有55个城市建设了地铁，地铁盾构法隧道年在建里程近10年平均年增长率为10％。近10年来，市政公路隧道数量的增长十分明显，各个城市中市政公路隧道也越来越多，如上海的周家嘴路越江隧道、郊环隧道、虹梅南路隧道等城市盾构隧道工程，在武汉、南京等城市也使用盾构法修建了大量的市政公路隧道，2020 年后出现了市政公路隧道建设的高峰。地下综合管廊的建设，大大提升了城市安全保障和灾害应对能力，促进了集约高效利用土地资源。盾构法作为地下领域最先进的工法，具有施工速度快、安全系数高等特点，已广泛用于城市建筑密集、交通繁忙、地下管线集中地段的地下管廊施工中。

**2. 盾构法隧道技术日趋更新**

随着地下空间设施的不断建设，盾构法隧道技术日益提高，形成了技术完备、方法可靠、安全高效的施工技术。超大直径盾构装备及施工技术，在刀盘系统、主轴承密封、推进系统、环流系统等进行了技术革新，掌握大直径盾构装备成套技术，自主创新能力显著提高。超长距离施工及水下对接技术，包括盾构刀具更换、盾构尾刷更换、管路磨损监测及耐磨改进技术，盾构地下对接技术包括辅助式对接和直接式对接两种。水下高地震烈度盾构隧道减隔振抗震技术，实现了高地震烈度区的隧道结构的抗震目标。软硬极端悬殊地层直接掘进技术，采取盾构装备针对性选型设计、盾构掘进姿态及地层稳定性控制、基岩突起段地层掘进参数选取控制等主要技术手段实现直接掘进。富水砂卵石地层土压盾构技术，包含了孤石处理、地层滞后沉降处理、富水砂卵石地层卡刀盘处置技术等。

近年来隧道建设逐渐呈现出长距离化、地质条件多样化、施工环境复杂化等发展趋势，大直径土压平衡盾构隧道建造技术，包含了建筑物排异处理技术、穿越江河施工技术、防止盾构栽头及扭转措施、无基座接收技术等。为解决存在显著地质差异的地层掘进难题，多模盾构掘进设备应运而生。双模盾构创新型掘进设备应用地层更为广泛多变，当前中国各大城市采用多模式设备施工的隧道项目都在施工安全和掘进效率方面取得了良好效果。此外，还有类矩形盾构隧道建造技术、联络通道盾构建造技术等。

**3. 盾构智能化掘进日趋精益**

随着科学技术的飞速发展，智能化已逐步融入盾构施工领域。以人工智能、大数据、"互联网＋"为标志的新技术正逐步与盾构装备和施工技术产生，我国在盾构信息化领域取得一定的成就，针对智能化服务研发了盾构 TBM 工程大数据云平台以实现数据智能采集、智能监控、综合分析和协同管理，提出了盾构智能化自动巡航的畅想。盾构智能化必须依靠智能制造、移动通信技术、计算机技术等最新技术实现自动推进、自动纠偏、自动拼装、自动注浆、自动化决策管控，达到远程控制、自动巡航和智能掘进。

国内众多专家学者研究了盾构技术与新一代人工智能技术及信息技术融合后将盾构智能化划分为辅助巡航盾构、间歇性自动巡航盾构、常态化自动巡航盾构、自动控制盾构和智能掘进盾构 5 个阶段。自动巡航盾构施工步序可分为超前地质预报、线路划分、施工参数计算与修正、刀盘刀具寿命预测、自动巡航掘进等主要步序。地球物理探测法、超前地质钻探法成为隧道中最常应用的不良地质识别方法，地质分析法则为上述方法提供必要的地质基础。构建了将地质分析法、物探法及超前钻探法结合在一起的对隧道不良地质体进行综合分析的识别方法体系，为智能掘进打下基础。但在智能化方面仍处于盾构智能化初期探索阶段，目前还无法形成全面自主感知、自主学习、自主掘进、智能决策、自主解决问题，智能化基础理论还有待夯实，智能化技术应用仍有局限，且有待进一步扩展。

## 4.5.2　发展趋势与展望

随着我国经济社会从高速发展到高质量发展，国家"一带一路"倡议、"两新一重"战略深入实施，越来越多的隧道工程亟待修建，为中国盾构发展带来了新的机遇和挑战，同时为工程勘察设计、装备选型设计与施工技术提出了新的研究方向。

（1）基于穿山：针对超长山岭隧道建设，未来需重点研究深部地下空间地质勘探、极端地质全能型 TBM、工程环境保护、健康运营管理与防灾救援及全寿命周期隧道健康评估与重置等技术。

（2）基于入地：针对开发建设深层地下空间快速轨道交通、快速道路和地下货运物流系统、排水防涝设施、深层地下能源输送管廊、能源储存基地、地下防灾避难设施、地下科学实验室、地下数据中心等工程需要，未来需重点研究探索异形盾构技术和非开挖技术。

（3）基于下海：针对超长水下隧道建设，未来需重点研究地震作用下超长水下隧道安全保障、防排水、离岸结构修建及高水压下施工装备地质环境适应等技术。

通过近 70 年的努力，我国以盾构为代表的重大工程装备与建造技术实现了从跟跑、并跑到领跑，极大地推进了我国隧道工程建设的快速发展。继往开来，我们将牢记"三个转变"——推动中国制造向中国创造转变、中国速度向中国质量转变、中国产品向中国品牌转变，为争取早日实现交通强国、制造强国和科技强国目标而继续努力！我国全断面盾构技术，在复合盾构、大直径盾构/TBM 等方面，取得了系列创新与突破。未来为适应更复杂的地质环境，具备更高性能要求，仍需从装备多元化、智能化方面持续开展创新研究。

### 1. 多元化

未来盾构装备发展趋势主要是围绕"重视生命安全、挑战地质极限、发展智能装备、拓展宇宙空间"，致力于开发"多模式、无刀化、外星化"等智能装备。研究开发适用于隧道工程抢险救援的机械化装备，在隧道施工遇到坍塌事故后，快速、安全地进行坍塌段隧道的救援、处理、修复与安全穿越。能够实现多种工法掘进的多功能、多模式盾构的研发需求日益迫切，针对极端地质的极限挑战，需研究开发适应于破碎带地层施工的"半马"盾构、适应于软岩大变形地层施工的"软马"盾构和适应于大埋深高水压地层的闭式TBM 多模盾构。在公路隧道、铁路隧道、矿山开采等领域，异形断面隧道在开挖成本、效率和空间利用率等方面具有天然优势，异形断面硬岩盾构的关键在于刀盘设计。

未来将研究开发以激光、高压水射流、微波、高压电脉冲、声波、射线、核能源、化学物质等一种或多种物质为主进行掘进破岩的第 5 代无刀化盾构，将解决当前盾构存在的掘进速度缓慢、刀具易磨损等难题，大幅度提升掘进效率，改善工作环境。国内正在研究的柔臂盾构拟用于变断面硬岩隧道的开挖，柔臂盾构具有灵活机动、可开挖任意断面、拆解运输方便、设备成本低等优势，适应于短距离任意形状隧道、硬岩地层马蹄形隧道、车站站厅层机械开挖等应用场景，对推进地下空间的开发和利用具有重大意义。随着全球航天事业的不断发展，人类对宇宙的探索将逐渐深入，外星化盾构将首先研究开发月球盾构。常规直径的盾构法逐渐向大深度、大断面、长距离的"大盾构"方向发展，中小直径盾构机在各类市政管线及综合管廊工程施工中的推广应用前景将十分广阔，斜井、竖井、反井等将采用盾构施工，以及研究地下停车场盾构法、联络通道盾构法等。

**2. 智能化**

针对传统盾构在掘进环境多源信息智能感知、多传感检测与健康维护、动态性能自适应调节等方面存在的技术难题，从掘进环境智能感知、装备寿命智能预测、整机多系统智能抗震等方面开展技术攻关，努力实现新一代智能盾构的研发，进而实现盾构长距离、智能化、无人值守及安全快速掘进。智能化盾构是基于智能管控中心，将施工经验及技术参数转化为标准化数据，结合人工智能神经网络而形成的新型盾构，实现施工的无人化。

（1）地质可感。基于地质环境-设备-结构一体化的智能感知技术，主要包括：①研究基于搭载式物探和千米级水平钻探的地质亚米级精细探测技术，实现不良地质三维成像与精准预报。②研究设备掘进状态实时监测技术，为设备掘进参数的动态感知与健康评价提供数据支撑。③研究工程结构群全寿命周期协同监测技术，增强结构状态感知可靠性、可用性、系统性，实现协同一体化感知，监测结构灾害多因素演化过程。

（2）装备可掘。基于高性能刀盘刀具、岩体等级分类的盾构掘进保障技术，主要包括：①从新材料、新工艺研究刀圈材料和耐磨增韧制造工艺，研究滚刀群与盘体耦合布局设计方法，解决刀盘刀具长寿命、高可靠性问题。②研究基于岩体等级分类的盾构掘进参数动态调控方法，建立掘进参数多模态控制策略。③研究基于岩体等级分类的多模态控制模型，建立基于掘进参数实时反馈、动态调整、许可施工机制，实现闭环控制。④研究辅助换刀技术、自动换刀机器人、焊接机器人。

（3）施工可控。基于盾构掘进的智能纠偏、韧性支护技术等，主要包括：①研究完整的盾构掘进智能纠偏技术，包括姿态检测、姿态规划、机构分析、电液控制等。②研究复杂地层盾构掘进方向精准调控技术，实现掘进机多维度空间的位姿测控。③研究不良地质段衬砌结构长期变形协调支护结构。④研究全自动智能化管片拼装技术、智慧化远程安全监控管理系统、绿色环保管路延长装置、泥水分层逆铣循环技术。

盾构隧道智能化建造是隧道工程建设的必然趋势，代表了未来隧道修建技术的发展方向。随着科学技术的飞速发展，智能化已逐步融入盾构施工领域。以人工智能、大数据、"互联网+"为标志的新技术正逐步与盾构装备和施工技术产生，实现了隧道无人化运输、管片无人拼装、辅助决策等功能。但目前还无法形成全面自主感知、自主学习、自主掘进、智能决策、自主解决问题，智能化基础理论还有待夯实，智能化技术应用仍有局限，且有待进一步扩展。因此，推动盾构施工信息化、数字化向智能化发展是盾构施工发展的必由之路。

**3. 大直径长距离化**

我国大直径盾构隧道今后将朝着特大直径、超长距离、超大埋深和较高水压等方向发展，这必将对大直径盾构隧道在设计、盾构装备制造、施工综合技术管理和工程事故风险防范等方面提出更高的要求。盾构隧道由大直径向超大、特大直径发展，隧道地质条件由单一均质地层向混合和复合地层方向发展，隧道施工工法向多种工法组合发展。盾构关键技术和功能向更可靠、更完善方向发展：机器人换刀技术、刀盘磨损检测技术、盾尾刷磨损自动检测技术及冻结更换技术、刀盘伸缩装备与冷冻刀盘技术、主轴承设计寿命、主驱动和盾尾密封的耐压设计标准不断提高、盾构自动掘进控制技术等。盾构有向智能化、多功能、多模式、类矩形和异形方向发展的趋势，隧道设计的标准、规范和定额需统一，尽快实现国家标准或行业标准，提高盾构使用率，减少盾构改造费用和资源浪费。国家、省市或行业应尽快制定不同地区、不同地质条件下的定额标准，使其规范化、标准化。

（1）我国大直径盾构隧道建设取得了巨大成就，推动了我国乃至世界大直径盾构隧道技术的发展和进步。今后较长时间内，我国大直径盾构隧道仍将处于高速建设发展期，面临的建设条件将越来越复杂，技术难度和挑战也越来越大，要实现大直径盾构隧道建设快速、安全、健康发展，需要在规范和标准、设计、施工、装备、材料、管理等方面完善和创新，解决处理好大直径盾构隧道技术领域的关键问题，重视地质基础研究，优化工程设计方案，实现盾构制造关键核心技术的突破，提高综合施工技术管理水平，防范施工重大事故发生，促进我国大直径盾构隧道建设向高质量、高智能、高安全性、低能耗方向发展。

（2）盾构单次掘进距离越长，施工工期越长，所花费的人工成本越高，盾构机在复杂地层中带来的安全风险越大。随着机械智能化技术的不断发展，未来长距离盾构隧道建设将从盾构机快速开挖技术、渣土及浆液快速输送技术、盾构机开挖同时拼装管片技术、管片高速运送及智能化拼装技术、盾构设备故障智能化检测技术等方面实现盾构机快速施工，缩短施工工期，降低人工成本及安全风险。

伴随着盾构装备与施工技术的不断提升，诸多重大险难工程开工建设。从盾构法隧道发展方向来看，我国盾构法隧道正朝着超大断面化、异形断面化、超大深度化、超长距离化发展；从工程特征来看，盾构法隧道工程呈现出由单一软土地层向复合地层发展，由中小直径盾构向大直径和超大直径盾构发展，由中等水压向高水压和超高水压发展，由常规岩土层向特殊岩土和不良地质发展，由单一工法向多工法组合发展。大直径盾构隧道设计和盾构装备应尽可能遵循标准化的原则，向着标准统一、施工安全、高效率、高质量、高智能方向发展，以期为推动我国大直径盾构隧道综合技术走向成熟起到积极作用。

# 参考文献

[1] 洪开荣，冯欢欢 . 中国公路隧道近 10 年的发展趋势与思考［J］. 中国公路学报，2020，33（12）：62-76.

[2] 陈家康，刘陕南，肖晓春，等 . 复合地层中超大直径泥水盾构施工开挖面泥水压力确定方法研究［J］. 隧道建设，2018，38（4）：619-626.

[3] 游永锋，梁奎生，杜闯东，等 . 春风隧道超大直径盾构浅覆土始发技术［J］. 隧道建设（中英文），2021，41（Z1）：382-387.

[4] 陈鹏，王先明，刘四进，等 . 超大直径盾构隧道同步双液注浆原位试验研究［J］. 隧道建设（中英文），2023，43（1）：64-74.

[5] 代洪波，季玉国 . 我国大直径盾构隧道数据统计及综合技术现状与展望［J］. 隧道建设（中英文），2022，42（5）：757-783.

[6] 钱七虎 . 水下隧道工程实践面临的挑战、对策及思考［J］. 隧道建设，2014，34（6）：503-507.

[7] 杨钊，唐冬云，刘朋飞，等 . 城市湖底超大直径盾构隧道施工重难点及关键技术探究——以武汉两湖隧道（南湖段）工程为例［J］. 隧道建设（中英文），2023，43（2）：296-304.

[8] 竺维彬，钟长平，米晋生，等 . 超大直径复合式盾构施工技术挑战和展望［J］. 现代隧道技术，2021，58（3）：6-16.

[9] 林春刚，马召林，陈勇良，等．大直径盾构隧道弧形件预制拼装技术与智能化安装机应用[J]．隧道建设（中英文），2023，43(3)：460-477.

[10] 湖南省人民政府．长株潭城际铁路穿越湘江[EB/OL].2014-10-17.

[11] 程学武，许维青．北京地下直径线大直径泥水盾构施工环境风险控制与管理[J]．石家庄铁道大学学报（自然科学版），2013，26(S2)：157-161.

[12] 韩亚丽，吕传田，张宁川．北京铁路地下直径线盾构选型及功能设计[J]．中国工程科学，2010，12(12)：29-34.

[13] 国家铁路局．北京铁路枢纽北京站至北京西站地下直径线工程[EB/OL].2023-8-24.

[14] 杨志勇，程学武，孙正阳，等．大直径泥水平衡盾构适应性改造技术研究[J]．铁道工程学报，2018，35(3)：92-96.

[15] 张继清．天津地下直径线大直径盾构隧道建造关键技术[R]．天津市，铁道第三勘察设计院集团有限公司，2015-04-30.

[16] 国务院办公厅关于推进城市地下综合管廊建设的指导意见（国办发[2015]61号）.

[17] 王恒栋．我国城市地下综合管廊工程建设中的若干问题[J]．隧道建设，2017，37(5)：523-528.

[18] 林涛，李明飞，贾姗姗，等．盾构形式地下综合管廊设计要点[J]．城市道桥与防洪，2022(4)：207-218.

[19] 郑廷敏．城市地下综合管廊的施工技术探讨[J]．市政工程，2023(8)：119-121.

[20] 王高科．盾构法综合管廊设计关键技术研究[J]．市政技术，2022，40(7)：211-218.

[21] 韩永恩，王小忠，郭广才，等．广州中心城区综合管廊工程技术[M]．福州：福建科学技术出版社，2022.

[22] 宋振华．中国全断面隧道掘进机制造行业2021年度数据统计[J]．隧道建设（中英文），2022，42(7)：1318-1320.

[23] 李建斌．我国掘进机研制现状、问题和展望[J]．隧道建设（中英文），2021，41(6)：877-896.

[24] 洪开荣，冯欢欢．近2年我国隧道及地下工程发展与思考（2019—2020年）[J]．隧道建设（中英文），2021，41(8)：1259-1280.

[25] 戴洪波，季玉国．我国大直径盾构隧道数据统计及综合技术现状与展望[J]．隧道建设（中英文），2022，42(5)：757-783.

[26] 洪开荣，杜彦良，陈馈，等．中国全断面隧道掘进机发展历程、成就及展望[J]．隧道建设（中英文），2022，42(5)：739-756.

[27] 朱伟，钱勇进，王璐，等．长距离盾构隧道掘进的主要问题及发展趋势[J]．河海大学学报（自然科学版），2023，51(1)：138-149.

[28] 谭顺辉，孙恒．超大直径泥水盾构常压换刀设计关键技术——以汕头海湾隧道及深圳春风隧道为例[J]．隧道建设（中英文），2019，39(7)：1073.

[29] 杜闯东．狮子洋隧道盾构地中对接技术及实施[J]．隧道建设，2014，34(8)：771-777.

[30] 夏毅敏，罗德志，周喜温．盾构地质适应性配刀规律研究[J]．煤炭学报，2011，36(7)：1232-1236.

[31] 洪开荣，陈馈．盾构与掘进关键技术[M]．北京：人民交通出版社，2018.

[32] 张英明，郭宏浩，李腾飞，等．大直径土压平衡盾构在成都富水砂卵石地层施工的关键技术[J]．建筑机械，2020(7)：80-83.

[33] 谭顺辉，孙恒．超大直径泥水盾构常压换刀设计关键技术——以汕头海湾隧道及深圳春风隧道为例[J]．隧道建设（中英文），2019，39(7)：1073-1082.

[34] 钟长平，竺维彬，王俊彬，等．双模盾构机/TBM的原理与应用[J]．隧道与地下工程灾害防治，2022，4(3)：47-66.

[35] Anonymous．[J]．Tunnels & Tunnelling International，2014.

［36］　宋天田，娄永录，吴蔚博，等．城市轨道交通双模式盾构(EPB/TBM)模式转换技术［J］．现代城市轨道交通，2020(12)：59-64.

［37］　《中国公路学报》编辑部．中国交通隧道工程学术研究综述·2022［J］．中国公路学报，2022，35(4)：1-40.

［38］　金新锋，夏日元，梁彬．宜万铁路马鹿箐隧道岩溶突水来源分析［J］．水文地质工程地质，2007(2)：71-74，80.

［39］　殷颖，田军，张永杰．岩溶隧道灾害案例统计分析研究［J］．公路工程，2018，43(4)：210-214，273.

［40］　何振宁．铁路隧道疑难工程地质问题分析-以30多座典型隧道工程为例［J］．隧道建设，2016，36(6)：636-665.

［41］　钱七虎．隧道工程建设地质预报及信息化技术的主要进展及发展方向［J］．隧道建设，2017，37(3)：251-263.

［42］　杜彦良，陈馈，王江卡．盾构设计施工管理关键技术［M］．成都：西南交通大学出版社，2023.

［43］　李政．世界最大水下城际铁路盾构隧道——佛莞城际铁路狮子洋隧道［J］．隧道建设，2017，37(8)，1046-1048.

# 5 顶管法管道工程技术

钟显奇[1]，邵孟新[1]，李才波[1,2]，黎东辉[1,2]，张国强[1]，兰泽鑫[1,2]，许 健[1]

（1. 广东省基础工程集团有限公司，广东 广州 510620；2. 广东华顶工程技术有限公司，广东 广州 510799）

## 5.1 顶管工程技术发展

顶管施工技术是在盾构技术之后兴起的，是用工具管或顶管机在地下挖土，借助于设置在工作井或中继间中的千斤顶的推力，将工具管或顶管机及其随后的管节，一节节地从工作井顶推至接收井中的一种非开挖施工工艺。根据顶管开挖面与作业室之间的隔板构造，可以分为敞开式、半敞开式和封闭式三种，其分类如图 5.1-1 所示。

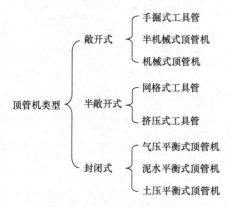

图 5.1-1　顶管机分类

顶管施工技术发展至今已有 100 多年的历史，最早的记录见于 1896 年美国铺设太平洋铁路，随后各国开始效仿使用这项技术。1953 年，北京西郊一个污水管道施工中首次使用了顶管法施工，当时技术落后，使用人工挖掘的方法顶进，这是我国第一次使用顶管的纪录。随后，上海等一些大城市也随之运用起来，但是机械设备都比较简单，顶进距离也较短。

20 世纪 60 年代，顶管施工开始在中国慢慢发展并且取得了一些成就，各个城市结合自身的地理条件制定了合适的顶管技术。1964 年，上海首次采用了机械顶管，主要针对较大直径的顶管进行研究，一次可将直径 2000mm 的钢筋混凝土管顶进 120m，顶进过程中分段使用了中继间，这也是中继使用的最早案例。1967 年左右，在上海成功开发了远程控制的土压机械顶管机，达到了施工人员不必进入管道的要求，且管径范围开始向更大截面尺寸发展。此后，就开展了更多的顶管试验，比如不同直径的顶管、不同形式的机械顶管和水冲顶管等。但是限于顶进机的发展和理论水平的不完善，顶管技术一直处于比较原始的阶段，不能支撑工程实践。

20 世纪 70 年代，我国的顶管主要发展方向是长距离顶管施工。为了解决长距离过程中纠偏问题，1978 年上海针对性的研制出"三段双铰式工具管"，该工具管开始应用液压纠偏系统，可以有效解决长距离顶进时偏离的问题。同时，上海又开创了挤压式顶管，解决了在软黏土、淤泥质黏土等软土层中顶进施工时的土层稳定问题，也比人工顶管工效提高了 1 倍。

20 世纪 80 年代，随着我国城镇化进程的加快，顶管技术得到了很大的发展，无论是顶管机械还是顶管理论都有了很大的发展。1984 年，上海市政公司从日本引进了直径800mm 的 Telemate 顶管顶进机，同时被引进的还有一些国外的顶管理论和一些先进的施工管理技术，使得顶管施工和技术有了更快的发展。1987 年，计算机控制、激光指向、陀螺仪定向等技术的引进，使得长距离顶进过程的精度得到了很好的控制。在黄浦江过江引水管道工程中，精度被很好地控制在允许误差范围内。施工过程中，一次顶进长度达1120m，但轴线控制得非常好，左右误差±150mm，上下误差±50mm，这使得我国长距离顶进处于国际先进行列。

20 世纪 90 年代，我国的顶管技术进入了国际先进行列，拥有了自主研制顶进机的技术。先后研制了直径 1440mm 土压平衡顶进机、发明了可更换止水带的中继间，并在黄浦江引水工程中单向顶进 1743m，创造了世界纪录。1998 年，中国地质学会正式成立了非开挖技术专业委员会，同年加盟国际非开挖技术协会（ISTT），相继协助成立了北京、上海和广东等地方性非开挖技术协会，协会的成立标志着我国非开挖管道施工行业踏上了比较规范的发展道路。我国高等院校如同济大学等从 2000 年就开始对顶管施工技术进行专项研究，并取得了不小的成就。顶管示意图如图 5.1-2 所示。

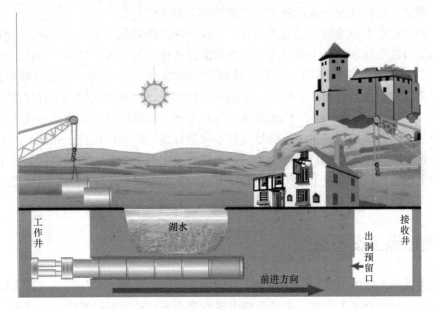

图 5.1-2　顶管示意图

顶管管材大多数是钢筋混凝土管，其次是钢管和玻璃钢管。钢管顶管是我国自主开发的顶管技术，具有显著的特色。混凝土主要用于下水管；钢管主要用于上水管、煤气管等带压管道和穿越江海的管道；玻璃钢管用于有抗腐蚀要求的场合。缠绕式制作发现问题比较多，后来发展了离心式制作。为了适用于高埋深、高围压、大直径的工况，在预应力钢筒混凝土管（PCCP）的基础上开发了顶进法用预应力钢筒混凝土管（JPCCP），压力等级可达 2.1MPa，直径可达 4m，可作为有压管道使用。尤其对管线穿越河道、公路、铁路等重要设施时，具有很强的优势。

经过多年的发展，顶管技术在我国已得到大量的实际工程应用，且保持高速增长势头，无论在技术上、顶管设备上还是施工工艺上均取得了很大的进步，在某些方面甚至达到了世界领先水平。特别在长距离顶管、曲线顶管、超大直径顶管、岩石顶管和矩形顶管方面。矩形顶管克服了传统异形隧道施工工法与设备的不足，目前已成功应用于城市地下综合管廊、城市过街通道、地铁正线、地铁出入口、地下停车场、公路隧道、铁路双线隧道建设等领域。近期超大矩形断面顶管机应用于地铁车站的机械法非开挖施工当中。

据统计，我国每年大约需要铺设 10 万 km 的市政管线，投资额 3000 亿～5000 亿元。为了保证城市地面交通顺畅，在尽量减少开挖城市地表的大背景下，传统施工技术越来越无法满足工程建设的需求，这就为顶管提供了广阔的应用空间。

随着顶管技术的应用日益增多，应用场景越来越复杂，技术难度也越来越大，主要的技术难点是（超）长距离顶进顶力控制和手段、平面和竖向曲线轴线控制、（超）大断面管节生产运输、异形断面土体切削效率、（极）硬岩地层顶进盘型滚刀布置等方面。

目前，我国的顶管施工水平虽然到了一个新的阶段，但是与德国、日本等其他较为先进的发达国家相比，在施工技术水平和机械设备等方面仍然存在着一定距离，主要表现在施工机械设备的地区差异明显、技术人才不足、施工技术水平高低不一、缺乏施工标准化等方面。因此，顶管这种先进的施工工艺有待进一步推广。

技术的发展水平和地域经济发展的水平是统一的，区域化发展的特征明显。在我国东部地区的城市发展远远高于中西部地区，东部沿海地区中的上海、广东、浙江、山东和江苏五省占 75% 的非开挖管道的工作量，区域之间的发展极不平衡。大中型城市如北京、上海和广州等地的技术发展水平较高，应用也比较广泛，小城市应用的工程偏少。在同一个城市中，顶管施工技术的水平也表现出了参差不齐，虽然机械法顶管已经成为主流，但是人工顶进式仍有市场。机械法顶管是高技术含量和高风险的机械施工领域，但有很多施工企业还处于原始技术阶段，专业人才缺乏，现有施工员工之前一般从事的是在土木工程施工，加上恶性竞争，客观上阻碍了顶管技术的普及与发展，未来仍需加强管理，推广应用先进技术，提高施工工艺和施工技术水平。

## 5.2 顶管施工设备选型

机械法顶管工程中顶管机的作用主要是切削岩土体和排渣，并控制顶进的方向。

顶管设备的选型极为重要，是顶管施工过程是否顺利的关键因素之一，应根据工程地质、水文地质和周边环境要求，在保证工程质量和施工安全的前提下，从适应性和可靠性等方面进行综合考虑，合理选用顶管机结构形式和平衡模式，配置适应地层的刀盘和刀具，顶管设备具备施工安全、结构简单、布置合理和易于维护保养的特性。

**1. 顶管机类型**

顶管机根据用途，可分为圆形顶管机和矩形顶管机；按平衡模式，可分为泥水平衡顶管机和土压平衡顶管机；按地质条件适应性，可分为用于土层的普通顶管机和用于岩层的岩石顶管机；按刀盘形式，分为平板刀盘顶管机和非平板刀盘顶管机，平板刀盘顶管机不具备二次破碎功能，非平板刀盘顶管机有些带二次破碎功能，二次破碎刀盘顶管机又可分为具有二次破碎功能普通顶管机和岩石顶管机。

图 5.2-1 为平板刀盘顶管机，无二次破碎功能；图 5.2-2 为非平板刀盘顶管机，无二次破碎功能，土压平衡式；图 5.2-3 为非平板刀盘泥水平衡式顶管机；图 5.2-4 泥水平衡式岩石顶管机，具有二次破碎功能。

图 5.2-1　平板刀盘顶管机

图 5.2-2　土压平衡式顶管机

图 5.2-3　带二次破碎功能泥水平衡式顶管机

图 5.2-4　泥水平衡式岩石顶管机

顶管机造型需考虑下列因素：

1）安全可靠性

顶管机选用一定要遵循施工安全这一基本原则，针对地质条件、埋深和顶进距离因素，充分考虑顶管机的开挖能力、刀盘是否具有耐磨性、中途是否需要更换刀具、密封是否满足长时间防水等要求，且宜具备有害气体检测等功能，确保可以顺利地完成施工。

2）技术先进性

顶管施工技术难度大、风险高，存在一定的不可预见性，特别是遇到环境条件和地质环境及水文条件复杂的顶管、对跨越河川和重要构筑物顶管、长距离顶管和曲线顶管，设备应具有方向控制的先进性和开挖面稳定控制的可靠性，具备一定穿越复杂地质条件和地下障碍物的能力，还应具有可更换刀具的功能。

3）经济合理性

顶管机造型应从工程量大小、施工质量把握、施工效率和弃土处理等一系列问题，选择与施工匹配的机型，同时不能单从顶管机的经济性考虑而忽视顶管机的可靠性和耐用性。设备技术选型尚需考虑顶管机维护成本。

4）对地质的适应性

顶管机对地质的适应性是非常重要，一种顶管机一般只适用于某一类地质，这主要取决于顶管机的刀盘刀具形式、土仓结构和主轴驱动形式等。所以刀盘刀具是顶管机选型的首要考虑因素，其次是主轴驱动形式。

**2. 顶管机刀盘选择**

平板式刀盘顶管机，刀盘开孔率较小，孔径很小，且不具有二次破碎功能，只适用于淤泥或砂性土层，不能用于黏性土层和含块石的土层，更不能用于岩层；目前发展的岩石顶管机，通用性较好，在黏性土层可以通过喷射高压水流减少对刀盘的糊钻问题。不同刀盘形式圆形顶管机的特点见表 5.2-1。

不同刀盘形式圆形顶管机的特点 表 5.2-1

| 刀盘类型 | 适用地质条件 | 优点和缺点 |
|---|---|---|
| 平板刀盘泥水平衡式 | 淤泥、粉土、砂质黏性土、砂土 | 设备结构简单，制造成本低，适用范围小，遇到黏土层会糊钻，遇到块石难以通过 |
| 平板刀盘土压平衡式 | 淤泥、砂性黏土、中粗砂、砾砂 | 设备结构简单，制造成本低，适用范围不大，直径小于2m的顶管机不宜采用土压平衡式，遇到粉砂层会形成螺旋机喷涌，遇到块石难以通过 |
| 条幅刀盘土压平衡式 | 淤泥、砂性黏土、中粗砂、砾砂、碎石土、小直径卵石 | 设备结构简单，制造成本低，适用范围不大，直径小于2m的顶管机不宜采用土压平衡式，遇到粉砂层会形成螺旋机喷涌，遇到大块石难以通过 |
| 二次破碎泥水平衡式 | 各种土层、卵石层，土中块石粒径小于刀盘开口尺寸 | 设备结构较复杂，制造成本较高，不适用尺寸较大的卵石或块石，不适用于强度大于10MPa以上的岩层 |
| 岩层刀盘泥水平衡式 | 岩土层、卵（砾）石层 | 设备结构复杂，制造成本高，适用各种岩土层 |

**3. 顶管机主轴形式选择**

顶管机驱动主轴主要有中心支承和周边支承两种。中心支承即顶管机有一条实心或者有钻孔的中心轴。单电动机时电动机传力到中心轴，中心轴再传力到刀盘；多电动机时中心轴用于支承减速箱大齿轮和连接顶管机刀盘，传力路径为电机（或者液压电动机）→行星减速器→小齿轮→大齿轮→中心轴→刀盘。周边支承是没有中心轴，利用回转支承机构传力，传力路径为电机（或者液压电动机）→行星减速器→小齿轮→回转支承齿圈→刀盘。

中心轴支承条幅式土压平衡式顶管机如图 5.2-5 所示。周边支承泥水平衡式顶管机如图 5.2-6 所示。

中心支承结构相对简单，可用于直径 4000mm 以下的顶管机，维护成本低，但支承刚度不如周边支承结构；直径超过 4000mm 时，通常采用周边支承结构。中心支承的顶管机的人孔一般设置在顶管机中隔板的顶部，出入不大方便。周边支承的顶管机的人孔自然在中部，人孔较大，出入的舒适度较好，测量的标靶安装在人孔里，更接近刀盘，测量机头位置更准确。

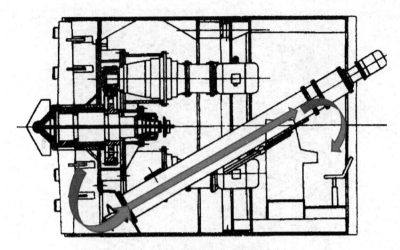

图 5.2-5　中心轴支承土压平衡式顶管机

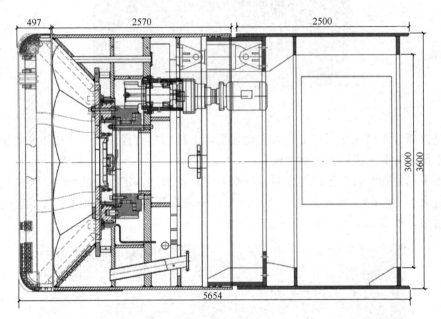

图 5.2-6　周边支承泥水平衡式顶管机

#### 4. 主顶千斤顶选型

主顶千斤顶通常分为双作用单级油缸和双作用双级油缸两种。两种油缸各有利弊。单级油缸故障率低，一般需要使用顶铁配合完成一个混凝土管节顶进，使得工作效率下降；双级油缸的伸出长度一般为 3000mm，顶进混凝土管时不需要加顶铁，千斤顶直接伸出到位，但双级油缸由于伸长时重力作用变形较大，容易出现漏油，故障较多，维修也比较烦琐。所以两种油缸都是可行的，顶管管节长度超过 2500mm 时，两种油缸均需要加顶铁。油缸的推力一般先用 200t，工作压力不超过 31.5MPa。双级主顶千斤顶如图 5.2-7 所示。

#### 5. 排碴和泥浆处理设备选型

目前顶管较多使用泥水平衡模式，一是平衡模式较有优势，对控制地面沉降效果比较

图 5.2-7 顶管主顶双级千斤顶

好；二是排碴过程机械化，降低工人劳动强度；三是中小直径顶管只能选用泥水平衡。所以泥水平衡顶管成了机械顶管的主流。

泥水平衡顶管配备进排水泥浆泵，排水泵应具备通过一定直径的块状物体的能力，出口直径应大于 100mm，流量应大于 $100\text{m}^3/\text{h}$，一般选用渣浆泵作为进水泵，选用砾石泵作为排水泵，如图 5.2-8 所示。

图 5.2-8 顶管用砾石泵

### 6. 指向测量设备选型

顶管测量指向通常采用电子激光经纬仪，在顶管机机头内安装测量定位的测量标靶，标靶的尺寸一般为 20cm×20cm，按 1cm 间距画方格。

对于长距离顶管和曲线顶管，应采用专门的顶管自动跟踪测量导向系统，如图5.2-9所示。

图5.2-9　顶管专用测量系统

### 7. 顶管刀具选型

顶管刀具主要分为刮（齿）刀和滚刀两种。刮（齿）刀包括中心刮刀和边缘刮刀，用于普通顶管机刀盘，也用于岩石顶管机刀盘。滚刀包括光面滚刀和镶硬质合金齿滚刀。光面滚刀可用于各种强度的岩石，岩石强度低用宽刃，反之用窄刃；镶齿滚刀主要是提高了耐磨性，但耐冲击力不如光面滚刀，适用于强度60MPa以下的岩石。岩石顶管刀盘配置的刮（齿）刀高度应小于滚刀高度25～30mm。

近十几年来，我国的机械加工技术不断提高，材料性能及加工精度已满足硬岩顶管机加工要求，加工成本已大幅度下降，同时破岩的滚刀性能已接近国际先进水平。

## 5.3　顶管井的洞口处理

### 5.3.1　洞口处土体加固

顶管井常用的施工形式包括沉井、混凝土桩（墙）支护井、钢板支护桩井和逆作井等。每种顶管井的洞口应根据地质条件确定是否需要加固和加固的具体方案，对洞外软弱土层土体进行加固，以防止涌水、涌砂和坍塌等事故的发生。土体加固宜采用水泥土搅拌桩、高压旋喷桩、素混凝土连续墙或者冻结法等形式。当条件受限时，可考虑全方位高压喷射工法（MJS）加固。

（1）采用水泥土搅拌桩、高压旋喷桩进行顶管洞口加固时，加固体的强度不宜小于0.5MPa，上下左右各3～4m，加固厚度经计算确定。

（2）采用素混凝土墙进行顶管洞口加固时，墙体混凝土强度不宜大于10MPa，墙体厚度为0.8～1.2m，加固范围应超出管外径不少于2m。素混凝土墙与顶管井围护结构之间如果存在间隙，还需采用旋喷加固，以达到止水的目的。

（3）较深的洞口当采用旋喷和搅拌都无法达到加固效果时，宜采用冷冻法加固，冻结的土体具有高强度和止水性，特别适用于大断面顶管施工和埋深较大或地下水压力较大的场合。冷冻法加固具有如下优点：

① 加固效果好，封水效果明显。冻结法加固体强度通常能达到 5～10MPa，加固体强度均匀而且其封水效果是其他方法无法比拟的。

② 冻土在达到设计温度时，其抗压强度、抗剪强度和抗拉强度等力学特性有明显的提高。

③ 冻结法加固布置灵活，可以垂直冻结，也可以水平冻结，或者打斜孔冻结，形成地下工程施工帷幕。

### 5.3.2 穿墙止水安装

顶管工作井及接收井均应设置穿墙孔。

工作井的穿墙孔直径可按下式计算：

$$D_1 = D' + 0.2$$

式中　$D_1$ ——工作井的穿墙孔直径（m）；

　　　$D'$ ——顶管机外径（m）。

接收井的穿墙孔直径可按下式计算：

$$D_2 = D' + 0.3$$

式中　$D_2$ ——接收井的穿墙孔直径（m）。

顶管工作井的穿墙孔应设置止水装置。止水装置通常采用橡胶止水板，深度较大时增加道数，也可采用盾尾刷组合止水形式。

橡胶板穿墙止水装置宜由预埋钢环、止水橡胶环、可调压板、固定螺栓、洞口加固桩或砖砌孔口等组成，其构造如图 5.3-1 所示。止水橡胶环由可调压板固定在预埋钢环上。

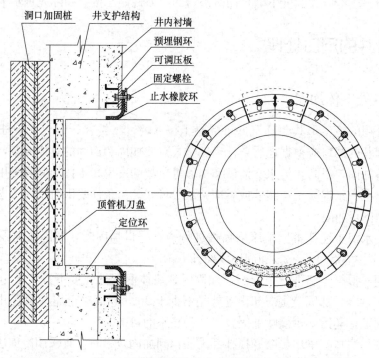

图 5.3-1　橡胶板穿墙止水装置构造图

顶管覆土深度超过 10m，地层为透水层时，应设置井壁预埋钢环，宜采用双层止水橡胶板，压板可加工成铰接，如图 5.3-2 所示。地下水深度超过 15m 时，宜采用钢刷止水装置。

止水橡胶环的拉伸量不宜小于 400%，邵氏硬度 40°～60°之间，厚度不宜小于 12mm，内径小于管道外径 100mm。

洞口采用预埋钢环时，钢环应预埋在工作井内衬墙上，洞口和预埋钢环的直径比管道外直径大 150mm 以上，钢环中心点与管道中心线的允许偏差为 10mm。

可调压板的调整范围应能使顶管机顺利通过，无铰接可调压板内边与管道外表面的最小间隙不宜大于 20mm，有铰接的压板与管道外表面夹角宜为 45°。

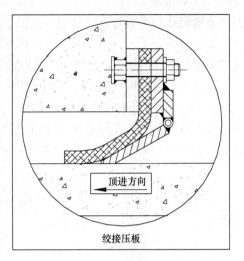

图 5.3-2　压板铰接构造图

固定螺栓的直径不宜小于 M16，数量应按下式计算确定：

$$n = k \frac{\pi(D_1^2 - D_0^2)P_w}{4N_0}$$

式中　$n$——锚固螺栓的数量；

$D_1$——穿墙孔的最大直径（m）；

$D_0$——管道的外径（m）；

$P_w$——地下水压力（kPa）；

$N_0$——单根固定螺栓的承载力（kN）；

$k$——安全系数，一般取 2。

## 5.4　顶管施工主要计算

### 5.4.1　顶管管道抗浮计算

顶管施工期间，当管道处于地下水位以下时，应进行抗浮计算。顶管管道抗浮计算应满足下式要求：

$$F_{G1} \geqslant F_{浮1}$$

式中　$F_{G1}$——每米顶管管道的抗浮力（kN/m）；

$F_{浮1}$——每米顶管管道承受的浮力（kN/m）。

$$F_{G1} = G_{土1} + G_{管1}$$

式中　$G_{土1}$——每米顶管管道上方覆土竖向土压力（kN/m）；

$G_{管1}$——每米顶管管道自身重力（kN/m）。

顶管管道上方覆土竖向土压力 $G_{土1}$ 可按下列情况计算：

（1）管道上方覆土厚度不大于 1.0 倍管道外径或小于 3.0m 或覆盖层为淤泥质土时，

其上方竖向土压力应按下式计算：

$$G_{\pm 1} = \Sigma \gamma_{si} h_i D_0$$

式中　　$\gamma_{si}$ ——顶管管道上方 $i$ 层土重度，地下水位以下应取浮重度（kN/m³）；

　　　　$h_i$ ——顶管管道上方 $i$ 层土厚度（m）；

　　　　$D_0$ ——圆形顶管管道外径或矩形顶管管道外包宽度（m）。

（2）管道上方覆土厚度大于 1.0 倍管道外径且不小于 3.0m 时，其上方竖向土压力标准值应按下式计算：

$$G_{\pm 1} = C_j \gamma_{si} B_t D_0$$

$$B_t = D_0 \left[ 1 + \tan\left( 45° - \frac{\varphi}{2} \right) \right]$$

$$C_j = \frac{1 - \exp\left(-2K_a \mu \dfrac{H_s}{B_t}\right)}{2K_a \mu}$$

式中　　$C_j$ ——顶管竖向土压力系数；

　　　　$B_t$ ——管顶上部土层压力传递至管顶处的影响宽度（m）；

　　　　$H_s$ ——管顶至地面的覆土高度（m）；

　　　　$K_a \mu$ ——管顶以上原状土的主动土压力系数和内摩擦系数的乘积，一般黏土可取

　　　　　　　　0.13，饱和黏土可取 0.11，砂和砾石可取 0.165；

　　　　$\varphi$ ——管顶土的内摩擦角，如无试验数据时可取 $\varphi = 30°$。

$$G_{管1} = \gamma_{管} A_{管}$$

式中　　$\gamma_{管}$ ——顶管管道材料重度（kN/m³）；

　　　　$A_{管}$ ——顶管管道环向平均截面面积（m²）。

$$F_{浮1} = \gamma_{w0} V_{管1}$$

式中　　$\gamma_{w0}$ ——顶管管道外浆液重度，当采用触变泥浆减阻时取为泥浆重度，否则取为水

　　　　　　　　的重度（kN/m³）；

　　　　$V_{管1}$ ——每米顶管管道排水体积（m³/m）。

## 5.4.2　顶管引起地面沉降计算

顶管施工引起的地面沉降主要由两方面构成。

一是"地层损失"引起的地面沉降。所谓"地层损失"，就是管道顶进施工过程中挖出的土体体积与管道体积的体积差。它是由于顶管工具头外壳与后续管节之间的管径差以及顶管顶进偏移轴线等引起的。"地层损失"是造成顶管施工完工后地面沉降的主要因素。

二是顶管施工对周围土体扰动引起的地面沉降。土体扰动将使土体的土压力、孔隙水压力、地下水位、土体密实度等发生变化，从而引起地面沉降，其实质是施工应力引起的地面沉降。影响土体扰动的因素很多，包括土质条件、施工技术和现场控制程度等。其中，现场控制包括顶力、土压力、管线纠偏、注浆压力和顶进速度等。现场控制与土体扰动有直接的关系，比如顶进速度过快、土压力设置过高会造成顶力上升，产生地面隆起，使土体扰动加剧。受扰动区土体特性的变化程度与顶进机和测量断面之间的距离有直接关系。

"地层损失"引起的地面沉降，可采用 Peck 沉降槽计算模型进行计算，可按下式估算：

$$S_{(x)} = S_{max} \exp\left(-\frac{x^2}{2i_2}\right)$$

$$S_{max} = \frac{V_s}{\sqrt{2\pi} \cdot i}$$

式中　$x$——顶进管道轴线的横向水平距离（m）；

　　　$i$——地面沉降槽宽度系数（m），一般取 $i = \dfrac{H_s + D_0/2}{\sqrt{2\pi}\tan(45° + \varphi/2)}$；

　　　$\varphi$——管顶土的内摩擦角；

　　　$H_s$——管顶至地面的覆土高度（m）；

　　　$D_0$——管道的外径（m）；

　　　$S_{max}$——顶进管道轴线上方的最大地面沉降量（m）；

　　　$S_{(x)}$——$x$ 处的地面沉降量（m）；

　　　$V_s$——超挖量，可根据顶管机头的形式，直接按表 5.4-1 取值。

各种顶管机头的超挖量估算　　　　　　　　　　　　　　　表 5.4-1

| 机型 | 敞开式 | 多刀盘 | 土压平衡 | 泥水平衡 |
|---|---|---|---|---|
| $V_s$ | 10%～20%$V$ | 7%～10%$V$ | 5%～8%$V$ | 3%～5%$V$ |

注：$V$——总超挖量（m³）。

顶管施工应力引起的地面沉降可利用明德林弹性力学解编制的计算程序来进行计算。具体方法为：首先，利用明德林弹性力学解编制的计算程序计算正面推力和摩擦力共同作用下，顶管轴线正上方地面（即 $x=0$）若干点的竖向位移沿顶进方向 $y$ 轴的变化规律，并找出地面沉降最大的截面，利用明德林解计算该截面因为施工应力引起的横向地面沉降；然后，利用 Peck 地面沉降槽理论公式计算出该截面由"地层损失"引起的横向地面沉降；最后，将该截面各点分别由施工应力和"地面地层"损失引起的地面沉降进行叠加，得到各点总的地面沉降。

## 5.4.3 顶管允许顶力计算

### 1. 顶进阻力计算

顶管顶进阻力应按下式计算：

$$F = F_1 + F_2$$
$$F_1 = A(P + 20)$$
$$F_2 = f_k SL$$

式中　$F$——顶进阻力（kN）；

　　　$F_1$——顶管机前端正面阻力（kN）；

　　　$F_2$——管道的侧壁摩阻力（kN）；

　　　$A$——顶管机横截面面积（m²）；

　　　$P$——顶管机截面中部的压力（kN/m²），对于泥水平衡顶管取顶管机截面中部的地下水压力，对于土压平衡顶管取顶管机截面中部的主动土压力和水压力，对于人工顶管为零，对于岩石顶管尚需加上滚刀阻力；滚刀阻力为单刀刃压力与刀刃数量的乘积；

$S$——管道的外周长（m）；

$L$——管道顶进施工长度（m）；

$f_k$——管道外壁与土的单位面积平均摩阻力（kN/m²）。

宜通过试验确定 $f_k$ 值，对于采用触变泥浆减阻技术正常顶进时宜按表 5.4-2 选用；对长时间停止顶进时，该系数应按土层情况增加到原来的 1.5～3.0 倍。

管外壁单位面积平均摩擦阻力 $f_k$（kN/m²）　　　　　　　　　表 5.4-2

| 土类<br>管材 | 黏性土 | 粉土 | 粉、细砂土 | 中、粗砂土 |
|---|---|---|---|---|
| 混凝土管 | 3.0～5.0 | 5.0～8.0 | 8.0～11.0 | 11.0～16.0 |
| 钢管 | 3.0～4.0 | 4.0～7.0 | 7.0～10.0 | 10.0～13.0 |
| 玻璃纤维增强塑料管 | 1.5～2.0 | 2.0～3.0 | 4.0～5.0 | 5.0～7.0 |

### 2. 管材允许顶力计算

管材允许顶力应按下式计算：

$$N_1 = 1000\eta f A_0$$

式中　$N_1$——管材允许顶力（kN）；

　　　$f$——管材的纵向抗压设计强度（MPa）；

　　　$A_0$——管材环向最小截面面积（m²）；

　　　$\eta$——不同管材的折减系数，按表 5.4-3 确定。

不同管材的折减系数 $\eta$　　　　　　　　　表 5.4-3

| 管材类型 | 玻璃纤维增强塑料管 | 混凝土管 | 钢管 |
|---|---|---|---|
| 折减系数 | 0.4 | 0.6 | 0.5 |

### 3. 顶管井允许顶力计算

顶管井允许顶力（图 5.4-1）按下式进行计算：

$$N_2 = \xi(0.8E_{pk} - E_{ep,k})$$

$$E_{pk} = \frac{1}{2}BH \cdot F_{pk}$$

$$E_{ep,k} = \frac{1}{2}BH \cdot F_{ep,k}$$

$$\xi = (h_f - |h_f - h_p|)/h_f$$

$$h_p = H/3$$

式中　$H$——顶管井支护入土深度（m）；

　　　$B$——计算宽度（m），对于矩形顶管井取为井外壁宽度，对于圆形顶管井取为 $0.5\pi r$（$r$ 为井外壁半径）；

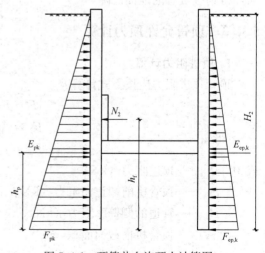

图 5.4-1　顶管井允许顶力计算图

$F_{ep,k}$ ——顶管井支护底部主动土压力标准值（kN/m²）；

$F_{pk}$ ——顶管井支护底部被动土压力标准值（kN/m²）；

$E_{ep,k}$ ——顶管井前方主动土压力合力标准值（kN）；

$E_{pk}$ ——顶管井后方主动土压力合力标准值（kN）；

$N_2$ ——顶管井允许顶力（kN）；

$h_f$ ——顶管力合力至支护底的距离（m）；

$h_p$ ——土压力合力至支护底的距离（m）；

$\xi$ ——考虑顶管力与土压力合力作用点可能不一致的折减系数。

**4. 主顶千斤顶顶力计算**

主顶千斤顶顶力应按下式计算：

$$F_j = n_1 J_0 (P_j / P_n)$$

式中　$n_1$ ——使用的千斤顶数量；

$J_0$ ——单个千斤顶额定顶力（kN）；

$P_j$ ——液压泵站的使用压力（MPa）；

$P_n$ ——千斤顶的标称压力，通常为 31.5MPa。

顶管顶进施工时的最大顶力不能超过管材和工作井后背墙的允许压力，应符合 $N_1 / N_2 \geqslant F_j \geqslant F$ 要求，否则必须加中继环接力顶进。

**5. 中继环计算**

中继环的设置原则应符合下列要求：

（1）主顶总推力达到中继环的总推力 40%～60%时，放置第一个中继环；

（2）顶进过程中启动前一个中继环顶进后，主顶千斤顶推动的管段总顶力达到中继环总推力的 60%～80%安置下一个中继环；

（3）顶进过程中主顶千斤顶的总顶力达到主顶千斤顶额定推力 90%时，应启动中继环接力顶进。

中继环布置宜按下式计算确定：

$$S' = kF_3 / f_k S$$

式中　$S'$ ——中继环的间隔距离（m）；

$k$ ——顶力系数，宜取 0.6～0.8；

$F_3$ ——中继环设计总推力（kN）。

# 5.5　顶进施工

## 5.5.1　顶进始发

（1）总体安装应符合下列要求：

① 穿墙止水装置中心偏离顶管机中心不应大于 10mm；

② 止水帘板压板与顶管机间隙为 10～20mm；

③ 穿墙孔四周与顶管机筒体之间的间隙应大于 50mm，且洞口应清理干净；

④ 泥水循环排泥系统和液压系统正常工作，油箱液压油数量应符合所有千斤顶的使

用要求；

⑤ 经纬仪激光与顶管机测量靶中心重合，误差不超过 3mm。

（2）顶管机穿越洞口加固区时应采取防扭转措施，顶进速度宜控制在 0～10mm/min。

（3）顶管机应采取防止后退的措施。

（4）顶管机与其后续 2～3 节管之间应采用螺栓或焊接连接。

（5）顶管机轴线总偏移量超过 50mm 时，应将整段管道往后拖拉至偏移量小于 10mm 处，再重新顶进。

### 5.5.2 顶进开挖面土体稳定控制

**1. 泥水平衡顶进**

（1）顶进时应经常检查循环泥浆黏度，循环泥浆黏度应控制为 22～35s。

（2）顶进前应检查泥水压力，泥水压力应控制在高出地下水压力 20～40kPa。应按先内循环，微调泥水压力待稳定正常后，再外循环正常顶进的程序进行。

（3）泥水循环排土时，宜采用泥水处理器分离混合泥浆中的渣土。

（4）每段管节正常顶进完成后，在停机前宜进行泥水内循环 2～3min。

（5）拆卸泥浆管时应关闭井内泥水循环管截止阀。

**2. 土压平衡顶进**

（1）初始顶进时，出土量宜为理论出土量的 95％；正常顶进时，出土量应控制在理论出土量的 98％～100％。

（2）排泥时应控制泥土仓的土压力。泥土仓的土压力应比管道所在的地层位置的主动土压力大（20±10）kPa。

（3）顶进排土时，打开出土器的出土闸门要缓慢，防止泥浆从出土口喷涌。

（4）在含水量少的土层中顶进出现排土困难时，应向泥土仓注水或加气，增加切削土体的流动性，实现顺利排土。

（5）在砂层中顶进时，宜在切削面注入泥粉或泡沫剂，改变砂土的流动性和抗渗性。

（6）在黏性土层中顶进时，应适量注入分散剂，降低土体的黏稠度。

（7）浆液或泥粉注入口宜设置在刀盘中心及刀盘辐条上，注入口应安装防护头和单向阀。

（8）每段管节顶进完成后，在停止顶进后应继续转动刀盘将泥土仓内的土体搅拌均匀。

（9）采用矿车出土时，应注意及时停止顶进；采用土砂泵运输时，应注意排土的流动性和均匀性。

### 5.5.3 顶力控制

**1. 注浆减阻**

（1）注浆材料应符合下列要求：

① 优先选用钠基膨润土，必要时还应添加纯碱和高分子化学聚合物；

② 干净的淡水水源；

③ 触变泥浆配合比应符合表 5.5-1 的要求。

触变泥浆配合比 表 5.5-1

| 密度（g/cm³） | 黏度（s） | 失水量（cm³/30min） | pH 值 | 静切力（Pa） | 稳定性 |
|---|---|---|---|---|---|
| 1.01~1.06 | 30~50 | <25 | 8~10 | 100 | 静置 24h 无离析 |

（2）触变泥浆减阻应遵循"机尾为主、先注后顶、边顶边注、不注不顶"的原则，注浆控制应符合下列要求：

① 始发顶进 30m 后开始注浆；

② 理论注浆压力宜比地下水压力高 20kPa；

③ 第 1~3 节保持顶进连续注浆，后段可采用循环式间断补浆；

④ 注浆应持续到顶管机到达为止。

（3）注浆以压力控制为主，注浆量控制为辅，理论注浆量应为超挖量的 1.5 倍。

**2. 中继接力**

中继接力是长距离顶管的必要手段。但中继接力要求一定的安装空间，顶管内径宜在 $\phi1600mm$ 或者 $\phi1600mm$ 以上。

中继环如图 5.5-1 和图 5.5-2 所示。中继环加工、安装、使用和拆除的具体要求如下。

图 5.5-1 中继环组装成品

图 5.5-2 中继环在管道内安装使用

（1）中继环的技术性能应符合下列要求：

① 壳体结构应有足够的强度和刚度；

② 千斤顶行程应能符合纠偏的要求，且不宜超过 300mm；

③ 采用单作用千斤顶，千斤顶应沿周长均匀布置；

④ 密封装置宜采用径向可调形式，密封配合面应加工光滑，密封材料应耐磨；

⑤ 超长距离顶管工程的中继环应具有可更换密封止水圈的功能。

（2）中继环的设置位置应根据设计顶力计算确定，第一个中继环的设计顶力应保证其最大允许顶力能克服前方管道的外壁摩擦阻力和顶管机的迎面阻力之和；后续中继环设计顶力应能克服两个中继环之间的管道外壁摩擦阻力。设计顶力严禁超过管材允许顶力，应留有足够顶力安全系数。

（3）中继环安装运行应符合下列要求：

① 中继环安装前应对各部件进行检查、调试，确认正常后方可安装，并通过试运转

合格后方可使用；

② 中继环最大使用顶力为其设计顶力的 90%；

③ 中继环的启动应在主千斤顶顶力达到设计选用顶进管材材料允许顶力的 80%～90%之前进行；

④ 超长距离顶管的多个中继环应采用计算机联动控制。

（4）中继环拆除应符合下列要求：

① 千斤顶压缩到最小行程；

② 拆除千斤顶和临时部件；

③ 中继环外壳不拆除的，应在安装前进行防腐处理；

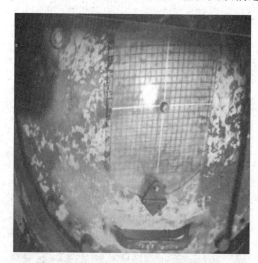

图 5.5-3　激光经纬仪测量顶管偏差

④ 钢管顶管中继环拆除后，有抗浮要求时应在薄弱断面处加焊内环。

### 5.5.4　顶管方向控制

顶管方向控制是顶管施工的重要环节之一，顶管操作人员要根据测量结果对顶管机的方向进行实时监控和纠偏，纠偏动作的掌握是顶管操作人员的基本和关键技能，是影响顶管成败的主要因素。通常使用激光经纬仪按照设计方向投射激光光斑到顶管机的测量靶上，通过数字视频显示在操作台显示屏上，操作人员可以实时直观观察到顶管机的位置，读取上下左右偏差作为纠偏的依据，如图 5.5-3 所示。

对于长距离顶管和曲线顶管，宜采用先进的顶管自动测量跟踪导向系统，如图 5.5-4 所示。

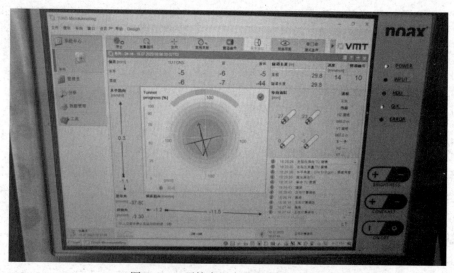

图 5.5-4　顶管专用自动测量导向系统

（1）顶管施工测量应建立地面与地下测量控制系统，并应符合下列规定：

① 控制点应设置在不易扰动、视线清晰、方便校核的位置，并应采取保护措施；

② 测量使用的仪器应检查校正，精度应符合现行国家标准《工程测量标准》GB 50026—2020 的有关规定；

③ 施工中应对顶进方向的高程偏差、轴线偏差、顶管顶进的姿态与顶进长度等参数进行测量。

（2）顶管定向测量应采用激光指向法，当定向测量存在困难时，应在管内设置测站，采用导线法转站测量。

（3）顶管高程测量精度应符合下列规定：

① 水准测量，应达到四等水准测量的精度；

② 水准仪配合吊钢尺，每次应独立观测 3 测回，每测回均应变动仪器高度，3 测回测得井上和井下水准点的高差应小于 3mm；

③ 三角高程测量，应达到四等水准测量的精度。

（4）顶管施工的测量应符合下列规定：

① 顶进施工过程中，每次测量前应对井内的测量控制基准点进行复核，发生工作井位移、沉降、变形时应对基准点进行调整。

② 顶管机始发出洞进入土层时，每顶进 300mm，测量不应少于 1 次；正常顶进时，每顶进 1000mm，测量不应少于 1 次；

③ 顶管机进入接收井前 10m 应增加测量次数，每顶进 300mm，测量不应少于 1 次；

④ 每节管节顶进开始前应进行复测；

⑤ 纠偏量较大或频繁纠偏时应增加测量次数。

⑥ 长距离矩形顶管宜采用计算机辅助导线法进行测量；在矩形顶管内增设中间测站进行常规人工测量时，宜采用少设测站的长导线法，每次测量前均应对中间测站进行复核。

（5）顶管顶进过程中，应遵循"勤测量、勤纠偏、微纠偏"的原则，控制顶管机前进方向和姿态，并应根据测量结果分析偏差产生的原因和发展趋势，确定纠偏的措施。

（6）顶管顶进纠偏应符合下列规定：

① 顶进过程中应绘制顶管机水平与高程轨迹图、顶力变化曲线图、管节编号图，随时掌握顶进方向和趋势；

② 纠偏应在顶管推进和刀盘旋转的过程中进行；

③ 应采用小角度纠偏方式，并应反复、多次进行纠偏操作；

④ 纠偏时开挖面土体应保持稳定。

### 5.5.5 顶管到达

（1）洞口应预先进行处理，清除钢筋混凝土障碍物，并校核洞口的位置。

（2）当地下水位高可能发生管涌或流砂现象时，应采用水下达到方式，到达后再进行止水和排水处理。

（3）井内宜预留略高于管底的垫层以支承顶管机。

（4）顶管机进入接收井洞口和加固区时，顶进速度不宜大于 10mm/min。

（5）顶管机和管节进入接收井后，应及时对顶管管道与洞口间的空隙进行填充止水处理。

（6）对硬塑土层，顶管结束后应采取注浆措施填充管外侧超挖的空隙。

## 5.6 特殊顶管技术

### 5.6.1 曲线顶管

（1）曲线顶管始发时应有一段长度不小于20m的直线顶进段，并应逐渐过渡到曲线段。

（2）相邻两管节之间的转角 $\alpha$ 应按管道曲率半径、管径、管节长度及接口形式等确定，且宜小于 0.3°。

（3）曲线顶管的最小管径不宜小于 $\phi$1200mm。

（4）曲线顶管应在管内放置中间测站。

（5）曲线顶管的顶力估算，应在式（5.6-1）总顶力估算公式基础上乘以曲线顶管顶力附加系数 $K$，$K$ 值宜按表 5.6-1 取值。

$$F = F_1 + F_2 \qquad (5.6-1)$$
$$F_1 = \pi DLf \qquad (5.6-2)$$

式中 $F$——总顶力（kN）；

$F_1$——管道外壁与土层的摩阻力（kN）；

$F_2$——顶管机的迎面阻力（kN）；

$D$——管道外径（m）；

$L$——管道顶进长度（m）；

$f$——管道外壁与土的平均摩阻力（kPa），宜取 2～7kPa。

曲线顶管顶力附加系数 K 值 表 5.6-1

| $R$ | 300$D$ | 250$D$ | 200$D$ | 150$D$ | 100$D$ |
|---|---|---|---|---|---|
| $K$ | 1.1 | 1.15 | 1.2 | 1.25 | 1.3 |

注：$R$ 指曲率半径（m）；$D$ 指管道外径（mm）。

（6）曲线顶管注浆应通过顶进参数、触变泥浆系统压力表或球阀开关动作，判断曲线段外侧的浆液形成情况，并应及时补浆。

（7）相邻两管节之间的转角 $\alpha$ 大于 0.2°时，应在顶管机原纠偏装置后面增加 2 组纠偏装置。

（8）管节接口应采用双道橡胶密封圈的钢承插接口形式。顶管机后 3 节管节接口处应预埋钢板，并设置拉杆连成一体，过曲线段时应松开拉杆。管接口端面的衬垫板宜选用 25mm 厚的去疖松木板。

（9）曲线的曲率半径不宜小于 300m，并应满足按式（5.6-3）的计算要求，取其大值。

$$R = l/\tan\alpha \qquad (5.6-3)$$
$$\tan\alpha = X/D \qquad (5.6-4)$$

式中 $R$——曲率半径（m）；

$l$——管节长度（m）；

$\alpha$——相邻两管节之间的转角（°）；

$X$——内外侧管节间隙差（m）；

$D$——管道外径（m）。

（10）曲线顶管施工的测量应符合下列规定：

① 曲线顶管施工的测量宜采用支导线测量的形式，由井底导线基点，逐站测量至顶管机，以测出顶管机的当前位置。

② 在曲线段，宜每顶进一节管节测定顶管机位置一次。

③ 井底导线基点宜每隔 24h 复测一次。

④ 曲线顶管宜采用自动测量系统。

## 5.6.2　超长距离顶管

（1）超长距离顶管应对后靠背土体强度、变形进行复核验算，并确定加固范围及形式。

（2）超长距离顶管洞口止水措施应加强。

（3）超长距离顶管所使用顶管机应满足相应的使用寿命，并应备足相应的配件。

（4）超长距离顶管中继间应符合下列规定要求：

① 中继间的有效行程不应小于 300mm。

② 中继间液压站油箱容量宜为 3 倍千斤顶满腔容量。

③ 中继间启用宜采用组合联动系统。

（5）超长距离顶管的顶进测量应采用自动测量导向系统，并应符合下列规定：

① 顶管机应设置姿态仪。

② 在管内应设置中转测站。

（6）超长距离顶管的顶进纠偏宜符合下列规定：

① 纠偏作业应以小角度逐步增加纠偏量进行。

② 偏离速率缩小及偏离幅度缩小时应视情况逐步减小纠偏量，纠偏作业期间应增加测量频率。

（7）超长距离顶管减阻触变泥浆系统应采用每个注浆断面多点注浆形式。

（8）超长距离顶管应定期对顶管机设备、管内供电系统、通风系统及防火系统进行检查。

（9）超长距离顶管宜配备可视化远程控制系统，监控管内主要设备运行状态，重要数据应予以实时记录。

## 5.6.3　岩石顶管

岩石顶管机是一种具有破碎岩石能力的顶管机。对于土压平衡式顶管机，切削下来的岩石在泥水仓中形成塑性体，并从螺旋出土器排出；对于泥水平衡式顶管机，渣土通过泥水循环排出地面。

岩石顶管机施工可以视地层的稳定情况设定泥水（土）仓压力。对于不稳定地层，仍然需要设定泥水（土）仓压力为高于地下水压力 20～40kPa。

对于可以自稳的岩层，不再要求建立平衡状态，泥水平衡的循环系统只起排渣作用。对于挖掘面完全是岩石的地质，添加适当比例的黏土易形成塑性体和提高泥水的排渣能力。

一方面，与土层顶管相比，岩层与管节外壁之间通常一直存在间隙，导致减阻泥浆套难于形成，大量减阻泥浆顶管机泥水（土）仓；另一方面，刀盘切削下来的石渣会通过超挖间隙向后进入岩层与管节外壁间隙，使管节上浮，严重时会使摩阻力急剧增大。

当围岩破碎时，岩石顶管风险较大。特别富水和裂隙发育地层，会出现透水、泥水平衡失效、触变泥浆减阻无法提供有效润滑等现象。因此，岩石顶管施工中应充分考虑这些风险，并采取有针对性的措施。所以岩石顶管应选择泥水平衡顶管机，合理安排顶力，触变泥浆配比和泥水指标，调整顶进参数，风险较大时尚应配置气压舱，方便清障和更换刀具。例如，2011 年在西气东输穿越常山江时采用了气压舱开仓换刀和清理大块卵石。如图 5.6-1～图 5.6-3 所示。

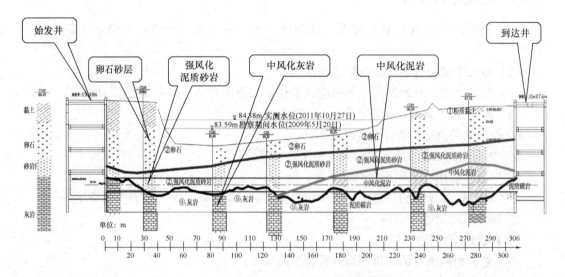

图 5.6-1　西气东输穿越常山江剖面图

图 5.6-2　西气东输穿越常山江所用气压设备

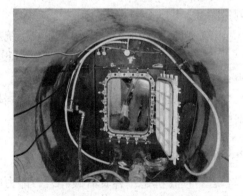

图 5.6-3　顶管机气压舱

### 5.6.4　矩形顶管

矩形顶管技术发明于 20 世纪 70 年代初，首台矩形顶管应用于日本东京的地下联络通道中。20 世纪 90 年代以后，矩形顶管技术逐渐走入中国，并在中国市场得到应用与发展。1995 年，我国研发的第一台矩形顶管机诞生，该矩形顶管机的断面为 2.5m×2.5m，并成功应用于上海地铁 2 号线与 5 号线出入口人行通道工程。近 30 年来，日本率先研发了土压平衡与泥水平衡两种先进的矩形顶管机和施工工法。

2015 年以后，我国进入了非开挖装备制造与工程应用的高峰期，并生产研发了多个世界最大的矩形顶进设备。其中，采用如图 5.6-4 所示 14.82m×9.45m 多中心刀盘土压平衡矩形顶管机，在嘉兴市南湖大道下穿市区快速路环线工程 101m。采用如图 5.6-5 所示 10.42m×7.57m 多中心刀盘土压平衡矩形顶管机在郑州市沈庄北路下穿中州大道单顶长度 212m 和在珠海市环屏路下穿珠海大道 188m。

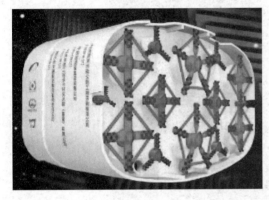

图 5.6-4　14.82m×9.45m 多中心刀盘土压
平衡矩形顶管机

图 5.6-5　10.42m×7.57m 多中心刀盘土压
平衡矩形顶管机

最近在广州市完成了 11.1m×8.1m 超大断面泥水平衡顶管用于地铁车站施工，成功下穿了 3 条高压燃气管道。如图 5.6-6～图 5.6-9 所示。采用分体式中心轴、偏心轴组合式刀盘。

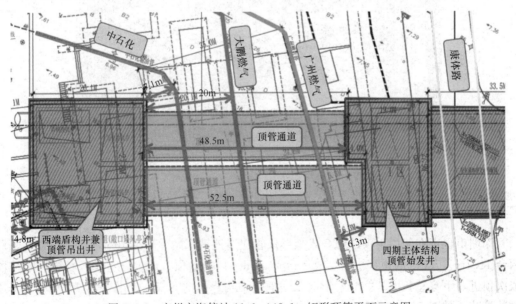

图 5.6-6　广州市海傍站 11.1m×8.1m 矩形顶管平面示意图

图 5.6-7 广州市海傍站 11.1m×8.1m 矩形顶管始发

图 5.6-8 广州市海傍站 11.1m×8.1m 矩形顶管到达

深圳市也正在使用更大的组合式矩形顶管建造地铁车站，高 14.0m，宽 22.1m，采用两台 11.1m×7.0m 的顶管机组合成一台 11.1m×14.0m 顶管机，分左线、右线对暗挖段依次顶进，下穿总长度 70.0m，形成车站框架结构，如图 5.6-10 和图 5.6-11 所示。采用拼装管节，如图 5.6-12 所示。

图 5.6-9　广州市海傍站 11.1m×8.1m 矩形顶管成型

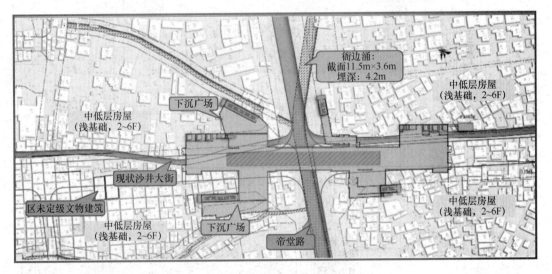

图 5.6-10　深圳沙三站平面示意图

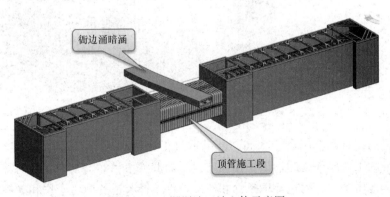

图 5.6-11　深圳沙三站立体示意图

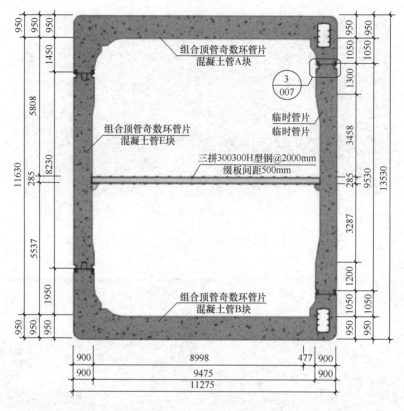

图 5.6-12　深圳沙三站拼装管节图

从顶管长度来看，矩形顶管长度已经超过 200m，在广州广花快速路改造项目中使用了中继环接力技术，如图 5.6-13 所示。

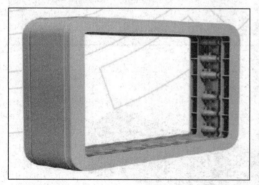

图 5.6-13　矩形顶管使用中继环

矩形断面的优点是空间利用率高，能满足过街通道和地下管廊等建（构）筑物的需求。矩形顶管的工作原理与圆形顶管相同，但断面形状不一样，又产生新的工艺难题。首先是需要根据地质条件、周边环境条件和技术条件选择合适的刀盘布置和平衡模式，目前矩形顶管主要包含 3 种刀盘：平行中心轴式、偏心多轴式和中心轴偏心轴组合式。不同刀盘开挖特点及适用土质如表 5.6-2 所示。

不同刀盘形式矩形顶管机的特点　　　　　　　　表 5.6-2

| 刀盘类型 | 组合形式 | 开挖特点 | 优点和缺点 |
|---|---|---|---|
| 平行中心轴式 | 前后面组合刀盘 | 旋转运动；盲区辅助；措施处理；搅拌较充分 | 设备结构简单，制造成本低，但开挖死角多，对地下障碍物的适应性弱，对洞口加固体要求强度不能过高 |
|  | 同平面组合刀盘 |  |  |
| 偏心轴式 | 偏心多轴式刀盘 | 多曲轴摆动；全断面切削；搅拌较充分 | 设备结构较复杂，制造成本较高，开挖死角少，对地下障碍物的适应性较强，各种洞口加固方法都能适应 |
|  | 行星轮驱动刀盘 | 公转＋自转；全断面切削；搅拌充分 | 设备结构不太复杂，开挖死角少，但对地下障碍物的适应性不强，对洞口加固加固体要求强度不能过高 |
| 中心轴、偏心轴组合式 |  | 多种运动形式；全断面切削；搅拌充分 | 设备结构复杂，制造成本高，开挖死角少，对地下障碍物的适应性强，各种洞口加固方法都能适应 |
| 其他（滚筒式、摆动刀盘式） |  | 滚动或摆动；全断面切削；搅拌不充分 | 国内未见使用 |

矩形顶管目前正逐渐向着大断面、长单顶距离方向发展。目前世界最大断面矩形顶管机与单顶距离最长矩形顶管机以及世界最长单顶距离顶管机都在中国。

## 5.7　顶管工程质量控制与检验

**1. 顶管机设备的质量要求**

顶管机设备的可靠性对顶管工程安全质量十分重要，除了在设备选型、设备制造等环节对顶管设备做好质量的把控外，在施工阶段对设备的调试、使用和验收方面需要充分做好相关工作。顶管机设备出厂文件要完备、齐全；顶管设备、配套设备和辅助系统使用前要进行调试；顶管机设备要按出厂使用说明书规定的技术性能、承载能力和使用条件正确操作，合理使用；不应存在超载、超速作业或任意扩大使用范围；顶进施工前，要按规定对顶管设备进行验收。

**2. 顶管工程配套设施的质量要求**

除顶管机设备外，导轨、千斤顶、中继间、油泵、水泵和注浆机等顶管配套设施也要对其材质和安装质量做相关要求。

导轨材质选用要满足要求，要安装牢固不产生位移；导轨应顺直、平行、等高，安装的纵向坡度要与管道设计坡度一致；顶铁的强度、刚度应满足最大允许顶力要求；安装轴线应与管道轴线平行、对称，顶铁在导轨上滑动平稳且无阻滞现象，以使传力均匀和受力稳定。

千斤顶宜固定在支撑架上，并应与管道中心线对称，其合力应作用在管道中心的垂面上；千斤顶宜取偶数，且规格相同；当规格不同时，其行程应同步，并应将同规格的千斤顶对称布置；千斤顶的油路应并联，每台千斤顶应有进油、回油的控制系统及油路断路开关；油泵和千斤顶的选型应相匹配，并应有备用油泵；油泵安装完毕，应进行试运转，并应在合格后使用。主顶液压泵站的油箱容积总和应为千斤顶用油量总和的 2～3 倍，油管直径应与千斤顶的大小和数量匹配；主顶液压泵站安放的场地应平整压实、通风、防雨，必要时配备降温措施；主顶液压泵站应靠近千斤顶安装。设定工作压力不得超出液压泵的最高额定压力，且不能长时间在额定压力下连续工作；油管的承压能力不小于液压泵站最高压力的 1.5 倍，安装时应顺直，不宜使用过长的油管。

中继间使用时，油压、顶力不应超过设计油压顶力，避免引起中继间变形；中继间应安装行程限位装置，单次推进距离应控制在设计允许距离内；中继间设计顶力严禁超过管材允许顶力；确定中继间位置时，应留有足够的顶力安全系数。

**3. 顶管管材的质量要求**

充分考虑顶管工程隐蔽工序多、顶进施工在很大程度上不可逆或返工成本太大，规定工程所用的管材、中间产品和主要原材料严格执行进场验收制和复验制，验收后方可使用。顶管技术是一个涵盖许多专业的施工方法，顶管工程在各行业中广泛存在。各行业的管道功能要求可能不一致，验收标准存在合理的差异。

目前，关于顶管用管材的验收标准尚有待于完善，原来的标准明显没有对影响顶管施工的管节端面不平整度问题作出要求，管端面倾斜度都允许 5°这是很不合理的。根据经验管端面的不平整度应不超过 3mm/1000mm。根据现有规范，下列数据供参考。

（1）原材料和中间产品的质量标准（表 5.7-1）

原材料和中间产品的质量标准表 表 5.7-1

| 分部分项名称 | 项目 | 材料名称 | 试验项目 | 试验取样频率 | 送检数量 | 参照规范 |
|---|---|---|---|---|---|---|
| 顶管井结构 | 原材料、中间产品 | 钢筋 | 屈服、极限抗拉强度、伸长率、冷弯 | 同牌号、同炉号、同规格、同交货状态，每 60t 取一次，不足 60t 也取一次 | 拉伸试验 2 根、冷弯试验 2 根 | CJJ 2—2008 6.5.1 |
| | | 钢筋焊接接头 | 屈服、极限抗拉强度、伸长率 | 300 个同牌号、同形式钢筋接头为一批 | 拉伸试验 3 根 | JGJ 18—2003 5.4.1 |
| | | 砂 土 | 标准锤击试验 | 1000m² /层（30cm 一层）取样一次 | 2 组/次 | GB 50268—2008 4.6.3 |
| | | 水泥 | 强度、细度、安定性和凝固时间 | 同生产厂家、同批号、同品种、同出厂日期且连续进场的袋装水泥每 200t 为一批，每批取样一组 | 12kg/组 | CJJ 2—2008 7.13.1 |
| | 混凝土试件 | 混凝土 | 抗压强度 | 每构筑物的同一配合比混凝土，每拌制 100m³ 且每一台班取一组 | 3 个/组 | GB 50141—2008 6.2.8 |
| | | | 抗渗强度 | 同一配合比，每构筑物按底板、池壁和顶板等部位，每一部位每浇筑 500m³ 混凝土为一批 | 6 个/组 | |

| 分部分项名称 | 项目 | 材料名称 | 试验项目 | 试验取样频率 | 送检数量 | 参照规范 |
|---|---|---|---|---|---|---|
| 管材 | 混凝土管 | 成品管材（出厂抽检） | 外压裂缝荷载 | 从外观质量、尺寸及偏差、混凝土强度合格的管子中抽取两根，其中一根进行外压裂缝荷载检验 | 1根/批 | JC/T 640—2010 8.2.3 |
| | | | 内水压检验 | 对另一根进行内水压检验。如果一项检验不合格，则允许再抽取二根进行复检；如其中仍有一根不合格，则判定该批产品不合格 | 1根/批（DN600～1350，700根/批；DN1500～2400，650根/批；DN2600～3000，500根/批） | |
| | 钢管 | | 纵向力学性能 | 按同一厂家、同一原料、同一规格、同一压力等级或管系列、同一个月内进场时间的材料为一检验批 | 1根/批 | GB/T 8163—2018 中表2的规定 |
| | | | 压扁试验 | 按同一厂家、同一原料、同一规格、同一压力等级或管系列、同一个月内进场时间的材料为一检验批。试样应无裂缝或裂口 | 1根/批 | GB/T 8163—2018 |
| | | 外防腐层 | 厚度 | 每20根1组（不足20根按1组），每组抽查1根测管两端和中间共3个截面 | 每截面测互相垂直的4点 | GB 50268—2008 5.9.4 |
| | | | 电火花检漏 | 全数检查 | 全数检查 | |
| | | | 黏附力 | 每20根为1组（不足20根按1组），每组抽1根 | 每根1处 | |
| | | 涂料类内防腐层 | 干膜厚度 | 每根（节） | 两个断面，各4点 | GB 50268—2008 5.9.3 |
| 管材 | 玻璃纤维增强塑料管 | 成品管 | 巴氏硬度和水压渗漏试验等 | 以300根相同工艺、相同公称直径、相同轴向压缩强度等级、相同压力等级和相同刚度等级的管材为1批，不足300根的按1批处理。1批中随机抽取2根，其中1根用于进行外观质量、尺寸（不含内衬厚度、巴氏硬度和水压渗漏试验；1根用于内衬厚度、不可溶分含量和力学性能检验） | 2根/批 | GB/T 21492—2008 |
| | | | 内衬厚度和力学性能检验等 | | | |

（2）工艺性能检测标准（表 5.7-2）

工艺性能检测标准表　　　　　　　　　　　　表 5.7-2

| 分部分项名称 | 项目 | 试验项目 | 试验取样频率 | 抽检数量 | 参照规范 |
|---|---|---|---|---|---|
| 钢管对接 | 钢管接缝现场焊接 | 超声波检测 | 按照设计要求或按照规范 GB/T 11345—2013 | | GB/T 11345—2013 |
| | | X 射线检验 | 按照设计要求或按照规范 GB/T 11345—2013 | | GB/T 11345—2013 |
| | 钢管接缝外防腐 | 厚度 | 逐个检测，每个随机抽查 1 个截面 | 每个截面测互相垂直的 4 点 | GB 50268—2008 5.10.4 |
| | | 电火花检漏 | 全数检查 | 全数检查 | |
| | | 黏附力 | 每 20 个焊缝抽 1 处 | | |
| | 钢管接缝内防腐 | 干膜厚度 | 每个现场焊缝 | 两个断面，各 4 点 | GB 50268—2008 5.10.3 |
| 管道验收 | 无压管道 | 闭水试验 | 按井段数量抽样选取 1/3 进行试验 | | GB 50268—2008 9.2.6 |
| | 压力管道 | 管道水压力试验 | 宜小于 1000m 为 1 段 | 1 次每段 | GB 50268—2008 9.1.9 |
| | 所有管道 | CCTV 视频录像 | 按井段数量抽样选取 1/3 进行试验 | 1 次每段 | 广州市有关规定 |
| 工作井/接收井 | 回填砂/土 | 压实度试验 | 500m²/层，每层每侧一组 | 3 点/组 | GB 50141—2008 表 4.7.7 |

（3）混凝土管外观和尺寸检查（表 5.7-3、表 5.7-4）

外观质量要求　　　　　　　　　　　　表 5.7-3

| 序号 | 项目 | 项目类别 | 质量要求 |
|---|---|---|---|
| 1 | 贯穿裂缝 | A | 不准许 |
| 2 | 拼接面裂缝 | B | 拼接面方向长度不超过密封槽且宽度小于 0.20mm |
| 3 | 非贯穿性裂缝 | B | 内表面不准许，外表面裂缝宽度不超过 0.20mm |
| 4 | 内、外表面露筋 | A | 不准许 |
| 5 | 孔洞 | A | 不准许 |
| 6 | 麻面、粘皮、蜂窝 | B | 表面麻面、粘皮、蜂窝总面积不大于表面积的 5%，允许修补 |
| 7 | 疏松、夹渣 | B | 不准许 |
| 8 | 缺棱掉角、飞边 | B | 不应有，允许修补 |
| 9 | 环、纵向螺栓孔 | B | 畅通、内圆面平整，不得有塌孔 |

注：由于水泥砂浆表面收缩引起的收缩裂纹不是裂缝。

混凝土管节的卷面允许偏差（mm）　　　　　表 5.7-4

| 混凝土管公称直径 DN | 内直径 | 外直径 | 端面内外高差 | 端面不平整度 | 外径椭圆 |
|---|---|---|---|---|---|
| 800～2000 | 0，−5 | ±2 | 2 | 2 | 5 |
| 2000～2800 | 0，−8 | ±4 | 2 | 3 | 10 |
| 3000～3500 | 0，−10 | ±5 | 3 | 3 | 10 |

表 5.7-4 是作者根据实践经验总结而得的建议。当混凝土管端面不平整时，应采用专门工具打磨平整，满足顶管传递顶力的要求，如图 5.7-1 所示。

图 5.7-1　混凝土管节端面不平整度测量和端面打磨效果

# 5.8　顶管施工监测

**1. 顶管工程监测技术的重要性和必要性**

顶管工程监测技术是指通过各种先进的技术手段对顶管施工过程中的地质情况、土体工程参数、结构变形等进行实时监测和分析，以保证顶管施工的安全性和质量。

顶管施工是一项危险性较大的工作。如果没有监测技术的配合，就很难保证施工的安全。通过实时监测，可以及时发现施工现场存在的安全隐患，并采取相应的措施进行处理，从而避免安全事故的发生。同时，顶管施工需要考虑很多因素，如土质、水文等。这些因素的变化都可能影响到工程的质量，通过监测技术可以及时掌握工程进展情况，为后续工作提供依据，从而保证施工质量。此外，通过顶管工程监测技术，可以及时发现问题并加以解决，避免了因为质量问题导致的返工和修补等额外成本的产生。因此，采用顶管工程监测技术不仅可以保障施工安全和质量，还可以降低成本。

**2. 顶管施工监测要求**

施工监测中，其范围可分为地上和地下两部分。地上监测的内容应包括地面沉降、隆起以及相邻建筑物的沉降和倾斜等；而地下监测的范围则应包括顶管施工扰动范围内的地下构筑物、地下管线的竖直和水平位移以及漏水、漏气等问题。

**3. 监测项目**

（1）现场监测应采用仪器监测和巡视检查相结合的方法。对于直径大于2m或覆土厚度小于1.5倍管径的管道，需要进行仪器监测，监测项目按表5.8-1执行；而对于直径小于2m的管道，可采用巡视检查，包括观察地面是否出现裂缝、漏浆情况以及循环泥浆是否溢出场外或市政排水系统等。

监测项目 表5.8-1

| 项目 \ 类别 | | 管道外边线两侧2倍埋深范围内 |
|---|---|---|
| 管道轴线范围地面沉降 | | 宜测 |
| 周围地下管线位移 | | 应测 |
| 周围建（构）筑物变形 | 竖向位移 | 应测 |
| | 水平位移 | 应测 |
| | 裂缝 | 应测 |
| 后靠背变形 | | 宜测 |
| 管道应力 | | 宜测 |
| 管道内气体 | | 宜测 |

注：当顶管穿越地铁、隧道或其他对位移（沉降）有特殊要求的建（构）筑物及设施时，具体监测项目应与有关部门或单位协商确定。

（2）在顶管管节结构监测中，应包括管节应力和外观监测。观察并记录裂缝的生成时间、长度和宽度发展情况。

（3）对于顶管施工影响范围内的道路路面、相邻建（构）筑物、堤岸及其他重要设施都应该进行水平位移、沉降和隆起监测。

（4）对于地铁、地下重要管线等的监测，应符合现行国家标准《城市轨道交通工程监测技术规范》GB 50911—2013、《工程测量标准》GB 50026—2020的有关规定和相关专业要求。

**4. 监测频率**

顶管机距监测点5倍管道直径后开始监测，离开监测点5倍管道直径后降低监测频率直至稳定，具体监测频率宜符合表5.8-2的规定。

顶管工程周边环境监测报警值和监测频率 表5.8-2

| 项目 \ 监测对象 | | | 累计值 | | 变化速率（mm/d） | 监测频率 |
|---|---|---|---|---|---|---|
| | | | 绝对值（mm） | 倾斜 | | |
| 1 | 管线位移 | 刚性管道 压力 | 10～30 | — | 1～3 | 1次/d |
| | | 刚性管道 非压力 | 10～40 | — | 3～5 | |
| | | 柔性管线 | 10～40 | — | — | 1次/d |

续表

| 项目 | 监测对象 | 累计值 | | 变化速率 (mm/d) | 监测频率 |
|---|---|---|---|---|---|
| | | 绝对值（mm） | 倾斜 | | |
| 2 邻近建（构）筑物 | 最大沉降 | 10～60 | — | — | 1次/d |
| | 差异沉降 | — | 2/1000 | 0.1H/1000 | 1次/d |
| 3 | 地面沉降 | 30 | — | 5 | 1次/d |
| 4 | 后靠背变形 | 30 | — | | 1次/d |
| 5 | 钢管应力 | 钢材强度 | | | 1次/节 |
| 6 | 管内气体 | — | — | | 人员进入前 |

当顶管施工过程中遇到环境变化或异常情况时，需要立即进行连续监测。例如当地面、井壁结构或周边建（构）筑物出现裂缝、沉降或隆起，或者遇到降雨、降雪、气温骤变等情况导致工作井内或管节内出现异常的渗水或漏水等都需要进行连续监测，直到连续3d的监测数值稳定。此外，如果当地面变形速率大于或等于前次监测的变形速率，也需要进行连续监测。在监测数值稳定期间，还应根据变形稳定值的大小及工程实际情况定期进行监测。对于顶管穿越地面建筑物和地铁隧道、铁路、桥梁、防汛墙、地下管线等重要构筑物的情况，还需要对建（构）筑物及其周围土体进行变形监测并提高监测频率，以符合相关专业要求。

# 参考文献

[1] 钱七虎，李朝甫，傅德明．全断面掘进机在中国地下工程中的应用现状及前景展望[J]．建筑机械，2002(5)：28-35.
[2] 郑永光，薛广记，陈金波，庞文卓．我国异形掘进机技术发展、应用及展[J]．隧道建设，1066-1078.
[3] 黎东辉，钟显奇．小曲率顶管施工技术在广州电力隧道的施工应用[J]，广东土木与建筑，2017，24(2)：64-66，63.
[4] 黎东辉，钟显奇．矩形顶管工法在地下通道工程中的应用[J]．广东土木与建．2016，23(Z1)：60-62.
[5] 黎东辉．硬岩地层顶管施工技术探讨[J]．广州建筑，2017，45(1)：33-36.
[6] 钟显奇，周志强，黎东辉．西江引水工程大直径钢管顶管施工关键技术措施及效果[J]．给水排水．2011，47(2)：93-96.
[7] 顶管技术规程：DB/15—106—2015[S]．北京：中国城市出版社，2016.
[8] 葛春辉．顶管工程设计与施工[M]．北京：中国建筑工业出版社，2012.

# 6 既有建筑物地下空间开发技术

王卫东[1]，吴江斌[2]，胡耘[2]，岳建勇[2]

(1. 华东建筑集团股份有限公司，上海 200041；2. 华东建筑设计研究院有限公司，上海 200011)

## 6.1 前言

目前全国既有建筑面积超过 800 亿 $m^2$，其中城镇既有建筑保有量超过 300 亿 $m^2$。随着经济与城市发展和人们需求的提高，城市既有建筑的使用功能逐步面临新的需求。特别是三种典型区域：历史建筑保护区（有保护要求高、建筑活力不够等特点）、核心中心商务区（有人口密度大、交通集度高等特点）与老旧住宅小区（有建筑密度大、地下空间缺失、停车难等特点），存在建筑更新、区域功能提升和交通发展的需求。这些区域的既有建筑大多存在地下空间开发量不足、缺乏有机联系等突出问题，越来越不能满足经济与城市发展需求[1]。

城区既有建筑物已进入以存量开发为主的内涵式发展阶段，推动城市更新、告别大拆大建，已成为城市发展的必然选择。要积极探索渐进式、可持续的有机更新模式，以存量用地的更新利用来满足城市未来发展的空间需求。城市地下空间的开发利用成为解决城市人口、资源、环境三大危机和可持续发展的重要途径。在新建工程项目地下空间向大面积、深层次、全局化发展同时，既有建筑地下空间的缺位成为影响城市发展的短板。既有建筑地下空间的开发将成为地上、地下一体化发展，扩展空间、完善城市功能的重要手段。

既有建筑地下空间开发具有诸多优点[2]，对我国当前的经济发展和城市建设具有十分重要的意义。在经济方面，可以有效地降低拆除和重复建设的成本、节省资金。在文化方面，可以使部分历史建筑在原址附近得以保留，免遭拆除或异地重建的命运，最大程度地保留和传承其历史人文价值。在环境方面，几乎不产生新的建筑垃圾，材料和能源消耗相对来说较少，对环境保护极为有利。在规划方面，可以通过地下空间与既有建筑空间的整体协同，完善建筑功能、提升区域能级。

当既有建筑有条件移动时，可通过平移实现地下空间的拓展。一般，可在既有建筑外侧先建好地下空间，再将既有建筑移至新建地下空间的正上方；当既有建筑要求原址保留时，也可先暂时将既有建筑整体平移至拟建地下室基坑外或基坑内栈桥上，待新建地下空间后再将既有建筑移回至原址。平移过程通常包括横向平移、纵向平移、转向等位移方式。当既有建筑没有足够的空间进行平移或不允许平移时，可对既有建筑进行竖向托换后原位新建地下空间。这是一项复杂的技术过程，它包含对原建筑物的结构加固、基础托换、开挖以及新构件制作及与旧构件连接等一系列综合复杂的技术。首先对既有建筑上部结构进行加固；其次施工地下空间开发所需的周边围护体，并进行基础托换；然后向下逐层开挖形成地下空间；最后施工地下室主体结构柱，割除临时托换构件，形成完整的地下结构和空间。在既有建筑平移和原位托换形成地下空间过程中，往往还会结合顶升技术，解决净空、高差等相关问题。

既有建筑地下空间开发的环境条件受限，传统的施工设备与工艺不能满足场地需求，且地下工程必然对既有建筑造成不同程度的扰动，需一系列技术支撑，包括既有建筑基础托换技术、既有建筑整体平移技术、既有建筑顶升技术、狭小空间条件下基坑围护技术等。目前，国内外在既有建筑地下空间开发的经验和技术水平均处于起步阶段，既有建筑地下空间开发的迫切度高、难度大，需要得到相关计算理论、设计方法和施工装备及技术的支持，也将面临与常规新建地下空间项目所不同的难点。

## 6.2 既有建筑地下空间开发关键技术

既有建筑地下空间开发是受到空间、时间、环境等多重高约束环境下的精细化工程，目前所运用的关键技术主要包括：（1）既有建筑基础托换技术；（2）既有建筑整体平移技术；（3）既有建筑整体顶升技术；（4）狭小空间条件下基坑围护技术。

### 6.2.1 既有建筑基础托换技术

在既有建筑地下空间开发时，它改变了既有建筑的基础形式和受力状态。在此过程中，既有建筑的上部结构是否安全成为关键问题。为此，往往需要对原建筑物进行相应的基础托换。所谓基础托换，就是采用新增加基础工程的方法，对既有建筑物某一部位的基础结构进行部分或完全替换后，与原有基础共同承担或替代原基础承担上部荷载，以取得预期的沉降和沉降差控制效果。

基础托换方案须根据被托换结构轴力大小、地层物理力学参数、保护建筑的重要性、沉降控制要求以及地下工程之间的关系等综合确定。常用的基础托换方法大致可分为四种[3]：（1）浅基础加宽法；（2）筏板基础托换法；（3）桩-筏板基础托换法；（4）桩基托换法。其中桩基托换法最为常用，其控制变形能力好，能将沉降控制在数毫米以内。因需要进入既有建筑内部施工托换桩，可选用的桩型主要包括锚杆静压桩、低净空钻孔灌注桩、人工挖孔桩等。

表 6.2-1 对国内外一些典型既有建筑地下空间开发过程中采用基础托换技术的案例进行了统计。表 6.2-1 中既有建筑物的地上结构形式包括砖木、砖石、砖墙、砌体、框架、框架-剪力墙等结构；所用桩型包括钢管桩、混凝土桩、锚杆静压桩、钻孔灌注桩、人工挖孔桩等。

在轨道交通 9 号线徐家汇换乘枢纽站项目中，部分区域需将既有商场一层地下室增层为地下二层，改为换乘大厅使用[4]。如图 6.2-1 所示，项目在完成基础托换后，向下开挖增设地下二层形成换乘大厅，面积约 2000m²，高度为 5m。其过程大致分为：首先，紧贴地下室外墙内侧插 H700×300×13×24 型钢，间距 1200mm；然后，在桩间采用 MJS 工艺施工直径 2200mm 的超高压喷射注浆，形成挡土和止水复合体；接着，选用静压钢管桩对既有地下商场进行"二桩托一柱"托换；最后，在原底板上开洞，向下暗挖施工地下结构。

国内外典型既有建筑托换后新建地下空间案例[1]　　　　　　表 6.2-1

| 序号 | 地点 | 项目名称 | 既有建筑信息 | | | 新增地下空间信息 | | | 托换方式 |
|---|---|---|---|---|---|---|---|---|---|
| | | | 地上结构 | 地下结构 | 基础形式 | 模式 | 层数 | 深度(m) | |
| 1 | 加拿大蒙特利尔 | 蒙特利尔古教堂 | 砖石结构 | — | 条形基础 | 竖向延伸 | 4 | | 钢管混凝土桩 |
| 2 | 德国柏林 | 波兹坦 Huth 酒庄 | — | | 浅基础 | 混合模式 | 1 | | 混凝土桩 |
| 3 | 日本东京 | 东京丸之内车站 | 砌体结构 | | 木桩基础 | 竖向延伸 | 2 | | 桩梁式托换 |
| 4 | 中国北京 | 北京音乐堂 | 框架结构 | | 独立基础 | 竖向延伸 | 1 | 6.5 | 人工挖孔桩两桩托一柱 |
| 5 | 中国上海 | 轨道交通9号线徐家汇换乘枢纽站 | 框架结构 | 1 | 桩基础 | 竖向延伸 | 1 | 5 | 静压钢管桩两桩托一柱 |
| 6 | 中国江苏 | 工行扬州分行办公楼辅楼 | 框架结构 | | 浅基础 | 竖向延伸 | 1 | 3.6 | 锚杆静压钢管桩 |
| 7 | 中国济南 | 济南商埠区某医院 | 框架结构 | | 浅基础 | 竖向延伸 | 3 | 15.7 | 泥浆护壁钻孔微型钢管桩 |
| 8 | 中国浙江 | 杭州玉皇山南甘水巷3号组团 | 框架结构 | | 独立基础 | 竖向延伸 | 1 | 3.6 | 锚杆静压钢管桩 |
| 9 | 中国浙江 | 浙江饭店 | 框架-剪力墙结构 | 1 | 桩基础 | 竖向延伸 | 1 | 6.8 | 锚杆静压钢管桩 |
| 10 | 中国上海 | 爱马仕之家 | 砖木结构 | — | 砖砌大放脚基础 | 局部竖向延伸 | 2 | 9 | 钻孔灌注桩 |

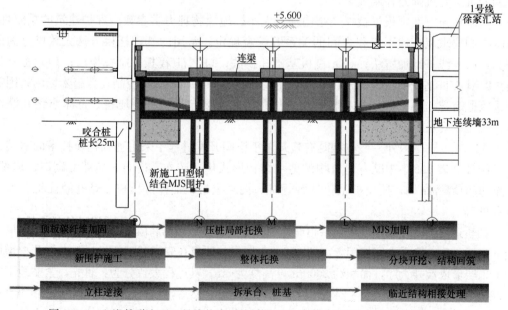

图 6.2-1　上海轨道交通 9 号线徐家汇换乘枢纽站换乘大厅工程向下加层剖面图[5]

基础托换的力学机理简单明了，即将既有建筑物的部分或整体荷载经由托换结构传至基础持力层。但由于地基条件的复杂性、基础形式的不同、地基与基础相互作用以及托换原因和要求的差别等，复杂条件下的基础托换技术是一项多学科技术高度综合、难度大、费用高的特殊工程技术，涉及结构、岩土、机械、液压、电控等多个方面，需要结构工程师、岩土工程师、电气工程师、液压工程师和测量工程师等密切协作，还要求采取严密的监测反馈措施，实施施工过程信息化。

虽已有部分工程实践，但基础托换用于既有建筑地下空间开发仍面临一系列挑战，主要包括：

（1）既有建筑的内部空间小、净空低，对托换桩施工设备尺寸、工艺有限制要求。

（2）考虑到地下空间开挖的需求，需发展高承载力托换桩技术，以尽量减少托换桩数量。

（3）地下空间土方开挖前，既有建筑荷载全部转移至托换桩，存在一次力的转换和基础与结构变形的发生，需合理评估和控制该过程对既有建筑的影响。

（4）土方开挖过程中托换桩之间将产生进一步的变形和差异变形，需要严格控制，使上部结构不至于产生过大的附加变形和内力而引起结构开裂或影响建筑使用。

（5）在地下空间开挖过程中，原有桩基或新增托换桩基失去四周土体约束，桩基承载力和稳定性降低，整个建筑类似于高高在上的吊脚楼，托换桩的受力复杂，整体失稳问题突出。

（6）为了保证托换桩与结构之间的传力可靠，托换桩的布置以及托换桩、临时托换构件、结构基础、上部结构之间的传力节点设计与连接构造非常复杂。

## 6.2.2 既有建筑整体平移技术

在既有建筑地下空间开发中，当具备条件时可以暂时将既有建筑整体平移至周边其他位置，在原址新建地下空间后再将既有建筑移回，这个过程需要运用既有建筑整体平移技术。其主要原理为[6]：

（1）在平移新址和旧址之间布置轨道，建造一个托换结构对上部结构进行托换，形成一个托换整体用以承受重力荷载、平移顶推力以及平移过程中的动力荷载；

（2）在托换结构下部布置滚轴或滑动支座等，再将建筑物与原基础分离使得托换结构落在轨道上形成了一个可移动体；

（3）使用牵引或顶推设备将既有建筑物移动到预定位置上。

国外应用既有建筑整体平移技术已有上百年历史，尤其在欧美国家应用的最多，我国从20世纪60年代开始使用该项技术。随着技术的进步，我国在十几个省已经有数百个建筑物整体平移的成功实例，包括住宅、宾馆、音乐厅、纪念馆以及大量具有珍贵文物价值历史建筑。表6.2-2给出了国内一些有代表性的建（构）筑物整体平移工程案例，图6.2-2为上海梅林正广和大楼的整体平移照片。

国内有代表性的建（构）筑物整体平移工程案例[1,6]　　　　表6.2-2

| 序号 | 时间 | 地点 | 工程名称 | 保护级别 | 工程特点 |
|---|---|---|---|---|---|
| 1 | 1987 | 上海 | 外滩天文台 | 全国重点文物保护单位 | 结构高52m，总重4500kN 平移24.2m |

| 序号 | 时间 | 地点 | 工程名称 | 保护级别 | 工程特点 |
|---|---|---|---|---|---|
| 2 | 1995 | 河南孟州 | 市政府办公大楼 | | 总建筑面积 3961m²，重 59000kN<br>平移 72m，转向 90° |
| 3 | 1999 | 广州北海 | 原英国领事馆 | 全国重点文物保护单位 | 2 层建筑，建筑面积 1154m²<br>纵轴向 50°斜向平移 55.8m |
| 4 | 2003 | 上海 | 上海音乐厅 | 上海市文物保护单位 | 建筑面积 12986.7m²，结构总重 56500kN<br>整体顶升 3.38m，平移距离 66.46m |
| 5 | 2008 | 山东济南 | 宏济堂西号 | | 向北移位约 11.63m，向东移位约 16m；<br>新建一层地下室 |
| 6 | 2013 | 上海 | 上海梅林正广和大楼 | 上海市优秀历史建筑 | 6 层框架-排架结构，建筑面积 7000m²<br>向西平移 5m，再沿横轴向北平移 33.2m；<br>至新建 2 层地下室之上 |
| 7 | 2014 | 山西大同 | 大同展览馆 | 山西省文物保护单位 | 3 层内框架结构，建筑面积 18200m²，<br>总重 580000kN<br>总平移距离 1402m |
| 8 | 2017 | 上海 | 玉佛禅寺大雄宝殿 | 上海市优秀历史建筑和区文物保护单位 | 占地面积 450m²，总重估计约 20000kN<br>向北平移 30.66m，顶升 1.05m；<br>在前院建造地下室和一层架空层 |
| 9 | 2018 | 上海 | 四川北路街道 HK172-13 地块项目保留建筑 | 上海市保留历史建筑 | 3 层砖木结构，建筑面积 587m²，<br>平移三次共计 52m；顺时针旋转 89.6°，<br>顶升 0.4；至新址后新建 4 层地下室 |
| 10 | 2020 | 上海 | 安康苑一期 | 上海市保留历史建筑 | 五栋均为 2 层砖木结构建筑，总建筑面积 1945m²<br>分栋平移并回迁 |

图 6.2-2　上海梅林正广和大楼的整体平移照片

既有建筑整体平移技术需根据原建筑物的结构形式、整体刚度、工程地质情况、现场施工条件、经济投资对比等多方面因素综合选定方案。其设计施工内容主要包含以下 7 部分：

（1）上部结构的加固以及结构中薄弱环节的加固，如在结构内部架设脚手架、对砌体填充墙进行填缝等措施。

（2）在平移路径以及新旧基础下进行基础加固，提供其承载能力，并在其上建造下轨道梁。

（3）整体托换结构的建造位置一般选择在承重墙（柱）处，根据选择的托换方式的不同，在其下方或两侧浇筑柱端或墙体托换结构，并浇筑连系梁，使之与托换节点一起形成一个较大刚度的整体，作为承受上部结构重力荷载以及顶推力的水平荷载的主要受力结构。

（4）安装动力设备以及行走装置，并在必要部分设置监测设备，对结构的整个平移过程进行实时监测，确保结构在平移过程中的安全。

（5）在托换结构和轨道达到一定强度之后，通常采用机械切割的方式将建筑物与原基础分离，这样使得上部结构与托换结构一起落在轨道上，完成上部结构的整体托换。

（6）通过动力设备施加水平顶推或牵引力，建筑物沿下轨道梁方向平移至设计位置。

（7）建筑物移至指定位置后与新基础进行可靠连接，必要时可设置隔震装置，以提高其抗震性能。

我国已有许多既有建筑整体平移的工程实践，其中多个工程无论在设计难度和施工规模上都达到了较高的水平，在既有建筑整体平移的某些技术方面甚至处于世界领先水平。通过平移开发既有地下空间时，与单一建筑平移相比往往面临平移与回迁、平移路线复杂、复杂高低差处理、临时安放等更复杂的技术问题，因此有必要加强这一技术的研究工作，完善其理论分析基础，对现有的规范进行补充和完善。

## 6.2.3 既有建筑整体顶升技术

既有建筑整体顶升技术是在保证既有建筑物整体性和可用性的前提下，将其整体顶升到一个新的位置，图 6.2-3 为既有建筑顶升装置示意图。既有建筑整体顶升技术的基本原理是[7]：

（1）对既有建筑物进行必要的加固，利用托换技术改变其传力体系，使建筑物与原基础或地基脱离，从而使建筑物形成可移动的整体；

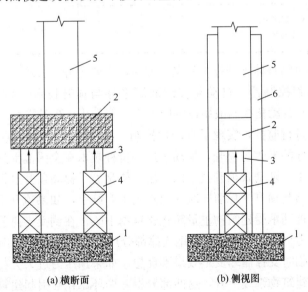

(a) 横断面　　　　(b) 侧视图

1—底盘结构体系；2—托盘结构体系；3—施力体系；4—支撑体系；5—既有结构；6—限位体系

图 6.2-3　既有建筑顶升装置示意图

（2）通过动力设备将建筑物整体逐步顶升；

（3）顶升至目标高度后，进行结构连接。

既有建筑物整体顶升技术的研究和运用在国内外已经有数十年的历史。为确保顶升过程中的安全性和可控性，现已逐步形成多种技术：PLC（可编程控制器）自动化液压顶升技术、随动顶升技术、交替变频顶升技术以及"位移＋压力"组合控制技术。既有建筑整体顶升技术在实际工程中的应用日渐广泛，表 6.2-3 给出了国内近 20 余年建筑顶升工程的部分典型案例。

国内近 20 余年典型建筑顶升工程案例[8]　　　　　　表 6.2-3

| 序号 | 时间 | 地址 | 工程名称 | 层数 | 结构类型 | 基础类型 | 顶升高度（m） |
|---|---|---|---|---|---|---|---|
| 1 | 2000 | 广东 | 顺德市某公司办公大楼 | 7 层半 | 框架结构 | — | 1.78 |
| 2 | 2004 | 云南 | 昆明市金刚塔 | 2 | 砂石砌成 | 浅埋毛石基础 | 2.6 |
| 3 | 2005 | 河南 | 郑州文庙大成殿 | 1 | 木结构 | 柱础石 | 1.72 |
| 4 | 2009 | 上海 | 大华清水湾三期 | 2 | 砖混结构 | 天然基础 | 2.2 |
| 5 | 2011 | 江苏 | 道生碱店 | 3 | 砖混结构 | 柱下独立基础 | 0.90 |
| 6 | 2010 | 河南 | 玉皇阁 | 3 | 砖拱券建筑 | 碎砖三合土基础 | 3.45 |
| 7 | 2011 | 江苏 | 南京博物院 | 3 | 钢筋混凝土框架结构 | 条形基础 | 3.0 |
| 8 | 2013 | 湖北 | 遇真宫 | 1 | 砖拱券建筑 | 青石基础 | 15 |
| 9 | 2017 | 甘肃 | 兰州市雁滩公园水榭及长廊 | 2 | 钢筋混凝土结构 | 柱下独立基础 | 0.8 |
| 10 | 2018 | 海南 | 淇水湾旅游度假综合体 | 2 | 钢结构 | 天然基础 | 2+2+1 |

关于国内既有建筑物整体顶升技术的发展方向，主要可分为：

（1）PLC（可编程控制器）自动化控制液压平移与顶升技术。2003 年全国首创将 PLC（可编程控制器）自动化控制液压设备应用于上海音乐厅顶升平移工程中，通过位移传感器和压力传感器进行监控，实现了自动化控制，移位同步控制精度提高到毫米级[9]。完美完成了上海音乐厅的平移与顶升，推动了这一特种技术在全国范围的推广。

（2）随动顶升技术。随动式顶升技术的应用主要是为了提高顶升过程中的安全性，在顶升过程中随动千斤顶与顶升千斤顶同时伸出直到顶升结束，如果顶升千斤顶发生失压情况，随动千斤顶直接被动承受建筑物重量防止建筑物下坠。在倒换支撑前随动千斤顶会给定临时支撑一定预压力（10～50t），消除钢支撑部分压缩变形。实际使用发现，如果预压力过小则消除回落时临时支撑压缩变形效果不理想，如果预压力过大会与顶升千斤顶油管积攒的压力共同使得建筑物继续上升，这两部分误差循环累积会引起建筑物的整体姿态较大的变化，扩大顶升精度误差。随动顶升技术于 2008 年全国首次应用于济南燕山路立交顶升项目[10]。

（3）交替变频顶升技术。由于随动技术的被动式受力特点，交替顶升技术应运而生。交替顶升技术是两组顶升千斤顶共同顶升，交替收缸支垫，每组千斤顶顶升安全系数均大于 2，总体顶升安全系数大于 4。交替顶升技术改变了以往顶升后需要回落倒换千斤顶，使得每次倒换均需被动托换一次造成位移误差累计的问题，而且大大减小了顶升过程中建筑物的水平偏斜。该技术在 2012 年全国首次应用于成都二环桥梁顶升[11]，目前已经成功应用于数十座顶升项目，更是依靠此技术顶升至 11.81m 的高度。

（4）"位移＋压力"组合控制技术。建筑物顶升支撑点布置分散繁多，压力不均。同时，由于上部结构刚度的影响及不均匀沉降引起的重力重分布，会导致部分位移控制点间可能互相干扰，使得个别位移传感器被带动造成该处千斤顶不再供压出现行程托空现象，托空点很有可能引起建筑结构的强制变形。"位移＋压力"组合控制技术可以在顶升过程中将问题点直接切换为压力跟随状态，以压力值作为控制基础，位移作为参考值进行监测，保证该点不再被托空。该技术成功将海南淇水湾旅游度假综合体项目顶升 5.0m 以及在厦门后溪长途汽车站平移项目成功应用。

## 6.2.4 狭小空间条件下基坑围护技术

基坑工程是实现既有建筑地下空间开发的重要环节。当前国内基坑围护技术已经非常成熟，在复杂、敏感环境条件下均有十分有效成熟的施工技术。然而，当进行既有建筑地下空间开发时，会面临更多施工空间方面的限制。由于既有建筑的存在，施工围护结构过程中往往面临着施工场地狭小、低净空等难题，特别是对于需要到既有建筑内部去施工围护结构的情况下尤为突出。另外，同时围护结构的施工还需尽量减小对邻近既有建筑的扰动。此外，对于部分存在地下空间的建筑、可能周边存在老的基坑围护体系，需要结合新增围护体系与老围护体系的空间关系、新增地下空间开挖深度等条件，分析新老复合围护结构体系的受力与安全。

各类常规基坑围护体系包括：地下连续墙、灌注排桩、水泥土搅拌桩。对于地下连续墙，其施工设备较大，相对限制了其在狭小环境条件下施工的应用。对于灌注排桩，其旋挖钻孔灌注桩和长螺旋钻孔灌注桩虽然具有成桩质量好，且施工过程少泥浆等优点，但较大的施工设备同样限制了其在狭小环境条件下施工的应用；泥浆护壁成孔灌注桩由于施工设备较小，是一种场地条件适应性较强的施工工艺，通过改造后可用于场地狭小、低净空环境条件下围护排桩施工。对于水泥土搅拌桩，其施工对场地需要同样较大，常规的 SMW 工法桩不适于在狭小空间下施工；当场地净高受到一定限制，但场地施工面积较为充裕的情况下，可考虑采用 TRD 等厚度水泥土搅拌桩作为基坑围护结构。

常规设备在施工场地狭小的项目中，会不同程度地受到一些空间限制。因此，在常规设备基础上进行设备小型化改进，或研发适用于狭小或低净空条件的新型围护体技术十分必要。当前，已有一些新型基坑围护技术出现，如：

（1）排桩结合超高压喷射注浆止水帷幕复合围护技术；

（2）高频免共振桩基施工技术；

（3）垂直顶管施工的钢管（钢管混凝土）围护桩技术；

（4）静压钢板桩技术。

关于排桩结合超高压喷射注浆止水帷幕复合围护技术，即在常规排桩（包括混凝土灌注桩、型钢桩、钢管桩等桩型）围护结构形式的基础上，利用新型超高压喷射注浆技术（RJP 工法）或全方位超高压喷射注浆技术（MJS 工法）构筑大深度、大直径的水泥土加固体，成为排桩结合超高压喷射注浆止水帷幕的复合围护结构[12]。其中，混凝土灌注桩可采用泥浆护壁成孔灌注桩方法施工，型钢桩、钢管桩可利用高频免共振施工技术进行打设，同时常规的 RJP、MJS 设备占地仅需约 2.8m×2m，适用狭小空间条件。排桩结合超高压喷射注浆止水帷幕的复合围护结构在狭小环境条件下的应用主要有两种方式（图 6.2-4），即超高压喷射注浆止水帷幕结合 H 型钢复合围护结构（IBG 工法）和灌注桩结合超高压喷射注浆止水帷幕复合围护结构。

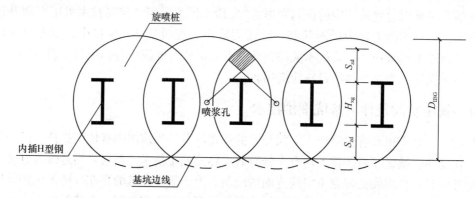

(a) 超高压喷射注浆止水帷幕结合H型钢复合围护结构示意

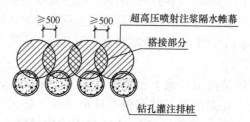

(b) 灌注桩结合超高压喷射注浆止水帷幕复合围护结构示意

图 6.2-4　排桩结合超高压喷射注浆止水帷幕复合围护技术

关于高频免共振桩基施工技术，其是目前应用于桩基沉桩的新型施工工艺，该工艺采用高频免共振振动沉桩方式，振动的最大频率可达 2300rpm，避开土体的共振频率，实现无共振打设钢管桩，对周边土体无共振、无显著挤压、噪声低，降低了对邻近环境的影响[13]。另外，高频免共振锤设备小，如 ICE-70RF 高频免共振锤的平面尺寸（长×宽）仅为 2883mm×985mm，高度仅为 2835mm，适用于狭小空间施工条件。基坑工程中，可利用高频免共振技术施工钢管桩、H 型钢、钢板桩等形式的桩作为基坑的围护结构，采用高频免共振设备沉桩深度可达 60~80m，能够满足一般基坑工程中围护结构所需深度的要求。图 6.2-5 为高频免共振桩基施工技术用于紧邻既有建筑施工围护结构的现场照片。

垂直顶管施工的钢管（钢管混凝土）围护桩技术可用于解决施工场地狭小或低净空环境条件下围护结构打设的施工难题。该工艺通过垂直顶管机（顶管机直径与围护桩桩径相

(a) 现场照片一

(b) 现场照片二

图 6.2-5 高频免共振桩基施工技术在紧邻既有建筑周边进行围护结构施工的现场照片

同）向下开挖桩孔，在地面设置顶进装置提供反力并向下逐节顶进施工钢管桩（钢管节长度约 1.5m），待整根钢管桩施工就位再将顶管机回收，如图 6.2-6 所示。该技术采用压力平衡式钻头的钢管灌注桩施工技术，可适应低净空、大深度、复杂地层的成孔要求，控制土体变形能力强，特别适应环境敏感区域的桩基施工要求。

静压钢板桩技术是通过夹住数根已经压入地面的钢板桩，将其拔出阻力作为反力，利用静载荷将下一根桩压入地面的"压入机理"，如图 6.2-7 所示。静压钢板桩技术的施工设备小，当前市场上已有一款平面尺寸约为 1.2m×2m 的静压钢板桩植桩机。同时，该技术可选用"单独压入""水刀辅助压入""螺旋钻辅助压入""旋转切削压入"等相应的施工方式，适用松软土质及卵石、抛石、岩石等坚硬地质，可对应各种苛刻的地质状况。总体而言，该技术施工过程无振动、噪声小、精度高且施工作业面小，在紧邻既有建筑的狭小空间施工可以取得良好的效果，可以弥补振动打桩法的不足，在保证施工要求的前提下，把施工对既有建筑影响降到最低。

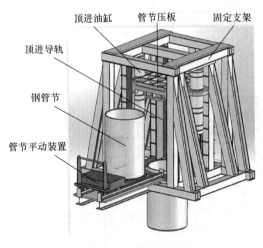

图 6.2-6 垂直顶管施工装置示意图

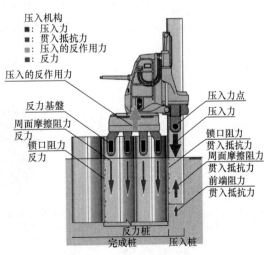

图 6.2-7 静压钢板桩技术

## 6.3 工程实例

### 6.3.1 黄浦区 160 街坊保护性综合改造项目

#### 1. 工程概况

1）工程背景

黄浦区 160 街坊保护性综合改造项目，位于外滩历史文化风貌区和外滩金融集聚带的核心区域，是上海市城市更新示范项目和外滩第二立面综合改造率先启动项目。为实现保护性更新，在原位保护街坊内文物保护单位（以下简称 A 楼）和历史风貌建筑（以下简称 B 楼）的同时，于 B 楼下方新增三层地下空间（图 6.3-1）。新增地下空间埋深约 18m，

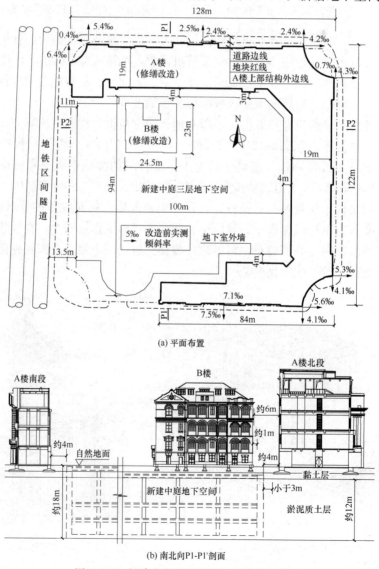

(a) 平面布置

(b) 南北向P1-P1'剖面

图 6.3-1　新建中庭地下空间与保护建筑关系

满布中庭区域，北、东、南三侧紧贴 A 楼，距离 A 楼上部结构外墙普遍约 4m（局部约3m），距离 A 楼条形基础外边线普遍不足 3m。西侧道路下方存在运营的地铁区间隧道，上行线隧道与地下室外墙距离约 11～13.5m。

2）既有建筑概况

A 楼始建于 1912 年，为上海市第一批第二类优秀历史建筑，1989 年被列为上海市文物保护单位。该建筑地上 4～5 层，建筑面积 21740m²，主体建筑平面呈"匚"形，采用钢筋混凝土与砌体混合结构、天然地基条形基础（图 6.3-2a）。

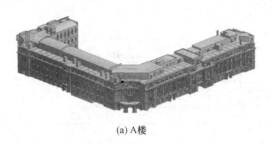 

(a) A楼　　　　　　　　　　　　　　　　　　(b) B楼

图 6.3-2　保护建筑形态示意图

B 楼建成于 19 世纪末 20 世纪初，地上 4 层，建筑面积 2100m²，平面呈凹形，为砖木混合结构，采用砖墙、砖壁柱作为竖向承重构件，普遍采用刚性大放脚基础（图 6.3-2b）。

上述两栋建筑建成至今已逾百年，期间发生了较大的沉降和不均匀沉降。A 楼整体表现为朝向外围的倾斜，数值从 2‰～8.5‰ 不等（图 6.3-1a）；B 楼整体略向北倾斜，平均斜率为 2.88‰。此外两栋保护建筑结构也出现了不同程度的损伤，文物管理部门对 A 楼和 B 楼均提出了原位保护的原则和较高的保护要求。

3）工程地质、水文地质概况

上海为长江三角洲滨海平原地貌，建设场地为上海典型软土地层，地下室埋深范围内主要为②层填土、③层淤泥质黏土和④层淤泥质土，淤泥质土孔隙率大于 1.0，抗剪强度低，土性软弱，图 6.3-3 给出了场地内东西向的典型地质展开图和各土层主要物理力学参数。

场地地下水有潜水、⑤$_{3-2}$ 微承压含水层和⑦层承压水，⑤$_{3-2}$ 层微承压含水层与⑦层承压含水层连通。为防止突涌破坏，开挖至普遍基底时承压水头需降低约 5m，落深区最大水头降深约需 8m，需关注承压水降压对周边环境影响。

4）主要工程问题

（1）受限条件下历史风貌建筑地下空间开发

在浅基础的历史建筑下方新增地下空间，历史建筑的保护主要有原位基础托换[14,15]和整体往复平移两种方式[16,17]。原位基础托换的方式需进入 B 楼内部密集施工托换深基础，经测算需布置约 110 根约 48m 长（含地下空间范围内 18m）托换桩，相比整体往复平移造价更高、施工周期更长。此外，如图 6.3-1（b）所示，原位基础托换方式下，B 楼北侧与 A 楼结构外边距仅约 6m，地下室外墙内边线距离 B 楼外墙约 1m，狭小空间施工深基坑围护结构难度极大。综上所述，优先采用整体往复平移的方式开发 B 楼地下空间。

若能将 B 楼平移至待建地下空间以外暂时停放，或将整体地下空间分区实施后于结构上方往复平移 B 楼，则与常规地下空间建设无异。但本工程三侧为 A 楼环抱，一侧为

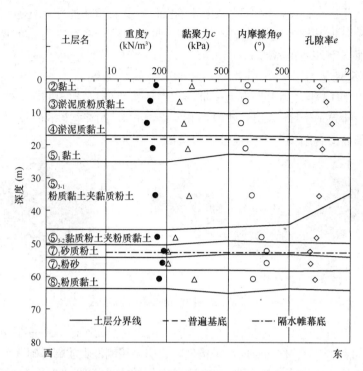

| 土层名 | 重度γ (kN/m³) | 黏聚力c (kPa) | 内摩擦角φ (°) | 孔隙率e |
|---|---|---|---|---|

图 6.3-3　典型地层分布及物理力学参数

市政主干道，周边无施工场地，不具备 B 楼外移临时放置的条件。又因地铁保护需要，地下空间已划分为Ⅰ、Ⅱ、Ⅲ区实施（图 6.3-4），且Ⅱ、Ⅲ区尺寸不足以停放 B 楼，建设单位也难以接受进一步分区实施所带来的造价和工期的增加。故需打破常规，寻求技术可行、经济和工期均较优的 B 楼保护和地下空间开发方案。

（2）三侧卸荷情况下文保建筑变形控制

如图 6.3-1 所示，中庭地下空间开发产生三侧紧贴 A 楼的深基坑工程，基坑面积约 7700m²，挖深 18.2m，围护结构施工、基坑开挖和降水等均会对 A 楼产生不同程度的影响。A 楼平面布置呈特殊的"匚"形，长宽比较大，且未设置变形缝，条形基础坐落于软土地基上，历经百年已产生较大的沉降并存在显著的不均匀沉降（一层勒脚线最大相对高差约 380mm），少量承重砖墙出现了沉降裂缝，自身抗变形能力较差。

前期分析表明，若不对 A 楼采取有效的变形控制措施，仅基坑开挖引起的 A 楼基础附加沉降最大值就超过 70mm。因此除加强基坑围护结构变形控制外，需要同时采取有效措施提升 A 楼自身抗变形能力。对浅基础的保护建筑采用桩基础进行预防性托换是常用的方法[18]，A 楼体地上 4～5 层，荷载重体量大，完全托换需设置千余根 30m 长钢管桩，投资造价高、施工周期长。经房屋质量检测，A 楼大部分承重构件基本完好，且上部结构将进行保护性修缮，主要需求是控制基坑施工期间 A 楼附加变形，以此为出发点，寻求变形控制、工期、造价的平衡。

**2. 总体技术路线**

综合地下空间开发需求、保留建筑保护要求、软土地基条件、施工作业条件，安全、造价和工期等各方面因素，结合地铁隧道保护要求，中庭地下空间分为主体Ⅰ区和邻近地铁的窄条型Ⅱ区、Ⅲ区（图6.3-4）先后明挖顺作实施。

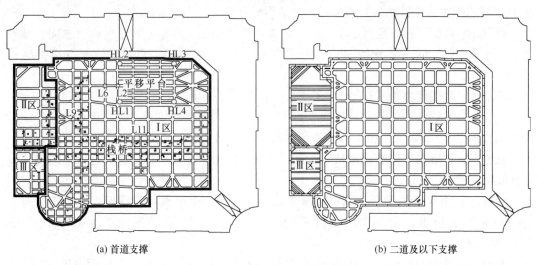

| (a) 首道支撑 | (b) 二道及以下支撑 |

图6.3-4　分区及支撑平面布置图

　　针对上节所述主要问题，采用A楼基础加固、上部结构修缮，Ⅰ区整体开挖，B楼利用首道支撑作为平移平台并与基坑开挖同步往复平移的地下空间开发总体设计，关键实施阶段如图6.3-5所示。

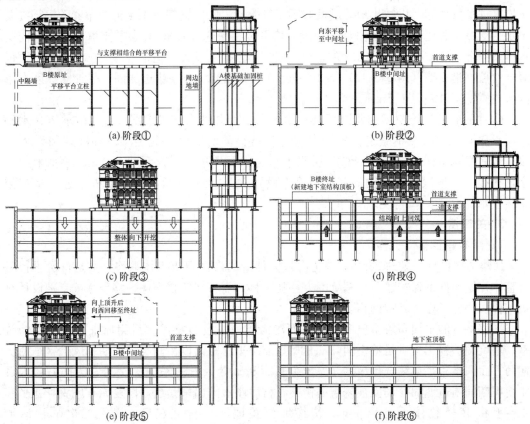

图6.3-5　地下空间开发实施阶段（东西向P2-P2′剖面）

阶段①：A楼基础加固，中庭桩基（除B楼原址区域外）施工，基坑围护结构（除受B楼影响无法施工区域外）施工；B楼平移平台施工（图6.3-5a）。

阶段②：B楼平移下底盘、上托盘、滑脚、滑轨施工，B楼上部结构临时加固、基础切割；B楼由原址向东平移约32m至平移平台；施工原受B楼影响区域基坑围护结构（图6.3-5b）。

阶段③：B楼停放于平移平台，Ⅰ区基坑整体分层分块向下开挖至基底（图6.3-5c）。

阶段④：Ⅰ区地下结构整体回筑至地下一层，保留第二道支撑（以控制首道撑拆除时围护结构顶口变形），优先施工B楼终址区域地下结构顶板（图6.3-5d）。

阶段⑤：B楼在平移平台顶升0.84m，浇筑新滑道，往西平移至新建地下室结构顶板上并固定（图6.3-5e）。

阶段⑥：Ⅰ区平移平台及剩余首道支撑拆除并封闭Ⅰ区地下室顶板，之后依次施工Ⅱ区和Ⅲ区，待Ⅱ、Ⅲ区地下结构完成后，拆除Ⅰ区第二道支撑、割除钢立柱（图6.3-5f）。

基于上述地下空间开发总体设计，基坑工程实施前，先行对A楼基础采用$\phi325\times8$锚杆静压钢管桩加固，利用加固桩和A楼自身浅基础形成沉降控制复合加固基础，A楼上部结构在地下空间开发过程中同步进行修缮和加固。

中庭基坑采用抗变形能力较强的地下连续墙结合多道水平支撑支护，近A楼侧的基坑典型剖面如图6.3-6所示。普遍区域地下连续墙厚1000mm，两侧设置29m深三轴水泥土搅拌桩槽壁加固，以减小地墙成槽对环境影响。Ⅰ区设置四道十字正交布置的钢筋混凝土水平支撑，首道支撑东北侧兼作B楼平移平台（图6.3-4a），其水平支撑杆件和竖向支承体系综合基坑支护和平移需求布置和加强。Ⅱ、Ⅲ区设置一道钢筋混凝土支撑和四道伺服轴力控制钢支撑（图6.3-4b）。Ⅰ区邻近A楼设置7.6m宽裙边加固，强加固深度自第四道支撑低至基底以下5m（图6.3-6）。

同时采取措施控制承压水降压环境影响，经群井抽水试验表明，$⑤_{3-2}$微承压含水和⑦层承压水水力联系不紧密，单以⑦层计算抗突涌稳定性满足要求。外围地墙设隔水段，墙底埋深52~55m，隔断$⑤_{3-2}$层微承压含水层，进入⑦层不小于2m；地墙采用十字钢板接头，槽段接缝外侧槽壁加固以下设置MJS定角度超高压旋喷桩，进一步加强接缝止水。

**3. 关键技术**

**1) 既有建筑整体平移**

B楼结构自身质量约3800t，是上海最大体量的砌体建筑整体平移，更是首次进行基坑整体开挖条件下保护建筑于基坑上方往复平移，需将建筑物整体平移与基坑支护设计有机结合，充分考虑两者间的相互影响。

平移平台的平面布置主要考虑两方面的需求，一是B楼平移后为原址所在位置的桩基、基坑围护施工提供足够空间，二是尽量缩小平移距离以控制平移工期和风险，平衡上述两方面因素后，最终选择平移至原址东侧约32m处（图6.3-7a）。另外，为把B楼因百年使用期间周边地面变动而被掩盖的精美石材底座展露出来，更好恢复原有风貌，在平移平台上将B楼整体顶升0.84m，待终址位置地下结构完成后，浇筑二次平移滑道（图6.3-7b），B楼沿新浇筑的滑道往西迁回至新建地下结构顶板并固定。

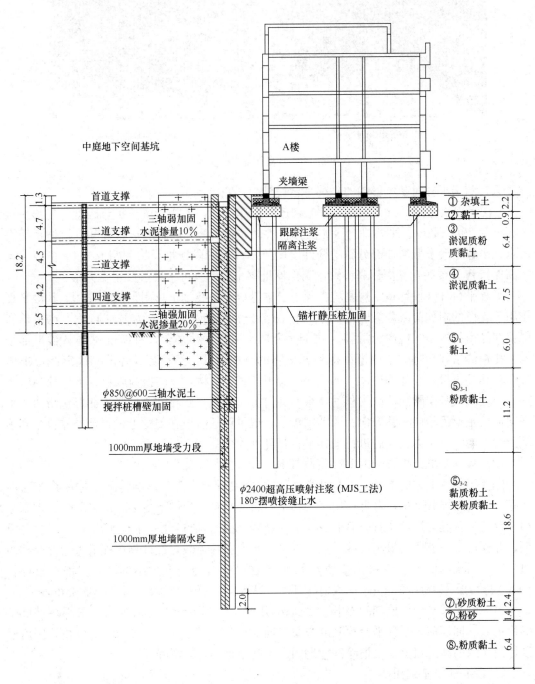

图 6.3-6 典型围护剖面（单位：m）

(a) 移出阶段 　　　　　　　　　　　　　　(b) 迁回阶段

图 6.3-7　B 楼往复平移实景

（1）基于平移对基坑影响的平移平台设计

B 楼平面尺寸约 24m×23m，考虑到迁回操作空间、上托盘梁外扩等因素，平移平台平面尺寸 29m×26m。平移平台区域支撑杆件的布置及截面兼顾滑道布置和支撑体系受力需求，平移平台东侧增加部分斜向杆件以便传递回迁阶段顶推反力（图 6.3-4a）。杆件顶标高保持与 B 楼底托盘面标高一致，确保原址移出后滑脚可平稳过渡至支撑梁上。

平移平台杆件设计在常规基坑支撑设计的基础上，叠加平移附加荷载作用。B 楼平移作用于支撑的附加荷载分为竖向和水平向两部分。竖向荷载主要为 B 楼自重，在平移和停放期经由托换系统传递至滑脚（共 156 个）作用于平移平台，可通过建立 B 楼上部结构、托换体系和滑脚的整体模型得到各滑脚的分担荷载。经计算，各滑脚底荷载标准值 26~874kN 不等，总体为中间大四周小。顶升阶段，B 楼自重转换为以顶升千斤顶为作用点。回迁阶段竖向附加荷载为移动荷载，通过分步计算得到杆件竖向受力变形包络值。水平向荷载主要为朝向平移方向的滑动摩擦力，以及回迁阶段在支撑上设置顶推靠背受到顶推反力，与水土压力叠加后进行平移平台杆件平面内受力变形计算。

（2）考虑基坑开挖影响的 B 楼沉降控制

停放于支撑上方的 B 楼，受软土深基坑开挖卸荷土体回弹影响将随支撑体系产生向上隆起，同时 B 楼 3800t 自重作用于平移平台将使平台产生向下变形，需采取措施控制平移平台变形及其与周边支撑、栈桥区域的不均匀变形。通过建立平移平台的三维结构模型，并作用上一节所述滑脚荷载，可得到平移平台立柱荷载，经计算单柱最大设计荷载约 4190kN。采用 4L200×20 格构柱插入 $\phi$900 灌注桩作为竖向支承结构，立柱桩有效桩长 50m（持力层⑧₃ 粉质黏土），承载力特征值 4240kN，平面上结合滑脚分布加密布置。

考虑到平移平台停放期间 B 楼会随基坑开挖发生沉降和不均匀沉降，采用在基坑变形稳定后、回迁前于平移平台顶升的方案，通过顶升后滑道的二次浇筑、B 楼整体回落于顶标高一致的新滑道上，可消除停放期间产生的附加不均匀沉降。

2）既有建筑基础托换

基于 A 楼结构基础形式和现状，为控制基坑实施引起 A 楼附加变形，本项目主要还对其进行了部分基础托换。即利用新增相对稀疏布置的钢管桩和原 A 楼基础，共同组成沉降控制复合加固基础（图 6.3-8）。

经前期综合分析，新增钢管桩承载力特征值之和占 A 楼荷载 30% 的情况下，可在满

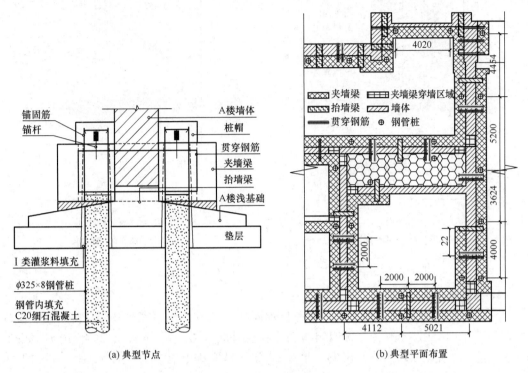

(a) 典型节点　　　　　　　　(b) 典型平面布置

图 6.3-8　A 楼基础加固示意图

足附加沉降控制需求的同时实现较好的经济和工期效益。钢管桩和基础转换结构共同组成了基础加固体系，其中基础转换结构由夹墙梁、抬墙梁、地梁等构件组成。夹墙梁沿现有墙体两侧布设，并在墙端部贯通；抬墙梁或贯穿箍筋沿夹墙梁纵向间隔 1～2m 贯穿墙体设置。基础转换结构体系将上部荷载部分传递至桩基础的同时，也通过贯通布置的夹墙梁增强了原基础的整体性和刚度。加固桩采用 $\phi325 \times 8$ 钢管桩，有效桩长 30m，持力层为 ⑤₃₋₁ 粉质黏土夹黏质粉土，单桩承载力设计值 550kN。如图 6.3-8 (b) 所示，加固桩平面上沿墙布置，普遍区域双侧布置，外围外墙下方单侧布桩，间距 2～3m，共布置约 400 根。相比全托换方案，沉降控制复合加固基础节省加固桩约 80%。

A 楼内部一层普遍净空 4.5m，部分净空 2.7m，最小净空约 1.6m，桩孔紧贴既有墙体，部分桩孔边缘与墙体净间距仅为 17mm。为应对净空低、施工空间狭小的难点，基于软土地层特点，采用锚杆静压方式成桩[19]，通过对上压式压桩设备进行小型化改造后成功应用于本工程，最大压桩力可达 1500kN。如图 6.3-9 (a) 所示，桩端进入持力层之前压桩力增长缓慢，进入⑤₃₋₁层后压桩力增加明显。达到设计压桩深度后，普遍压桩力为设计极限承载力（1100kN）的 30%～60%。以桩 M438 为例（图 6.3-9b），压桩完成时压桩力约为 375kN，为设计极限承载力的 33%，静置 1d 后提高 38% 至 800kN，静置 3d 后达到设计极限承载力，之后趋于平缓。

锚杆静压桩施工期间开展了建筑竖向变形监测，外侧施工单排锚杆桩，内侧施工双排，以 A 楼东北段为例，实测外侧测点（F11～14）锚杆桩压桩施工引起建筑物附加沉降约 2～4mm，内侧测点（F30～32）为约 5～8mm 处于可控范围内。

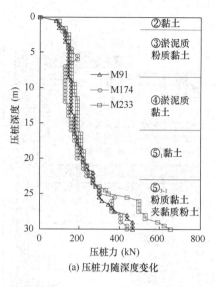
(a) 压桩力随深度变化

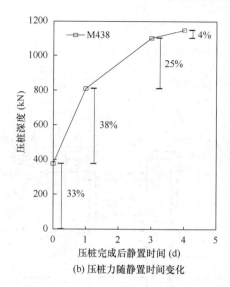
(b) 压桩力随静置时间变化

图 6.3-9　实测压桩曲线

**4. 实施效果**

该项目于 2019 年底开始启动 A 楼基础加固施工，2020 年底完成 B 楼首次平移，2021 年 7 月开始 Ⅰ 区二层土开挖，2021 年 9 月开挖至基底（图 6.3-10a），2021 年 10 月完成 Ⅰ 区基础底板浇筑，受新冠疫情影响，于 2022 年 7 月完成 B 楼回迁（图 6.3-10b）和 Ⅰ 区地下结构顶板封闭，具体实施工况如表 6.3-1 所示。

(a) B楼停放于支撑上，开挖至基底

(b) B楼回迁至原址永久结构上方

图 6.3-10　主体区域开挖至基底航拍

实施工况表　　　　　　　　　　　　　　　　　　表 6.3-1

| 编号 | 时间 | 工况 |
| --- | --- | --- |
| S0-1 | 2019.12—2020.09 | A 楼基础加固（穿插清障） |
| S0-2 | 2020.09—2021.01 | 围护体施工 |
| S0-3 | 2020.10—2020.10 | 隔离注浆施工 |
| S0-4 | 2020.11—2020.12 | 平移平台施工 |
| S0-5 | 2020.12—2020.12 | B 楼移出 |

| 编号 | 时间 | 工况 |
|------|------|------|
| S0-6 | 2020.11—2021.05 | 坑内加固施工、工程桩施工 |
| S1 | 2021.06—2021.07 | 首道支撑封闭、试降水 |
| S2 | 2021.07—2021.08 | 第二层土方开挖至-6.100m |
| S3 | 2021.08—2021.09 | 第三层土方开挖至-10.600m |
| S4 | 2021.09—2021.10 | 第四层土方开挖至-14.800m |
| S5 | 2021.10—2021.10 | 第五层土方开挖至基底 |
| S6 | 2021.10—2021.11 | 基础底板施工 |

图 6.3-11 给出了 I 区开挖过程中，四边地墙测斜最大点位地墙深层水平向变形在各工况下的分布，可见随基坑开挖深度的增加各测点变形逐渐增大，以图 6.3-11（a）中 CX2 为例，开挖二、三、四和五层土方引起的围护体最大水平变形增量分别为 11mm、23mm、20mm 和 33mm，发生最大变形和最大增量的位置逐渐下移且位于开挖面附近。相邻工况两条测斜曲线所包围的面积即为该位置因地墙变形引起的土体体积变化（$\Delta V$），可以一定程度上反映基坑开挖对周边环境的影响。同样以图 6.3-11（a）中 CX2 为例，开挖二、三、四和五层土方引起的单位延长米 $\Delta V$ 分别为 $0.24\text{m}^3$、$0.43\text{m}^3$、$0.25\text{m}^3$、和 $0.72\text{m}^3$。

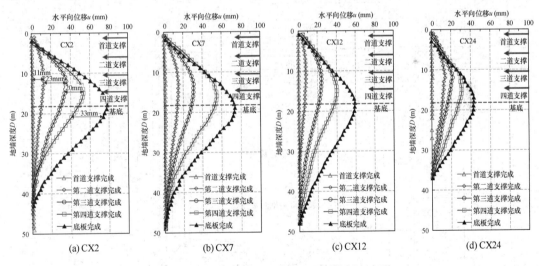

(a) CX2     (b) CX7     (c) CX12     (d) CX24

图 6.3-11 地下连续墙在各工况下的侧向变形

图 6.3-12 以附加变形较大的 A 楼北侧中段监测点为例（监测点平面布置如图 6.3-13 所示），给出了 A 楼附加沉降随基坑开挖工况的时程曲线。由图可见，在开挖到基底之前，A 楼变形发展均较为平稳，最大值普遍在 10mm 以内，可见沉降控制复合加固基础有效控制了 A 楼变形；该过程中近基坑侧和远基坑侧沉降差异较小，说明加固后 A 楼基础整体性较好。开挖到基底之后，远基坑侧沉降基本稳定，近基坑侧沉降出现显著增长，该增量约占基坑开挖引起 A 楼沉降量的 50%，其原因在于开挖至基底后挖深较大且底板

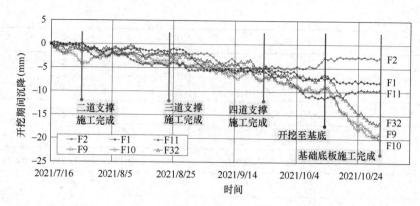

图 6.3-12　A 楼（北侧）沉降随基坑开挖工况时程曲线

浇筑时间较长，软土地基条件下土体蠕变持续增长，造成环境变形的发展。

图 6.3-13 给出了Ⅰ区开挖到基底时地墙深层水平位移最大值和由基坑开挖引起的 A 楼基础附加沉降分布。地墙深层水平位移最大值分布上表现出明显的空间效益，即各边跨中大、转角小，最大值约 79mm，位于北侧中部，普遍区域最大水平位移约 40～60mm，

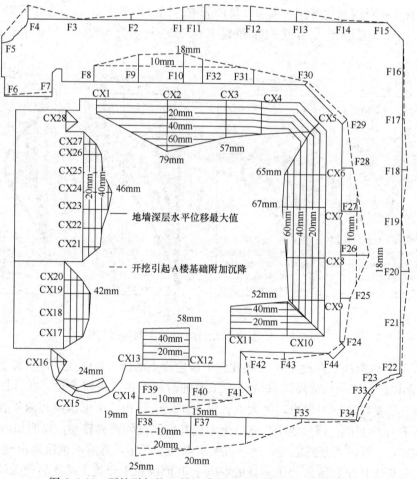

图 6.3-13　开挖引起的 A 楼沉降增量和地墙测斜最大值分布

西侧中隔墙受多方面有利因素影响（刚度大、超载小、小坑满堂加固等）其最大水平位移约 20～40mm。A 楼因基坑开挖引起的附加沉降普遍在 20mm 以内（F37、F38 因位于车辆出入口，受施工超载频繁作用数值相对较大），均值为 7.7mm；近基坑侧的内圈最大值约 18mm，均值 10.6mm，远基坑侧外圈均值 5.4mm。A 楼附加沉降数值的空间分布与地墙深层水平位移存在较好的对应性。

实施过程中的地下障碍物清障、基础加固施工、地墙成槽等对 A 楼也产生了不同程度的影响，图 6.3-14 给出了工程开始至Ⅰ区基础底板浇筑完成，A 楼基础附加变形分布和新增倾斜。由图 6.3-14 显示，A 楼最大附加沉降约 64mm，近基坑侧普遍在 40～50mm，远基坑侧普遍在 10～20mm。新增倾斜均朝向基坑（与 A 楼原有倾斜方向相反），最大值 0.32‰，平均 0.15‰，约为原有倾斜值的 3%。期间 A 楼未见明显裂缝发展，整体变形控制效果良好。

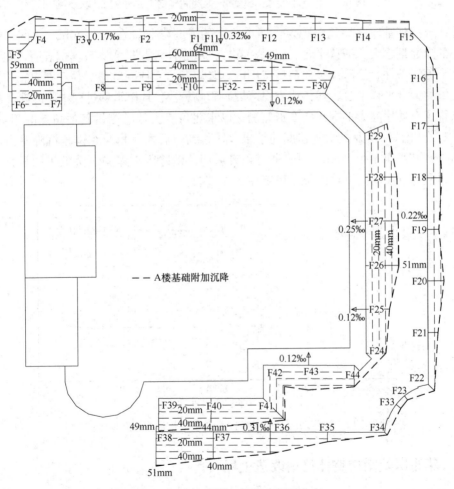

图 6.3-14　A 楼附加沉降和倾斜分布

图 6.3-15 给出了 B 楼于平移平台停放期间，实测上托盘四角点及支撑、栈桥和平移平台区域立柱桩顶的竖向变形随基坑开挖的时程曲线（测点位置见图 6.3-4a）。由图 6.3-15可见，受开挖卸荷影响 B 楼向上隆起，隆起量随基坑开挖深度的增加呈匀速发

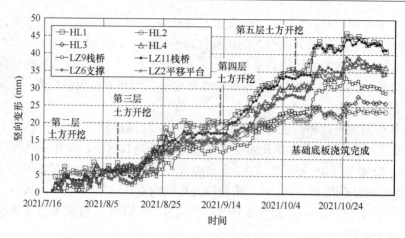

图 6.3-15　B楼上托梁基坑开挖期间竖向变形时程曲线

展，且在开挖到基底之后趋于稳定，四个角点的最终隆起量在 20~40mm 之间，越靠近基坑中部隆起量越大。平移平台、栈桥和支撑区域立柱隆起量实测数据也表明，在背景工程的软土地层条件、挖深和竖向荷载范围内，隆起量与立柱到坑边的最小距离正相关，受所在区域类型（平移平台、栈桥或支撑区域）影响较小。B楼平移过程中同时在 4 楼室内角点布置了自动化静力水准竖向变形监测，以东北角点为基准测量其他角点的相对变形，图 6.3-16 给出了回落及二次平移期间结果，回落到位后西北角与东南角沉降差由回落前的约 20mm 减小至不足 1mm，可见通过顶升后回落消除附加差异沉降效果明显。二次平移期间数据有所波动，平移到位后稳定在 2mm 左右。

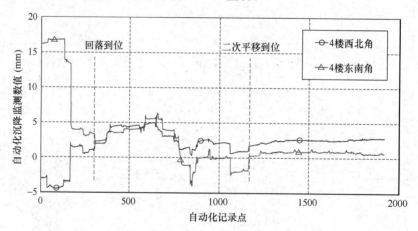

图 6.3-16　回落期间 B楼 4 楼自动化静力水准竖向变形时程曲线

## 6.3.2　华东医院南楼整体修缮改造工程

### 1. 工程概况

1) 工程背景

华东医院南楼整体修缮改造工程位于华东医院院区中心，于 1926 年 6 月初竣工并正式启用，1989 年 9 月被列为文物保护单位（上海市第一批优秀历史建筑）（图 6.3-17）。经过 90 余年的使用，存在不同程度的损伤；整体沉降较大，室外地面显著高于房屋室内

(a) 建筑物立面

(b) 室内地坪与室外地面高差

图 6.3-17  华东医院南楼

地坪，高差约 0.6m，严重影响建筑外立面，且每到暴雨的汛期，存在雨污水倒流内灌的风险。基于该文物建筑保护要求及其使用功能要求，需进行地下空间开发并增设隔震层，采用向下开挖 4.3m 的方式开发地下空间，同时采用顶升方式将建筑标高向上抬高 1.2m，修复建筑外立面关系，恢复历史原貌，让文物建筑重新焕发生机。

2）既有建筑概况

该建筑地上 6 层，建筑面积约 1.07 万 m²，呈工字形，由南侧主楼、北侧副楼和中部连廊组成。房屋东西向总长度约 80.6m，南北向总长度约 46.3m。结构体系为混凝土框架结构，图 6.3-18 给出了原条形基础平面布置和剖面，基础宽度为 1.80～3.55m，基础梁高 1.42m，埋深约 2.3m，基础下密布直径 150mm、长度约 3.65m 木桩 3000 多根，西北角局部有一层埋深 4m 的地下室。

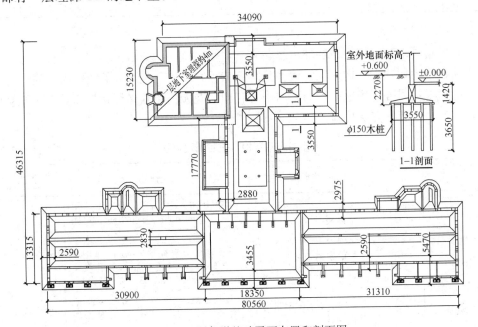

图 6.3-18  原条形基础平面布置和剖面图

根据文物勘察报告，本建筑外观采用古典文艺复兴风格，其功能、流线、立面结构设计都具有较高的科学价值和艺术价值。重点保护范围包括外立面、结构体系、基本空间格局和有特色的内部装饰。房屋混凝土实测强度等级 C18，实测钢筋等级 HPB235。根据相对高差测量结果，南侧主楼呈南高北低的规律，向北倾斜 3.45‰。北侧副楼呈北高南低的规律，向南倾斜 3.22‰。

3）工程地质、水文地质概况

根据本工程地质勘察报告，本工程场地属滨海平原地貌类型，地基土均属第四纪沉积物，主要由黏性土、粉性土及粉砂组成，划分为 7 个工程地质层及亚层。基础持力层为第②层粉质黏土，②层土以下为 10 余米厚软弱的第③层淤泥质粉质黏土和第④层淤泥质黏土，这两层是地基土的主要压缩层，第④层下依次为第⑤层黏土及亚层、第⑥层粉质黏土、第⑦₁层砂质粉土和第⑦₂层粉砂层，局部古河道区域缺失⑥层和⑦₁层，沉积了较厚的第⑤₃层粉质黏土层。具体土层物理力学性质如表 6.3-2 所示。

土层物理力学性质                                 表 6.3-2

| 土层名称 | 重度 ($kN/m^3$) | 含水量 $w$ (%) | 比贯入阻力 $P_s$ (MPa) | 固快峰值 $c$ (kPa) | 固快峰值 $\varphi$ (°) | 压缩模量 $E_s$ (MPa) |
|---|---|---|---|---|---|---|
| ②粉质黏土 | 18.3 | 32.8 | 0.70 | 18 | 18.5 | 5.09 |
| ③淤泥质粉质黏土 | 17.7 | 40.0 | 0.49 | 13 | 17.0 | 3.15 |
| ④淤泥质黏土 | 16.8 | 49.7 | 0.60 | 12 | 11.5 | 2.23 |
| ⑤₁₋₁黏土 | 17.7 | 39.8 | 1.11 | 17 | 13.0 | 5.0 |
| ⑤₁₋₂粉质黏土 | 18.3 | 33.5 | 1.72 | 19 | 18.5 | 6.5 |
| ⑤₃粉质黏土 | 18.3 | 32.7 | 2.42 | 20 | 19.0 | 8.5 |
| ⑥粉质黏土 | 20.0 | 22.1 | 3.45 | 46 | 18.0 | 12.0 |
| ⑦₁砂质粉土 | 19.3 | 24.2 | 8.75 | 4 | 32.0 | 35.0 |
| ⑦₂粉砂 | 19.5 | 23.1 | 12.37 | 3 | 34.0 | 43.0 |

4）主要工程问题

（1）周边场地建（构）筑物环境复杂

本项目场地周边建（构）筑物较多且距离较近，表 6.3-3 给出了主要周边建（构）筑物的情况概况。另外，场地南侧为院内中心花园，花园内有众多绿化树木，其中包括两棵古树，亦为本工程重点保护对象。

场地周边建（构）筑物情况概况                     表 6.3-3

| 建（构）筑物名称 | 建成年份 | 结构形式 | 基础形式 | 与基坑内边线距离（m） |
|---|---|---|---|---|
| 地下车库 | 2011 | 单建式地下 2 层车库，框架结构 | 桩筏基础，底板厚度 700mm，采用直径 550mm 端部扩径 1100mm 的扩底灌注桩 | 2.3 |
| 新医技楼 | 1996 | 8 层钢筋混凝土框架结构，1 层地下室 | 筏形基础，筏板厚 500mm，基础埋深约 6.25m，直径 650mm 钻孔灌注桩，桩长 26m | 5.1 |
| 医院食堂 | 1982 | 6 层混凝土框架结构，局部 2 层 | 筏形基础，筏板厚 300mm，基础梁为 500mm×1700mm，基础埋深约 1.8m | 12.0 |
| 锅炉房 | 1991 | 2 层钢筋混凝土框架结构 | 条形基础 | 7.4 |
| 配电室 | 1997 | 2 层钢筋混凝土框架结构 | 条形基础 | 13.8 |
| 钢结构连廊 | 2016 | 钢结构 | 直径 700mm 灌注桩，桩长 42.8m | 13 |

(2) 多次荷载转换对文物建筑影响的控制

目前的顶升方式大多是切断建筑物外墙，在建筑物外墙底部设置上托盘结构，在建筑物外墙通过开洞设置众多穿墙抬梁连系建筑外墙内外的夹墙梁，这种做法影响到历史保护需要重点保护的建筑外立面。目前这种常规做法无法满足南楼外立面的保护要求，南楼需要采取新的顶升方案，即先对建筑物采取桩基托换，再整体顶升的方案。在这个过程中，存在荷载转换问题，需要重点控制其对文物建筑的变形影响。

**2. 总体技术路线**

根据本工程功能提升要求，需要在文物建筑正下方向下开挖 4.3m，再整体向上顶升 1.2m，将建筑物整体抬高，恢复外立面关系。结合该文物建筑的保护要求和地下空间开发要求，提出文物建筑地下空间开发的总体思路：首先，对建筑结构进行临时处理与加固，再采用变形控制的基础托换技术将上部结构荷载转换到托换桩基上；其次，采用与基础托换结构相结合的水平支撑系统、微扰动的基坑支护设计与施工方案，进行文物建筑下方土方开挖和地下结构施工；再次，在新基础底板上设置顶升设备，将文物建筑顶升到位；最后，施工隔震支座上下支墩和安装隔震支座，拆除千斤顶，最终形成新的承重结构体系。

应当指出，在上海软土地基上文物建筑正下方进行地下空间开发尚无先例，这需要同时应用既有建筑基础加固技术、桩基托换技术、基坑围护技术、建筑顶升技术等。按照上述总体思路，文物建筑地下空间开发的技术路线如图 6.3-19 所示，简要介绍如下：

（1）对建筑进行临时处理和加固，拆除不必要的非结构构件和对重点部位进行必要的临时加固处理，如外墙门窗洞口采用烧结砖封堵等；同时建筑周边设置基坑围护结构，如图 6.3-19（a）所示。

（2）进行第一皮土方开挖和顶升上托盘结构施工，包括夹墙梁和抬梁施工，预留压桩孔，新旧基础结合形成上托盘结构，如图 6.3-19（b）所示。

（3）待上托盘结构达到强度，利用预留压桩孔，进行锚杆静压钢管压桩施工，如图 6.3-19（c）所示。

（4）进行文物建筑下土方开挖及原木桩割除；随着土方开挖，原基础板与天然地基分离，上部结构荷载由原天然地基转移到托换桩上，这是第一次荷载转换，如图 6.3-19（d）所示。

（5）土方开挖至基底，进行垫层、基础底板钢筋绑扎和混凝土浇筑，新的基础底板施工完成，即形成顶升下托盘结构，如图 6.3-19（e）所示。

（6）在基础底板上安装顶升千斤顶，千斤顶分为两组交替顶升。随着一组千斤顶顶力逐步增加，托换桩顶荷载逐渐减小到零，荷载转移到千斤顶上，这是第二次荷载转换，如图 6.3-19（f）所示。

（7）随后两组千斤顶交替同步顶升，顶升阶段全程采用自动化监测和人工监测相结合的方式，每个行程顶升 10cm 左右，建筑逐步顶升到位，如图 6.3-19（g）所示。

（8）顶升到位后，施工隔震支座上下支墩和安装隔震支座，待混凝土达到强度，拆除千斤顶，上部荷载转移到永久结构柱上，地下结构施工完成，这是第三次荷载转换，如图 6.3-19（h）和图 6.3-19（i）所示。

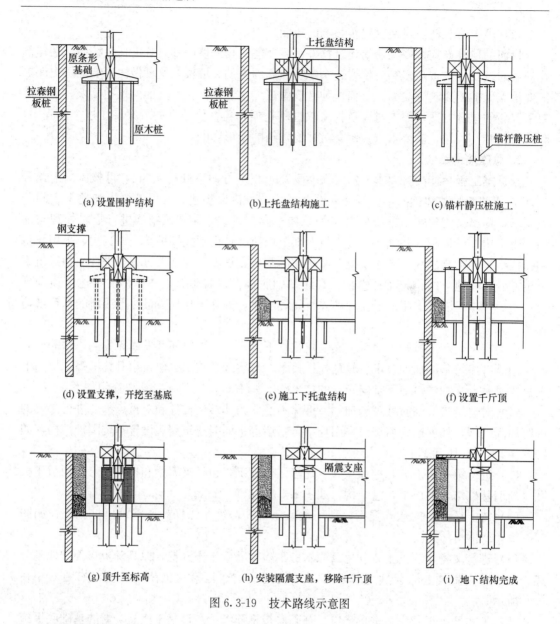

(a) 设置围护结构　　　　(b) 上托盘结构施工　　　　(c) 锚杆静压桩施工

(d) 设置支撑，开挖至基底　　(e) 施工下托盘结构　　　(f) 设置千斤顶

(g) 顶升至标高　　(h) 安装隔震支座，移除千斤顶　　(i) 地下结构完成

图 6.3-19　技术路线示意图

**3. 关键技术**

1) 既有建筑基础托换

桩基托换结构包括托换桩、上托盘结构和下托盘结构三部分。桩基托换除需要按照正常使用阶段荷载工况进行设计以外，还必须复核施工阶段的不同工况。

根据地质勘察资料，浅层分布较厚的淤泥质粉质黏土和淤泥质黏土等软弱土层，由于地层起伏，古河道切割区域桩端持力层为⑤₃层黏土，正常沉积区域桩端持力层为⑥层黏土。若持力层位于⑤₃层黏土，有效桩长33m，经计算分析总沉降量和差异沉降较大。托换桩基按照变形控制进行设计，原则上采用密实⑦₂粉砂层作为桩端持力层，采用挤土效应小的钢管桩，桩径406mm，壁厚10mm，有效桩长36m，桩数470根；局部部位托换桩桩径273mm，有效桩长29m，桩数23根。不考虑开挖影响，按照常规桩基沉降计算方法计算得到建筑最大计算沉降量约 14.8mm。托换桩平面布置如图 6.3-20 所示，剖面如图 6.3-21 所示。托换桩采用锚杆静压法施工，以文物建筑自重作为压桩反力，图 6.3-21 给出压桩力与压桩深度的关系，与土层静力触探曲线比贯阻力形态基本类似。当桩端位于黏土层时，沉桩阻力缓慢增加；桩端进入⑦层砂层持力层后，压桩力急剧增大，压桩反力达到 2150kN 左右，压桩施工难度大，对上托盘结构设计提出了较高的承载要求。

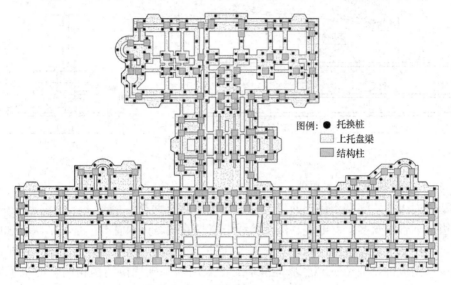

图 6.3-20　托换桩平面布置图

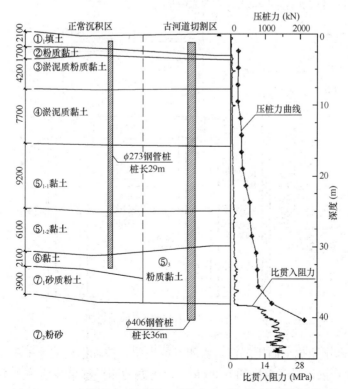

图 6.3-21　托换桩与地层剖面示意以及压桩力随压桩深度关系

上托盘结构包括夹墙梁、穿墙钢筋和抬梁；下托盘结构为新基础底板，为千斤顶提供顶升反力。为确保竖向荷载的传递，夹墙梁与原基础梁结合面凿毛做成企口式水平条带状，并用穿墙钢筋连接夹墙梁和基础柱；结构柱边采用精轧螺纹杆对穿连接，施加预应力。夹墙梁高度约为 0.8mm，宽度为 1m。夹墙梁在基础梁两侧，且每隔 1500mm 设置穿越基础的抬梁；抬梁内穿 25b 工字钢，具体节点如图 6.3-22 所示。

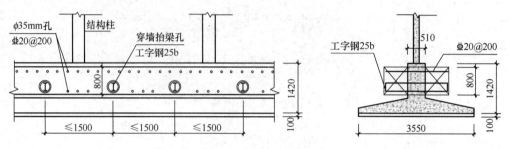

图 6.3-22  上托盘结构节点图

2）狭小空间条件下基坑围护

本基坑周边有六幢需要保护的建筑物，场地南侧有两棵古树名木，为重点保护对象。基坑周边地下管线众多，有电缆、蒸汽管线、氧气管线、污水管等。基坑形状不规则，场地狭小，保护要求高。基坑面积约 3000m²，周长 315m，开挖深度为 4.30m，围护结构采用 Ⅳ 型拉森钢板桩，桩长 12m。基坑水平支撑采用与基础托换结构相结合的水平支撑结构，即利用上托盘结构作为支撑系统的一部分，上托盘结构与围护桩之间设置型钢支撑与钢围檩。基坑围护结构典型剖面如图 6.3-23 所示。

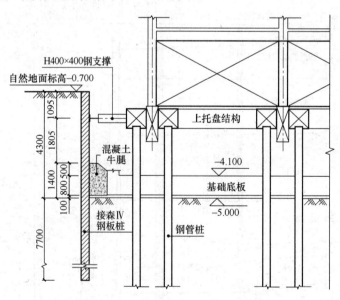

图 6.3-23  基坑围护结构典型剖面图

围护钢板桩采用微扰动静压沉桩，监测资料表明，拉森钢板桩施工阶段，文物建筑平均沉降约 1.7mm，局部最大沉降约 5.9mm。现场振动测试结果表明静压沉桩过程中产生的地面振动加速度约为 0.04m/s²，约为常规振动沉桩的十分之一。本工程土方开挖困难，采用小挖机配合皮带运输机出土，土方开挖完成围护体测斜最大变形约 20mm。

基坑开挖到底后施工新的基础底板，即为顶升千斤顶的提供反力的下托盘结构。为加强结构底板整体刚度，提高结构底板抵抗不均匀变形的能力，采用厚度为 800mm 的筏形基础。

3）既有建筑整体顶升

文物建筑平面为不规则工字形，有两种不同的顶升方案：第一种将工字形平面建筑分成三部分，分块依次进行顶升，顶升难度降低，但会损坏建筑外立面和结构整体性；第二种工字形建筑整体一次性顶升，体量大，控制难度高。基于最大限度保护建筑完整性，工字形文物建筑首次采用整体同步顶升方案。

顶升系统选型采用 PLC（Program Logical Controller）变频同步顶升技术，PLC 同步顶升技术建立在力和位移闭环的控制基础上，由液压千斤顶精确地按照建筑物的实际荷重，平稳地同步顶升建筑物，液压千斤顶根据位置分组，与相应的位移传感器组成闭环，严格控制顶升过程建筑物的差异变形，减小顶升过程中建筑物的附加应力。每一个顶升行程通过 PLC 液压同步系统闭环控制，相邻柱根差异沉降控制 3mm 之内，房屋整体倾斜变化量不超过 1‰。柱底荷载普遍约 1500～2500kN，局部大厅转换钢结构大跨度位置柱底荷载约 3500～4000kN。

顶升工艺采用交替顶升方式进行，该工艺采用主动加载实现了非卸荷顶升，消除了顶升过程中竖向支撑的压缩变形。千斤顶分为 A 组和 B 组，共计 554 台，千斤顶平面布置局部示意如图 6.3-24 所示。根据结构柱底荷载不同，每组千斤顶都有两种规格，其中 200t 千斤顶 247 台，400t 千斤顶 30 台。千斤顶平面布置围绕结构柱，同时需要避让已施工的托换钢管桩和结构下支墩位置。对称布置千斤顶为一组，千斤顶控制系统分为 152 个控制点；每个控制点配备一支拉线位移传感器和两个压力传感器。每个千斤顶均设置平衡阀门液压锁及机械螺栓保险装置。文物建筑顶升总高度 1.2m，分为 12 个行程进行顶升，历时 10d，顶升全过程建筑安全、稳定。

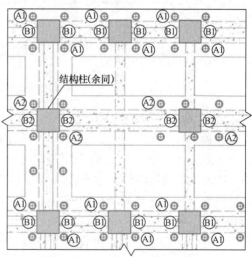

图例：Ⓐ1 A组200T千斤顶 Ⓑ1 B组200T千斤顶 ⊕ 托换桩
　　　Ⓐ2 A组400T千斤顶 Ⓑ2 B组400T千斤顶

结构柱(余同)

图 6.3-24　千斤顶平面布置示意图

**4. 实施效果**

本项目将既有建筑基础托换技术、狭小空间条件下基坑围护技术和既有建筑整体顶升这三种技术有机结合，通过三次关键的荷载转换，实现了整体顶升和地下空间的开发利用，提高了建筑结构安全度、改善了使用功能、恢复了历史原貌。项目创造了目前国内建筑面积最大、形体最不规则的文物建筑整体顶升工程纪录。三次荷载转换完成后，建筑物沉降差在 1.9～17.7mm，最大倾斜率为 0.68‰，小于文物建筑的倾斜报警值 1‰，无新增裂缝，文物建筑完好。接下来，依次叙述三次荷载转换过程中的建筑物变形控制效果。

1) 第一次荷载转换

文物建筑经历了近百年的使用，处于稳定的状态。托换桩基施工完成后，进行土方开挖。土方开挖总体先从中部连廊开始，再依次进行南侧主楼和北侧辅楼土方开挖。基础下方挖土净高为 2.2m，空间狭小，采用小型挖土设备进行挖土。基坑土方约 13000m³，土方开挖总时间约 35d。土方开挖完成后上部结构荷载由原天然地基转移到托换桩基上，实现第一次荷载转换。

本阶段荷载转换过程中，文物建筑整体呈现沉降趋势，变形结果如图 6.3-25 所示。该阶段建筑整体平均沉降约 4.6mm，最大沉降约 11mm；该建筑东西向倾斜率变化约 0.29‰，南北向倾斜率变化约 0.28‰。

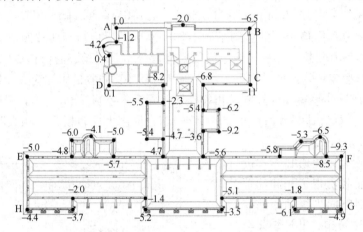

图 6.3-25　基坑开挖完成后建筑变形监测结果

2) 第二次荷载转换

交替顶升每个顶升行程为 100mm，通过 PLC 系统同步控制装置。A 组顶升一个行程后，将 B 组支撑升高，对 B 组千斤顶顶力逐步增加，主动托换上部荷载；在主动托换过程中，B 组千斤顶的伸长量会补偿各支撑的压缩变形，同时结合顶升系统位移传感器反馈，能精确保证上托盘调结构的同步性，B 组顶升下一个行程，重复上述步骤直至到达设计顶升高度。

顶升过程中采用人工测量监测点竖向变形如图 6.3-26 所示。建筑变形围绕顶升目标值 1200mm 变化，存在一定差异变形，南北向差异变形约 8.8mm，最大倾斜变化量为 0.52‰；东西向刚度较大，差异变形约 14.3mm，倾斜率变化量约 0.17‰。顶升过程变形安全可控。

每个行程顶升持续约 1h，实测过程中上托盘结构竖向加速度，千斤顶启动冲压、停止等工况，加速度时程有所变化，建筑竖向振动加速度最大值约 0.015m/s²，顶升过程安全可控。

3) 第三次荷载转换

顶升到位后施工隔震上下支墩，安装隔震支座，然后拆除千斤顶，上部荷载转移到永久结构柱上，实现第三次荷载转换。

隔震支座安装过程中，文物建筑呈现下沉趋势，建筑整体沉降变形约 8mm；拆除千斤顶隔震支座压缩变形约 2~3mm。该阶段建筑沉降量约 7.5~12.0mm，无明显差异沉

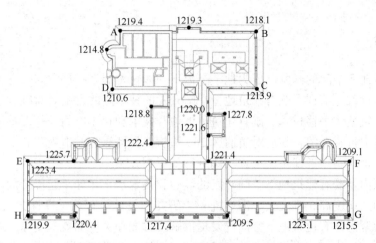

图 6.3-26 顶升完成后建筑变形监测结果

降，变形监测和倾斜结果如图 6.3-27 和表 6.3-4 所示。结构荷载顺利转移到永久隔震支座上，完成到永久使用阶段的荷载转换。

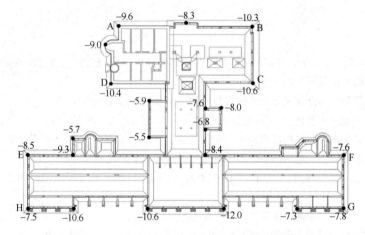

图 6.3-27 隔震支座安装完成后变形监测结果

**建筑物三次荷载转换建筑变形和倾斜变化**                                     表 6.3-4

| 监测点 | 前点变形（mm） | 后点变形（mm） | 距离（m） | 沉降差（mm） | 倾斜率 |
|---|---|---|---|---|---|
| AB | 1210.8 | 1201.3 | 36.9 | −9.5 | −0.28‰ |
| BC | 1201.3 | 1192.3 | 17.3 | −9 | −0.52‰ |
| DC | 1189.2 | 1203.4 | 38.8 | 14.2 | 0.37‰ |
| AD | 1210.8 | 1200.3 | 16.9 | −10.5 | −0.62‰ |
| EF | 1209.9 | 1192.2 | 82.6 | −17.7 | −0.21‰ |
| FG | 1192.2 | 1202.8 | 15.7 | 10.6 | 0.68‰ |
| HG | 1208.0 | 1202.8 | 82.6 | −5.2 | −0.06‰ |
| EH | 1209.9 | 1208.0 | 15.7 | −1.9 | −0.12‰ |

## 6.4 结语

既有建筑地下空间的开发已成为地上、地下一体化发展，扩展空间、完善城市功能的重要手段。本章首先梳理了既有建筑地下空间开发的技术路线，随后对既有建筑基础托换技术、既有建筑整体平移技术、既有建筑整体顶升技术和狭小空间条件下基坑围护技术这四项关键技术进行了介绍，最后对黄浦区 160 街坊保护性综合改造项目和华东医院南楼整体修缮改造工程这两项近期重大工程实例进行了详细介绍。

当前，国内外既有建筑地下空间开发的经验和技术水平还处于起步阶段，既有建筑地下空间开发的迫切度高、难度大，需要进一步研究相关计算理论、设计方法和施工技术，从而更好地为全国既有建筑地下空间开发提供解决方案和关键的技术支撑。通过开发既有建筑地下空间，将为城市提供巨大的空间资源，有效改善现有中心城区交通阻塞、空间拥挤、生态失衡等问题，对于城市功能与空间品质提升、促进空间集约紧凑利用、功能复合、低碳高效有重要意义。

## 参考文献

[1] 王卫东，吴江斌，翁其平，等. 城区既有建筑功能提升地下空间工程关键技术研究与示范[R]. 华东建筑设计研究院有限公司，2022.

[2] 吴二军. 建筑物整体平移关键技术研究与应用[D]. 南京：东南大学，2003.

[3] 吕剑英. 我国地铁工程建筑物基础托换技术综述[J]. 施工技术，2010，39(09)：8-12.

[4] 杨磊. 上海紧邻地铁车站的既有地下空间盖挖加层施工技术[C]. 中国土木工程学会. 地下工程建设与环境和谐发展——第四届中国国际隧道工程研讨会文集，2009.

[5] 滕延京，宫剑飞，李建民. 基础工程技术发展综述[J]. 土木工程学报，2012，45(05)：126-140，161.

[6] 张鑫，蓝戊己，等. 建筑物移位工程设计与施工[M]. 北京：中国建筑工业出版社，2012.

[7] 刘昆仑. 古建筑整体顶升保护中单桩稳定性分析[D]. 西安：西安建筑科技大学，2013.

[8] 王卫东，吴江斌，王向军，等. 既有建筑下地下空间开发安全评估与设计控制技术研究[R]. 华东建筑设计研究院有限公司，2018.

[9] 郑华奇，蓝戊己，朱启华. 上海音乐厅整体迁移限位技术的研究与应用[J]. 施工技术，2004，(2)：9-11.

[10] 张任杰. 济南燕山立交桥坡改桥项目创我国当前桥梁顶升高度之最[J]. 城市道桥与防洪，2009，(6)：203-204.

[11] 马骉，龚慈中，黄虹等. 成都市二环路既有桥梁顶升改造设计总结[C]//成都市"两快两射"快速路系统工程论文专辑，2014，94-97.

[12] 苏银君，徐中华，吴江斌，等. 紧邻深基坑的历史建筑保护设计与实践[C]//中国建筑学会地基基础学术大会论文集(2022). 中国建筑工业出版社，2023，323-328.

[13] 王卫东，魏家斌，吴江斌，等. 高频免共振法沉桩对周围土体影响的现场测试与分析[J]. 建筑结构学报，2021，42(4)：131-138.

[14] 文颖文，胡明亮，韩顺有，等. 既有建筑地下室增设中锚杆静压桩技术应用研究[J]. 岩土工程学报，2013，35(S2)：224-229.

[15]　吴江斌，苏银君，王向军，等．既有建筑下地下空间开发中竖向托换设计及其对上部结构的影响分析[J]．建筑结构学报，2018，39(S1)：314-320.

[16]　杨风庆．复杂工况下的保留建筑平移、旋转与顶升施工技术[J]．建筑施工，2018，40(9)：1576-1578，1584.

[17]　章柏林．上海音乐厅和上海玉佛禅寺大雄宝殿平移顶升工程的技术比较[J]．建筑施工，2018，40(6)：936-938.

[18]　王林枫，冉群，刘波，等．锚杆静压桩加固既有建筑物地基及纠偏设计与施工[J]．施工技术，2005，34(8)：20-23.

[19]　吴江斌，王向军，宋青君．锚杆静压桩在低净空条件下既有建筑地基加固中的应用[J]．岩土工程学报，2017，39(S2)：162-165.

# 7　沉井工程技术

李耀良[1,3]，罗云峰[1,3]，邹峰[1,3]，李煜峰[2]，刘桂荣[1,3]，张海锋[1,3]，何建[1,3]

（1. 上海市基础工程集团有限公司，上海 200433；2. 同济大学，上海 200092；3. 上海城市非开挖建造工程技术研究中心，上海 200433）

随着城市开发建设的不断深入，城市土地资源越来越稀缺，城市地下空间的开发将越来越成为未来城市发展的趋势和主流方向。在城市中心建筑物密集区开挖建设大深度地下空间，往往面临施工场地狭小、周围重要设施众多的情况。同时，地下施工在开挖时往往会引起地下水位的降低，周围地基的移动与下沉，严重时可能会引起周围地基的塌陷，给邻近地区带来严重的影响。另外，市区地铁、地下高速道路及竖井风井系统工程的施工往往受到各方面的限制。相比之下，沉井工法在许多情况下能适应以上这些方面的需求，因而在工程中具有不可替代的竞争力及广泛的应用前景。

## 7.1　概述

沉井是修筑地下结构和深基础的一种结构形式。是先在地表制作成一个井筒状的结构物，然后在井壁的围护下通过从井内不断挖土，使沉井在自重及上部荷载作用下逐渐下沉，达到设计标高后，再进行封底。

沉井整体刚度大，抗震性好，对地层的适应性强。沉井结构本身可兼作围护结构，且施工阶段不需要对地基作特殊处理，既安全又经济，且对周围环境的影响较小。

沉井的应用已有近百年的历史，早在 20 世纪 30 年代，莫斯科及西欧的地下隧道、美国的桥梁基础均相应采用了沉井结构。自 20 世纪 50 年代起，我国已将该技术应用于各项工程中，其体积从直径仅 2m 的集水井到巨大的沪通长江大桥主墩沉井（86.9m×58.7m×105m），为使沉井下沉纪录能够不断被刷新，各种新型施工技术被研发并应用于实际工程中，从最早 1946—1963 年间利用喷射压缩空气和触变泥浆下沉 130m，到江阴长江大桥北锚沉井喷射高压空气减阻法下沉，以及振动法下沉技术，上述技术措施的不断革新都带来了良好的效果。

随着城市地下空间的不断开发，需要在越来越多的密集的建筑群中施工，对在施工中如何确保邻近地下管线和建筑物的安全提出了越来越高的要求。下沉施工工艺的不断开发和创新，即使在复杂环境下进行施工作业，周围地表变形也仅趋于微量，故此，沉井必将以它的优势在日后的桥梁工程、隧道工程、市政工程、给水排水工程中得到充分的运用。

## 7.2 沉井的分类

沉井的类型很多。以制作材料分类，有混凝土、钢筋混凝土、钢、砖、石等多种类型。应用最多的则为钢筋混凝土沉井。沉井一般可按平面形状、竖向剖面形状和施工工艺分类。

### 7.2.1 沉井按平面形状分类

沉井的平面形状有圆形、方形、矩形、椭圆形、端圆形、多边形及多孔井字形等，如图 7.2-1 所示。

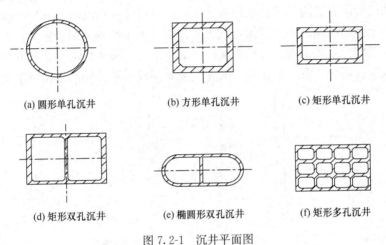

(a) 圆形单孔沉井    (b) 方形单孔沉井    (c) 矩形单孔沉井

(d) 矩形双孔沉井    (e) 椭圆形双孔沉井    (f) 矩形多孔沉井

图 7.2-1　沉井平面图

**1. 圆形沉井**

圆形沉井可分为单孔圆形、双壁圆形和多孔圆形沉井。圆形沉井制造简单，易于控制下沉位置，受力（土压、水压）性能较好。从理论计算上说，圆形沉井墙仅发生压应力，在实际工程中，还需要考虑沉井发生倾斜所引起土压力的不均匀性。如果面积相同时，圆形沉井周边长度小于矩形沉井的周边长度，因而井壁与侧面摩阻力也将小些。同时，由于土拱的作用，圆形沉井对四周土体的扰动也较矩形沉井小。

**2. 方形、矩形沉井**

方形及矩形沉井在制作与使用上比圆形沉井方便。但方形及矩形沉井受水平压力作用时，其断面内会产生较大弯矩。从生产工艺和使用要求来看，一般方形、矩形沉井的建筑面积较圆形沉井更能得到合理的利用。但方形、矩形沉井井壁的受力情况较圆形沉井不利。同时，由于沉井四周土方的坍塌情况不同，土压力与摩擦力也就不均匀，当其长与宽的比值越大，情况就越严重。因此，容易造成沉井倾斜。而纠正方形、矩形沉井的倾斜也较圆形沉井困难。

**3. 两孔、多孔沉井**

两孔、多孔井字形沉井，由于孔间有隔墙或横梁，可以改善井壁、底板、顶板的受力状况，提高沉井的整体刚度，在施工中易于均匀下沉。如发现沉井偏斜，可以通过在适当的孔内挖土校正。多孔沉井承载力高，尤其适用于平面尺寸大的重型建筑物基础。

**4. 椭圆形、端圆形沉井**

因椭圆形、端圆形沉井对水流的阻力较小，多用于桥梁墩台深基础、江心泵站与取水泵站等构筑物。

## 7.2.2 沉井按竖向剖面形状分类

沉井竖向剖面形式有圆柱形、阶梯形及锥形等，如图 7.2-2 所示。为了减少下沉摩阻力，刃脚外缘常设 20～30cm 的间隙，井壁表面做成 1/100 坡度。

**1. 圆柱形沉井**

圆柱形沉井井壁按横截面形状做成各种柱形且平面尺寸不随深度变化，如图 7.2-2 (a) 所示。圆柱形沉井受周围土体的约束较均衡，只沿竖向切沉，不易发生倾斜，且下沉过程中对周围土体的扰动较小。其缺点是沉井外壁面上土的侧摩阻力较大，尤其当沉井平面尺寸较小、下沉深度较大而土又较密实时，其上部可能被土体夹住，使其下部悬空，容易造成井壁拉裂。因此，圆柱形沉井一般在入土不深或土质较松散的情况下使用。

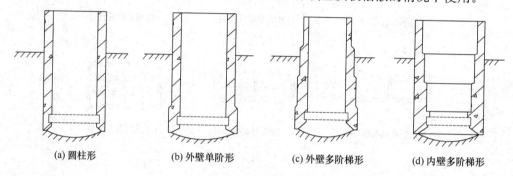

| (a) 圆柱形 | (b) 外壁单阶形 | (c) 外壁多阶梯形 | (d) 内壁多阶梯形 |

图 7.2-2　沉井剖面图

**2. 阶梯形沉井**

阶梯形沉井井壁平面尺寸随深度呈台阶形加大，如图 7.2-2 (b) ～ (d) 所示。由于沉井下部受到的土压力及水压力较上部大，故阶梯形结构可使沉井下部刚度相应提高。阶梯可设在井壁内侧或外侧。当土比较密实时，设外侧阶梯可减少沉井侧面土的摩阻力以便顺利下沉。刃脚处的台阶高度 $h_1$ 一般为 1～3m，阶梯宽度 $\triangle$ 一般为 1～2cm。有时考虑到井壁受力要求并避免沉井下沉使四周土体破坏的范围过大而影响邻近的建筑物，可将阶梯设在沉井内侧，而外侧保持直立。

1）外壁阶梯形沉井

阶梯形沉井分为单阶梯和多阶梯两类。

外壁单阶梯沉井的优点是可以减少井壁与土体之间的摩阻力，并可向台阶以上形成的空间内压送触变泥浆。其缺点是，如果不压送触变泥浆，则在沉井下沉时，对四周土体的扰动要比圆柱形沉井大。外壁多阶梯沉井与外壁单阶梯沉井的作用基本相似。因为越接近地面，作用在井壁上的水、土压力越小。为了节约建筑材料，将井壁逐段减薄，故形成多阶梯形。

2）内壁阶梯形沉井

在沉井附近有永久性建筑物时，为了减少沉井四周土体的扰动和坍塌，或因沉井自重大，而土质又软弱的情况下，为了保证井壁与土之间的摩阻力，避免沉井下沉速度过快，可采用内壁阶梯形沉井。同时，阶梯设于井壁内侧，达到了节约建筑材料的目的。

### 3. 锥形沉井

锥形沉井的外壁面带有斜坡，坡度比一般为 1/20～1/50，锥形沉井也可以减少沉井下沉时土的侧摩阻力，但这种沉井在下沉时不稳定，而且有制作较困难等缺点，故较少采用。

另外，沉井按其排列方式，又可分为单个沉井与连续沉井。连续沉井是若干个沉井的并排组成。通常用在构筑物呈带状，施工场地较窄的地段。上海黄浦江下的打浦路越江隧道、延安东路越江隧道等多条隧道的引道段均采用多节连续沉井施工而成。同时，在隧道两端的盾构工作井也采用大型沉井施工而成。

## 7.2.3 沉井按下沉工艺分类

### 1. 排水下沉沉井

先在地表制作成沉井结构，在井内用小型反铲挖土机，在地面用抓斗挖土机分区分层开挖，使沉井在自重作用下逐渐下沉，达到预定设计标高后，再进行封底，构筑底板和内部结构，挖土必须对称、均匀地进行，使沉井均匀下沉。

### 2. 不排水下沉沉井

先在地表制作成沉井结构，沉井内灌水至与地下水平衡，采用抓斗、水力吸泥机或水力冲射空气吸泥机等在水下分区分层挖土，使沉井在自重作用下逐渐下沉，达到预定设计标高后，再进行水下混凝土封底，构筑底板和内部结构，挖土必须对称、均匀地进行，使沉井均匀下沉。

### 3. 压入式沉井

先在地表制作成沉井结构，并制作抗拔桩、配重结构等单一或组合的方式组成抗拔系统，利用压沉系统下压沉井，使沉井内形成一定的土塞，同时在井内挖土，沉井逐渐下沉，达到预定设计标高后，再进行封底，构筑底板和内部结构。压沉系统通常由千斤顶、反力钢绞丝、承压牛腿或反力梁以及承台或地锚等构成，如图 7.2-3 所示。压入式沉井和常规沉井相比，在井内留有一定厚度的土塞减少对土体的扰动，环境影响较小，下沉精度高，下沉速度较快，能快速封底。

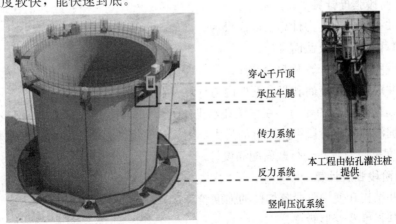

穿心千斤顶
承压牛腿
传力系统
反力系统
本工程由钻孔灌注桩提供

竖向压沉系统

图 7.2-3 压入式沉井竖向压沉系统

# 7.3 沉井的设计

## 7.3.1 沉井设计原则与内容

沉井设计应符合以下原则：

（1）在施工阶段，应结合采用的施工方法，进行结构强度计算和下沉验算，保证下沉的合理性和可靠性。

（2）在使用阶段应进行结构强度计算和裂缝验算。

（3）在施工阶段和使用阶段应进行结构抗浮验算。

（4）荷载取值及构件截面计算应符合国家标准《混凝土结构设计规范》GB 50010—2010 等相关规定。

（5）各构件的截面设计，应按各阶段最不利荷载组合情况下的内力进行配筋设计。

沉井结构设计计算的内容如下：

**1. 沉井尺寸估算**

根据使用、工艺要求，拟建场地情况，沉井内的隔墙、撑梁、框架、孔洞等设施布置情况，并参考类似已建工程，确定沉井平面和立面尺寸，并确定井壁，刃脚等各构件的截面尺寸。

**2. 下沉系数计算**

根据土层性质、施工方法和下沉深度等因素，合理确定下沉系数。

**3. 抗浮系数计算**

沉井抗浮主要包括沉井封底和使用两个阶段，为控制封底及底板的厚度，应进行沉井的抗浮系数验算，保证在封底和使用阶段具有足够的安全性。

**4. 荷载计算**

沉井所承受的荷载主要为井壁外的水土压力，在设计时应计算外荷载，并绘出水、土压力计算简图，为沉井结构的设计分析提出依据。

**5. 施工阶段强度计算**

（1）沉井平面框架内力计算及截面设计；

（2）刃脚内力计算及截面设计；

（3）井壁竖向内力计算及截面设计；

（4）沉井底梁竖向挠曲和竖向框架内力计算及截面设计；

（5）下沉阶段沉箱的受力，在气压和水土压力叠加的作用下，可按空间结构计算；

（6）根据沉井施工阶段可能产生的最大浮力，计算沉井封底混凝土的厚度和钢筋混凝土底板的厚度及内力，并进行截面配筋设计。

**6. 使用阶段强度计算**

（1）沉井结构在使用阶段各构件的强度验算；

（2）地基强度及变形验算；

（3）沉井（井）抗浮、抗滑移及抗倾覆稳定性验算等。

## 7.3.2 沉井结构上的荷载

沉井结构上的作用可以分为永久荷载和可变荷载作用两类。永久荷载主要包括结构与设备的自重、侧向土压力，可变荷载包括平台活荷载、侧向水压力等。

结构自重的标准值，可按结构构件的设计尺寸与相应材料的重度计算确定，钢筋混凝土重度可取 $25kN/m^3$，素混凝土重度可取 $23kN/m^3$。沉井壁所受的侧向土压力，可按主动土压力计算。侧向水压力可按静水压力计算，沉井井内排水施工时外壁水压力可乘折减系数 0.7。

## 7.3.3 沉井下沉计算

为了选择合适的井壁厚度和沉井各构件的截面尺寸，使沉井有足够的自重克服摩擦力，顺利下沉至设计标高，应进行下沉系数计算及下沉稳定性计算。

**1. 沉井下沉系数分析**

为了保证沉井平稳顺利下沉至设计标高，应合理地选择下沉系数，沉井下沉系数 $K_c$ 应按下式计算：

$$K_c = \frac{G_k - F_k}{T_f + R_1 + R_2}$$

式中　$K_c$——下沉系数，取 1.05～1.25，位于淤泥质土层可取大值，位于其他土层中可取小值；

$G_k$——沉井自重标准值（包括必要时外加助沉重量的标准值，kN）；

$F_k$——下沉过程中水的浮力标准值（kN），采取排水下沉时取 0。沉箱取水的浮力标准值及箱内气压向上对顶板的脱力标准值之和；

$T_f$——侧壁与土层的总摩阻力标准值（kN）；

$R_1$——刃脚踏面及斜面下土的极限承载力（kN），可按下式计算：

$$R_1 = U\left(b + \frac{n}{2}\right)R_d$$

$b$——刃脚踏面宽度（m）；

$n$——刃脚斜面的水平投影宽度（m）；

$R_d$——刃脚所在土层地基土承载力极限标准值（kPa）；

$R_2$——隔墙和底梁下土的极限承载力（kN），可按下式计算：

$$R_2 = A_1R_d + A_2R_d$$

$A_1$——隔墙支撑面积（$m^2$）；

$A_2$——底梁支撑面积（$m^2$）。

**2. 下沉稳定性系数验算**

当下沉系数较大时（一般大于 1.5 时），或在下沉过程中遇到软弱土层时，应根据实际情况进行下沉稳定性验算，以防止突沉或下沉标高不能控制。沉井下沉稳定性系数 $K'_c$ 可按下式计算：

$$K'_c = \frac{G_k - F_k}{T_f + R_1 + R_2}$$

式中　$K'_c$——下沉稳定性系数，可取 0.8～0.9。

其他各符号意义同前式，设计中当考虑利用隔墙或横梁作为防止突沉的措施时，隔墙或横梁底面与井壁刃脚的垂直距离宜为 500mm。

**3. 接高稳定性验算**

当沉井多次制作下沉时，接高稳定性系数应按下式进行计算：

$$K_d = \frac{G_k}{T_f + R_1 + R_2 + F_k}$$

式中　$K_d$——接高稳定性系数，取 $K_d \leqslant 1.0$；其他各符号意义同前式。

若接高时刃脚处进行填砂处理，则 $R_1$ 应按下式计算：

$$R_1 = U\left(b + \frac{n}{2}\right)R'_d$$

式中　$R'_d$——深度修正后的地基土承载力极限值（kPa），可按下式进行修正：

$$R'_d = R_d + \eta\gamma(d - 0.5)$$

$\eta$——地基土承载力深度修正系数；

$\gamma$——刃脚填砂的天然重度（kN/m³）；

$d$——刃脚填砂高度（m）。

**4. 沉井抗浮稳定验算**

沉井抗浮稳定应按各个时期实际可能出现的最高地下水位进行验算。一般的沉井依靠自重获得抗浮稳定。抗浮稳定系数应按下式进行计算：

$$K_f = \frac{G_k}{F'_k}$$

式中　$K_f$——沉井抗浮系数，当不计井壁摩阻力时，取 $K_f = 1.0$；当计入摩阻力时，取 $K_f = 1.5$；

$G_k$——沉井自重标准值（包括必要时外加助沉重量的标准值）（kN）；

$F'_k$——基底的水压、气压托力标准值（kN）。

当封底混凝土与底板间有拉结钢筋等可靠连接时，封底混凝土的自重可作为沉井抗浮重量的一部分。

## 7.3.4　矩形沉井井壁计算

**1. 矩形沉井井壁水平内力计算**

矩形沉井水平内力计算主要有两种方法，即公式法和弯矩分配法。对于较为复杂的结构，可采用专业软件进行计算。

1）公式法

矩形单孔封闭框架如图 7.3-1 所示。

矩形双孔沉井水平框架如图 7.3-2 所示。

矩形三孔以上沉井水平框架的内力计算公式见表 7.3-1。

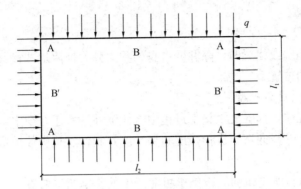

图 7.3-1 矩形单孔封闭框架计算简图

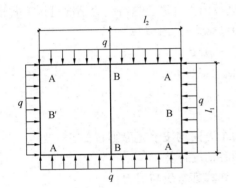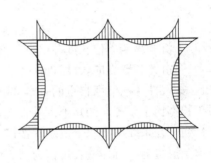

图 7.3-2 矩形双孔沉井水平框架计算简图

**内力计算公式** 表 7.3-1

| 孔数 | $M_A$ | $M_B$ | $M_{B'}$ |
|---|---|---|---|
| 四孔 | $-\dfrac{ql_1^2}{12}\cdot\dfrac{K^3+1}{K+1}$ | $-\dfrac{ql_1^2}{12}\cdot\dfrac{3K+2-K^3}{2(K+1)}$ | $-\dfrac{ql_1^2}{12}\cdot\dfrac{3K+2-K^3}{2(K+1)}$ |
| 三孔 | $-\dfrac{ql_1^2}{12}\cdot\dfrac{5K^3+3}{5K+3}$ | $-\dfrac{ql_1^2}{12}\cdot\dfrac{6K+3-K^3}{5K+3}$ | |
| 六孔 | $-\dfrac{ql_1^2}{12}\cdot\dfrac{5K^3+6}{5K+6}$ | $-\dfrac{ql_1^2}{12}\cdot\dfrac{6K+6-K^3}{5K+6}$ | $-\dfrac{ql_1^2}{12}\cdot\dfrac{5K^3+9K^2-3}{5K+6}$ |
| 九孔 | $-\dfrac{ql_1^2}{12}\cdot\dfrac{K^3+1}{K+1}$ | $-\dfrac{ql_1^2}{12}\cdot\dfrac{6K+5-K^3}{5K+5}$ | $-\dfrac{ql_1^2}{12}\cdot\dfrac{5K^3+6K^2-1}{5K+5}$ |

注：$K=l_1/l_2$。

2）弯矩分配法

弯矩分配法是超静定结构内力计算的一种常用计算方法，对于分析沉井结构的内力也比较适用。应用弯矩分配法计算沉井结构的内力时，往往将沉井沿高度分成若干段水平框架，取位于每一段最下端的水平荷载作为控制荷载。求出最大内力，配筋之后，按计算出来的水平钢筋为准在全段高度上同样进行布置。

如果井壁截面是变化的，则应将井壁分段设计计算。关于弯矩分配法的具体计算方法，可参考有关书籍，在此不再详述。

**2. 竖向弯矩计算**

1）荷载

当沉井内有横隔墙或横梁时，除井壁自身的重力外，横隔墙或横梁的重力均作为集中力作用在井壁相应的位置上。

2）设置衬垫木时计算模型

在沉井开始下沉前，抽除支承垫木过程中将使沉井落置于几个定位垫木上。根据下沉前的支承情况，对井壁竖向弯矩进行强度验算。沉井制作过程中使用垫木支承时，不利支承点规定如下：

（1）当沉井采取排水下沉时，按施工可能产生的支承情况验算。

当沉井的长宽比不小于 1.5 时，按四点支承计算，设在长边上的两支点间距可按 $l_0=0.71$ 计算。计算时可把沉井井壁当作一根梁进行内力计算，这种受力情况可按下式计算：

$$M_A = M_B = -0.0113ql^2 - 0.15P_1l$$

$$M_中 = 0.5ql^2 - 0.15P_1l$$

式中　　$q$——沉井纵墙单位长度井壁自重设计值（kN/m）；

　　　　$l$——沉井井壁纵向长度（m）；

　　　　$P_1$——沉井井壁端墙自重的一半（kN）。

对于长宽比小于 1.5 的矩形沉井，宜在两个方向均按上述原则布置定位支点。

（2）当沉井采取不排水下沉时，按以下两种情况计算：

支承于短边上，将井壁长边作为简支梁，计算其弯矩与剪力；

支承于长边的中心，将井壁作为悬臂梁，计算其弯矩与剪力。

（3）沉井施工过程中遇到障碍物时计算模型

沉井在障碍物较多的块石类土层下沉时，可能遇到障碍物，可能会出现以下两种受力状态：

沉井支承于四个角点，这种情况下井壁竖向弯矩为：

$$M_A = M_B = 0$$

$$M_中 = M_B = 0.125ql^2$$

沉井处于中间一点支承受力状态，这种情况下井壁竖向弯矩为：

$$M_A = M_B = 0$$

$$M_中 = -0.125ql^2 - 0.5P_1l$$

## 7.3.5　圆形沉井井壁设计

**1. 圆形沉井井壁水平内力计算**

圆形沉井在井筒稳定的条件下承受径向均布荷载，计算得出的弯矩一般不大，只需进行构造配筋。但是由于沉井周围土质条件和施工扰动的影响，常会发生偏斜，从而使井壁受到不均匀水、土压力作用，导致井壁的弯矩相当大。

目前圆形沉井内力计算最常用的方法，是将井体视作受对称不均匀压力作用的封闭圆环，取 1/4 圆环进行计算（图 7.3-3）。假定 90°的井圈上两点的土壤内摩擦角不同，取井壁 A 处的侧压力为 $p_A$，B 点的侧压力为 $p_B$，$p_B$ 为较大的侧压力，假定 $90°$ 井圈上任意一点的侧压力按下式计算：

$$p_\theta = p_A[1+(m-1)\sin\theta]$$

由同一截面上弯矩、轴力最不利组合计算沉井环向配筋。对于井壁较厚的沉井，配筋率较小，但不得小于最小配筋率。

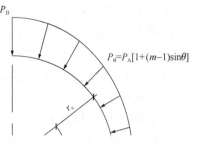

图 7.3-3 井壁水平内力计算模型

对于深度在 6m 以内的沉井，通常只对井壁下部、刃脚上面 1.5 倍壁厚圆环进行内力计算；对于深度大于 6m 的沉井，应将截面沿高度分成多段处理。

**2. 竖向内力计算**

圆形沉井应根据实际支承情况，进行井壁竖向内力计算。圆形沉井一般采用 4 个定位支承点。计算时认为沿井壁圆周外围均匀分布。

如果沉井直径较大，也可适当增加定位支承点的数量，一般以偶数为宜。可将圆形沉井井壁作为连续水平圆环梁处理。

## 7.3.6 沉井底梁计算

大型沉井往往用作取水或排水泵房，这类沉井平面面积较大而又不允许随意设置隔墙，可设置底梁用于分隔，以减少井壁的计算跨度，增加沉井的整体高度；且有利于控制沉井均匀下沉和进行分格封底，达到减少封底混凝土及底板厚度的目的，降低沉井使用的成本。

**1. 荷载计算**

根据沉井施工阶段和使用阶段最不利受力情况，沉井底梁一般按以下几种工况计算。

（1）沉井开始下沉时，若底梁的地面标高与刃脚踏面标高相同，在井壁刃脚下有部分区域的砂子回填不密实，沉降量较大时，底梁处于向上拱起的受力状态。对于分节浇筑、一次下沉的沉井，这种受力状况尤其明显。对此，底梁所承受的计算反力可假定为：

$$q = \gamma_d q_s b$$

式中 $q$——底梁所承受的计算反力设计值（kN/m）；

$\gamma_d$——平均荷载的增大系数，一般取 1.2～1.3；

$q_s$——地基平均反力设计值（kN/m），等于沉井自重及施工荷载除以沉井底面与地基的接触面积；

$b$——底梁的宽度（m）；为了此类工况下沉井底梁上拱的情况，一般设计沉井底面比井壁踏面高出 0.5～1.5m。

（2）当沉井自重较大，在软土地区下沉时，一旦发生突沉，底梁底面与地基土面接触，可能达到地基土的极限承载力，这时底梁所承受的计算反力可假定为：

$$q = bq_j - q_m$$

式中 $q$——底梁所承受的计算反力设计值（kN/m）；

$b$——底梁的宽度（m）；

$q_j$——地基土的极限承载力（kN/m）；

$q_m$——底梁单位长度的自重设计值（kN/m）。

（3）当沉井在坚硬土层中下沉时，为了减少沉井的下沉阻力，底梁下的土体可能会被掏空，此时需考虑底梁的自重和施工荷载对底梁的作用。

（4）竣工空载时，应考虑底梁承受底板传来的最大浮力和自重反力。

（5）在使用阶段，按照整个构筑物最大自重和设备荷载作为均布反力计算。

**2. 底梁内力计算模型**

（1）当底梁与井壁没有足够嵌固时，按简支梁量计算，跨中弯矩系数取 1/8。

（2）当底梁与井壁具有足够的嵌固时，可按两端嵌固计算，支座处弯矩系数取 -1/12，跨中弯矩系数取 1/24～1/12。

（3）在设计过程中尽量减少支座的弯矩，加大跨中弯矩，可改善支座处钢筋过密的状况。

## 7.3.7 沉井竖向框架内力计算要点

沉井在满足使用要求的前提下，底梁、竖向框架与隔墙可同时布置。竖向框架由井壁内侧的壁柱、横梁组成。

**1. 荷载计算**

根据沉井施工和使用阶段最不利受力情况，沉井框架内力一般按以下工况计算。

（1）沉井最后一节浇筑完毕前，框架的底梁突然下沉或控制下沉需要承受较大的反力作用，此时最后一节未获得摩阻力。

（2）沉井下沉结束，但尚未封底。框架荷载主要受水平荷载以及自重的作用。

（3）沉井封底后，处于空载状态。此时，框架结构承受的水平荷载及竖向荷载都达到施工阶段的最大值，框架底梁和底板受到最大浮力。

（4）在沉井使用阶段，竖向框架应视为整体的地下结构进行验算。

**2. 计算模型**

由于沉井结构和荷载分布的对称性，沉井隔墙刚度很大，故进行结构简化计算，计算模型的特点如下：

（1）利用对称性，框架结构可取一半计算；

（2）假定各层中横梁在中隔墙及井壁处允许自由转动，即中横梁不分配弯矩；

（3）假定底横梁、顶横梁与框架中立柱节点存在竖向位移，将中立柱视为一连杆；

（4）假定井壁、中隔墙与各层横梁节点不存在竖向位移；

（5）计算框架壁柱和地梁截面的几何性质时，一般取矩形截面，宽度去壁柱及底梁的宽度，高度可加上井壁厚度及底板厚度。

## 7.3.8 沉井井壁竖向抗拉验算

在施工阶段，由于受到土体负摩阻力和自重的作用，沉井井壁会出现拉力。井壁的竖向最大拉力，可按以下几种假定方法进行拉力计算。

（1）沉井下沉至设计标高，在土体负摩阻力和自重的作用下产生拉力。一般认为井壁负摩阻力呈倒三角分布，其最危险截面出现在沉井入土深度的一半处，其最大拉力可按下式计算：

$$F_{max} = G/4$$

式中 $G$——沉井总重设计值（kN），自重分项系数取 1.20。

（2）当沉井上部被土体卡住，而刃脚处的土体已被挖孔，处于悬吊状态，可近似假定沉井在 $0.35h_0$ 处（$h_0$ 为沉井或沉箱高度）被卡住，最大拉力可按下式计算：

$$F_{max} = 0.65G$$

通常，等截面井壁的竖向钢筋应按最大拉力 $F_{max} = (0.25 \sim 0.65)G$ 配置，配筋也应不小于构造配筋要求。

（3）当井壁上有预留洞，应对孔洞的影响进行分析。

### 7.3.9 沉井刃脚计算

沉井在下沉阶段应选取最不利情况，分别计算刃脚内侧和外侧的竖向钢筋及水平钢筋。其计算荷载为沉井下沉时，作用在刃脚侧面的水、土压力，以及沉井自重在刃脚踏面和斜面上产生的垂直反力和水平推力。在进行沉箱刃脚计算时，尚应考虑沉箱内气压的影响。

**1. 竖向内力计算**

1）刃脚向外挠曲计算

当沉井下沉不深，刃脚已插入土体内，刃脚下部受到较大的正面及侧面压力，而井壁外侧土压力并不大。此时在刃脚根部将产生向外弯矩。通常按此种情况确定刃脚内侧竖向配筋量，刃脚水平方向仅按构造配筋。

当沉井高度较大时，可采用多节浇筑多次下沉的方法减小刃脚根部的竖向向外弯矩。

弯矩
$$M_0 = H\left(h_k - \frac{h_s}{3}\right) + R_j d$$

竖向轴力
$$N = R_j - g_l$$

$$R_j = R_{j1} + R_{j2}$$

$$H = \frac{R_j h_s}{h_s + 2a\tan\theta}\tan(\theta - \beta)$$

$$d = \frac{h_k}{2\tan\theta} - \frac{h_s}{6h_s + 12a\tan\theta}(3a + 2b)$$

式中 $R_j$——刃脚底部的竖向地基反力（kN/m），每延米的自重设计值；

$M_0$——刃脚根部的竖向弯矩设计值（kN/m²）；

$N$——刃脚根部的竖向轴力设计值（kN/m）；

$H$——刃脚斜面上分布反力的水平合力设计值（kN/m）；

$g_l$——刃脚的结构自重设计值（kN/m）；

$h_s$——沉井入土深度（m）；

$\theta$——刃脚斜面的水平夹角（°）；

$\beta$——刃脚斜面与土的外摩擦角，可取等于土的内摩擦角，硬土一般可取 30°，软土可取 20°；

$h_k$——刃脚的斜面高度（m）；

$d$——刃脚底面地基反力的作用点至刃脚根部截面中心的距离（m）。

2）刃脚向内挠曲的计算

当沉井下沉至最后阶段，刃脚下土壤被掏空或部分掏空。此时，刃脚在井壁外侧水、土压力作用下，将处于向内挠曲的最不利状态，在刃脚根部水平截面上将产生最大的向内弯矩。

$$M_0 = \frac{1}{6}(2F_{epk} + F'_{epk})h_k^2$$

式中　$F_{epk}$——沉井下沉到设计标高时，沉井刃脚底端处的水平侧向压力（kN/m²）；

$F'_{epk}$——沉井下沉到设计标高时，沉井刃脚根部处的水平侧向压力（kN/m²）。

**2. 水平内力计算**

1）圆形沉井

圆形沉井在下沉过程中，根据圆形沉井始沉时求得的水平推力，求出作用在水平圆环上的环向拉力：

环向拉力　　　　　　　　　$N_\theta = H \cdot r$

式中　$N_\theta$——刃脚承受的环向拉力（kN）；

$H$——刃脚斜面上分布反力的水平合力设计值（kN/m）；

$r$——刃脚根部处的井壁计算半径（m）。

2）矩形沉井

对于矩形沉井，在刃脚切入土体时，由于斜面上的土壤反力产生的横推力，在转角处产生水平拉力。因此需要在刃脚处增大配筋，防止刃脚转角处开裂。

**3. 沉井刃脚按悬臂和框架共同作用时的内力计算**

当沉井内隔墙的刃脚踏面、底梁的底面与沉井外墙的刃脚踏面之间高差小于50cm，作用在刃脚上的水平外力，一部分可看成由固定在刃脚根部的悬臂梁承受，另一部分可看作由一个封闭的水平框架承受。其分配系数按下式计算：

悬臂作用

$$\lambda = \frac{0.1l_1^4}{h_k^4 + 0.05l_1^4}$$

当 $\lambda > 1$ 时，取 $\lambda = 1$。

框架作用

$$\varepsilon = \frac{0.1l_1^4}{h_k^4 + 0.05l_2^4}$$

式中　$l_1$——沉井外壁支撑于内隔墙的最大计算跨度（m）；

$l_2$——沉井外壁支撑于内隔墙的最大计算跨度（m）；

$h_k$——刃脚斜面部分的高度（m）。

# 7.3.10　压入式沉井设计

**1. 压入力设定**

沉井压入力按下式进行计算：

$$P = F + R + U - W$$

式中 $F$——沉井侧摩阻力；

$R$——刃脚踏面及底梁反力；

$U$——沉井浮力；

$W$——沉井自重；

$P$——设定压入力。

其中，沉井侧摩阻力 $F$ 取终沉时沉井外侧最大摩阻力；沉井刃脚踏面及底梁反力 $R$ 取终沉时土层的极限承载力；沉井浮力 $U$ 取终沉时最大（不考虑排水引起的浮力降低）。

**2. 地锚设定**

一般根据工程土质来选择地锚系统，当常规锚索等工艺无法实施，常采用钻孔灌注桩来作为反力地锚。且在沉井外侧进行地锚布置需考虑如下因素：

（1）地锚不得设置在顶管进出洞范围，并应保持足够的间距；

（2）应结合沉井结构，布置为对称形式，方便沉井下沉过程中的纠偏；

（3）地锚应与沉井保持足够的距离，这里设定为 1m（边到边距）。

在没有进行桩的竖向抗拔静荷载试验时，单桩竖向抗拔承载力设计值按下式进行计算：

$$N_k \leqslant \frac{T_{uk}}{2} + G_p$$

式中 $N_k$——按荷载效应标准组合计算的基桩拔力；

$T_{uk}$——群桩呈非整体破坏时基桩的抗拔极限承载力标准值；

$G_p$——基桩自重，地下水位以下取浮重度。

**3. 压沉系统**

1）反力拉杆

反力拉杆一般为实心直圆外螺纹钢杆，外套大螺母上下旋动。考虑到探杆单件长度有限，与每个地锚连接的反力拉杆采取多节连接的方式接长。上下两根拉杆之间采用螺母连接。为保证沉井最大下沉高度需要，每个地锚点需配置一定长度的拉杆，及相关锚固螺母和连接螺母。

2）承台及锚箱

承台为钻孔灌注桩与反力拉杆间的连接部分。钻孔灌注桩桩顶露出一定长度的钢筋，承台平面使用混凝土制作，并以钢筋保证充足的焊接长度为准。锚箱分为上下两部分，上部分为拉杆锚固段，下部分为钻孔灌注桩钢筋焊接段。上下两部分采用法兰连接，配置高强度螺栓。

3）压沉系统高强度螺栓

根据《钢结构设计标准》GB 50017—2017 在螺栓杆轴方向受拉的连接中，每个高强度螺栓的承载力设计值＝$0.8P$，常规来说，多以考虑 8.8 级 M27 高强度螺栓为主。

# 7.4 沉井的施工

沉井施工流程如图 7.4-1 所示。

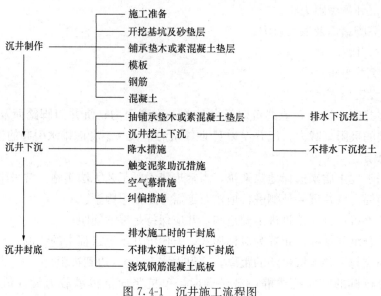

图 7.4-1 沉井施工流程图

## 7.4.1 沉井施工准备

### 1. 沉井制作准备

1）不开挖基坑制作沉井

当沉井制作高度较小或天然地面较低时可以不开挖基坑，只需将场地平整夯实，以免在浇筑沉井混凝土过程中或撤出支垫时发生不均匀沉陷。如场地高低不平应加铺一层厚度不小于50mm的砂层，必要时应挖去原有松软土层，然后铺设砂层。

2）开挖基坑制作沉井

应根据沉井平面尺寸决定基坑地面尺寸、开挖深度及边坡大小，定出基坑平面的开挖边线。基坑开挖的深度视水文、地质条件和第一节沉井要求的浇筑高度而定。为了减少沉井的下沉深度也可增加深基坑的开挖深度，但若挖出表土硬壳层后坑底为很软弱的淤泥，则不宜挖出表面硬土。应通过综合比较，决定合理的深度。

3）地基处理后制作沉井

制作沉井的场地应预先清理、平整和夯实，使地基在沉井制作过程中不致发生不均匀沉降。制作沉井的地基应具有足够的承载力，以免沉井在制作过程中发生不均匀沉陷，以致倾斜甚至井壁开裂。在松软地基上进行沉井制作，应先对地基进行处理，以防止由于地基不均匀下沉引起井身开裂。处理方法一般采用砂、砂砾、混凝土、灰土垫层或人工夯实、机械碾压等措施加固。

4）人工筑岛制作沉井

如沉井在浅水（水深小于5m）地段下沉，可填筑人工岛制作沉井，岛面应高出施工期的最高水位0.5m以上，四周留出护道，其宽度：当有围堰时，不得小于1.5m；无围堰时，不得小于2.0m，如图7.4-2所示。

### 2. 测量控制和沉降观察

按沉井平面设置测量控制网，进行抄平放线，并布置水准基点和沉降观测点。在原有

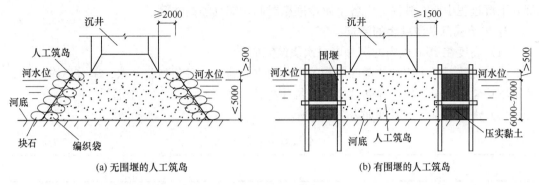

(a) 无围堰的人工筑岛　　　　　　　(b) 有围堰的人工筑岛

图 7.4-2　人工筑岛

建筑物附近下沉的沉井，应在沉井周边的原有建筑物上设置变形（位移）和沉降观测点，对其进行定期沉降观测。

## 7.4.2　沉井制作

**1. 刃脚支设**

沉井制作下部刃脚的支设可视沉井重量、施工荷载和地基承载力情况，采用砖垫座。

**2. 沉井壁制作**

沉井制作一般有三种方法：

（1）在修建构筑物地面上制作，适用于地下水位高和净空允许的情况；

（2）人工筑岛制作，适于在浅水中制作；

（3）在基坑中制作，适用于地下水位低、净空不高的情况，可减少下沉深度、摩阻力及作业高度。

以上三种制作方法可根据不同情况采用，使用较多的是在基坑中制作。

在基坑中制作，基坑应比沉井宽 2～3m，四周设排水沟、集水井，使地下水位降至比基坑底面低 0.5m，挖出的土方在周围筑堤挡水，要求护堤宽不少于 2m，如图 7.4-3 所示。

沉井过高，常常不够稳定，下沉时易倾斜，一般高度大于 12m 时，宜分节制作；在

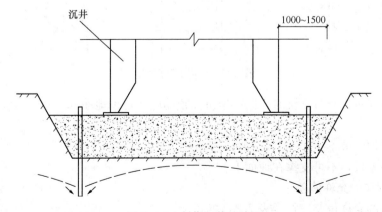

图 7.4-3　制作沉井的基坑

沉井下沉过程中或在井筒下沉各个阶段间歇时间，继续加高井筒。

**3. 单节式沉井混凝土的浇筑**

（1）高度在 10m 以内的沉井可一次浇筑完成。

（2）浇筑混凝土应沿井壁四周均匀对称地进行施工，避免高差悬殊、压力不均，产生地基不均匀沉降而造成沉井断裂。在浇筑井壁时，必须保证沉井均匀沉降。

（3）浇筑混凝土层厚度如表 7.4-1 所示。

浇筑混凝土分层厚度 表 7.4-1

| 项目 | 分层厚度应小于 |
|---|---|
| 使用插入式振动器 | 振捣器作用半径的 1.25 倍 |
| 人工振捣 | 15～25mm |

（4）拆模时对混凝土强度要求：达到设计强度的 25％以上时，可拆除不承受混凝土重量的侧模；达到设计强度的 70％或设计强度的 90％以上时，可拆除刃脚斜面的支撑及模板。

**4. 多节式沉井混凝土的浇筑**

（1）第一节混凝土的浇筑与单节式混凝土浇筑时间。

（2）第一节混凝土强度达到设计强度的 70％以上，可浇筑第二节沉井的混凝土，接触面处须进行凿毛、吹洗等处理。井壁分节处的施工缝（对有防水要求的结构）要处理好，以防漏水。当井壁较薄且防水要求不高时，可采用平缝；当井壁厚度较大又有防水要求时，可采用凸式或凹式施工缝，也可采用钢板止水施工缝，如图 7.4-4 所示。

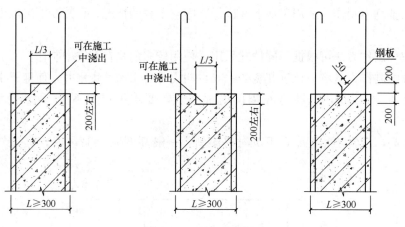

图 7.4-4 施工缝形式

（3）分节浇筑、分节下沉时，第一节沉井顶端应在距离地面 0.5～1m 处，停止下沉，开始接高施工。

（4）每增加一节不少于 4m（一般 4～5m）。

（5）接高模板，不可支撑在地面上。

**5. 沉井制作的允许偏差**

沉井制作的允许偏差应符合表 7.4-2 的规定。

制作沉井时的允许偏差　　　　　　　　　　表 7.4-2

| 偏差名称 | | 允许偏差 |
|---|---|---|
| 断面尺寸 | 长、宽 | ±0.5%，且不得大于 100mm |
| | 曲线部分的半径 | ±0.5%，且不得大于 50mm |
| | 两对角线长度 | 对角线长的 1% |
| 沉井井壁厚度 | | ±15 |
| 井壁、隔墙垂直度 | | 1% |
| 预埋件、预留孔位移 | | ±20 |

## 7.4.3　沉井下沉

沉井下沉按其制作与下沉的顺序，有三种形式：

（1）一次制作，一次下沉。一般中小型沉井，高度不大，地基很好或者经过人工加固后获得较大的地基承载力时，宜采用一次制作，一次下沉方式。以该方式施工的沉井在 10m 以内为宜。

（2）分节制作，多次下沉。将井墙沿高度分成几段，每段为一节，制作一节，下沉一节，循环进行。该方案的优点是沉井分段高度小，对地基要求不高；缺点是工序多，工期长，而且在接高井壁时易产生倾斜和突沉，需要进行稳定验算。

（3）分节制作，一次下沉。这种方式的优点是脚手架和模板可连续使用，下沉设备一次安装，有利于滑模；缺点是对地基条件要求高，高空作业困难。我国目前采用该方式制作的沉井，全高已达 30m 以上。

沉井下沉应具有一定的强度，第一节混凝土或砌体砂浆应达到设计强度的 100%，其上各节达到 70% 以后，方可开始下沉。

**1. 凿除混凝土垫层或抽取承垫木**

沉井下沉之前，应先凿除素混凝土垫层或抽取承垫木，使沉井刃脚均匀地落入土层中，凿除混凝土垫层时，应分区域对称按顺序凿除或抽取承垫木。凿断线应与刃脚底板齐平，凿断之后的碎渣应及时清除，空隙处应立即采用砂或砂石回填，回填时采用分层洒水夯实，每层 200～300mm。

**2. 下沉方法选择**

1）排水下沉挖土方法

常用在井内用小型反铲挖土机，在地面用抓斗挖土机分层开挖。挖土必须对称、均匀地进行，使沉井均匀下沉。

从沉井中间开始逐渐挖向四周，每层挖土厚 0.4～0.5m，在刃脚处留 1～1.5m 的台阶，然后沿沉井壁每 2～3m 一段向刃脚方向逐层全面、对称、均匀地开挖土层，每次挖去 50～100mm，当土层经不住刃脚的挤压而破裂，沉井便在自重作用下均匀地破土下沉，如图 7.4-5 所示。当沉井下沉很少或不下沉时，可再从中间向下挖 0.4～0.5m，并继续按向四周均匀掏挖，使沉井平稳下沉。当在数个井孔内挖土时，为使其下沉均匀，孔格内挖土高差不得超过 1.0m。刃脚下部土方应边挖边清理。

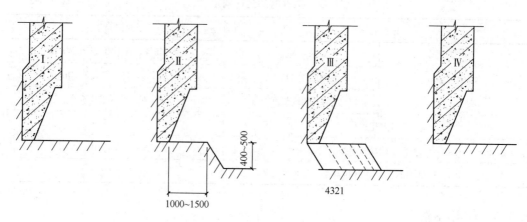

图 7.4-5　排水下沉挖土方法

在开始 5m 以内下沉时，要特别注意保持平面位置与垂直度正确，以免继续下沉时不易调整。在距离设计标高 200mm 左右应停止取土，依靠沉井自重下沉到设计标高。在沉井开始下沉和将要下沉至设计标高时，周边开挖深度应小于 300mm 或更少一些，避免发生倾斜或超沉。

2）不排水下沉挖土方法

通常采用抓斗、水力吸泥机或水力冲射空气吸泥机等在水下挖土。

（1）抓斗挖土。用吊车吊住抓斗挖掘井底中央部分的土，使沉井底形成锅底。在砂或砾石类土中，一般当锅底比刃脚低 1～1.5m 时，沉井即可靠自重下沉，而将刃脚下的土挤向中央锅底，再从井孔中继续抓土，沉井即可继续下沉。在黏质土或紧密土中，刃脚下的土不易向中央坍落，则应配以射水管松土，如图 7.4-6 所示。沉井由多个井孔组成时，每个井孔宜配备一台抓斗。如用一台抓斗抓土时，应对称逐孔轮流进行，使其均匀下沉，各井孔内土面高差应不大于 0.5m。

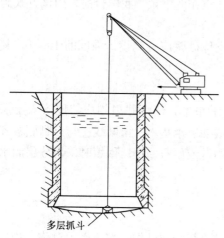

图 7.4-6　抓斗在水中抓土

（2）水力机械冲土。使用高压水泵将高压水流通过进水管分别送进沉井内的高压水枪和水力吸泥机，利用高压水枪射出的高压水流冲刷土层，使其形成一定稠度的泥浆，汇流至集泥坑，然后用水力吸泥机（或空气吸泥机）将泥浆吸出，从排泥管排出井外，如图 7.4-7 所示。水力吸泥机冲土，适用于粉质黏土、粉细砂土中；使用不受水深限制，但其出土率则随水压、水量的增加而提高，必要时应向沉井内注水，以加高井内水位。在淤泥或浮土中使用水力吸泥时，应保持沉井内水位高出井外水位 1～2m。

3）沉井的辅助下沉方法

（1）射水下沉法

一般作为以上两种方法的辅助方法，它是用预先安设在沉井外壁的水枪，借助高压水

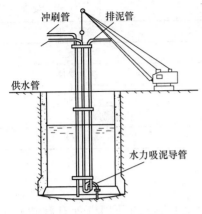

图 7.4-7　用水力吸泥器水中吸土

冲刷土层，使沉井下沉。射水所需水压在砂土中，冲刷深度在 8m 以下时，需要 0.4～0.6MPa；在砂砾石层中，冲刷深度在 10～12m 以下时，需要 0.6～1.2MPa；在砂卵石层中，冲刷深度在 10～12m 时，需要 8～20MPa。冲刷管的出水口口径为 10～12mm，每一管的喷水量不得小于 0.2m³/s，如图 7.4-8 所示。但本法不适用于黏土中下沉。

（2）触变泥浆护壁下沉法

沉井外壁制成宽度为 100～200mm 的台阶作为泥浆槽。泥浆是用泥浆泵、砂浆泵或气压罐通过预埋在井壁体内或设在井内的垂直压浆管压入，如图 7.4-9 所示，使外井壁泥浆槽内充满触变泥浆，其液面接近于自然地面。为了防止漏浆，在刃脚台阶上宜钉一层 2mm 厚的橡胶皮，同时在挖土时注意不使刃脚底部脱空。在泥浆泵房内要储备一定数量的泥浆，以便下沉时不断补浆。在沉井下沉到设计标高后，泥浆套应按设计要求进行处理，一般采用水泥浆、水泥砂浆或其他材料来置换触变泥浆，即将水泥浆、水泥砂浆或其他材料从泥浆套底部压入，使压进的水泥浆、水泥砂浆等凝固材料挤出泥浆，待其凝固后，沉井即可稳定。

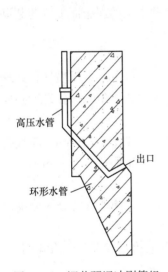

图 7.4-8　沉井预埋冲刷管组

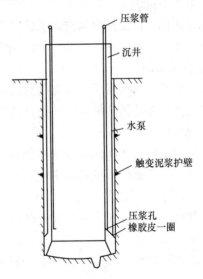

图 7.4-9　触变泥浆护壁下沉方法

触变泥浆的物理力学性能指标见表 7.4-3。

触变泥浆技术指标　　　　　　　　　　　　　　　　表 7.4-3

| 名称 | 单位 | 指标 | 试验方法 |
|---|---|---|---|
| 比重 | | 1.1～1.40 | 泥浆比重秤 |
| 黏度 | S | >30 | 500～700cm³/漏斗法 |
| 含砂量 | % | <4 | |

续表

| 名称 | 单位 | 指标 | 试验方法 |
|------|------|------|----------|
| 胶体率 | % | 100 | 量杯法 |
| 失水量 | mL/30min | <14 | 失水量仪 |
| 泥皮厚度 | mm | ≤3 | 失水量仪 |
| 静切力 | mg/cm² | >30 | 静切力计（10min） |
| pH 值 | | ≥8 | pH 试纸 |

注：泥浆配合比为黏土：水=（35%～40%）：（65%～60%）。

（3）抽水下沉法

不排水下沉的沉井，抽水降低井内水位，减小浮力，可使沉井下沉。如有翻砂涌泥时，不宜采用此法。

（4）井外挖土下沉法

若上层土中有砂砾或卵石层，井外挖土下沉就很有效。

（5）压重下沉法

可利用灌水、铁块，或用草袋装沙土，以及接高混凝土筒壁等加压配重，使沉井下沉，但特别要注意均匀对称加重。

（6）炮震下沉法

当沉井内的土已经挖出掏空而沉井不下沉时，可在井中央的泥土面上放药起爆，一般用药量为 0.1～0.2kg。同一沉井，同一地层不宜多于 4 次。

**3. 空气幕措施**

（1）空气幕压气所需压力值与气龛的入土深度有关，一般可按最深喷气孔处理论水压的 1.6 倍，每气龛的供气量与喷气孔直径有关，一般为 0.023m³/min。并设置必要数量的空压机及储气包。

（2）喷气龛常为 200mm×50mm 倒梯形，喷气孔直径一般为 1～3mm。喷气孔的数量应以每个喷气孔所能作用的面积和沉井不同深度决定，平均可按 1.5～3m 设 2 个考虑。刃脚以上 3m 内不宜设置喷气孔。

（3）井壁内预埋通气管通常有竖直和水平两种布置方式。预埋管宜分区分块设置，便于沉井纠偏。

（4）防止喷气孔的堵塞，应在水平管的两端设置沉淀筒，并在喷气孔上外套一橡胶皮环。

（5）每次空气幕助沉的时间应根据实际沉井下沉情况而定，一般不宜超过 2h。

（6）压气顺序应自上而下进行，关气时则反之。

**4. 纠偏措施**

沉井在下沉过程中发生倾斜偏转时，根据沉井产生倾斜偏转的原因，可以用下述的一种或几种方法来进行纠偏。确保沉井的偏差在容许的范围以内。

1）偏除土纠偏

如系排水下沉，可在沉井刃脚高的一侧进行人工或机械除土，如图 7.4-10 所示。在刃脚低的一侧应保留较宽的土堤，或适当回填砂石。

如系不排水下沉的沉井，一般可靠近刃脚高的一侧吸泥或抓土，必要时可由潜水员配合在刃脚下除土。

2）井外射水、井内偏除土纠偏

当沉井下沉深度较大时，若纠正沉井的偏斜，关键在于破坏土层的被动土压力，如图7.4-11所示。高压射水管沿沉井高的一侧井壁外面插入土中，破坏土层结构，使土层的被动土压力大为降低。这时再采用上述的偏除土方法，可使沉井的倾斜逐步得到纠正。

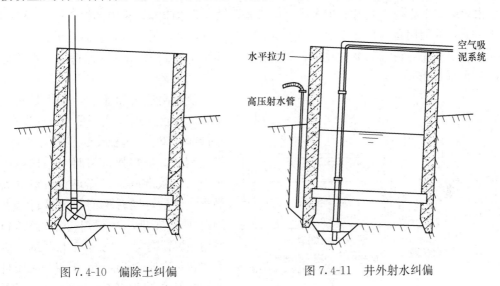

图7.4-10 偏除土纠偏　　　　图7.4-11 井外射水纠偏

3）用增加偏土压或偏心压重来纠偏

在沉井倾斜低的一侧回填砂或土，并进行夯实，使低的一侧产生土偏的作用。如在沉井高的一侧压重，最好使用钢锭或生铁块，如图7.4-12所示。

4）沉井位置扭转时的纠正

沉井位置如发生扭转，如图7.4-13所示。可在沉井的A、C两角偏除土，B、D两角偏填土，借助于刃脚下不相等的土压力所形成的扭矩，使沉井在下沉过程中逐步纠正其位置。

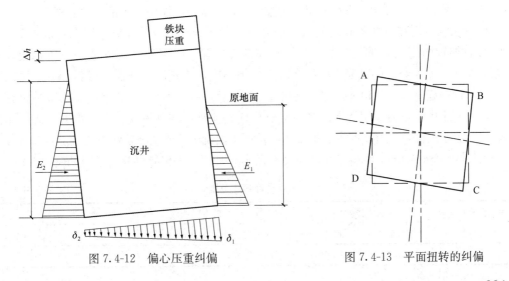

图7.4-12 偏心压重纠偏　　　　图7.4-13 平面扭转的纠偏

### 7.4.4 沉井封底

沉井下沉至设计标高，经过观测在8h内累计下沉量不大于10mm或沉降率在允许范围内，沉井下沉已经稳定时，即可进行沉井封底。封底方法有以下两种。

**1. 干封底**

排水下沉时，将新老混凝土接触面冲刷干净或打毛，对井底进行修整，使之成锅底形，由刃脚向中心挖成放射形排水沟，填以卵石做成滤水暗沟，在中部设2～3个集水井，深1～2m，井间用盲沟相互连通，插入 $\phi600～800$ 四周带孔眼的钢管或混凝土管，管周填以卵石，使井底的水流汇集在井中，用泵排出，如图7.4-14所示，并保持地下水位低于井内基底面0.3m。

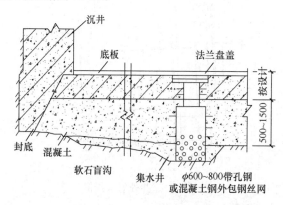

图7.4-14 沉井封底构造

浇筑封底混凝土前，应将基底清理干净。封底一般先浇一层0.5～1.5m的素混凝土垫层，达到50%设计强度后，绑扎钢筋，两端伸入刃脚或凹槽内，浇筑上层底板混凝土。浇筑应在整个沉井面积上分层，同时不间断地进行，由四周向中央推进，每层厚300～500mm，并用振捣器捣实。当井内有隔墙时，应前后左右对称地逐孔浇筑。混凝土采用自然养护，养护期间应继续抽水。待底板混凝土强度达到70%后，对集水井逐个停止抽水，逐个封堵。封堵方法是，将滤水井中的水抽干，在套筒内迅速用干硬性的高强度等级混凝土进行堵塞并捣实，然后上法兰盘盖，用螺栓拧紧或焊牢，上部用混凝土填实捣平。

**2. 水下封底**

不排水下沉时，采用水下进行封底。要求将井底浮泥清除干净，新老混凝土接触面用水冲刷干净，并铺碎石垫层。封底混凝土用导管法灌注。待水下封底混凝土达到所需要的强度后，即一般养护为7～10d，方可从沉井中抽水，按排水封底法施工上部钢筋混凝土底板。

导管法浇筑可在沉井各仓内放入直径为200～400mm的导管，管底距离坑底约300～500mm，导管搁置在上部支架上，在导管顶部设置漏斗，漏斗颈部安放一个隔水栓，并用铅丝系牢。水下封底的混凝土应具有较大的坍落度，浇筑时将混凝土装满漏斗，随后将其与隔水栓一起下放一段距离，但不能超过导管下口，割断钢丝，之后不断向漏斗内灌注混凝土，混凝土由于重力作用源源不断由导管底向外流动，导管下端被埋入混凝土并与水隔绝，避免了水下浇筑混凝土时冷缝的产生，保证了混凝土的质量浇筑水下混凝土导管的作用半径大约为2.5～4.0m，混凝土流动坡度不宜陡于1:5，一根导管灌注范围见表7.4-4。

一根导管灌注范围 表7.4-4

| 导管的作用半径 (m) | 长:宽=1:1 | | 长:宽=2:1 | | 长:宽=3:1 | |
|---|---|---|---|---|---|---|
| | 长×宽（m） | 面积（m²） | 长×宽（m） | 面积（m²） | 长×宽（m） | 面积（m²） |
| 3.0 | 4.2×4.2 | 17.6 | 5.4×2.7 | 14.6 | 5.7×1.9 | 10.8 |

| 导管的作用半径 (m) | 长：宽＝1：1 | | 长：宽＝2：1 | | 长：宽＝3：1 | |
|---|---|---|---|---|---|---|
| | 长×宽（m） | 面积（m²） | 长×宽（m） | 面积（m²） | 长×宽（m） | 面积（m²） |
| 3.5 | 5.0×5.0 | 25.0 | 6.2×3.1 | 19.2 | 6.6×2.2 | 14.5 |
| 4.0 | 5.6×5.6 | 31.4 | 7.0×3.5 | 24.5 | 7.5×2.5 | 18.8 |
| 4.5 | 6.3×6.3 | 39.7 | 8.0×4.0 | 32.0 | 8.4×2.4 | 20.2 |

**3. 浇筑钢筋混凝土底板**

在沉井浇筑钢筋混凝土底板前，应将井壁凹槽新老混凝土接触面凿毛，并洗刷干净。

1）干封底时底板浇筑方法

当沉井采用干封底时，为了保证钢筋混凝土底板不受破坏，在浇筑混凝土过程中，应防止沉井产生不均匀下沉。特别是在软土中施工，如沉井自重较大，可能发生继续下沉时，宜分格对称地进行封底工作。在钢筋混凝土底板尚未达到设计强度之前，应从井内底板以下的集水井中不间断地进行抽水。

抽水时，钢筋混凝土底板上的预留孔，如图 7.4-15 所示。集水井可用下部带有孔眼的大直径钢管，或者用钢板焊成圆形、方（矩）形井，但在集水井上口均应不带法兰盘。由于底板钢筋在集水井处被切断，所以在集水井四周的底板内应增加加固钢筋。待沉井钢筋混凝土底板达到设计强度，并在停止抽水后，集水井用素混凝土填满。然后，用事先准备好的带螺栓孔的钢盖板和橡皮垫圈盖好，拧紧与法兰盘上的所有螺栓。集水井的上口标高应比钢筋混凝土底板顶面标高低 200～300mm，待集水井封口完毕后，再用混凝土找平。

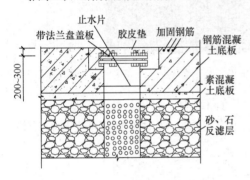

图 7.4-15 封底时底板的集水井

2）水下封底时底板浇筑方法

当沉井采用水下混凝土封底时，从浇筑完最后一格混凝土至井内开始抽水的时间，须视水下混凝土的强度（配合比、水泥品种、井内水温等均有影响），并根据沉井结构（底板跨度、支承情况）、底板荷载（地基反力、水压力），以及混凝土的抗裂计算决定。但为了缩短施工工期，一般约在混凝土达到设计强度的70%，后开始抽水。

# 7.5 压入式沉井的施工

## 7.5.1 施工流程

压入式沉井施工工艺是利用沉井结构顶部外侧的牛腿，借助地锚反力装置，通过穿心千斤顶提供一个对沉井牛腿向下的压力，在适当取土的同时，将沉井压入土体；通过对沉井施加一个足够的下压力，使沉井具有足够的下沉系数，该下压力足以消除土层对其产生的种种不利影响，即能够主导沉井的下沉，沉井在本身自重以及下压力的作用下下沉到指定深度，最后将沉井底部填充混凝土进行封底的方法。

压入式沉井施工工法实现了在软土地区沉井施工的快速精准下沉，而且可以有效降低对环境的影响，是对传统自沉沉井工法的工艺创新。压沉法沉井施工工法的工艺如图7.5-1所示。

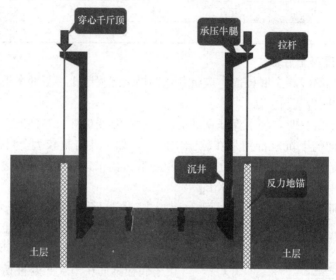

图 7.5-1　压沉法沉井施工工艺示意图

主要的施工流程如图7.5-2所示，其主要步骤可归纳为以下几点：

（1）打设钻孔灌注桩，反力地锚是由多根钻孔桩组成，应对桩的垂直度进行严格控制，保证桩的合力中心的位置不出现大的偏差。

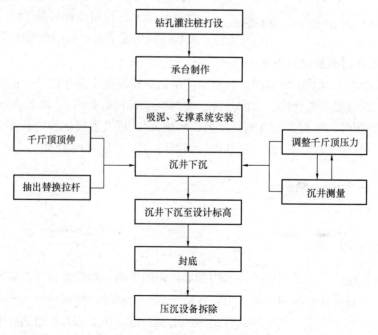

图 7.5-2　施工工艺流程图

（2）沉井开始下沉前，各个系统应安装到位，并对千斤顶液压系统进行相应的设备调试。

（3）撑杆件安装时，上端应距离沉井壁上钢牛腿有 10cm 左右，使沉井在开始掏砖胎模时能够有一定的自沉深度。

（4）由于沉井下沉的不均匀性，可能每次下沉均需调整。依据沉井高差和倾斜的测量结果，调整每个点的千斤顶的压力大小，慢慢对沉井进行纠偏作业。

（5）下沉的原则是"先压后取土"。千斤顶开始慢慢对沉井施加压力，在顶力至预定值无法下沉时，开始井内吸泥。施工时探杆穿过穿心千斤顶后在千斤顶上端利用大螺母锚固在千斤顶油缸上端。当需要压沉时，千斤顶油缸向上伸出顶住螺母，探杆拉紧后，使千斤顶对井壁牛腿产生一个向下的压力，促使沉井下沉。

根据沉井下沉高度配置反力拉杆，从地面钻孔灌注桩顶相接至沉井承压牛腿处。在进行压沉过程中，千斤顶油缸向上顶住上端锚固螺母，反力拉杆传递压力至抗拔桩。同时牛腿受到向下的压力，促使沉井下沉。当沉箱下沉一个油缸行程后（约 20cm），千斤顶油缸缩回，将上端螺母下旋约 20cm，如此往复。

由于上下探杆之间的连接螺母尺寸较大，不能穿过承压牛腿的拉杆预留孔，因此在下沉约 1.5～2.0m 深度后，需拆除一节替换拉杆（长度 1.5～2.0m），将上部工作拉杆（长度 3.5～4.0m）与下一段替换拉杆连接，开始下一个压沉循环，直至沉至设计标高。在下沉施工过程中，应注意观测测量的高度。

（6）最后拆除压沉设备，进行沉井后续施工。

## 7.5.2 反力系统设置

整个反力系统由以下部分组成：穿心式千斤顶、承压牛腿、反力拉杆、反力装置、承台、地锚（钻孔灌注桩），如图 7.5-3 所示。

（1）承压牛腿

综合考虑施工可靠性及便捷性，采用钢筋混凝土牛腿作为穿心千斤顶的承压结构。为满足穿心千斤顶局部抗压要求，在千斤顶安装位置 0.8m×0.8m 范围设置 $\delta=20mm$ 钢板。

（2）反力拉杆

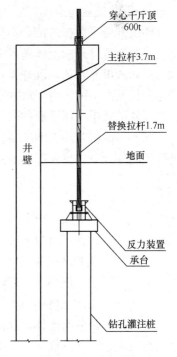

图 7.5-3 反力系统

反力拉杆为实心直圆外螺纹钢杆，外套大螺母上下旋动。考虑到探杆单件长度有限，与每个地锚连接的反力拉杆采取多节连接的方式接长。上下两根拉杆之间采用连接螺母连接。

（3）反力装置

反力装置是将拉杆与承台连接的装置。整个反力装置的钢结构分为上下两部分，上部拉杆通过螺母与反力装置上部钢结构连接。而下部钢结构预埋在承台内，将力传往下部的灌注桩。

（4）承台

承台为钻孔灌注桩与反力拉杆间的连接部分。钻孔灌注桩桩顶出露一定长度的钢筋，承台使用混凝土制作。

（5）地锚设定

常采用钻孔灌注桩来作为反力地锚。由于钻孔深度较大，采取相应泥浆护孔措施，在泥浆中加入膨润土及适量纯碱。

### 7.5.3 施工相关措施

**1. 钻孔灌注桩相关措施**

在沉井下沉过程中的扰动将对桩抗拔力有一定的不利影响。为了保证桩的抗拔力，使其具有一定的抗土体扰动能力，即对钻孔桩桩身外部进行注浆。钻孔灌注桩桩外注浆可大幅提高桩体与土体的粘结强度，从而大幅提高桩的抗拔力。在钢筋笼吊放前预埋好注浆管，在灌注桩灌注混凝土并在初凝后开始注浆。

**2. 沉井相关措施**

1）沉井抗隆起措施

两沉井皆采取排水结合不排水方式进行下沉，排水下沉阶段，井内须留有足够高度的土塞来防止沉井外围土体涌入沉井内，造成外部土体沉降，甚至影响井外的管线。由于采取了压入式沉井工艺，沉井具备了更高的下沉系数调节空间，因此可通过增加适当的土塞来达到抗涌的目的。由于沉井下沉范围土体的渗透系数都极小，可以认为具有与排水下沉工艺同样的效果，即平衡井内外土体的压力，从而防止发生沉井外土体涌入井内的现象。

在不考虑沉井外围围护条件下，同时不考虑沉井内底梁的隔离作用，按照最不利条件进行抗隆起计算，抗隆起安全系数计算如下：

$$F_S = \frac{q_f}{(\gamma H + q) - S/R}$$

式中　$F_S$——沉井底抗隆起安全系数；

$q_f$——沉井下沉投影面上土体的抗隆起极限承载力（kPa）；

$H$——沉井开挖深度（m）；

$q$——地表面超载（kN/m²）；

$R$——滑动土体的宽度范围（m）；

$S$——沉井与土体之间的总摩擦力（kN）。

当抗隆起安全系数 $F_S > 0.8$，满足要求，沉井不会发生涌土现象。

2）沉井减摩措施

由上一步下沉系数分析可以知道，沉井下沉过程中受侧壁摩阻力的影响比重很大，为了进一步提高压入力对沉井下沉影响的权重，须采取必要的减阻措施。结合本工程沉井的结构，拟在沉井外壁预埋注浆管，在沉井下沉阶段压入触变泥浆，大幅降低侧壁摩阻力。触变泥浆主要成分为钠基膨润土，适量加入纯碱及 CMC，黏度配置至 25~30s，相对密度 1.1~1.15。

3）沉井坑底压浆

为减小沉井终沉后的后期沉降，在沉井下沉一定阶段后对坑底范围进行注浆。注浆范围控制在沉井刃脚终沉标高以下 1m 左右，注浆高度 3m 左右。

　　4) 沉井封底

　　尽可能实现干封底，为解决抗涌问题，应减小土体可滑动面的宽度，由于沉井都有"井"字梁以及隔墙，因此，可按照底梁的划分范围由中间向四周分隔仓进行清泥、封底，即一个格子一个格子地清泥和封底。首先，进行素混凝土封底，并预留一定数量的泄压井；最后，制作钢筋混凝土底板，底板位置的井壁留有植筋，与底板钢筋焊接起来。封底过程中，须持续释放坑底的水压力。

　　**3. 压入式沉井的结构制作与普通沉井相同**

　　压入式沉井的取土方式与普通沉井相同，根据土层、周边环境要求，可采用排水下沉方法或不排水下沉方法。

## 7.5.4　信息化施工

　　一方面，前文提到了通过增加土塞高度来防止隆起现象的发生，因此，土塞的高度是一种随着下沉深度的增加而增加的高度。另一方面，过高的土塞可能会造成挤土效应，即由于沉井的强行压入，土向井外挤压，同样扰动了土体。因此必须采取适当的监测手段来监控土体的位移情况：是向井外移动还是向井内移动。故需对抗拔桩进行沉降监测。

　　具体在沉井周围布设沉降观测点以及深层土体位移监测。针对监测结果进行具体分析，可进行的改进措施如下：

　　(1) 若监测数据显示钻孔灌注桩有抬升的趋势，则说明灌注桩的许用反力不得高于抬升趋势发生之前的数值；同时，应对钻孔灌注桩周围进行注浆，掺入添加剂，提高抗拔力；

　　(2) 若监测数据显示土体向井内移动，说明土塞高度不足，应适当增加下压力；同时，减缓下压速度，增加土塞的高度，过程中持续监测，直至数据扰动处于安全的范围；

　　(3) 若监测数据显示土体向井外移动，说明土塞高度过高，应适当减小压入力，或加快出泥的速度，过程中持续监测，直至数据处理安全。

# 7.6　沉井对周边环境的影响

　　沉井施工对周边环境的影响主要集中在地层变形、振动及噪声的影响。本节重点讨论这三类影响产生的原因、危害及防治措施。

## 7.6.1　土体变形

　　由于沉井外侧往往会存在航油管、信息管线、天然气管线等重要管线，因此对沉井外部土体变形有更高的要求，为分析沉井下沉时对外部土体的影响，可采用数值分析的方法进行模拟计算。

　　基于 Mohr-Coulomb 弹塑性模型参数有确定的物理意义，为方便讨论土体参数变化的影响，数值模拟可采用 Mohr-Coulomb 弹塑性模型。Mohr-Coulomb 强度理论认为材料的破坏是剪切破坏，当任一平面上的剪切力达到土的抗剪强度时，即发生剪切破坏。Mohr-Coulomb 弹塑性模型为理想弹塑性模型，应力应变关系如图 7.6-1 所示。

屈服准则：

$$\sigma_1 = \sigma_3 \tan^2\left(45° + \frac{\varphi}{2}\right) + 2c\tan\left(45° + \frac{\varphi}{2}\right)$$

式中　$\sigma_1$——第一主应力；

　　　$\sigma_3$——第三主应力；

　　　$\varphi$——土的内摩擦角；

　　　$c$——土的内聚力。

Mohr-Coulomb 模型共有 5 个计算参数，包括弹性阶段的两个参数：弹性模量 $E$ 和泊松比 $\nu$，塑性阶段的三个参数：黏聚力 $c$，摩擦角 $\varphi$ 和剪胀角 $\psi$。进行土体不排水分析时，剪胀角 $\psi \neq 0$ 时不能反映实际情况。故分析中剪胀角 $\psi$ 可取为 0。

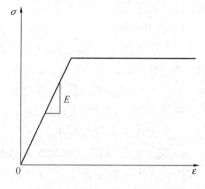

图 7.6-1　Mohr-Coulomb 理想弹塑性模型

### 7.6.2　振动

**1. 振动产生的原因**

沉井在挖掘、排土、下沉作业中，施工设备的运转会产生振动。振动的破坏程度与振动强度有关。

**2. 振动防治措施**

振动产生破坏的防治措施如下：

（1）对运行设备上装入弹性体、吸收、截止振动的方法。对于弹性体而言，一般选用软木、防震橡胶、弹簧、气垫等材料，气垫防震效果最佳，故近年使用较多。

（2）在运行设备和构筑物之间设置防震沟，防震沟的深度根据计算确定。

### 7.6.3　噪声

**1. 噪声产生的原因**

沉井施工过程中的噪声主要由空压机运转、料闸排气及漏气产生。

**2. 防噪声措施**

1）选取合适的空压机

目前空压机主要有往复式空压机、横型空压机、螺旋型空压机三种类型，其中螺旋型空压机振动相对较小，噪声绝对值较低，目前此类空压机在该领域应用极多，占统治地位。

2）料闸的防噪装置

在料闸处设置防噪装置，在排气管出口处安装多重管消声器消声。

## 7.7　沉井的智能控制

### 7.7.1　智能远控压沉系统

基于 PLC 控制系统的压入式沉井远程控制平台，如图 7.7-1 所示，整合超高压水土体破碎系统、水上浮平台联动系统、冲吸泥破碎取土系统、压沉系统、其他还包括：外壁减摩系统、水位控制系统、GPS偏差定位系统、泥面探测系统，施工全过程可快速实现各项设备系统的联动作业，极大提高了沉井施工的机械化能力，同时实时监测顶力、沉井倾斜角、地下水位、周边土体环向位移与周边建筑物及堤防竖向沉降等关键指标。

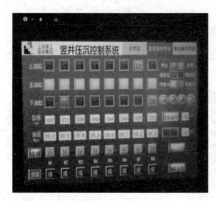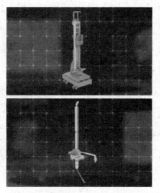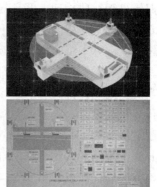

图 7.7-1　智能远程控制系统

根据实时数据远程控制完成同步同等压力压沉；或非同步不同压力的单点纠偏压沉，通过自主可控的下压力，加快了沉井下沉效率，大幅减少对周边环境的影响。

## 7.7.2　沉井下沉垂直度智能控制

沉井下沉姿态自动测量系统及方法，在沉井下沉施工前，可在沉井外侧管壁顶部下方10～50cm位置处设置四个目标棱镜；1号全站仪设置在距离施工现场三倍沉降高度以外埋设的已知坐标观测墩上，后视360°棱镜设置在已知坐标的测量点上，两台自动整平基座机上分别装有1号、2号全站仪，且1号全站仪通过自动整平基座机设置在施工现场能分别观测1号、4号目标棱镜的可移动测量观测架上，2号全站仪通过自动整平基座机设置在施工现场能分别观测2号、3号目标棱镜的可移动测量观测架上，通过观测后视棱镜及全站仪上的配套棱镜及目标棱镜测量沉井不断下沉的姿态，并将输出信号传输给计算机输入信号端，计算机及应用程序控制全站仪运行。

自动测量和控制系统设备，用于沉井的精确定位。如图 7.7-2 所示，系统包含两个用

图 7.7-2　控制系统界面

于收集沉井位置的全站仪,两台全站仪通过测量目标棱镜收集沉井姿态的测斜数据、高程数据并计算出沉井当前位置。后视棱镜为 360°棱镜,两台仪器无论在什么位置都可以找得到后视目标,一组无线通信控制模块以及位于监视中心的电子计算机,上述无线通信控制模块包括一个主网和两个子站,两个子站与目标棱镜相对关系,两个子站将采集到的数据信息无线传输到主网计算机,计算机处理数据显示沉井姿态;后视 360°棱镜和全站仪安装在已知坐标的支撑点上。在开挖中纠偏,终沉阶段须加强监控,缓中求稳,严格控制超沉。沉井下沉时应注意观察,自动实时监测刃脚标高,人工也要做好记录。当发现倾斜、位移、扭转时,应及时通知值班队长,指挥操作工人纠正,使在允许偏差范围以内。当沉至离设计标高 2m 时,对下沉与挖土情况应加强观测。

系统设置:上述沉井精确定位自动测量控制系统设备,其特性取决于两个全站仪均选用索佳 SRX1X 高精度全站仪,均安装在已知坐标固定观测墩上,两个观测墩分别位于沉井施工现场的两侧。利用自动测量系统的同时,还需人工测量进行复核,从而进一步确定该方法的优缺点、精度等问题(图 7.7-3)。

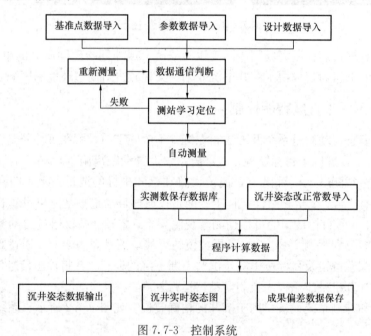

图 7.7-3　控制系统

本自动测量系统装置的结构与计算机及应用工具,包括前后视的三维坐标、计算偏差的公式对本专业的人来说是十分清楚的,本发明的创新点在于公知技术的组合,采用 RS232 串口转无线通信传输设备进行数据传送,两台全站仪组合对 4 个目标棱镜进行沉井姿态的测量,能极大加快测量工作的时间及效率。

**1. 软件**

整个界面由菜单、工具条、测量数据显示表格、综合分析显示表格、工作状态显示窗口、状态条组成。

1)综合参数页及棱镜参数页,如图 7.7-4 所示。

2)控制点页,如图 7.7-5 所示。

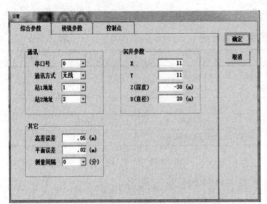

图 7.7-4　沉井姿态自动测量系统综合参数、棱镜参数

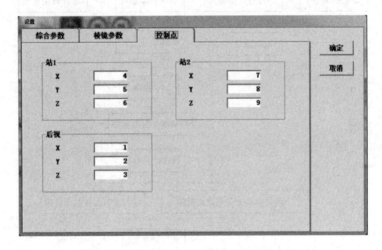

图 7.7-5　沉井姿态自动测量系统控制点设置

## 2. 硬件

硬件系统如图 7.7-6 所示。

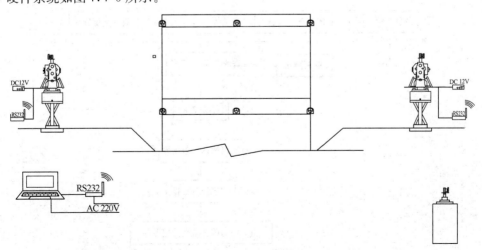

图 7.7-6　硬件系统

硬件系统主要仪器名称如表 7.7-1 所示。

沉井姿态自动测量硬件系统 表 7.7-1

| 仪器名称 | 型号 | 数量 | 仪器名称 | 型号 | 数量 |
|---|---|---|---|---|---|
| 全站仪 | 索佳 SRX1 | 3 | 上节目标棱镜 | — | 4 |
| 自动整平基座 | GEO-AD12 | 2 | 下节目标棱镜 | — | 4 |
| 无线通信传输设备（子盒） | RS232 串口 | 3 | 工业计算机 | — | 1 |
| 无线通信传输设备（母盒） | RS232 串口 | 1 | 移动电源 | 12V 直流 | 3 |
| 后视棱镜 | — | 1 | 可移动测量观测架 | — | 2 |

自动测量技术的工作流程如图 7.7-7、图 7.7-8 所示，通过实时获得沉井实际位置相对于沉井设计中心线的偏差及其姿态，为沉井严格按照设计下沉线路提供重要施工依据，保证沉井施工的质量及沉井的准确下沉到位，该方法包括以下步骤：

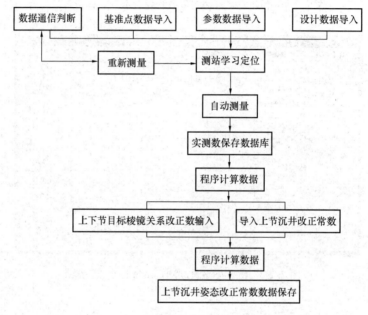

图 7.7-7 上下节目标棱镜转换工作流程图

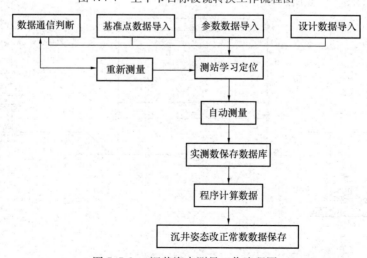

图 7.7-8 沉井姿态测量工作流程图

　　利用四个目标棱镜点的坐标和预先输入计算机及应用程序的棱镜几何改正常数进行坐标换算，得到沉井四个刃脚的标高及坐标具体方法为：沉井初沉施工前，通过对第一节沉井上安装四个新的目标棱镜进行自动测量，确定第一节沉井上四个目标棱镜与沉井姿态的几何关系常数；通过计算机及应用程序计算得到四个目标棱镜的三维坐标，利用四个目标棱镜点的沉井底部的刃脚高差进行计算，计算出沉井四个目标棱镜与刃脚高差的改正常数得到沉井四角高差改正常数，利用四个目标棱镜点的坐标进行棱镜平面几何中心坐标计算，计算机及应用程序自动与预先输入系统的实测平面中心坐标进行计算，得到棱镜平面几何中心位移改正常数，锁定棱镜与沉井的几何关系；根据四棱镜的高程计算出各棱镜与刃脚的高差常数得到沉井倾斜几何常数。

## 7.7.3　沉井智能远控施工技术

　　图 7.7-9（a）～（d）详细地给出了智能远控压沉系统的操作机制。首先，根据超深圆形沉井的平面尺寸，在沉井周边浇筑承台用于堆载配重钢板，起到反锚作用。然后，将偶数个对应吊点的千斤顶放置在沉井的牛腿上。如图 7.7-9（b）～（d）所示，承台作为锚固基础，根据计算得出下压力，并施加相应的配重钢板组成反力装置；进而根据沉井下沉深度安装钢绞线，将其穿过吊点与地表反力装置相接。反力装置通过钢绞线将承台与钢板自重传递给穿心千斤顶。在千斤顶顶升过程中，将反力传递至牛腿，最终作用于井壁。随着千斤顶顶力增大的同时，需要在底部增加相应的配重钢板。需要强调的是，该系统可

（a）　　　　　　　　　　（b）　　　　　　　　　　（c）

（d）　　　　　　　　　　（e）

图 7.7-9　不排水压沉集成施工工艺（一）

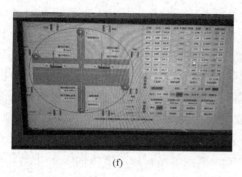 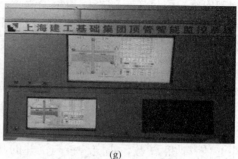

(f)            (g)

图 7.7-9   不排水压沉集成施工工艺（二）

以利用 PLC 远程控制系统同步实现多台千斤顶自主顶升与回缩，实现千斤顶顶升力的智能控制，以此实现千斤顶同步同等压力或非同步不同压力压沉，消除了千斤顶顶力的不均匀性，进一步实现纠偏压沉。因此，所提出的智能远控压沉系统有助于控制超深沉井的贯入垂直度，进一步提高了安装效率，缩短了施工周期。此外，新型智能远控压沉系统底部存在一定高度的土塞（约 2～2.5m），可以显著地提升下沉稳定性，同时明显地减弱该系统对周边环境的影响。

## 7.8   工程实例

### 7.8.1   江阴北锚沉井特大沉井工程实例

#### 1. 工程概况

江阴大桥北锚墩沉井结构，长 69.0m，宽 51.0m，下沉深度 58.0m，井壁厚度 2.0m。沉井平面分为 36 个隔舱，隔墙厚 1.0m。沉井第一节高 8m，为钢壳混凝土，以下分为 10 节，每节高 5m，均为钢筋混凝土结构，沉井总高度为 58.0m，沉井刃脚高 2m，踏面宽 0.20m。

#### 2. 场地工程地质条件

北锚沉井距离长江大堤约 240.0m，地处长江三角洲冲积平原，地形平坦，地下水埋深约 1.60m，土层分布及其物理力学特性如表 7.8-1 所示。

土层分布及其物理力学特性          表 7.8-1

| 单元代号 | 主要岩（土）性 | 层顶高程（m） | 黏聚力（kPa） | 内摩擦角（°） | 摩阻力（kPa） | 容许承载力（kPa） | 极限承载力（kPa） |
|---|---|---|---|---|---|---|---|
| 1 | 粉质黏土与砂质粉土互层 | +2.4 | 7 | 25.6 | 15 | 110 | 277 |
| 2 | 粉质黏土与粉砂互层 | −2.74 | 10 | 30.1 | 40 | 175 | 518 |
| 3 | 粉细砂 | −17.54～−27.60 | 12 | 33.4 | 50 | 215 | 880～699 |
| 4 | 粉质黏土 | −41.64 | 28 | 24.4 | 45 | 225 | 626 |
| 5 | 含砾中粗砂 | −51.64 | 16 | 34.7 | 115 | 375 | 1028 |

#### 3. 下沉方案

考虑到北锚沉井的特殊性，最终综合各方面因素，采用两种不同下沉方案：上部 30m

采用排水下沉方案，可使沉井快速下沉。后 28m 采用不排水下沉方案，使沉井不会因承压水层、砂砾层等不良地质而导致坍方，危及长江大堤。

**4. 排水下沉施工**

根据北锚沉井场地的工程水文地质、工程环境、特大型沉井特点等情况，以及承担沉井工程施工的上海市基础工程集团有限公司以往多个沉井施工的经验，最终确定了按结构极限允许排水下沉 30m，如图 7.8-1 所示。沉井分为 11 次制作，4 次下沉的实施方案。即在沉井制作至 13m 时，排水下沉 12.5m；接高至 18m 时，排水下沉至 17.5m；再接高至 33m 时，排水下沉至 30m；之后接高至 53m 时，不排水下沉至 58m。沉井最后一节仅有井壁，分四块在下沉过程中制作，不影响沉井连续下沉。图 7.8-2 为北锚沉井现场施工图。

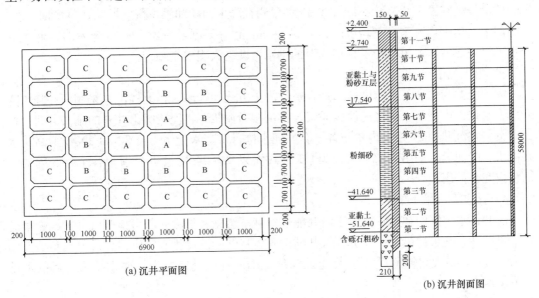

(a) 沉井平面图

(b) 沉井剖面图

图 7.8-1　北锚沉井平面、剖面图（本图尺寸以 cm 计，标高尺寸以 m 计）

图 7.8-2　北锚沉井现场施工图

1）降水

沉井场地工程水文地质条件复杂，地层内粗砂砾石层、粉砂、砂质粉土层等砂性土层较多，为了验证在粉质黏土细砂互层和有承压水的情况下降水是否会对周边环境及江堤安全产生危害，进行了为期一个月的水文地质试验，并根据试验的结果提出施工方案。在实际施工中，沉井下沉至 30m 时，沉井外井壁水位降深在 28m 左右，未发生明显流砂现象，仅在东南角、西北角有少量塌方，对下沉无较大影响。

2）长江大堤及地面沉降控制措施

深层降水将导致地面沉降，影响周边环境，因此，对长江大堤及周围建筑物设点观测，以便对降水过程实行有效控制，因此，在沉井轴线上、十圩河大堤、长江大堤、民舍、桥墩等处布设了 28 个沉降点，沉降点观测在降水初期和水位恢复期间，每星期一次，后期两天一次，当天测量平均沉降值超过 10mm 时每天测量一次。1996 年 9 月，底沉井排水下沉完成后，大堤经受了百年不遇的洪水考验，大堤安全稳定。

3）出土方法

大型沉井为保证下沉速度应选择合适的出土方式，江阴大桥北锚沉井采用深井降水降低地下水位，由高压水枪将泥冲成泥浆，再由接力泥浆泵将泥浆吸出井外的施工方案。按此方案，在沉井 36 个格仓内各布置一套冲泥水枪，每套水枪由 1 台 80-50-200B 型高压水泵供水。吸泥设备采用 NL100-28 型高压立式泥浆泵，共 24 台，分别和各个格仓内的水枪相应配合使用。

4）排水下沉施工效果

沉井排水下沉的初始阶段对于沉井能否顺利下沉意义重大，既可检验沉井下沉方案的技术可行性，又可检验第一节钢壳沉井结构受力特性。沉井排水下沉结束后，四角最大偏差为 36mm，最大扭转角 0°20″，满足此深度范围内规范规定及设计要求，为之后的不排水下沉奠定了基础。

**5. 不排水下沉施工**

在沉井下沉施工中，主要通过克服沉井刃脚及井内隔墙底面的正面反力、沉井侧壁摩阻力来达到下沉效果，本工程考虑到对周围土体扰动的敏感性，采用对土体扰动较小的空气幕法；由于第二层承压水的揭露，沉井井内水位与长江水位有直接联系，不能通过井内降水来减小沉井浮力，因此，北锚沉井在设计标高为 −29.0m 以下部分采用不排水下沉施工方案。

1）下沉力分析

在计算时取三种工况（表 7.8-2）：

（1）全截面支承，即刃脚及隔墙全部埋入土中；

（2）全刃脚支承，即隔墙底悬空，刃脚全部埋入土中；

（3）半刃脚支承，即隔墙底悬空，刃脚有一半埋入土中。

北锚沉井不同工况下沉系数计算　　　　表 7.8-2

| 刃脚踏面标高（m） | 工况 | 沉井自重（t） | 浮力（t） | 侧壁摩阻力（t） | 正面阻力（t） | 施工荷载（t） | 下沉系数 K |
|---|---|---|---|---|---|---|---|
| −26.6 | 全截面支承 | 134450 | 25924 | 26030 | 70440 | 700 | 1.13 |
| | 全刃脚支承 | 134450 | 25924 | 26030 | 20600 | 700 | 2.28 |
| | 半刃脚支承 | 134450 | 25924 | 26030 | 13200 | 700 | 2.77 |

续表

| 刃脚踏面标高（m） | 工况 | 沉井自重（t） | 浮力（t） | 侧壁摩阻力（t） | 正面阻力（t） | 施工荷载（t） | 下沉系数 K |
|---|---|---|---|---|---|---|---|
| −41.64 | 全截面支承 | 134450 | 41325 | 44078 | 50080 | 700 | 0.99 |
| | 全刃脚支承 | 134450 | 41325 | 44078 | 16902 | 700 | 1.53 |
| | 半刃脚支承 | 134450 | 41325 | 44078 | 10329 | 700 | 1.71 |
| −51.64 | 全截面支承 | 138440 | 51565 | 54878 | 82240 | 700 | 0.63 |
| | 全刃脚支承 | 138440 | 51565 | 54878 | 27756 | 700 | 1.05 |
| | 半刃脚支承 | 138440 | 51565 | 54878 | 16962 | 700 | 1.21 |
| −55.60 | 全截面支承 | 138440 | 53060 | 65808 | 82240 | 700 | 0.58 |
| | 全刃脚支承 | 138440 | 53060 | 65808 | 27756 | 700 | 0.91 |
| | 半刃脚支承 | 138440 | 53060 | 65808 | 16962 | 700 | 1.03 |

根据以往多个大型沉井施工的经验，沉井下沉时下沉系数 $K$ 一般在 1.10～1.20 最宜，根据上述计算结果可知：

（1）刃脚踏面标高在 −41.64m 以上，即穿越粉细砂层时，沉井能顺利下沉。

（2）刃脚踏面标高在 −51.64m 以上，即穿越粉质黏土层时，只有在半刃脚支承下，沉井才能顺利下沉。

（3）到达设计标高前，即沉井进入含砾中粗砂层，需要采取辅助措施才能保证下沉。

（4）沉井下沉至设计标高 −55.60m 时，基本可保持稳定。

2）不排水除土下沉施工方法

（1）冲、吸泥顺序

北锚沉井 36 个格仓内每格布置一套空气吸泥机，空气吸泥先从中心 A 区四格开始，逐渐向 B 区、C 区对称同步展开。根据沉井下沉受力分析的结果及下沉测量数据，调整对 C 区土体的冲、吸范围，并采取相应措施。

（2）空气幕助沉

根据沉井下沉受力分析，沉井进入含砾中粗砂层后，仅依靠自重下沉已很困难，因此，沉井制作时，在井壁外侧钢筋保护层内预先埋设了空气幕管路及气龛，如图 7.8-3 所示。

空气幕就是通过井壁中预先埋设的空气管路中高压空气，气流沿管路上的小孔射入井

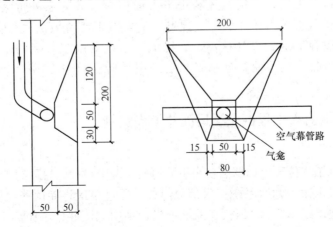

图 7.8-3　空气幕管路及气龛示意图

壁外侧的气龛中,当气龛充满空气后即沿井壁产生向上的气流,形成空气幕。

(3) 穿越黏土层

根据地质资料,第四大层为粉质黏土层,呈可塑～硬塑状,层厚平均 10m 左右。沉井穿越此层时比较困难,若使用高压水枪在一般压力下,难以破碎,施工中采用了如下措施克服沉井在黏土层中下沉的困难:

① 采用反循环钻削式吸泥机,先钻孔,再配合水平向水枪冲泥;

② 两台高压水泵并联,以提高水枪压力,达到破坏硬土层的目的;

③ 位于刃脚处的土体,则利用井壁中预设的高压射水枪冲刃脚下的土体,以减少正面阻力;

④ 下沉测量。沉井的下沉测量包括泥面标高测量、下沉速度测量及沉井高差测量。

因无法实时了解井底施工状况,本工程采用测绳测量和潜水员水下探摸的方式来及时了解井底泥面标高,每个井格取 8 个点,每天一次,以指导施工。

沉井的下沉速度及沉井高差测量采用传统的水准仪测量和由上海市基础工程集团有限公司设计研究所研制的高程自动监测系统。区别于传统的水准仪测量,高程自动监测系统可及时准确地反映沉井下沉状态,保证了沉井下沉施工顺利。

沉井施工中,在沉井的四角及各边的中点共设置 8 个测点,每天测量不少于 4 次,测量结果以 8 个测点下沉量的平均值作为沉井每次的下沉量,并根据结果指导沉井纠偏下沉施工。

(4) 不排水下沉施工效果

北锚沉井不排水下沉历时 154d,各项技术指标均达到设计要求,并优于规范标准,沉井下沉施工取得了圆满成功。

**6. 实施效果**

北锚沉井地处长江北岸岸边,场地的工程水文地质复杂,地层上部为软弱层,下部为硬黏土和粗砂砾石层。沉井周围工程环境要求高,距离长江大堤仅 240m,且工期紧。承担北锚沉井工程施工的上海市基础工程集团有限公司根据以往沉井施工的实践,借鉴国内外众多沉井的施工经验,经过反复分析、研究,制定了周密可行的施工技术方案和施工工艺,解决了地基加固、钢壳制作安装、沉井混凝土浇筑、降水、排水下沉和不排水下沉施工工艺、下沉监控和水下大面积封底等一系列重大技术关键问题,并成功地采用了高压水水力挖泥、空气提升、气龛减阻等有效的机械装置,最终高质量地将北锚沉井顺利下沉到设计标高。北锚沉井工程的施工方案与施工工艺是成功、有效的。经检测验收:沉井偏斜度小于 1.1‰,达到高差位移 7cm、轴线位移 13.1cm的高精度水平。

## 7.8.2 上海宝钢引水工程钢壳浮运沉井工程实例

**1. 工程概况**

上海宝钢引水工程位于宝山罗店乡小川沙河西,东南距宝钢总厂约 14 km,引水工程由取水系统、调节水库和输水系统三大部分组成,通过泵房将库内淡水输送至宝钢厂区内。泵站设置在离岸线 1.2 km 的长江滩地前沿,坝中至沉井中心距离 72.90m,坝中至坡脚距离 27.70m,成为江中式泵站。各土层主要物理力学指标见表 7.8-3。

各土层主要物理力学指标 表 7.8-3

| 层次 | 土层名称 | 层面标高 (m) | 层厚 (m) | 容许承载力 | 压缩模量 $E_s$ | 固结快剪 | | 快剪 | |
|---|---|---|---|---|---|---|---|---|---|
| | | | | | | $\varphi$ | $c$ | $\varphi$ | $c$ |
| 1 | 砂质粉土 | $-2.0 \sim -4.0$ | $2 \sim 2.5$ | 1.5 | 120 | 20 | 0.05 | 15 | 0.05 |
| 2 | 淤泥质粉质黏土 | $-5.0$ | 2 | 0.9 | 35 | 13 | 0.10 | 10 | 0.1 |
| 3 | 淤泥质黏土 | $-15.8 \sim -19.2$ | $12 \sim 14$ | 0.7 | 25 | 10 | 0.10 | 2 | 0.1 |
| 4 | 粉质黏土 | $-49 \sim -50$ | | 1.2 | 60 | 18 | 0.15 | 13 | 0.10 |
| 5 | 砂质粉土 | | | | | | | | |

## 2. 结构选型和受力分析

泵房的基础和下部结构采用圆形沉井,外径 43m,高 21.55m。

为保证沉井整体刚度、下沉过程中的稳定性及底板受力的需要,在钢壳沉井中设置了井字交叉钢质 T 形梁,梁高 4.5m,顶宽 3m,纵横各 3 道,将沉井分隔成约 10m×10m 的方格(图 7.8-4)。取水泵房结构见图 7.8-5。

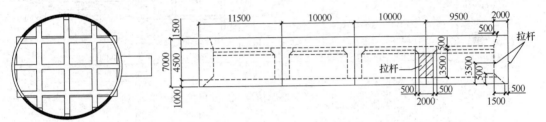

图 7.8-4 底节沉井平面和剖面

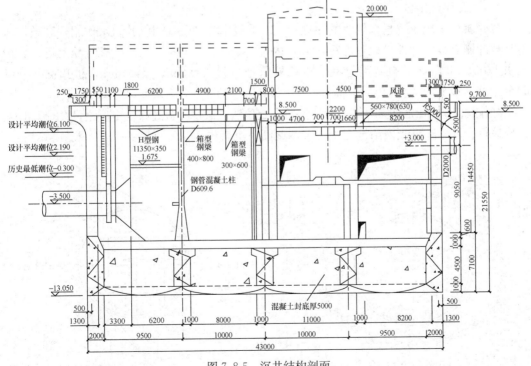

图 7.8-5 沉井结构剖面

279

### 3. 钢壳沉井制作

钢壳沉井平面和剖面按沉井尺寸制作，以型钢组成骨架，里外表面和底部覆以钢板，上口敞开的空腹薄钢板覆面的桁架结构，可以自浮于水面。钢壳沉井制作组拼以双体船作平台，分块滑入水后合拢。

### 4. 钢壳沉井拖运和沉放

1）沉井拖运

钢壳沉井制作完成后，在双体船上安装拖运设施，包括发电机、起锚机、锚具、照明设施、通信工具、搭建指挥塔，船尾绑接拖航用 350t 方驳一艘，拖带编队为一拖二顶式，共三艘 900 匹马力（注）拖轮，船队总长 250m，最宽处 43m，最高点 13m，均满足南京长江大桥通航过桥规定。详见图 7.8-6。

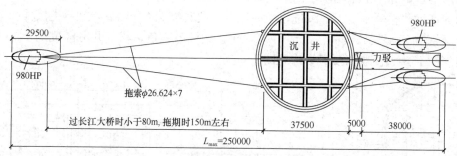

图 7.8-6　钢壳沉井拖航情况（尺寸单位：m）

由于长江 A 级航区风浪较大，而双体船宽度、长度均小于被载钢壳沉井，其抗风、抗浪能力差，因而在拖运前必须周密组织，掌握气象变化。

2）沉井浮运定位

沉井就位采用三艘吃水较浅的 400～600t 方驳牵曳到位，因沉井阻水作用，导致河床地基被冲刷，故在井外围设置外径 53m，内径 47m，高 0.6～0.8m 环形防冲潜堤。井内灌水 1200t，增加沉井自身稳定性。在井外壁处打设 $L=18m$，$\phi400mm$，桩顶高 5.00m 的定位桩 3 根（图 7.8-7）。

沉井就位采用三船四方九缆实行移位转向定位法，通过三台经纬仪定位测量（图 7.8-8），经校核符合要求，钢壳内渐渐充水，沉井逐渐下沉就位。

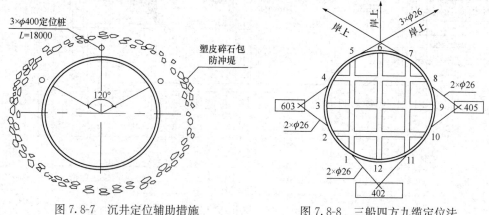

图 7.8-7　沉井定位辅助措施　　　　图 7.8-8　三船四方九缆定位法

3）沉井制作接高

（1）地基处理

为加快进度，满足总工期要求，沉井采取分节浇筑一次下沉的方案，本项目沉井总重16500t，地基平均压力达 300kPa，而地基容许承载力 100～150kPa，须通过各项措施解决承载力不足的问题。为此在沉井内底梁空格处填充砂 3100t，平均厚 2.50～3.00m，以提高承载力。

因沉井高宽比为 0.5，又通过 6 根大梁加强了沉井刚度，稳定性较好，随着沉井逐步接高，可防止地基失稳后的突沉和倾斜。此时的关键是要防止井内填砂不会因涨落潮而流失，由于采取了防冲刷措施，隔断效果良好。

（2）排水下沉、封底

① 沉井下沉

为使沉井顺利下沉，配备了 4 台 150SWF-9 型高压水泵，8 套水力机械，施工时同时开启 4 套。

沉井下沉经过缜密考虑与施工经验，分三阶段进行：第一阶段采用候潮排水、灌水、空气吸泥交替作业，共下沉 3.37m；因沉井已嵌入淤泥质黏土隔水层，第二阶段采用明排水水力机械下沉，下沉 6.8m；第三阶段减缓下沉速度以保证下沉质量，下沉 1.30m。

② 沉井干封底

因沉井底部淤泥质黏土土质较好，故改为排水干封，并加强措施保证封底质量。

a. 井底保留原状土塞 2.5～3m，以保持地基稳定，并将封底混凝土厚度减少至 2m。

b. 为弥补封底减薄封闭后抗浮力不足，在底板设置减压井减压，并在每格设置集水井排水。实际施工中集水井几乎无水流出，故干封底取得圆满成功。

c. 为保持地基稳定，浇筑封底混凝土时采用对称分块浇筑方式，并交叉开挖土塞。

**5. 实施效果**

宝钢取水工程采用圆形浮运式钢壳双壁沉井作为水上沉井下部基础，将临时结构和永久结构相结合，在创新的同时又兼顾了施工质量、工期、成本等方面的因素，为今后国内大型取水工程、海上人工平台、码头船坞、水闸等工程结构提供了借鉴。

## 7.8.3 镇江大港水厂一期取水工程实例

（1）项目概况

镇江大港水厂一期取水工程项目建设地点位于镇江新区，地处长江沿岸，位于江南岸江心汽渡祝赵路旁（图 7.8-9）。其中取水头部工程采用钢筋混凝土圆形顶管井，至江心取水管采用 DN1800 顶管，施工场地北接长江堤岸，东临江心汽渡及码头道路，从江心取水至场内泵房井，场内处理后经后续管道输送供水。该工程取水头部工程东、西线分别采用两座圆形钢筋混凝土顶管沉井作为管道敷设施工的工作井，两座沉井结构完全相同。沉井结构高 41.2m，外径 17.6m。西线顶管井毗邻长江堤岸线，西线井壁距离江堤仅15m。东线顶管井东侧有江心汽渡码头道路，经现场实地量测距离仅 15m。东、西线顶管井之间距离仅 15m。且下穿性状差异极大的各类土层，包括淤泥质粉质黏土、粉砂、粉质黏土，最终进入距基岩最近极硬高黏性土。

本工程难点主要有沉井下沉深度超深，沉井终沉穿越坚硬土层⑤层粉质黏土，地基承

图 7.8-9　镇江大港沉井工程概况

载力达到 260kPa，内聚力达 111.2kPa。毗邻长江，终沉水压力达到 4MPa，浮力占比大且影响设备密封效果。同时周边有汽渡码头、道路及长江堤岸，沉降控制要求极高，需要实现微扰动下沉。通过计算下沉系数可知，在采用刃脚及底梁踏面土体取除，减阻泥浆助沉情况下，下沉系数仍只有 0.92，不能满足下沉施工，且考虑沉井受制于周边环境影响，下沉施工要求环境微扰动。故项目采取压入式沉井工艺，增加沉井垂直向破土力 1600t，最终得到下沉系数 1.17，保障了沉井能够在理论计算的下沉可行性以及对环境控制预期得到一个良好的应用效果。

（2）实施情况

沉井采用两次外台阶结构，沉井井壁下部厚度为 1.3m，中部为 1.1m，上部为 0.9m。沉井分为 6 次制作 3 次下沉，总下沉高度 38.5m。在地下水位之下的复合地层区域实现环境微扰动施工，同时安全快速下沉。研发了新型不排水施工工艺及成套设备。反力系统设计采用了钢牛腿、钢绞线、混凝土承台的反力系统，在圆形沉井布置了八个反力锚点进行压沉，并对钢牛腿、混凝土承台等主要结构进行了力学计算，保证了应用过程中结构安全（图 7.8-10）。

如图 7.8-11 所示，研制了系列配套设备，包括井上多功能联动浮平台、超高压破土、取土设备，采用 PLC 系统实现对上述设备自动化控制，可实时对沉井 8 个压沉千斤顶实现远控，掌握位移、油压和相关设备情况。在面对坚硬地质情况下采用破土、取土设备进行精准降阻，提升下沉效率，图 7.8-12 为现场施工图。

（3）实施效果

通过设备压沉边界条件设定：沉井周边测斜位移单次（1d）不得超过 2mm；周边建（构）筑物沉降不得超过 7mm，或出现道路裂缝；终沉阶段压沉条件：刃脚踏面高 2m，斜踏面宽 1m，进入坚硬土层后无法取除，土塞始终存在；逐步降低中心格仓泥面高度，低于刃脚标高有余量时进行压沉；压沉下压力一般不超过 1300t，极限不超过 1600t。实时控制沉井施工。

利用超高压水进行土体破碎，喷射压力达到 41MPa 后，坚硬土体破碎孔位试探后，

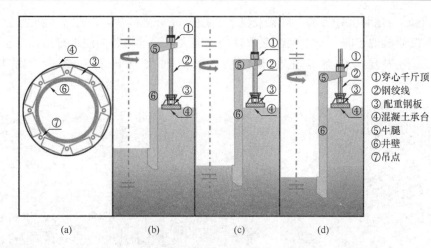

①穿心千斤顶
②钢绞线
③配重钢板
④混凝土承台
⑤牛腿
⑥井壁
⑦吊点

(a)    (b)    (c)    (d)

图 7.8-10 新型压沉反力系统示意图

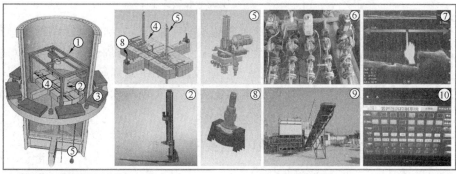

①泥浆冲吸系统的提升设备    ⑥耐磨系统
②硬土破碎系统             ⑦基坑探测仪器
③辅助穿透系统             ⑧陀螺
④浮式作业平台             ⑨渣浆分离系统
⑤泥浆冲吸系统             ⑩可编程逻辑控制器 (PLC)

图 7.8-11 超深沉井破土压沉设备

图 7.8-12 压入式沉井施工图

直径可达到2m。在对沉井刃脚、底梁及格仓内硬土充分破碎后，利用空气吸泥设备，取土下沉。终沉阶段取土时，空气吸泥工效较高，能大流量地将井内泥水排出，由于⑤粉质黏土接近风化岩层，在对其充分破碎后，取土时发现砾石和砾砂含量均较高（图7.8-13）。

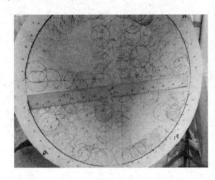

图7.8-13　超高压破土取土施工

运用压入式沉井技术将两座临近超深沉井超预期完成下沉安装，井体结构本身安全井体自身结构偏差符合规范，井体质量安全风险控制到最小；沉井周边重要建（构）筑物最大累计沉降仅5.5mm，实现微扰动；超硬土层阶段沉井下沉速度最快可达20cm/d，较同类型工程节约1个月以上；利用较低成本的沉井工艺实现超深、超硬、微扰动领域的拓展。

### 7.8.4　珠海平岗-广昌原水供应保障工程实例

（1）项目概况

平岗-广昌原水供应保障工程是第四条对澳供水管道的上游工程，位于珠海市斗门区（图7.8-14）。输水管道全长约21.33km，沿线穿越10处水闸，两处河道（天生河、磨刀门水道）。其中，第二标段内35号井和36号井为穿越磨刀门水道顶管区间段的两座工作

图7.8-14　珠海平岗-广昌原水供应保障工程项目

井，35 号工作井内径 1.6m，高度 29.12m，井壁设置 1 处内台阶。36 号工作井内径 18.6m，高度 29.4m。项目由于实际情况变化，原有的沉井方案无法实施，因此采用压入式沉井施工技术。沉井穿越土质软硬不均，对于垂直度控制提出挑战。同时，由于安装后的沉井将作为永久结构使用，考虑永临结合原有的牛腿设计无法满足施工要求。

（2）实施情况

首先，针对沉井下沉进行了理论分析，研究沉井施工环境效应影响规律，提出相适用的施工措施。对井-土界面极限摩阻力影响研究获得沉井下沉引起的地表沉降、水平位移及下沉阻力均随着井-土界面摩阻力增大而增大，注浆效果在施工初期不明显，随下沉深度增加越来越明显，注浆效果较好（极限侧阻 5kPa）时，下沉阻力可降低 33.85%；对井内土塞高度影响研究获得井内土体超挖，刃脚挤土效应减弱，虽可降低下沉阻力，但会造成土体向内塌落，变形急剧增大。当井内土塞高度为正时，相比超挖情况，土体变形先是明显降低，但随土塞高度增大，土体变形向相反方向增加，且变形主要发生在前中期，随着土塞高度增大，下沉阻力增加。若需压沉时，下沉所需的压沉力也越大；对土体刚度影响研究可知土体刚度越小，土体变形越大，土体刚度对下沉阻力影响较小（图 7.8-15～图 7.8-18）。

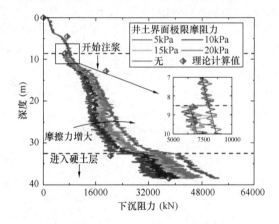

图 7.8-15 下沉阻力（井-土界面极限摩阻力影响）

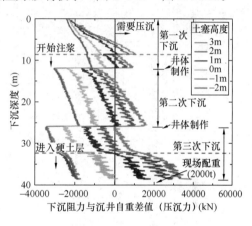

图 7.8-16 下沉所需压沉力（土塞高度影响）

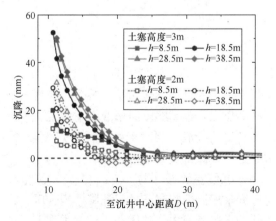

图 7.8-17 不同土塞下不同阶段隆起量（土塞高度影响）

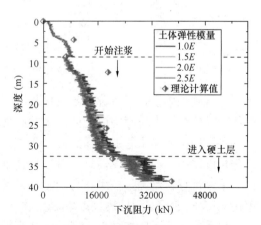

图 7.8-18 下沉阻力（土体刚度影响）

提出相应的施工措施：加固措施如搅拌桩、旋喷桩等应设置在距沉井侧壁0.5倍下沉深度范围内，否则会造成浪费。泥浆减阻既可降低下沉阻力，又可有效控制土体变形，因此应尽量采用泥浆减阻技术；由于前期注浆时带来的收益并不明显，因此，为避免浪费，可适当将注浆措施调后。当周边环境较为敏感时，井内可留有一定土塞，但土塞高度不是越大越好，过大的土体高度（2m及以上）不仅会增大下沉阻力。与较低的土体高度（0～1m）相比，可能会发生较明显的隆起及向井外方向的移动。尽管大锅底式开挖将显著降低贯入阻力，但同时引起的地表沉降亦十分明显。综合考虑贯入阻力与施工环境效应，建议取井内土塞高度为0～1m。

项目实施过程中，由于工程实际需求采用原有的钢牛腿组合的反力系统不适用于本工程，且工期紧张，制作安装时间少，因此两座沉井采用自主设计研发的钢梁与混凝土承台结合的压入式沉井反力装置进行压沉。利用钢梁代替牛腿作为反力支点，制作安装快捷，且不会破坏井壁结构，有效解决了永临结构问题，符合工程需求。首先，设计制作了压沉钢梁结构，结构由型钢组成，对称横跨于井端部，反力点设置于钢梁漏出井壁部位，与底下混凝土承台反力锚具对中（图7.8-19）。对反力锚箱进行了优化设计，并对压沉钢梁、结构承台等进行了结构受力分析，保证结构强度、刚度满足要求。

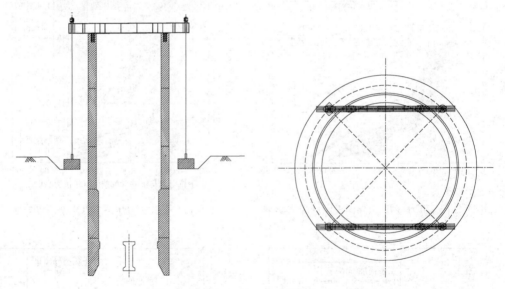

图7.8-19 钢梁压沉系统示意图

压沉施工中，采用对称同步或异步压沉。由于采用的是钢梁作为反力装置，作为一个整体，在施加反力过程中应在同一钢梁施加相同下压力，根据实际纠偏或者下沉工况，另一钢梁可同步或异步施加以满足施工要求（图7.8-20）。钢梁相对于牛腿反力点设置少，纠偏角度受限，但是整体性好，对于沉井下沉的整体性保持效果显著。

采用远程自动测量技术，自动测量采集沉井下沉偏差数据（图7.8-21）。自动测量频率10min/次，人工测量校核频率12h/次。通过泥浆配比试验制备减阻泥浆，配合压沉施工。也采取了远程监控技术，考虑沉井穿越较软弱土层过程中，整体姿态控制难度大，加入GPS偏差定位系统、泥面探测系统、PLC控制系统，加大监测频率，实时掌握下沉数据，发生井体偏斜及时纠偏。

图 7.8-20　压入式沉井反力装置

图 7.8-21　远程自动监测

（3）应用效果

工程应用了复地层条件下大深度压入式沉井施工关键技术，成功实现了两座 30m 大深度沉井的高效高精度压沉施工，沉井下沉速度提高一倍以上，终沉高差控制在 0.5% 以内。经监测最终土体水平位移控制在 10mm 内，对周边环境影响做到了微小扰动（图 7.8-22）。自 2019 年 4 月平岗-广昌原水供应保障工程第二标段 35～36 号井区间顶管及工作井工程建成至今，运行安全、可靠，取得了良好的社会效益和经济效益（图 7.8-23）。

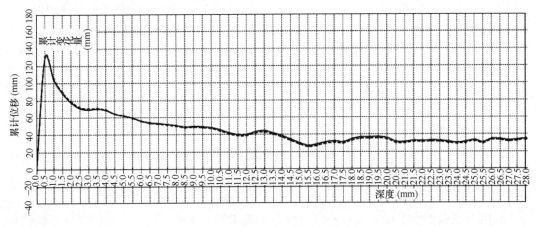

图 7.8-22　土体水平位移统计图

图 7.8-23 压入式沉井施工现场

### 7.8.5 长兴岛南过江井压沉沉井工程实例

（1）项目概况

上海市天然气主干管网崇明岛-长兴岛-浦东新区五号沟 LNG 站管道工程隧道 B 线，该工程采用泥水平衡盾构法施工，全长约 6931m，内径为 3.4m，是目前国内最长的小直径过江盾构隧道。其中盾构接收井建设地点位于长兴岛南部新港，设在长兴岛长江大堤外侧，沉井结构边距离长江南港北岸大堤约 49m，周边距离输电线 14m，自来水管 40m。长兴岛南过江井采用沉井形式施工，沉井为长方形钢筋混凝土结构，底板下部设置两道钢筋混凝土地梁，呈十字形布置，地梁截面尺寸为 4.3m（高）×1.5m（宽），上宽下窄。井壁设置 3 处内台阶，上侧墙井壁厚度 1m，下侧墙井壁厚度 1.6m。沉井制作高度 26.8m，总下沉深度 25.6m，采用不排水下沉方式，分为四次制作，两次下沉。沉井下沉施工主要涉及②$_{3-1}$砂质粉土、②$_{3-3}$粉砂、④淤泥质黏土、⑤$_{1-1}$粉质黏土。区域内主要还有浅层沼气、明浜、软土等不良地质（图 7.8-24）。

（2）实施情况

针对周边复杂环境及地质情况，通过深入探讨与前期论证，采用压沉沉井工艺进行施工。压沉反力系统采用压沉钢梁、钢绞线、混凝土承台配重组合，压沉钢梁经过设计计算采用双拼型钢，经加工后直接安装与沉井井端四角部（图 7.8-25～图 7.8-28）。

采用多端点下压手段，通过不同点位主动施加不对等下压力，"高位高压，低位低压"，实现对沉井主动的预先纠偏，避免沉井偏差过大，减少纠偏量，从而提高对沉井下沉偏差的控制（图 7.8-29）。

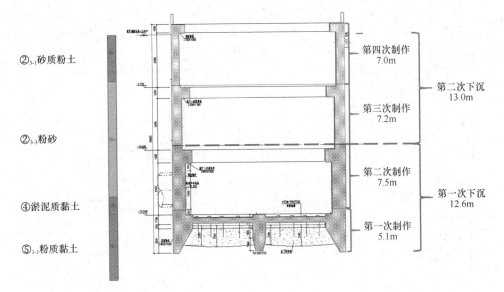

②₃₋₁砂质粉土

②₃₋₃粉砂

④淤泥质黏土

⑤₁₋₁粉质黏土

图 7.8-24　沉井施工工况

图 7.8-25　压沉钢梁垫层

图 7.8-26　沉井制作

图 7.8-27　压沉钢梁吊装

图 7.8-28　千斤顶钢绞线安装

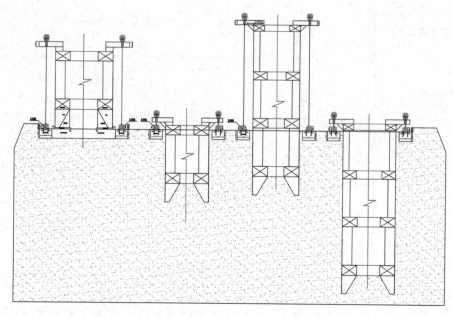

图 7.8-29  压入式沉井施工工序示意图

针对穿越土质不同采用不同的取土方式，面对砂垫层、淤泥质黏土、粉质黏土层时，采用水下抓斗取土；在遇到灰色粉砂及灰色砂质粉土层时，采取水下冲吸泥取土方式。两种方式根据土层变化相互结合（图 7.8-30）。

图 7.8-30  根据不同土层采取不同取土方式

施工过程中应用了触变泥浆助沉，从刃脚以上 4.5m、6.5m、8.5m 布置三层侧壁泥浆减阻环，每层共 12 根水平管，沿井壁每隔 4m 布置一路竖管，每层竖管相互独立，并用油漆标记。在水平管位置每隔 100mm 打设 1 只 5mm 的喷浆孔，喷浆孔露于沉井外侧壁（图 7.8-31）。

采用自动测量技术，对方形沉井下沉垂直度控制及姿态进行监测，实时采集下沉偏差数据，人工测量进行校核（图 7.8-32）。

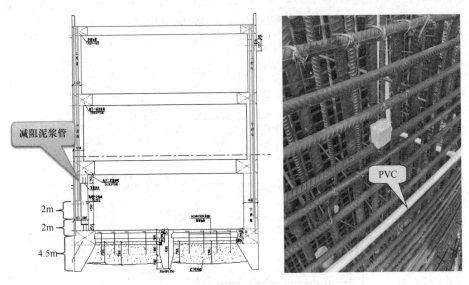

图 7.8-31　减阻泥浆助沉示意图

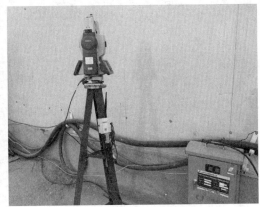

图 7.8-32　压入式沉井垂直度控制

（3）实施效果

对压沉施工进行了土体及周边环境监测，共布设沉井水平位移监测点 4 个，土体分层沉降监测点 3 个，土体测斜监测点 7 个，孔隙水压力监测点 6 个，沉井四角高差监测点 4 个，布置如图 7.8-33 所示。并对监测数据进行了分析。

沉井下沉四角高差分析：沉井整体下沉速率平稳。沉井下沉初期，刃脚及井壁插入土体深度较小，易于通过压沉调整，但沉井高差变化浮动大；沉井下沉中后期，沉井已在土体中形成轨道，沉井下沉姿态可实现微调，高差变化幅度小。利用沉井辅助纠偏，沉井封底后，沉井的水平位移为偏东 24mm，偏南 52mm，刃脚平均高程比设计高程高 32mm。最终，四角高差为 96mm（图 7.8-34）。

沉井下沉引起地表沉降分析：沉井第一次带水下沉，至第一次结束，5m 范围平均沉降为 9.21mm，主要因素为该点沉井外壁局部减阻泥膜效果不佳导致井壁携带易塌陷砂土下沉。沉井第二次带水下沉，四边沉降皆为缓慢增加趋势，5m 范围沉降 24.12mm，主要

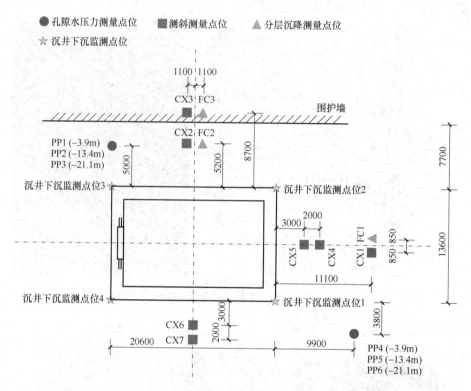

图 7.8-33 压入式沉井监测点布置

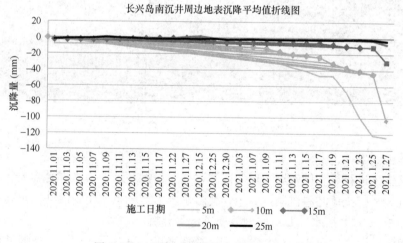

图 7.8-34 压入式沉井周边地表沉降分析

原因为砂土层中下沉取土不均，无土塞，导致部分土体涌入井内。压沉和带水下沉结合方式有效减少了对周边土体保护，起到隔断土体和平衡内外压力效果。在沉井第二次下沉时，为了提高工效和对比排水与不排水下沉对周边影响，不断降低井内水位，导致内外水压不均衡，沉井周边土体有向井内滑移的现象，引起较大的地表沉降（图 7.8-35）。

本工程于 2020 年 7 月开始施工至 2020 年 12 月完成沉井下沉施工，下沉深度达 25.6m。应用工艺使沉井下沉速率较稳定，对周边扰动范围及程度小。周边居民屋最大沉

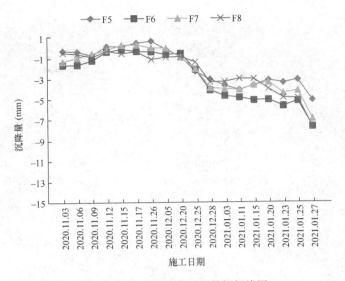

图 7.8-35　房屋沉降监测数据折线图

降 7.7mm。经检验施工质量满足要求，沉井施工对周边环境的影响控制在设计和规范要求以内，相较传统工艺整体工效提升效果佳。工程的高效实施为天然气管道工程盾构 B 线的顺利实施创造了良好的作业环境，同时其研究成果为今后采用同类工艺的工作井施工提供借鉴，具有良好的示范效应（图 7.8-36）。

图 7.8-36　长兴岛南过江井工程项目

### 7.8.6　临港污水处理厂排海管工程压沉沉井工程实例

（1）项目概况

临港污水处理厂排海管工程，项目建设地点位于浦东新区和奉贤区交界处的杭州湾北岸海域，用于排放临港污水处理厂处理后的尾水（图 7.8-37）。海域段采用 DN2200 顶管，两根同时顶进。排海管工程设计规模 35 万 t/d，为临港污水处理厂尾水排放通道，

图 7.8-37　临港污水处理厂排海管沉井工程

建成后可满足新片区日益增长的污水排放需求及国家对生态环境保护的新要求，改善区域生态环境。该工程陆域段顶管施工配置高位井 1 座、配水井 1 座、压力井 1 座。压力井外径尺寸 23m，内径 20m，结构高度 26.5m，井内设置有井字梁，下沉深度 25m。施工过程中遇有吹填土、明浜、地下障碍物等不良地质条件。所穿越土层分别有①填土，①$_2$淤泥质粉质黏土，②$_{3-1}$黏质粉土，④淤泥质黏土，⑤$_1$淤泥质粉质黏土，⑤$_2$砂质粉土（微承压水），⑥粉质黏土。工程主要有四个难点，一是沉井下沉深度超深，达到 26.5m；二是沉井毗邻东海，土层渗透系数大，高水头压力对施工设备及效率提出较大挑战；三是沉井终沉穿越⑤$_2$砂质粉土层，地基承载力达到 150kPa，土层特性极为坚硬；四是沉井周边有东海大堤、现状排海管，防沉降控制要求极高，需要沉井微扰动下沉。

（2）实施情况

施工过程中，考虑到由于土层影响导致下沉系数小，经计算，沉井不排水下沉至⑤$_2$层下沉系数仅为 0.59，掏空底梁也仅 0.89；同时，还存在涌⑦层土现象、沉降大、不具备降水条件等难题，故研究确定采用压入式沉井工艺。通过增加 1200t 下压力，可以计算得到下沉系数达到 1.15，满足下沉。同时，压沉法可在不排水工况下进行下沉，整体姿态可控。

设计采用反力钢牛腿、钢绞线、混凝土承台及钢板配重组合设计，配重钢板为：8000kN，采用 7m（长）×2.2m（宽）×0.03m（厚）钢板约 200 块，则每个区域放置钢板约 25 块，共 8 个区域，可根据下沉系数、偏差情况配置配重钢板数量。设置 8 个压沉点位，进行同步压沉，纠偏时采用单侧点位进行不同步的压沉（图 7.8-38）。

通过有限元软件对反力系统各结构配重环、钢牛腿及沉井压沉受力模拟分析，保证结构的安全性（图 7.8-39、图 7.8-40）。

自主研制了由上锚油缸、上锚具、穿心千斤顶、下锚油缸、下锚具组成的加压设备，通过上下锚具油缸的伸缩控制，可以使钢绞线处于紧绷状态，达到有效传力的目的，能够

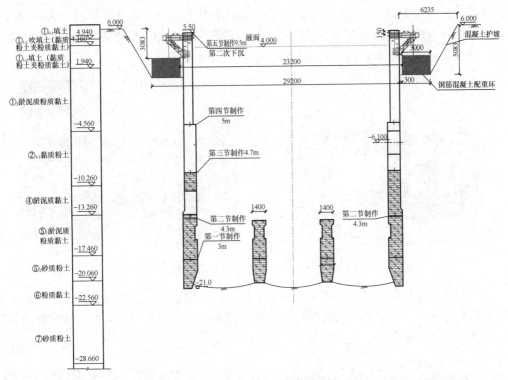

图 7.8-38 临港污水处理厂排海管沉井施工剖面图

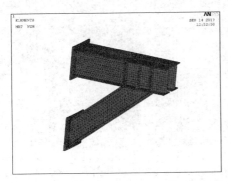
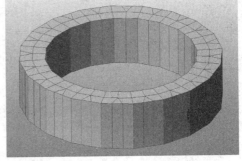

图 7.8-39 结构受力数值分析

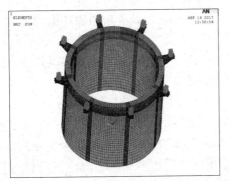
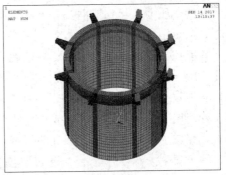

图 7.8-40 沉井压沉受力分析

避免松弛导致传力失效，造成沉井由于各点受力不均导致偏斜的事故；同时，将下沉部分深度对应的钢绞线长度自动伸出，相较反力拉杆需要人工拆卸更加便捷。同时，装置还可内置自动控制系统，可实现远程自动加载控制压沉施工（图 7.8-41）。

图 7.8-41　压入式沉井加压反力设备

自动测量和控制系统设备，可实现压入式沉井的精确定位。系统包含两个用于收集沉井位置的全站仪，两台全站仪通过测量目标棱镜收集沉井姿态的测斜数据、高程数据并计算出沉井当前位置（图 7.8-42）。

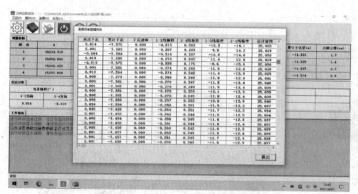

图 7.8-42　压入式沉井自动测量系统

施工过程中穿心千斤顶数据会实时传输到现场中控室，根据沉井偏差，灵活调整 8 个不同压沉点的下压力，起到辅助沉井下沉及纠偏的效果，以减少对周边环境的影响。配合泥浆减阻，测量定位纠偏、智能控制系统等工艺，压沉过程更多地结合了自动化控制技术，进行智能控沉压沉。成功突破了复杂地质与环境条件的限制，顺利将沉井压至设计位置，保证了施工质量的同时大幅降低了周边环境的扰动（图 7.8-43）。

（3）实施效果

本工程应用了自动压沉系统，成功完成了高位井安装，深度达到 26.5m，通过不排水压沉技术，完成了在高水头压力下沉井下沉，顺利终沉穿越土层特性极为坚硬的 ⑤₂ 砂质粉土层，施工效率大幅提升 20%。通过监测分析沉井周边的东海大堤、现状排海管等重要建（构）筑物变形控制良好，实现沉井的微扰动下沉。

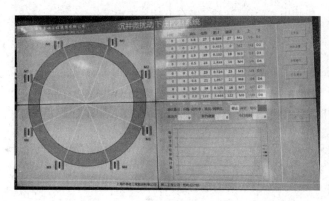

图 7.8-43　沉井智能压沉控制施工

# 参考文献

［1］ 上海市基础工程集团有限公司. 沉井与气压沉箱施工规范：GB/T 51130—2016［S］. 北京：中国计划出版社，2016.

［2］ 中华人民共和国行业标准. 建筑桩基技术规范：JGJ 94—2008［S］. 北京：中国建筑工业出版社，2008.

［3］ 葛春辉. 钢筋混凝土沉井结构设计施工手册［M］. 北京：中国建筑工业出版社，2004.

［4］ 周申一，张立荣，杨仁杰，杨永灏. 沉井沉箱施工技术［M］. 北京：人民交通出版社，2005.

［5］ 段良策，殷奇. 沉井设计与施工［M］. 上海：同济大学出版社，2006.

［6］ Newman T G, Wong H-Y. Sinking a jacked caisson within the London Basin geological sequence for the Thames Water Ring Main extension［J］. Quarterly Journal of Engineering Geology and Hydrogeology，2011，44(2)：221-232.

［7］ Zeinoddini M, Mousaui S A, Abdi M R. Simulation of suction caisson penetration in seabed using an adaptive mesh technique［C］//Proceedings of the 12th East Asia-Pacific Conference on Structural Engineering and Construction，EASEC12. Oxford：Elsevier Ltd，2011：1721-1728.

［8］ 王红霞. 大型沉井结构施工过程的力学模型及控制研究［D］. 上海：上海交通大学，2001.

［9］ 王海林，彭芳乐，徐正良，等. 气压沉箱施工对周边地层环境影响的现场监测与数值模拟［J］. 岩石力学与工程学报，2010，29(增刊 2)：3941-3951.

［10］ 黄丁，李耀良，徐伟. 压入式沉井侧摩阻力的监测及分析［J］. 建筑施工，2012，34(10)：980-983.

［11］ 朱建民，龚维明，穆保岗，等. 南京长江四桥北锚碇沉井下沉安全监控研究［J］. 建筑结构学报，2010，31(8)：112-117.

［12］ Wang J H, Xu Z H, Wang W D. Wall and ground movements due to deep excavations in Shanghai soft soils［J］. Journal of Geotechnical and Geoenvironmental Engineering，2010，136(7)：985-994.

［13］ Pengf L, Wangh L, Tan Y, et al. Field measurements and finite-element method simulation of a tunnel shaft constructed by pneumatic caisson method in Shanghai soft ground［J］. Journal of Geotechnical and Geoenvironmental Engineering，2011，137(5)：516-524.

［14］ 李跃进. 厚砂层中沉井下沉速度的控制方法［J］. 建筑知识：学术刊，2013(11)：237-238.

［15］ 陈晓平，茜平一，张志勇. 沉井基础下沉阻力分布特征研究［J］. 岩土工程学报，2005，27(2)：148-152.

［16］ 王红霞. 大型沉井结构施工过程的力学模型及控制研究［D］. 上海：上海交通大学，2001.

[17] 宋兵，蔡健．预应力管桩侧摩阻力影响因素的研究[J]．岩石力学与工程学报，2009，28(2)：3863-3869．

[18] Allenby D，Waley G，Kilburn D．Examples of open caisson sinking in Scotland[J]．Proceedings of the Institution of Civil Engineers-Geotechnical Engineering，2009，162(1)：59-70．

[19] Newman T G，Wong H-Y．Sinking a jacked caisson within the London Basin geological sequence for the Thames Water Ring Main extension[J]．Quarterly Journal of Engineering Geology and Hydrogeology，2011，44(2)：221-232．

[20] 郑国雄，李昌国，赖旭明．台北捷运系统芦洲线 CL700A 标连络通道 1 压入沉箱工法之解析[J]．隧道建设，2007，27(增刊 2)：372．

[21] 徐鹏飞，李耀良，徐伟．压入式沉井施工对环境影响的现场监测研究[J]．岩土力学，2014，35(4)：1084-1094．

[22] 黄丁，李耀良，徐伟．压入式沉井侧摩阻力的监测及分析[J]．建筑施工，2012，34(10)：980-983．

[23] 罗实瀚，徐伟．地锚式沉井压入施工阶段对环境影响监测成果分析[J]．建筑结构，2016，46(8)：100-105．

[24] 易琼，廖少明，朱继文，等．淤泥地层中压入式沉井挤土效应的有限元分析[J]．隧道建设（中英文），2019，39(12)：1981-1992．

[25] 易琼，廖少明，朱继文，等．软土地层中压入式沉井下沉的土塞效应及其影响[J]．浙江大学学报（工学版），2020，54(7)：1380-1389．

[26] 罗实瀚，徐伟．地锚式沉井压入施工阶段对环境影响监测成果分析 [J]．建筑结构，2016，46(08)：100-105．

[27] Sheng D，Eigenbrod K D，Wriggers P．Finite element analysis of pile installation using large-slip frictional contact[J]．Computers and Geotechnics，2005，32(1)：17-26．

[28] 朱斌，江涛，何志明，等．跨江桥梁主塔沉井结构与周边土体应力变形分析[J]．人民长江，2017，48(S2)：251-255．

[29] Atkinson J H，Richardson D，Stallebrass S E．Effect of recent stress history on the stiffness of overconsolidated soil[J]．Geotechnique，1990，40(4)：531-540．

[30] 赵敏杰．超深沉井下沉周边环境效应与控制措施[J]．建筑施工，2020，42(06)：1079-1084．

[31] Peng Fangle，Wang Hailin，Tan Yong，et al．Field measurements and FEM simulation of a tunnel shaft constructed by pneumatic caisson method in Shanghai soft ground[J]．Journal of Geotechnical and Geoenvironmental Engineering，2011，137(5)：516．

[32] Fengwen Lai，Ningning Zhang，Songyu Liu，et al．Ground movements induced by installation of twin large diameter deeply-buried caissons：3D numerical modeling[J]．Acta Geotechnica，2021，16：2933-2961．

[33] 潘亚洲，王琛，梁发云．大型沉井下沉阻力分布特征及相关工程问题[J]．结构工程师，2020，36(6)：134-143．

[34] 周和祥，马建林，张凯，等．沉井下沉阻力离心模型试验研究[J]．岩土力学，2019，40(10)：3969-3976．

[35] 住房和城乡建设部．沉井与气压沉箱施工规范：GB/T 51130—2016[S]．北京：中国计划出版社，2016．

[36] 吴铭炳．大型沉井围护结构[J]．岩土工程学报，1994(1)：86-92．

[37] 穆保岗，别倩，赵学亮，龚维明．沉井下沉期荷载分布特征的细观试验[J]．中国公路学报，2014，27(9)：49-56．

［38］邓友生，万昌中，闫卫玲，等．大型圆形沉井结构应力及其周边沉降计算［J］．岩土力学，2015，36（2）：502-508.

［39］Georgiannouv N，Serafis A，Pavlopoulou E-M. Analysis of a Vertical Segmental Shaft Using 2D & 3D Finite Element Codes［J］. International journal of geomate，2017，13（36）：138-146.

［40］陈晓平，茜平一，张志勇．沉井基础下沉阻力分布特征研究［J］．岩土工程学报，2005（2）：148-152.

［41］蒋炳楠，马建林，褚晶磊，等．水中超深大沉井施工期间侧压力现场监测研究［J］．岩土力学，2019，40（4）：1551-1560.

［42］刘鸿鸣．压入式下沉技术在沉井施工中的应用［J］．建筑施工，2014，36（5）：571-572.

［43］王建，刘杨，张煜．沉井侧壁摩阻力室内试验研究［J］．岩土力学，2013，34（3）：659-666.

# 8  深隧工程建造技术

沈庞勇

（上海城投水务工程项目管理有限公司，上海 201103）

## 8.1  编制背景

深层排水调蓄隧道通常简称为深隧（Deep tunnel），一般是指埋设在地下空间（通常在地面以下超过 20m 深度）、用于调蓄（输送）雨水或合流污水的、通常具有较大调蓄容量的隧道。

深隧可以实现"蓄排结合"的先进理念，调蓄容量大，建设期与运营期对地面影响小，适合拥挤的城市化地区，是发达国家在高密度建成区常用的提标方法之一。也是较多特大型城市内涝防治体系的重要组成部分，已在世界上许多城市获得成功应用。据不完全统计，目前国内外采用深隧工程进行控污、排水和防涝的案例已有 30 余项，相关城市包括美国纽约、芝加哥、旧金山，日本东京、大阪，英国伦敦，法国巴黎，中国香港等。同时，近年来中国的上海、广州、深圳等城市也在进行深隧工程的规划和试点建设。

本章将结合上海苏州河调蓄管道工程（以下简称"苏州河深隧"）和桃浦污水处理厂管网（以下简称"桃浦深隧"）工程的实践，对深隧工程，尤其是富水软土地区的深隧建设中的主要岩土工程问题和解决方法作系统的归纳和总结，仅供类似工程参考。

## 8.2  深隧工程技术特点与难点

一般而言，深隧工程的技术特点和难点包括：

（1）超深竖井与全程深埋隧道。例如苏州河深隧按规划属于特种隧道，隧道顶埋深应大于 40m，竖井开挖深度接近 60m，相应地下连续墙围护深度超过 100m，该深度远大于普通市政工程；桃浦深隧由于穿越众多轨交线路、地下管网和桩基础，普遍埋深也大于 20m。

（2）环境保护要求高。深隧一般建于都市核心区，隧道和竖井的建设都面临与既有建构筑物紧邻、穿越施工中地层沉降控制的难题，同时必须面对场地狭小、交通组织困难等挑战。

（3）隧道累积收敛变形大。随着蓄水、抽空循环，隧道承受内外压交变荷载，对于单层衬砌的盾构法隧道，存在隧道收敛变形是否会随着使用次数逐步增大的问题。

需要指出的是，深隧相关的岩土工程仍属于超深基坑和盾构法隧道的设计、施工领域，但存在一系列特殊的要求和技术空白，亟待在工程实践中摸索、总结，逐步形成相应的技术体系。

## 8.3 超深竖井

### 8.3.1 超深圆形竖井基坑设计与分析

上海地区大量基坑工程实测数据的统计分析结果表明，一般形状基坑地下连续墙最大侧移范围为 $0.1\%H \sim 1.0\%H$（其中 $H$ 为基坑开挖深度），平均值约为 $0.42\%H$；而圆形基坑地下连续墙最大侧移一般小于 $0.1\%H$，平均值约为 $0.05\%H$，空间效应显著，因此，深隧工程的大直径竖井首选地下连续墙围护的圆形深基坑形式。

上海市现有规范中建议的软土特深圆形竖井土压力分布模式为：对于上海软土特深圆形竖井，开挖面以上的土压力分布与现有规范的分布模式（静止土压力）基本一致；而开挖面以下的土压力自某一深度处（A 点）开始减小，至某一深度（B 点）处，土压力可以视为零，AB 段的土压力按照线性进行折减。详见图8.3-1。

开挖面以下不同半径竖井的土压力在静止土压力的基础上进行折减的起点（A 点）的深度和终点（B 点）的深度与开挖深度的关系拟合公式为：

$$\frac{H_1}{H} = 0.02305R + 1.94746 \tag{8.3-1}$$

$$\frac{H_2}{H} = 0.26576R + 1.91186 \tag{8.3-2}$$

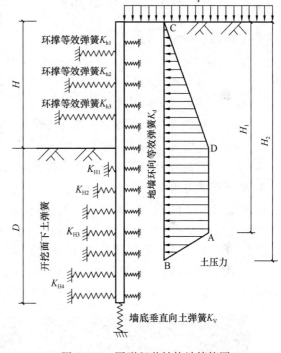

图 8.3-1 圆形竖井结构计算简图

**1. 等效平面弹性抗力法分析方法**

根据竖井围护形式，取顶圈梁、环梁、内衬墙作为平面框架，计算等效支撑弹簧的刚度，刚度按以下公式计算：

$$K = \frac{EA}{R^2} \tag{8.3-3}$$

式中  $K$ ——环梁的等效弹性支撑系数（$kN/m^2$）；

$E$ ——环梁材料的弹性模量（$kN/m^2$）；

$A$ ——环梁截面面积（$m^2$）；

$R$ ——环梁中心线初始半径（m）。

当考虑内衬墙施工误差时，内衬墙计算刚度按 0.9 折算。

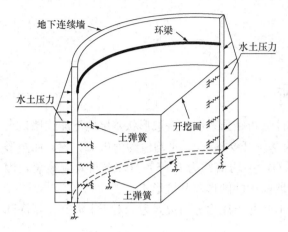

图 8.3-2　基坑支护结构的三维 m 法分析模型

## 2. 圆形基坑三维 m 法分析方法

图 8.3-2 为三维 m 法分析模型示意图（取 1/4 模型表示），按实际支护结构的设计方案建立三维有限元模型，模型包括围护结构、临时环梁系统和土弹簧单元。圆形地下连续墙围护结构可采用板单元来模拟；临时环梁系统采用梁单元来模拟。根据施工工况和工程地质条件确定坑外土体对围护结构的水土压力荷载。在计算土压力时，由于圆形基坑的变形很小，可以近似采用静止土压力进行计算。基坑开挖面以下的土体用土弹簧模拟，其水平向刚度可按下式计算：

$$K_{\mathrm{H}} = k_{\mathrm{h}}bh = mzbh \tag{8.3-4}$$

式中　$K_{\mathrm{H}}$——弹簧单元的刚度系数；

　　　$k_{\mathrm{h}}$——土体水平向基床系数；

　　　$m$——比例系数，可按相关规范的推荐值或地方经验取值确定；

　　　$z$——土弹簧与基坑开挖面的距离；

　　$b$、$h$——三维模型中与土弹簧相连接的挡土结构的水平向和竖向的单元划分密度。

### 3. 地下连续墙刚度折减

圆形基坑的地下连续墙由一幅幅槽段连接而成，其接头处是地下连续墙的薄弱环节，考虑地下连续墙实际分幅施工的接头削弱作用、垂直度误差、水下浇筑混凝土的质量问题（如夹泥夹砂、不密实、漏筋等）、圆形基坑真圆度影响等不利因素，地下连续墙真实的刚度一般小于理想的混凝土材料刚度。因此，在三维分析中，应对地下连续墙的刚度进行适当折减（图 8.3-3）。基于上海地区三个已经完成的圆形基坑案例，即白玉兰广场塔楼圆

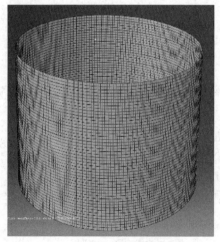

(a)地下连续墙模型

(b)圆环混凝土支撑模型

图 8.3-3　白玉兰广场基坑三维 m 法计算模型

形基坑、上海中心塔楼圆形基坑、宝钢 1788 号旋流池圆形基坑，采用三维 m 法进行分析，通过对比地下连续墙侧移的计算值与实测值，可反分析得到合理的地下连续墙刚度折减系数。

在地下连续墙刚度不进行折减的情况下，三个基坑的围护墙变形的计算分析结果如表 8.3-1所示，可以看出，采用三维 m 法计算得到的地下连续墙侧移均远小于实测值，计算值仅约为实测值的 1/4～1/3，这说明地下连续墙的刚度取值明显偏大，要使得计算值与实测值一致，应对地下连续墙的刚度作适当的折减。

三维 m 法计算分析结果汇总       表 8.3-1

| 项目名称 | 基坑直径（m） | 基坑挖深（m） | 地墙厚度（m） | 围护墙最大变形（mm） | |
|---|---|---|---|---|---|
| | | | | 计算值 | 实测值 |
| 上海中心塔楼圆形基坑 | 120 | 31.1 | 1.2 | 35.7 | 89 |
| 白玉兰广场塔楼圆形基坑 | 94 | 24.3 | 1.0 | 23.8 | 70 |
| 宝钢 1780 号旋流池圆形基坑 | 30 | 33.0 | 1.0 | 4.5 | 16.7 |

由于地下连续墙在竖向是完全连续的，而环向存在接头的明显削弱作用，因此考虑对地下连续墙竖向和环向采用不同的刚度折减系数。根据 Kung 等的研究，地下连续墙在受弯工作状态下可能带裂缝工作且考虑施工质量影响，可将竖向刚度作 0.8 倍折减。因此将地下连续墙的竖向刚度折减系数取为 80%，然后仅反分析环向刚度折减系数。多组数据的对比分析表明，环向刚度折减系数为 25% 时，计算得到的地下连续墙侧移与实测值吻合得较好（图 8.3-4 为地下连续墙刚度折减后，三个圆形基坑计算得到的地下连续墙侧移与实测曲线的对比结果）。

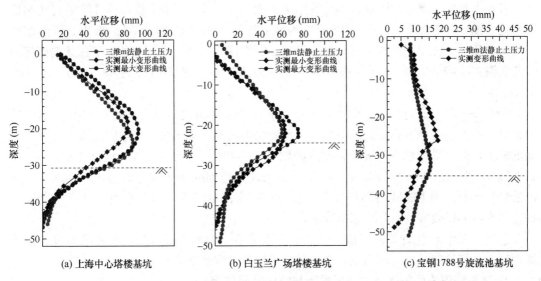

图 8.3-4 地下连续墙变形计算结果与实测曲线对比

● 圆形基坑考虑土与结构共同作用的三维分析方法

采用通用有限元软件，如 Plaxis3D、ABAQUS 等建立包括圆形基坑支护结构和土体在内的三维有限元分析模型进行整体分析。诸多学者的研究发现，采用可考虑土体小应变特性的本构模型，如 HS-Small 模型，能够更好地分析基坑开挖引起的支护结构和周边土体变形。

HS-Small 模型包含了 11 个 HS 模型参数和 2 个小应变参数，具体参数及其物理意义可参考相关文献。基于上海典型黏土层系统的试验结果，可得到上海典型土层的 HS-Small 本构模型的全套参数确定方法，且已经纳入上海市《基坑工程技术标准》DG/TJ 08—61—2018，可为基坑工程数值分析时确定 HS-Small 模型计算参数提供了方法和依据。

### 8.3.2　苏州河深隧竖井计算分析实例

#### 1. 采用逆作法的云岭西超深圆形竖井（三维 m 法）

云岭西圆形竖井基坑直径 34m，挖深约 57.8m，地下连续墙厚度 1.5m，深度约 105m，采用铣接头；使用阶段地下连续墙与内衬墙两墙合一；竖井基坑采用逆作法施工，水平向设一道压顶梁、两道环梁，以及十二节内衬墙（厚度 1.0～1.5m），共同构成竖井基坑支撑体系，基坑整体分 15 层开挖至基底，并依次跟进施工各道环梁和各节内衬墙，竖井基坑围护剖面和各层土方开挖面见图 8.3-5。

结合 ABAQUS 有限元分析软件，采用三维 m 法模拟云岭西竖井基坑工程的实施过程。其中地下连续墙和内衬墙均采用 shell 单元模拟，被动区土弹簧采用 SpringA 单元模拟，压顶梁及环梁材料 beam 单元模拟，三维模型如图 8.3-6 所示。坑外的土压力采用静止土压力，水压力考虑为静水压力。根据前述研究结果，计算分析中对地下连续墙刚度进行折减，即竖向刚度折减系数取 80%，环向刚度折减系数取 25%。按实施地下连续墙分幅进行建模，云岭西为 46 边形。根据图 8.3-5 所示的开挖分层，云岭西竖井基坑设置 15 个工况，分别模拟每层土方开挖及环梁和内衬墙施工。

开挖至基底工况，地下连续墙计算结果如图 8.3-7 所示。水平位移计算结果与实测数据对比如图 8.3-8 所示，其中 P01～P05 为地下连续墙侧移监测点。可以看出，圆形基坑的环向抗压能力强，因此地下连续墙变形远小于常规矩形基坑。计算的地下连续墙侧移曲线与实测基本吻合，最大变形基本位于基底附近，实测最大侧移为 13.7mm，计算值为 18.4mm。

图 8.3-9 为开挖到基底工况下，根据地下连续墙环向钢筋应力监测点 QL1～QL6 监测得到的钢筋应力换算得到的地下连续墙环向轴力情况。由于竖井周边附属设施地下连续墙的影响，竖井基坑地下连续墙各测点的轴力并不相同。各测点的轴力值范围为 8385～11968kN，平均值约为 10144kN，而三维 m 法计算得到的环向轴力值为 12340kN。三维 m 法计算得到的地下连续墙侧移和环向轴力均较实测值略大，可能是由于计算中无法考虑土体本身的拱效应的有利作用的缘故。

总之，三维 m 法计算较好地反映了地下连续墙受力和变形状况，实测结果也验证了圆形地下连续墙以环向受压为主，竖向受弯为辅的工程认知。

#### 2. 采用顺作法的苗圃竖井（考虑土与结构共同作用）

上海市苏州河段深层调蓄管道系统工程苗圃圆形竖井基坑直径 30m，挖深约 56.3m，地下连续墙厚度 1.5m，深度约 103m，同样采用铣接头。苗圃竖井基坑采用顺作法施工，水平向设一道压顶梁、五道环梁支撑体系，基坑整体分 7 层开挖至基底，浇筑底板后再自下而上施工内衬墙。苗圃圆形竖井基坑围护剖面和各层土方开挖面详见图 8.3-10。

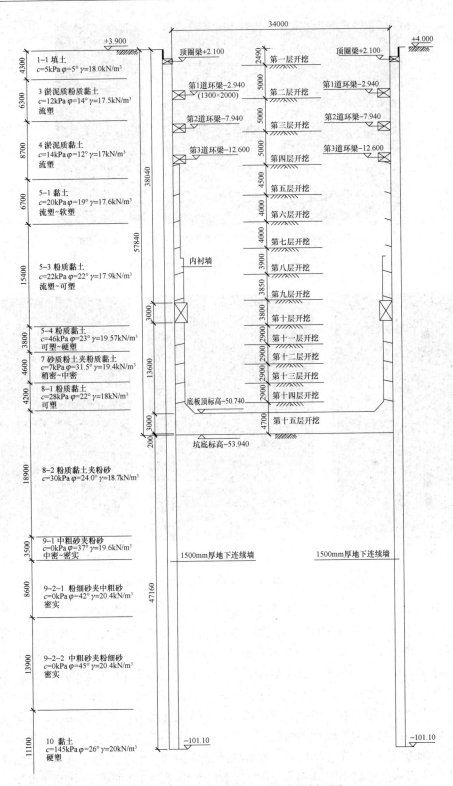

图 8.3-5 云岭西圆形竖井基坑支护剖面图

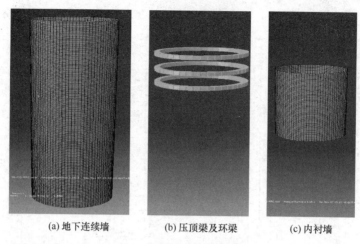

(a) 地下连续墙　　　　(b) 压顶梁及环梁　　　　(c) 内衬墙

图 8.3-6　云岭西圆形竖井基坑计算模型

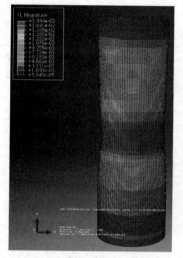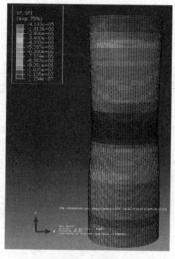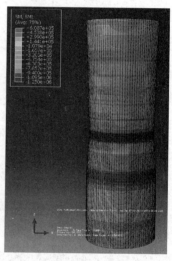

(a) 侧移（单位：m）　　　　(b) 环向轴力（单位：N）　　　　(c) 竖向弯矩（单位：N·m）

图 8.3-7　云岭西超深竖井地下连续墙的计算结果

采用 Plaxis3D 软件建立考虑土与结构共同作用的基坑三维有限元模型进行分析，计算模型包括了土体、基坑周边地下连续墙体系、环梁体系。基坑的三维计算模型如图 8.3-11 所示，地下连续墙及水平支撑体系的计算模型如图 8.3-12 所示。土体采用 10 节点楔形体实体单元模拟，基坑地下连续墙体系采用 6 节点三角形 plate 壳单元模拟，临时环梁采用 3 节点 beam 梁单元模拟。整个模型共划分 689127 个单元、990328 个节点。

基坑水平向边界距离取 6 倍基坑开挖深度，土体深度约为 3 倍开挖深度，足够囊括基坑周边土体变形影响范围。模型侧边约束水平位移，底部同时约束水平和竖向位移。渗流边界条件为侧边采用常水头渗流边界，底部为不透水边界。其中，第①～⑤₄层土体渗流边界水头设为潜水位平均水头 0.5m，⑦层为承压水位埋深 4m 的第Ⅰ承压含水层，⑨层为承压水位埋深 5m 的第Ⅱ承压含水层，⑩–A、⑪层为承压水位埋深 5.5m 的第Ⅲ承压含水层。

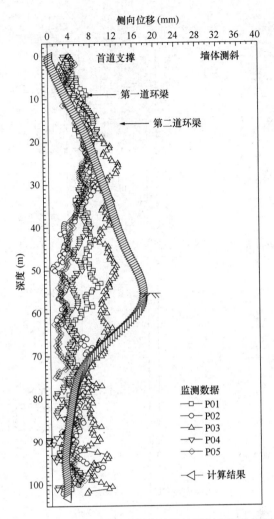

图8.3-8　地下连续墙水平位移计算结果与实测数据对比

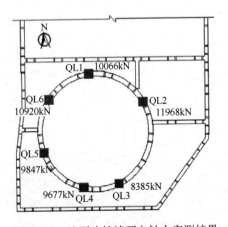

图8.3-9　地下连续墙环向轴力实测结果

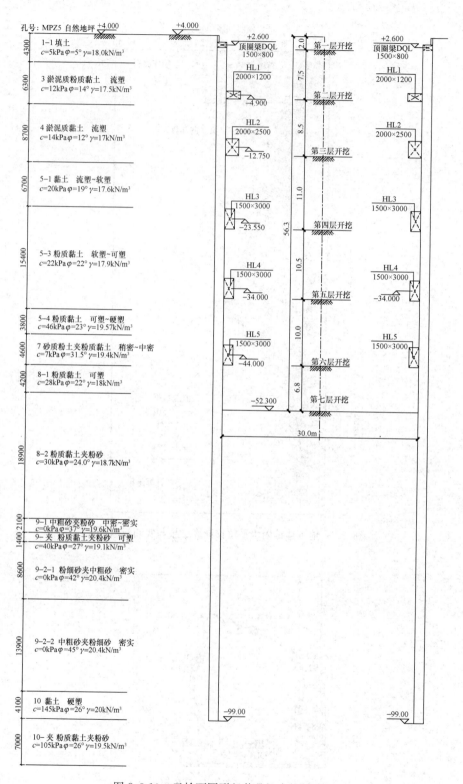

图 8.3-10　云岭西圆形竖井基坑支护剖面图

图 8.3-11 三维有限元计算模型图

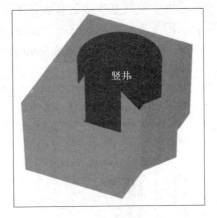

图 8.3-12 支护结构整体模型示意图

仍根据前述研究，地下连续墙竖向刚度折减系数取 80%、环向刚度折减系数取 25%，土体采用 HS-Small 小应变本构模型。为模拟开挖降水的工况，每次土方开挖，均将坑内地下水位降至开挖面，并进行渗流分析。计算中黏土采用不排水分析，砂土采用排水分析。坑内各开挖工况下的承压水水头通过"按需减压"的原则计算设置为安全水头。

计算所得苗圃竖井基坑开挖至基底工况下的地下连续墙侧移和内力如图 8.3-13 所示。可以看出，墙体侧移量最大的位置主要发生在开挖面标高附近，$y$ 向位移的最大值为 12.2mm。受环向空间效应作用，墙体的整体变形量均较小，仅为开挖深度的 0.03%。地下连续墙的环向轴力较大而竖向弯矩很小，计算所得的最大环向轴力值为 8398kN/m，最大竖向弯矩值为 753kN·m/m，再次证明超深圆形竖井地下连续墙的受力状态主要表现为以环向受压为主，竖向受弯为辅。

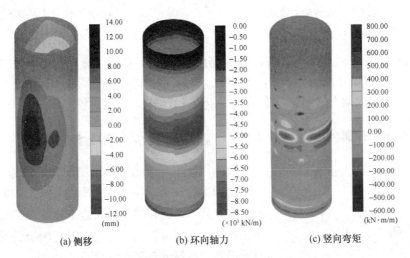

(a) 侧移        (b) 环向轴力        (c) 竖向弯矩

图 8.3-13 苗圃超深竖井地下连续墙的计算结果

基坑开挖至基底工况下的各监测点位置的地下连续墙实际监测侧移与有限元分析结果对比如图 8.3-14 所示。各测斜孔实测的地下连续墙整体变形形态基本呈"纺锤形"，最大变形量发生位置基本接近基坑开挖面附近，实测地墙变形形态与有限元分析计算结果基本吻合。图 8.3-14 中测点 P01～P05 的最大侧移量值分别为 7.4mm、8.5mm、5.2mm、2.6mm、6.7mm，其中最大变形量值 8.5mm 较计算所得的最大变形量值 12.2m 略小。

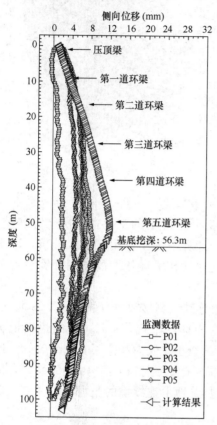

图 8.3-14　开挖至基底时地下连续墙侧移计算与实测对比

图 8.3-15 给出了地下连续墙最大侧移平面分布计算与实测对比，计算结果的整体分布形态与实测结果基本一致，可见中隔墙搭接、加固区不对称设置等均会对圆形基坑地下连续墙侧向变形分布形态有一定影响。

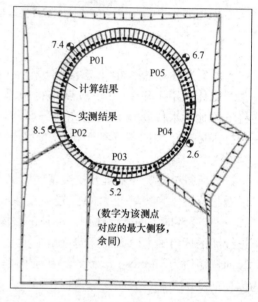

图 8.3-15　地下连续墙最大侧移平面分布计算与实测对比

基坑开挖过程中对地下连续墙环向钢筋应力进行了监测，换算所得各测点（QL1～QL6）的地下连续墙环向轴力值如图 8.3-16 所示，换算所得的环向轴力均值为 7120kN，与计算所得的最大环向轴力值 8398kN 较接近，说明计算结果与实测值较吻合。

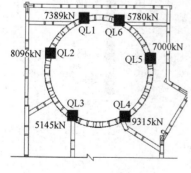

图 8.3-16　地下连续墙环向轴力实测值

### 8.3.3　超深地下连续墙技术

百米级超深地下连续墙面临的关键难题有两点：其一，要确保超深槽段在长达一周左右施工周期内处于稳定状态；其二，圆井结构要求地下连续墙接头不仅要可靠止水，还要传递较大的轴力，对超深套铣接头的精度要求很高，苏州河深隧两座竖井均达到了 1/1000 的双向垂直精度。此外，面对复杂地层的泥浆管理、超长钢筋笼制作与吊装、大体积超深水下商品混凝土的生产与浇筑等环节均面临量变引起质变的考验。

**1. 高精度超深套铣接头**

地下连续墙套铣接头是一种基于双轮铣槽机设备
特点的施工工艺，通过双轮铣槽机旋转的铣轮，以铣轮上的合金齿将接先行形成的一期槽
段接缝面混凝土铣削成锯齿状，起到类似于新旧混凝土施工缝中常用的凿毛作用，使后浇
筑的二期槽段混凝土与一期槽段混凝土在接缝处形成良好咬合作用，是目前成槽深度超过
80m 的超深地下连续墙唯一的成熟接头形式（图 8.3-17）。

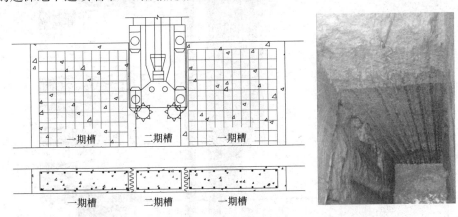

图 8.3-17　套铣接头示意图及一期槽段混凝土铣削面实例

铣槽机可以通过传感器感知铣斗在槽段中的施工状态，包括铣槽机施工参数、垂直
度、阻力等大量信息。铣槽机偏斜后，可以直观地在计算机上看到微小的偏斜情况，操作
手应发出纠偏指令，控制液压纠偏板对偏差进行纠正（图 8.3-18）。

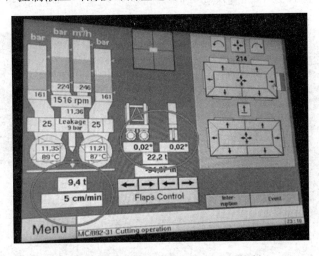

图 8.3-18　铣槽机成槽垂直度实时控制

虽然铣槽机的双向倾斜仪自身精度可达 0.02°，但无法感知成槽过程中的扭转等姿态
变化，且存在振动等干扰因素，因此不同深度的精度误差积累以后，仍可能超出 1/1000
的范围，百米成槽过程中应多次清孔换浆，提斗出槽，进行超声波槽段检测，必要时进行
修槽。苏州河深隧工程 150m 深试验幅工序如图 8.3-19 所示，实际使用的超声波测壁仪
如图 8.3-20 所示。

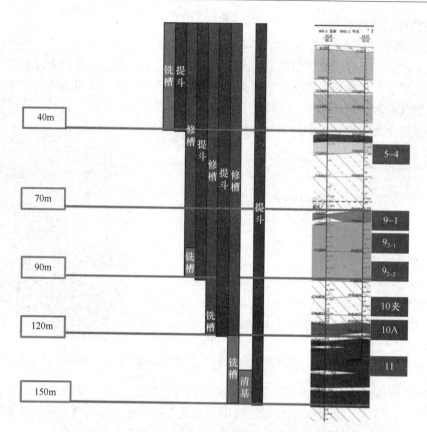

图 8.3-19  150m超深地下连续墙试验施工铣槽机提斗检测频率图

图 8.3-20  UPM150Q 型超声波测壁仪（最大深度 150m）

**2. 百米级槽壁稳定**

成槽稳定的关键在于浅层易坍方软土进行槽段双侧搅拌加固，提高泥浆护壁性能，同时监控深层承压水水头的异常升高（图 8.3-21、图 8.3-22）。

图 8.3-21 泥浆工厂

图 8.3-22 除砂机

由于超深地下连续墙施工一般施工周期较长,一般在施工现场用钢筋混凝土、轻钢结构制作泥浆池,泥浆池采用分仓的形式,包含新浆拌储存系统、泥浆处理系统两大部分。这样做可以将泥浆的拌制、循环、处理集中在一个区域,形成泥浆工厂,便于泥浆工程的施工管理。

成槽完成后,清孔换浆应按换浆比例和泥浆指标"双控",即必须对槽段内泥浆进行至少100%体积换浆处理,且应达到表8.3-2所示指标。

地墙清基后的泥浆指标                                            表 8.3-2

| 项目 | 清基后泥浆 | 检验方法 |
|---|---|---|
| 相对密度 | ≤1.20 | 比重计 |
| 黏度（s） | 22~30 | 漏斗计 |
| 含砂率（%） | 上<3 | 洗砂瓶 |
| | 中<5 | 洗砂瓶 |
| | 下<7 | 洗砂瓶 |
| pH 值 | 8~10 | pH 试纸 |

## 8.3.4 超深圆形竖井开挖与结构回筑

上海地区早期的圆形深基坑包括延安东路隧道北线一号井和人民广场220kV地下变电站,均采用随分层开挖内衬逐节逆作的工艺,成熟可靠,延续至今;同时,近年来国外多个超深圆形竖井,例如日本磁浮新干线的品川非常口竖井、名城非常口竖井,伦敦的Tide Way竖井等均采用顺作法,顶冠梁施工完成后,直接开挖到底,充分发挥大厚度、优质地下连续墙围护的优势,极大地提高了工效。

为此,苏州河深隧两座竖井——云岭西竖井和苗圃竖井分别采用了传统的逆作法和新的顺作法工艺,进行了实际对比。

### 1. 云岭西竖井顺作法工艺

云岭西工作井主体竖井开挖深度58.65m,直径达34m,围护结构采用1500mm厚地下连续墙,深达105m的围护结构,完全阻断第Ⅰ承压水层、第Ⅱ承压水层。采用3m一节环状逆作内衬方案。

● 整体移动金属模板系统

针对超深逆作施工的特点，设计了一套整体下放的大直径圆形金属模板系统——MJY 型竖井，该系统由 16 点同步提升系统、模板结构系统及定型金属底托架组成(图 8.3-23)。

图 8.3-23 钢模系统 BIM 效果图

悬吊系统由 16 组 HSL50300 智能油缸及其配套卷缆架组成，设备开启后，通过液压油来推动油缸、活塞往复运动，通过上夹持器和下夹持器的荷载转换，从而实现垂直提升或下降（图 8.3-24）。

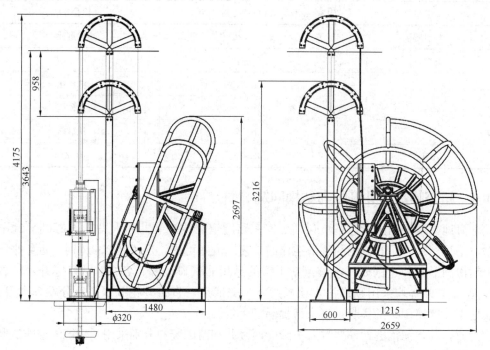

图 8.3-24 悬吊系统组成示意图

模板采用 48 标准块组成，高度 3.0m，通过 16 个加块，实现变径。通过伸缩油缸实现支模和脱模过程，通过设置在环梁上的 16 点液压同步提放系统悬吊实现模板提升和下放（图 8.3-25、图 8.3-26）。

图 8.3-25　钢模板及悬吊系统实景图

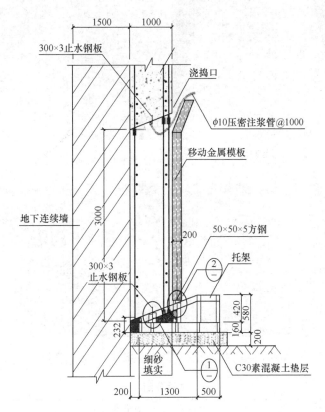

图 8.3-26　底托架与钢模节点图

## 2. 逆作施工缝工艺试验与优化

现场采用同比例模拟试验，首节衬墙采用门架悬吊待达到强度后施作下方衬墙。接头试验组设 3 类，分别为水平缝接头试验组、15°接头试验组、30°接头试验组。超灌法试验组设 2 类，分别为全断面喇叭口和间距 1m 的喇叭口布料方式。并结合 5 种混凝土配合比将试验划分为10组（图8.3-27～图8.3-30），见表8.3-3。

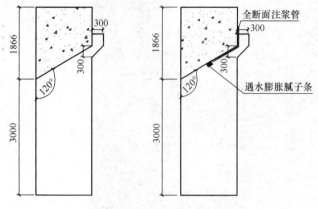

图8.3-27 30°角试验组接缝处理方式

图8.3-28 15°角试验

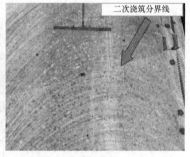

图8.3-29 15°＋止水条＋注浆管＋全断面浇筑

图8.3-30 15°＋止水钢板＋注浆管＋全断面浇筑

试验分组                                                                  表8.3-3

|  | 序号 | 试验分组 | 混凝土级配 |
|---|---|---|---|
| 接缝形式 | 1 | 水平＋止水钢板＋注浆管＋间断浇筑 | 5 |
|  | 2 | 水平＋腻子止水条＋注浆管＋间断浇筑 | 5 |
|  | 3 | 15°＋止水钢板＋注浆管＋间断浇筑 | 1 |
|  | 4 | 15°＋腻子止水条＋注浆管＋全断面浇筑 | 2 |
|  | 5 | 15°＋止水钢板＋注浆管＋全断面浇筑 | 3 |
|  | 6 | 15°＋腻子止水条＋注浆管＋间断浇筑 | 4 |

续表

| | 序号 | 试验分组 | 混凝土级配 |
|---|---|---|---|
| 接缝形式 | 7 | 30°＋止水钢板＋注浆管＋间断浇筑 | 2 |
| | 8 | 30°＋腻子止水条＋注浆管＋全断面浇筑 | 2 |
| | 9 | 30°＋止水钢板＋注浆管＋全断面浇筑 | 3 |

试验墙最终通过直接切割的方式展现出不同方案下接缝的实际表现，结合工程实际需要，本工程内衬逆作最终确定采用15°＋止水钢板＋注浆管＋全断面浇筑的施工工艺，结合MJY型竖井整体移动金属模板系统相互配合，从实施效果来看，竖井墙身水平变形非常小，接缝未出现严重渗漏水，实施效果良好。

### 8.3.5　超深圆形竖井顺作技术

#### 1. 顺作工艺设计

苏州河段深隧工程是上海地区第一次系统性地对超深地下空间（≥40m）进行开发和利用，为此试验段工程的建设除作为主线工程的重要组成部分，也承担着进一步优化和完善设计参数、施工工艺，并形成相对成熟的技术标准体系和经济指标，有效指导后续同类工程建设的目的。

原设计深隧试验段苗圃及云岭西两处竖井基坑均采用明挖逆作法分层实施，为了给深隧后续超深竖井乃至富水软土地区超深基坑的实施进行经验积累，工程团队提出了苗圃竖井逆筑改顺筑的方案优化建议，将原计划采用明挖逆筑法分14层实施的苗圃超深竖井采用明挖顺筑法分6层实施（图8.3-31、图8.3-32）。

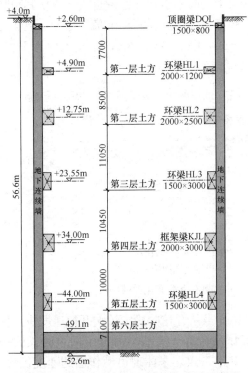

图8.3-31　苗圃竖井原逆筑开挖分层示意图

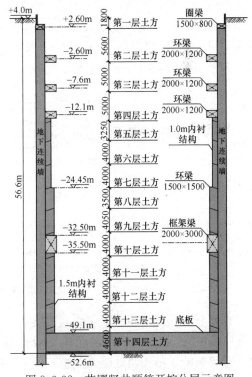

图8.3-32　苗圃竖井顺筑开挖分层示意图

**2. 围护质量评判**

对于顺作法而言，围护质量既是防水防渗漏的生命线，也是竖井环向承压的生命线，不容有失。因此工艺调整前首先对基坑地下连续墙围护结构进行了判定：从设计层面出发，基于综合设施基坑围绕竖井基坑布置的总体方案，综合设施基坑外圈地下连续墙采用封闭包围竖井基坑设置，从而出现竖井基坑开挖时"双道地下连续墙"的工况，无论从止水还是减少环境影响方面均有较大优势。从地下连续墙施工的层面出发，本工程是上海地区首次进行百米级地下连续墙施工，施工全过程严格落实"精细化管控"，通过后续的地下连续墙实体取芯、墙体及接缝处声波透射法质量检测、分区分层降水观测验证了地下连续墙的施工质量良好，为超深圆形竖井顺作奠定了基础。

**3. 开挖及结构回筑工序安排**

竖井内径 30m，平面尺寸较小，考虑到圆形基坑受不均匀卸载影响较大，需尽可能确保基坑开挖的均匀性，为此采取整体分层连续开挖，土方开挖至对应支撑梁底部时开始进行支撑梁施工，待其养护达标后继续进行下层土方开挖，依次循环至底。由于该工作井为盾构始发井，盾构完成前只能进行底板及环墙结构回筑，受单层回筑高度及各道支撑梁制约，环墙采取逐层搭设满堂脚手架作为作业平台分层回筑。

**4. 实施效果**

围护变形和轴力实测结果参见图 8.3-33，地表沉降变形总体平稳，除基坑南侧的 DB3 系列地表沉降观测点外，基坑东、西、北侧三条地表沉降观测点最大隆起量为 ＋6.79mm（竖井基坑围护结构在基坑开挖期间整体呈现上抬趋势，最终上抬量约 10mm，该地表沉降监测点位距竖井围护约 3m，受其影响发生上抬），DB3 系列地表沉降监测点位于车辆通行及大型设备停放区域，且两墙间⑨层辅助降水也在该区域进行，致使其距竖井最近的观测点 DB3-1 隆起约 2.33mm。场区内距竖井越远的观测点沉降量越大，距竖井最远的沉降观测点 DB3-7 开挖期间下沉了 26.73mm，距竖井约 43m，主施工便道下方，说明开挖引起的沉降甚至小于施工重载车辆引起的沉降。

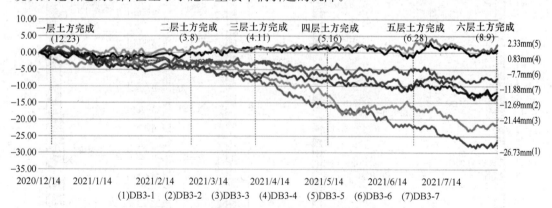

图 8.3-33　开挖期间 DB3 系地表隆沉监测点隆沉变化曲线图

苗圃竖井回筑采用了常规的满堂支架方案，因此虽然开挖阶段顺筑法开挖速度快，仅 4 个月即开挖到底，但顺作法回筑工效很低，操作平台拆、搭基本占据了回筑时长的一半，最终云岭、苗圃两处竖井开挖、回筑总时长基本一致，未体现出顺作法的速度优势。因此，同类型基坑如能结合二者优势取长补短，采用顺作＋液压滑模（升降平台）的方案,有望大幅度提高工效。

## 8.4 隧道衬砌结构设计与试验

深埋大直径调蓄隧道(即主隧工程)衬砌结构不仅需承受外部水土压力－内水压力的复杂荷载组合,还需要满足长期运营下的调蓄排水工艺及耐久抗渗等要求,为隧道设计和施工技术带来了很大挑战。结合上海地区实际,本节依托上海苏州河段深层排水调蓄管道系统工程,回顾了历时两年的深埋大直径调蓄隧道衬砌结构选型、设计计算及试验研究过程,研究并确定了深埋大直径调蓄隧道的衬砌结构和防水设计方案。

### 8.4.1 工艺要求

以苏州河段调蓄管道工程为例,因其兼具"调"与"蓄"的功能,内水压荷载将在空管、半管和满管等不同工况下交替往复变化,内水压最大可达约 0.6MPa。隧道顶覆土埋深在 50m 左右,远超上海地区已建和在建的多数市政及轨道交通隧道工程,外部水土荷载的合理取值是首要考虑的问题。

调蓄隧道工程结构选型也是需要重点探讨的问题,诸如圆隧道断面尺寸、单(双)层衬砌形式、管片接头形式等方面。结构体系选定需要结合工程实际,基于必要的试验及多类计算理论分析结果,论证深埋大直径调蓄隧道的合理衬砌结构方案。

深埋调蓄隧道若出现渗漏,不仅可能影响隧道的长期稳定性,一旦出现隧道内雨污水外渗,还可能导致深层土体、水质污染等难以挽回的后果,因此需重点关注隧道抗渗。由于混凝土管片自身抗渗性能较好,因此管片接缝防水是隧道抗渗的重点,接缝防水主要依赖于弹性密封垫。较特殊的是,深埋调蓄隧道面临着内外高水压的不利因素,衬砌接头需要考虑双向高水压抗渗要求。

深埋调蓄隧道还面临着内部高腐蚀性环境的不利影响,具有代表性的是微生物诱发性腐蚀(Microbiologically Induced Corrosion,MIC)。普遍认为,微生物诱发性腐蚀主要有四个部分:硫化氢的生化形成、气态硫化氢挥发及积累、产生硫酸、混凝土材料劣化。近期的综述性文献表明,尽管对混凝土排水管微生物诱发腐蚀的研究已有一个多世纪,但由于腐蚀机理和影响因素的复杂性,目前试验研究和工程实际测得的腐蚀率仍有较大差异,因此尚未建立对腐蚀行为的合理定量预测模型。现阶段工程实践中,主要对连接件等金属构件针对性地进行耐腐蚀考虑,运营阶段则可通过高清监控、红外扫描、探地雷达等方式辨识管道腐蚀状态,根据管道状态采取各类新型抗腐蚀修复材料进行隧道修复。

### 8.4.2 结构主要设计标准

主体结构设计使用年限为 100 年,在设计使用年限内、在正常使用和维护的条件下,主要结构构件不需要进行大修加固而能保持使用功能;盾构隧道管片结构构件裂缝宽度 ≤0.2mm。盾构隧道衬砌结构变形验算:计算直径变形≤3‰$D$($D$ 为隧道外径)。

抗震设防类别为乙类,结构按 7 度抗震设防,按 8 度采取抗震构造措施。

圆隧道防水等级按二级防水考虑。

**1. 隧道衬砌结构选型**

国内外输水或排水调蓄隧道根据所采用衬砌结构形式不同主要有单层衬砌与双层衬砌。通过对国内外工程实例调查，两种结构形式都得到了应用。国内的青草沙原水工程与广州深层排水系统工程都采用了单层衬砌。从受力角度分析，两种结构在施工阶段均由外部衬砌结构受力，设计方法可参考应用成熟的道路隧道盾构法隧道设计规范。在运营阶段，单层衬砌在承受外水压的同时，也承受内水压力的作用，受力明确，传力路径清晰；而双层衬砌结构根据二衬使用属性与试作方式的不同，管片与二次衬结构之间的相互作用机理复杂。日本近年来新建的深隧项目，也大多倾向采用"二次覆工省略型"，即单层衬砌。

从施工周期与经济性分析，采用双层衬砌必须在隧道贯通后方可开展后续的二次衬砌的施工，增加了施工工期。二次衬砌的施作，增大了盾构隧道的外径，需要更大的盾构直径，二衬衬砌的材料与施工费用会显著增加工程费用。

通过以上分析，采用合理的单层衬砌方案可以满足本工程的受力与功能要求。

苏州河深隧采用在大直径隧道中成熟的小封顶块和错缝拼装的管片结构形式，通用衬砌环全环分8分块，即1块小封顶块＋2块邻接块＋5块标准块。本工程纵向螺栓受力特点与无内水压隧道基本相同，因此采用斜螺栓连接；通过隧道内部满水（最大水压力0.6MPa）与空水状态下隧道的内力对比，在隧道内水压的作用下，衬砌的弯矩值弯矩增加13%，轴力减少65%，管片的受力由小偏心受压状态向大偏心状态、纯弯状态转化，通过接头的受力分析计算，环向接头采用铸铁接头板与直螺栓的形式（图8.4-1），图8.4-2为盾构管片铸铁接头。

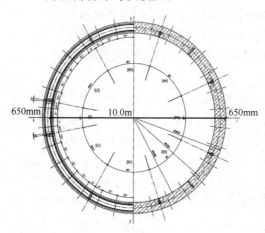

图 8.4-1　衬砌圆环构造图

图 8.4-2　盾构管片铸铁接头

**2. 结构试验**

本工程受力复杂，为了掌握衬砌结构的力学性能，开展了系列试验，如图8.4-3所示，包括单、双排环向螺栓接头衬砌整环试验如表8.4-1所示。

隧道衬砌结构力学性能试验 表 8.4-1

| 试验类型 | 试验内容 |
| --- | --- |
| 预埋件抗拉力学性能试验 | 预埋件锚筋抗拉试验 |
|  | 预埋件抗拉试验 |

| 试验类型 | 试验内容 |
|---|---|
| 接头抗弯力学性能试验 | 一字形埋件接头抗弯试验 |
| | 凹字形埋件接头抗弯试验 |
| | 口字形埋件接头抗弯试验 |
| | 钢纤维混凝土接头抗弯试验 |
| 衬砌环 1∶1 力学性能试验 | 单环力学性能试验 |
| | 组合环力学性能试验 |

(a) 单排螺栓            (b) 双排螺栓

图 8.4-3 衬砌结构整环 1∶1 原型试验

图 8.4-4 表示了采用单排螺栓时管片裂缝宽度与所受荷载关系图，在隧道内水压力达到 0.5MPa 时，管片裂缝小于 0.2mm，满足设计要求。管片接头力学试验和整环足尺结构试验分别如图 8.4-5 和图 8.4-6 所示。

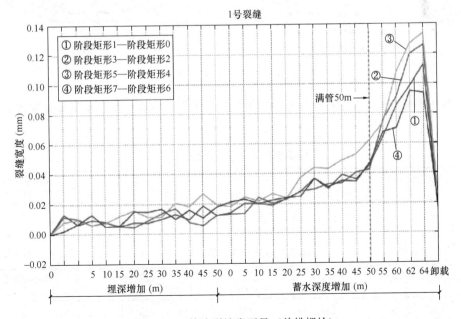

图 8.4-4 管片裂缝张开量（单排螺栓）

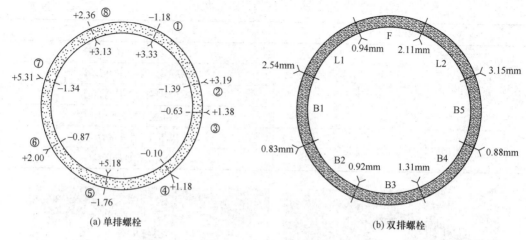

(a) 单排螺栓　　　　　　　　　　　(b) 双排螺栓

图 8.4-5　接缝张开量

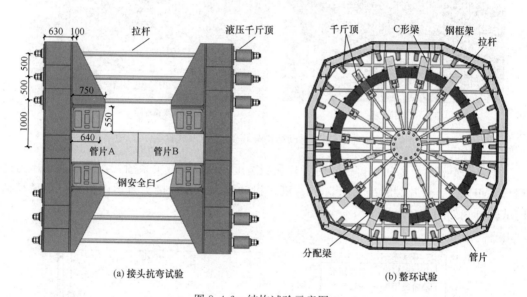

(a) 接头抗弯试验　　　　　　　　　　(b) 整环试验

图 8.4-6　结构试验示意图

接头力学特征试验的主要目的是确定纵缝抗弯刚度，所得的相关定量成果如表 8.4-2~
表 8.4-5所示。

纵缝正弯矩接头压弯试验结果　　　　　　　　　　　　表 8.4-2

| 荷载状况 | 张开/闭合量<br>（mm） | 转角<br>（rad） | 抗弯刚度<br>（kN·m）/（rad·m） | 螺栓最大应力<br>（MPa） |
|---|---|---|---|---|
| 空管 | 1.72/−1.25 | 0.0046 | 178137 | 334.5 |
| 满管 | 1.33/−0.89 | 0.0034 | 256502 | 243.8 |

纵缝负弯矩接头压弯试验结果　　　　　　　　　　　　表 8.4-3

| 荷载状况 | 张开/闭合量<br>（mm） | 转角<br>（rad） | 抗弯刚度<br>（kN·m）/（rad·m） | 螺栓最大应力<br>（MPa） |
|---|---|---|---|---|
| 空管 | 1.50/−1.36 | 0.0044 | 199817 | 139 |
| 满管 | 3.18/−2.27 | 0.0084 | 124322 | 157 |

正弯矩接头错缝夹片试验结果　　　　　　　　　　　表 8.4-4

| 荷载状况 | 张开/闭合量（mm） | 转角（rad） | 最大错台量（mm） | 弯矩调整系数 |
| --- | --- | --- | --- | --- |
| 空管 | 0.39/－1.09 | 0.0023 | 0.33 | 0.271 |
| 满管 | 4.72/－2.77 | 0.0115 | 2.86 | 0.314 |

负弯矩接头错缝夹片试验结果　　　　　　　　　　　表 8.4-5

| 荷载状况 | 张开/闭合量（mm） | 转角（rad） | 最大错台量（mm） | 弯矩调整系数 |
| --- | --- | --- | --- | --- |
| 空管 | 3.08/－1.92 | 0.0077 | 3.42 | 0.249 |
| 满管 | 3.66/－1.92 | 0.0086 | 3.50 | 0.294 |

　　与以前常规市政隧道结构性能试验研究相比，本次试验研究最大的特点是充分考虑调蓄隧道泄洪、排空反复交替的运行实际工况。如图 8.4-6（b）所示，通过整环足尺结构试验加载装置的"外压"和"内拉"组合，实现了外侧水土压力与内侧水压循环变化的组合对隧道结构的作用，探究循环荷载作用下管片结构的受力和变形特性，评估循环加载作用下管片结构整体刚度、接头力学性能的变化。循环加载工况如图 8.4-7（a）所示，每次加载完成后等待管片内力和变形响应稳定后，方可实施下一级荷载。循环荷载工况下的管片收敛变形结果如图 8.4-7（b）所示，试验结果表明随着循环进行，管片变形会有一定程度的累积增加，第二次循环增量最大。随着循环继续，增幅逐渐变小，变形趋于稳定收敛。

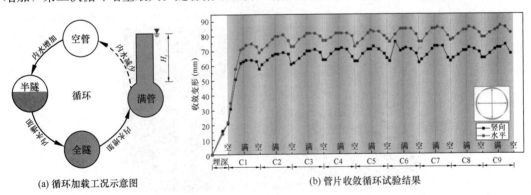

(a) 循环加载工况示意图　　　　　　　(b) 管片收敛循环试验结果

图 8.4-7　整环足尺结构循环加载试验

　　调蓄隧道建成后，外部水土压力基本没有太大变化，但内水压却会根据不同的运营状况产生较大的差异。因此试验研究的极限工况设定是外部水土压力不变的情况下，逐渐增大内水压，至结构破坏。单环试验表明，内水压超过设计最高内水头约 15m 时，衬砌管片裂缝开展超过设计标准（＞0.2mm），接头螺栓同时屈服，圆环水平收敛变形较大；三环试验表明，内水压超过设计最高内水头约 14m 时，衬砌管片裂缝开展未超过设计标准，接头螺栓尚在保证应力状态下，仅圆环水平收敛变形超过 5‰。两组试验都充分证明，根据匀质圆环计算结果进行的设计是偏于安全的，还有较大的优化空间。

　　通过多次试验证明，最符合衬砌结构隧道真实受力状态的计算模型是梁－弹簧模型，因此基于试验结果对调蓄隧道进行梁-弹簧模型的优化设计计算（表 8.4-6）。按照工艺系统进一步论证所确定的调蓄隧道内径（$\phi10\text{m}$）进行计算分析。

基于试验结果的反演计算结果 表 8.4-6

| 计算模型 | | 匀质圆环 | 弹性铰 | 梁-弹簧 |
|---|---|---|---|---|
| 接头最大正弯矩 $M_{max}^+$ 对应位置 | $M_{max}^+$（kN·m） | 2093.8 | 1425.2 | 1655.0 |
| | 对应轴力 $N^-$（kN） | 2064.2 | 2583.3 | 2178.3 |
| | 配筋 | 23 Φ 32 | 16 Φ 32 | 16 Φ 32 |
| | 配筋率 | 1.9% | 1.32% | 1.32% |
| 接头最大负弯矩 $M_{max}^-$ 对应位置 | $M_{max}^-$（kN·m） | −1699.0 | −646.2 | −990.8 |
| | 对应轴力 $N^-$（kN） | 3637.4 | 3661.5 | 3738.7 |
| | 配筋 | 10 Φ 28 | 10 Φ 28 | 10 Φ 28 |
| | 配筋率 | 0.63% | 0.63% | 0.63% |
| 最大直径变形（mm） | | 33.3 | 47.3 | 50.2 |

**3. 防水设计与试验**

根据隧道埋深和结构特性分析，衬砌弹性橡胶密封垫防水性能要求张开量 8mm、错位 10mm 时，满足 1.2MPa 的长期防水能力要求，弹性橡胶密封垫基本断面的数值模拟如图 8.4-8 所示。弹性密封垫压缩与防水试验如图 8.4-9 所示。

图 8.4-8 弹性橡胶密封垫的数值模拟

图 8.4-9 弹性密封垫压缩与防水试验

为弥补传统密封垫橡胶与混凝土接触面的相对薄弱点，苏州河深隧参照欧洲成熟经验，采用了新型锚固式防水条，如图 8.4-10 所示。密封垫与管片是一体化成型，锚脚固定

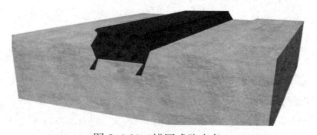

图 8.4-10 锚固式防水条

无需现场安装防水条，提高了管片的防水性能。在欧洲已应用于多条隧道，技术成熟。隧道衬砌接缝设置内外两道弹性橡胶密封垫，其断面构造形式一致（图 8.4-11～图 8.4-14）。

图 8.4-11　锚固式防水条试验

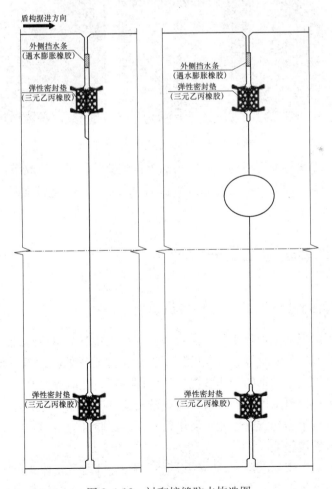

图 8.4-12　衬砌接缝防水构造图

(a) 管片浇筑模板中的预设密封垫　　(b) 预设于管片中的锚固式密封垫

图 8.4-13　锚固式密封垫

图 8.4-14　锚固式密封垫试验装置

　　面对调蓄隧道内部腐蚀性环境的不利影响，根据配套的科研项目成果，采用喷涂聚脲防腐涂层施作于隧道内表面的方案为首选方案。工程现处盾构隧道实施阶段，隧道内表面的最终防腐方案还未完全确定。

# 8.5　主隧盾构装备与施工关键技术

## 8.5.1　国产装备的针对性设计与平台试验

　　盾构机在全程深埋的工作环境下，需要考虑到高压状态主驱动密封系统、盾尾结构以及盾尾密封系统具有好的安全性和较长的使用寿命，并需额外考虑刀具耐磨性能及更换、主驱动密封的耐磨性、主轴承的工作状况、盾尾刷的密封性能等情况。

　　苏州河深隧工程项目采用了自主研发的国产盾构，因此能够更加有针对性地进行盾构装备设计，分别进行了驱动密封性能、盾尾密封性能试验，为后续盾构在实际施工中提供一定的安全性和可靠性验证。

　　驱动密封试验台由密封端盖、动力箱、电机与减速器以及支撑架组成。试验分为两个部分，密封圈密封性能以及动态模拟密封性能。分别测试齿形密封圈密封性能情况以及模拟停机和推进状态下驱动整体密封性能情况。

试验前将平面与圆周密封圈之间填充满油脂，直至油脂从正面溢出。试验中逐步给前部泥水舱进行加压，提高舱内水压，过程中不间断往油脂腔内加注黄油脂。将舱内压力加至设定值后，按不同速度运行驱动电机，并观察试验参数情况。根据试验数据及现象，齿形密封圈在不加注油脂并高转回转时，20～30min内基本可保证10bar的密封压力需求；在加注油脂且保证一定压力状况下，驱动密封性能大幅度增强，可满足施工工况的密封性能需求；当密封圈温度上升时，齿形密封圈密封性能会出现明显下降，施工中需注意控制驱动密封圈温度（图8.5-1和图8.5-2）。

图 8.5-1 驱动密封试验台

图 8.5-2 盾尾密封试验台

盾尾密封试验分为三个部分，单道钢丝刷密封性能、组合盾尾刷静态密封性能和组合盾尾刷动态密封性能。分别测试钢丝刷性能极限，以及在停机和推进状态下盾尾密封性能情况。

试验前在盾尾钢板刷及两道钢丝刷上涂抹首涂型 WR90 CONDAT 油脂，同时在两个油脂腔内加注泵送型油脂 WR89 CONDAT 的情况下进行盾尾密封试验。通过观察试验数据及现象，单道盾尾刷密封性能可以满足承载 4.6bar 左右的水压，并随盾尾刷道数增加，可叠加最大承载力；当采用钢板刷＋钢丝刷组合密封时，并在盾尾油脂正常加注情况下，可以实现 12bar 的静态水压承载能力；钢板刷＋钢丝刷组合密封在动态试验下，可以实现 12bar 的水压承载能力，满足施工工况需求（图8.5-3）；对比静态和动态的水压数据，在

图 8.5-3 盾尾承载能力极限状态

相同密封措施下，动态状况下盾尾密封性能略低于静态状况下密封性能，施工中仍需持续加注盾尾油脂，以满足密封需求。

### 8.5.2 适应超深竖井的始发转接关键技术

苗圃始发井采用圆形竖井形式，预留吊装空间狭小，井内可用于盾构安装长度仅为22.14m，为考虑后期施工，预留出足够的作业空间用于物料吊装运输。对主机长度尽可能进行压缩紧凑设计，壳体设计长度为11.8m，主机总长度约为14.05m。同时，车架将采用分体始发的模式，分多次将车架吊运安装到位，故在满足设备基本空间需求下，车架也进行了小型化设计，压缩车架长度，以便于分体始发时吊装重量和运输平稳的需求。

分体始发时，为满足盾构施工基本需求，提前在井内布置排泥泵、井底阀组、泥水管路延长设备、注浆设备、盾尾油脂设备、集中润滑等设备（图8.5-4、图8.5-5）。

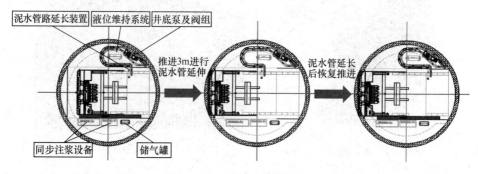

图 8.5-4　工作井内设备布置

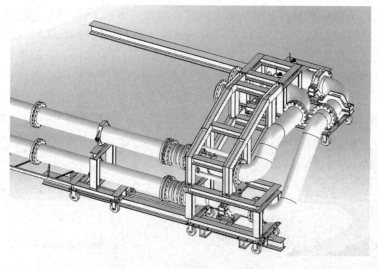

图 8.5-5　临时泥水接管装置

盾构分体始发阶段，由于布置有接管器的车架未进行吊装转接下井，设备无法正常启用。为满足隧道内泥水管路施工需求，额外设计有一套井下临时泥水接管装置，方便管路延长需要。考虑到泥水输送时管路会出现的振动和位移，为防止管路被拉断造成泥水管泄漏，运输时搭配采用临时泥水管运输小车，小车采用走轮形式，通过将管路置于其上使硬管平稳前行，同时可起到缓解振动冲击的作用。在接管装置处也设置四轮平板小车，防止接管器移动时出现卡滞。

### 8.5.3 进出洞地基加固

盾构始发加固采用"MJS水泥系＋垂直冻结＋水平冻托底结"加固方式（图8.5-6）。

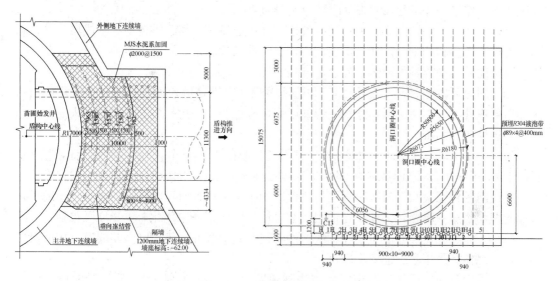

图 8.5-6 始发地基加固布置图

由于始发加固施工大深度黏土中 MJS 成桩质量不够理想，盾构接收加固采用"TRD＋MJS/RJP 补缝＋水平冻结"的加固方式（图8.5-7）。

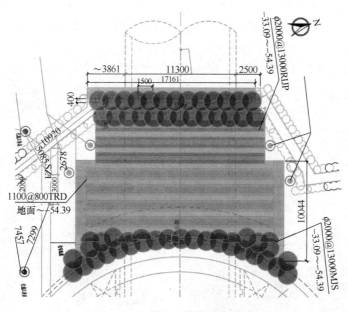

图 8.5-7 接收地基加固布置图

## 8.6 深隧工程次级管网建造技术

一般而言,深隧工程的主干线与既有排水管网是两个不同的排水系统,二者之间落差巨大,往往通过次级管网与之连接。此类次级管网虽然深度略小,但需要大量的入流、汇流竖井和工作竖井,其建设存在如下特点与难点:

(1)涉及面广,社会影响大。次级管道贯穿中心城区,由于需要与现状浅层管网在适当位置进行衔接和收水,因此其覆盖面广,沿线涉及现状地下管道、轨道交通、河道防汛墙、高层建筑桩基等各类障碍,社会影响较大。

(2)周边环境敏感,入流井/施工井选址困难。次级管道入流井及施工井往往位于市区交通要道处、城市历史保护建筑近旁处或居民楼近旁,周边环境非常敏感,入流井(施工井)选址较为困难。

(3)施工用地条件苛刻。次级管网竖井深度一般在30~40m,如果按常规设计,竖井一般位于道路中间,地下连续墙围护的施工用地很难满足,施工围场对交通的影响也很大。

上述问题相互交织,对次级管网的建设影响很大,严重时可能导致规划无法落地。桃浦深隧即面临这一难题,为此,建设团队对总体方案作了大幅优化,主要原则包括:

(1)入流、汇流竖井尽量不在轴线上设管道穿越的竖井,改为竖井与隧道侧接,竖井小型化,规模满足排水工艺要求即可;

(2)采用急曲线盾构法隧道技术解决隧道路口转弯问题,取消为盾构转向设置的工作井;

(3)竖井施工方法以现代化沉井(预制竖井)为首选,避免地下连续墙施工。

上述思路在桃浦深隧项目中全面得到了应用,优化前后的方案如图8.6-1和图8.6-2所示。

根据调整方案,取消盾构井DG4、DG5、DG7、DG13、DG15改为急曲线盾构隧道;

图8.6-1 桃浦调蓄工程优化前方案

图8.6-2 桃浦调蓄工程优化后方案

为满足入流要求，DG6、DG8、DG12 相应调整为侧接井；为减少工程实施的社会影响，骑马井 Q3、Q4、Q5 调整为侧接井。经调整，工程中盾构井数量由原来的 16 座减少至 8 座，相应新增了 6 段急曲线隧道段及相应的侧接井（图 8.6-3）。

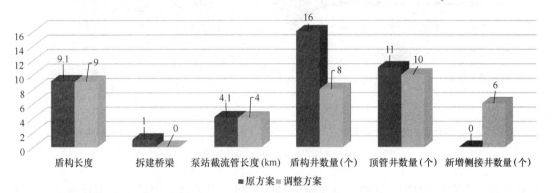

图 8.6-3　桃浦调蓄工程优化方案对比柱状图

其中涉及急曲线的调整方案见表 8.6-1。

桃浦调蓄工程优化调整方案　　　　　　　　　　　　　　表 8.6-1

| 井编号 | 位置 | 调整情况 | 优化调整方案 |
| --- | --- | --- | --- |
| 盾构井 DG4 | 梅川路/中江路 | 取消 | 改 R70 急曲线 |
| 盾构井 DG5 | 中江路/梅岭北路 | 取消 | 改 R75 急曲线 |
| 盾构井 DG7 | 梅岭北路/兰溪路 | 取消 | 改 R65 急曲线 |
| 盾构井 DG13 | 真南路/新村路 | 取消 | 改 R150、R190 急曲线 |
| 盾构井 DG15 | 武威东路/张泾河 | 取消 | 改 R115 急曲线 |

## 8.7　急曲线盾构法隧道设计与施工

### 8.7.1　急曲线衬砌受力特点及计算分析

盾构在曲线段隧道掘进施工时，为了实现设计线路目标，盾构机沿曲线走向转弯，盾构机掘进姿态的控制主要通过设定不同区的千斤顶油压大小而实现。而施工期盾构机不平衡千斤顶推力的反向作用荷载使盾构千斤顶推力方向与管片走向轴线存在一定夹角 $\beta$，当曲线半径越小，二者的夹角将不断增大，因而使管片承受一个水平分力，引起管片的非均衡受力，在隧道纵向产生附加弯矩和剪力（图 8.7-1）。这种由施工产生的不平衡推力使管片承受一定的集中挤压作用，特别是在管片环接缝位置，其表现主要为管片的错台、挤压破碎及错台渗水流砂等病害。

对于横向结构计算，一般可采用梁-弹簧模型，施工阶段结构除了受到上述长期荷载作用之外，在偏心千斤顶推力的作用下，隧道结构在曲线内外两侧受到不对称的土压力，为模拟此受力状态，假设曲线外侧的最大地基反力为偏荷载；对于纵向结构计算，采用管片环-接头模型，隧道整体为非均质梁模型。采用仅受压的土弹簧来模拟地基反力。假设

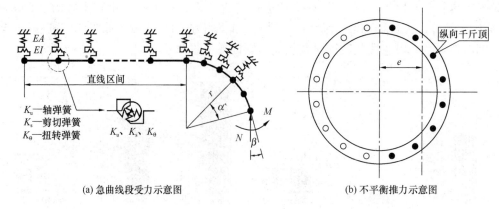

(a) 急曲线段受力示意图       (b) 不平衡推力示意图

图 8.7-1　急曲线隧道受力简图

盾尾后 10 环浆液未凝固，在壁后注浆液未凝固区间不设置地基弹簧。考虑到地基支撑盾构机，在油缸推力作用点设置支点弹簧，计算模型如图 8.7-2 所示。

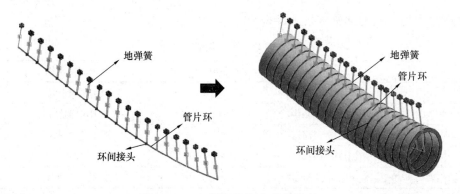

图 8.7-2　急曲线隧道梁-弹簧模型

## 8.7.2　急曲线盾构衬砌管片设计

1）急曲线衬砌特点

与常规的盾构隧道相比，急曲线盾构隧道管片设计的主要特点为：

（1）为满足急曲线部位的线路拟合和最小盾尾间隙，必要时做变截面设计；

（2）存在局部受压及受剪，应有抗碎裂措施。

2）急曲线衬砌选型

桃浦深隧管片适用情况如表 8.7-1、图 8.7-3 所示。

桃浦污水处理厂初雨调蓄工程项目管片适用情况　　　　表 8.7-1

| 衬砌类型 | 使用管径 | 转弯半径 | 环宽 |
|---|---|---|---|
| 钢筋混凝土管片 | $\phi 4\text{m}$<br>$\phi 4.5\text{m}$ | $R \geqslant 250\text{m}$ | 1m、1.2m |
| 钢筋混凝土管片＋外贴钢板（外弧面＋环面） | $\phi 4.5\text{m}$ | $R150\text{m}$、$R190\text{m}$ | 1m |

| 衬砌类型 | 使用管径 | 转弯半径 | 环宽 |
|---|---|---|---|
| 钢管片<br>（预填充混凝土） | $\phi 4\mathrm{m}$<br>$\phi 4.5\mathrm{m}$ | $R=65\sim 80\mathrm{m}(\phi 4\mathrm{m})$<br>$R=115\mathrm{m}(\phi 4.5\mathrm{m})$ | $0.5\mathrm{m}(\phi 4\mathrm{m})$<br>$0.8\mathrm{m}(\phi 4.5\mathrm{m})$ |

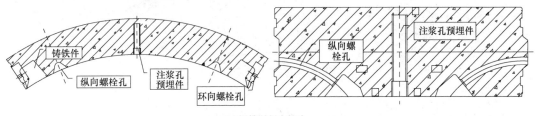

(a) 钢筋混凝土管片

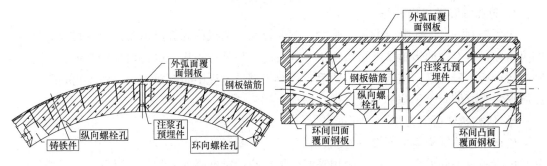

(b) 钢筋混凝土管片+外贴钢板（外弧面+环面）

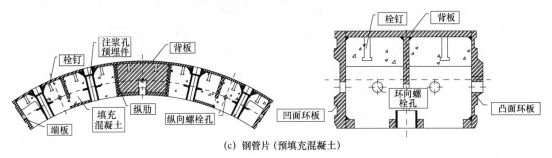

(c) 钢管片（预填充混凝土）

图 8.7-3  桃浦污水处理厂初雨调蓄工程项目管片

## 8.7.3  急曲线辅助措施

为确保盾构具有足够的转向能力且成型隧道保持稳定，同时兼顾地层沉降控制，桃浦深隧还采用两项辅助施工措施：

（1）地基预加固。利用搅拌桩、旋喷桩等手段对隧道周边土体进行预加固，一方面减小超挖造成的土体位移，另一方面为急曲线隧道盾构提供可靠的被动区推进力。

（2）囊袋注浆。是在小半径曲线段超挖部位，与掘进平行地注入适当强度的填充材料，随后采用囊袋管片将推进反力传至地层，防止注浆材料回绕至开挖面。

## 8.7.4  急曲线隧道施工技术

急曲线隧道施工过程中存在轴线控制、成型隧道及环境稳定、测量导向等诸多难点

（图 8.7-4）。

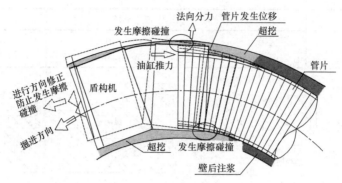

图 8.7-4　急曲线施工示意图

**1. 急曲线隧道盾构设备**

为了控制好急曲线隧道的施工轴线，需要提高盾构机的纠偏灵敏度。而要提高盾构机的灵敏度，最有效的措施是缩短盾构机头的长度。另外盾构机的中部增加铰接装置，可以减少盾构固定段长度。使用铰接装置后，盾构机掘进过程中所穿越的孔洞将不再是理论上的圆形，需要配套使用仿形刀装置进行超挖。

1）盾构机转弯能力

盾构机本体结构需根据设备性能、管片环宽、拼装方式、盾尾密封等因素综合确定，其长度在满足工程需求的情况下越短越好，盾构纠偏难度降低，超挖量降低。为了增加盾构机的灵敏度，盾构机本体中部需设置可靠的主动铰接装置使盾构机的铰接前段、铰接后段与曲线趋于吻合，更有利于急曲线段的推进轴线控制。盾构机的超挖能力对急曲线施工有着重要影响，为了切削比直线施工更大的开挖断面使盾构机能够转弯，盾构机刀盘应安装可靠的仿形刀，急曲线隧道施工时仿形刀对曲线内侧向进行超挖，超挖量越大，曲线施工越容易。但超挖的同时也会使同步浆液因土体的松动进入开挖面，因此在使用超挖刀前要了解其控制形式及能力，将超挖量控制在最小限度内。

桃浦深隧急曲线盾构机本体长度 7.8m，采用主动 V 形球面铰接，最大左右弯曲 8.33°。刀盘上配置两把仿形刀，最大超挖行程 150mm，能满足最小曲线半径 $R$30m 的掘进要求（图 8.7-5）。

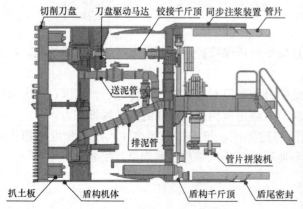

图 8.7-5　急曲线盾构机球面铰接和仿形刀

334

2）盾体密封能力

盾构机主机的密封装置（刀盘驱动密封、铰接密封及盾尾密封等）在较高水土压力状态下应具有良好的密封功能。主驱动密封应具有自动监测及加减压的能力，根据外界水土压力的变化自动调节密封压力。盾构前后壳体在铰接部分应设有防水密封（铰接密封）能够保证开挖过程中地下水不会由此处进入盾构内，盾构机在急曲线掘进时通过主动铰接油缸实现前盾上下左右的转向控制。盾尾密封设在盾构机壳体最尾部，应能防止土砂、水及同步注浆材的侵入，同时千斤顶长度、拼装机等设备宜在设计时考虑具有能更换一道盾尾刷的能力。

桃浦深隧急曲线盾构机刀盘驱动密封共分内、外密封系统，内、外密封分别为一道平面四指密封和四道唇形密封。四道轴向唇形密封之间密封腔注入 EP1，密封最大承压能力 ≥1MPa。前体与中体的铰接部分设置有 3 道密封，在密封处中体上涂有一层特殊涂料，采用油脂密封，铰接密封可耐 1MPa 水压。盾尾密封采用 2 道钢丝刷型盾尾密封和 1 道耐久性更好的钢板刷，共安装有 3 道盾尾密封，并布置有反向止浆板，盾尾密封性能 ≥6bar（图 8.7-6、图 8.7-7）。

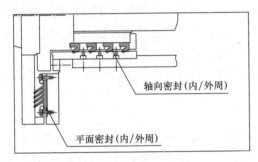

图 8.7-6 盾构机主驱动密封

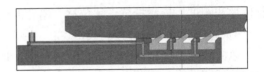

图 8.7-7 盾构机铰接密封

3）盾构机注浆能力

急曲线施工时超挖量较大，盾构机应具有良好、可靠的大排量同步注浆注入系统，及时充填管片与地层的间隙，减小沉降。盾构本体需布置多道径向注浆口，掘进过程中对将凝胶状的间隙填充材料注入并填充到盾构机周围的超挖间隙，可达到辅助纠偏、沉降控制的目的。

**2. 急曲线隧道施工技术措施**

1）急曲线预加固术

桃浦深隧急曲线隧道段采用 MJS 工法进行门式预加固，曲线外侧加固范围进入盾构推进断面 450m（进入隧道断面 300mm，图 8.7-8）。

2）急曲线轴线控制和纠偏

急曲线掘进时，如果曲线内侧的地层没有用盾构机刀盘进行大幅度的土体挖掘，在盾构机的盾体部就会成为盾构推进的阻力，造成盾构难以及时纠偏，因此盾构掘进时需通过曲线内侧土体的超挖、盾构铰接装置的开启、推进油缸左右油

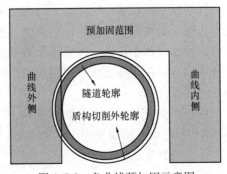

图 8.7-8 急曲线预加固示意图

压差、楔形管片的使用等措施，以实现所定的曲率半径。急曲线隧道施工轴线的关键技术就是如何使用好盾构机的铰接装置和仿形刀装置。

3）急曲线轴线测量导向技术

急曲线隧道转弯较急，狭小的隧道内净空导致盾构车架较长，盾构机车架上部测量空间受到较大的制约，因此急曲线测量导向技术非常关键。

桃浦深隧项目联系测量时使用高精度陀螺全站仪（国内军工级，标称精度 3.5″）定向，对地下导线前端的方位精度进行增益。地下平面控制测量的所有控制点应布设为强制对中形式，最大限度地减少短边传递时对中误差的影响，下平面控制网布设为双导线。

4）急曲线隧道稳定技术

急曲线隧道管片脱出盾尾后会受到盾构推力产生的侧向分力存在向曲线外侧位移的趋势，确保成型隧道稳定的措施包括：

（1）严格控制同步注浆浆液质量，尽可能缩短浆液初凝时间，增加曲线外侧注浆量，注浆过程采取注浆压力和注浆量双控，根据成型隧道水平位移监测结果动态调整左右注浆比例。

（2）隧道管片脱出盾尾一定距离及时进行壁后跟踪注浆，跟踪注浆采取囊袋注浆（利用管片外弧面预埋囊袋进行注浆）和二次注浆（利用管片注浆孔注浆）结合的方式，浆液主要采用水泥双液浆。附囊袋管片根据急曲线半径间隔使用。

（3）管片内弧面进行环纵缝焊接、预埋钢板焊接，管片纵向设置拉结件，提高隧道的整体性和刚度，提高抵抗管片位移、错台的能力。

5）急曲线隧道沉降控制技术

急曲线隧道超挖量和纠偏量较大将增加地层损失，对土体的扰动亦大，容易造成较长时间的后期沉降，因此需通过壳体注浆、同步注浆、二次注浆、深层沉降监测等措施，确保地面及周边环境安全可控。

（1）通过壳体注浆孔压注克泥效材料，可有效填充壳体与土体间的间隙，防止盾构机壳体段土体损失导致的地面沉降。

（2）适当增大同步注浆量，并及时跟踪二次注浆。

（3）在急曲线范围内设置深层监测点，同时在曲线外侧钻孔埋设地层位移测点，分析隧道周边地层的应力和变形响应规律，及时优化施工参数。

## 8.7.5　现代化沉井技术在深隧工程中的应用前景

沉井技术是非常传统的地下结构施工方法，其中不排水下沉工艺具有较好的沉降控制能力，施工场地也较为紧凑，但传统工艺也存在工期漫长、姿态可控性差、沉降控制离散性大、可能存在不排水工况下沉系数不足等问题，这项传统工艺与现代化工程装备和预制化技术结合，在深隧支线管网建设中正逐步展现技术魅力，越来越多地承担中小直径竖井施工的任务。

目前在类似工程中逐步得到应用的现代化沉井技术主要包括垂直掘进式竖井（VSM）、压入式预制竖井、旋挖法全预制超深竖井、主动控制型装配式机械化沉井（APM 工法）等。

**1. 压入式预制竖井**

压入式预制竖井通过利用辅助下沉装置将预制井壁下沉至设计标高，并采用机械设备挖除井内土体，通常为不排水下沉施工。辅助下沉装置主要由环梁、抗拔桩、压沉钢梁及反力锚箱等组成，如图8.7-9所示。

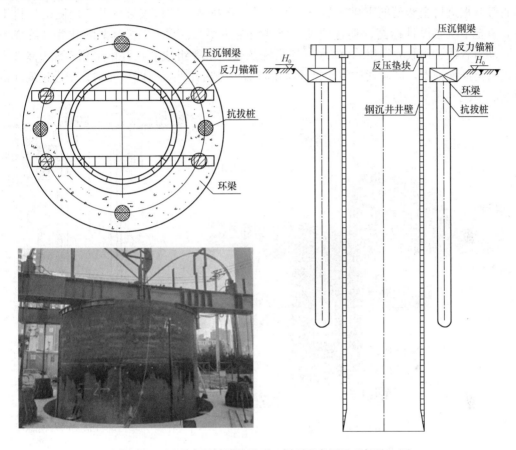

图8.7-9 压入式预制竖井平面、剖面示意图及现场施工图

井壁可采用钢筋混凝土结构，也可采用钢-混凝土复合井壁结构，即钢壳内设置纵横肋板间隔，并在格构空间内设置钢筋，采用细石混凝土填充，具体如图8.7-10所示；为减小竖井下沉过程的端阻力，也可采用薄壁钢壳井壁（钢壳内设置加劲肋板）下沉，待封

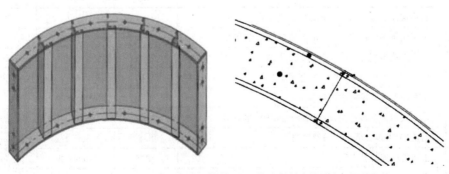

图8.7-10 井壁钢结构图和井壁结构剖面图

底完成后，再施作二衬。目前，该工法也已在上海、宁波等地的排水工程及综合管廊工程中得到了应用。

**2. 垂直掘进式竖井（VSM）**

VSM（Vertical Shaft Sinking Machine）是德国海瑞克公司的产品，此工法是利用垂直竖井掘进机全断面向下破碎岩土，泥浆反循环排渣，井口安装的井壁跟随掘进机下沉，直至下沉至设计标高。垂直掘进式竖井设备主要由 VSM 主机、沉降装置（沉降单元、动力管线、回收卷扬机）、泥水处理系统及操控室等组成。在井内采用 VSM 掘进主机进行全断面挖掘，同时通过泥水循环系统将渣土排出井外，沉降单元结合掘进速度同步拼装、下沉（图 8.7-11）。

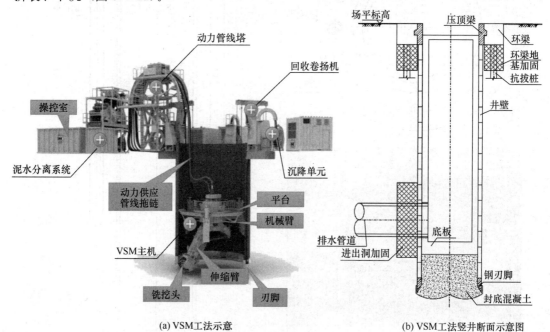

(a) VSM工法示意　　　　(b) VSM工法竖井断面示意图

图 8.7-11　VSM 工法及 VSM 工法竖井剖面示意图

目前 VSM 工法在国内外排水工程中也已有不少工程应用案例，具体见表 8.7-2。

**VSM 工法在排水工程应用案例**　　　　表 8.7-2

| 序号 | 工程名称 | 平面尺寸（m） | 开挖深度（m） | 建成时间 |
|---|---|---|---|---|
| 1 | 新加坡深层隧道污水处理系统二期工程 | 10~12 | 35~60 | 2018 |
| 2 | 美国西雅图巴拉德（Ballard）虹吸管道更换项目 | 9.8 | 45 | 2012 |
| 3 | 美国夏威夷檀香山阿拉莫阿纳废水泵站 | 10.8 | 36.2 | 2012—2013 |
| 4 | 沙特吉达（Jeddah）污水处理系统 | 11 | 45 | 2004 |
| 5 | 俄罗斯圣彼得堡污水收集管道 | 8.4 | 65~83 | 2010—2012 |
| 6 | 德国埃姆舍尔多特蒙德（Dortmund）污水隧道 | 9 | 23 | 2008 |
| 7 | 科威特 Shuwaikh 污水管道项目 | 8.8 | 15~27 | 2003—2005 |
| 8 | 上海竹白连通管工程 | 12.8 | 40/42.4 | 2022 |
| 9 | 龙华污水处理厂初雨调蓄工程 | 12.8 | 34 | 在建 |

**3. 旋挖法全预制超深竖井**

旋挖法全预制超深竖井工法是在对井位底部及周边土体预加固后，利用大口径旋挖设备进行初成孔，根据竖井平面尺寸进行一次或多次扩孔，孔径和孔深达到设计尺寸后进行预制竖井管节沉放，竖井整体沉放就位后在底部管节内浇筑混凝土压重，最后将竖井外壁与孔壁之间的泥浆进行水泥浆置换，固化土体（图 8.7-12）。

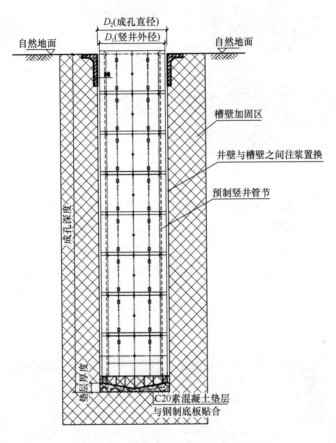

图 8.7-12　预成孔超深竖井立面示意图

除底部首节竖井管节与钢制底板采用焊接连接外，其余管节间纵向采用螺栓连接。目前，该工法在上海正在开展试验应用，最大成井直径 4.2m（图 8.7-13）。

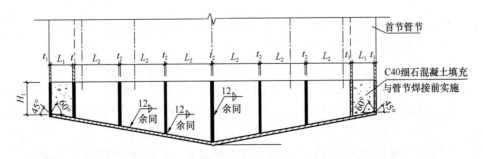

图 8.7-13　预成孔超深竖井首节管节与底板连接示意图

**4. 主动控制型装配式机械化沉井（APM 工法）**

APM 设备是上海城建装备公司的产品，其工法主要由推进悬挂、水下取土、润滑注浆及集中控制四大系统组成（图 8.7-14）。

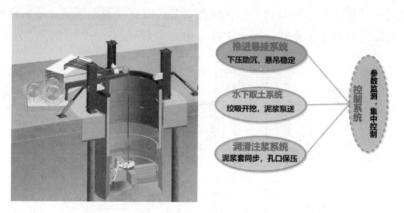

图 8.7-14　APM 工法概况

与 VSM 相比，该工法刃脚始终贯入地层，在软土地层具有沉降控制优势，且允许井底设梁，可减小封底素混凝土厚度，也有利于大直径竖井结构设计。

APM 沉井装备设计最大开挖深度达 100m，绞吸式水下取土装置按设定程序以扇形移动，自动完成分层开挖，推进系统可以选择行程平衡控制模式（正常下沉）或推力控制模式（纠偏），且具有悬挂模式，在初沉或下沉系统偏大时可以实现悬挂下沉。系统自动化程度高，正常开挖（下沉）过程无需人工介入，同时具有较高的信息化水平（图 8.7-15）。

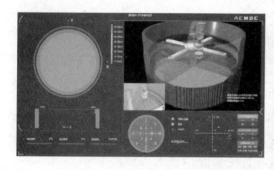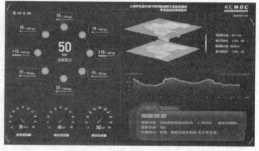

图 8.7-15　可视化操作界面

本章由上海苏州河深隧、桃浦深隧两个项目的相关参建人员集体编制，张子新总执笔，朱雁飞、王祺校审，主要参编人员情况如下：

（1）上海城投水务工程项目管理有限公司：沈庞勇、季军、顾赟、方辉；

（2）上海市政工程设计研究总院（集团）有限公司：徐震、曹志杰；

（3）华东建筑设计研究院有限公司上海地下空间与工程设计研究院：徐中华、翁其平；

（4）上海市隧道工程轨道交通设计研究院：杨志豪、王嘉烨、管攀峰、吴炜枫；

（5）上海市城市建设设计研究总院（集团）有限公司：姜弘、黄爱军、颜建平；

　　(6) 上海隧道工程有限公司：朱雁飞、王祺、刘超、马志刚、陈培新、王彦杰、闵锐、徐志玲；

　　(7) 上海市基础工程集团有限公司：李耀良、印辰玺、张哲彬；

　　(8) 同济大学：张子新。

# 参考文献

[1] 王卫东，朱伟林，陈峥，等. 上海世博500 kV地下变电站超深基坑工程的设计、研究与实践[J]. 岩土工程学报，2008，30(S1)：564-576.

[2] 徐中华，王建华，王卫东. 上海地区深基坑工程中地下连续墙的变形性状[J]. 土木工程学报，2008，41(8)：81-86.

[3] 徐中华. 上海地区支护结构与主体地下结构相结合的深基坑变形性状研究[D]. 上海：上海交通大学，2007.

[4] 翟杰群，谢小林，贾坚. "上海中心"深大圆形基坑的设计计算方法研究[J]. 岩土工程学报，2010，32(S1)：392-296.

[5] 边亦海，黄宏伟，张冬梅. 宝钢轧机旋流池深基坑的监测分析[J]. 岩土力学，2004，25(s2)：491-495.

[6] 上海市住房和城乡建设管理委员会. 基坑工程技术标准：DG/TJ 08—61—2018[S]. 上海：同济大学出版社，2018.

[7] Kung G T C，Hsiao E C L，Juang C H. Evaluation of a simplified small-strain soil model for analysis of excavation-induced movements [J]. Canadian Geotechnical Journal，2007，44(6)：726-736.

[8] 徐中华，王卫东. 敏感环境下基坑数值分析中土体本构模型的选择[J]. 岩土力学，2010，31(1)：258.

[9] Kung G T，Juand C H，Hsiao E C，et al. Simplified Model for Wall Deflection and Ground-Surface Settlement Caused by Braced Excavation in Clays[J]. Journal of Geotechnical & Geoenvironmental Engineering，2007，133(6)：731.

[10] Burland J B. "Small is beautiful"-the stiffness of soils at small strains[J]. Canadian Geotechnical Journal，1989. 26(4)：499.

[11] Benz T. Small-strain stiffness of soils and its numerical consequence[D]. Germany，Institute of Geotechnical Engineering，University of Stuttgart，2007.

[12] Simpson B. Development and application of a new soil model for prediction of ground movements [A]. In Predictive soil Mechanics：Proceedings of the Worth Memorial Symposium [C]. Oxford，1993.

[13] Stallebrass S E，Taylor R N. The development and evaluation of a constitutive model for the prediction ground movements in overconsolidated clay[J]. Geotechnique，1997，47(2)：235.

[14] Kung T C. Surface settlement induced by excavation with consideration of small strain behavior of Taipei silty clay[D]. Taipei，National Taiwan University of Science and Technology，2007.

[15] Plaxis Material Models Manual[M]. Holland，PLAXIS B. V，2013.

[16] 王浩然. 上海软土地区深基坑变形与环境影响预测方法研究[D]. 上海：同济大学，2012.

[17] 王卫东，王浩然，徐中华. 基坑开挖数值分析中土体硬化模型参数的试验研究[J]. 岩土力学，2012，33(8)：2283.

[18] 张娇. 上海软土小应变特性及其在基坑变形分析中的应用[D]. 上海：同济大学，2017.

［19］ Shafer K L，Mccabe M J．THE EVOLUTION OF THE MILWAUKEE TUNNEL SYSTEM：A HISTORICAL PERSPECTIVE［J］．Proceedings of the Water Environment Federation，2004，2004（5）：622-629.

［20］ 吴炜枫，丁文其，魏立新，等．深层排水盾构隧道接缝防水密封垫形式试验研究［J］．现代隧道技术，2016，53(6)：190-195.

［21］ Wu M，Wang T，Wu K，et al．Microbiologically induced corrosion of concrete in sewer structures：A review of the mechanisms and phenomena［J］．Construction and Building Materials，2019，239.

［22］ Dulcy M Abraham，et al．Innovations in materials for sewer system rehabilitation［J］．Tunnelling and Underground Space Technology，1999.

［23］ F I Shalabi，E J Cording，S L Paul．Concrete segment tunnel lining sealant performance under earthquake loading，Tunn．Undergr．Space Technol．31 (2012) 51-60.

［24］ W Ding，C Gong，K M Mosalam，et al．Development and application of the integrated sealant test apparatus for sealing gaskets in tunnel segmental joints，Tunn．Undergr．Space Technol．63 (2017) 54-68.

# 9 城市地下空间结构抗浮设计与施工

杨学林，高超

（浙江省建筑设计研究院，浙江 杭州 310006）

## 9.1 引言

随着城市地下空间开发需求的增多，地下室上浮事故频繁出现。据不完全统计，全国近年来由于地下室上浮引起的事故已达数百起。如 1996 年曾报道海口某住宅小区有一裙楼地下室上浮 4.5m，使基础浮出了地面，可见水浮力的惊人威力。地下室上浮将导致底板开裂渗水，严重时会造成竖向构件压溃、上部结构倾斜、设备管线拉断等现象，底板开孔泄压后地下室复位困难，处理难度大，造成不可估量的社会负面影响。如南昌某住宅楼盘地下室在施工期上浮，使地下结构遭遇严重破坏，大量业主去售楼部维权，社会面影响极大。浙江金华某厂房上浮，业主对勘察、设计、审图、施工等单位提出了民事诉讼，官司历时 5 年之久。山东某地下室上浮后同样诉诸民事诉讼，勘察、设计和施工单位都涉及高额的经济赔偿。

抗浮事故的发生多由于勘察、设计、施工过程中出现了重大疏漏。一方面，由于设计人员对抗浮致灾机理的理解不够到位，致使抗浮水位取值错误、抗浮措施选择不当等；另一方面，由于施工期间容易忽视地下结构抗浮荷载不足以抵抗地下水产生浮力的情况，或者施工措施不当导致抗浮构件失效等。因此，总结城市地下空间结构抗浮设计与施工经验，有助于保障地下空间结构抗浮的安全性。

## 9.2 地下空间结构上浮典型案例及原因分析

### 9.2.1 施工期间顶板未及时覆土引起上浮

案例 1：杭州某安置房项目地上由 11 幢高层住宅楼、商业用房及配套设施组成，下设二层整体地下室。地下室顶板采用梁板结构，板厚 250mm；负一层楼板采用无梁楼盖，局部梁板结构，板厚 200mm；地下室底板厚 600mm，承台厚 1000～1500mm。地下室后浇带于 2020 年 7 月 20 日封闭，至 9 月中旬地下室顶板尚未完成覆土，经连续降雨后，地下水位上升很快，导致尚未覆土的 2 号楼与 5 号楼之间部分地下室发生上浮，最大上隆值达到 470mm，经底板开孔泄压排水后，地下室逐渐回落，但最终上浮残余值仍有 210mm 左右。

地下室上浮事故造成部分区域柱顶及柱底出现水平贯通裂缝及斜裂缝、混凝土被压碎，负一层钢筋混凝土墙及填充墙出现斜裂缝，地下室顶板及负一层部分混凝土梁出现竖向及斜向贯通裂缝，柱帽处混凝土严重压溃，只能设置临时支撑才能防止该处结构进一步破坏；楼板及地下室底板结构出现较大裂缝，底板与主楼承台交界处出现开裂涌水（图 9.2-1）。

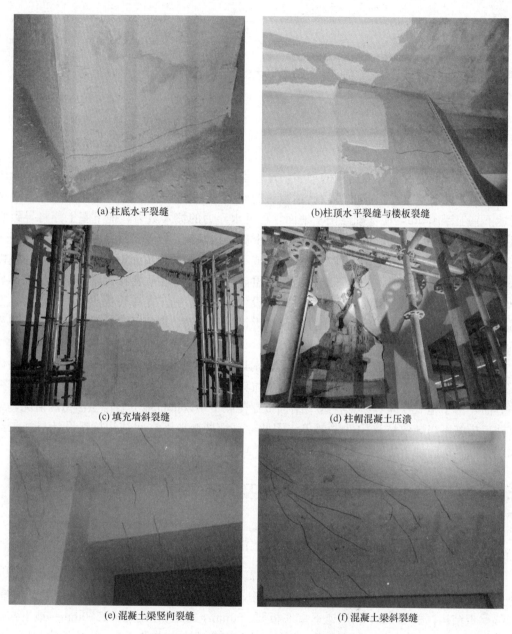

(a) 柱底水平裂缝　　　　　　　　　　(b)柱顶水平裂缝与楼板裂缝

(c) 填充墙斜裂缝　　　　　　　　　　(d) 柱帽混凝土压溃

(e) 混凝土梁竖向裂缝　　　　　　　　(f) 混凝土梁斜裂缝

图 9.2-1　杭州某二层地下室上浮破坏

事故发生后，业主单位委托专业加固单位重新进行了地下室抗浮补强和已损伤结构的加固。地下室抗浮补强包括对地下室上浮区域进行基底压密注浆施工，并采用预应力水泥土复合钢管桩和承压型囊式扩体锚杆进行抗浮补强加固。对已损伤结构的加固主要包括对部分柱进行局部或整体置换，部分梁、板凿除重新浇筑，部分梁、板、柱裂缝修补处理等。此次上浮事故延误了施工工期，消耗了大量的人力、物力和财力，产生了不良的社会影响。

案例2：南昌某项目地下车库共一层，地上为高层主楼，主楼范围及外扩一跨纯地库范围采用梁板结构体系，其他部位地下车库顶板采用带柱帽的无梁楼盖体系。2020年7月11日，1号楼和6号楼之间的局部地下车库发生上浮，引发地下车库35个结构柱及部分顶板、底板、柱帽开裂。经专家组论证分析认为，事情发生的主要原因为该地下室顶板抗浮设计要求覆土厚度为1.2～1.35m，实际顶板未及时覆土。地下室底板坐落在填土层上，地下室基坑与地下室外墙间的回填土及地下室底板下填土，形成了渗流通道，地表积水渗入地下室底板下导致了地下室上浮。并且当时南昌连续多日暴雨导致水位持续上涨，但施工总承包单位没有采取及时有效的应急措施。

(a) 地下室结构柱破坏严重

(b) 无梁楼盖节点处剪切破坏

(c) 框架柱中部剪切破坏

(d) 部分墙体剪切破坏

图 9.2-2　南昌某地下室上浮破坏

从图 9.2-2 可以看到，破坏部位多在框架柱柱端节点及柱中上部位置，这是因为地下室整体上浮后，使地下室顶部和底部变形不一致造成的。当出现上浮，因主楼压重与地库压重变形不同，顶板上浮呈现中间大、两边小的特征，呈拱形受力破坏形式，柱子两端受弯，且受到剪力影响，这种不协调的变形使得柱子节点出现偏心受压，造成柱子混凝土爆裂，钢筋弯曲，由最初的水平裂缝，发展成斜向裂缝。

案例 3：绍兴某项目地下车库设一层地下室，北侧局部两层地下室，地上为高层主楼。2022 年 9 月 2 日受台风"轩岚诺"影响，当地出现强降雨天气。现场巡查发现负二层位于两侧主楼之间的地库底板出现上浮情况，上浮区域地面上浮高度 3～16cm 不等，上浮面积约为 2000m²，上浮造成地下二层部分梁柱交界处及柱脚处挤压破坏，地下一层局部填充墙发生斜向开裂，典型破坏情况如图 9.2-3 所示。现场在上浮区域底板开设 6 个孔径 10cm 泄水孔，并组织抽水工作，泄水孔处水柱喷涌，地下室积水严重（图 9.2-4、图 9.2-5）。

(a) 梁柱裂缝

(b) 柱中部斜裂缝

图 9.2-3　绍兴某地下室上浮破坏

图 9.2-4　泄水孔处水柱喷涌

图 9.2-5　地下室积水

经论证分析，地下室上浮的主要原因为负二层底板后浇带已封闭，而地下室顶板未及时覆土，同时肥槽区采用破桩料及现场场地原始土方回填，加快了地面雨水经肥槽渗入地下室基础底板以下，形成渗流通道，破坏区域地下室局部抗浮能力不足导致破坏。

以上 3 个案例均为因施工期间未及时覆土，地下水位上升导致施工期结构自重不足以抵抗水浮力的典型案例，该类事故在地下室上浮事故中最为常见。

## 9.2.2 抗浮构件失效引起上浮

案例 4[1]：某项目房屋总建筑面积约 6 万 m²，地上由 1 号和 2 号两幢高层住宅主楼组成，住宅楼之间设置三层地下室。主楼采用钢筋混凝土剪力墙结构，基础形式为筏板基础；主楼外纯地下结构部分为钢筋混凝土框架结构，柱下独立基础加防水板，并采用抗浮锚杆进行局部抗浮。当项目降水井全部停止降水后，发现局部地下室防水板有明显的凸起现象，地下二、三层部分框架柱在梁柱节点下方 150～200mm 处出现水平贯通裂缝，防水板的跨中附近出现较长裂缝，裂缝最大宽度约 0.3mm。经论证分析，事故主要原因为抗浮锚杆失效。进一步分析发现，施工过程中出现如下问题：

（1）因工期紧张，在锚杆灌注的水泥浆尚未达到规范要求的凝结时间和设计强度的情况下，使用大型机械多次碾压未完全成品的抗浮锚杆，可能导致锚固体被扰动和倾斜而降低抗拔力，甚至失效，同时预留锚固底板的钢筋因多次碾压，在弯头容易产生疲劳破坏甚至折断，钢筋抗拉能力明显下降进而失效。

（2）抗浮锚杆与防水板锚固连接构造不当。按照设计图纸要求抗浮锚杆钢筋须锚入底板内不少于 35 倍钢筋直径，即不少于 980mm。然而，现场实际施工时仅采用在抗浮锚杆钢筋端部设置锚板的方式与防水底板表面连接，且两者连接不紧密，锚杆刚开始受力即已经失效，后果非常严重。

案例 5[2]：上海某小区地下一层全埋车库，采用钢筋混凝土框架结构，桩筏基础，工程桩为 PHC300A60-10、10 预应力管桩。项目于 2008 年竣工投入使用，2010 年 4 月地下车库局部区域出现上浮现象，顶板多跨出现裂缝、水迹，上浮区域周边墙体也出现明显裂缝。底板上浮量最大达 79mm，整个区域的上浮量呈"倒锅底"现象，即中间部位上浮量大而靠近墙边部位由于受外墙约束则上浮量较小。经检测验证发现，上浮事故的主要原因为桩头端板与其上钢筋连接位置的焊缝脱开，抗拔钢筋与桩的连接失效。随着预应力管桩作为抗浮桩设计实践的深入，设计上对每节管桩之间的连接节点以及管桩桩身质量的控制关注较多，而对桩头与承台或地基梁连接节点关注较少。抗拔主筋弯曲成一定角度后与端板顶面焊接的连接方式（图 9.2-6）在受拉时钢筋弯曲点焊接处存在应力集中现象，这使得理论上的焊缝强度验算并无意义，焊接质量不好或两侧焊缝不对称时，弯曲点焊缝处很容易先行破坏，然后逐渐扩展。国标图集《预应力混凝土管桩》（10G409）对此种连接方式做了改进，先将连接钢板焊在端板上，再将主筋贴焊在钢板上（图 9.2-7）。与直接灌芯锚固受拉筋的连接方式相比，由于焊接环节较多，该连接方式仍容易产生焊接质量及焊缝锈蚀问题。而浙江省管桩图集《先张法预应力混凝土管桩》（2010 浙 G22）仍采用直接与端板焊接的方式，隐患较大。上述图集中均明确说明图集仅考虑了预应力混凝土管桩承受竖向受压荷载的情况，当管桩承受水平荷载或受拉时，设计人员应结合工程地质情况、荷载大小及施工条件另行设计，很多设计人员显然没有注意到这一点，直接套用图集易诱发工程事故。

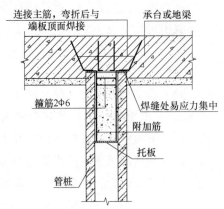

图 9.2-6　管桩桩头连接大样一

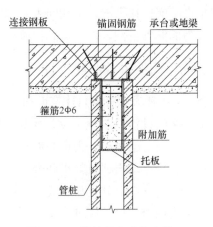

图 9.2-7　管桩桩头连接大样二

以上两个案例，其中一个为抗拔锚杆失效，另一个为抗拔桩失效引发的地下室上浮事故。设计和施工人员对关键连接节点缺乏必要的认识，给地下室空间结构抗浮带来了较大隐患。

### 9.2.3　抗浮水位取值不当引起上浮

案例6[3]：南昌某教学楼于 2014 年完成主体结构施工，设一层地下室，室外地坪标高为31.40m，地下室顶板标高为 30.80m，底板标高为 26.70m，地下室占地面积约3500m²；除北部面积约1200m² 上部建有 8 层教学综合楼外，人防地下室的其余部分上部均无建（构）筑物。场地原地形地貌为低山丘陵岗地，经过开挖整平，地形较平坦，场地标高变化在 30.40～31.20m。场地勘察深度范围内岩土层近地表分布有①层素填土，往下为②层粉质黏土；下伏基岩为第三系新余群泥质粉砂岩，根据岩石风化程度不同依次划分为强、中风化泥质粉砂岩。勘察期间正值丰水季节，在场地范围内赋存有上层滞水、潜水。上层滞水赋存于基坑内的回填土中，主要由地表水及大气降水补给，水量较大，无统一地下水位，水位观测期间测得的上层滞水水位深度为 1.80～3.00m，水位高程在 27.30～29.00m。潜水赋存于基岩中，属基岩孔隙水，水量较小，水位观测期间测得的稳定水位高程为 26.956m。

由于设计人员认为地下室基础底板持力层落在③层强风化泥质粉砂岩上，已经埋置在隔水层土中了，故地下室结构设计未考虑抗浮。在工程进入装修阶段，突降暴雨，使无主楼部分地下室发生上浮，地下室梁柱节点和顶板均出现明显裂缝，事故发生后，立即在纯地下室远离主楼的一侧外侧壁回填土处开挖，挖出一条深约 3.5m 的沟槽，有如同喷泉一样的水涌出。用泵抽出大量的水，当水位降到 2.5m 以下时，地下室开始复位。

本工程地下室的持力层已经进入隔水层土中，隔水层土质在建筑使用期间内可始终保持非饱和状态，且下层无承压水，回填土也已经按设计进行夯实，理论上地表积水不应对地下室产生浮力。事实上，由于地下室外墙外侧的保温挤塑板与地下室外墙无法连接紧密，形成空腔，直接把地表水引入基础底面，实际水浮力大大增加。

案例7[4]：贵州某新校区建筑结构为框架结构，地下室一层，为−4.8m 停车场，地上 3 层，场地设计地坪标高为 1112.00m，平整场地后，场地全部出露为基岩，基础类型为独立基础，埋深约 1.5m，单柱轴力为 3800kN。事故前该地下室部分已修建完成，但地下室西侧和北侧尚未回填。2011 年 6 月 4—10 日该地区发生连续强降雨，6 月 6 日左右，该地下空间结构出现上浮现象，部分混凝土构件出现不同程度的损坏，地下室周边底板部分与地基表层发生脱离，周围形成裂缝。根据勘察资料，该区地下水水量不丰富，地下水位标高为 1103.00m。同时勘察资料提出：场地处于斜坡地带上，地下水与地表水易排泄，地下水位变幅在 2m 左右，多年最高水位为 1105.00m，由于地下室基底设计标高为 1107.20m，故其提出不考虑地下室的抗浮作用，但应作防渗设计。由于勘察时未考虑基坑形成后，场地地形发生变化，强降雨造成地下水位上升和地表径流积水造成基坑整体水位上升。同时，由于场地内存在三至四层相互交替的承压含水层，承压含水层顶、底板为泥岩隔水层，含水层为白云岩和含泥质白云岩。此承压含水层接受地表水或地下水的补给，当达到一定量时，承压含水层会给出一定的水量，从而排出地表在基坑底部处形成积水。在基坑开挖完成后，已发现有地下水出露，坑内地下水出水量为 60~70m³/d，实际地下水水位标高约为 1107.70m（图 9.2-8），未引起重视。经调查，在强降雨季，基坑四周处于封闭的地形现状条件，排水不畅，基坑积水最大标高可达 1111.00m，与地勘报告提的抗浮设防水位 1105.00m 相差了 6m，导致抗浮设计不能满足要求。

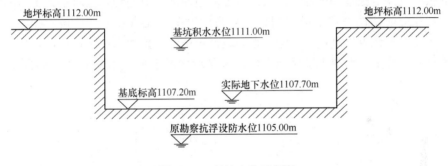

图 9.2-8　基坑水位示意图

案例 8[5]：南昌市某高校体育馆，建筑面积 24402.8m²，建筑总高度 22m，下设 1 层地下室，约为 70m×70m 的正方形。建筑场地原为稻田，东、西面为丘陵小山；南、北面地势较低，原自然地面与地下室底板面标高基本相同，施工时回填至现有地面。2004 年 4 月中旬完成地下室和上部框架主体结构施工。同年 5 月 19 日该体育馆短柱和地下室墙体发现裂缝，此后裂缝不断发展，并出现新的裂缝。直至 6 月 3 日发现地下室底板和顶板中部拱起，顶板最大竖向变位达 9.7cm，当即在地下室底板凿孔放水泄压，向上喷出约 3m 高的水柱，表明地下水浮力较大。经放水泄压后，地下室底板和顶板上拱明显减小，一天后地下室顶板向上竖向变形约 3cm，底板向上竖向变形约 5cm，同时地下室和地面处墙体裂缝明显缩小，裂缝宽度由 1.6cm 减少为 0.4cm。经分析，事故主要原因为项目原有场地地面标高较低，后经大面积回填后形成新的场地标高，勘察以原场地地貌的水文观测资料为依据提出抗浮水位，没有考虑大面积填土情况下，地表水沿回填土进入地下，并沿基坑肥槽进入基坑底部，使地下室底板产生较大浮力。

案例 8 是抗浮水位取值时忽略大面积填土后形成新的场地标高，地表水沿回填土进入地下，使地下水位与勘察期间的水文观测资料出现巨大偏差的案例。

### 9.2.4 "水盆效应"引起上浮

案例9：浙江义乌某新建厂房，基础工程包含土方工程、混凝土结构工程、砌体结构工程，于2008年4月10日经勘察单位、设计单位、总监理工程师验收合格。2008年5月28日，义乌下暴雨。同年5月29日，发现地下室顶板纯地库部分有上抬现象（最高上拱260mm），地下室部分框架柱、梁、板及地下室隔墙出现裂缝。经检测认定，地下室局部上拱、部分结构构件受损主要是由于地表水渗入基坑四周，形成"水盆效应"，使地下水位上升，导致地下室底板受水浮力大于地下室自重所致。随后，业主方对勘察、审图、设计、施工等单位提出了民事诉讼，后经审判机构判决认为：该场地经勘察本身无地下水存在，根据《岩土工程勘察规范》4.1.13条规定，工程需要时，详细勘察应论证地基土和地下水在建筑施工和使用期间可能产生的变化及其对工程和环境的影响，提出防治方案、防水设计水位和抗浮设计水位的建议。由此可以看出，在有地下水存在的情况下，才适用该强制性规定，对地表水的抗浮不属于勘察范围。故勘察单位已适当履行了合同义务，未违反合同约定和法律规定，在本案中不应承担违约责任。设计单位在设计施工图过程中，应当考虑到地表水渗入地下可能引起地下室底板自重不足而上浮的情形，即应当对地下室底板的抗浮措施进行设计，而其设计上的遗漏即构成违约，应对本案工程加固费用的损失承担相应的赔偿责任。最终判罚结果为勘察单位无责，设计单位承担90%责任。此案例给了所有设计单位以重大警醒，很多设计单位认为抗浮水位可根据地勘报告中建议的抗浮设计水位确定，而忽视了对地表水流入基坑肥槽形成"水盆效应"（图9.2-9）的影响。

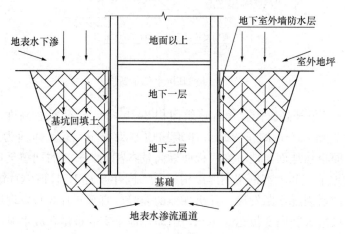

图9.2-9 水盆效应示意图

案例10：山东某建筑于2012年7月主体竣工，同年8月该楼地下室底板出现开裂、隆起、渗水，造成地下室大量积水。2013年5月，某专业加固公司对地下室底板进行了加固施工；同年11月，再次出现底板开裂隆起现象，部分框架柱底部开裂，同时伴随大量地下水涌出，最高水深达530mm。该项目勘察期间未发现地下水，基础施工直至主体竣工都无地下水，对于该工程来说，地下水的来源为地表水。基坑开挖以后，改变了原来自然的地形、地貌及地表的自然排泄条件，就形成了"水盆"。工程建成后，地形地貌发生了变化，地下水文环境产生了显著变化，地面雨水的收集流向、下渗通道以及地下水的补给、径流、赋存等均与勘察期间截然不同，勘察时的报告只是明确地下水的情况，没有考虑施工建设对场地水文地质环境改变的影响。2012年8月18—19日暴雨后，相关人员发现底板局部隆起和开裂现象，2013年11月24日大雨过后再次发现底板隆起及开裂现象，部分框架柱处底板开裂同时伴随大量地下水涌出，说明底板破坏的直接原因就是大雨或暴雨等短时间强降雨后形成的地表水流进或灌进基坑。随后，业主方对勘察、设计、施工等单位提出了民事诉讼，后经审判机构判决，事故主要原因为勘察单位的地勘报告中未提供地下水位变化幅度，补充说明提供的地下水位建议值不准确；设计单位依据该勘察报告对地下室未作出相应的抗浮设计。同时，审判机构认为，设计单位作为专业的设计机构，其履行合同不仅应符合国家法律、法规，符合工程行业的标准和规范，还应秉持专业的精神，最大限度地尽到专业机构的义务，提供合理可使用的设计方案，保证工程按照设计方案施工后能够正常投入使用。最终判罚结果为勘察单位承担主要责任，设计单位承担次要责任。

案例11：安徽某住宅项目于2017年1月出现非人防地下室部位局部上浮事故，导致填充墙出现开裂现象。经加固后，2017年6月人防地下室又出现上浮，导致部分墙柱出现裂缝。事故发生时，地下室顶板已完成了部分回土（除种植土和道路构造厚度未完成，略小于设计覆土厚度）。两次上浮事故均在大量降雨之后，地下室室外水面甚至高出覆土面500mm。经鉴定，地下室局部上浮的原因是自然降雨渗入基坑肥槽，导致地下室周边短时间水位超过抗浮设计水位，造成地下室抗浮稳定性不足而上浮。根据现场实测地下室周边降水井内水位标高为30.3m，北侧五道河水位标高为30.1m，周边区域内大范围地下水位标高均远高于抗浮设计水位29.00m。随后，业主方对勘察、设计、施工等单位提出了民事诉讼，后经审判机构判决，连续降雨和地面（含管网）排水不畅、原五道河等水系严重堵塞，使降水措施不能起到降低地下水位的作用，是事故的主要原因之一，建设单位在施工条件不完善的情况下实施该工程，承担主要责任；地下室顶板覆土厚度小于设计要求，细石混凝土层未施工，在抗浮配重尚未施工完成时停止降水也是重要原因，施工单位在施工过程中未采取有效应对预案，故也应承担相应责任；在加固工程中，抗浮设防水位取值29.8m偏低，可知勘察和设计存在一定缺陷，勘察单位与设计单位应承担相应的责任。

上述3个案例皆是因暴雨浸入地下室基坑肥槽（图9.2-9），形成"水盆效应"引起的地下室上浮事故，但法院判定的责任完全不同。主责分别为设计单位、勘察单位或建设单位。在许多项目中，对地表水下渗引起的抗浮问题，往往容易忽视。在实际设计时，仅因地表水的下渗作用就以室外地坪标高为抗浮设防水位，抗浮措施造价高昂，不被建设单位认可；而若因地表水引起了"水盆效应"导致地下室上浮破坏，修复又需要巨大费用，因此，该问题也成了抗浮设计的难点。

## 9.3　地下空间结构上浮破坏特征分析

### 9.3.1　地下空间结构局部上浮的破坏特征

局部上浮通常包括两种情况，一种是地下室结构总体不发生竖向位移，但建筑结构直接受到水浮力作用的部分因其承载力不足而出现开裂渗漏现象[6]。最典型的例子是地下室防水底板因板厚不够或配筋不足而导致的底板局部上拱，裂缝一般分布于底板的跨中附近或承台边缘，裂缝走向较为规则，可明显区别于混凝土收缩产生的裂缝，而地下室墙体和柱位置未发生明显的破坏。这种情况不会发生结构整体的大面积破坏，相对容易修复。

另一种情况是指建筑结构局部区域的重量小于水浮力，使该区域发生整体竖向位移的现象，如主楼之间的地库部分，主楼由于层数较多不存在抗浮稳定问题，而地库部分当抗浮稳定不满足要求时将产生局部整体上浮破坏。此类情况的破坏发生最为普遍，造成的整体结构不利影响也最大。

主楼之间的地下室通常为框架结构。这里采用一个简单算例来分析地下室在水浮力作用下结构构件的变形损伤情况。因地下室覆土等恒载实际为静力抵消作用，模型分析时仅考虑逐级加载水浮力的工况。两侧主楼自重远大于水浮力，可以作为纯地下室的边界约束，纯地下室部分相当于一个"空间的空腹桁架"。随着水浮力的增加，主楼之间的地下室呈现上浮趋势，受到整体弯曲，如图 9.3-1 所示。可以看出，纯地下室在两侧主楼约束下，竖向上浮最大变形位于中心区域，四周上浮量逐渐减小。

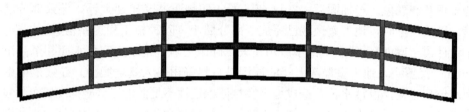

图 9.3-1　水浮力作用下地下室整体变形图

地下室框架柱在设计时一般以承压为主，轴压力较大，弯矩和剪力较小，按小偏压构件设计，一般情况下，构造配筋即可满足设计要求。随着水浮力作用下的变形发展，地下室结构构件内力也发生了重分布，如图 9.3-2～图 9.3-4 所示。框架柱的柱端弯矩以及剪力显著增加，使框架柱发生弯剪破坏（图 9.3-5）。从内力图中还可以看出，越靠近主楼，地下室柱内力越大，容易首先发生破坏。梁的一端弯矩发生变号，由负弯矩变为正弯矩，使原结构梁抗弯承载力不足。尤其是顶板层框架梁，弯矩变号的同时，还产生了较大的轴拉力，因此顶板梁更易产生裂缝（图 9.3-6）。

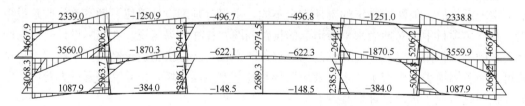

图 9.3-2　水浮力作用下地下室梁柱弯矩图

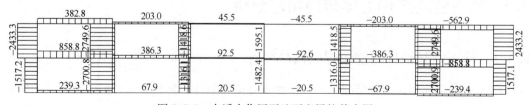

图 9.3-3　水浮力作用下地下室梁柱剪力图

图 9.3-4　水浮力作用下地下室梁柱轴力图

图 9.3-5　地下室柱端弯剪破坏

图 9.3-6　地下室梁端裂缝

当对地下室底板进行开孔泄压或采取降水等措施后，水浮力逐渐减小，地下室结构在自重作用下将逐渐回落。通常情况下，泄压后的地下室基础难以回落至上浮前的标高，存在一定量的上浮残余值。当对上浮基础底板采取开孔泄压时，原作用于基础底板的水浮力会在非常短的时间内减小至零，使地下室结构由上浮状态迅速回落产生向下的变形（图 9.3-7），此时，地下室结构构件将产生反向的内力（图 9.3-8～图 9.3-10），特别是地下室部分结构柱会产生一定的轴向拉力。尽管轴向拉力值并不大，但由于地库的结构柱截面尺寸通常比较小，且配筋一般均由构造控制使柱截面配筋量较小，导致柱产生水平裂缝，特别是柱的上下端施工冷缝处裂缝发展较明显，通常会产生水平贯通裂缝（图 9.3-11、图 9.3-12）。

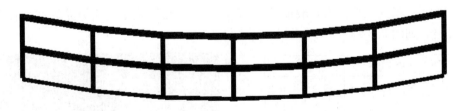

图 9.3-7　水浮力卸压后地下室整体变形图

图 9.3-8　水浮力卸压后地下室梁柱弯矩图

图 9.3-9　水浮力卸压后地下室梁柱剪力图

图 9.3-10　水浮力卸压后地下室梁柱轴力图

图 9.3-11　地下室柱顶水平裂缝

图 9.3-12　地下室柱底水平裂缝

　　当地下室存在混凝土墙或砌体填充墙时，在水浮力作用下，墙体主拉应力迹线如图 9.3-13 所示，最大主拉应力一般接近于 45°，从而导致混凝土墙或填充墙产生接近 45°的斜向裂缝，如图 9.3-14 所示。

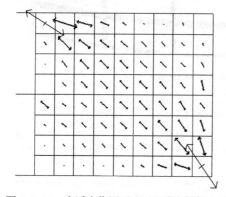

图 9.3-13　水浮力作用下地下室墙主轴拉力图

图 9.3-14　地下室墙体斜裂缝

## 9.3.2　地下空间结构整体上浮的破坏特征

整体上浮是指当建筑物任一单元的重量都小于地下水浮力，建筑物在地下水浮力作用下呈现出整体竖向位移现象。理论上来说，当建筑物的整体刚度较好、承载力较高的情况下，在均布水浮力作用下，结构可能不发生破坏，但会引起结构的整体位移；当降水泄压后又将会整体复位。事实上，由于地下室土体约束条件复杂，地下水排水路径不固定，导致在水浮力作用下，地下室承受了不均匀水浮力作用，使建筑物整体发生不均匀上浮，底板隆起、开裂，梁、柱、墙呈现出与局部整体破坏类似的裂缝、损伤。本节以两层纯地库为例，分析当地下室受不均匀水浮力作用时构件的变形损伤情况。当排水不畅时，地下室基坑中汇水侧的水浮力会远大于出水侧的水浮力。本文按照线性变化的水浮力模拟。随着水浮力的增加，地下室呈现不均匀上浮趋势，如图 9.3-15 所示。可以看出，纯地下室在不均匀水浮力作用下呈现整体倾斜上浮。在变形较大侧的第一跨框架柱的柱端弯矩以及剪力显著增加（图 9.3-16～图 9.3-18），使框架柱易发生弯剪破坏。第一跨框架梁的梁端以受弯为主，梁顶与梁底易出现水平裂缝。

图 9.3-15　不均匀水浮力作用下地下室整体变形图

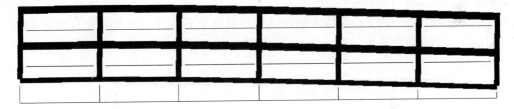

图 9.3-16　不均匀水浮力作用下整体上浮地下室构件弯矩图

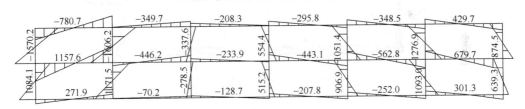

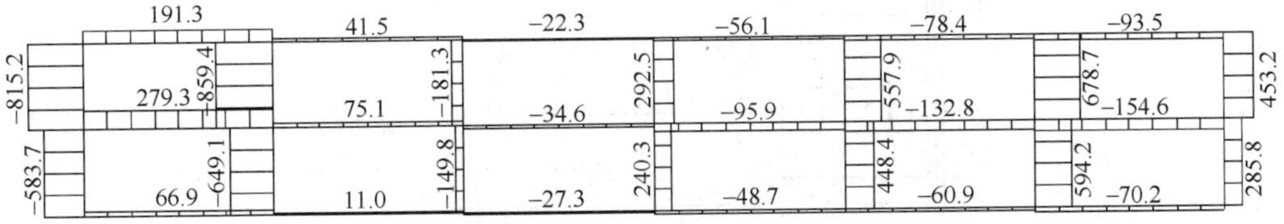

图 9.3-17　不均匀水浮力作用下整体上浮地下室构件剪力图

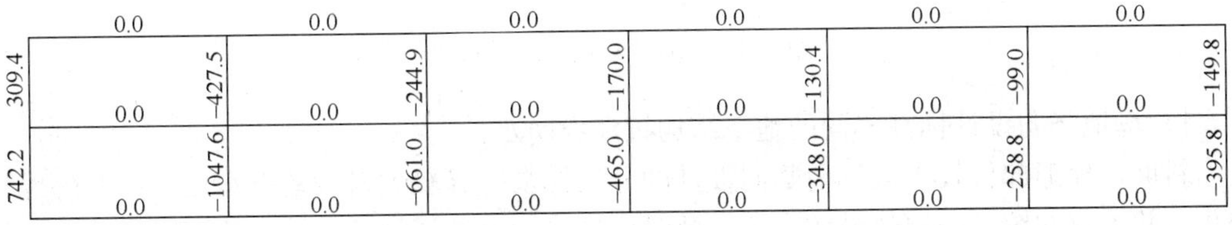

图 9.3-18　不均匀水浮力作用下整体上浮地下室构件轴力图

## 9.4　地下空间结构抗浮设计要点

### 9.4.1　抗浮水位取值

抗浮设防水位的确定是地下结构抗浮设计的关键一步，将直接影响建筑物的使用安全和建设成本。抗浮设计水位取高了，增加工程造价；取低了，将存在严重的安全隐患。用于地下室抗浮稳定验算的地下水位，不应仅考虑勘察期间的场地实际水位，而应结合历年最高水位和建筑使用年限内可能出现的最高水位，以及工程建成后的场地地形地貌等因素，综合分析后确定。

一般情况下，岩土工程勘察资料应根据场地及附近区域的气象和水文条件、地形地貌、地层岩性、水文地质环境、地下水类型与赋存状态等情况为地下结构抗浮设计提供抗浮设防水位建议值。然而，由于岩土工程勘察资料提供的抗浮设防水位主要依据地下水长期观测资料和勘察时的地形地貌条件，对工程建设期间及建成后的场地条件变化常常难以准确估量，特别是针对地面标高起伏变化较大的场地（图9.4-1）、临江场地（图9.4-2）、大面积填土场地（图9.4-3）等特殊场地的抗浮设防水位取值，应根据实际情况综合判断。对抗浮设防水位存有异义时，宜通过专项论证确定。

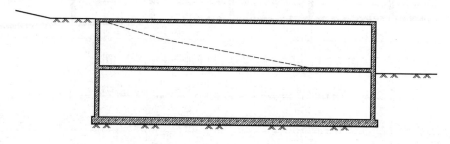

图 9.4-1　坡地建筑场地示意图

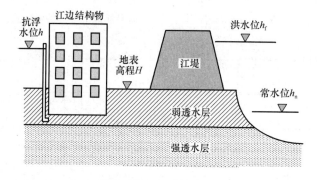

图 9.4-2　临江建筑场地示意图

1）场地竖向设计标高不同的地下结构抗浮设防水位

斜坡、地形起伏较大或场地竖向设计的分区标高差异较大时，地下水位线可能随地势变化，并不存在统一的抗浮设防水位，此时应适当划分抗浮设防区块，不同区块采用不同

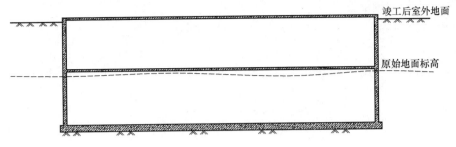

图 9.4-3　大面积回填场地示意图

的抗浮设防水位[7]。

　　根据裘布依（Dupuit）井流理论中的假定，当潜水面的坡度较小时（即水力梯度较小时），可以忽略地下水的垂直分速度，并且由于渗流自由面与水平线的夹角 $\theta$ 很小，可以用 $\tan\theta$ 代替 $\sin\theta$，这样可以将地下室两端水头不同产生的二维渗流问题 $(x, z)$ 简化为一维渗流问题 $(x)$，如图 9.4-4 所示[8]。场地标高不同时的水头形状如图 9.4-5 所示。

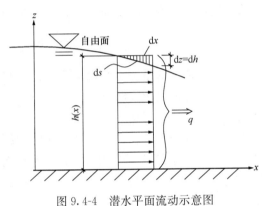

图 9.4-4　潜水平面流动示意图

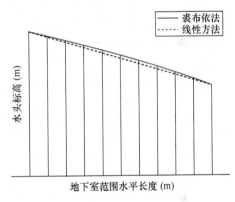

图 9.4-5　场地竖向标高不同时的水头形状

根据达西定律，沿自由面上任意一点的流速应为：

$$v_s = ki = -k\frac{\mathrm{d}h}{\mathrm{d}s} = -k\sin\theta \tag{9.4-1}$$

令 $\tan\theta = \sin\theta$，则平均流速 $v$ 和单位宽度的渗流量 $q$ 可以简化为：

$$v = -k\frac{\mathrm{d}h}{\mathrm{d}x} \tag{9.4-2}$$

$$q = -kh(x)\frac{\mathrm{d}h}{\mathrm{d}x} \tag{9.4-3}$$

采用分离变量法对式（9.4-3）进行积分得：

$$\int_0^L \frac{q}{k}\mathrm{d}x = \int_{h_2}^{h_1} -h\,\mathrm{d}h \tag{9.4-4}$$

解得：

$$q = k\frac{h_1^2 - h_2^2}{2L} \tag{9.4-5}$$

任意一点处的流量公式为：

$$q = k \frac{h_1^2 - h^2}{2x} \tag{9.4-6}$$

水头线方程可利用通过各断面流量相等的条件[9]，联立式（9.4-5）和式（9.4-6），得到：

$$h = \sqrt{h_1^2 - (h_1^2 - h_2^2)\left(\frac{x}{L}\right)} \tag{9.4-7}$$

式中　$h_1$，$h_2$——上下游水深；

　　　　$h$——距离上游 $x$ 处的水深；

　　　　$L$——坡段水平长度；

　　　　$k$——渗透系数；

　　　　$q$——渗透流量。

基于水平不透水层上的无压缓变渗流情况的裘布依公式，水头线形状如图 9.4-5 所示。可知，采用裘布依法计算的抗浮水位略大于按照线性方法确定的抗浮水位，一般工程上将地下室结构划分成不同单元区块，每个区块的抗浮水位取区块内的最大值，基本可以满足工程应用的精度要求。

2）临江地下结构抗浮设防水位

在临江、临河等滩涂地区，有可能出现洪水位高于地面的情况。尽管一般来说，城市因防洪要求已设有防洪堤，最高洪水位不可能淹没城市，但由于临江地下结构地基中的地下水通过强透水层与江河水直接连通，具有长期水位较低，短期汛期水位极高的特点。若将建筑地下室的室外地面作为抗浮设防水位，存在一定的安全隐患；若采用最高洪水位作为抗浮设防水位，则太过保守，造成浪费。因此，在确定临江地下结构抗浮设防水位时，需要结合建筑设计使用寿命期内的最高洪水位、建筑物至江河的距离、覆盖层及透水层的渗透性、土层厚度等因素，进行渗流分析确定。

曹洪教授等[10]提供了一种用于临江二元地层渗流计算的简化方法。临江二元地层渗流计算模型如图 9.4-6 所示，以两个堤脚为界将计算区域分为堤前段、堤底段和堤后段，$x$ 轴原点位于堤身中线，$z$ 轴为高程系统。其中，$H_1$ 为堤前河道水头，$H_2$、$H_3$ 分别为堤前堤脚、堤后堤脚下方强透水层中的水头，即 $B$ 点和 $C$ 点水头，$H_4$ 为堤后段覆盖层顶面的水头，当堤后地面有水时取水面高程，无水时可取地面高程；$M_1$、$M_2$、$M_3$ 分别为堤前覆盖层、强透水层、堤后覆盖层的厚度；$K_1$、$K_2$、$K_3$ 分别为堤前覆盖层、强透水层、堤后覆盖层的渗透系数；$B_1$、$B_2$ 分别为堤前、堤后覆盖层的宽度；$L$ 为堤底宽度的1/2。

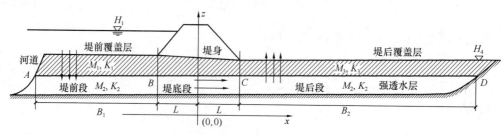

图 9.4-6　临江二元地层渗流模型

引入以下基本假定：（1）因堤身土体渗透系数远小于强透水层且通过堤身的渗水不会影响堤后段的地下结构物，故忽略堤身对下方强透水层的越流补给。（2）强透水层将在堤后较远处尖灭，取堤后端点处水平方向的流量为 0，即强透水层中的水流全部通过覆盖层向上溢出。（3）不考虑堤后减压设施对堤后水头的降低作用。采用基于达西定律的微分方程求解（求解过程略），可得到堤后段（即 $L \leqslant x \leqslant L+B_2$）的水头分布为：

$$H_x = \xi_3 \cdot \frac{H_1 - H_4}{\xi_1 + \xi_2 + \xi_3} \cdot \frac{\mathrm{ch}[A'(L-x)+\beta]}{\mathrm{ch}\beta} + H_4 \tag{9.4-8}$$

其中，

$$\xi_1 = \frac{\tan\alpha}{AM_2} \tag{9.4-9}$$

$$\xi_2 = \frac{2L}{M_2} \tag{9.4-10}$$

$$\xi_3 = \frac{1}{A'M_2\tan\beta} \tag{9.4-11}$$

$$\alpha = AB_1 \tag{9.4-12}$$

$$\beta = A'B_2 \tag{9.4-13}$$

$$A = \sqrt{\frac{K_1}{M_1M_2K_2}} \tag{9.4-14}$$

$$A' = \sqrt{\frac{K_3}{M_3M_2K_2}} \tag{9.4-15}$$

式中　$\xi_1,\xi_2,\xi_3$——堤前段、堤底段、堤后段的阻力系数；
　　　$A,A'$——堤前段、堤后段越流系数（1/m）。

当堤后地下结构尺寸较大时，应考虑结构物对水流溢出的阻碍作用，此时堤后覆盖层的渗透系数 $K_3$ 按下式修正：

$$K'_3 = \left(1 - \frac{S}{\mu B_2 b}\right)K_3 \tag{9.4-16}$$

式中　$K'_3$——考虑结构物影响的堤后段覆盖层渗透系数；
　　　$S$——堤后结构物总占地面积；
　　　$B$——堤后结构物沿堤坝方向宽度，当为结构群时，应取总宽度；
　　　$\mu$——考虑绕流的面积放大系数，可取 1.25～1.5，对小面积地下室取大值。

按上述方法对武汉某临江地下结构水位进行试算，得到的堤后段水头分布曲线如图 9.4-7 所示。湖北省地方标准《建筑地基基础技术规范》DB 42/242—2014[11] 条文说明中规定：在防洪控制区

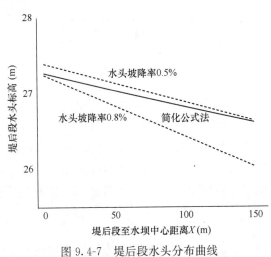

图 9.4-7　堤后段水头分布曲线

由于承压水位变化与场地土层性质、分布及长江水位维持时间等诸多因素有关，建议承压水头坡降率取 5‰~8‰，此方法较为粗放地按线性水头坡降考虑江、河最高水位的影响。可见，采用简化公式法求得的抗浮设防水位满足规范的要求且具有更高的精度。

3）需考虑"水盆效应"的抗浮设防水位

当地下室肥槽的回填土无法确保回填密实，或者由于建筑保温层的存在，天然形成渗水通道时，一旦有强降雨，地下室犹如放置在一个水盆中，如无其他排水措施，那么抗浮水位应取自由水面，通常为室外地面标高，当市政管网不完善、场地内无法保障排水通畅时，抗浮水位甚至高于室外地面标高。因此，抗浮设防水位取值除考虑地下水的作用外，还应考虑地表水的汇水条件和肥槽隔水能力的影响。当场地内的室外地面标高高差较大时，尚应通过渗流分析，划分抗浮设防区块，不同区块采用不同的抗浮设防水位。

### 9.4.2　水浮力计算

地下室结构水浮力的计算与地下水的赋存状态有关[12]，其计算隐含着与岩土自身渗透性关联的水压力损失理念，应当根据实际情况分别计算，并取最不利组合。

（1）当地下结构位于静水中或者高渗透性土中（如砂土），计算简化模型如图 9.4-8 所示，其受到的基底水压力遵循阿基米德原理，其计算公式为：

$$p_{wj} = \gamma_w h \tag{9.4-17}$$

式中　$p_{wj}$——不考虑地下水渗流和承压水作用时地下结构底板底面的静水压力标准值（kPa）；

　　　$\gamma_w$——水的重度（kN/m³）；

　　　$h$——地下潜水抗浮设防水位到地下结构底板底的距离（m）。

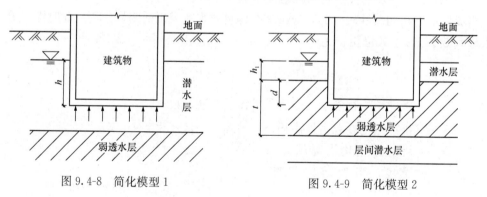

图 9.4-8　简化模型 1　　　　　　　图 9.4-9　简化模型 2

（2）当地下结构所处的含水组为上部潜水层，中部弱透水层，下部层间潜水层，且地下结构基底位于弱透水层时（图 9.4-9），由于弱透水层中土颗粒的物理特性及地下水渗流作用，水浮力将小于静水中的水浮力，可以进行一定的折减。周朋飞[13]、梅雄国[14]、张乾[15]等分别进行了结构模型位于黏土中的浮力试验，得出地下结构在黏土中的水浮力折减量一般在 25%~30%。当潜水往弱透水层渗流时，可按下式简化计算：

$$p_{wrj,s} = \gamma_w \left( h_1 - \frac{d}{t} h_1 \right) \tag{9.4-18}$$

式中　$p_{wj,s}$——考虑地下水渗流作用时地下结构底板底面的静水压力标准值（kPa）；

$\gamma_w$——水的重度（kN/m³）；

$h_1$——潜水抗浮设防水位到弱透水层顶面的距离（m）；

$d$——弱透水层顶面到地下室底板底面的距离（m）。

工程实践中，地下室基坑肥槽回填常常难以满足隔水要求，此时浮力计算模型可简化为图9.4-10所示，类似于基础落在弱透水层上，而不是埋置于弱透水层中。张第轩[16]对此种状态进行了浮力试验，试验表明黏土中的浮力增长比水位升高慢，存在滞后效应，但最终浮力还是接近静水中的浮力，折减量可以忽略不计。梅雄国[17]也进行了基础放置于黏土上的浮力试验，试验表明，当基础与黏土紧密贴合时，其所受浮力与埋于黏土中的情况相似，也将小于静水浮力，但地下水极易从基底渗入，导致浮力突增，基础上浮失稳，因此，从抗浮的长期性来看，不应对浮力进行折减。广东省《建筑地基基础设计规范》DBJ 15—31—2016规定[18]，除有可靠长期控制地下水措施外，不得对地下水水头进行折减；结构基底面承受的水压力应按全水头计算。《高层建筑岩土工程勘察标准》JGJ 72—2017规定：结构所受浮力应按静水压力计算，稳定水位下的水浮力不宜折减，黏性土地基或是基岩作为直接持力层也是如此，因为地下水作为永久荷载，其对基础的影响最终效果是一样的，只是因为渗透性的强弱时间快慢不同；临时高水位时，如果排泄条件良好，黏性土地基下基础所受浮力可适当折减，折减系数取0.6～0.8。综上所述，考虑水的长期渗透影响时，不应对水浮力进行折减，并按下式计算：

$$p_{wrj,r} = \gamma_w(h_1 + d) \tag{9.4-19}$$

式中 $p_{wj,r}$——弱透水层中，不考虑地下水渗流和承压水作用时地下结构底板底面的静水压力标准值（kPa）；

$\gamma_w$——水的重度（kN/m³）；

$h_1$——潜水抗浮设防水位到弱透水层顶面的距离（m）；

$d$——弱透水层顶面到地下室底板底面的距离（m）。

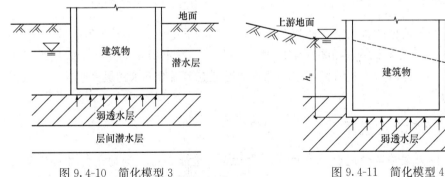

图9.4-10 简化模型3            图9.4-11 简化模型4

（3）当地下水坡降产生渗流压力时，如图9.4-11所示，应通过渗流流网分析，得出地下结构底板底面处计算点对应的水头高程。地下结构底板底水压力按下式计算：

$$p_{ws} = \gamma_w h_s \tag{9.4-20}$$

式中 $p_{ws}$——考虑地下水渗流作用时地下结构底板底面的水压力标准值（kPa）；

$h_s$——经渗流流网分析的地下结构底板计算点对应水头到地下结构底板底的垂直距离（m）。

当坡地场地的上一级分区的地下水可向下一级分区自行排泄时，渗流流网分析的高侧水位和低侧水位可分别取高侧和低侧室外地面标高。当上一级分区的地下水不能向下一级分区自行排泄时，应考虑积水下渗的影响。

（4）当地下结构所处的含水组上部为潜水层，中部为弱透水层，下部为承压含水层，且建筑物基底位于弱透水层，如图 9.4-12 所示。由于承压水和上部潜水可能存在水位差，地下水将会在弱透水层内渗流。当潜水水位大于等于承压水水位时，地下水不会发生渗流或向下渗流，底板底水浮力可根据潜水位水头 $h_1$ 确定，即按式（9.4-18）计算；考虑水的长期渗透影响时，应按式（9.4-19）计算。当潜水水位低于承压水水位时，承压水向上渗流，土骨架将对底板产生向上的顶托力，此时，地下结构底板底水压力按下式计算：

$$p_{wc} = p_w - \gamma_m h_c \tag{9.4-21}$$
$$p_{wc} = 0 (p_w \leqslant \gamma_m h_c) \tag{9.4-22}$$

式中　$p_{wc}$——承压水水头产生的浮力标准值（kN/m²）；

　　　$p_w$——承压水的水头压力值（kPa）；

　　　$\gamma_m$——承压含水层顶面与底板之间土层的平均饱和重度（kN/m³）；

　　　$h_c$——承压含水层顶面与底板之间土层的厚度（m）。

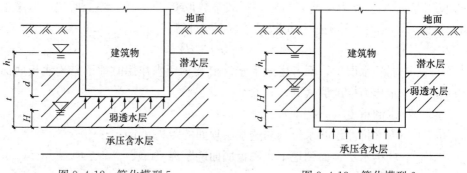

图 9.4-12　简化模型 5　　　　　图 9.4-13　简化模型 6

（5）当地下结构所处的含水组上部为潜水层，中部为弱透水层，下部为承压含水层，且建筑物基底位于承压含水层，如图 9.4-13 所示。此时，含水层将会连通，多层地下水水位将趋于一致。考虑这种不利情况，抗浮设防水位可取多层地下水的最高水位，并按静水压力计算浮力[19]。

### 9.4.3　抗浮方案的合理选择

地下结构抗浮方案的选择需要综合考虑工程特点、地质条件、场地条件和环境等因素，同时需要满足安全可靠、经济合理的要求。常用的抗浮方法包括压重法、抗浮锚杆法、抗浮桩法和排水减压法，各种抗浮方法各有利弊和适用条件，如表 9.4-1 所示。

地下结构抗浮方案比较　　　　　　　　　　　　　　　表 9.4-1

| 抗浮方法 | 适用条件 | 注意事项 |
| --- | --- | --- |
| 压重法 | 主要适用于整体抗浮稳定性不满足要求或自重与浮力相差不大的情况；可能影响设计空间和使用功能 | 压重材料应结合当地供应条件选用，经济性不高时宜与其他抗浮措施配合使用 |

| 抗浮方法 | 适用条件 | 注意事项 |
|---|---|---|
| 抗浮锚杆法 | 适用于大多数土层或岩层中的地下结构抗拔 | 1. 锚固段不得设置于未经处理的有机质、液限指数 $w_{Ld}$ 大于 50% 或相对密实度 $D_r$ 小于 0.33 的地层中。<br>2. 在欠固结土、膨胀土、湿陷性黄土、可液化土等特殊性岩土地基中慎用 |
| 抗浮桩法 | 适用于大多数土层中，在岩层中入桩困难，桩长受到限制 | 需保证连接构造的可靠性 |
| 排水减压法 | 适用于采用被动抗浮措施代价大、抗浮设计水位难以确定的工程 | 1. 需要长期运行控制和维护管理，维护成本较高，较难保证设计工作年限内的长期可靠运行，应慎用。<br>2. 在透水率较高地区可能存在抽水困难，还可能因为大量的抽水而引起周围地表的塌陷，造成更加严重的影响，应慎用 |

压重法主要是通过顶板加载、底板加载或边墙加载等方式增加结构的抗浮力，如图 9.4-14 所示。压重法主要适用于地下水位不高、结构自重与浮力相差不大且场地限制小的工程，也常用于抗浮事故处理中。当地下水浮力较大时，配重法需采用大量混凝土或相关配重材料来增加结构自重，且会增加基础承载上部结构自重的负担，配重材料占用大量建筑空间也往往难以被接受。压重法虽然在设计施工方面比较简单，工期占用少，直接成本相对较低，但其所引发的其他成本将会增加，需要进行综合的技术经济比较。

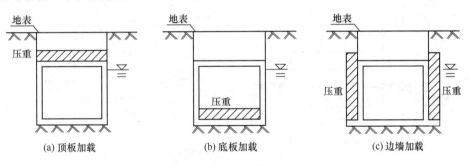

(a) 顶板加载　　　　　(b) 底板加载　　　　　(c) 边墙加载

图 9.4-14　压重法示意图

抗浮锚杆是通过受拉杆件，一端与地下结构相连，一端锚固在稳定的岩层或土层中，利用材料本身的抗拉性能来抵抗地下水所产生的上浮力。按锚杆锚固段的受力状态，可分为拉力型锚杆、压力型锚杆、拉力分散型锚杆、压力分散型锚杆和拉压分散型锚杆五类。抗浮锚杆具有施工方便、造价低、工期相对较短等优点，在工程中广泛应用。但抗浮锚杆也存在如下问题[20]：

（1）预应力锚杆施工需穿透底板施加预应力，这给基础底板防水带来很大困难；

（2）抗浮锚杆因地下水随季节变化而产生的循环荷载影响，抗腐蚀问题较为突出。抗浮桩是利用桩侧摩阻力和桩体自重起抗浮作用，可兼作承压桩。地基土体软弱、隆起变形控制要求严格的抗浮设计时，宜选用抗浮桩。抗浮桩技术在工程中的应用已十分成熟，但抗浮桩受环境条件和施工条件影响较大，造价也相对较高。对于主裙楼连体的建筑对差异沉降敏感时，抗浮桩设计宜尽可能采用短桩、桩端虚底等措施减小差异沉降。

排水减压法是通过一定的构造措施和排水设备，来消除或减小施加到地下结构的水浮力作用效应来实现抗浮的目的,属于主动抗浮技术。排水减压法包括排水限压法、泄水降压法、隔水控压法等,通常几种方式联合使用。一般在底板下设置倒滤层和集水盲管,形成汇水和集水系统(图 9.4-15~图 9.5-18),将地下水抽走,从而保证地下水位不超过预定的标高。采用直接控制地下水位的方式不需要大量的支撑材料,没有复杂的施工工序,不仅降低了施工成本,还保证了抗浮的效果。但是,这类抗浮方式受到地形、地质的影响,在透水率较高的地区会造成抽水的困难,不仅增加了抽水的费用,还可能因为大量的抽水而引起周围地表的塌陷,造成更加严重的影响。同时,倒滤层和盲管极易堵塞,将严重影响抗浮效果,造成隐患,即使采用智能监控系统也存在管理上的风险,应慎用。

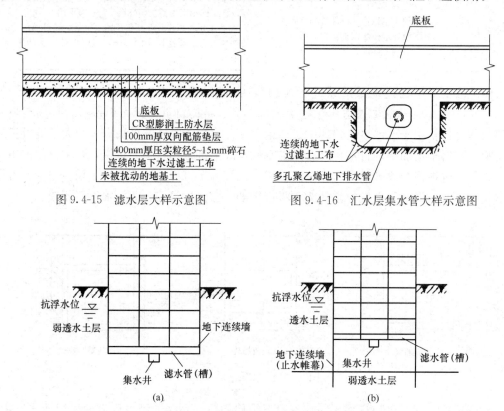

图 9.4-15 滤水层大样示意图          图 9.4-16 汇水层集水管大样示意图

图 9.4-17 泄压排水法示意图

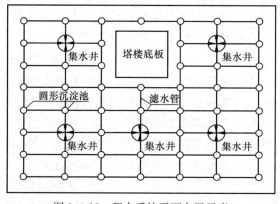

图 9.4-18 积水系统平面布置示意

## 9.4.4　抗浮设计若干建议

1）重视局部抗浮稳定验算

统计国内外在使用期的抗浮失效案例，大多数为局部上浮破坏。由于目前建设工程一般规模较大，经常出现同一地下结构底板上布置多栋不同区域范围、不同高度、不同基础形式的结构体，造成不同区域上的荷载、不同结构之间的连接方式及其共同工作模式等差异明显。因此，在进行抗浮稳定性验算时，不仅应对地下结构底板以上结构进行整体抗浮稳定性验算，对不同结构区域之间、结构荷载差异较大区域，特别是上部结构层数较少或大面积楼板开洞部位，进行抗浮稳定性验算，还必须对每个区域在施工阶段、使用阶段形成的结构单元进行抗浮稳定性验算[21]。地下结构抗浮稳定性验算应根据施工工况和使用工况分别进行分析，施工工况下一般不宜考虑楼地面的面层和填充墙等荷载的有利作用。

2）重视抗浮构件的抗拔承载力载荷试验

考虑工程地质条件、地下抗浮构件施工工艺和抗拔承载机理的复杂性，建议抗浮锚杆和抗浮桩均应进行抗拔承载力载荷试验，根据载荷试验结果确定承载力取值。《建筑与市政地基基础通用规范》GB 55003—2021[22]规定：单桩竖向极限承载力标准值应通过单桩静载荷试验确定。此处，与现行《建筑地基基础设计规范》GB 50007—2011 和《建筑桩基技术规范》JGJ 94—2008 的要求不同，不再按照桩基设计等级区分，明确了均应进行静载荷试验。最大加载值一般规定为不小于 2 倍承载力特征值，因没有试验至破坏，抗浮锚杆和抗浮桩的极限抗拔力往往并不知道，不能为设计提供准确的依据，也很难评定是施工工艺的优劣。因此，有条件时，宜进行破坏性试验，以便真实揭示岩土体的力学性能指标。

3）重视抗浮锚杆的延性设计

抗浮锚杆的破坏形态主要有以下情况：（1）锚杆杆体破坏；（2）沿锚杆与注浆体界面破坏；（3）沿注浆体与岩（土）层界面破坏；（4）锚固段长度不足导致岩土层呈锥体拔出及群锚破坏。按规范方法进行抗浮锚杆承载力验算时，上述破坏形态一般均已被考虑，但锚杆与地下室基础底板的变形协调和延性问题容易被忽视。

对于全长粘结型岩石锚杆，锚杆侧摩阻力大，允许变形小，抗拔刚度大，虽然对减小底板变形较为有利，但由于锚杆的杆体全埋于岩层中，锚杆受拉时在达到极限承载力之前的伸长量很小，使得锚杆与锚杆之间、锚杆与基础底板之间无法相互协调，整体延性较差，设计时必须加以关注。下面以一个简单算例说明全长粘结型岩石锚杆的延性问题。

取柱间距为 9m×9m 的地下室底板作为研究对象，为准确模拟底板边界约束条件，向两侧各延伸一跨（中间跨为研究对象）。考虑整体抗浮满足要求，框架柱柱底按三向固定约束；锚杆按 1.5m×1.5m 间距均布在地下室底板下（图 9.4-19），方案 1 采用全长粘结型岩石锚杆，抗拔承载力极限值为 800kN，对应锚杆极限变形为 2.30mm；方案 2 采用设置 3m 长自由段的岩石锚杆，同样取锚杆抗拔承载力极限值为 800kN，锚杆锚固段的抗拔刚度与全长粘结型锚杆相同。对按全长粘结型岩石锚杆和带自由段的岩石锚杆分别进行逐级加载计算，锚杆锚固段变形达到 2.3mm 视为锚杆失效退出工作，地下室底板上拱达到 22.5mm（即底板跨度的 1/400）视为底板抗浮失效，底板承受的水浮力与底板最大竖向变形曲线如图 9.4-20 所示。

从图 9.4-20 可以看出，全长粘结型岩石锚杆由于抗拔刚度大，锚杆与地下室底板几乎不产生变形，内力无法转移至周边锚杆，当受力最大的锚杆先行破坏，其余锚杆被逐个击破，导致大量抗浮锚杆失效，抗拔承载力迅速降低。带自由段的岩石锚杆，由于自由段钢筋或钢绞线具有一定变形能力，可使地下室底板下的锚杆受力更加均匀，更加有利于锚杆间共同发挥作用。当局部锚杆拉力接近极限抗拔承载力时，内力可部分转移至周边锚杆，虽然底板变形增大，但锚杆仍具备抗拔承载力，体现了一定的延性。

全长粘结型土层锚杆虽然允许变形较岩石锚杆大，具有一定的变形协调能力，但当全长粘结型土层锚杆应用于底板下为软弱土层的工程，水位上升时，锚固段受力后易与软弱土层逐段脱开拔出，形成实际上的自由段，增大了锚杆的塑性变形；当地下室水位回落后，底板下扰，形成对锚杆的压力，使锚固段顶端处土层更加脱开，锚杆的实际自由段加长；下次地下水位上升时，需要更大的上浮变形才能使锚杆发挥作用，使周边变形更小的抗浮锚杆承担了更大的拔力，如此反复，使锚杆承载力越来越低。因此，全长粘结型抗浮锚杆只能适用于对竖向位移控制要求不严格，抗拔承载力要求不高的土层或岩层，且不宜在软弱土层中采用。

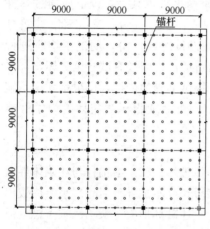

图 9.4-19　锚杆布置平面示意图

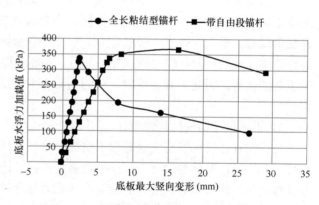

图 9.4-20　地下室底板荷载-竖向最大位移曲线

全长粘结型抗浮锚杆在承受拉力时，锚侧岩土体的摩阻力并非均匀分布，锚头处的应力最大，随着锚固深度的加大，摩阻力逐渐衰减[23]。压力型或压力分散型预应力锚杆，随着荷载的增大，锚杆在远端（靠近承载板处）首先出现局部塑性，并且逐渐向近端传递；近端锚固体也参与工作，保证了压力型锚杆的承载力不断增加，在远端进入局部塑性之后，仍然具备一定的承载能力，只有在锚固体发生较大位移之后，才会发生破坏，具有较好的延性[24]。

抗浮锚杆的适用条件和经济长度可按表 9.4-2 选择。

**抗浮锚杆类型的选择**[21]　　　　　　　　　　　　　　　　　　　　　表 9.4-2

| 锚杆类型 | 锚杆工作特性及适用条件 |
| --- | --- |
| 全长粘结型锚杆 | 1. 适用于岩层或土层，竖向位移控制要求不严格；<br>2. 单根锚杆抗拔承载力特征值不宜大于 240kN（土层）和 350kN（岩层）；<br>3. 锚杆长度宜为 3～10m（岩层）和 7～15m（土层） |

| 锚杆类型 | | 锚杆工作特性及适用条件 |
| --- | --- | --- |
| 拉力型 | 预应力锚杆 | 1. 适用于硬岩、中硬岩或硬土层；<br>2. 单根锚杆抗拔承载力特征值不宜大于 400kN；<br>3. 锚固段长度大于 10m（岩层）和 15m（土层）时，承载力增加有限 |
| | 分散型预应力锚杆 | 1. 适用于软岩层或土层，承载力可随锚固段增大而有限增加；<br>2. 单位长度锚固段承载力高，且蠕变量小 |
| 压力型 | 预应力锚杆 | 1. 适用于腐蚀性较高的岩层或土层；<br>2. 单根锚杆抗拔承载力特征值不宜大于 400kN（土层）和 1000kN（岩层）；<br>3. 锚固段长度大于 10m（岩层）和 15m（土层）时，承载力增加有限 |
| | 分散型预应力锚杆 | 1. 适用于软岩层或腐蚀性较高的土层，承载力可随锚固段增大而有限增加；<br>2. 单位长度锚固段承载力高，且蠕变量小 |
| 扩体锚杆 | | 1. 适用于普通拉力型锚杆无法满足设计的土层，可施加预应力；<br>2. 抗拔承载力高于常规条件等直径锚杆 |

**4）重视抗拔锚杆的防腐设计**

抗浮锚杆防腐首先应根据环境类型及环境作用等级确定防腐级别，然后确定防腐方法。据统计约 60% 的腐蚀破坏部位为锚头附近（包括锚头下 0.5m），约 35% 的破坏为自由段（包括自由段进入锚固段内 0.5m），锚固段破坏案例不足 5%[25]。由于地下水位是在起伏变化的，地下室底板受到浮力后的轻微上浮变形，使垫层底面与锚杆孔口之间产生微小缝隙，锚杆受拉略有伸长，缝隙内的伸长后的锚筋暴露在地下水环境中，成为防腐薄弱环节，全长粘结型锚杆、拉力型锚杆及压力型锚杆均会如此。预应力锚杆张拉时通常钢绞线锚索采用锚具夹片系统锁定预应力，钢筋锚杆采用螺母螺杆系统锁定预应力，为了能够使锚夹片咬住钢绞线及螺母咬住螺杆，钢绞线及螺杆在锚具内及上下一定长度范围内必须有粘结，不能涂抹油脂，无粘结钢绞线的 PE 管也要剥开、洗净油脂，该段锚筋将直接暴露在顺锚筋而上升的地下水中，成为防腐薄弱环节，因此锚头区域应采取多道防腐设计措施。

对全长粘结型锚杆，砂浆必须在裂缝宽度较小的条件下才能起到有效的防腐作用。《建筑工程抗浮技术标准》JGJ 476—2019 中对抗浮锚杆的裂缝控制要求仅与抗浮设计等级相关，实际上，裂缝控制的目的主要在于如何保证锚杆的耐久性，因此尚需要关注环境类别与裂缝控制等级的关联。同时，建议考虑锚杆钢筋的局部腐蚀问题，按照年腐蚀速率增大锚杆钢筋截面作为全长粘结型锚杆防腐的辅助手段。

对于预应力锚杆，预应力锚杆自由段由于不能与砂浆接触，不能把砂浆作为防腐手段，只能通过物理隔离的方法进行防腐。目前较为常用的做法是外套套管、套管内涂抹防腐油脂。套管一般选用聚乙烯（PE）或聚丙烯（PP）软塑料管，严禁采用聚氯乙烯（PVC），聚氯乙烯中的氯离子会对锚筋造成腐蚀。需要指出的是，该方法极大考验施工质量，且缺乏有效的检测手段，因此，可采用无粘结钢绞线作为替代方法，比普通钢绞线可靠性更高。

5）重视混凝土预制桩的连接构造

汪加蔚等[26]对预应力混凝土管桩桩身抗拉强度、管桩钢接头焊缝抗拉强度及填芯钢筋混凝土抗拉强度进行的试验研究表明，端板锚固孔与预应力钢棒墩头的连接是抗拔桩的薄弱环节；试验还表明接桩焊缝在采用 E4303 焊条，不少于 2 次满焊的条件下能够保证焊缝强度，符合构造的填芯混凝土能够满足传力要求。实际工程中单节桩的破坏形态与填芯混凝土破坏形态接近，多节桩破坏形态与接头焊缝破坏形态接近。因此，对于预应力空心桩用于抗拔时，应特别关注接头处的构造。如桩头与承台或地基梁连接节点处采用桩顶锚固钢筋与端板焊接的连接方式在受拉时钢筋弯曲点焊接处存在应力集中现象，这使得理论上的焊缝强度验算毫无意义，焊接质量不好或两侧焊缝不对称时，弯曲点焊缝处很容易先行破坏，然后逐渐扩展，本章 9.2 节中的案例 5 已经证明了这一点，建议采用微膨胀混凝土填芯并内设插筋的连接方式或者两种方式并用以确保桩头质量。当桩顶截桩时，应将预应力钢筋采用机械连接方式接长后锚入承台；适当长度的填芯钢筋混凝土不仅可加强预应力空心桩与承台的连接，还能改善桩顶受力状态。

预应力空心桩用于抗拔时，宜采用单节桩，当采用多节桩时桩身宜采用通长灌芯，并另行设置通长抗拔钢筋，桩身接头可采用机械连接接头，如图 9.4-21～图 9.4-23 所示。预应力混凝土管桩钢端板与钢棒连接是受拉的薄弱环节，已增设非预应力钢筋加强桩身与钢端板之间的连接强度，非预应力钢筋与钢端板采用塞焊焊接。

图 9.4-21　抱箍式机械连接接头

图 9.4-22　销钉式机械连接接头

图 9.4-23 承插式机械连接接头

## 9.5 地下空间结构抗浮施工要点

### 9.5.1 施工期抗浮设防水位

抗浮设防水位分为施工期的抗浮设防水位和使用期的抗浮设防水位[21]。施工期抗浮设防水位可以与使用期抗浮设防水位相同,也可以不同,主要与施工期采用的地下水控制措施有关。若不采取合理的地下水控制措施,施工期的最高水位甚至有可能高于使用期的抗浮设防水位。如本章 9.2.3 节中的案例 7 所述,拟建场地为山地斜坡地形,位于缓坡地带,在岩层处开挖基坑进行地下室施工,基础落于中风化泥质白云岩上,泥质白云岩透水性极弱。根据勘察资料,该区地下水水量不丰富,且场地处于斜坡地带上,地下水与地表水易排泄,地下水位变幅在 2m 左右,多年最高水位也低于地下室基底设计标高,故提出不考虑地下室的抗浮作用,但应作防渗设计。但由于施工期未设置地表、地下排水管网,雨季地表水在岩石基坑中排水受阻,改变了地下水的补、径、排条件,形成了"水盆"效应。对于此类情况,宜将施工期抗浮设防水位定为室外地坪标高。若按照此抗浮设防水位设计建设成本太高而需采取较低的抗浮设防水位时,应重点明确施工期的排水措施,如设置地表引流沟,避免地表水在暴雨时迅速汇入基坑内,在基坑底设置疏、排水盲沟;加强基坑积水检测等,确保施工期的最高水位低于抗浮设防水位。

施工期抗浮设防水位应结合地质情况、地势情况以及工期情况进行制定,不同的地下结构工期选择、抗浮设防水位选择是不一致的,当工期为雨季时,建议将抗浮设防水位提高,特别是工期处于集中降雨概率最大的时间段时建议将抗浮设防水位定于地表标高。

### 9.5.2 地下空间结构施工若干建议

1) 重视顶板覆土的及时性

结构设计师为降低工程造价,一般均考虑地下室顶板覆土对抵抗水浮力的有利作用。但在地下结构实际施工过程中,多数项目为了施工方便,地下室顶板覆土在项目竣工验收前 1~2 个月才进行施工,覆土的时机与降水措施是紧密关联的,一般情况下,当后浇带封闭并达到设计强度后即宜及时完成覆土施工,否则应持续采取降排水措施,控制地下水位不高于设计要求的施工期控制水位,确保施工期间地下结构的抗浮稳定性。

2) 重视施工期抗浮措施

施工期的抗浮措施包括降低水浮力和提高抗浮力两种。其中降排水抗浮是最常用的方法，一般采用集水明排或井点降水方法将地下水位控制在地下室底板以下 0.5m。集水明排归属于重力降水。它是在基坑中开挖集水井和集水沟，使开挖时基坑内渗出的地下水经集水沟汇集到集水井中，再用泵将水从集水井中抽出，实现降水目的；但此方法可能导致基坑底软化、边坡失稳等问题，通常不适合在高水位地区基坑工程中单独使用。井点降水是降水方法中应用最广泛的，是一种非常实用有效的现代化施工辅助方法[27]。建议施工组织方案中增加施工抗浮措施，如疏排水方案、抽水设备布置及监控方案、极端天气的应急方案等。重点关注施工期间的水位控制标高和停止降水条件，地下室结构及顶面压重未全部施工完成前，不应封闭后浇带；当因施工组织需要，无法满足设计意图时，应及时沟通，并采取相应的补强措施。

3）保障疏排水措施的有效性

疏排水措施实施的最大隐患在于如何保证其真正发挥了作用。当设置盲沟进行疏水时，应尽量多设置检查井，如底板的盲沟区域设置贯穿底板底至顶板顶的检查井，严格落实定期检查制度，确保盲沟疏水系统正常运行[28]。在地下室底板合适位置多设置排水沟以备应急时使用。在疏水盲沟拐角处设置一定数量的水位观测井，进行实时监控。若地下水位高于限值时，应采取应急措施，如采用备用应急泵从检查井抽排地下水，必要时可在底板排水沟处钻孔泄压。

4）重视肥槽回填质量

基坑肥槽回填后，常容易忽视对地下室浮力的控制，大量地下室上浮的案例表明，基坑肥槽回填土的强渗透性是造成地下室外水位短期急剧上升并导致地下室上浮的主要因素之一。基坑回填土必须采用压实的不透水的黏性土或灰土，压实系数不小于 0.93，严禁填埋垃圾等渗透性强的材料；地下室外墙防水层不应采用透水的塑料泡沫板等材料，防止在防水层处形成水通道；基础与底板混凝土宜原槽浇灌，超挖部分以混凝土回填，避免在板底形成水通道。同时，建议在肥槽回填前埋设降水管井，在水位上升时可进行降水。当肥槽回填土施工困难，传统的分层回填碾压难以保证工程质量时，建议采用回填预拌流态固化土、振动水密法等技术，提高回填质量。

5）确保灌注桩钢筋笼现场连接质量

混凝土灌注桩钢筋笼的分节长度通常为 9m，当桩较长时，需要对钢筋笼分节制作，现场连接。当采用焊接工艺连接时，常因工人操作不规范等导致钢筋连接失效，直接影响桩基的抗拔承载力。图 9.5-1 为浙江某基坑支护桩在接近坑底位置的同一水平断面处断裂，原因是灌注桩钢筋笼现场焊接连接质量存在严重缺陷。因此，采用焊接连接时，必须确保规范施工，加强对钢筋连接质量的检测。有条件时，应推荐采用机械连接接头（图 9.5-2）。

图 9.5-1　支护桩在同一位置断裂　　图 9.5-2　钢筋笼机械连接

6）重视抗浮锚杆施工质量

锚杆的抗拔力主要依靠锚杆体与土体之间的摩擦力来传递，如果注浆不饱满或二次注浆压力不够，使锚杆体与土体之间结合不紧密或出现空隙，将严重影响锚杆体与土体之间摩擦力的发挥。近年抗浮锚杆工程事故调查结果显示，抗浮失效除抗浮设防水位确定过低外，主要是抗浮锚杆注浆、灌浆施工质量缺陷造成的。浆体质量直接影响抗浮锚杆的抗拔承载力，应强调采用二次注浆工艺或多次间歇补浆工艺，防止出现空洞。土层中的荷载分散型锚杆或采用二次及分段高压注浆的锚杆宜采用套管护壁钻孔。

在基础施工时应采取措施对已完成的抗浮锚杆进行有效保护，不能因工期紧而在锚杆灌注的水泥浆尚未凝结和未达到设计强度时使用机械设备，极易造成锚固体或周边土体扰动、锚固体倾斜、锚固钢筋弯曲疲劳等安全隐患。

灌浆锚杆长度及注浆密实度检测可按国家现行标准《锚杆锚固质量无损检测技术规程》JGJ/T 182—2009 执行，抽样率不应少于锚杆总数的 10%，且每批不少于 20 根；对重要部位或重要功能的锚杆宜全部检测。锚杆施工完成后，应进行验收试验，验证其抗拔力是否满足设计要求，检测数量不应少于锚杆总数的 5%；且同类型的锚杆不应少于 6 根。

## 9.5.3 地下空间结构上浮修复措施

当地下结构出现上浮时，首先应立即采取应急降水和结构保护措施，避免地下结构的进一步破坏，并实施跟踪监测，为后续的现场调查、检测与加固创造条件。常用的应急处置措施包括增加堆重、增设降水井加强降水、基础底板开孔泄压等。

应根据地下结构的上浮破坏特征以及破坏的程度分析上浮破坏的原因，并进一步判断是否可修复，如何修复。地下结构上浮修复主要包括地下结构变形的复位、抗浮能力的补强、已损伤结构构件的加固、地下室结构防水加强等措施。

1）地下结构变形复位

上浮的地下结构在采取降低地下水位、底板开孔泄压等措施后，上浮变形会逐步减小，但一般难以恢复到上浮前的标高，即存在一定量的上浮残余变形。当残余变形较大时，可综合采取加载（如顶板覆土）、抽水、解压、洗砂等方式，使上浮结构变形逐步回落复位。宜优先考虑前三种处理措施，若前三种措施使用效果不理想时，可考虑洗砂作业。需要注意的是，当利用高压水扰动地下结构侧壁外的回填土，从而降低侧壁摩阻力，减小地下结构下沉的阻力时，可能会使土体顺势流入结构底板下方，加重底板下的淤泥沉积，反而不利于后续作业，故该方案需谨慎选择；洗砂作业宜尽量经底板洗砂孔，用高压水冲散并洗出底板下淤积的泥沙，使得地下结构能够顺利复位[29]。此外，还可以结合抗浮能力补强措施，采用预应力锚杆成片张拉锁定技术实施竖向纠偏微调，使地下结构复位。

地下结构复位后，建议对底板下存在的脱空空隙以及被集水浸泡软化的持力层进行注浆填充加固。基底注浆填充加固流程如图 9.5-3 所示。根据设计要求，注浆孔直径宜为 50mm，注浆管为 φ38mm（图 9.5-4），钢管注浆管顶头端应穿过底板垫层，进入基底以下；注浆管接头应紧密，防止出现接头漏浆、渗浆现象。另外，注浆管与孔壁之间采用专制橡胶垫或微膨胀灌浆料进行封实（图 9.5-5）。浆液水灰比宜为 0.5～1.0，注浆压力宜为 0.2～0.5MPa，最后补注浆压力不大于 0.8MPa。注意注浆压力不应过大，避免基础底板（或防水板）上拱开裂。注浆完成后，应采用无收缩灌浆料封堵，并做好防渗措施。

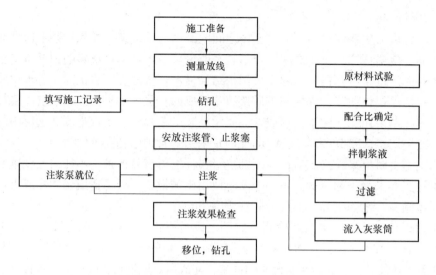

图 9.5-3　基底注浆填充加固流程图

图 9.5-4　注浆管材料

图 9.5-5　注浆管埋设

2）抗浮补强加固

　　地下结构上浮归根结底是地下结构抗浮能力不足的问题，需采取补强措施。常用的补强措施包括压重法、抗浮桩法、抗浮锚杆法、排水减压法等。

　　采用压重法时，应注意复核地下结构基础的竖向受压承载力以及压重部位相关范围主体结构的承载力和变形，当不满足时应预先采取加固措施。

　　采用抗浮桩法补强时，应综合考虑既有地下结构的施工空间和水文地质条件，选择小口径钻孔灌注桩、树根桩、钻孔注浆钢管桩、锚杆静压混凝土预制桩、锚杆静压钢桩、高喷水泥土复合钢管桩等。新增抗浮桩的单桩抗拔承载力应通过静载荷试验确定，载荷试验应采用慢速荷载维持法。

　　这里以预应力水泥土复合钢管桩为例介绍抗浮桩加固施工关键技术。预应力水泥土复合钢管桩利用水泥土-微型钢管复合桩工艺、微型钢管桩锚杆静压成桩工艺、预应力张拉工艺三项技术，实现狭小环境下的抗浮加固施工。预应力水泥土复合钢管桩加固施工流程如图 9.5-6 所示。

（1）水泥土高压旋喷成桩。高压旋喷桩钻进时将钻机钻头尖部对准桩位下钻，钻头钻入底板以下后打开送浆泵送少量浆至钻头出浆口，边旋转下钻边喷浆，钻至设计标高后充分送浆，原地旋转 2min，再按设计提杆速度要求匀速提升至设计停浆面（分节旋喷钻杆长度为 1m/节）。喷浆量要严格根据电机调速器进行均匀调整。施工时应严格控制喷浆时间和停浆时间。每根桩开钻后应该连续作业，不得中断喷浆。严禁在尚未喷浆的情况下进行钻杆提升作业。储浆罐内的储浆应不小于一根桩的每米用量。若储浆量小于用量时，不得进行下一根桩的施工。在喷射注浆过程中，应注意观察冒浆情况，以及时了解土层情况、喷射效果和喷射参数是否合理。冒浆量小于注浆量 20% 为正常现象；超过 20% 或完全不冒浆时，应查明原因并采取相应措施。若地层中有较大空隙而引起不冒浆，需在浆液中掺入适量速凝剂或增大注浆量；若冒浆量过大，可减少注浆量或加快提升和旋转速度。

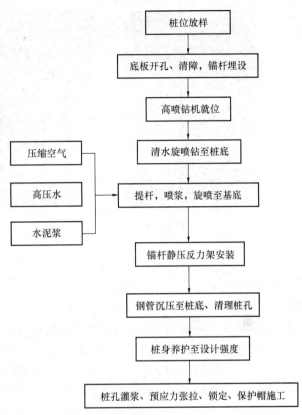

图 9.5-6　预应力水泥土复合钢管桩加固施工流程图

（2）钢管锚杆静压成桩。高喷成孔后内插 $\phi 168 \times 12$ 钢管，采用预装的 $4\phi^{\mathrm{T}} 25$ 精轧螺纹钢锚杆桩上设置压桩反力架、千斤顶将钢管沉压至设计桩长。钢管上每间隔 500mm 交错焊接 100mm×74mm×10mm 钢板作为剪力键(图 9.5-7)，钢管顶端设置端板，留设预应力筋孔。

（3）预应力筋张拉。预应力筋下端用挤压锚具固定，并用配套的锚具连接器将锚杆上端与设置于底板面上的锚垫板临时固定，待高喷桩自然养护至设计强度（约 20~28d）进行预应力筋张拉并锁定（图 9.5-8）。

采用抗浮锚杆法补强时，应综合考虑岩土工程条件和施工条件，选择全长粘结型锚杆、拉力型预应力锚杆、拉力分散型预应力锚杆、压力型预应力锚杆、压力分散型预应力锚杆、扩体锚杆等。关于锚杆加筋体的连接设计，考虑到地下空间限制，钢绞线锚杆应确保不分段，而普通钢筋与预应力螺纹钢应以专用套筒分段连接。

对于交付使用后发生上浮变形，但未造成结构构件严重损坏、所在基坑范围内地下水渗透汇集量不高且地下结构规模较大的既有地下结构，为减少底板面层的开孔修补、减少加固处理期间影响地下空间的正常使用和大幅度降低工程造价，可考虑采用排水减压法处理。鉴于此处理方法对长期运行维护要求高且需要长期消耗运管费用，若运行维护不当易引发地下结构上浮事故，故该方案应慎重选择。

图 9.5-7　钢管加工　　　　　　　　图 9.5-8　预应力筋张拉

3) 已损伤结构构件的加固

对损伤严重的结构构件可采用置换法加固；对一般损伤构件，可按照现行《混凝土结构加固设计规范》GB 50367—2013 进行加固。当需要对混凝土柱进行置换加固时，应考虑新增竖向构件之间变形差异对既有建筑结构受力的影响，宜采用同步液压托换技术减少置换施工过程中的内力突变。同步液压技术托换框架柱的施工流程如图 9.5-9 所示。

（1）钢支撑安装。钢支撑下端采用钢板和地脚膨胀螺栓固定在底板上，上端钢管支撑采用 250mm×250mm×10mm 的 Q235B 钢板用 4M24 对穿螺栓与钢管上部连接并拧紧螺栓，支撑顶部安装液压千斤顶，千斤顶就位时应保证千斤顶形心与钢管形心重合，其偏差不得大于 10mm，以满足整体传力要求，千斤顶上方设置轴力计，梁底垫设钢垫板，钢支撑间设置水平支撑拉结，避免支撑失稳。图 9.5-10 为现场钢支撑和千斤顶。

图 9.5-9　同步液压技术托换框架柱流程图

图 9.5-10　现场钢支撑和千斤顶

（2）预顶力施加。在施加预顶力时，由于荷载传递不均匀，如果人工控制可能引起千斤顶顶速不一致，导致上部结构产生附加应力。因此，宜采用全自动液压同步控制系统对上层结构构件同步施加预应力，尽可能卸除本层竖向置换构件的荷载，避免或尽量降低上层结构产生过多的附加内力。在柱截凿前每套支撑根据设计预顶荷载值预顶,正式支撑时每套钢支撑采用同步液压系统顶至设计荷载值后,自锁千斤顶自行锁定。对整体置换的框架柱反向加载值不大于柱顶轴力(恒荷载+活荷载标准工况);对局部置换的框架柱反向加载值不大于柱顶轴力的50%(恒荷载+活荷载标准工况),使柱基本处于零位移状态(位移≤0.01mm),柱置换均采用力与位移双控制。

(3)混凝土柱置换。反顶完成后进行柱混凝土凿除作业,凿除时要注意对钢筋主筋的保护,不得损伤主筋(图9.5-11);各柱子凿除过程中,应加强轴力监测,记录监测数据。新增柱采用高强无收缩混凝土进行浇筑,柱置换混凝土浇筑完成后至少养护7d再拆模,期间喷水养护,拆模后包塑料薄膜浇水养护,养护时间不少于7d,指定专人浇水养护,每天浇水量应保持塑料薄膜内有凝结水(图9.5-12)。

图9.5-11　混凝土柱凿除　　　　　图9.5-12　混凝土柱洒水养护

4)地下结构防水加强措施

地下结构上浮后,迎水结构将产生裂缝,同时,原有的防水层也遭到了破坏,因此,需采取防水补强措施。一般对于干燥缝隙,当裂缝宽度大于0.2mm或裂缝贯通时,建议采用压力注入改性环氧灌浆料;当裂缝宽度小于等于0.2mm时,可采用环氧树脂结构胶封缝处理。对于潮湿渗漏缝隙,建议采用压力注入水溶性聚氨酯化学浆料。对于变形缝处,建议采用弹性聚氨酯,以适应此部位沉降、伸缩等变化的需要[30]。堵缝处理后,宜贴碳纤维布进行补强。

若地下水具有承压性,采用注浆封堵,会存在跑浆、浆体无法凝结、注浆孔存在漏水隐患等困难,建议采用在地下室底板设置疏水层的方式,在底板上沿渗水裂缝铺设200mm厚碎石透水槽,将渗出的水引至排水沟内,并在碎石槽上增设抗裂钢筋网,确保碎石槽区域不被压裂,如图9.5-13所示[31]。

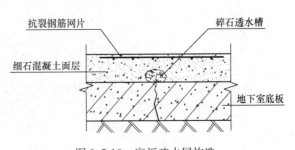

图9.5-13　底板疏水层构造

375

## 9.6 抗浮构件新技术新工艺

### 9.6.1 预制桩非挤土植入技术

预制桩一般采用锤击法或静压送桩，该工法存在一定的缺陷，如桩基施工存在挤土效应，遇到复杂地层时送桩困难，桩身接头及其表面防腐涂层在锤击或静压过程中易受损，影响接头抗拔承载力和耐久性。采用灌注桩又存在易出现缩颈、桩底沉渣多、施工污染大等问题[32]。

预制桩植入技术可较好地解决预制桩挤土效应带来的环境问题和桩基施工质量问题，同时由于植入成孔设备通常具有较大扭矩，对地质较复杂的情况具有良好的适应性，可较好地解决预制桩与硬土层无法压入或沉桩不到位的问题。当预制桩用于抗浮构件使用时，植入技术可最大程度避免桩身接头（如焊接接头）在锤击或静压过程中受到损伤，解决接头表面防腐涂层遇硬土层磨损的问题，从而保证接头承载力和耐久性。同时，预制桩与周边水泥土或浆体形成复合桩，既可保护桩身改善桩身工作环境，又可显著提高单桩极限承载力。

近年来，我国引进了多种预制桩的非挤土植入技术，可以将预制桩和灌注桩的优势有机结合起来。预制桩植入技术包括搅拌注浆植入技术（或称静钻根植桩）、钻孔取土注浆植入技术、旋挖成孔注浆植入预桩技术等。

搅拌注浆植入技术是用螺旋钻先喷浆搅拌形成水泥土达到设计深度，然后将预制桩放入到水泥土中的工法，集成钻孔、注浆、深层搅拌、扩头、预制等各种桩基技术，具有无振动、低噪声、成桩质量好、桩承载力高、泥浆排放少等优点。静钻根植桩即为搅拌注浆植入技术的典型代表。其施工步骤为钻孔、扩底、注浆、植桩，施工工艺流程如图 9.6-1所示，现场植桩如图 9.6-2 所示。静钻根植桩工法应用于抗浮构件时具有如下优势：(1) 提高抗浮桩的抗拔承载力。抗浮桩可采用竹节桩（PHDC）、复合配筋管桩（PRHC）、预应力混凝土管桩（PHC）等，尤其在软土地基，因桩周水泥土强度高于桩周

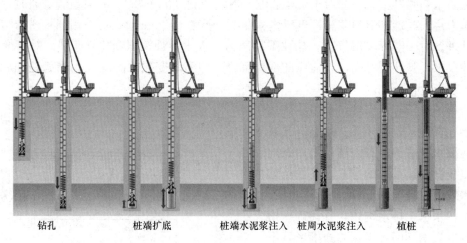

钻孔　　　桩端扩底　　　桩端水泥浆注入　桩周水泥浆注入　　植桩

图 9.6-1　静钻根植桩施工工艺流程图

原土体的强度，且水泥浆向桩周土体渗透，使桩侧阻力大大提高。同时，通过扩底，扩底直径一般为钻孔直径的 1.5 倍，扩底高度不小于钻孔直径的 3 倍，增大了桩端部与土体的接触面积，也提高了桩的抗拔性能。静钻根植桩的竖向抗拔承载力静载试验结果表明[33]，采用静钻根植工法施工的 PHC600AB（130）管桩及 PHC800AB（110）管桩的桩基竖向抗拔承载力大大提高，均超过按桩身配置的预应力钢筋抗拉强度标准值来决定的抗拉能力。（2）提高抗浮桩的可靠性。传统的管桩采用焊接连接，施工单位常因焊接操作的不规范而造成焊接质量达不到要求，而采用机械连接方法时，又因连接件突出管桩面而造成沉桩困难；采用静钻根植桩工法使机械连接不影响沉桩，提高抗拔接头的可靠性，同时，由于桩身外侧被水泥浆包裹密实，能够较好地抵御土层中不良物质的侵蚀。（3）保证抗浮桩的桩身质量。静钻根植桩工法使预制桩的桩顶

图 9.6-2　预制桩现场植入

标高容易控制，可避免因大量截桩而造成桩头破坏或桩身预压应力的变化，也避免了锤击法、静压法导致的桩身压爆风险，桩身完整性更加可靠。

为充分发挥不同桩型预制桩的优势，可将不同桩型组合使用配置在同一根桩内。如复合配筋管桩（PRHC）较预应力混凝土管桩（PHC）增加了非预应力钢筋，提升了预制桩的抗剪、抗拉性能，适用于配置在桩的中、上部；竹节桩（PHDC）凸起部分可增强桩身与水泥土的粘结强度，保证预制桩与桩底扩底部位共同作用，适合设置在桩的端部。组合桩受上部荷载沿桩身传递的同时，也逐步通过桩周水泥土传递到桩周土中，形成了竹节桩-水泥土、水泥土-桩周土的双层应力扩散模型。这种荷载传递方式既保证了桩身强度，又使得桩侧摩阻力能够得到充分发挥[34]。不同的组合方式，可满足桩基抗压、抗拔、抗水平力的不同需求，极大地提高了桩基础工程的集成化、系统化、配套化[35]。

钻孔和旋挖成孔取土注浆植入技术，是通过钻孔或旋挖成孔至设计深度，再灌入水泥砂浆，然后将预制桩放入充满水泥砂浆的孔中的工法。与搅拌注浆植入技术相比，钻孔或旋挖成孔取土注浆植入技术主要区别在于成孔和注浆方式不同，钻孔或旋挖成孔取土注浆植入技术的工艺流程如图 9.6-3 所示，

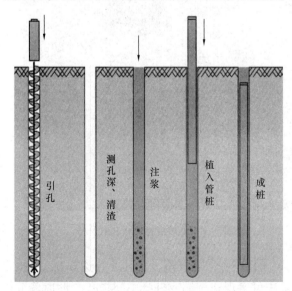

图 9.6-3　钻孔取土注浆植入技术工艺流程图

现场施工如图 9.6-4 所示。

(a) 旋挖成孔

(b) 灌注水泥砂浆

(c) 植入桩体

图 9.6-4　旋挖成孔植入预制桩施工

## 9.6.2　入岩扩底灌注桩新工艺

入岩扩底灌注桩具有承载力高、出土量少、经济性好等显著优点，在国内外得到了广泛应用。我国的扩底桩种类已有 20 多种。下面以 AM 工法为例，介绍扩底灌注桩新工艺。

AM 全液压扩底灌注桩施工技术[36]来源于日本，AM 即 Amplitude Modulation（幅度调制）的缩写，指灌注桩成孔时可以根据施工要求调整孔径以达到扩底的目的。该工法采用全液压电脑管理映像追踪快速扩孔铲斗可视可控工艺，用钻机将直桩孔钻至设计深度后，把全液压快速扩孔铲斗（图 9.6-5）下降到扩底桩的扩大部位，打开扩大翼进行扩大切削作业（图 9.6-6）。扩大挖掘前，施工人员要预先把基桩设计要求的扩底尺寸和深度等数据输入设备控制电脑内，显示器会根据输入数据实时显示模拟图像，进行扩底切削时，钻头位置和每次切削土体的结果都会显示在电脑屏幕上，最终当显示器上的图形与预先输入的设计数据模拟图像完全重合时，扩底作业完成。

图 9.6-5　全液压快速扩孔铲斗

图 9.6-6　AM 工法旋挖钻机扩孔作业

AM 工法灌注桩桩径可从 0.8～3m，扩大径至 1～5m，最大扩孔率可达 3.5，即扩底直径可达桩身直径的 1.87 倍，同时，该工法可实现在桩端或桩身中间扩孔，形成多节扩孔，对提高抗拔桩承载力尤为有利。如杭州地铁 1 号线武林广场站，灌注桩桩径

1600mm，入中风化基岩后扩底至 2600mm，单桩竖向抗压极限承载力达到 42000kN，单桩竖向抗拔极限承载力达到 12000kN（图 9.6-7、图 9.6-8）。

AM 工法施工流程主要包括：（1）桩机就位定位；（2）先钻比桩径略大孔用于埋设钢护筒；（3）埋设护筒；（4）等径桩开始成孔，边钻进边注入稳定液；（5）等径桩钻到设计孔深；（6）更换扩底铲斗并将设计扩大数据输入电脑施工管理装置开始扩孔施工；（7）通过扩底铲斗切削至设计要求；（8）测量深度，同时进行两次清孔；（9）放置钢筋笼；（10）利用特殊清渣泵清除沉渣；（11）安放导管；（12）灌注混凝土；（13）拔出导管；（14）拔出钢护筒，完成施工。

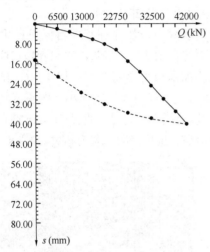

图 9.6-7  扩底灌注桩抗压试桩 $Q$-$s$ 曲线

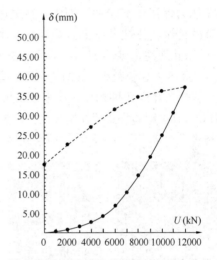

图 9.6-8  扩底灌注桩抗拔试桩 $U$-$\delta$ 曲线

AM 工法扩底铲斗将施工过程产生的泥沙直接带出，稳定液可回收循环利用，不出泥浆，环境污染少。该工法对施工场地的要求少，能够适用于黏土、砂土、砾石、泥岩等各种复杂地质环境，是一种安全、可靠、高效、节能、经济、环保的施工新技术，具有很好的技术效益以及社会效益。

## 9.6.3  囊袋式注浆扩体技术

钻孔灌注桩受施工工艺所限，桩身与周围土体之间往往存在较厚泥皮，严重削弱桩土界面的咬合力，桩身强度因地基承载力不足而得不到充分发挥，造成资源浪费。采用扩体技术是提高抗浮构件抗拔承载力的有效手段，在工程中得到了广泛应用。一般的扩体技术多采用机械扩孔的方式，如 9.6.2 节介绍的扩底灌注桩新工艺。然而，在复杂地质条件下，该方法也存在一定的局限性。如需对桩侧多处扩体时，遇砂砾土层易塌孔，扩孔后土中碎屑难清除，桩身与周围土体泥皮过厚影响桩侧摩阻力发挥等，采用囊袋式注浆扩体技术可以有效解决这些问题。囊袋式注浆扩体技术是基于土体可塑性和压缩性比较大的力学特性，在抗浮构件（抗浮锚杆或抗浮桩）需扩体位置增设囊袋，待抗浮构件施工就位后，通过注浆导管往囊袋中注入高压水泥浆，使囊袋向土层侧向扩展，从而实现扩体，囊袋内水泥浆硬化后即在桩身周围形成水泥浆扩大段，可显著提高单桩抗拔承载力。胡玉根等将囊袋式注浆扩体技术应用于灌注桩（专利号：ZL201210111519.8），其扩体效果如图 9.6-9 所示。

囊袋式注浆扩体的关键技术在于：

（1）束浆技术。在钢筋笼底部安装双层封闭防水涤纶帆布束浆袋，束浆袋的上下端采用钢丝与钢筋笼主筋绑扎并辅助缠绕尼龙带固定（图9.6-10），在下放钢筋笼之前应检查束浆袋与钢筋笼的连接，必须保证固定牢固。

（2）注浆技术。钢筋笼束浆袋在现场支架上提前安装，同时绑扎第一节注浆管，深入注浆袋底部；注浆管应随钢筋笼下放逐节采用直螺纹对接安装，安装时接头处需缠裹生胶带，接头应用管钳拧紧，保证注浆管的密封性，防止脱落；注浆量根据桩径和扩底段长度确定；当桩身浇筑完混凝土后，等养护到混凝土终凝时（大约24h后），开始进行挤扩注浆，注浆压力保持在 1.0～2.0MPa，待最后一次注浆完毕卸压封阀。

囊袋式注浆扩体技术可大大提高桩基的抗拔承载力，如深圳某项目原设计采用直径800mm 的钻孔灌注，桩长 25m，单桩抗拔承载力特征值为 1050kN，改用囊袋式注浆挤扩桩后在桩径不变、桩长减小 7m 的情况下，单桩抗拔承载力提高至 2000kN，对比试桩结果表明，与普通钻孔灌注桩相比，注浆挤扩桩呈现出"承载力大、变形小"的承载特点。表9.6-1 为浙江某工程囊袋式后注浆灌注桩抗拔载荷试验结果，可见，直径 700mm 钻孔灌注桩采用囊袋式后注浆扩体技术后，抗拔承载力显著提高，抗拔极限承载力超过4000kN。

图 9.6-9　囊袋式注浆扩体灌注桩扩体前后示意图　　　　图 9.6-10　束浆袋

浙江某工程囊袋式后注浆灌注桩抗拔载荷试验结果　　　　　　表 9.6-1

| 序号 | 桩号 | 桩径 (mm) | 桩长 (m) | 最大试验荷载 (kN) | 最大沉降量/ 上拔量 (mm) | 最大 回弹量 (mm) | 回弹率 (%) | 极限承载力 (kN) | 备注 |
|---|---|---|---|---|---|---|---|---|---|
| 3 根 抗拔 | S-4 | 700 | 55 | 4000 | 6.77 | 1.93 | 28.5 | 4000 | 未破坏 |
| | S-5 | 700 | 55 | 4000 | 11.43 | 3.52 | 30.8 | 4000 | 未破坏 |
| | S-6 | 700 | 55 | 4000 | 7.81 | 2.53 | 32.4 | 4000 | 未破坏 |

### 9.6.4　缓粘结预应力抗拔灌注桩技术

众所周知，传统抗拔灌注桩桩身配筋量非常大，当抗拔桩承载力较高时，桩身配筋异常密集，不仅造价高，且桩身混凝土水下浇筑密实度难以保证。原因在于，基于耐久性设计需要，传统抗拔灌注桩计算配筋由桩身裂缝宽度控制，而在混凝土构件受拉开裂达到裂缝宽度限值时，钢筋设计应力通常只有 135～180MPa，仅为钢筋抗拉强度设计值

（360MPa）的 38%～50%，因而材料性能利用率非常低。而预应力钢绞线强度为 1860MPa 以上，考虑到预应力损失实际可用强度在 1100MPa 左右，也就是说预应力技术是普通钢筋效率的 8.2～6.1 倍。然而，采用预应力抗拔灌注桩也存在一些困难，如采用传统后张法施工工艺时，需在预应力筋张拉后，通过压力灌浆形成粘结，考虑到工程桩较长，尚难以实现。为此，浙江省建筑设计研究院发明了一种缓粘结预应力抗拔灌注桩技术（专利号：ZL. 2018. 1. 1514508. 8）。缓粘结预应力抗拔灌注桩是将缓粘结预应力筋绑扎在桩身竖向普通钢筋内侧（图 9.6-11），张拉固定端设置于桩身底部、张拉端设置于桩顶部，利用缓凝结胶粘剂特殊的缓凝固化性能，在灌注桩混凝土浇筑后缓凝结胶粘剂固化前进行预应力筋的张拉，在张拉完成后缓凝结胶粘剂逐步固化以确保钢绞线与混凝土之间的有效粘结。缓粘结预应力技术可充分发挥高强度钢筋的抗拉性能及混凝土的抗压性能，在结构构件受荷载作用前，先对灌注桩施加预压应力，使抗拔桩桩身混凝土处于预受压状态，控制桩身产生裂缝。

缓粘结预应力抗拔灌注桩的施工步骤除了普通钻孔灌注桩的程序外增加了预应力张拉工序，具体如下：（1）放线定位；（2）护筒埋设；（3）桩机成孔（泥浆护壁）；（4）钢筋笼及预应力筋制作；（5）钢筋笼吊放；（6）预应力筋安装；（7）清孔；（8）灌注混凝土；（9）土方开挖及桩头破除；（10）安装张拉端组件；（11）预应力筋张拉；（12）浇筑承台锚固。现场施工如图 9.6.12～图 9.6.15 所示。

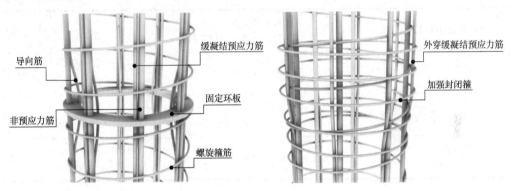

图 9.6-11　缓粘结预应力抗拔灌注桩钢筋绑扎构造

图 9.6-12　钢筋笼制作

图 9.6-13　缓粘结预应力筋制作

图 9.6-14　缓粘结预应力筋绑扎　　　　　图 9.6-15　钢筋笼吊装

缓粘结预应力抗拔灌注桩不仅可有效改善抗拔桩的耐久性，经济效益也非常可观。表 9.6-2 为浙江某工程缓粘结预应力抗拔灌注桩与传统抗拔灌注桩的经济性对比。

浙江某工程缓粘结预应力抗拔灌注桩与传统抗拔灌注桩的经济性对比　　表 9.6-2

| 桩径<br>（mm） | 方案 | 有效桩长<br>（m） | 单桩承载力<br>特征值<br>（kN） | 普通钢筋配筋<br>（配筋率） | 预应力钢绞线配筋<br>（配筋率） | 单桩<br>造价<br>（元） |
|---|---|---|---|---|---|---|
| 700 | 普通抗拔桩 | 25 | 1800 | 上段：22$\Phi$28(3.5%)<br>下段：11$\Phi$28(1.75%) | — | 27506 |
| | 缓粘结预应力<br>抗拔桩 | 25 | 1800 | 通长：8$\Phi$14(0.32%) | 上段：8$\Phi^s$21.6(0.59%)<br>下段：4$\Phi^s$21.6(0.30%) | 19070 |
| 800 | 普通抗拔桩 | 25 | 1800 | 上段：24$\Phi$28(2.9%)<br>下段：12$\Phi$28(1.45%) | — | 32801 |
| | 缓粘结预应力<br>抗拔桩 | 25 | 1800 | 通长：10$\Phi$14(0.31%) | 上段：10$\Phi^s$21.6(0.57%)<br>下段：5$\Phi^s$21.6(0.29%) | 24566 |

## 9.6.5　内置预制混凝土杆芯的组合锚杆技术

当抗浮锚杆的裂缝控制要求较高时，一般要求采用预应力锚杆。《建筑工程抗浮技术标准》JGJ 476—2019[21] 规定：抗浮设计等级为甲级的工程，在荷载效应标准组合下锚固浆体中不应产生拉应力；抗浮设计等级为乙级的工程，在荷载效应标准组合下锚固浆体中拉应力不应大于锚固浆体轴心受拉强度。即应分别为满足式（9.6-1）和式（9.6-2）的要求。

$$\sigma_{ck} - \sigma_{pc} \leqslant 0 \tag{9.6-1}$$

$$\sigma_{ck} - \sigma_{pc} \leqslant f_{tk} \tag{9.6-2}$$

式中　$\sigma_{ck}$——荷载效应标准组合下正截面法向应力（kPa）；

$\sigma_{pc}$——扣除全部预应力损失后，锚固浆体有效预压应力（kPa）；

$f_{tk}$——锚固浆体轴心受拉强度标准值（kPa）。

然而，一方面预应力抗浮锚杆通常需要在地下室底板面完成后进行张拉，底板预留孔道极易造成地下室渗漏水，因而预应力锚杆的防水问题十分突出；另一方面，当锚杆的锚固段位于岩土层时，锚杆浆体内的预压应力实际上是很难形成的。要使锚杆浆体内产生预压应力，必须使锚杆浆体产生压缩变形，但由于锚杆的锚固段处于岩层，预应力筋张拉无法使端部承载体向上产生变形，同时底板刚度很大，预应力筋张拉也无法使张拉端向下产生变形，因而无法使锚杆浆体产生压缩变形，也就无法在锚杆浆体内建立预压应力，如图9.6-16所示。

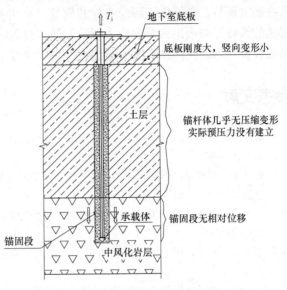

图9.6-16　锚杆张拉作示意图

浙江省建筑设计研究院发明了一种带预制混凝土杆芯的组合锚杆，其工作原理是在锚杆的混凝土杆芯内设置预应力筋，采用先张法在工厂预制，使预制混凝土杆芯提前建立预压应力；然后将预制混凝土杆芯放入锚杆孔内，并采用二次注浆填充杆芯与孔壁之间的空隙，形成组合锚杆，锚杆构造如图9.6-17所示。

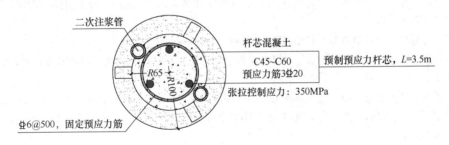

(a) 组合锚杆详图

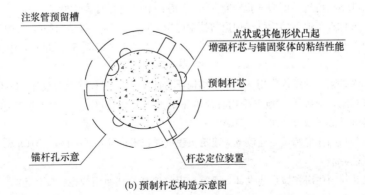

(b) 预制杆芯构造示意图

图9.6-17　预应力预制杆芯组合锚杆构造

内置预制混凝土杆芯组合锚杆的预应力建立是在工厂完成的，省去了锚杆现场施工的张拉锁定环节，既能保证预应力杆芯质量，又能大大缩短现场施工周期。由于预制混凝土杆芯的预应力筋采用的是预应力螺纹钢筋，只需将预制混凝土杆芯上端预留螺纹钢筋锚入基础底板即可，因而彻底解决了锚杆接头的渗漏水问题。

# 参考文献

[1] 康景文，田强，付彬桢，等．某工程地下结构抗浮失效原因分析及加固[J]．工程质量，2015，33 (12)：42-47.

[2] 张学文，黎夏至，李维涛，等．抗拔预应力管桩地下车库上浮案例检测浅析[J]．地下空间与工程学报，2011，7(S1)：1409-1414.

[3] 李大浪，蔡飞，黄玉屏，等．丘陵坡地地下室抗浮设计研究[J]．有色冶金设计与研究，2016，37 (2)：34-37.

[4] 丁力，丁坚平，杨平波．某新校区实验楼地下室上浮事故分析[J]．勘察科学技术，2013(2)：36-38.

[5] 刘东光．南昌地层与地下水位的关系及地下复合体结构抗浮研究[D]．南昌：南昌大学，2018.

[6] 刘汉进．不同上浮形态地下室结构损坏特征与相关处理技术的研究[D]．青岛：青岛理工大学，2010.

[7] 兰坚强．地下水的抗浮设防水位取值及工程实例[J]．工程勘察，2008(3)：40-43，56.

[8] 陈夏辉．坡地建筑地下结构浮力计算及抗浮措施研究[D]．广州：广州大学，2020.

[9] 马晓玲．试论地下水运动中裘布依公式的应用[J]．内江师范学院学报，1993(4)：42-45.

[10] 曹洪，朱东风，骆冠勇，等．临江地下结构抗浮计算方法研究[J]．岩土力学，2017，38(10)：2973-2979，2988.

[11] 湖北省标准．建筑地基基础技术规范：DB 42/242—2014[S]．2014.

[12] 陈凝旖，成建梅．地下结构抗浮设计水位概念与设计相关问题探讨[J]．勘察科学技术，2021(1)：16-22.

[13] 周朋飞．城市复杂环境下地下水浮力作用机理试验研究[D]．北京：中国地质大学，2006.

[14] 梅雄国，宋林辉，宰金珉．地下水浮力折减试验研究[J]．岩土工程学报，2009，31(9)：1476-1480.

[15] 张乾，宋林辉，梅雄国．黏土地基中的基础浮力模型试验[J]．工程勘察，2011，9(9)：37-41.

[16] 张第轩．地下结构抗浮模型试验研究[D]．上海：上海交通大学，2007.

[17] 梅雄国，宋林辉．地下结构抗浮理论与技术应用[M]．北京：科学出版社，2019.

[18] 广东省标准．建筑地基基础设计规范：DBJ 15—31—2016[S]．北京：中国建筑工业出版社，2003.

[19] 陈丹锡，涂智溢．承压水作用下的地下结构浮力计算[J]．工程建设与设计，2022(21)：37-39.

[20] 张震，张东刚，李帅等．地下结构抗浮方案的选择及优化[C]．//中国建筑学会地基基础分会2014年学术会议论文集．2014：21-24.

[21] 中华人民共和国住房和城乡建设部．建筑工程抗浮技术标准：JGJ 476—2019[S]．北京：中国建筑工业出版社，2018.

[22] 中华人民共和国住房和城乡建设部．建筑与市政地基基础通用规范：GB 55003—2021[S]．北京：中国建筑工业出版社，2021.

[23] 陈飞铭．地下室上浮破坏及处理措施研究[D]．重庆：重庆大学，2004.

[24]　高德军，李昆，等．压力型锚杆锚固力学性能试验研究[J]．人民长江，2016，47（S2）：101-104，133．

[25]　付文光．抗浮锚杆耐久性问题探讨[C]．//中国施工企业管理协会岩土锚固工程专业委员会第二十五次全国岩土锚固工程学术研讨会，2016，4-14．

[26]　汪加蔚，裴涛，干钢，等．预应力混凝土管桩结构抗拉强度的试验研究[J]．混凝土与水泥制品，2004（3）：24 -27．

[27]　罗晶．富水砂层地铁车站施工期动态降水技术研究[D]．长沙：中南大学，2012．

[28]　曹彦凯，袁雪芬，张敏，等．某坡地建筑地下室疏水降压减浮设计分析[J]．建筑结构，2022，52（7）：105-110．

[29]　梁妍妍．地下结构抗浮研究与优化分析[D]．广州：广州大学，2016．

[30]　王公胜，孙文，张志江，等．建筑地下结构渗漏原因与控制措施分析[J]．建筑结构，2021，51（2）：103-107．

[31]　廖孙静，贺晓英等．某临海项目地下室抗浮失效事故分析及处理方法[J]．建筑结构，2022，52（S1）：2278-2281

[32]　龚晓南，陈张鹏．地基基础工程若干问题讨论[J]．建筑结构，2021，51（17）：1-4，49．

[33]　张日红，陈洪雨，龚晓南，等．静钻根植桩技术及应用[C]．//2018 全国岩土工程师论坛论文集．2018：319-325．

[34]　周佳锦，王奎华，龚晓南，等．静钻根植竹节桩承载力及荷载传递机制研究[J]．岩土力学，2014，（5）：1367-1376．

[35]　张会．静钻根植桩技术设计简介[J]．铁道建筑技术，2016，（zl）：359-362．

[36]　刘翔青．AM 工法扩底灌注桩的试验分析与力学性能研究[D]．合肥：合肥工业大学，2014．

# 10　地下空间结构抗裂防漏技术

刘加平[1]，王育江[1,2]，李华[1,2]，王文彬[2]，李明[2]，张坚[2]

（1. 东南大学材料科学与工程学院，江苏 南京 211189；2. 江苏省建筑科学研究院有限公司，江苏 南京 210008）

## 10.1　概述

城市地下空间开发是解决城市交通拥堵、环境恶化等问题，推动城市可持续发展的重要途径。城市地下空间主要包括地下交通、地下商业、地下车库、地下能源、地下市政管线、地下人防、地下军事工程、地下综合防灾减灾设施、地下仓储物流等。目前，地下空间开发也不断向立体化、功能多样化方向发展，利用的空间也由浅层向深层推进。

混凝土结构是地下空间开发利用的主要结构形式，其服役过程往往处于承压地下水环境，开裂、渗漏问题是工程的通病。提升地下工程混凝土结构的防水性能也成为行业的共识，新颁布的《建筑与市政工程防水通用规范》GB 55030—2022，明确提出"地下工程防水设计工作年限不应低于工程结构设计工作年限"。混凝土是地下工程防水的主体，其本身具有良好的抗渗性能，未出现裂缝时，普通 C30 以上混凝土渗透系数约为 $10^{-18}\,\mathrm{m^2}$ 以下，抗渗等级可满足一般刚性防水要求。然而，受大截面、大体量、超长结构形式、分步施工浇筑等因素影响，混凝土的收缩大、新老界面约束强、开裂问题突出，一些结构在拆模后即可出现贯穿性的裂缝。统计资料表明，由混凝土收缩导致的开裂占 80% 以上甚至更高。一旦出现裂缝特别是贯穿性裂缝时，承压水将从裂缝中渗流，混凝土的渗透系数将呈数量级增加。目前结构防水设计主要是通过外包柔性防水与混凝土本身刚性防水相结合的方式来满足防水需求，但在工程实践中，柔性防水受有机材料的易破损、老化失效、铺贴不严密等影响，往往达不到预期的效果。因此，混凝土开裂引起渗漏等问题，加剧有害介质的传输，引起钢筋锈蚀，严重影响结构服役功能，降低结构服役寿命。

控制混凝土收缩引起的裂缝尤其是贯穿性的裂缝，是保障混凝土刚性自防水性能、提升结构整体防水性能的关键，同时是减少后期修补和维护费用，实现地下空间混凝土结构低碳、可持续发展的重要途径。本章节针对地下空间结构抗裂防漏问题，重点从混凝土材料角度，介绍开裂渗漏现象及其成因、抗裂性设计方法、抗裂防漏关键技术及工程应用，为地下空间混凝土结构设计和施工提供参考。

## 10.2　地下空间现浇混凝土结构常见开裂渗漏现象及其成因

钢筋混凝土的刚性自防水是地下空间现浇混凝土结构防漏的关键，其核心问题是控制混凝土的裂缝，尤其是早期收缩裂缝。影响混凝土早期收缩开裂的因素极其复杂，涉及设计、材料、施工等一系列环节。而相较于传统混凝土，现代混凝土由于组成及特点的差异，早期收缩，尤其是早期自收缩与温度收缩占比较大，约束条件下更容易产生开裂。本节首先系统地介绍了混凝土几种常见的收缩类型与特点，在此基础上，针对目前地下空间现浇混凝土结构，对不同部位代表性裂缝的形态、形成原因及接缝渗漏展开了分析与讨论。

## 10.2.1　混凝土常见收缩类型与特点

混凝土收缩是指混凝土中由于所含水分的变化、化学反应及温度变化等因素引起的体积缩小的现象。以凝结时间为界限可将早龄期混凝土分为塑性和硬化两个阶段。塑性阶段为混凝土凝结之前，在此阶段易产生因表面失水、沉降等引起的塑性开裂。混凝土凝结以后进入硬化阶段，由于胶凝材料的持续水化、内外部温湿度变化等会进一步产生温度收缩、自收缩和干燥收缩，约束条件下各种收缩的叠加引起收缩拉应力，易引起硬化混凝土的收缩开裂。混凝土的各类收缩变形是导致开裂的本质原因。下面，首先对各类收缩类型及特点予以介绍。

**1. 塑性收缩**

塑性收缩是指新浇筑混凝土在塑性阶段产生的体积变形，一般出现在从浇捣结束至终凝完成的时段，约为 $4\sim12h$。该阶段，混凝土仍处于塑性流动状态，物理化学性质极其不稳定，体积变化剧烈。塑性阶段收缩根据方向可以分为水平方向的塑性收缩和竖直方向的塑性沉降收缩两类，塑性开裂现象在地下工程混凝土的底板、中板、顶板等大面积暴露在空气中的板式结构中最为常见。

塑性收缩开裂是指新浇筑混凝土大范围处于烈日照射、大风、干燥的环境中，在未凝结之前由于表面水分蒸发速率大于混凝土泌水速率，毛细管负压产生的水平方向的收缩应力超过混凝土塑性抗拉强度，使混凝土暴露在外的表面产生裂缝的现象。塑性收缩裂缝一般表现为"Y"状乱向分布，长度不一，宽度和深度也有所差异。多数裂缝的宽度不大（$<0.2mm$），深度局限于混凝土表层较浅的区域；也有裂缝宽度较大（$>0.2mm$，甚至 $>0.5mm$），深度可能贯穿整个薄板（壁）结构。塑性收缩开裂除与混凝土自身性能相关外，也与混凝土所处环境密切相关，一般来说，气温越高、光照越强、风速越大、环境相对湿度越低且保湿养护措施不佳时，塑性收缩开裂现象越严重。

塑性沉降裂缝是由塑性沉降差导致的开裂现象。新浇混凝土中砂石骨料悬浮于水泥浆体中，此时骨料密度大于水泥浆体，而水分密度又小于水泥颗粒，因此砂石骨料下沉，而水分上移，在竖直方向产生沉降收缩。当混凝土的沉降收缩在钢筋表面受到限制，或者由于结构截面高度变化而产生不一致，就会诱导混凝土在凝结以前发生塑性沉降开裂。塑性沉降裂缝容易出现在大面积板式结构上，通常沿钢筋纵向开展，一般表现为"井"状的顺筋分布，当板厚度较小时常会贯穿，或在构件竖向变截面处（如 T 梁、箱梁腹板与顶底板交接处）沿腹板方向开展。通常混凝土的坍落度越大、包裹性越差，结构钢筋越粗，以及保护层厚度越小，混凝土振捣过振时，产生塑性沉降开裂的可能性越高。

**2. 化学收缩**

化学收缩也称水化收缩，主要是指混凝土中水泥（或胶凝材料）在水化反应过程中，由于水化产物的绝对体积小于反应前的水泥（或胶凝材料）和水的总体积，而产生的体积减小的现象。水泥中的矿物组分与水发生化学反应，产生热量且形成强度，原来的部分自由水成为水化产物的一部分，所增加的固相体积填充原来被水所占据的空间，使水泥石密实，但最终得到的水化产物总体积是小于水泥与水的总体积的。水泥充分水化产生的化学收缩大致在 $0.07\sim0.09\mathrm{mL/g}$。具体收缩值的大小与水泥品种及组成直接相关，化学结合水量大的水泥，其最终化学收缩量也越大。水泥矿物组成中铝酸三钙（$C_3A$）的收缩最大，约为硅酸三钙（$C_3S$）和硅酸二钙（$C_2S$）的 3 倍，约为铁铝酸四钙（$C_4AF$）的 4.5 倍，因此选用高 $C_3A$ 含量的水泥，对控制化学收缩不利。而从水泥用量上来讲，水泥用量越大，混凝土的化学收缩和孔隙总量越大。

**3. 自收缩**

自收缩是指水泥基材料在密封养护、恒温、无约束的条件下由于水化引起的表观体积或长度的减小，它不包括因自身物质增减、温度变化、外部荷载或约束造成的变形。自收缩的根本原因是水泥在水化过程中，体系总体积减小，因此自收缩为化学收缩的表现形式之一，化学收缩为自收缩（表观体积收缩）和所形成孔体积之和。与干燥收缩不同的是，自收缩过程中水分的减少是由于水泥水化反应引起的，不是由于外部环境（湿度）变化引起的，它是水泥石在与外界无水分交换的条件下出现的，与外界湿度变化无关。混凝土自收缩的发展大体可以分为以下 3 个阶段，如图 10.2-1 所示。

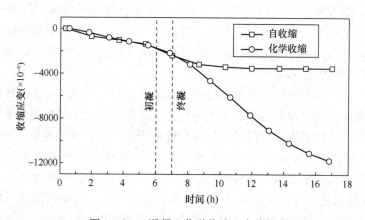

图 10.2-1　混凝土化学收缩和自收缩

第Ⅰ阶段：自收缩等于化学收缩（凝结之前），且与水化程度呈线性关系；

第Ⅱ阶段：混凝土的骨架初步形成（凝结），自收缩受到限制，自收缩小于化学收缩；

第Ⅲ阶段：混凝土硬化，自收缩与化学收缩相比越来越小。

发生在混凝土凝结之后的自收缩，在外界约束的作用下会使混凝土产生收缩应力。由于自收缩是自身水化及由此导致的内部相对湿度下降所引起，因此产生的收缩应力贯穿于混凝土整个体积内，一旦形成裂缝也不会是像干燥收缩裂缝那样初始沿浅层分布，而通常是贯穿性开裂。自收缩的大小主要取决于混凝土孔隙率和水化程度，由于现代混凝土使用了高效和高性能减水剂，水胶比大幅度降低，导致其早期自干燥效应和自收缩也显著加大，特别是水胶比低的高强和超高强混凝土。混凝土强度等级小于 C30 时，混凝土的自收缩较小，随着混凝土强度等级的提高，混凝土自收缩逐渐增大，占混凝土总收缩量的比例也随之增大，在地下工程现浇混凝土中，裂缝一般在施工早期即出现，自收缩是不可忽视的重要因素，通常与温度收缩共同出现，是导致侧墙等结构开裂的关键原因。

**4. 干燥收缩**

干燥收缩也是引起混凝土开裂的重要原因之一。硬化以后的混凝土属于多孔介质，当外部环境湿度低于混凝土内部相对湿度时，混凝土孔隙内的水分蒸发将会引起干燥收缩。

对于混凝土构筑物，水分的蒸发通常是由表及里进行，表面和内部相对湿度之间的差异，会造成内部与外部的变形不同，表面干燥收缩大，内部干燥收缩小，从而使混凝土表面产生拉应力。因此如果混凝土表面保湿措施不得当，极易出现由于干燥收缩导致的大量的微裂纹及宏观裂缝，但宏观裂缝一般出现时间较晚，且和环境条件密切相关。干燥收缩裂缝呈现的表观形态与外约束条件也有很大关系，可表现为乱向分布或比较有规律的平行长裂缝，在薄板等结构中有可能贯穿。

混凝土的干燥收缩可以持续几个月到数年时间，主要取决于硬化混凝土本身的密实度、环境条件及构件的形状、尺寸等，通常情况下，体积与表面积之比越大的构筑物，干燥收缩持续时间越长。

**5. 温度收缩**

混凝土在早期水化过程中，受自身水化放热和外界温度变化的影响，会出现明显的温度变化历程。由于混凝土具有"热胀冷缩"性质，在温度变化情况下出现温升膨胀和温降收缩的现象，称之为温度变形。温度收缩主要有混凝土水化过程中水化散热降温引起的温度收缩、昼夜温差或季节性的环境温度变化等引起的温度变形。

混凝土温度变化主要来源于水化过程中释放出大量的热量。由于混凝土导热系数较小[通常为 $1.11 \sim 1.50\mathrm{W/(m \cdot ℃)}$]，当结构厚度较大或者表层散热条件较差时，大量水化热聚积在混凝土内部不易散发，导致内部温度急剧上升，现代混凝土结构在夏季浇筑时最高温度可达 $70 \sim 80℃$，有时甚至更高。之后，随着水化反应变慢以及混凝土向外界的散热，温度又开始快速下降，产生很大的温降收缩。这种温降收缩受到外约束时就可能在结构内部产生收缩拉应力。当收缩拉应力超过混凝土的抗拉强度时，极易产生裂缝。这种裂缝通常由里及表扩展，贯穿的可能性很高。

水化热除了引起温降收缩外，还会形成里表温差。对于大体积混凝土结构，浇筑后的混凝土由于内、外散热条件不一致，表层温度降得快，内部温度降得慢，形成内外温差，造成内部与外部热胀冷缩的程度不同，表面形成拉应力。当表面收缩拉应力超过混凝土的抗拉强度时，表面就会产生裂缝。这种裂缝通常在结构表层出现，逐步向内部扩展，当构筑物体积较大时更易发生，但有些结构体积并不大，如预制梁的腹板、翼缘板，也可能由于环境等因素的作用导致混凝土结构的温度梯度很大，内外温差引起的开裂风险也较高，这在工程实践中也屡有发生。

混凝土温度变化来源的另一方面是环境温度的影响。在混凝土施工过程中当温差变化较大，或者受到寒潮的袭击等，会加速混凝土表面散热，表面温度急剧下降，由此引起的内外温差也会导致表面开裂现象较为严重。里表温差引起的混凝土裂缝分布通常规律性不强，多呈现乱向分布的特点，但在某些特殊部位，如结构转角、变截面等处，往往会表现为水平向。

## 10.2.2　地下工程现浇混凝土结构开裂渗漏原因分析

**1. 地下工程底板混凝土裂缝分布及成因**

地下工程底板混凝土裂缝通常发生在底板与暗梁交界处、底板基底桩处、中间约束较大区域等部位，如图 10.2-2 所示，一般呈现横向（平行于宽度方向）或围绕基底桩周围出现裂缝，此外底板与侧墙掖角处作为施工时的特殊部位，浇筑、振捣和养护均受限，因此容易出现裂缝以及渗漏，有时伴有表面气泡等其他混凝土缺陷。严格来说，该处的混凝土裂缝主要位于侧墙上，但常常会与底板上的裂缝连通。

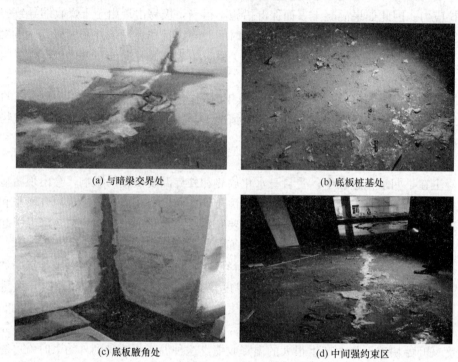

(a) 与暗梁交界处　　(b) 底板桩基处

(c) 底板腋角处　　(d) 中间强约束区

图 10.2-2　地下工程底板混凝土常见裂缝形式

对于一般地下工程底板结构混凝土而言，其收缩变形主要来源于两个方面：①塑性阶段，大暴露面板式结构混凝土容易在浇筑后较短时间内产生较为严重的水分蒸发，从而引起塑性收缩开裂，裂缝走向一般呈平行线状、Y 形、网状，此类裂缝深度一般较浅，属于表层开裂；②硬化阶段，底板结构混凝土硬化后收缩变形主要由温度收缩和自收缩引起，温度收缩占主导，混凝土上表面受内约束，下表面受外约束，如图 10.2-3 所示。当收缩应力超过混凝土抗拉强度，则会出现开裂。但总体而言，由于底板混凝土表面积较大，当底板厚度不是很大时，其早期散热较好，混凝土温升和温度收缩通常较小，且当底板浇筑在垫层上时，外

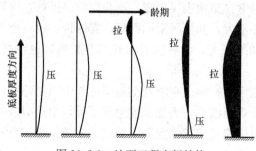

图 10.2-3　地下工程底板结构混凝土收缩应力随龄期变化

约束也较小，因此一般不容易发生收缩裂缝。对城市轨道交通地下车站、隧道主体结构等工程调研发现，由于底板结构保湿养护通常较为容易，混凝土在施工期的收缩裂缝相对侧墙等部位较少，大部分裂缝出现在应力集中处和强约束区域，以及振捣、养护受限区域。

**2. 地下工程侧墙混凝土裂缝分布及成因**

地下工程侧墙结构混凝土裂缝多呈竖向分布为主，有的单独出现，有的整面侧墙出现多条并且间距规整，平行分布，大多为沿高度方向的贯通性长裂缝，裂缝宽度中间大、两头小，呈枣核状，一般都存在渗漏情况，观测到裂缝的时间距离混凝土浇筑1周至24个月不等，有时拆模即可见，如图10.2-4所示。

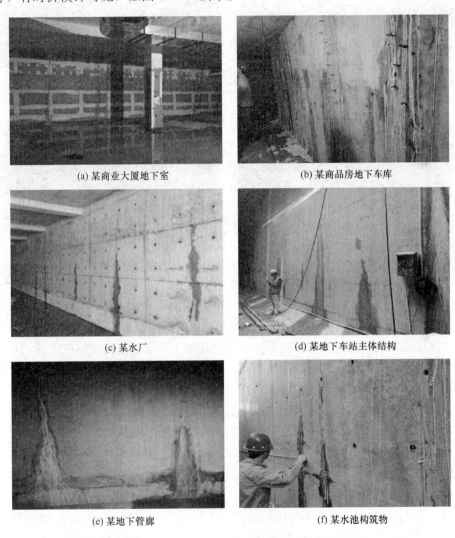

(a) 某商业大厦地下室

(b) 某商品房地下车库

(c) 某水厂

(d) 某地下车站主体结构

(e) 某地下管廊

(f) 某水池构筑物

图 10.2-4　地下工程侧墙混凝土间距规整的竖向裂缝

此外，侧墙在端部及靠近施工缝的位置往往会出现斜向裂缝，裂缝走向通常为45°或75°，大部分裂缝长度接近墙面高度，中部较宽、两端逐渐变细，如图10.2-5所示。斜向裂缝一般会引起侧墙渗漏现象。

当侧墙与顶板一起浇筑时，在二者相交接位置，有时会出现垂直于转角分界线，分别向二者板面延伸的裂缝。有的单独出现，有的出现多条。这些裂缝通常都是贯穿的，一般伴随着渗漏现象的发生，如图 10.2-6 所示。

图 10.2-5　地下工程侧墙混凝土靠近端部或施工缝处斜向裂缝

图 10.2-6　地下工程侧墙与顶板结构转角处裂缝

对于侧墙结构混凝土，其收缩变形主要发生在硬化阶段，温度收缩占主导，并叠加自收缩。相较于底板混凝土，侧墙混凝土与其浇筑龄期差通常超过 2 个星期甚至在 1 个月以上，此时底板结构早期变形已基本结束，后浇筑的侧墙结构的变形将受到来自于先浇筑的底板等老混凝土的强外约束；同时，诸如轨道交通地下车站等结构中侧墙一面为地下连续墙，另一面为模板，早期混凝土温升阶段散热条件较底板不利，相同混凝土配合比、相同结构厚度下的温升通常更高且更为剧烈，温降同样如此，因而早期收缩开裂风险将显著提升。侧墙混凝土收缩主应力方向一般为水平向，极易在拆模前或拆模后的极短时间内就引发开裂，裂缝走向以竖向为主，间距规整，且大多为贯穿性裂缝并引发渗漏。

图 10.2-7 所示为某夏季施工的长 25m、高 5m、厚 0.7m 的地下车站侧墙结构混凝土的温度监测结果。可见，虽然侧墙的厚度只有 0.7m，但是由于模板的保温作用，混凝土在 1d 龄期内温度很快到达顶点，温升超过 35℃；之后模板虽然并未拆除（浇筑 6d 时才拆除），侧墙混凝土还是发生了急剧的降温，在不到 4d 的时间内降温幅度高达 30℃，降温速率达到了 8℃/d。图 10.2-8 所示为同样长度、厚 1.0m 的地下车站底板结构混凝土温度监测结果，由于底板的上表面暴露在空气中，具有更好的散热条件，因此其最高温升只有 27℃左右，降温速率则不超过 3℃/d。

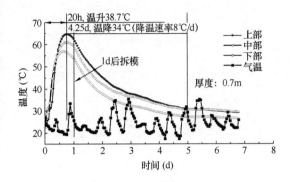

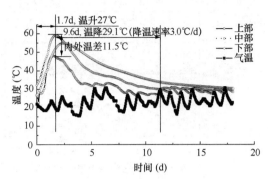

图 10.2-7　某地下车站侧墙结构混凝土
　　　　　温度监测结果

图 10.2-8　某地下车站底板结构混凝土
　　　　　温度监测结果

从监测结果可以看出，侧墙混凝土往往在拆模以前就经历了急剧的温升和温降过程，其降温速率尤为突出，同时温降收缩与自收缩叠加，且混凝土所受约束也远远超过底板结构，这是其常常在拆模前即产生开裂的关键原因。

侧墙混凝土之所以出现了这么剧烈的温升及温降，其最关键的原因之一还是在于现代混凝土材料自身组成和性能的变化。

以水泥这一混凝土核心材料为例，随着水泥粉磨技术的发展，现代水泥相较于传统水泥，细度和强度等级显著增长。以 42.5 级水泥为例，水泥比表面积由过去的 $300 \sim 350m^2/kg$ 提高到 $350 \sim 380m^2/kg$，甚至 $400m^2/kg$ 以上。水泥细度的增加在提高混凝土早期强度、加快强度增长速率的同时，由于水化速率明显加快，也导致混凝土早期自收缩和早期放热比率急剧增加。如图 10.2-9 所示，当水泥细度从 $160m^2/kg$ 增加到 $300m^2/kg$ 时，0.5d 的放热比率（占 28d 放热量的比例）从近 30% 增加到近 70%；1d 的放热比率从近 40% 增加到近 75%。此外，

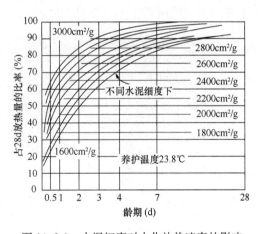

图 10.2-9　水泥细度对水化放热速率的影响

现代水泥的化学组成和矿物组成（尤其是 $C_3S$、$C_3A$ 的含量以及碱含量）也发生了变化，如图 10.2-10 所示。由于水化特性不同，$C_3S$ 和 $C_3A$ 的水化速度要明显高于 $C_2S$ 和 $C_4AF$，现代水泥中 $C_3S$ 和 $C_3A$ 含量的增加，有利于水泥早期强度的增长，但这两种矿物组分的水化热和化学收缩也最大。因此，水泥这些自身组成的变化也都从根本上使得现代水泥的收缩和放热较传统水泥明显增大。

水泥细度和组成的变化导致集中的早期放热，再加上模板的部分保温作用，使得侧墙混凝土在 1d 左右就升到很高的温度；之后水泥放热速度逐渐减慢，模板的散热作用逐渐占据主导，侧墙又开始进入快速的降温阶段，在降温过程中产生较大的温降收缩叠加上早期水化自收缩，往往导致侧墙在拆模以前就出现了裂缝。由于这种裂缝通常都是贯穿的，给结构防漏和耐久性带来很大的危害。

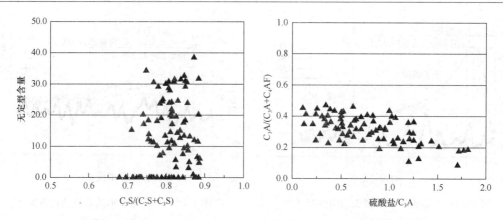

图 10.2-10　我国工程中常用水泥组成情况调研结果

**3. 地下工程中板、顶板混凝土裂缝分布及成因**

与底板类似，地下工程顶板或中板混凝土在凝结硬化前表面有时会出现不规则的网状、Y 形裂缝，如图 10.2-11(a) 所示，长度几十厘米至一米多，裂缝深度通常不超过钢筋保护层，但严重时可上下贯通。此外，板面有时会出现井字形裂缝，裂缝分布沿钢筋走向，横平竖直，规律性较强，且最容易在较薄的板类结构中出现，通常呈现贯穿性，当地下工程回土或降雨后往往会渗漏，如图 10.2-11(b) 所示。

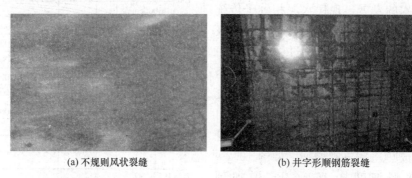

(a) 不规则风状裂缝　　　　　　　　　　(b) 井字形顺钢筋裂缝

图 10.2-11　地下工程板类结构塑性失水收缩及沉降裂缝

当顶板与侧墙分开浇筑时，在硬化阶段，容易出现横向（平行于板面宽度方向）或斜向分布且向顶板中间逐渐延伸的裂缝，裂缝起始于顶板与侧墙交界处，一般不会横穿整个板面，但厚度方向通常贯穿，多有渗漏情况出现，如图 10.2-12 所示。

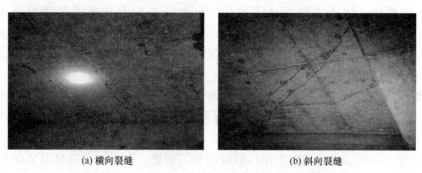

(a) 横向裂缝　　　　　　　　　　　(b) 斜向裂缝

图 10.2-12　地下工程板类结构横向裂缝及板角斜向裂缝

此外，部分板类结构由于使用功能需求，常埋设预埋件或预留孔洞。不同功能的预埋件及预留孔洞对应的尺寸形状、设计和施工方法均有不同。这些部位作为整体板式结构的应力集中区域，对钢筋布置、混凝土浇筑施工等也有一定影响，更加容易发生开裂问题。裂缝多沿着开孔对角线方向或平行于短边方向分布，如图 10.2-13 所示。

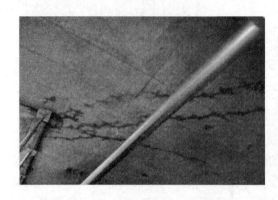

图 10.2-13　地下工程板类结构预留洞口周边裂缝

一般情况下，中板结构混凝土上下表面均可散热，相较于顶板混凝土厚度较小，且较易养护，混凝土水化温升较小，后期干燥收缩占主导。顶板结构混凝土相对较厚，外约束较小，内约束起主要作用，早龄期里表温差引起的温度收缩占主导作用。顶板结构混凝土的早期收缩除自收缩和温度收缩外，还包括塑性收缩，而其外部约束主要为长度方向两侧的顶板混凝土，以及宽度方向上两侧的侧墙混凝土，这不同于侧墙结构的主要约束为底板或中板混凝土。针对地下工程中板类结构常见的上述类型裂缝形式，成因具体分述如下：

（1）板面不规则网状裂缝及井字形裂缝。与底板混凝土同样，此类裂缝主要由板面混凝土早期塑性收缩引起。当混凝土处于塑性状态时，由于水分蒸发过快，表面蒸发速率大于泌水速率，表面变干，内部液相产生弯液面，引起孔隙负压并产生收缩。裂缝形式以乱向分布的浅表型为主，处于强光照、低湿度、大风等环境中时，发生概率显著上升。当混凝土拌合物坍落度过大乃至离析时，密度较小的水泥浆体上浮，密度较大的砂石骨料下沉，下沉的砂石骨料受到钢筋等阻碍，容易在此处堆积引起裂缝，裂缝走向通常沿着钢筋且是贯穿的，当板面底层钢筋保护层较薄，碎石粒径较大时，钢筋下方无法通过石子，也会容易出现顺着钢筋走向的裂缝。

（2）板面横向或板角斜向裂缝。中板、顶板结构浇筑在墙体上，其混凝土收缩变形受到先浇筑墙体的约束，通常主应力方向沿着长度方向，因此容易出现沿板面横向分布的收缩裂缝；当裂缝出现位置位于施工缝附近时，因接近自由端，其走向容易发生倾斜，即成为"外八字"状的斜向裂缝，如图 10.2-14 所示。

（3）预埋件及预留孔洞位置处横向或斜向裂缝。预留孔洞处板面混凝土收缩变形的产生原因与施工缝处类似，但孔洞处相当于自由端，对混凝土无约束，即约束和由此产生的拉应力主要位于长度方向（垂直于施工缝），产生的裂缝则主要沿宽度方向（横向）分布，如图 10.2-15 所示。

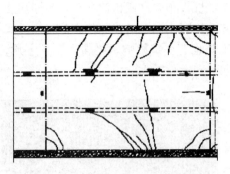
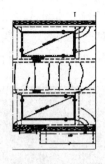

图 10.2-14　施工缝处 45°角斜裂缝　　　　图 10.2-15　预留孔洞间横向裂缝

**4. 地下工程现浇混凝土接缝渗漏成因分析**

对于地下工程现浇混凝土，除裂缝引起的渗漏外，接缝的防水质量也是需要控制的关键点。通常情况下，地下工程结构设计长度较长、体量较大，或受施工工艺等影响，混凝土无法同时浇筑、一体成型，而采取分段、分块、分步施工等浇筑方式，先浇筑混凝土与后浇筑混凝土之间就会存在一个结合面，一般会形成施工缝，或者通过后浇带等进行连接，后浇带与两侧已浇筑混凝土同样形成施工缝。施工缝是混凝土结构中最薄弱的部位，应进行特殊处理，进而保证新老混凝土接合密实，防止出现渗水问题，地下工程中常见接缝渗漏如图 10.2-16 所示。

(a) 侧墙与侧墙之间施工缝　　　　　　　　　(b) 侧墙与顶板之间施工缝

图 10.2-16　地下工程现浇混凝土常见接缝渗漏

接缝渗漏主要还是接缝防水措施处理不到位或者接缝处混凝土不密实而出现渗水通道等原因导致。实际工程中施工缝处止水带自身质量缺陷及其工艺措施不到位是造成结构渗漏的重要因素，常见的有顶、底板处止水带盆式安装弯折角度不足、穿孔破损、扭曲倒伏、偏位、搭接不密贴等问题；采用后浇带分块施工，后浇带浇筑因作业空间狭窄，难以清理与处理好两条施工缝的基面导致结合面处理质量欠佳；此外，接缝处混凝土振捣不足、不密实导致存在渗水通道，也是产生渗漏的原因之一。

# 10.3　地下空间结构现浇混凝土抗裂性设计方法

如 10.2 节所述，混凝土早期收缩裂缝是导致地下空间结构混凝土渗漏的主要原因，而混凝土的表观收缩变形（包括自收缩、干燥收缩和温度收缩等）是体系内部胶凝材料持续水化和温湿度状态不断变化的宏观反映。实际工程混凝土内部温湿度及性能的发展变化，不仅受自身水化行为的影响，还强烈依赖于结构尺寸以及外部环境等条件。这也是导致实验室标准环境下的测试结果不能直接反映实际工程混凝土收缩开裂行为的主要原因。

鉴于混凝土收缩开裂过程中存在的湿、热、化学、力交互作用，为考虑不同因素的耦合影响以及不同类型收缩的综合作用，在前期理论研究过程中，采用混凝土中胶凝材料的水化程度作为基本状态参数，量化描述了混凝土的早期性能演变，以及材料与环境温湿度之间复杂的交互作用，实现温湿度变化条件下多种收缩的综合计算；在此基础上，建立了水化-温度-湿度-约束耦合作用下的结构混凝土收缩开裂风险评估模型，提出了基于可靠度的开裂风险系数控制阈值，实现了结构混凝土早期收缩开裂风险的量化预测。

本节首先主要介绍基于前期理论模型研究提出的针对具体的地下空间结构混凝土的抗裂性设计方法，包括设计原则和基本设计流程、主要计算步骤；然后，以城市轨道交通地下车站结构混凝土为例，采用该设计计算方法定量分析了材料、设计及施工等因素对结构混凝土抗裂性的影响，为抗裂性控制措施的选取提供依据。

## 10.3.1 抗裂性设计基本流程和步骤

### 1. 总体设计原则

地下空间结构混凝土应根据具体结构形式分别进行抗裂性设计，当需防止收缩裂缝产生时，应控制混凝土开裂风险系数不大于0.70。

计算所用的混凝土材料性能参数宜通过试验确定，无试验数据时，常规工程可按推荐参数取值。

抗裂性设计应包括混凝土收缩控制、温度控制、施工措施。收缩变形宜以自生体积变形、干燥收缩等参数明确；温度控制指标宜以入模温度、内外温差、混凝土温升等参数明确；施工措施宜通过计算确定分段浇筑长度。

当计算出的开裂风险系数超过0.70时，宜采取调整混凝土绝热温升值、混凝土产生膨胀变形减少甚至抑制收缩、降低入模温度、保温养护、减少分段浇筑长度等措施，将开裂风险系数控制在0.70以下。

### 2. 基本设计流程

针对地下空间结构混凝土的抗裂性设计基本流程如图10.3-1所示，根据地下空间结构特征、施工环境条件、混凝土材料性能和施工工艺，输入相应的参数，计算混凝土水化程度、温湿度场和应力场，然后基于"应力准则"计算开裂风险系数；当开裂风险系数超过控制阈值，则调整混凝土材料性能、施工工艺、环境条件等参数，重复迭代计算直至其满足阈值控制要求。基于该设计方法，通过求解开裂的时间与空间风险点，指导优选抗裂功能材料的品种、掺量和技术指标，匹配混凝土收缩的类型、时间段及大小；量化入模温度、温度历程、养护方式与养护时间等控制指标，指导施工工艺优化，从而降低收缩应力。全过程控制混凝土开裂风险系数不超过阈值（图10.3-2）。在此基础上，提出混凝土材料性能控制指标和施工工艺优化指标。

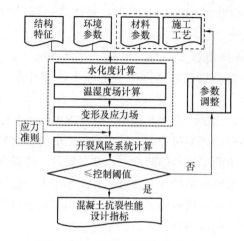

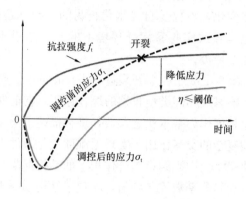

图 10.3-1　混凝土抗裂性设计流程　　　图 10.3-2　全过程收缩应力调控示意图

相关设计方法已写入《江苏省高性能混凝土应用技术规程》DB32/T 3696—2019、《明挖现浇隧道混凝土收缩裂缝控制技术规程》DB32/T 3947—2020 和《城市轨道交通工程地下现浇混凝土结构抗裂技术标准》T/JSTJXH 16—2022，为针对地下空间结构混凝土收缩开裂的抗裂性设计提供了方法依据。

**3. 主要计算步骤**

原则上结构混凝土抗裂性设计计算应采取有限元法进行，将环境条件、结构尺寸、约束条件等作为边界条件，通过计算机进行仿真计算。

地下空间结构混凝土开裂风险计算的主要过程如下：

① 建立结构有限元模型。根据具体结构形式（如底板、中板、顶板和侧墙结构形式）和施工工艺（如不同部分浇筑顺序、是否一体浇筑、浇筑时间间隔、施工缝布置、分段浇筑长度等），建立结构有限元模型。

② 确定混凝土的水化及放热历程。包括混凝土绝热温升发展历程以及基于水化放热历程的水化程度。

③ 结构混凝土的温度场计算。在结构有限元模型和混凝土水化、放热历程基础上，确定混凝土其他热学参数（如水化反应活化能、导热系数等）、初始浇筑温度、散热边界条件，采用有限元法求解各浇筑结构的温度场分布和历程。

④ 混凝土收缩变形计算。根据混凝土热膨胀系数、水化程度和环境湿度条件，计算混凝土温度变形和收缩变形（包括自收缩和干燥收缩），累加得到混凝土总变形。

⑤ 混凝土力学性能计算。基于力学性能与水化程度的关系式，计算结构混凝土早期力学性能（包括抗拉强度和弹性模量）的发展。

⑥ 混凝土徐变计算。根据试验结果或推荐计算公式，计算混凝土徐变度或徐变系数。

⑦ 混凝土收缩应力计算。利用混凝土温度和收缩变形计算结果、约束条件以及早龄期弹性模量发展曲线和徐变函数，通过有限元法计算结构混凝土中产生的收缩应力。

⑧ 开裂风险系数计算。根据应力准则，基于各时刻的收缩应力和对应时刻的抗拉强度，计算得到开裂风险系数。

⑨ 调整材料参数和施工参数，重复上述①～⑧的计算过程，直至开裂风险系数满足

阈值控制要求。

具体的混凝土开裂风险计算过程以及相关参数取值方法可参考《城市轨道交通工程地下现浇混凝土结构抗裂技术标准》T/JSTJXH 16—2022 和《明挖现浇隧道混凝土收缩裂缝控制技术规程》DB32/T 3947—2020 相关附录。

### 10.3.2  抗裂性关键影响因素量化分析

混凝土的早期收缩开裂涉及材料、结构、环境、施工等一系列环节和因素，量化分析各个因素对结构混凝土开裂风险的影响规律和影响程度，是制定有效抗裂技术方案和措施的前提。本节以城市轨道交通地下车站最易开裂的侧墙结构为例，介绍基于上述设计方法的侧墙混凝土收缩开裂风险影响因素分析，给出了典型影响因素的分析结果。

**1. 计算工况**

某城市轨道交通地下车站侧墙结构混凝土开裂风险量化评估的基本工况为：混凝土强度等级 C35，侧墙厚度 0.7m，长度 30m，采用木模板，取冬季、春秋季及夏季施工时入模温度分别为 15℃、25℃ 和 35℃，对应的当时的平均气温分别取为 10℃、20℃ 和 30℃。计算中采用的其他混凝土相关参数如下：密度 $2400kg/m^3$，比热为 $1kJ/(kg \cdot K)$，导热系数 $8.6kJ/(m \cdot K \cdot h)$，木模散热系数 $20kJ/(m^2 \cdot K \cdot h)$，裸露混凝土表面散热系数 $82kJ/(m^2 \cdot K \cdot h)$，拆模时间 7d，底板温度与下部地温取当月平均气温。假定研究某一因素影响时，除主要影响参数发生变化外，其他参数均不变，均按基本工况取值。

结合该工程的结构设计尺寸、原材料、配合比、环境条件和施工工艺等影响因素，考虑了包括设计（侧墙厚度）、材料（混凝土绝热温升、自生体积变形、膨胀变形）、施工（浇筑季节、浇筑温度、模板类型、拆模时间）等参数变化及各种参数的不同组合，共计算了 400 余种工况条件，定量分析了这些工况条件下结构混凝土的早期收缩开裂风险。

**2. 材料因素的影响**

（1）混凝土绝热温升

在基本工况基础上，研究了混凝土的不同绝热温升发展历程（即胶凝材料不同水化速率）对侧墙混凝土早期收缩开裂风险的影响。混凝土 5 种不同绝热温升发展历程曲线如图 10.3-3(a) 所示，其中绝热温升终值不变，仅考虑发展历程的变化。计算得到的 0.7m 厚侧墙混凝土中心温度如图 10.3-3(b) 所示，对应的中心收缩开裂风险如图 10.3-3(c) 所示。计算结果显示，在最终绝热温升相同的条件下，早期绝热温升发展速率越慢（即早期水化放热速率越慢），温峰越低、收缩开裂风险越小。计算结果说明，通过减缓混凝土早期水化放热速率，实现对水化温升历程的调控，可有效降低结构混凝土的早期收缩开裂风险。

（2）混凝土自生体积变形

在保持基本工况其他参数不变的条件下，研究了混凝土的不同自生体积变形性能对侧墙混凝土早期收缩开裂风险的影响，计算结果如图 10.3-4 所示。计算结果表明，混凝土自收缩降低比例越高，侧墙混凝土收缩开裂风险越低。当混凝土中掺加膨胀剂以补偿收缩时，膨胀剂在混凝土中产生的膨胀量越大，侧墙混凝土收缩开裂风险越低。由此可见，通过掺加适量膨胀剂来较好地补偿混凝土的收缩时，可以有效地控制结构混凝土早期开裂风险。

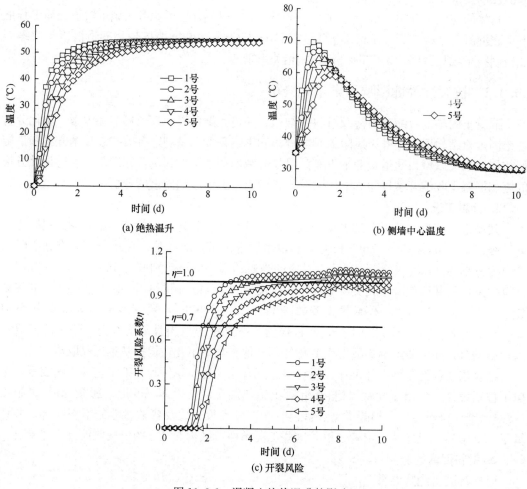

(a) 绝热温升

(b) 侧墙中心温度

(c) 开裂风险

图 10.3-3　混凝土绝热温升的影响

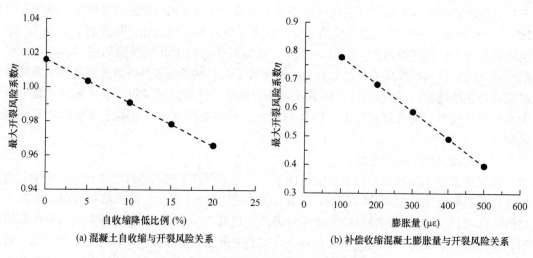

(a) 混凝土自收缩与开裂风险关系

(b) 补偿收缩混凝土膨胀量与开裂风险关系

图 10.3-4　混凝土自生体积变形的影响

**3. 设计和施工因素的影响**

（1）墙体分段浇筑长度

在材料因素、其他施工因素保持不变的条件下，计算了夏季施工时不同分段浇筑长度下 0.7m 厚侧墙混凝土最大开裂风险的变化规律，结果如图 10.3-5 所示。从计算结果可以看出，分段浇筑长度的变化对侧墙混凝土开裂风险的影响非常显著，具体表现为，当分段长度从 10m 增加到 40m 时，侧墙开裂风险从 0.9 左右上升到 1.3 左右。但开裂风险系数随分段浇筑长度增加而增大的幅度逐渐减小，当分段浇筑长度达到一定范围后，开裂风险变化较小，趋于稳定。据此，可计算得到在其他参数条件确定时，达到基本不开裂情况下（开裂风险系数≤0.7）的侧墙结构最大允许分段浇筑长度。

（2）墙体厚度

与上述分段浇筑长度影响分析类似，在混凝土材料特性和施工工艺等因素相同的情况下，进一步计算了夏季施工时侧墙厚度的变化对开裂风险的影响，计算结果如图 10.3-6 所示。结果表明：侧墙厚度越大，混凝土中心温度越高，开裂风险也随之增大，但开裂风险系数随侧墙厚度增加而增大的幅度逐渐减小。同样，可计算得到特定工况下，达到基本不开裂时不同厚度侧墙所允许的最大分段浇筑长度。

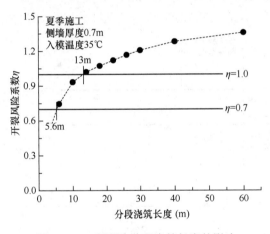

图 10.3-5　混凝土分段浇筑长度的影响

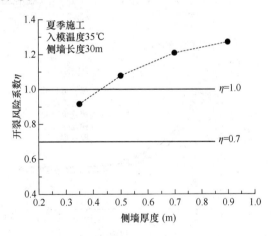

图 10.3-6　混凝土侧墙厚度的影响

（3）混凝土浇筑季节

由于入模温度和环境气温的不同，混凝土在不同季节浇筑，其收缩开裂风险也有明显差异。分别选取春、秋季 25℃入模（气温 20℃）、夏季 35℃入模（气温 30℃）、冬期 15℃入模（气温 10℃）三种季节工况计算 0.7m 厚侧墙混凝土开裂风险。计算得到的三种季节下侧墙混凝土的中心温度历程和开裂风险不超过 0.7 时的最大分段浇筑长度如图 10.3-7 所示。根据计算结果可知，气温越高，混凝土在入模温度基础上的温升值越高，导致后期降温幅度和降温速率也越大。在保障开裂风险系数不超过 0.7 的条件下，夏季浇筑的混凝土所允许的最大分段浇筑长度最小，春秋季次之，冬季最大。可见浇筑季节对结构混凝土开裂风险和最大允许分段浇筑长度的影响非常明显。

（4）混凝土入模温度

以收缩开裂风险较高的夏季为例，进一步研究了入模温度的变化对混凝土收缩开裂风

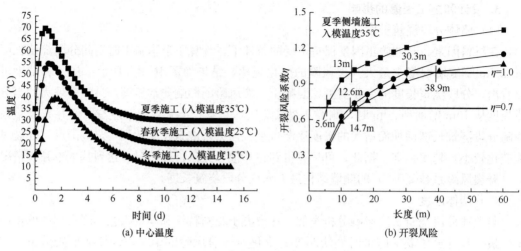

(a) 中心温度　　　　　　　　(b) 开裂风险

图 10.3-7　混凝土不同浇筑季节的影响

险和最大允许分段浇筑长度的影响。计算得到日均气温为 30℃ 下入模温度分别为 15℃、20℃、25℃、30℃ 和 35℃ 时 0.7m 厚侧墙混凝土的温度历程和开裂风险，如图 10.3-8 所示。

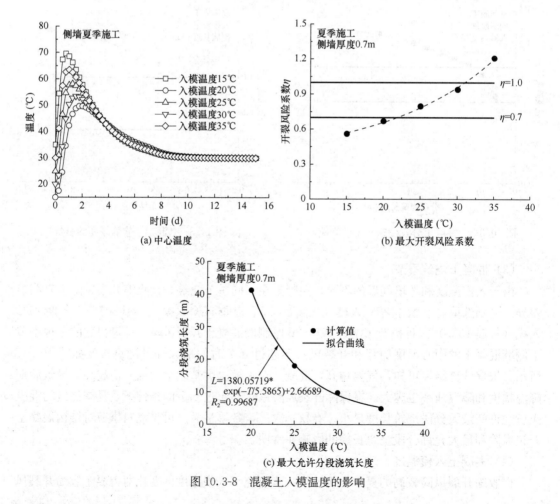

(a) 中心温度　　　　　　　　(b) 最大开裂风险系数

(c) 最大允许分段浇筑长度

图 10.3-8　混凝土入模温度的影响

计算结果表明，降低入模温度可显著降低夏季施工的侧墙混凝土的收缩开裂风险。进一步计算得到在控制收缩开裂风险系数不超过 0.7 的条件下，不同入模温度下的最大允许分段浇筑长度如图 10.3-8(c) 所示。由计算结果可知，入模温度越高，侧墙混凝土最大允许分段浇筑长度越小，最大允许分段浇筑长度与入模温度间存在着一定的幂次关系，根据该关系可以计算夏季施工时不同入模温度下最大允许分段长度，或在特定分段浇筑长度的情况下，计算入模温度的控制限值。

（5）混凝土拆模时间

根据现有规范规定，混凝土拆模时间主要取决于混凝土强度发展，结构混凝土强度达到相关标准便可拆除模板。实际工程中由于模板高周转的需要，拆模时间更是根据施工经验来确定，往往混凝土浇筑完很快就拆模完毕。但从控制混凝土收缩开裂的角度来看，混凝土模板具有一定的保温保湿效果，特别是拆模后不及时进行养护，会加快混凝土降温速率，影响里表温差。因此过早拆除模板对混凝土收缩开裂存在不可忽视的影响。对混凝土抗裂设计而言，需针对具体结构提出合适的拆模时间。以夏季施工为例，在入模温度 35℃工况下，计算使用木模板时不同拆模时间对侧墙混凝土收缩开裂风险的影响，结果如图 10.3-9 所示。计算结果表明：当夏季施工时，侧墙混凝土的温度一般在 7d 左右降低到常温（35℃），当拆模时间超过 5d，混凝土开裂风险系数为 1.0 左右，位于开裂的临界点。当拆模时间提前，模板保温效果丧失，混凝土温降速率提高，开裂风险明显增加。1d 以前拆模，侧墙最大开裂风险可达到 1.2 以上，推迟拆模时间有利于开裂风险的降低。因此，在实际工程中应在条件许可的情况下，适当延长侧墙混凝土的拆模时间，以降低收缩开裂风险。

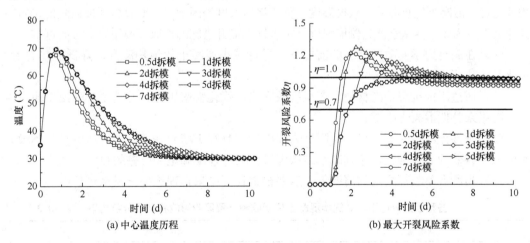

图 10.3-9　混凝土拆模时间的影响

（6）混凝土模板类型

实际工程中，通常采用木模板或钢模板进行支护浇筑，前者价格低廉，但散热效果不好，在夏季施工时常由于结构散热较慢导致结构温升较高；后者组装相对较复杂且价格相对较高，但散热效果良好，能有效降低结构混凝土的最大温升，但也相应加大了降温阶段结构混凝土的温降速率。针对夏季施工中这两种模板类型对侧墙结构混凝土的开裂风险影响也进行了研究，计算结果如图 10.3-10 所示。结果表明：当浇筑长度为 13m 且采用钢模板支护时，其最大温升要比采用木模板支护时降低 5～6℃；当采用木模板支护且分段浇筑长度为 13m 时，侧墙混凝土的开裂风险系数已经在 1.0 左右，而采用钢模板支护且一次浇筑 21m 时，侧墙混凝土的开裂风险系数才达到 1.0。

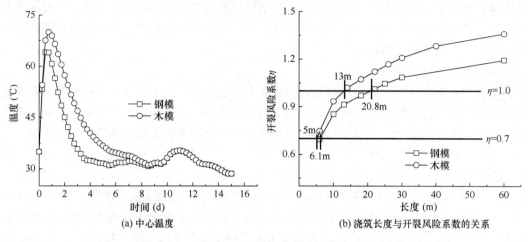

(a) 中心温度　　　　　　　　　　(b) 浇筑长度与开裂风险系数的关系

图 10.3-10　模板类型的影响

**4. 影响因素小结**

根据上述对城市轨道交通地下车站侧墙混凝土早期收缩开裂风险影响因素计算结果的分析，比较各种因素对开裂风险影响的程度如表 10.3-1 所示。由表可见，侧墙混凝土自身材料性能、施工工艺、设计结构尺寸等参数的变化均会导致混凝土结构抗裂性能的变化，相较而言，混凝土绝热温升、入模温度、分段浇筑长度等因素对早期收缩开裂风险的影响较其他因素更为显著。基于此，侧墙混凝土抗裂性能提升措施的选取可遵循以下方向进行：

（1）在满足力学及耐久性能的前提下，尽量减小混凝土的绝热温升，降低放热总量，优化其放热历程；

（2）通过添加抗裂功能材料，产生有效膨胀，优化膨胀历程，尤其是在降温阶段产生有效膨胀来补偿混凝土收缩；

（3）条件允许情况下，尽可能降低入模温度，且在工期允许条件下，尽量延长拆模时间或采取有效的养护措施，达到减小结构温升、温降速率和里表温差的目的；

（4）当所有参数都给定的情况下，需要根据计算结果合理选择分段浇筑长度。

各种因素对地下车站侧墙混凝土早期收缩开裂风险影响程度的分析比较　　表 10.3-1

| 影响程度 | 影响因素 |
|---|---|
| 显著 | 环境温度、入模温度、分段浇筑长度、绝热温升 |
| 较显著 | 混凝土自生体积变形、模板类型等 |
| 一般 | 里表温差、拆模时间等 |

# 10.4　地下空间现浇混凝土结构抗裂防漏关键材料措施

如前文所述，地下空间结构的渗漏问题一部分是由于混凝土开裂造成，一部分是由于接缝处理不当造成。本节主要从材料角度介绍了可用于减少混凝土收缩开裂的常用功能材料；此外，也简要介绍了提升接缝防水质量的一些常用措施。这些材料和措施的合理选择及应用，可以为提升地下空间现浇混凝土结构刚性自防水性能和接缝防漏提供重要的材料和技术保障。

## 10.4.1　塑性混凝土水分蒸发抑制剂

如前文 10.2 节所述，在地下空间工程大面积暴露的板式结构中，塑性裂缝是主要的裂缝形式之一。要减少塑性裂缝的产生，需避免混凝土表面快速失水；当无法采取有效的表面覆盖保湿措施时，使用混凝土塑性阶段水分蒸发抑制剂可起到良好的塑性裂缝控制效果。

### 1. 基本原理和适用范围

混凝土塑性阶段水分蒸发抑制剂是一种喷洒于已成型但尚处于塑性阶段的水泥净浆、水泥砂浆或混凝土的表面，形成单分子膜，能有效抑制其表面水分蒸发的材料。单分子膜水分蒸发抑制技术广义上是指利用两亲性化合物在气液界面自组装形成一定的结构减少液体蒸发速率的一种技术手段。它最早用于抑制干旱地区大面积水体如湖泊、水库等表面的水分蒸发，在 20 世纪 50 年代开始得到广泛研究。根据 Barnes 的理论，提高单分子膜抑制水分蒸发的性能主要有两个途径：优化两亲性化合物结构和改善成膜过程，即两亲性化合物的化学结构（疏水性、亲水性和链长等参数）对分子自身的组装过程及最终的膜结构具有重要的影响。应用于塑性阶段混凝土的水分蒸发抑制剂，主要利用两亲性化合物在混凝土表面泌水层形成单分子膜来降低水分蒸发，减少由于失水过快而引起的混凝土塑性收缩开裂、结壳和发粘等现象，从而达到改善混凝土质量、提高服役性能的目的。

### 2. 性能指标和实施效果

混凝土塑性阶段水分蒸发抑制剂的匀质性指标和性能指标见表 10.4-1 和表 10.4-2，产品检测方法按《混凝土塑性阶段水分蒸发抑制剂》JG/T 477—2015 进行。

混凝土塑性阶段水分蒸发抑制剂的匀质性指标　　　　表 10.4-1

| 项目 | 指标 |
|---|---|
| 密度（g/mL） | 生产厂控制值±0.02 |
| pH 值 | ≥6.0，生产厂控制值±1.0 |
| 氯离子含量（%） | ≤0.2 |
| 挥发性有机化合物含量（VOC）（g/L） | ≤50 |

混凝土塑性阶段水分蒸发抑制剂的性能指标　　　　表 10.4-2

| 项目 | | 指标 |
|---|---|---|
| 水分蒸发抑制率（%） | | ≥25 |
| 抗压强度比（%） | 7d | ≥100 |
| | 28d | ≥100 |
| 磨耗量降低率（%） | | ≥30 |
| 总开裂面积降低率（%） | | ≥80 |
| 混凝土表面外观 | | 无结壳或起皮 |

由蒸发速率、泌水速率及由水化引起的自干燥等综合作用下的毛细孔负压被认为是引起塑性开裂的最直接的驱动力，最早由 Wittmann 提出，长期以来在解释塑性开裂的机理研究上占据着重要地位。单分子膜可以通过抑制水分蒸发，大幅度推迟水泥基材料表层孔隙负压拐点出现时间一倍以上，降低塑性收缩一半以上。单分子膜水分蒸发抑制剂能有效延长混凝土初始裂缝出现的时间；其主要通过减小毛细管张力及表里毛细管张力差值，减小引起混凝土塑性收缩开裂的内在驱动力（图 10.4-1）。除抑制水分蒸发，减少塑性裂缝外，混凝土塑性阶段水分蒸发抑制剂不影响分层浇筑的混凝土界面性能，且有助于提升混凝土的抹面性能，降低施工难度。同时，在混凝土表面形成的单分子膜对水分蒸发的抑制也为表层混凝土的水泥水化提供了必要的湿度条件，有效提升了水泥基材料表层的水化程度，优化了孔结构，对提升水泥基材料耐久性具有重要意义。

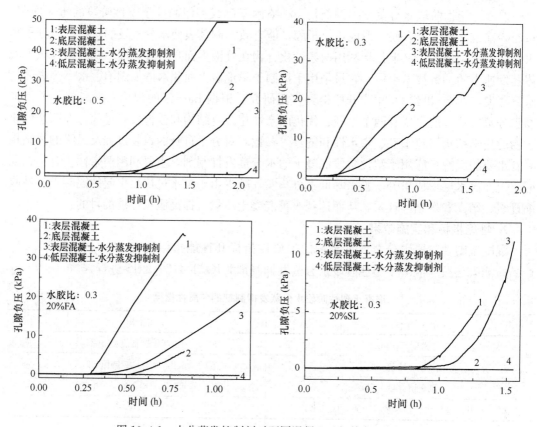

图 10.4-1　水分蒸发抑制剂对不同混凝土毛细管负压的影响

**3. 使用方式及注意事项**

混凝土塑性阶段水分蒸发抑制剂应按照厂家指定的比例稀释后使用，如未指定稀释比例，一般稀释比例为 1∶4。稀释液使用前应充分搅拌均匀，可使用普通农用喷雾器或类似喷涂设备，喷雾的压力不能太小，避免雾化不良，一般压力以 0.3～0.5MPa 为宜。喷涂时，宜沿一个固定方向移动喷头，喷嘴应平直于混凝土表面，喷嘴与混凝土表面的距离以 20～30cm 为宜。为确保均匀喷涂于塑性混凝土表面，喷涂时，下一道宜压住上一道的 1/4 左右，避免漏喷现象。在室外空旷的地方喷涂时，要注意风向，操作者宜站在上风向。喷涂用量应根据混凝土所处的环境条件确定，一般情况下，1L稀释液可喷洒5～10m²。在混凝土表面水分蒸发量极大的恶劣条件下，可重复使用水分蒸发抑制剂。因冷冻分层后将无法恢复，因此施工温度不得低于5℃。需要注意的是，混凝土塑性阶段水分蒸发抑制剂不能用来解决混凝土初凝以后的养护问题，不能代替初凝以后的养护材料和工艺。

## 10.4.2　混凝土水化温升抑制剂

如10.2节所述，混凝土温度裂缝是地下工程墙板结构中最常见、最复杂、最难以避免的裂缝形式，其主要是由于混凝土结构不同部位（表层与内部）、不同时期（早期与后期）温度差产生的温度应力引起，其本质原因是水泥早期急速水化，放出的热量远大于散失的热量，导致热量在混凝土内部聚集产生的温升造成。目前已有的控制混凝土温度裂缝的途径主要有：

（1）降低水泥的放热量，如降低单方水泥用量，粉煤灰、矿粉取代部分水泥或者使用低热水泥；

（2）增加散热速率，如预埋冷却水管，减小结构尺寸等；

（3）采取二次风冷及混合冰水降低浇筑温度。

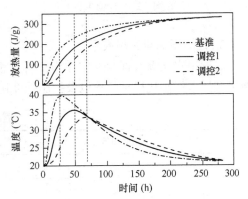

图 10.4-2　胶凝材料水化放热历程与结构温升的关系（模拟结果）

近年来，还出现了通过调控水化放热速率以削弱温峰的新方法。图10.4-2所示为基于一定散热条件下不同水化放热速率曲线计算得到的结构混凝土温度历程，从图中可以看出，在放热总量不变的情况下，水化放热速率降低后，结构混凝土的温峰值相应减小，达到温峰所用的时间延长，温峰后的降温速率也同样变慢。

**1. 基本原理和适用范围**

混凝土水化温升抑制剂（TRI）即是一种掺入水泥混凝土中可以有效降低水泥水化加速期水化放热速率，且基本不影响水化总放热量的化学外加剂。水化温升抑制剂对水泥水化速率的作用效果与缓凝剂有明显的不同。图10.4-3为通过等温量热仪测得的蔗糖与TRI在20℃恒温条件下水泥水化放热速率曲线。蔗糖仅仅是影响水化诱导期，即水化速率曲线仅向后平移，水化快升快降，且速率峰值变化不大；而TRI则是显著降低水泥水化速率峰值，延长整个水化放热历程，为散热赢得了时间。图10.4-4为蔗糖和TRI对混凝土结构中心温度历程的影响。由于蔗糖主要影响水化诱导期，而诱导期放热量占总放热量不超过10%，因此其对结构温升影响很小；TRI主要影响硬化期水化，因此其能够显著降低结构温升。

混凝土水化温升抑制剂适用于具有高温升、快温降易形成温度裂缝的结构形式，尤其适用于胶凝材料放热量大，但结构尺寸较小，或散热条件优良的结构形式。由于TRI基本不降低水化放热总量，因此用于绝热环境，或没有冷却水管等散热条件的超大体积近绝热结构中时，对温升几乎无影响。

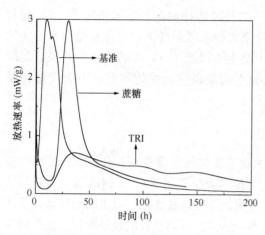

图 10.4-3　蔗糖与 TRI 对水泥水化速率的
影响（20℃恒温条件）

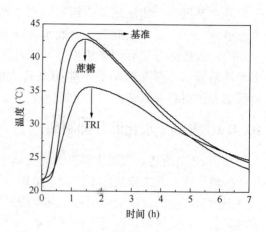

图 10.4-4　蔗糖与 TRI 对混凝土结构中心温度
历程的影响（监测）

**2. 性能指标与实施效果**

混凝土水化温升抑制剂的通用指标和性能指标见表 10.4-3 和表 10.4-4。其中，核心指标包括水泥水化热降低率以及抗压强度比。

通用指标　　　　　　　　　　　　　　　　　　　　　　表 10.4-3

| 检验项目 | 指标 |
|---|---|
| 外观 | 颜色均匀的粉末 |
| 细度 | 不超过生产厂控制值 |
| 氯离子含量（%） | 不超过生产厂控制值 |
| 含水率（%） | 不超过生产厂控制值 |

性能指标　　　　　　　　　　　　　　　　　　　　　　表 10.4-4

| 检验项目 | | 指标 |
|---|---|---|
| 水化热降低率（%） | 24h[a] | ≥30 |
| | 7d[b] | ≤15 |
| 凝结时间之差（min） | 初凝 | ——[c] |
| 抗压强度比（%） | 7d | ——[c] |
| | 28d | ≥90 |

[a]　24h 水化热降低率，时间起点以水化放热量达到 30.0J/g 时开始计算。

[b]　7d 水化热降低率，时间起点以加水后 7min 开始计算。

[c]　是否需要测定凝结时间之差、7d 抗压强度比项目及性能指标，由供、需双方协商确定。

图 10.4-5 为 TRI 对尺寸为 400mm×400mm×400mm、外部用 50mm 聚苯板保温的模拟小构件混凝土中心温度历程及温降收缩的影响，由于 TRI 减少了早期水化放热量，配合一定的散热条件，能够降低混凝土结构温升及温降收缩。

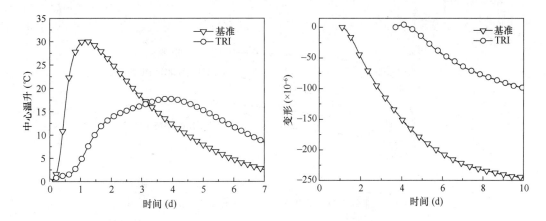

图 10.4-5  TRI 对混凝土结构温升及温降收缩的影响（半绝热条件）

### 3. 使用方式及注意事项

水化温升抑制剂能够降低水泥水化加速期放热速率，进而降低混凝土的温升和温度开裂风险，因此适用于具有温控需求的地下空间墙板结构。由于水化温升抑制剂不改变水泥水化放热总量，因此其不适用于处于近似绝热条件的混凝土结构，如未采取冷却水管等散热措施的超大体积混凝土。

水化温升抑制剂降低了水泥早期水化放热量，因而可能会对混凝土的凝结时间、早期强度造成影响。可适当地延长掺加了水化温升抑制剂的混凝土的拆模时间，也可根据实际工程需求，经适配适量削减甚至完全去掉减水剂中的缓凝组分。在使用水化温升抑制剂时，推荐采用 60d 或 90d 的强度作为混凝土配合比设计、混凝土强度评定及工程验收的依据。

当水泥品种、掺合料种类和含量、温度等与胶凝材料化相关的因素发生变化时，水化温升抑制剂的作用效果也呈现出一定的差异。因此在水化温升抑制剂应用前，应预先进行试配试验，综合考虑工程施工需求及抗裂需求，确定水化温升抑制剂的最佳掺量及相关的施工工艺（如拆模时间、散热条件等）。一般情况下水化温升抑制剂掺量越高、结构散热条件越好，其降低结构混凝土温升的效果越明显，如果同时使用水化温升抑制剂和传统预埋冷却水管技术，降温抗裂效果会得到进一步的提升。

## 10.4.3  膨胀剂

利用膨胀剂在水化过程中产生体积膨胀来补偿水泥基材料的温度收缩、自收缩和干燥收缩，是抑制混凝土收缩开裂的主要措施之一。

### 1. 品种及适用范围

混凝土膨胀剂是指与水泥、水拌合后经水化反应生成钙矾石、氢氧化钙、氢氧化镁等膨胀产物，使混凝土产生体积膨胀的外加剂。膨胀剂按膨胀源和水化产物主要分为硫铝酸钙类膨胀剂、氧化钙类膨胀剂、氧化镁膨胀剂以及多膨胀源的膨胀剂（如硫铝酸钙－氧化钙类膨胀剂、钙镁复合膨胀剂等）。图 10.4-6 为掺不同类型膨胀剂混凝土在恒温水养条件下的膨胀历程曲线示意图。

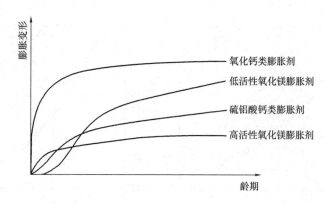

图 10.4-6　水养条件下掺膨胀剂混凝土膨胀历程曲线示意图

（1）硫铝酸钙类膨胀剂

硫铝酸钙类膨胀剂在高水胶比、低强度等级的混凝土薄壁结构应用上有很多优点，能够在混凝土结构中建立足够的预压应力，抵抗后期收缩，从而有效控制混凝土开裂。但存在以下缺点：

① 其水化产物钙矾石在高温条件下不稳定、易分解。

② 需水量高，对早期的养护湿度要求较高。

（2）氧化钙类膨胀剂

与硫铝酸钙类膨胀剂相比，氧化钙类膨胀剂具有膨胀速度快、膨胀能大、对水养护的依赖程度相对较低等优点。但以氢氧化钙作为膨胀源的氧化钙膨胀剂也存在一些不足：水化较快，通常在搅拌成型后的1～3d内即达到膨胀最大值，对水泥基材料后期收缩的补偿效果不大。因而，氧化钙类膨胀剂比较适用于结构温升较低的中低厚度地下空间混凝土结构。

（3）氧化镁膨胀剂

与钙矾石类、氧化钙类膨胀剂相比，氧化镁膨胀剂具有水化需水量少、水化产物物理化学性质稳定、膨胀过程可调控设计等优点。氧化镁膨胀剂的膨胀性能与其自身活性相关，高活性氧化镁膨胀剂膨胀发展相对较快、膨胀稳定时间早，低活性氧化镁膨胀剂膨胀发展较慢、膨胀稳定时间晚。氧化镁膨胀剂对混凝土工作性有一定影响，通常会降低混凝土的工作性。氧化镁膨胀剂具有的延迟微膨胀特性，适用于大体积混凝土温降收缩的补偿，活性较高的氧化镁膨胀剂对早期自收缩也有一定的补偿作用。

（4）钙镁复合膨胀剂

钙镁复合膨胀剂是由氧化镁膨胀材料和氧化钙类或硫铝酸钙—氧化钙类膨胀材料按照一定比例复合的混凝土膨胀剂。利用氧化钙膨胀材料反应快、膨胀效能高的特点，在结构混凝土温升阶段产生较大的膨胀变形，可补偿混凝土的自收缩等早期收缩变形并在混凝土中储存预压应力；再利用氧化镁膨胀材料活性、膨胀历程可控的特点，补偿结构混凝土的温降收缩和后期干燥收缩，从而可以实现分阶段、全过程补偿此类混凝土收缩变形的目的。因此，钙镁复合膨胀剂适用于较厚的隧道侧墙、地下车站侧墙等开裂风险较大的地下空间结构混凝土。

**2. 性能指标与实施效果**

国家标准《混凝土膨胀剂》GB/T 23439—2017 规定了氧化钙类、硫铝酸钙类和硫铝酸钙-氧化钙类膨胀剂的性能要求，并按限制膨胀率，将膨胀剂分为 I 型和 II 型。《水工混凝土掺用氧化镁技术规范》DL/T 5296—2013 按细度和活性反应时间，将水工混凝土掺用氧化镁分为 I 型和 II 型。在活性反应时间基础上，《混凝土用氧化镁膨胀剂》CBMF 19—2017 标准增加了胶砂限制膨胀率控制指标，并同时规定了 20℃和 40℃下的限制膨胀率指标，以反映氧化镁膨胀剂膨胀性能的温度敏感性。按反应时间和限制膨胀率，标准将氧化镁类膨胀剂分为 R 型、M 型和 S 型。

《混凝土用钙镁复合膨胀剂》T/CECS 10082—2020 标准规定了钙镁复合膨胀剂的性能指标和测试方法，其中轻烧氧化镁的活性反应时间在 100～250s 范围内，氧化镁含量不应小于 30%，且不应大于 50%。具体性能指标如表 10.4-5 所示。

钙镁复合膨胀剂性能指标      表 10.4-5

| 项目 | | 指标要求 | |
|---|---|---|---|
| | | I 型 | II 型 |
| 细度 | 比表面积（m²/kg） | ≥250 | |
| | 1.18mm 方孔筛筛余（%） | ≤0.5 | |
| 含水率（%） | | ≤1.0 | |
| 凝结时间（min） | 初凝 | ≥45 | |
| | 终凝 | ≤600 | |
| 限制膨胀率（%） | 20℃水中 7d | ≥0.035 | ≥0.050 |
| | 20℃空气中 21d | ≥−0.010 | ≥0.000 |
| | $\Delta\varepsilon$ | ≥0.015，≤0.060 | |
| 抗压强度（MPa） | 7d | ≥22.5 | |
| | 28d | ≥42.5 | |

注：$\Delta\varepsilon$ 为试件在 60℃水中养护 28d 的限制膨胀率与养护 3d 的限制膨胀率的差值。

温度对钙镁复合膨胀剂在混凝土中膨胀性能的发挥具有较大的影响。图 10.4-7 所示为一厚度 1000mm、强度等级为 C35 的模拟墙板混凝土构件的温度和变形历程。由图可

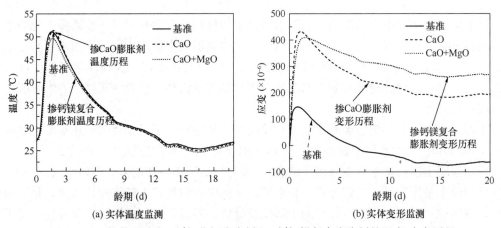

(a) 实体温度监测          (b) 实体变形监测

图 10.4-7　构件试验中 6%氧化钙膨胀剂和 6%钙镁复合膨胀剂的温度-应变历程

知，混凝土在浇筑入模后的 2～3d 即达到温峰，而后温度急剧下降。比较基准混凝土与掺加 6% 的钙镁复合膨胀剂的混凝土的变形历程发现，膨胀剂在温升温降阶段均产生了显著膨胀，在浇筑后 20d，混凝土就中心温度与环境温度相当，此时混凝土仍处于膨胀状态，仍具有可观的膨胀，以补偿后期的自收缩和干燥收缩。

**3. 使用方式及注意事项**

膨胀剂主要用于有抗裂、防渗要求的混凝土建筑物，如配制补偿收缩混凝土用于混凝土结构自防水、连续施工的超长混凝土结构、工程接缝、填充灌浆以及大体积混凝土工程等，配制自应力混凝土用于自应力混凝土输水管、灌注桩等。但不同类型膨胀剂由于水化膨胀特性的不同，在混凝土中的应用也有所差异。

硫铝酸钙类膨胀剂常用掺量为胶凝材料用量的 8%～12%，使用时一般与胶凝材料一起加入搅拌机中搅拌均匀。混凝土浇筑成型后需采用洒水或覆盖湿草帘等措施保湿养护 5～7d，以促进膨胀剂膨胀效能的发挥。需要注意的是，该类膨胀剂的主要水化产物钙矾石在 70～80℃ 就会分解，因而含硫铝酸钙类、硫铝酸钙-氧化钙类膨胀剂配制的混凝土不得用于长期环境温度为 80℃ 以上的工程。

氧化钙类膨胀剂常用于配制补偿收缩混凝土、预应力混凝土和建筑物后浇带及膨胀加强带等对膨胀要求高的混凝土结构工程，推荐掺量为胶凝材料用量的 6%～10%。需要注意的是，氧化钙类膨胀剂膨胀发展较为迅速，在使用时需注意混凝土凝结时间不能过长，否则大部分膨胀可能发生在混凝土的塑性阶段而导致硬化阶段有效膨胀不足。

氧化镁膨胀剂具有延迟微膨胀特性，常用于大体积混凝土或内部温升较高的混凝土结构，常用掺量为胶凝材料用量的 4%～6%。由于氧化镁膨胀剂的延迟膨胀特性，掺氧化镁的混凝土还应进行安定性试验，特别是在氧化镁掺量较高的情况下，以确保安定性合格。

钙镁复合膨胀剂兼具氧化钙早期膨胀效能大和氧化镁膨胀性能可调控的优点，能够分阶段补偿高性能混凝土的自收缩和温度收缩，常用于较厚结构的侧墙等开裂风险较大的混凝土，推荐掺量为胶凝材料用量的 8%～12%。实际工程中，受材料、环境、结构尺寸等诸多因素的影响，不同结构混凝土的温度历程差异很大，因此需根据混凝土实际温度历程，选择合适的氧化镁活性及钙镁复合比例，以实现不同阶段收缩的有效补偿。

### 10.4.4 混凝土结构施工缝防水处理材料

地下空间现浇混凝土结构施工缝防水可选用的材料和方案有很多。普通施工缝防水常用的材料方案有水泥基渗透结晶防水涂料+防水加强层+中埋式止水带+遇水膨胀止水条（胶）或水泥基渗透结晶防水涂料+防水加强层+中埋式止水带+预埋注浆管等。针对特殊部位施工缝，常用的材料方案有水泥基渗透结晶防水涂料+预埋注浆管+遇水膨胀止水条（胶）两道等。

中埋式止水带分为钢边橡胶止水带和反应性丁基橡胶腻子（钢片式）止水带，宽度不宜小于 300mm。当防水要求较高时，推荐选用反应性丁基橡胶腻子（钢片式）止水带，它与现浇混凝土进行化学反应（离子结合），成为与结构物一体的永久性防水层。

反应性丁基橡胶腻子（钢片式）止水带，又称内置钢片式丁基橡胶止水带，是采用耐老化、耐腐蚀、耐水、气密性优异的丁基橡胶材料，制成具有反应性的丁基胶料，将丁基胶料包覆镀锌钢板制成刚柔性的自粘丁基橡胶材料止水带。其原理是丁基胶料与二氧化硅及混凝土中的碱起反应，生成水化硅酸钙和氢氧化钙形成化学键结合，与混凝土形成密实的粘结，是现有钢板止水带、钢边橡胶止水带的升级换代产品，实践中具有更为优异的施工缝防水效果。

结构施工缝处理可采用如下工艺：首先，在已浇筑好的混凝土施工缝的表面层上，采用高压水射法进行凿毛处理并使用界面处理剂；其次，为延长水渗漏路径，施工缝凿毛时将背土面保护层凿除，立模板时预留保护层；最后，保护层与下一段混凝土共同浇筑，新浇筑的混凝土覆盖预先凿毛处露出的钢筋，该方法可用于侧墙水平和竖直施工缝的处理，显著提升施工缝防水效果。

## 10.5 地下空间现浇混凝土结构抗裂防漏典型工程应用

本节将结合超长现浇隧道、城市轨道交通工程地下车站、普通工民建工程地下室等典型地下空间混凝土工程实例，重点介绍提高混凝土结构自防水质量的收缩裂缝关键控制技术在实际工程中的应用，同时介绍了接缝及外包防水技术在现浇隧道工程中的应用。

### 10.5.1 苏锡常南部高速公路太湖隧道

#### 1. 工程概况

苏锡常南部高速公路是江苏省"十五射六纵十横"高速公路网规划中"十五射"的重要组成部分，项目建成后将有力提升沪宁通道作为国家综合运输大通道的功能作用，成为拉动长三角经济发展的新引擎，对促进沿线苏锡常城市发展、加快推动长三角一体化具有重要意义。太湖隧道作为苏锡常南部高速公路关键控制性工程，在无锡太湖梅梁湖水域"一隧穿湖"，隧道全长 10.79km，宽 43.6m，其中暗埋段长约 10km，横断面采用折板拱"两孔一管廊"的形式，如图 10.5-1 所示，是国内目前最长的水下超宽明挖现浇隧道。既有工程实践表明，混凝土收缩开裂是明挖现浇隧道工程的质量通病，且开裂引起的渗漏往往治理效果差，需要反复修补。对于太湖隧道这种水下超长、超宽明挖现浇隧道，其混凝土结构开裂渗漏的风险更为突出，严重影响行车安全和结构服役寿命。

图 10.5-1 太湖隧道暗埋段主体结构形式

#### 2. 工程难点

太湖隧道暗埋段主体结构厚 1.2～1.5m，混凝土设计强度等级为 C40（抗渗等级为 P8），分段长度以 20m 为主，部分达到 30m，裂缝控制难度较大，主要体现在以下几个方面：

（1）在混凝土材料方面，现代水泥细度较高、早期水化速度明显加快，虽然增加了早期强度，却导致早期的放热速率也急剧增加。混凝土结构的温度上升是混凝土材料自身发热和结构散热过程竞争的结果，由于混凝土本身就是一种热的不良导体，在本工程尺寸条件下，水泥早期放热过程占主导作用，隧道混凝土在拆模以前就经历了急剧的温升过程，之后水化放热减慢，导致较快的温降速率。

（2）在施工工艺方面，本工程采用堰筑法分步浇筑工艺，先浇筑底板，之后浇筑侧墙，最后浇筑顶板（图 10.5-2a）；或先浇筑底板，之后同时浇筑侧墙和顶板（图 10.5-2b）。不同结构分步浇筑间隔龄期通常超过 15d，后浇筑混凝土结构受先浇筑混凝土结构约束作用大。受超长、超宽、大体积及分步浇筑等因素的影响，隧道主体结构混凝土温升高（超过 30℃）、温降收缩和自收缩大、所受内外约束强，开裂风险系数在 1.0 以上。

(a)分三步浇筑　　　　　　　　　　(b)分两步浇筑

图 10.5-2　太湖隧道暗埋段主体结构分步浇筑工艺

（3）在施工环境方面，本项目工程量大、施工时间长，无锡地区夏季温度较高，入模温度和环境温度较高，导致混凝土水化速率显著加快，结构温升增加，温降收缩加大，增大隧道结构开裂风险。

在现场日均气温约 30℃ 条件下开展的足尺模型试验，如图 10.5-3 所示，模型长 10m，宽 5.1m，侧墙厚 1.3m，采用 1.6cm 厚木模板。足尺模型试验结果表明，通过采取骨料提前进场、掺加片冰替代部分拌合水等措施，可控制混凝土入模温度不超过 27℃，配合设置间距为 20～30cm 的冷却水管后，长 10m、厚 1.3m 的模型侧墙混凝土最大温升值仅为 15.6℃，如图 10.5-4 所示。然而，侧墙在 10d 左右仍出现了裂缝，后续钻芯取样表明裂缝为贯穿性裂缝，如图 10.5-5 所示。因此，现有技术尚不能解决太湖隧道主体结构混凝土收缩开裂难题。

图 10.5-3　足尺模型

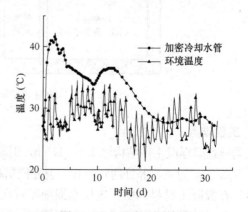

图 10.5-4　温度监测结果

(a)　　　　　　　　　　(b)　　　　　　　　　(c)

图 10.5-5　侧墙冷却水管设置及芯样中的裂缝情况

### 3. 混凝土收缩裂缝控制成套技术方案

针对太湖隧道主体结构工况特点，考虑结构、材料、环境、施工等因素的影响，采用 10.3 节所述的基于多场耦合模型的抗裂性评估方法量化评估了混凝土收缩开裂风险。以开裂风险较高的侧墙为例，评估结果（图 10.5-6、图 10.5-7）表明，基准工况条件下混凝土开裂风险系数约为 1.3；通过优选原材料和优化配合比后，开裂风险系数降低了 5%～10%；在此基础上，采用具有水化温升抑制与微膨胀功能的抗裂剂及减缩型聚羧酸减水剂等材料后，开裂风险系数降低了 30%～35%；进一步配合分段长度优化、入模温度控制等工艺措施后，开裂风险系数降至 0.70 以下。

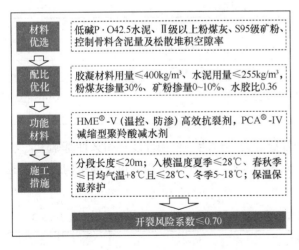

图 10.5-6　裂缝控制技术措施

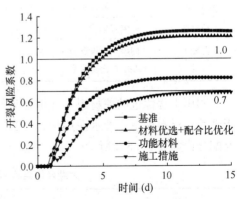

图 10.5-7　开裂风险评估结果

在系统计算 800 余种工况条件下隧道主体结构混凝土开裂风险的基础上，制订了底板、侧墙、顶板等不同结构部位混凝土裂缝控制成套技术方案，如表 10.5-1 所示。

**太湖隧道主体结构抗裂技术方案** 表 10.5-1

| 部位 | | 技术方案——控制开裂风险系数 $\eta \leqslant 0.70$ | |
|---|---|---|---|
| 底板 | 夏季 | 高性能混凝土（原材料优选、配合比优化）＋施工工艺优化（分段长度≤30m、入模温度≤30℃） | 采用高性能混凝土后若硬化阶段开裂风险系数＞0.7（如结构尺寸超长＞30m），应用抗裂功能材料 |
| | 非夏季 | 高性能混凝土＋施工措施（分段长度≤30m、入模温度5～28℃） | |
| 侧墙 | 夏季 | 高性能混凝土＋抗裂功能材料＋施工措施（分段长度≤20m、入模温度≤28℃） | |
| | 春、秋季 | 高性能混凝土＋抗裂功能材料＋施工措施（分段长度≤20m、入模温度≤日均气温＋8℃且≤28℃） | |
| | 冬季 | 高性能混凝土＋抗裂功能材料＋施工措施（分段长度≤20m、入模温度5～18℃） | |
| 顶板 | 夏季 | 高性能混凝土＋抗裂功能材料＋施工措施（分段长度≤20m、入模温度≤32℃） | |
| | 非夏季 | 与侧墙相同 | |

其中，混凝土原材料在满足现行标准规范要求的前提下，选用普通硅酸盐水泥，重点控制比表面积≤350m²/kg、碱含量≤0.6%、$C_3A$≤8%；选用Ⅱ级及以上粉煤灰，控制吸水量比≤100%、流动度比≥95%；选用 S95 级矿渣粉，控制比表面积≤450m²/kg；选用天然Ⅱ区中砂，控制含泥量≤2.0%、泥块含量≤0.5%；选用5～25mm 连续集配碎石，控制含泥量≤0.7%、泥块含量≤0.3%、松散堆积空隙率≤45%；选用聚羧酸高性能减水剂，控制收缩率比≤100%，选用 HME-V 具有温升抑制和微膨胀功能的混凝土高效抗裂剂，其限制膨胀率满足《混凝土膨胀剂》GB 23439—2017 中Ⅱ型品要求，水化热降低率 24h≥50%、7d≤15%。混凝土配合比及其性能控制要求如表 10.5-2 所示。

**混凝土配合比及性能控制要求** 表 10.5-2

| 项目 | 控制要求 |
|---|---|
| 胶凝材料 | 水胶比≤0.45，胶凝材料用量 350～420kg/m³ |
| 绝热温升 | 宜≤40℃，不应大于45℃；侧墙、顶板混凝土24h绝热温升值不大于7d的50% |
| 掺合料 | 侧墙宜单掺 25%～30%粉煤灰；其余部位可双掺粉煤灰和矿粉，掺量宜为25%～40% |
| 混凝土变形性能 | 侧墙、顶板混凝土水中 14d 限制膨胀率≥0.025%，水中 14d 转空气 28d≥0.015%，绝湿条件下 28d 自由膨胀率≥0.010% |

利用工程优选的原材料，在保证工作性能、力学性能、长期性能和耐久性基础上，基于低胶凝材料用量、低水泥用量、适当水胶比的原则，提出了太湖隧道主体结构混凝土主要配合比如表 10.5-3 所示。

**太湖隧道结构混凝土主要配合比**（kg/m³） 表 10.5-3

| 结构部位 | 水 | 水泥 | 粉煤灰 | 矿粉 | 抗裂剂 | 砂 | 石 | 减水剂 |
|---|---|---|---|---|---|---|---|---|
| 侧墙（含折板）、顶板 | 144 | 255 | 113 | 0 | 32 | 753 | 1083 | 4 |
| | 144 | 218 | 110 | 40 | 32 | 753 | 1083 | 4 |
| 底板 | 144 | 280 | 120 | 0 | 0 | 753 | 1083 | 4 |
| | 144 | 240 | 60 | 100 | 0 | 753 | 1083 | 4 |

为控制混凝土入模温度满足方案要求，根据环境温度采取了针对性的控制措施，夏季施工时，采取了材料提前进场、低温时段施工、降低拌合水温度以及掺加片冰替代拌合水等措施，其他季节施工时，根据实际控制情况调整入模温度控制措施，如表 10.5-4 所示。

<table>
<tr><td colspan="4" align="center">混凝土入模温度控制措施　　　　　　　　　　　　　　　　　　　　　表 10.5-4</td></tr>
<tr><td>控制措施</td><td>夏季（日均气温 >25℃）</td><td>春、秋季（日均气温 10～25℃）</td><td>冬期（日均气温 <10℃）</td></tr>
<tr><td>材料提前进场、遮阳</td><td>√</td><td>√</td><td>√</td></tr>
<tr><td>低温时段施工</td><td>√</td><td>△</td><td>△</td></tr>
<tr><td>包裹罐车</td><td>√</td><td>△</td><td></td></tr>
<tr><td>避免运输及停留时间过长</td><td>√</td><td>√</td><td>√</td></tr>
<tr><td>启用冷水机</td><td>√</td><td>△</td><td></td></tr>
<tr><td>启用制冰机</td><td>√</td><td></td><td></td></tr>
</table>

注：√为必选措施，△为可选措施。

混凝土生产、运输、浇筑和振捣应满足相关标准规范的要求，为满足方案对养护的温控要求，同时考虑到钢模板散热系数较高，在侧墙混凝土达到温峰后的 1d 内拆模，之后覆盖带塑料内膜的土工布或篷布，或张贴一种新型混凝土保温保湿养护布，该养护布由自粘、保湿、保温、防火等结构层组成，可重复利用，保温效果可根据具体结构特点定制，如图 10.5-8(a) 所示。炎热气候板类结构浇筑时，在其四周进行喷雾来提高仓面湿度、降低仓面温度，避免出现结壳或塑性裂缝，必要时喷洒水分蒸发抑制剂，如图 10.5-8(b) 所示，板类结构二次抹面后及时覆盖 1～2 层带塑料内膜的土工布进行保温保湿养护，如图 10.5-8(c) 所示。

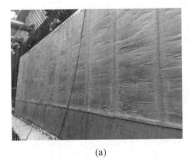  

(a) 　　　　　　　　　　　(b) 　　　　　　　　　　　(c)

图 10.5-8　混凝土养护

### 4. 混凝土接缝及外包防水

太湖隧道工程设计时提出了"以混凝土结构自防水及耐久性为根本，以接缝防水为重点，并辅以外防水层加强防水"的综合治理防水体系，在抑制混凝土出现贯穿性收缩裂缝实现主体结构自防水的同时，也提出了接缝及外包防水措施，如表 10.5-5 所示，以控制接缝处理不当等原因导致的渗漏现象。

太湖隧道主体结构混凝土接缝及外包防水设计                                    表 10.5-5

| 防水设计内容 | | 防水措施 |
|---|---|---|
| 变形缝 | 迎水面 | 顶板：低模量聚氨酯密封胶<br>侧墙和底板：外贴式橡胶止水带 |
| | 缝中 | 中埋式钢边橡胶止水带 |
| | 背水面 | 敞开段：高模量聚氨酯密封胶嵌缝<br>暗埋段：OMEGA 止水带 |
| 施工缝 | 垂直施工缝 | 中埋式钢边橡胶止水带＋预埋式注浆管 |
| | 水平施工缝 | 自粘丁基橡胶钢板止水带＋预埋式注浆管 |
| 防水加强层 | 顶板及放坡开挖段侧墙 | 非固化橡胶沥青防水涂料＋自粘聚合物<br>改性沥青防水卷材 |
| | 底板及有围护结构的侧墙 | 高分子自粘胶膜防水卷材 |

**5. 抗裂防漏控制效果**

太湖隧道主体结构混凝土施工前，由业主单位牵头组织科研项目攻关，在工程建设指挥部的领导协调下，施工、科研、设计、检测及监理等单位共同参与方案的实施，实现了全过程的闭环控制。太湖隧道主体结构混凝土施工过程中，持续开展了温度和变形监测，并对实体结构裂缝控制效果进行了全程跟踪。

图 10.5-9 为 1.4m 厚侧墙夏季施工时温度和变形监测结果。结果表明，混凝土入模

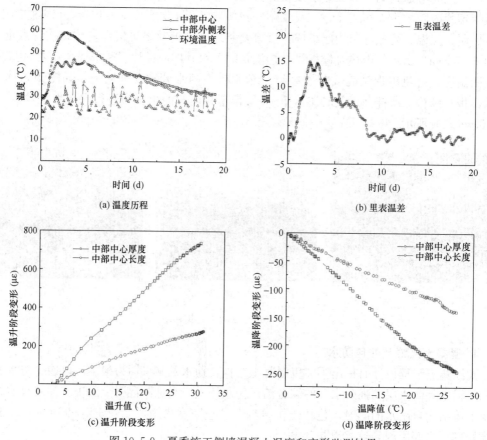

(a) 温度历程

(b) 里表温差

(c) 温升阶段变形

(d) 温降阶段变形

图 10.5-9  夏季施工侧墙混凝土温度和变形监测结果

温度为 28℃，混凝土最大温升约 30.5℃，最大里表温差约 15℃，温降 7d 平均降温速率约 2.2℃/d，表明混凝土的温度历程得到有效调控，且各项指标满足控制要求；侧墙混凝土中心点厚度方向单位温升膨胀变形约 26.9με/℃，较未掺抗裂剂的底板混凝土单位温升膨胀变形增加了约 134%，侧墙混凝土单位温降收缩变形约 9.0με/℃，较未掺抗裂剂的底板混凝土单位温降变形减小了约 25%，表明抗裂剂在温升及温降阶段均发挥了补偿收缩作用。

图 10.5-10 为 1.4m 厚侧墙冬季施工时温度和变形监测结果。结果表明，混凝土入模温度为 16.2℃，混凝土最大温升约 29.5℃，由于混凝土温峰出现在夜间较低气温时刻，混凝土最大里表温差约 20℃，温降 7d 平均降温速率约 2.7℃/d，表明混凝土的温度历程得到有效调控，且各项指标满足控制要求；混凝土中心点厚度方向单位温升膨胀变形约 28.3με/℃，较未掺抗裂剂的底板混凝土单位温升膨胀变形增加了约 146%，单位温降收缩变形约 9.9με/℃，较未掺抗裂剂的底板混凝土单位温降变形减小了约 19%，表明抗裂剂在温升及温降阶段均发挥了补偿收缩作用。

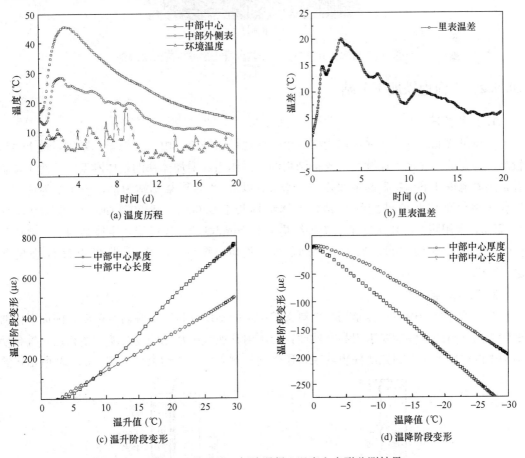

图 10.5-10　冬季施工侧墙混凝土温度和变形监测结果

太湖隧道主体结构暗埋段首件侧墙、顶板分别于 2018 年 11 月、2019 年 1 月浇筑，于 2021 年 12 月 30 日建成通车，超过 3 年的持续跟踪结果表明，混凝土未出现贯穿性收缩裂缝及渗漏，裂缝控制效果达到预期目标（图 10.5-11）。

(a) 部分仓面覆土　　　　　　　　　　(b) 部分仓面回土

(c) 顺利通过交工验收

图 10.5-11　太湖隧道主体结构混凝土裂缝控制效果跟踪

## 10.5.2　上海地铁地下车站

### 1. 工程概况

上海是继北京、天津之后国内第 3 个开通地铁的城市，由于土地资源紧张，地下水位较高，为充分发挥地下连续墙等支护结构的抗浮作用，增加体系的整体刚度，节约土地资源，上海地铁地下车站普遍采取叠合墙体系。以其 14 号线某车站为例，该车站为地下二层岛式站台单柱双跨带配线车站，主体结构长 590.68m、宽 20.14m，标准段基坑深 16.70m，采用明挖顺作法施工。支护结构为 800mm 厚地下连续墙，主体结构内衬墙厚度 400mm，端头井处厚度 600mm，分段浇筑长度 18.7～30.2m，混凝土设计强度等级 C35P8。

### 2. 工程难点

叠合墙体系中内衬主体结构与外侧支护结构间不设卷材等柔性防水措施，因而对内衬混凝土刚性自防水性能要求很高。然而，与国内其他城市常见的复合墙体系相比，叠合墙结构中内衬墙不仅受到先浇底板约束，还受到外侧支护结构约束，如图 10.5-12 所示，叠

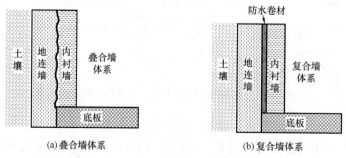

(a) 叠合墙体系　　　　　　　　　　(b) 复合墙体系

图 10.5-12　叠合墙和复合墙结构示意图

合墙体系的内衬墙开裂风险也通常显著高于复合墙体系内衬墙,如图 10.5-13 所示。从上海市城市轨道交通等工程实践来看,渗漏现象普遍存在,现有的优选混凝土原材料、优化配合比设计参数及延长拆模时间、增设诱导缝等施工措施改进均无法有效解决这一难题,地下车站内衬墙早期开裂渗漏现象仍然较为突出。

**3. 混凝土裂缝控制成套技术方案**

在对叠合墙内衬混凝土早期收缩开裂风险计算评估基础上,从原材料优选、配合比优化、功能材料使用及施工措施改进等方面研究提出了裂缝控制成套技术方案。依托上海地铁 14 号线某地下车站,

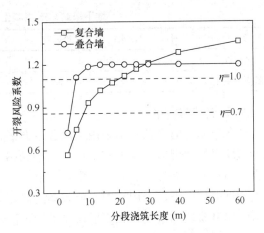

图 10.5-13　某工况下叠合墙与复合墙内衬混凝土不同分段浇筑长度下的开裂风险

以开裂风险最突出的夏季高温施工工况为例(图 10.5-14、图 10.5-15),在选用符合国家、行业标准要求的原材料基础上,对混凝土配合比进行优化设计,可降低其开裂风险系数约 7%;掺入具有水化温升抑制和微膨胀功能的抗裂材料可继续降低混凝土开裂风险系数约 25%至 0.9 以下;进一步采取控制混凝土入模温度等工艺措施可降低混凝土开裂风险系数至 0.70 以下。

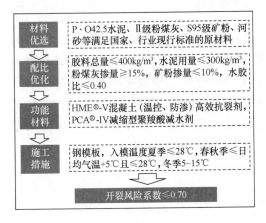

图 10.5-14　裂缝控制技术措施

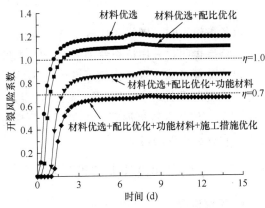

图 10.5-15　开裂风险评估结果

基于工程原有普通混凝土配合比,在满足工作性能和力学性能等基础上,通过降低矿渣粉用量、提高粉煤灰用量,并掺入占胶凝材料 8%的具有温升抑制和微膨胀功能的抗裂剂,提出了抗裂混凝土配合比如表 10.5-6 所示。对于叠合墙体系这种强约束结构,当分段浇筑长度超过一定阈值后,对内衬墙开裂风险系数影响较小,因此,未对分段浇筑长度提出控制要求,仍按常规方式进行。抗裂混凝土的生产、运输、浇筑、振捣及养护等要求应满足现行标准规范要求。

| | | | | | | | | 表 10.5-6 |
|---|---|---|---|---|---|---|---|---|

地下车站 **C35** 混凝土配合比（kg/m³）

| 组别 | 水 | 水泥 | 粉煤灰 | 矿粉 | 抗裂剂 | 砂 | 石 | 减水剂 |
|---|---|---|---|---|---|---|---|---|
| 普通混凝土 | 165 | 225 | 75 | 75 | 0 | 785 | 1024 | 3.75 |
| 抗裂混凝土 | 160 | 225 | 95 | 30 | 30 | 785 | 1024 | 4.50 |

**4. 裂缝控制效果**

秋冬季施工时，监测了采用常规普通方案施工的基准段侧墙以及采用抗裂专项方案施工的试验段侧墙混凝土温度和变形，结果如图 10.5-16 所示。结果表明，厚 0.4m 的内衬墙在采用钢模板条件下温升值较低，不超过 8℃。与采用普通方案的内衬墙相比，在入模温度相近的情况下，采用抗裂专项方案的侧墙最大温升值降低了 1.8℃，降幅超过 20%，混凝土温升阶段的最大膨胀变形增加了约 1 倍，温降阶段的收缩变形减小了约 20%。

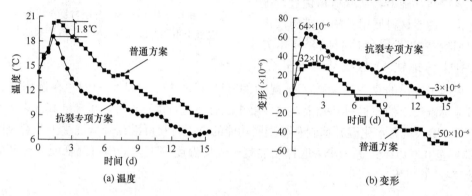

图 10.5-16　混凝土温度与变形监测结果

秋冬季施工时，同步还比较了诱导缝（内衬墙每隔 5m 设置一条竖向诱导缝）的实施效果，结果表明，采用抗裂专项方案较常规普通方案、诱导缝方案（统计时去掉诱导缝本身开裂情况）可减少裂缝数量近 90%。夏季施工时，由于商品混凝土所涉及的各环节可采取的入模温度控制措施有限，导致混凝土开裂风险系数有所增加，实际未能降低至 0.70 以下，但采取抗裂混凝土施工后，裂缝数量显著减少，与常规方案和诱导缝方案相比，裂缝数量减少超过 60%。

## 10.5.3　苏州启迪设计大厦地下室

**1. 工程概况**

苏州启迪设计大厦位于苏州市旺墩路北和南施街东，主楼地上 23 层，建筑高度 99.750m，裙楼地上 4 层，地下均为 3 层。大厦主体采用钢筋混凝土框架-核心筒结构（图 10.5-17）。地下室长 108.60m、宽 100.95m。设置后浇带，地下室底板、顶板分 4 块浇筑，其中最大浇筑面积约为 62.5m×52.1m。裙楼对应的地下室底板厚 600mm，主楼对应的底板厚 600mm（部分厚 1500mm、2200mm）；地下室顶板厚 250mm。地下室侧墙混凝土强度等级为 C40，厚度为 300~400mm，一次性浇筑长度达 40.0~62.5m。裙楼屋面板厚度为 150mm，最大浇筑面积约为 48.3m×42.8m；主楼屋面板厚度为 120mm，最大浇筑面积约为 37.8m×37.8m。

图 10.5-17　启迪设计大厦效果图

**2. 工程难点**

如 10.2 节所述，地下现浇超长结构（尤其是侧墙）混凝土极易在施工期就产生贯穿性收缩裂缝从而导致渗漏问题，现浇超大面积板式结构（尤其是地下室顶板和屋面板）混凝土在凝结前易产生塑性开裂，凝结后由于自收缩和干燥收缩、服役过程中环境温度变化引起的温度应力极易导致开裂并形成渗漏。根据施工计划评估了不同结构部位开裂风险，结果表明，采用常规措施，冬季施工时地下室底板开裂风险系数在 0.70 以下，春秋季施工时侧墙一次性浇筑长度 30～60m 混凝土开裂风险系数超过 1.0（图 10.5-18），夏季施工时主楼屋面板、冬季施工时地下室顶板开裂风险系数超过 0.70。

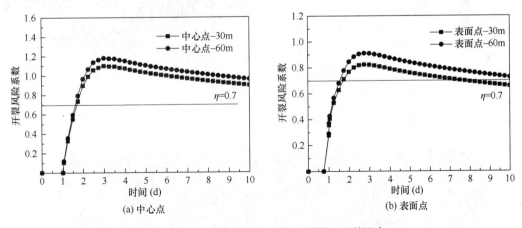

图 10.5-18　春、秋季施工侧墙混凝土开裂风险

**3. 混凝土裂缝控制成套技术方案**

为控制地下室及屋面板最大收缩开裂风险系数≤0.70（即保证不开裂），提出了包括原材料控制（水泥优选、砂石含泥量控制）、抗裂混凝土材料、施工措施（分段长度、保温保湿养护）等裂缝控制成套技术。针对底板结构，由于冬季浇筑的开裂风险较低，主要

采用 C40、C50 高性能混凝土，并控制里表温差≤25℃。针对地下室侧墙、顶板和屋面板混凝土温升和温降速率较快的特点，以水化温升抑制材料和高活性膨胀材料组成的抗裂功能材料为核心，制备了低温升高抗裂混凝土；在施工方面，春季浇筑侧墙结构，控制分段浇筑长度不超过 62.5m，入模温度≤25℃且≤日均气温＋8℃，拆模后立即贴保温保湿材料；冬季浇筑裙楼屋面板，控制入模温度 5～15℃；夏季浇筑地下室顶板和主楼屋面板，控制入模温度≤35℃；板式结构进行二次抹面、覆盖土工布进行保温保湿，设置控制混凝土长期干燥收缩裂缝的构造钢筋。

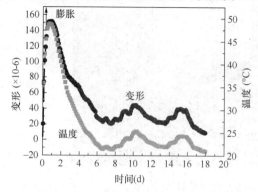

图 10.5-19　侧墙混凝土温度与变形

### 4. 裂缝控制效果

对关键部位混凝土的温度和变形进行了监测，春季施工时，侧墙中心最大温升达 22℃（图 10.5-19）；裙楼及主楼屋面中心温度受环境温度影响较大，温降结束后温度随环境温度波动，侧墙和屋面板混凝土的变形在早期均处于无收缩状态（图 10.5-20、图 10.5-21）。工程跟踪结果表明，采取抗裂专项方案施工的地下室、冬季施工的裙楼屋面板（浇筑 1 年后）、夏季高温浇筑的主楼屋面板均未出现渗漏问题，如图 10.5-22 所示。

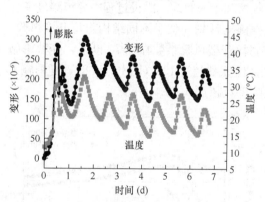

图 10.5-20　裙楼屋面板温度与变形

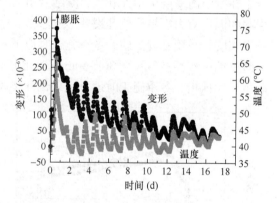

图 10.5-21　主楼屋面板温度与变形

(a) 侧墙

(b) 屋面板

图 10.5-22　裂缝控制效果跟踪

# 参考文献

[1] 陈志龙，刘宏. 城市地下空间总体规划[M]. 南京：东南大学出版社，2011.

[2] 孙钧. 国内外城市地下空间资源开发利用的发展和问题[J]. 隧道建设，2019，39(5)：699-709.

[3] 王铁梦. 工程结构裂缝控制[M]. 北京：中国建筑工业出版社，1997.

[4] 袁勇. 混凝土结构早期裂缝控制[M]. 北京：科学出版社，2004.

[5] 刘加平，田倩. 现代混凝土早期变形与收缩裂缝控制[M]. 北京：科学出版社，2020.

[6] ACI Committee 207. 2007. Report on thermal and volume change effects on cracking of mass concrete (ACI 207. 2R-07) [R]. American Concrete Institute，Farmington Hills，USA.

[7] 刘加平. 水泥基材料塑性变形与塑性开裂的性能及机理[D]. 南京：南京工业大学，2008.

[8] 朱金铨，覃维祖. 高性能混凝土的自收缩问题[J]. 建筑材料学报，2001，4(2)：159-166.

[9] 田倩. 低水胶比大掺量矿物掺合料水泥基材料的收缩及机理研究[D]. 南京：东南大学材料科学与工程学院，2006.

[10] 常州市轨道交通发展有限公司，江苏省建筑科学研究院有限公司，徐州市城市轨道交通有限责任公司，等. 城市轨道交通地下工程结构混凝土抗裂防水成套技术研究鉴定报告[R]. 2017.

[11] 胡导云，朱剑，刘德顺，等. 常州轨道交通某车站主体结构混凝土裂缝成因分析与控制[J]. 工业建筑增刊，2018，48：306-310.

[12] 张坚，徐文，王育江，等. 青岛地铁车站主体结构抗裂混凝土研究与应用[J]. 新型建筑材料，2019，(12)：42-46.

[13] Li H，Liu JP，Wang YJ，et al. Deformation and cracking modeling for early-age sidewall concrete based on the multi-field coupling mechanism [J]. Construction and building materials，2015，88(30)：84-93.

[14] Liu JP，Tian Q，Wang YJ，et al. Evaluation method and mitigation strategies for shrinkage cracking of modern concrete [J]. Engineering，2021，7：348-357.

[15] 江苏省地方标准. 江苏省高性能混凝土应用技术规程：DB32/T 3696—2019[S]. 南京：江苏凤凰科学技术出版社.

[16] 江苏省地方标准. 明挖现浇隧道混凝土收缩裂缝控制技术规程：DB32/T 3947—2020[S]. 北京：中国标准出版社.

[17] 团体标准. 城市轨道交通工程地下现浇混凝土结构抗裂技术标准：T/JSTJXH 16—2022[S]. 北京：中国建筑工业出版社.

[18] 江苏省住房和城乡建设厅，江苏省土木建筑学会城市轨道交通建设专业委员会组织编写. 城市轨道交通工程混凝土抗裂设计与施工指南[M]. 北京：中国建筑工业出版社，2020.

[19] Liu JP，Li L，Tian Q，et al. Reduction of water evaporation and cracks on plastic concrete surface by monolayers [J]. Colloids and Surface A：Physicochemical and Engineering Aspects 2011，384：496-500.

[20] Fairbairn EMR，Azenha M. Thermal cracking of massive concrete structures - State of the art report of the RILEM Technical Committee 254-CMS [R]. Cham：Springer International Publishing，2019.

[21] Yan Y，Ouzia A，Yu C，et al. Effect of a novel starch-based temperature rise inhibitor on cement hydration and microstructure development [J]. Cement and Concrete Research，2020，129：105961.

[22] 赵顺增，游宝坤. 补偿收缩混凝土裂渗控制技术及其应用[M]. 北京：中国建筑工业出版社，2010：74-125.

［23］ Mo L W，Deng M，Tang M S. Effects of calcination condition on expansion property of MgO-type expansive agent used in cement-based materials［J］. Cement and Concrete Research，2010，40：437-446.

［24］ 周欣，夏文俊，王峻，等. 太湖隧道结构混凝土收缩裂缝闭环控制关键技术［J］. 混凝土，2021，(2)：151-156.

［25］ 李明，谢彪，徐文，等. 现浇隧道结构混凝土不同裂缝控制技术效果比较［J］. 混凝土，2021，(3)：137-140，144.

［26］ Li M，Xu W，Wang YJ，et al. Shrinkage crack inhibiting of cast in situ tunnel concrete by double regulation on temperature and deformation of concrete at early age［J］. Construction and Building Materials，2020(240)：117834.

［27］ 周欣，李明，谢彪，等. 水下明挖现浇隧道低温升高抗裂混凝土制备与应用［J］. 混凝土，2021，(6)：145-148，154.

［28］ 谷坤鹏，于铜，陈克伟，等. 大尺度现浇暗埋段隧道裂缝控制关键技术［J］. 中国港湾建设，2015，35(11)：4-7.

［29］ 刘保永，陈三洋，何海龙. 现浇隧道大体积混凝土温度裂缝控制［J］. 中国港湾建设，2016，36(7)：80-82.

［30］ 陈三洋，刘保永，何海龙. 现浇隧道混凝土裂缝修补技术［J］. 中国港湾建设，2016，36(7)：73-75.

［31］ 张坚，徐文，王育江，等. 地铁车站叠合墙内衬混凝土施工期裂缝控制技术研究［J］. 施工技术，2019，48(S1)：743-746.

［32］ 张坚，张士山. 地下车站侧墙抗裂混凝土配合比设计及裂缝控制［J］. 江苏建筑，2018，190(3)：72-74，90.

［33］ 贾逸. 苏锡常南部高速太湖隧道防水新设计应用探讨［J］. 中国建筑防水，2018，402(22)：18-22.

# 11　地下空间开发中的环境效应和对策

徐日庆，俞建霖

（浙江大学滨海和城市岩土工程研究中心，浙江 杭州 310058）

随着我国城市规模不断扩大，人口密度不断增长，城市用地紧缺、交通拥堵等问题日益突出，城市发展面临越来越大的空间制约和挑战。当前，以地铁、地下综合体、地下综合管廊等为代表的我国地下空间开发正处于史无前例的高峰时期。我国经济持续处于快速发展的状态，特别是城市化的加快推进，大型地下商城、城市基础设施建设密集，开发深度及广度均大大增加。

城市地下空间开发中以基坑工程和隧道工程为主，而隧道工程中又以盾构隧道为主。地下空间开发中既要保证工程本身的安全，又要保证周围环境的安全。周围环境包括既有的建筑物、构筑物、管线、隧道等，有些建筑物对变形很敏感，如古塔、浅基础房屋、古建筑等，必须事先进行安全评估，采用有效工程措施进行保护，保护措施有主动保护和被动保护。

本章主要介绍基坑开挖对地表敏感重要建筑物、邻近浅基础建筑物和桩基础建筑物的影响，隔离桩的效果分析，考虑空间效应的基坑开挖诱发邻近既有隧道的纵向变形。盾构隧道施工对土体、邻近既有桩基和周围环境的影响，盾构下穿对既有隧道影响的解析法。地下空间开发环境效应的控制技术包括基坑开挖施工环境影响控制技术，盾构隧道施工环境影响控制技术，盾构隧道下穿既有地铁隧道变形控制技术。

## 11.1　基坑开挖对地表敏感重要建筑物的影响

### 11.1.1　基坑开挖对邻近浅基础建筑物的影响及隔离桩的效果分析

#### 1. 有限元分析模型

1）计算模型

以某软土地基上的深基坑实例为背景建立三维有限元计算模型，基坑平面为正方形，边长 120m，利用对称性取 1/4 基坑及周围土体作为分析对象，模型尺寸为 180m×180m×40m，其中开挖区域范围 60m×60m×15.15m，有限元网格划分见图 11.1-1。基坑深度为 15.15m，竖直方向设 3 层临时水平内支撑，按支撑施工的顺序分四层开挖，基坑剖面及开挖顺序如图 11.1-2 所示，虚线表示每步开挖面，箭头表示支撑位置，支撑点假设在每步开挖面上方 0.45m 处。每层支撑在水平面内按 10m 间距布置井字梁钢筋混凝土支撑，支撑梁截面积 0.72m$^2$；围护墙采用地下连续墙，厚度 0.80m，墙深 36m。支撑与围护墙的连接节点假定为铰接。

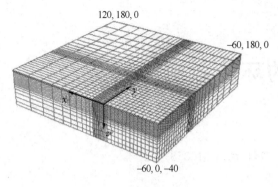

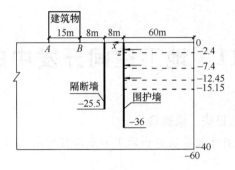

图 11.1-1　三维有限元网格图　　　　　图 11.1-2　基坑剖面及开挖顺序

假定基坑外部（$y$ 轴左侧）有一矩形建筑物，距围护墙 16m，建筑物平面长 40m、宽 15m。为有效保护该建筑物，在基坑围护墙和建筑物之间设置隔断墙，隔断墙采用厚度 0.74m 的地下连续墙，距围护墙 8.0m，墙深 25.5m。建筑物与基坑、隔断墙的平面位置示意见图 11.1-3。

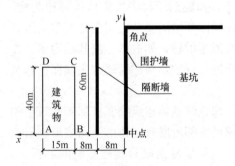

图 11.1-3　围护墙、隔断墙及邻近
建筑物平面示意图

2）基本假定

（1）假定开挖过程历时较短，采用总应力法分析，因分析对象为软黏土地基，基坑施工速度较快，故不考虑土的固结和渗流的影响；

（2）不考虑围护墙和隔断墙施工对地基初始应力场的影响；

（3）假定既有建筑物基础形式为天然地基上的浅基础且基础埋深为零，同时为简化问题，忽略建筑物荷载和基础刚度对基坑性状的影响，即假定建筑物基础沉降与无建筑物情况时的地表沉降相同。

（4）为简化分析，有限元分析时仅模拟实际施工过程中的开挖工况，而未计算基础施工完成之后的临时支撑拆除和换撑等工况。

3）单元类型与计算参数

土体采用 C3D8R 单元（三维实体八节点缩减积分单元）；围护墙采用 C3D8I 单元[1]，六面体八节点实体非协调单元，可以更好地模拟墙体的弯曲变形；隔断墙采用 Shell 单元。围护墙和土体之间设接触面，接触面采用硬接触，允许相互错动，但不允许主面和从面节点之间的相互嵌入，接触面只可以传递压力，不能传递拉力。隔断墙和土体之间始终紧密接触，不存在相互滑动。

地基土体简化为单一均质土层，采用修正剑桥模型；围护墙、支撑、隔断墙假设为线弹性体。土体、围护墙、隔断墙、支撑等的计算参数见表 11.1-1 和表 11.1-2。

土体有限元计算参数　　　　　　　　　　　　　　表 11.1-1

| $\gamma$ (kN/m³) | $\lambda$ | $\kappa$ | $M$ | $\beta$ | $K$ | $\mu$ | $e_0$ | $c$ (kPa) | $\varphi$ (°) | $E$ (MPa) |
|---|---|---|---|---|---|---|---|---|---|---|
| 19 | 0.42 | 0.022 | 0.52 | 0.85 | 0.9 | 0.35 | 1.2 | 10 | 10 | 3.0 |

支撑、围护墙及隔断墙计算参数 表 11.1-2

| 类型 | $\gamma$（kN/m³） | $\mu$ | $E$（MPa） |
|---|---|---|---|
| 支撑 | 24 | 0.17 | 30000 |
| 围护墙 | 24 | 0.17 | 28000 |
| 隔断墙 | 24 | 0.17 | 28000 |

4）开挖过程的模拟

（1）计算初始地应力场，地基竖向应力 $\sigma_v$ 按深度线性增长模式，即 $\sigma_v = \gamma z$，水平初始应力 $\sigma_h = K_0 \sigma_v$，$K_0$ 为静止土压力系数，算例中取 0.55。

（2）去除土体上的临时约束，建立土与围护墙的接触关系。

（3）按各开挖工况，依次去除各工况待开挖范围土体，并激活相应支撑结构。

**2. 计算结果与分析**

为研究隔断墙对基坑的影响以及对相邻既有建筑物的保护效果，利用上文有限元模型分别对设置隔断墙与否的两种情况进行计算，如无特别说明，计算工况均指开挖至最终基底面工况，以下部分的图注和表中的"无墙"均指未设置隔断墙情况，"有墙"均指设置隔断墙的情况。

1）隔断墙对坑外地表沉降的影响

开挖至最终基底时的坑外横向地表沉降见图 11.1-4。可以看出，设置隔断墙后，基坑侧壁中点（$y=0$）和靠近基坑角部（$y=40$）的坑外地表最大沉降值都明显减小，相比无隔断墙情况，最大沉降值分别降低了 42.3%、42.4%。同时，隔断墙的设置改变了沉降槽的形状，显然新的沉降槽分布不再是传统的多道撑锚式基坑的抛物线形分布，在隔断墙位置出现了一个明显拐点。地表沉降槽的面积也明显减小，意味着开挖对邻近建筑物的影响明显减小。

开挖至最终基底时的坑外纵向地表沉降见图 11.1-5。可以看出，无论设置隔断墙与否，同一纵向剖面处坑外地表沉降均从基坑中部到角部逐渐减小，沉降分布的空间效应明显；设置隔断墙情况的地表沉降值均比不设隔断墙情况的小；相对而言，同一条基坑边的中点附近地表沉降的减小幅度远比基坑角部附近显著，说明隔断墙对于减小基坑侧壁中点附近邻近建筑物的最大沉降和不均匀沉降效果比基坑角部更明显。从图 11.1-5 的曲线还可发现，算例中距离基坑隔断墙和基坑侧壁越近，隔断墙减小地表沉降的效果越显著。

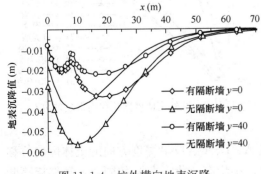

图 11.1-4 坑外横向地表沉降

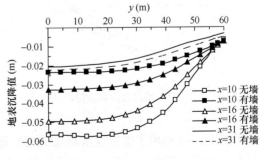

图 11.1-5 坑外纵向地表沉降

2）对邻近建筑物基础角变量的影响

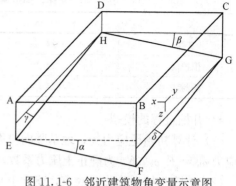

基坑开挖后建筑物基础将发生倾斜，如图 11.1-6 所示，设开挖前建筑物基础四个角点所在位置为 A、B、C、D，开挖导致基础发生沉降后角点位置相应变为 E、F、G、H，记 $\alpha$、$\beta$、$\gamma$、$\delta$ 分别为 EF、GH、HE、FG 与水平面的夹角，这些角度定义为建筑物的角变量，而角变量的大小可作为衡量建筑物基础发生沉降后的损害程度[2]。

图 11.1-6 邻近建筑物角变量示意图

算例中开挖完成后邻近建筑物的角变量计算结果见表 11.1-3。不难看出，隔断墙的设置使基础四条边的角变量均有所降低，且沿横向（$x$ 轴方向）的减小程度更明显。从邻近建筑物的角变量的比较进一步说明，隔断墙对减弱基坑开挖对建筑物的损坏的作用是显著的。

邻近建筑物角变量计算结果

表 11.1-3

| 分析情况 \ 角变量 | $\alpha$（rad） | $\beta$（rad） | $\gamma$（rad） | $\delta$（rad） |
|---|---|---|---|---|
| 无隔断墙 | $1.69 \times 10^{-3}$ | $1.31 \times 10^{-3}$ | $2.24 \times 10^{-4}$ | $3.86 \times 10^{-4}$ |
| 设隔断墙 | $6.92 \times 10^{-4}$ | $6.37 \times 10^{-4}$ | $2.01 \times 10^{-4}$ | $2.21 \times 10^{-4}$ |

3）对围护墙和坑外土体水平位移的影响

图 11.1-7 给出了围护墙侧向（$x$ 轴方向）位移沿深度的分布。可以看出，设置隔断墙后，围护墙的最大水平位移明显减小。

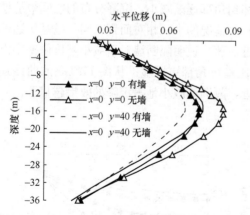

图 11.1-7 围护墙侧向位移沿深度的分布

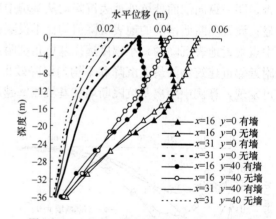

图 11.1-8 坑外土体侧向位移沿深度的分布

图 11.1-8 给出了邻近建筑物基础四个角点 A、B、C、D 沿深度方向的土体侧向位移分布。设置隔断墙后，四个角点沿深度的侧向位移均有变化，在 $y$ 相同时，越靠近隔断墙，地基浅层土体水平位移减少越明显。

4）对围护墙外侧土压力的影响

基坑边中点（$y=0$）围护墙外侧土压力沿深度的分布见图 11.1-9。由于支撑作用引起的"土拱"效应，在地表至地表以下约 10m 深度范围土压力强度略大于静止土压力，而在该深度以下则明显小于静止土压力；设置隔断墙时，在隔断墙深度范围内土压力比未设隔断墙情况明显减小，说明隔断墙对围护墙确实有一定的"遮拦"作用。

基坑内坑底土体隆起沿 $x$ 轴的分布见图 11.1-10。可以看出，隔断墙对于基坑底部土体隆起影响不明显。

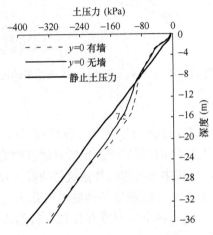

图 11.1-9 基坑中点围护墙外侧土
压力沿深度的分布

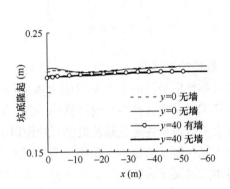

图 11.1-10 坑底土体隆起的分布

### 3. 工程应用

1）工程概况

杭州一深基坑工程设 3 层（局部 4 层）地下室，基坑大面积开挖深度为 14.85～17.35m，局部电梯井坑范围深度达 21.75m，基坑平面大致呈正方形，边长约 120m，采用密排大直径钻孔灌注排桩墙结合 3 层（局部 4 层）钢筋混凝土内支撑进行基坑支护。以西北角基坑范围作为研究对象，开挖深度 15.15m，支护桩桩径为 1.10m，桩中心间距 1.25m，桩端深度 36m；3 层内支撑均采用大角撑外加系杆的平面布置形式。在基坑外侧有 3 幢 7 层浅基础民居临近基坑，民居上部为砖混结构，采用水泥土复合地基，处理深度约 15m，其中的 1 号民居距离基坑侧壁 15m。为减小深开挖对邻近民居的影响，并考虑可利用施工场地的具体情况，在围护墙外 3.5m 处设一道隔断墙，隔断墙采用直径 0.85m、间距 0.6m 的三轴水泥搅拌桩内插 700mm×300mm 型钢。局部基坑及邻近建筑物、隔断墙的平面位置见图 11.1-11。

场地地基为杭州地区典型深厚饱和软黏土地基，土层自地表向下依次为：黏土、粉质黏土、淤泥质黏土、黏土、基岩。其中软黏土厚度约 30m。

为监控基坑施工期间的地基和既有建筑物的变形情况，在 1 号民居附近的围护墙边和隔断墙后分别埋设了测斜管（CX6 和 CX7），在 1 号民居上布置了 6 个沉降观测点（S12～S17）。

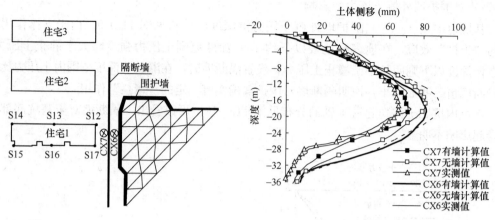

图 11.1-11 基坑实例平面示意图　　　　图 11.1-12 水平位移计算和实测结果的比较

**2）数值模拟概况**

按对称性取基坑的 1/4 及周围土体进行三维有限元模拟，有限元网格划分、基本假定、计算工况、单元类型与前述算例一致，同时为了简化问题，假定既有建筑物的荷载通过水泥土复合地基传递至基坑最终开挖面以下，分析中不考虑坑外建筑物的荷载和建筑物下水泥土复合地基的影响。按刚度等效原则将围护墙、隔断墙等排桩墙简化为地下连续墙，将角支撑简化为杆单元，将地基土简化为 3 层，各土层厚度和计算参数如表 11.1-4 所示，表中修正剑桥模型参数的取值参考文献[3]。

**土体计算参数**　　　　　　　　　　　　　　表 11.1-4

| 土层 | 厚度 (m) | $\gamma$ (kN/m³) | $\lambda$ | $M$ | $\kappa$ | $\mu$ | $\beta$ | $K$ | $e_0$ |
|------|------|------|------|------|------|------|------|------|------|
| 黏土 | 4.4 | 18.8 | 0.36 | 0.56 | 0.018 | 0.3 | 0.9 | 0.87 | 0.85 |
| 淤泥质黏土 | 29.0 | 17.8 | 0.45 | 0.54 | 0.025 | 0.38 | 0.85 | 0.89 | 1.2 |
| 黏土 | 6.6 | 19.0 | 0.32 | 0.52 | 0.022 | 0.28 | 0.85 | 0.84 | 0.9 |

**3）计算与实测结果的比较**

开挖至 15.15m 深度时图 11-11 中计算点 CX6、CX7 的侧向位移计算值和实测值的比较见图 11.1-12，这两个计算点分别位于围护墙和隔断墙的外侧，图中同时给出了不设置隔断墙情况的计算结果。由于现场测试工作从第二开挖工况开始，故图中的计算值相应扣除了第一悬臂开挖工况的结果以利于比较。由图 11.1-12 可以看出，围护墙和隔断墙后的两个计算点的水平位移计算值与实测值均比较吻合，计算值略微偏大，显然不设置隔断墙的水平位移计算值更大；紧临隔断墙的 CX7 点实测最大位移量比紧临围护墙的 CX6 点减小了约 10mm，这验证了隔断墙可在一定程度上减小开挖引起的地基水平位移对邻近建筑物的影响。

基坑西侧的 1 号民宅的沉降计算值和实测值的比较见表 11.1-5。从表中数据也可看出，考虑隔断墙的沉降计算值与实测值在沉降分布和数值上均比较吻合，同时表中数据也验证了隔断墙对开挖引起的邻近建筑物沉降损害有抑制作用。

坑外地表计算值和实测值的对比　　　　　　　　表 11.1-5

| 计算点 | 沉降计算值（mm） | | 沉降实测值（mm） |
| --- | --- | --- | --- |
| | 未设隔断墙 | 设置隔断墙 | |
| S17 | 66.0 | 53.3 | 44.0 |
| S16 | 8.0 | 9.7 | 16.0 |
| S15 | 0.8 | 0.8 | 10.0 |
| S12 | 31.6 | 32.9 | 38.0 |
| S13 | 3.8 | 4.2 | 17.0 |
| S14 | 0.2 | 0.6 | 4.0 |

## 11.1.2　基坑开挖对桩基础建筑物的影响

### 1. 控制方程建立及求解

1）圆孔非均匀收敛下地层位移公式推导

"虚拟镜像技术"被广泛应用于求解由地层损失引起的土体位移场，由 Sagaseta[4] 最先将其引入，如图 11.1-13 所示。

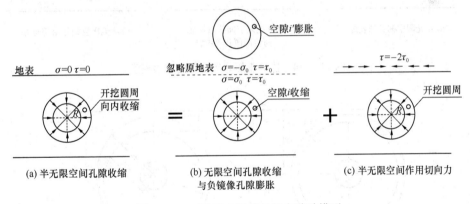

图 11.1-13　边界土层等量径向移动模型

"虚拟镜像技术"求解位移的分析思路如下。

（1）实际问题如图 11.1-13(a) 所示，即半无限空间内的圆孔发生等量径向收敛，此时地表应力为 0。

（2）如图 11-13(b) 所示，在无限空间内，该圆孔等量径向收敛后，在地表位置处产生的正应力为 $\sigma_0$，切应力为 $\tau_0$；以原地表为对称轴，在原圆孔的对称位置虚设一等大的膨胀圆孔，可以发现，对于原圆孔内的任一微小空隙 $i$，在其镜像中总能找到同一微小空隙 $i'$，因此根据对称性可知，镜像圆孔在地表处产生的总应力为 $-\sigma_0$，$\tau_0$，叠加上述两圆孔的应力后，地表处还受切应力 $2\tau_0$。

（3）事实上作为自由边界的地表，表面应无应力的存在，故对地表施加 $2\tau_0$ 的反向切应力后即可还原成步骤（1）中的地表自由状态，同时只需求解 $2\tau_0$ 在半无限空间内产生的位移。

步骤（1）等效于步骤（2）和步骤（3）的叠加，求解步骤（2）和步骤（3）产生的位移，即可得出半无限空间内的圆孔等量径向收敛产生的位移。

上述理论均基于圆孔的等量径向移动，未考虑该过程中土体移动的非等量性。为了更接近真实情况，在文献[5，6]的基础上，推导由圆孔基于非等量径向移动产生的地层水平位移场。

作基本假定如下：①土体为均质各向同性，不可压缩弹性体；②圆孔周边及外部土体朝向圆心径向收敛；③圆孔收敛视为平面应变问题。

图 11.1-14 所示为圆孔非等量径向移动模型，图 11.1-15 所示为圆孔在非等量径向移动模式下的土层位移计算模型。

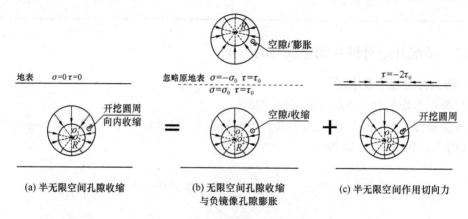

图 11.1-14 边界土层非等量径向移动模型

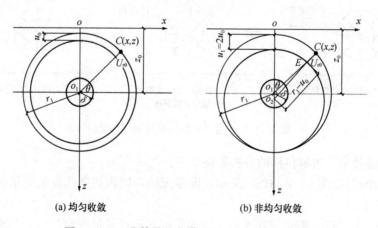

图 11.1-15 非等量径向模式下土层位移计算模型

如图 11.1-15 所示，在土体等量径向移动模式下，对于半径为 $\delta$ 的圆孔 $O_1$，其完全收敛时，距圆心 $O_1$ 为 $r_1$ 的外围土体，会发生等量径向收敛，且收敛中心、收敛值分别为 $O_1$、$u_0$；土体在非等量径向移动模式下，当圆孔 $O_1$ 完全收敛时，对距圆心 $O_1$ 为 $r_1$ 的外围土体，会发生非等量收敛。此时圆孔 $O_1$ 底部土体不动，顶部土体发生大小为 $u_1$，即 $2u_0$ 的径向收敛值。

对于圆上任一圆心角为 $\theta$ 位置处的土体，收敛值为 $u_{r\theta}$。

根据土体不可压缩的假定可知，圆孔收敛的面积等于外部土体收敛面积：

$$\pi\delta^2 = \pi\left[r_1^2 - (r_1 - u_0)^2\right] \tag{11.1-1}$$

$$\delta^2 = -u_0^2 + 2r_1 u_0 \tag{11.1-2}$$

$$u_0 \approx \frac{\delta^2}{2r_1} \tag{11.1-3}$$

式中　$\delta$——以 $O_1$ 为圆心的圆孔半径；

　　　$r_1$——以 $O_1$ 为圆心的大圆半径；

　　　$u_0$——当半径为 $\delta$ 的圆 $O_1$ 收敛完全时，对半径为 $r_1$ 的大圆上任意一点处土体发生等量径向收敛时的位移。

对于半径为 $r_1$ 的大圆上任意点 $C(x_1, z_1)$，由图 11.1-15 中的几何关系，有

$$r_1 = \sqrt{x_1^2 + (z_0 - z_1)^2} \tag{11.1-4}$$

$$\sin\theta = \frac{z_0 - z_1}{\sqrt{x_1^2 + (z_0 - z_1)^2}} \tag{11.1-5}$$

$$\cos\theta = \frac{x_1}{\sqrt{x_1^2 + (z_0 - z_1)^2}} \tag{11.1-6}$$

$O_1E = r_1 - u_{r\theta}$，$O_1O_2 = u_1 - u_0$，$O_2E = r_1 - u_0$，$\angle EO_1O_2 = \theta + \pi$，由余弦定理可知：

$$(r_1 - u_0)^2 = (u_1 - u_0)^2 + (r_1 - u_{r\theta})^2 - 2(u_1 - u_0)(r_1 - u_{r\theta})\cos\left(\theta + \frac{\pi}{2}\right) \tag{11.1-7}$$

由式（11.1-3）~式（11.1-7），可以解得非等量径向收敛模式下半径为 $r_1$，圆心角为 $\theta$ 位置处的土体径向收敛值为

$$u_{r_1\theta} = \frac{\delta^2}{2r_1}\sin\theta + r_1 - \sqrt{\frac{\delta^4}{4r_1^2}\left[1 - \cos^2\theta\right] - \delta^2 + r_1^2} \tag{11.1-8}$$

则该径向位移的水平分量为

$$u_{1x_1} = -u_{r_1\theta}\cos\theta \tag{11.1-9}$$

$$u_{1x} = \frac{-x_1\delta^2(z_0 - z)}{2r_1^3} - x_1 + \sqrt{\frac{\delta^4 x_1^2}{4r_1^4}\left[1 + \frac{x_1^2}{r_1^2}\right] + x_1^2 - \frac{\delta^2 x_1^2}{r_1^2}} \tag{11.1-10}$$

同理可得，该径向位移的竖向分量 $u_{1z_1}$ 为

$$u_{1z_1} = r_{r_{1\theta}}\sin\theta \tag{11.1-11}$$

$$u_{1z_1} = \frac{\delta^2(z_0 - z_1)^2}{2r_2^3} + (z_0 - z_1)\left[1 - \sqrt{\frac{\delta^4}{4r_1^4}\left[1 - \frac{x_1^2}{r_1^2}\right] - \frac{\delta^2}{r_1^2} + 1}\right] \tag{11.1-12}$$

式（11.1-11）、式（11.1-13）为在步骤（2）下，无限空间内圆孔收敛在土体内任意点 $C(x_1, z_1)$ 处产生的水平和竖向位移。

类似地，在无限空间内由负镜像圆孔膨胀在点 $C(x_1, z_1)$ 处产生的水平及竖向位移分量分别如下：

$$u_{2x_1} = \frac{x_1\delta^2(z_0 - z_1)}{2r_2^3} + x_1 - \sqrt{\frac{\delta^4 x_1^2}{4r_2^4}\left[1 - \frac{x_1^2}{r_2^2}\right] + x_1^2 - \frac{\delta^2 x_1^2}{r_2^2}} \tag{11.1-13}$$

$$u_{2z_1} = \frac{\delta^2(z_0 - z_1)^2}{2r_2^3} + (z_0 - z_1)\left[1 - \sqrt{\frac{\delta^4}{4r_2^4}\left[1 - \frac{x_1^2}{r_2^2}\right] - \frac{\delta^2}{r_2^2} + 1}\right] \tag{11.1-14}$$

$$r_2 = \sqrt{x_1^2 + (z_0 + z_1)^2} \tag{11.1-15}$$

分别叠加圆孔及其负镜像圆孔产生的水平及竖直向位移，即完成步骤（2）。

$$u_{x_1} = u_{1x_1} + u_{2x_1} \tag{11.1-16}$$

$$u_{z_1} = u_{1z_1} + u_{2z_1} \tag{11.1-17}$$

式（11.1-16）、式（11.1-17）给出由步骤（2）在点 $C(x_1, z_1)$ 处产生的水平及竖向位移，因此，对于任意点 $(x, z)$，将式（11.1-16）、式（11.1-17）的 $x_1$、$z_1$ 换为 $x$、$z$，可得步骤（2）在任意点 $(x, z)$ 处产生的水平及竖向位移分别为 $u_x$、$u_z$。

下面求解步骤（3）地表切应力作用下的土体位移。首先利用步骤（2）的 $u_x$、$u_z$，求解在地表产生的切应变：

$$\gamma = \left( \frac{\partial u_x}{\partial z} + \frac{\partial u_z}{\partial x} \right)_{z=0} \tag{11.1-18}$$

结合式（11.1-18），对于线弹性体，坐标为 $(0, z_0)$ 处半径为 $\delta$ 的圆孔收敛及其镜像圆孔膨胀后，则地表 $(x, 0)$ 处产生的切应力为：

$$\tau_x = G\gamma = -3G\delta^2 \frac{xz_0^2}{(x^2 + z_0^2)^{\frac{5}{2}}} \tag{11.1-19}$$

式中　$G$——土体切变模量。

为了求解该切应力 $\tau_x$ 作用下土体内任意点处产生的位移，须借助平面应变条件下的 Cerrutti 应力解[7]，思路如下：首先由应力解推导出平面应变条件下的位移解，再借助于数值积分求解地表切应力作用下的土体内任意点的水平位移。

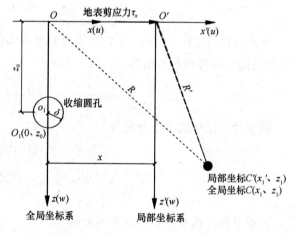

图 11.1-16　Cerrutti 解示意图

2）平面应变条件下的 Cerrutti 解

在平面应变条件下，对于局部坐标系 $x'O'z'$，由 Cerrutti 解可知，当水平向集中荷载 $\tau_x$ 作用于弹性半空间 $O'(0, 0)$ 时，引起土体任一点 $C'(x_1', z_1')$ 应力解为：

$$\sigma_x = \frac{-2}{\pi} \tau_x \frac{x_1'^3}{(x_1'^2 + z_1'^2)^2} \tag{11.1-20}$$

$$\sigma_z = \frac{-2}{\pi} \tau_x \frac{x_1' z_1'^2}{(x_1'^2 + z_1'^2)^2} \tag{11.1-21}$$

式中　$\sigma_x$、$\sigma_z$——局部坐标系 $C'$ 点处 $x$、$z$ 方向的应力。

鉴于既有文献中鲜有关于平面应变条件下的 Cerrutti 位移解，多数仅给出了应力解，因此必须对 Cerrutti 位移解进行理论推导，如下。

在平面应变条件，应力应变满足如下本构关系：

$$\varepsilon_x = \frac{1 - \nu^2}{E} \left( \sigma_x - \frac{\nu}{1 - \nu} \sigma_z \right) \tag{11.1-22}$$

式中 $\nu$——泊松比；

$\varepsilon_x$——$x$ 方向的应变。

将式 (11.1-20)、式 (11.1-21) 代入式 (11.1-22)，可得：

$$\varepsilon_x = \frac{1-\upsilon^2}{E}\left(\frac{-2}{\pi}\tau_x\frac{x_1'^3}{(x_1'^2+z_1'^2)^2} + \frac{\upsilon}{1-\upsilon\pi}\tau_x\frac{x_1'z_1'^2}{(x_1'^2+z_1'^2)^2}\right)$$
$$= \frac{2\tau_x}{\pi}\cdot\frac{\upsilon^2-1}{E}\cdot\frac{x_1'}{(x_1'^2+z_1'^2)^2}\left[x_1'^2 - \frac{\upsilon}{1-\upsilon}z_1'^2\right] \tag{11.1-23}$$

由积分关系，再对应变 $\varepsilon_x$ 积分，可得位移解：

$$u_x = \int\varepsilon_x \mathrm{d}x = (1+\upsilon)\frac{-\tau_x}{E\cdot\pi}\left[\frac{z_1'^2}{x_1'^2+z_1'^2} + (1-\upsilon)\ln(x_1'^2+z_1'^2)\right] \tag{11.1-24}$$

在采用 Cerrutti 基本解时，须集中力作用点位于局部坐标系 $x'O'z'$ 的坐标原点 $O'(0, 0)$ 处，实际应用不方便。通过坐标变换的方式推导出集中力作用点位于全局坐标系 $xOz$ 下的 $x$ 轴任意点 $(x, 0)$ 时的 Cerrutti 解的一般形式解，过程如下。

设全局坐标为 $xOz$，局部坐标为 $x'O'z'$，如图 11.1-16 所示，两坐标系下各自对应的坐标轴相互平行，局部坐标系 $x'$ 轴偏移全局坐标系 $xOz$ 坐标原点的距离为 $x$，满足以下关系：

$$x_1' = x_1 - x \tag{11.1-25}$$
$$z_1' = z_1 \tag{11.1-26}$$

将式 (11.1-25)、式 (11.1-26) 代入式 (11.1-24)，可得地表 $(x, 0)$ 处切应力 $\tau_x$ 作用下，全局坐标系 $xOz$ 下任一点 $C(x_1, z_1)$ 处水平向位移：

$$u_x = (1+\upsilon)\frac{-\tau_x}{E\cdot\pi}\left[\frac{z_1^2}{(x_1-x)^2+z_1^2} + (1-\upsilon)\ln[(x_1-x)^2+z_1^2]\right] \tag{11.1-27}$$

由数值积分可得整个地表切应力 $\tau_x$ 作用下的土体内某点 $C(x_1, z_1)$ 处的水平向位移 $u_{3x_1}$：

$$u_{3x_1} = \int_{-\infty}^{+\infty}u_x\mathrm{d}x \tag{11.1-28}$$

$$u_{3x_1} = \int_{-\infty}^{+\infty}\frac{3\delta^2}{2\pi}\frac{xz_0^2}{(x^2+z_0^2)^{2.5}}\left[\frac{z_1^2}{(x_1-x)^2+z_1^2} + (1-\upsilon)\ln[(x_1-x)^2+z_1^2]\mathrm{d}x\right]$$
$$\tag{11.1-29}$$

上式 (11.1-29) 即为步骤 (3) 产生的位移，再叠加步骤 (1)、(2) 的位移，可得总水平向位移：

$$U_x = u_{1x_1} + u_{2x_1} + u_{3x_1} \tag{11.1-30}$$

式 (11.1-30) 表示在全局坐标系 $xOz$ 下，圆心在 $(0, z_0)$ 处的半径为 $\delta$ 的圆 $O_1$ 发生非等量径向收敛时，在土体中任一点 $C(x_1, z_1)$ 处产生的总的水平向位移。

3) 基坑开挖下坑外土体水平位移场推导

Xu 和 Poulos[8] 结合由 Sagaseta[4] 提出的虚拟镜像技术，利用在弹性半空间内土体损失产生的地层位移计算公式，给出坑外任意位置处土体的自由位移场。借鉴该思路，考虑土体径向移动过程中的非等量性，给出考虑土体非等量径向移动下的基坑外部土体水平位移计算公式。利用两阶段法，将土体位移施加于单桩，计算其响应。

如图 11.1-17 所示为基坑开挖下围护结构的变形示意图。首先将其作镜像处理成为半无限空间后，将实测围护结构变形用 4~6 次多项式拟合；再将拟合后的曲线划分为足够多的若干微段，对于任一微单元 $dh$，每一微单元的面积近似为 $f(h_i)dh$，经镜像后的微段总面积为 $2f(h_i)dh$。依据面积等效原理可知，各微段等效为圆后的半径为 $[2f(h_i)dh/\pi]^{0.5}$，借用式（11.1-30）可得该微段产生的坑外任意点土体水平位移 $S_{zi}(x,z)$。将该微段沿整个深度积分，可得实际坑外土体因开挖产生的水平位移：

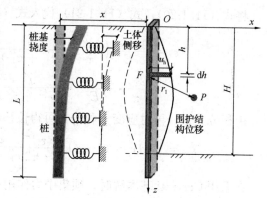

图 11.1-17 邻近桩-土相互作用模型

$$S_z(x,z) = \sum_{i=1}^{i=n} S_{zi}(x,z) \tag{11.1-31}$$

### 2. 基于 Pasternak 双参数地基的单桩响应

Pasternak 双参数地基上，桩-土相互作用示意简图如图 11.1-17 所示。模型中，将单桩和桩侧土体分别视为弹性地基梁和均质弹性介质，桩土相互作用采用双参数弹簧模拟，且桩土变形协调。可得在基坑开挖下，Pasternak 地基上的邻近既有单桩的变形控制方程：

$$E_p I_p = \frac{\mathrm{d}^4 w(z)}{\mathrm{d}z^4} - G_p D \frac{\mathrm{d}^2 w(z)}{\mathrm{d}z^2} + kDw(z) = Dq(z) \tag{11.1-32}$$

式中　$E_p$、$I_p$——桩身模量、截面惯性矩；

　　　　$D$——单桩直径；

　　　$w(z)$——单桩水平位移；

　　　$q(z)$——附加外荷载。

$$q(z) = kS_z(x,z) - G_p \frac{\mathrm{d}^2 S_z(x,z)}{\mathrm{d}z^2} \tag{11.1-33}$$

式中　$S_z(x,z)$——基坑开挖引起的坑外一点（$x$，$z$）处的土体水平位移场；

　　　　$G_p$——剪切层剪切刚度[9]，$G_p = E_s^2/4k(1+\nu_s)$，其中，$E_s$ 为地基模量，$\nu_s$ 为土体泊松比；

　　　　$k$——初始地基反力系数，目前多采用 Vesic[10] 公式给出，如下：

$$kD = K = 0.65 \left(\frac{E_s D^4}{EI}\right)^{\frac{1}{12}} \frac{E_s}{(1 - \nu_s^2)} \tag{11.1-34}$$

式中　$K$——地基反力模量。

事实上，Vesic 公式的提出是基于置于地表上的半无限空间中的弹性地基梁，因此难以考虑实际工况中梁往往具有一定埋深的情况[11]，为了考虑埋深对模量的影响，俞剑等[12]对 Vesic 公式进行了改进，与实际更贴合，如下：

$$K = \frac{3.08}{\eta} \left(\frac{E_s D^4}{E_p I_p}\right)^{\frac{1}{8}} \frac{E_s}{(1 - \nu_s^2)} \tag{11.1-35}$$

$$\eta = \begin{cases} 2.18(h/B \leqslant 0.5) \\ \left(1 + \dfrac{1}{1.7h/B}\right)(h/B > 0.5) \end{cases} \qquad (11.1\text{-}36)$$

式中 $h$——桩身所在深度。

当单桩为两端自由的摩擦桩时,单桩两端的弯矩 $M$ 及剪力 $Q$ 为 0,即

$$M_0 = M_n = -EI\frac{\mathrm{d}^2 w}{\mathrm{d}z^2} = 0 \qquad (11.1\text{-}37)$$

$$Q_0 = Q_n = -EI\frac{\mathrm{d}^3 w}{\mathrm{d}z^3} = 0 \qquad (11.1\text{-}38)$$

结合边界条件式 (11.1-38)、式 (11.1-39),式 (11.1-27) 的位移方程可以写成矩阵形式:

$$(K_1 - K_2 + K_3)w = Q_1 \qquad (11.1\text{-}39)$$

式中 $K_1$——单桩位移刚度矩阵;

$\quad\quad K_2$——地基土剪切刚度矩阵;

$\quad\quad K_3$——单桩抗弯刚度矩阵;

$\quad\quad w$——隧道竖向位移矩阵;

$\quad\quad Q_1$——邻近盾构开挖产生的附加外荷载矩阵。

$$K_1 = \frac{1}{l^4}\begin{bmatrix} 2 & -4 & 2 & & & & \\ -2 & 5 & -4 & 1 & & & \\ 1 & -4 & 6 & -4 & 1 & & \\ & \ddots & \ddots & \ddots & \ddots & & \\ & & 1 & -4 & 6 & -4 & 1 \\ & & & 1 & -4 & 5 & -2 \\ & & & & 2 & -4 & 2 \end{bmatrix}_{(n+1)\times(n+1)} \qquad (11.1\text{-}40)$$

$$K_2 = \frac{G_p D}{EI}\frac{1}{l^2}\begin{bmatrix} 0 & & & & & \\ 1 & -2 & 1 & & & \\ & 1 & -2 & 1 & & \\ & & \ddots & \ddots & \ddots & \\ & & & 1 & -2 & 1 \\ & & & & 1 & -2 & 1 \\ & & & & & & 0 \end{bmatrix}_{(n+1)\times(n+1)} \qquad (11.1\text{-}41)$$

$$K_3 = \frac{kD}{EI}\begin{bmatrix} 1 & & & & & & \\ & 1 & & & & & \\ & & 1 & & & & \\ & & & \ddots & & & \\ & & & & 1 & & \\ & & & & & 1 & \\ & & & & & & 1 \end{bmatrix}_{(n+1)\times(n+1)} \qquad (11.1\text{-}42)$$

$$Q_1 = \frac{D}{EI}\begin{bmatrix} q_0 & q_1 & q_2 & \cdots & q_{n-2} & q_{n-1} & q_n \end{bmatrix}_{(n+1)\times 1} \qquad (11.1\text{-}43)$$

$$w = \begin{bmatrix} w_0 & w_1 & w_2 & \cdots & w_{n-2} & w_{n-1} & w_n \end{bmatrix}_{n+1}^{\mathrm{T}} \qquad (11.1\text{-}44)$$

**3. 算例验证**

1）三维有限元验证

软土地区某深基坑工程开挖，该深基坑长 60m，宽 22m，基坑平均开挖深度为 18m，平面上呈长条形。基坑围护结构采用地下连续墙，墙深为 40m，厚度为 1m，泊松比 $\nu$ 为 0.32，重度为 26kN/m³。邻近单桩距基坑 8m，长 22m，桩径为 0.80m，桩体弹性模量取为 20GPa，泊松比为 0.24，重度为 23kN/m³。计算中，地基土等效重度取为 18.9kN/m³，弹性模量取为 21MPa，泊松比取为 0.38，利用 PLAXIS 3D 软件建立三维有限元分析模型，图 11.1-18 所示为三维有限元模型与网格。该模型包含 50537 个单元，73362 个节点。其中，土体本构模型采用实际工程中应用较广且可以考虑土体小应变刚度特性的 HSS 模型，采用 HSS 模型可以相对较好地模拟实际工况，因此可以较准确地作为检验本章解的一个参照。通过数值解与所提理论解的对比分析，以验证所提方法的正确性（表 11.1-6）。

土层的物理力学参数 表 11.1-6

| 土层 | $E_{50}^{\mathrm{ref}}$ (MPa) | $E_{\mathrm{oed}}^{\mathrm{ref}}$ (MPa) | $E_{\mathrm{ur}}^{\mathrm{ref}}$ (MPa) | $G_0^{\mathrm{ref}}$ (MPa) | $\gamma_{0.7}$ | $R_{\mathrm{f}}$ | $c'$ (kPa) | $\varphi'$ (°) | 层厚 (m) |
|---|---|---|---|---|---|---|---|---|---|
| 粉质黏土 | 8 | 8 | 32 | 80 | $10^{-4}$ | 0.75 | 28 | 22 | 50 |

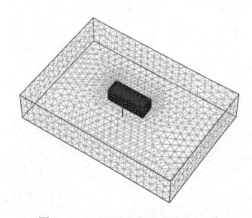

图 11.1-18 三维有限元模型与网格

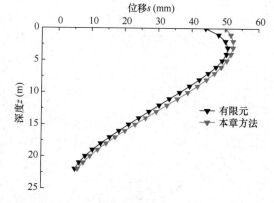

图 11.1-19 单桩水平位移对比曲线

图 11.1-19 所示为基坑开挖引起邻近既有单桩变形的三维有限元数值解和本章解对比曲线。可以发现，单桩位移随深度的变化曲线变形近似呈悬臂状，在单桩最大水平位移上，利用该方法得到的单桩最大位移为 52.4mm，略大于三维有限元计算结果 50.4mm，且最大位移均出现在距桩顶 3m 深度附近处。

综合来看，本章解较数值解出现一定程度的偏大，原因主要是数值模型中土体本构采用小应变硬化模型，而本章解局限于弹性理论，与数值解相比会有一定的偏大。整体而言，在曲线变化趋势上，本章解和数值解基本一致，且最大位移差别不大，在工程实践的允许误差范围内，初步证明了本章计算方法的准确性与合理性。此外，本章由于考虑了土体径向移动过程中的非等量性，与传统的虚拟镜像技术相比更接近于真实状况。

2）与和既有解对比

为了探究既有单桩在邻近基坑开挖下的水平向响应规律，Poulos 和 Chen[13] 提出相应的两阶段分析法，即先由 APVULL 有限元给出由基坑开挖所引起的土体水平自由位移场，再视该位移为单桩所受"外荷载"并将其导入边界元程序 PALLAS，进而进一步计算单桩的力学响应。既有单桩在邻近基坑开挖下的计算简图及相关参数如图 11.1-20 所示，其中地基土等效成均质土层后压缩模量 $E_s$ 取 16MPa，地基土重度 $\gamma$ 为 20kN/m³，不排水黏聚力 $c_u$ 取 40kPa，单桩弹性模量 $E_p$ 取 30MPa，桩径 $d=0.5$m，桩长 $L_p=22$m，基坑挡墙高度 $L_w=13$m，距单桩水平距离 $x=2$m。利用 Poulos 和 Chen[13] 给出的挡墙挠曲变形计算结果，结合改进后的虚拟镜像法，给出单桩位置处的自由土体场位移，再计算单桩响应。图 11.1-21 所示为本章解与既有理论解、数值解的单桩水平位移对比曲线，图 11.1-22 所示为本章解与既有理论解、数值解的弯矩对比曲线。

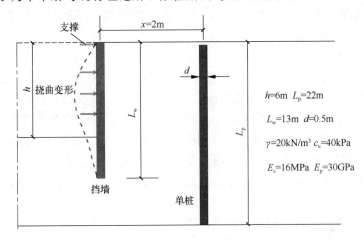

图 11.1-20 单桩在邻近基坑开挖下的计算模型及参数

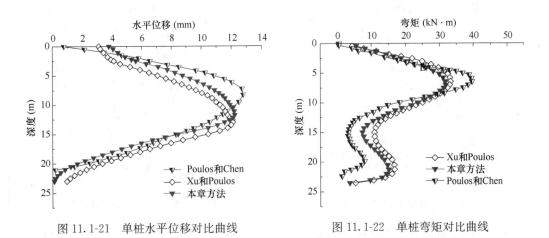

图 11.1-21 单桩水平位移对比曲线

图 11.1-22 单桩弯矩对比曲线

由图 11.1-21 可知，通过对比本章所提可考虑土体非等量径向移动的修正解与 Poulos 经典解后，发现：不论是在最大位移还是单桩位移变化趋势上，均能取得较好的一致性，证明了该方法的准确性与合理性。借助于虚拟镜像技术，Xu 和 Poulos[8] 给出基坑开挖下坑外土体的自由位移场解析式，但是在该方法中，坑外土体位移的推导均建立在土体等量径向位移的基础上，因而推导中忽略了土体径向收敛过程中的非等量性。利用该位移解析式对该算例进行计算，基床反力系数采用 Vesic 推荐的计算公式（11.1-34）。与未考虑土体非等量径向移动的既有解析解相比，在单桩上部，本章的修正解会偏大，在下部偏小，原因是在土体非等量径向移动模式下，对图 11.1-17 中的每一个"等效积分小圆孔"而言，圆孔上部收敛位移和面积偏大，下部的收敛位移和面积偏小，因此按本章理论计算出的坑外土体水平位移上部会相应偏大，下部偏小，最终体现在单桩的水平向变形上会有类似的规律，即单桩上部位移偏大，下部偏小。整体而言，本章修正解较文献 Xu 和 Poulos[8] 更接近于 Poulos 和 Chen[13] 解。

在弯矩大小分布上，本章修正解和文献[14]较接近，与 Poulos 和 Chen 解有一定偏差，但是 3 种算法的弯矩最大深度均约为 7m；在弯矩变化趋势上，3 种方法的趋势基本一致，较之于 Poulos 和 Chen 解，本章修正解与之一致性更好。尽管本章解同 Poulos 和 Chen 解有一定差别，但差别不大，因此，本章方法能够较合理地预测在基坑开挖作用下邻近既有单桩的水平向响应。

3）与实测数据对比

Finno 等[15] 报道了一位于框架结构建筑物内部的基坑工程开挖实例，建筑物基础形式为单桩础，单桩均一、完整，靠近基坑开挖面，且离基坑开挖面最近的单桩仅 1.5m。根据 Xu 和 Poulos[8] 的建议，单桩直径取 0.327m，长 25m，弹性模量取 20GPa，地基土等效成均质土层后弹性模量 $E$、泊松比 $\upsilon$ 分别取 20MPa、0.34。基坑围护挡墙挠曲变形近似呈倒梯形分布，梯形顶、中、底部挠曲变形分别为基坑开挖深度 $H$ 的 0.8%、0.6%、0.4%，利用该挡墙挠曲变形并结合改进后的虚拟镜像法给出单桩位置处的自由土体场，再进一步计算土体位移及单桩响应。图 11.1-23 所示为本章方法、Xu 和 Poulos 解析、Finno实测数据的单桩水平位移对比曲线，图 11.1-24 所示为本章方法、Xu 和 Poulos 解析、Finno 实测数据的单桩弯矩对比曲线。

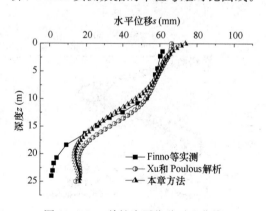

图 11.1-23 单桩水平位移对比曲线

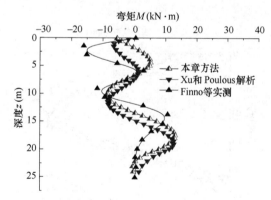

图 11.1-24 单桩弯矩对比曲线

图 11.1-23 所示为考虑土体非等量径向移动的修正解、Xu 和 Poulos 及 Finno 等实测值的单桩水平位移对比曲线。可知，除了在单桩顶、底部本章修正解较实测值有一定的偏大外，在单桩其他部位，修正解同实测值均有较好的一致性。产生上述现象的原因在于：本章解较依赖于弹性理论，计算结果也就会出现一定偏大，但综合来说，本章的修正解与实测值的整体变化趋势基本一致。与 Xu 和 Poulos 相比，本章修正解与实测值吻合相对较

好。图 11.1-24 所示为本章修正解、Xu 和 Poulos 及 Finno 等实测值的弯矩对比曲线，可见，虽然在埋深较小时，不论是本章修正解还是 Xu 和 Poulos 的理论解，均与实测值有一定误差，原因是实际工况里的单桩顶部较难达到不受任何约束的自由状态，而本章假定桩顶为完全自由状态过于理想，难以避免地将会出现一定偏差。在深度 5m 以下，不论是数值上还是趋势上，本章修正解均与实测吻合较好。本章修正解最大弯矩出现在 17.5m 深度处，最大弯矩为 14.2kN·m，Xu 和 Poulos 最大弯矩出现在 18.5m 深度处，略低于本章修正解，最大弯矩为 14.0kN·m，较本章解略偏小。在工程实际设计中，采用本章修正解进行桩基设计是偏于安全的。事实上，两种理论解出现不一致的原因是本章解考虑了土体径向移动过程中的非等量性，与土体径向移动的等量性相比，考虑土体径向移动的非等量性会使得桩基上部所受外荷载偏大，下部偏小，因而和 Xu 和 Poulos 的既有理论解相比，桩基最大弯矩略偏大，最大弯矩出现深度会相对偏向上部。

### 11.1.3　考虑空间效应的基坑开挖诱发邻近既有隧道的纵向变形

#### 1. 理论公式推导

1) 隧道的形变响应

基坑的开挖卸荷将引起土体应力释放，造成土体位移，这将不可避免地对邻近既有隧道产生扰动。图 11.1-25 给出了下卧既有隧道在上覆基坑开挖的响应示意图。本章所研究的对象为软土地区（杭州、上海等地）广泛应用的城市地铁隧道，其横断面多为圆形结构。如图 11.1-26 所示，采用 Euler-Bernoulli 梁用于模拟隧道的力学响应，采用 Pasternak 地基模拟隧道-地基相互作用。首先作如下的假设：①现有隧道与周围地基土体保持紧密接触，不考虑隧道-地基土之间的界面滑移；②地基土为均质各向同性弹性体；③既有隧道对来自隧道-地面相互作用的荷载为线弹性响应。Klar 和 Marshall[16] 以及 Lin 和 Huang[17]在研究开挖对邻近隧道/管线的影响时亦作了如上假定。

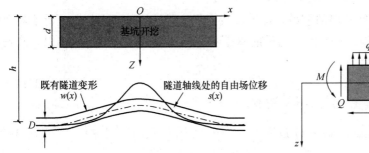
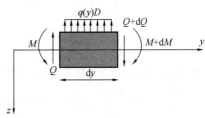

图 11.1-25　基坑开挖对下卧隧道影响示意图　　　　图 11.1-26　单元受力分析

为了推导下卧既有隧道的变形控制微分方程，选取一隧道单元进行受力分析，如图 11.1-26所示。基于材料力学理论的材料，单元体的平衡方程如下：

静力平衡：

$$(Q - dQ) - q(y)Ddy - Q = 0 \tag{11.1-45}$$

弯矩平衡：

$$(M - \mathrm{d}M) + Q\mathrm{d}y + q(y)D \frac{(\mathrm{d}y)^2}{2} - M = 0 \qquad (11.1\text{-}46)$$

式中　$Q$、$M$——单元体所受剪力和弯矩；

　　　$\mathrm{d}y$——单元体的宽度；

　　$\mathrm{d}Q$、$\mathrm{d}M$——沿 $\mathrm{d}y$ 方向的剪力和弯矩增量；

　　　$q(y)$——作用在隧道上的地基反力；

　　　　$D$——盾构隧道的外径。

结合式（11.1-45）、式（11.1-46）可得：

$$q(y) = -\frac{1}{D} \frac{\mathrm{d}^2 M}{\mathrm{d}y^2} \qquad (11.1\text{-}47)$$

因为作用在地基土上的力是作用在隧道上的力的反作用力，因此，有：

$$p(y) = -q(y) \qquad (11.1\text{-}48)$$

式中　$p(y)$——隧道作用在地基土的力。

根据 Pasternak 地基模型，隧道与地面的相互作用可以表示为：

$$p(y) = ku(y) - G_\mathrm{c} \frac{\mathrm{d}^2 u(y)}{\mathrm{d}y^2} \qquad (11.1\text{-}49)$$

式中　$k$——地基反力系数；

　　　$G_\mathrm{c}$——剪切刚度。

结合式（11.1-47）、式（11.1-48）和式（11.1-49）可给出在 Pasternak 地基上的隧道弯矩的平衡方程：

$$\frac{\mathrm{d}^2 M}{\mathrm{d}y^2} = kDu(y) - G_\mathrm{c}D \frac{\mathrm{d}^2 u(y)}{\mathrm{d}y^2} \qquad (11.1\text{-}50)$$

采用隧道与地基土位移耦合条件来考虑隧道与周围地基土的相互作用。地基土的最终位移来自两个方面：一是由基坑开挖在隧道位置处产生的自由场地位移 $s(y)$；另一是由隧道-地基土的相互作用引起的地基土位移 $u(y)$。

基于隧道与地基土紧密接触的假设，隧道轴线水平位置处的地基土位移应等于隧道位移($y$)。因此，隧道位移 $w(y)$ 是由基坑开挖和隧道-地基土相互作用的综合结果，其表达式如下：

$$w(y) = s(y) + u(y) \qquad (11.1\text{-}51)$$

将式（11.1-51）代入式（11.1-50）得到：

$$-\frac{\mathrm{d}^2 M}{\mathrm{d}y^2} + kDw(y) - G_\mathrm{c}D \frac{\mathrm{d}^2 w(y)}{\mathrm{d}y^2} = kDs(y) - G_\mathrm{c}D \frac{\mathrm{d}^2 s(y)}{\mathrm{d}y^2} \qquad (11.1\text{-}52)$$

根据材料力学理论，$w(y)$ 满足如下微分方程：

$$\frac{\mathrm{d}^2 w(y)}{\mathrm{d}y^2} = -\frac{M}{(EI)_\mathrm{eq}} \qquad (11.1\text{-}53)$$

式中　$(EI)_\mathrm{eq}$——隧道的等效弯曲刚度。

结合式（11.1-52）、式（11.1-53），得：

$$EI \frac{\mathrm{d}^4 w(y)}{\mathrm{d}y^4} + kDw(y) - G_\mathrm{c}D \frac{\mathrm{d}^2 w(y)}{\mathrm{d}y^2} = kDs(y) - G_\mathrm{c}D \frac{\mathrm{d}^2 s(y)}{\mathrm{d}y^2} \qquad (11.1\text{-}54)$$

式（11.1-54）为隧道的四阶平衡微分方程，它控制着位于 Pasternak 地基上的隧道位移，可采用有限差分法对式（11.1-54）进行数值求解。

$$EI\left(\frac{w_{i-2} - 4w_{i-1} + 6w_i - 4w_{i+1} + w_{i+2}}{l^4}\right) + kDw_i - G_cD\left(\frac{w_{i-1} - 2w_i + w_{i+1}}{l^2}\right)$$

$$= kDs_i - G_cD\left(\frac{s_{i-1} - 2s_i + s_{i+1}}{l^2}\right) \tag{11.1-55}$$

式（11.1-55）可进一步写成如下矩阵式：

$$[K_t]\{w\} + [K_s]\{w\} - [G]\{w\} = [K_s]\{s\} - [G_c]\{s\} \tag{11.1-56}$$

式中　$[K_t]$，$[K_s]$，$[G]$——弯曲单元刚度矩阵，地基刚度矩阵，地基剪切层刚度矩阵；

　　　　$\{w\}$，$\{s\}$——隧道纵向位移列向量和场地自由位移列向量。

式（11.1-56）中的刚度矩阵可写成如下式：

$$[K_t] = \frac{EI}{l^4}\begin{bmatrix} 2 & -4 & 2 & & & & & & \\ -2 & 5 & -4 & 1 & & & & & \\ 1 & -4 & 6 & -4 & 1 & & & & \\ & 1 & -4 & 6 & -4 & 1 & & & \\ & & \ddots & \ddots & \ddots & \ddots & \ddots & & \\ & & & 1 & -4 & 6 & -4 & 1 & \\ & & & & 1 & -4 & 6 & -4 & 1 \\ & & & & & 1 & -4 & 5 & -2 \\ & & & & & & 2 & -4 & 2 \end{bmatrix}_{(n+1)\times(n+1)} \tag{11.1-57}$$

$$[K_s] = Dk\begin{bmatrix} 1 & & & & & & \\ & 1 & & & & & \\ & & 1 & & & & \\ & & & \ddots & & & \\ & & & & 1 & & \\ & & & & & 1 & \\ & & & & & & 1 \end{bmatrix}_{(n+1)\times(n+1)} \tag{11.1-58}$$

$$[G] = \frac{G_cD}{l^2}\begin{bmatrix} 0 & 0 & 0 & & & & \\ 1 & -2 & 1 & & & & \\ & 1 & -2 & 1 & & & \\ & & \ddots & \ddots & \ddots & & \\ & & & 1 & -2 & 1 & \\ & & & & 1 & -2 & 1 \\ & & & & 0 & 0 & 0 \end{bmatrix}_{(n+1)\times(n+1)} \tag{11.1-59}$$

$$[w] = \begin{bmatrix} w_0 & w_1 & w_2 & \cdots & w_{n-2} & w_{n-1} & w_n \end{bmatrix}_{n+1}^T \tag{11.1-60}$$

$$[s] = \begin{bmatrix} s_0 & s_1 & s_2 & \cdots & s_{n-2} & s_{n-1} & s_n \end{bmatrix}_{n+1}^T \tag{11.1-61}$$

2) 地基参数的确定

既有文献中已提出多种表达式来计算描述了隧道-地基土相互作用地基基床系数 $k$[10,18,19]。在文中，采用由 Yu 等[20] 提出的可考虑隧道埋深效应的修正地基基床系数。

$$k = \frac{3.08}{\eta B} \frac{E_s}{1-v^2} \sqrt{\frac{E_s B^4}{EI}} \quad (11.1\text{-}62)$$

$$\eta = \begin{cases} 2.18 & \text{当}\dfrac{h}{D} \leqslant 0.5 \\ 1+\dfrac{1}{1.7h/D} & \text{当}\dfrac{h}{D} > 0.5 \end{cases} \quad (11.1\text{-}63)$$

式中　$E_s$——地基土的弹性模量；

　　　$v$——土体泊松比；

　　　$h$——既有隧道的埋深。

剪切层的参数 $G_c$ 是 Pasternak 地基模型中的一个重要参数。采用 Tanahashi[21] 提出的经验方法来估计 $G_c$ 的值：

$$G_c = \frac{E_s h_t}{6(1+v)} \quad (11.1\text{-}64)$$

式中　Liang[22,23] 采用 $h_t = 2.5D$。

3) 基坑开挖引起的自由位移场 $s(y)$

在隧道位置处，由基坑开挖产生的土体自由位移 $s(y)$ 可用 Mindlin[24] 公式给出：

$$s(y) = \int_{-\frac{B}{2}}^{\frac{B}{2}} \int_{-\frac{L}{2}}^{\frac{L}{2}} \frac{p \, dx dy \left[ \begin{array}{c} \dfrac{3-4v}{R_1} + \dfrac{8(1-v)^2-(3-4v)}{R_2} + \dfrac{(z-c)^2}{R_1^3} \\ +\dfrac{(3-4v)(z+c)^2-2cz}{R_2^3} + \dfrac{6cz(z+c)^2}{R_2^5} \end{array} \right]}{16\pi G(1-v)} \quad (11.1\text{-}65)$$

式中　$p$——基坑底部的竖向卸荷应力，$p = \sum n i = l\gamma_i H_i$，$H_i$ 和 $\gamma_i$ 表示第 $i$ 层土的厚度和重度；

　　$L$、$B$——基坑的长度和宽度。

　　$R_1$ 和 $R_2$ 的表达式如下：

$$R_1 = \sqrt{(x-x_1)^2 + (y-y_1)^2 + (z-z_1)^2} \quad (11.1\text{-}66)$$

$$R_2 = \sqrt{(x-x_1)^2 + (y-y_1)^2 + (z+z_1)^2} \quad (11.1\text{-}67)$$

式（11.1-65）～式（11.1-67）给出了隧道平行于基坑长边时的隧道位置处的土体自由位移，而对既有隧道与基坑斜交的工况，则可在式（11.1-65）～式（11.1-67）的基础上通过坐标转换来进一步考虑。如图 11.1-27 所示，引入了一个新的坐标系 $x'O'y'$。首先，从基坑中心 $O$ 作隧道的垂线，$O'$ 为交点；再以 $O'$ 为原点，建立 $x'O'y'$ 局部坐标系，其中 $y'$ 轴平行于隧道轴线，$x'$ 轴垂直于轴线。$xOy$ 和 $x'O'y'$ 坐标之间的转换关系如下所示：

$$x = y'\cos\alpha + x'\sin\alpha + l\sin\alpha \}$$
$$y = y'\sin\alpha - x'\cos\alpha - l\cos\alpha \}$$

$$(11.1\text{-}68)$$

式中  $l$——从原点 $O$ 到原点 $O'$ 的距离；

$\alpha$——隧道轴线与基坑开挖短边之间的夹角。

**2. 算例验证**

1）三维有限元对比

为了研究基坑开挖对既有下卧隧道的影响，Liang 等[23] 使用 PLAXIS 三维软件进行三维有限元分析。为消除边界

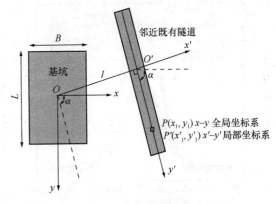

图 11.1-27　基坑与隧道相对位置平面图

效应，三维模型采用 200m×200m×40m 的尺寸。开挖基坑平面呈正方形，长 8m、宽 8m，开挖深度 $d$ 分别为 6m。设置 4 个地下连续墙来支撑水平土压力，每个地下连续墙的长度为 10m。既有隧道位于开挖基坑的正下方，隧道埋深 $h$ 为地表以下 25m。三维模型中地基土体为均匀各向同性弹性体，土的重度 $\gamma$、杨氏模量 $E$ 和泊松比 $\nu$ 分别为 $18kN/m^3$、15MPa 和 0.33。隧道直径 $D$ 为 6.2m，为中国软土地区典型的地铁盾构隧道。根据 Shiba 等[25] 提出的方法，计算出隧道等效弯曲刚度 $(EI)_{eq}$ 为 $7.8×104MN \cdot m^2$。

图 11.1-28 给出了基于本章所提方法、有限元法[23] 和 Winkler 法[23] 所给出的隧道位移曲线。由图可见，由本章所提理论方法的预测结果同有限元法对比取得了较好的一致性。虽然在隧道最大位移的预测上，本章所提方法的计算值略小于三维有限元法。这主要是因为：随着基坑土体的逐步开挖移除，基坑卸荷导致隧道-土体相对刚度的降低。显然，本章所提理论方法难以考虑因基坑卸荷导致的隧道-土体相互作用刚度的削弱。然而，由 Winkler 法所给出的预测明显高估了隧道位移，造成这一较大偏差的原因是：Winkler 法采用 Vesic 地基系数，而 Vesic 地基系数的提出是建立于搁置于地表的无限长梁，不能考虑隧道埋深的影响；然而，对有着一定埋深的城市隧道，Winkler 法将不可避免地低估隧道-土体的相对刚度。综上所述，通过与三维有限元结果的比较，初步验证了本章所提方法的准确性。

2）延安东路隧道工程

Huang 等[26] 对上海外滩地下通道基坑工程上穿已建延安公路隧道进行了一系列完整的三维有限元分析。该基坑平面上呈矩形，基坑开挖的长 $L$、宽 $B$ 和深 $d$ 分别为 50m、10m 和 11m。既有公路隧道外径 $D$ 为 11m，衬砌厚度 0.55m。施工前为了保护既有隧道，在隧道两侧设有隔离墙以降低邻近基坑开挖的扰动。Liang 等[22] 根据 Shiba 等[25] 提出的方法，计算出延安公路隧道等效弯曲刚度 $(EI)_{eq}$ 为 $3.99×10^5MN \cdot m^2$。场地土层可分为三层：黏土层（0～18m）、粉质黏土层（18～48m）和砂质粉土层（8～64m）。公路隧道轴线埋深 $h$ 为 22m，主要位于粉质黏土层中。地基的加权平均杨氏模量 $E$ 为 15MPa，地基土的平均泊松比 $\nu$ 为 0.3[22]。为尽量减少开挖对下卧隧道的潜在影响，基坑被隔墙分隔成若干段。有关开挖步骤以及地基土的详细物理力学信息，参见 Huang 等[26] 的研究。

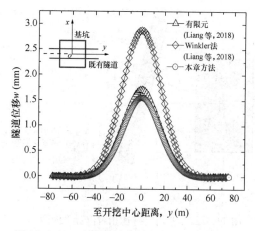

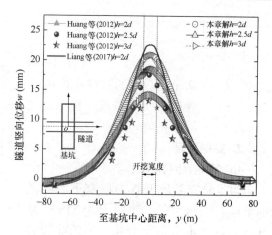

图 11.1-28　本章计算位移与既有文献解对比　　图 11.1-29　本章计算位移与既有文献解对比

图 11-29 给出了基于本章所提方法、Huang 等[26] 和 Liang 等[22] 所给出的在隧道不同埋置深度时的位移对比曲线。由图可见，当隧道埋深 h＝2d，地即 22m 时，本章计算结果同既有 Huang 等[26] 以及 Liang 等[22] 均能取得较好的一致性。较之于 Liang 等[22] 的计算结果，本章解在隧道最大位移值的计算上略有偏小。但是在隧道隆起范围上则是略偏大，这是因为 Liang 等[22] 为了计算隧道在邻近开挖下的错台量故而采用可考虑"剪切效应"的 Timoshenko 梁来模拟既有隧道，而本章的目的并非探究隧道的内力响应及"管片的错台变形"，因此在综合计算效率等多方面因素考虑后，本章采用 Euler-Bernoulli 梁来模拟既有隧道，由于无法考虑"剪切效应"，因而计算出的隧道最大值略偏小。但整体而言，单就隧道位移而言，两者无论是在趋势或是隧道位移大小上均区别不大，都可用以既有隧道在邻近开挖下的变形预测。同 Huang 等[26] 解相比，本章解在隧道位移最大值上与 Huang 等[26] 一致性相对较好，但是在基坑中心两侧，本章计算值较 Huang 等[26] 则略偏大。由于 Liang 等[22] 仅给出了隧道埋深 h 为 2d 时的隧道位移，因此，当隧道埋深为 h＝2.5d 以及 3d 时，仅将本章解同 Huang 等[26] 解来对比对验证。由图可见，在工程中较为关注的隧道最大位移上，本章解较 Huang 等[26] 解均出现一定的偏大，在隧道的隆起范围上，本章解也出现一定程度偏大，究其原因：这可能是隔离墙在一定程度上限制了既有隧道的纵向隆起，而本章所提理论方法并不能考虑到隔离墙的抑制作用，因而计算结果偏于保守。总的来看，差别不大，这进一步地证明了本章所提方法的准确性及适用性。

**3. 简化预测公式的验证**

1）隧道最大竖向位移简化预测公式

基于以上分析，隧道最大竖向位移 $w_{max}$ 与隧道埋深 $h/d$、隧道-基坑交角 $\alpha$ 和隧道-基坑相对距离 $l/d$ 近似呈线性递减关系。同时，观察到 $w_{max}$ 与开挖宽度 $B/d$、开挖长度 $L/d$ 呈多项式增长关系。可在此基础上，进一步建立预测隧道最大竖向位移的简化公式，如下：

$$\frac{f}{d} = \eta \mu_1 \left(\frac{h}{d}\right) \mu_2 \left(\mu_3 - \mu_4 \left(\frac{l}{d}\right) - \mu_5 \left(\frac{l}{d}\right)^2\right) \cdot \mu_6 \left(1 - e^{-\mu_7 \left(\frac{l}{d}\right)}\right) \left(\mu_8 - \mu_9 \mu_{10} \left(\frac{B}{d}\right)\right)$$

$$(11.1\text{-}69)$$

式中  $\eta$，$u_1$，$u_2$，$u_3$，$u_4$，$u_5$，$u_6$，$u_7$，$u_8$，$u_9$，$u_{10}$——相关系数。

由于从基坑到隧道中心的相对距离 $l$ 对隧道响应有显著影响。为了提高简化公式（11.1-69）的精度，根据归一化参数，将相对距离 $l$ 分为三个不同的范围：$0<l/d<0.5$、$0.5<l/d<0.75$、$0.75<l/d<1$。对应于归一化相对距离 $l$ 的三个范围，式（11.1-69）中参数取值见表 11.1-7～表 11.1-9。

预测隧道最大竖向位移简化公式参数取值范围（1）　　　表 11.1-7

| 参数 | 最小值 | 最大值 |
|---|---|---|
| $h/d$ | 1.5 | 3.0 |
| $l/d$ | 0 | 1 |
| $L/d$ | 1 | 12 |
| $B/d$ | 1 | 12 |

预测隧道最大竖向位移简化公式参数取值范围（2）　　　表 11.1-8

| 参数 | $0<l/d<0.5$ | $0.5<l/d<0.75$ | $0.75<l/d<1$ |
|---|---|---|---|
| $u_1$ | 3.7919 | 2.96145 | 2.80252 |
| $u_2$ | $-0.883$ | $-0.81131$ | $-0.360131$ |
| $u_3$ | 1.0008 | 1.0008 | 1.0008 |
| $u_4$ | $-0.00921$ | $-0.00921$ | $-0.00921$ |
| $u_5$ | $-0.33337$ | $-0.33337$ | $-0.33337$ |
| $u_6$ | 1.59096 | 1.59096 | 1.59096 |
| $u_7$ | 0.33155 | 0.33155 | 0.33155 |
| $u_8$ | 1.54668 | 1.63861 | 1.94008 |
| $u_9$ | 1.55242 | 2.12355 | 2.52402 |
| $u_{10}$ | 0.57725 | 0.56136 | 0.61605 |

预测隧道最大竖向位移简化公式参数取值范围（3）　　　表 11.1-9

| 参数 | $0<\alpha/\pi<1/6$ | $1/6<\alpha/\pi<1/3$ | $1/3<\alpha/\pi<1/2$ |
|---|---|---|---|
| $\eta$ | 0.875 | 0.925 | 0.975 |

2）隧道最大竖向位移简化预测公式的验证

为了验证所提简化预测公式的准确性，将式（11.1-69）所给计算结果同本章所提半解析方法计算的结果进行对比，如图 11.1-30 所示，为简化公式（11.1-69）预测位移 $w_2$ 和所提出半解析方法计算位移 $w_1$ 的对比图。当数据点在 1:1 线上时，表明由简化公式（11.1-69）给出的计算位移 $w_2$ 与所提半解析方法计算的位移 $w_1$ 完全一致；若数据点（$w_1$，$w_2$）不在 1:1 线上，表明两种方法之间的预测值存在差异；并且，数据点（$w_1$，$w_2$）偏离 1:1 线越远，差异越大。由图不难发现，几乎大部分数据点（$w_1$，$w_2$）在 1:1 线的 $\pm15\%$ 范围内，少数数据点（$w_1$，$w_2$）分布于 1:1 线的 $\pm15\%$ 和 $\pm20\%$ 之间。因此可以认为，简化预测公式（11.1-69）计算的结果与所提半解析法的结果一致性良好（图 11.1-31）。

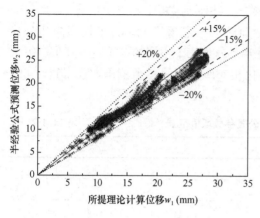

图11.1-30　公式（11.1-69）和理论解对比

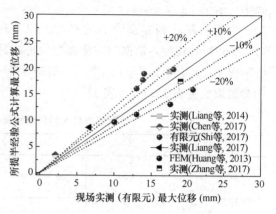

图11.1-31　公式（11.1-69）解和既有文献解对比

## 11.2　盾构隧道施工对周围环境影响

随着我国社会经济的不断发展，城市基础设施建设也随之快速发展，城市地下隧道成为一种解决城市交通拥堵的有效手段[27-30]。城市地下隧道多利用盾构进行开挖施工，且施工场地多集中在城市核心街。盾构施工会破坏土层的初始应力状态，不可避免地对周围土体造成一定程度的扰动，引起地面的沉降或隆起，进而影响附近建（构）筑物的服务状态，严重时将引起建（构）筑物的破坏，引发工程事故，因此针对盾构隧道施工对周围环境影响的研究显得格外重要。本节针对盾构施工对周围土体和既有桩基、隧道的影响进行机理分析、机器学习预测及解析理论方法研究，为类似工程提供理论参考。

### 11.2.1　盾构隧道施工对土体影响机理分析

盾构施工方法为一种较为先进的隧道掘进工法，但盾构隧道施工仍然不可避免地对地层产生扰动。盾构施工还可能进一步对已有地下构筑物如燃气管道、已建地铁隧道、桩基础等产生不利影响，严重者将产生灾难性后果。准确预测盾构施工引起的位移场是评估盾构施工对既有地下结构物影响的基础。

盾构掘进施工过程大致可以分为刀盘切削土体、渣土排出、管片安装及同步注浆四个阶段。由于盾构机与地层密切接触，对地层产生一定的扰动，导致地层位移发展。根据其盾构施工过程引起土体变形机制的不同，盾构施工过程中地层变形大致可以划分为如下五个阶段：

（1）切口到达前。切口压力设置及刀盘挤土作用导致切口前方土体变形，当切口压力设置较大及刀盘挤土明显时，前方土体隆起；否则，土体沉降。

（2）盾构通过。指盾构到达观测点正下方时开始，直到盾尾通过观测点后的这段时间产生的沉降。主要是由于盾构推进过程中产生的扰动所引起。由于盾壳与土体接触面积大，盾壳与土体摩擦力将引起地层剪切变形，其大小不容忽略。在盾体逐渐接近上覆土体时，由于摩擦力的挤压作用，上覆土体会产生隆起。在盾体逐渐远离上覆土体时，由于摩擦力的拖拽作用，上覆土体会产生沉降。此外，在盾构施工过程中，盾构姿态难以较好地控制，盾构往往以"上仰"或"下磕"等姿态掘进，导致地层土体超挖，从而引起额外的地层沉降。

（3）盾尾闭合及同步注浆。盾构通过后，由于盾尾建筑空隙（管片与盾构外径的空隙）的存在，导致壁后土体发生较大的弹塑性变形，此沉降是盾构法施工引起地层沉降的主要来源。盾构通过时往往采用同步注浆等技术手段填充盾构空隙，当压浆量不足或注浆压力较小时，对建筑空隙的控制往往有限。此外，同步注入浆液往往为水泥砂浆，如果不添加使其迅速凝结的添加剂，其强度增长需要一定的时间，不能立即提供足够的平衡地层变形所需的强度。因而即使有浆液填充，但地层位移依然持续发展。此外，由于新建隧道自身重量小于开挖损失的土体重量，新建隧道在未凝固的注浆浆液中会产生上浮，上覆土体在受到新建隧道的挤压后会产生隆起。软土地层中的浅覆土大直径盾构工程较易发生隧道上浮，上浮量过大会引发上覆土体的隆起变形。

（4）浆液及扰动土体固结。注入水泥浆液固结，体积收缩，其本质相当于土体损失随时间增加导致地层沉降。对于软黏土而言，盾构掘进扰动后，土体超孔隙水压力消散，地层发生固结沉降。

（5）扰动土体次固结。扰动土体，特别是灵敏土体，扰动固结导致长期沉降。

盾构施工过程中，土体原有的应力平衡状态被破坏，可能导致土体结构的破坏、超孔隙水压力的积累、土体抗剪强度的降低、土体变形的增大等。因为土体是连续介质，所以上述扰动会不断向隧道周边传递，尤其是向地表传递，进而在隧洞周边形成一定范围的扰动区。

图 11.2-1 给出了盾构施工过程中的土体扰动分区。盾构推进过程中开挖面受挤压作用引起土体的压缩，并导致盾构前方地表的位移（以隆起居多），产生挤压扰动区 1，盾壳与周围土体之间产生摩擦阻力，从而在盾壳周围的土体中产生剪切扰动区 2。在剪切扰动区 2 以外，由于盾尾建筑间隙的存在，土体向间隙内移动，引起土体的松动和塌落，从

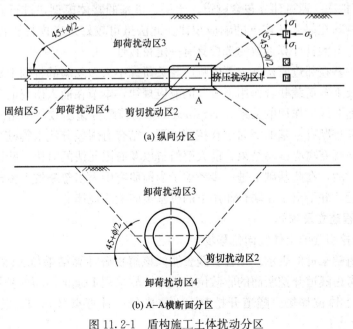

(a) 纵向分区

(b) A—A横断面分区

图 11.2-1　盾构施工土体扰动分区

而导致地表的下沉，形成卸荷扰动区 3。盾构下方的土体可能因卸荷出现微量的隆起，产生卸荷扰动区 4。随着盾构的向前推进，盾构施工引起的超孔隙水压力逐渐消散土体进入固结区 5。

## 11.2.2　盾构隧道施工对邻近既有桩基影响分析

目前，盾构法是当前城市修建地下轨道交通工程的重要手段，然而现代城市建筑密集，盾构施工将给邻近建筑带来不可避免的环境问题，如因开挖引起的土体附加位移，使邻近既有桩基产生附加荷载，改变了原有的受力状态，严重者甚至会影响到桩基上部结构物的稳定。因此，盾构开挖对邻近既有建筑物桩基的影响需要进行合理地评价。当前，对这一问题的研究方法主要有：

1）理论分析法。王述红等[31]基于两阶段法和 Winkler 地基模型，依据桩的荷载传递规律，提出一盾构开挖下计算邻近桩基响应的理论方法，取得了较好的结果。但当桩土相对位移较大，Winkler 线弹性模型无法考虑地基土非线性变化阶段。熊巨华等[32]在两阶段法的基础上引入 API 规范所推荐的荷载传递函数，通过迭代给出了盾构开挖与邻近单桩相互作用的弹塑性解答，在此基础上针对上覆无荷载的非承载桩进行了全面的参数分析，而实际工况下的桩基显然处于承载状态。也有文献[33]指出，当桩顶有不可忽略的上覆荷载作用时，通过桩身向周围土体传递的荷载必会较大地改变桩周土体的应力状态，因此隧道开挖引起的地层位移将会与自由场差别明显。可见，有无上覆荷载的同时作用区别明显，非承载桩的响应规律是否适合受荷桩显然需要进一步的考究。

2）试验研究法。Morton 和 King[34]和 Lee 和 Yoo[35]通过室内模型试验，对桩基在邻近隧道开挖时的响应进行了研究；Ong[36]则利用离心技术研究了在马来西亚黏土中开挖时邻近既有桩基的附加响应。模型试验能够对工程实践起到很好的指导作用，但操作过程复杂，较大的花费使其难以推广。

3）数值模拟法。通过建立包含隧道、土层、桩基的整体模型，进行开挖过程的全模拟，进而分析桩基在邻近开挖下的响应规律。此法虽可较好地考虑桩土作用的非线性关系，但不仅计算量大且计算参数的选择具有一定盲目性。

针对当前桩基在邻近盾构开挖下的响应相关研究中大多忽略的桩顶上覆外荷载，为探究在盾构开挖及上覆荷载联合作用下桩基的响应规律，本节在前人研究的基础上，通过引入描述桩土界面非线性作用的关系式 Boxlucas1 作为荷载传递函数，利用两阶段法，建立了盾构开挖下邻近既有桩基的竖向位移控制方程，结合有限差分法求解桩身位移及轴力分布，首先通过与既有离心试验结果、前人解析解以及有限元法的对比，验证了本方法合理性与适用性；然后，在此基础上进一步考虑了当前研究中大多忽略的上覆外荷载作用，与实际工况更接近，并给出了在联合作用下的桩基竖向响应规律。

**1. 控制方程建立及求解**

1）隧道开挖引起的土体竖向位移场

所提出解析解来近似表示。工程实践表明，该解析解计算结果与实际情况吻合较好，能较为准确地考虑隧道开挖断面的收敛位移模式，故采用 Loganathan 解[37]来计算由盾构开挖所引起的土体位移场。隧道开挖时，土体中任一计算点 $(x, z)$ 的竖向位移解析解为：

$$T(z) = \varepsilon R^2 \left\{ -\frac{h-z}{x^2+(z-h)^2} + (3-4\upsilon)\frac{h+z}{x^2+(z+h)^2} \right.$$
$$\left. -\frac{2z[x^2-(z+h)^2]}{[x^2+(z+h)^2]^2} \right\} \exp\left\{ -\left[\frac{1.38x^2}{(h+R)^2} + \frac{0.69z^2}{h^2}\right]\right\} \tag{11.2-1}$$

式中  $R$——隧道外半径；

$h$——隧道中心线埋深；

$z$——计算点埋深；

$\upsilon$——土体泊松比；

$\varepsilon$——平均地层损失比，其取值一般在 $0\sim2\%$ 之间。

2）控制方程的建立

由荷载传递法可得桩单元的基本微分方程为：

$$\frac{\mathrm{d}^2\omega(z)}{\mathrm{d}^2z} - \frac{U_p}{E_p A_p}\tau(z) = 0 \tag{11.2-2}$$

式中  $\omega(z)$——任一深度 $z$ 处桩身的位移；

$U_p$——桩身横截面周长；

$E_p$——桩体弹性模量；

$A_p$——桩身横截面面积。

桩身任一深度处的侧摩阻力 $\tau(z)$ 为：

$$\tau(z) = k_z[\omega(z) - T(z)] \tag{11.2-3}$$

式中  $k_z$——任一深度 $z$ 处的桩侧土体刚度。

将式（11.2-3）代入式（11.2-2），可得土体竖向位移场作用下的桩身沉降控制方程为：

$$\frac{\mathrm{d}^2\omega(z)}{\mathrm{d}^2z} - \lambda^2[\omega(z) - T(z)] = 0 \tag{11.2-4}$$

式中  $\lambda = \sqrt{k_z U_p / E_p A_p}$ 。

3）桩土界面荷载传递 Boxlucas1 曲线

桩土接触面上力学行为的非线性已为多数室内试验和工程实测证明，Ong[36] 提出了反映桩侧摩阻力的发挥与桩土相对位移的 Boxlucas1 非线性模型，国内学者王忠瑾[38] 也在计算单桩沉降时，利用 Boxlucas1 非线性模型分别描述桩侧摩阻力、桩端力与桩土相对位移之间的关系，与工程实测数据和室内试验测试结果吻合良好。故本节采用 Ong[36] 提出的反映桩侧摩阻力的发挥与桩土相对位移的 Boxlucas1 指数函数模型作为荷载传递函数，模型如图 11.2-2 所示。

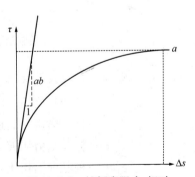

图 11.2-2  桩侧摩阻力-相对位移（$\tau$-$\Delta s$）关系曲线

$$\tau(z) = a(1 - \mathrm{e}^{-b\Delta s}) \tag{11.2-5}$$

$$k_s = \frac{\mathrm{d}\tau(z)}{\mathrm{d}z} = ab\mathrm{e}^{-b\Delta s} \tag{11.2-6}$$

式中　$\Delta s$——桩土相对位移；

　　　$k_s$——$\Delta s$ 的函数，表示桩侧土体的刚度；

　$a$、$b$——计算参数，可通过理论分析或现场试验得出。

$$a = \frac{\sigma_n \tan\theta'}{R_f} \tag{11.2-7}$$

式中　$\sigma_n$——桩侧土体正压力；

　　　$\theta'$——桩侧土体有效内摩擦角；

　　　$R_f$——破坏比，依据 Clough 和 Duncan[39] 的建议，本节取 0.9。

参数 $b$ 可通过下式求出：

$$b = \frac{G_s R_f}{r_0 \sigma_n \tan\theta \ln\dfrac{r_m}{r_0}} \tag{11.2-8}$$

式中　$G_s$——桩侧土体剪切刚度；

　　　$r_0$——桩基半径；

　　　$r_m$——桩的有效影响半径，其计算式为 $r_m = 2.5L(1-\upsilon)$。

$$p_b = a_b(1 - e^{-b_b \Delta s}) \tag{11.2-9}$$

$$k_b = \frac{dp_b}{dz} = a_b b_b e^{-b_b \Delta s} \tag{11.2-10}$$

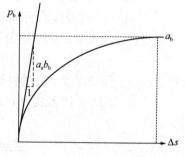

图 11.2-3　桩端力-相对位移
$(p_b\text{-}\Delta s)$ 关系曲线

式中　$p_b$——桩端力；

　　　$\Delta s$——桩与桩端土的相对位移；

　　　$k_b$——桩底土刚度系数；

　$a_b$、$b_b$——计算参数，可分别由 Vesic[40] 和 Randolph 和 Worth[41] 给出，其表达式分别如下：

$$a_b = (cN_c + \bar{q}_0 N_q)A_b \tag{11.2-11}$$

$$b_b = \frac{4G_{bs} r_0}{P_{bu}(1 - \upsilon_{bs})} \tag{11.2-12}$$

式中　$N_q$、$N_c$——无量纲承载力系数，可查表确定；

　　　　　$c$——土的黏聚力；

　　　　$A_b$——桩端横截面面积；

　　　$G_{bs}$——桩底土剪切模量；

　　　$\upsilon_{bs}$——桩底土泊松比；

　　　　$q_0$——桩端平面侧边的平均竖向压力。

$$q_o = \frac{(1 + 2k_0)\gamma L}{3} \tag{11.2-13}$$

式中　$k_0$——静止土压力系数；

　　　$\gamma$——土的重度；

　　　$L$——桩长。

4）控制方程的求解

实际工程中的地基多为非均质土，桩侧土体刚度 $k_s$ 及桩底土体刚度 $k_b$ 是相对位移 $\Delta s$ 的函数，因而桩身位移控制方程即式（11.2-4）在数学上较难获得解析解，故采用易于编程的有限差分法来求解。首先，将桩身离散成 $n$ 个节点单元，由于式（11.2-4）为二阶微分方程，需在桩顶和桩端各虚设一个节点单元，每个节点单元长度为 $h$。

由标准差分式对式（11.1-68）进行差分，得到任一节点 $i$ 的差分方程为：

$$\omega_{i-1} - (2 + \lambda^2{}_i h^2)\omega_i + \omega_{i+1} = -\lambda^2{}_i h^2 T_i \tag{11.2-14}$$

再考虑桩顶和桩端的边界条件，当桩顶作用有外荷载 $P_0$ 时：

$$P(0) = P_0 = E_p A_p \frac{\mathrm{d}\omega_0}{\mathrm{d}z} \tag{11.2-15}$$

$$\omega_{-1} = \omega_1 + \frac{-2hP_0}{E_p A_p} \tag{11.2-16}$$

$$P_b = E_p A_p \frac{\mathrm{d}\omega_n}{\mathrm{d}z} = k_b(\omega_n - T_n) \tag{11.2-17}$$

$$\omega_{n+1} = \omega_{n-1} + \frac{-2hk_b}{E_p A_p}(\omega_n - T_n) \tag{11.2-18}$$

由以上各式可得桩身的位移矩阵式：

$$[K][\omega] + [F] = [Q] \tag{11.2-19}$$

$$[K] = \begin{bmatrix} A_0 & 2 & & & & & & \\ 1 & A_1 & 1 & & & & & \\ & 1 & A_2 & 1 & & & & \\ & & \cdots & \cdots & \cdots & & & \\ & & & 1 & A_i & 1 & & \\ & & & & \cdots & \cdots & \cdots & \\ & & & & & 1 & A_{n-1} & 1 \\ & & & & & & 2 & A_n \end{bmatrix}_{n \times n} \tag{11.2-20}$$

$\lambda_i = \sqrt{\dfrac{k_i U_p}{E_p A_p}}$，$k_i = abe^{-b\Delta s_i}$，$k_b = a_b b_b e^{-b_b \Delta s_n}$，$A_0 = -(2 + \lambda_0^2 h^2)$，$A_1 = -(2 + \lambda_1^2 h^2)$，

$A_2 = -(2 + \lambda_2^2 h^2)$，$A_i = -(2 + \lambda_i^2 h^2)$，$A_n = -[2 + \lambda_n^2 h^2 + 2hk_b/(E_p A_p)]$，

$$[\omega] = \begin{bmatrix} \omega_0 & \omega_1 & \omega_2 & \cdots & \omega_i & \cdots & \omega_{n-1} & \omega_n \end{bmatrix}^T_{(n+1) \times 1},$$

$$[F] = \begin{bmatrix} \dfrac{2hP_0}{EA} & 0 & 0 & \cdots & 0 & \cdots & 0 & 0 \end{bmatrix}^T_{(n+1) \times 1},$$

$$[Q] = -h^2 \begin{bmatrix} \lambda^2{}_0 T_0 & \lambda^2{}_0 T_1 & \cdots & \lambda_i^2 T_i & \cdots & \lambda_{n-1}^2 T_{n-2} & \lambda_{n-1}^2 T_{n-1} & \left(\dfrac{2k_b}{hEA} + \lambda_n^2\right)T \end{bmatrix}^T_{(n+1) \times 1}$$

式中　$[K]$——桩身竖向位移系数矩阵；

　　　　$[\omega]$——桩身竖向位移矩阵；

　　　　$[F]$——由桩身竖向外荷载引起的位移矩阵；

　　　　$[Q]$——由盾构开挖引起的桩身位移矩阵。

盾构开挖会导致邻近既有桩基产生附加沉降，随着桩基沉降的不断发展，桩土相对位移也会随之不断改变，故准确地确定沉降过程中的桩土相对位移较困难，对于差分方程式(11.2-14)的求解，既有研究大多通过假定一组节点的初始位移进行迭代逼近求解，虽然最终由迭代求得的各节点位移同样具有较高的精度，但显然迭代解为近似解而非真实值，为更真实地给出各节点的位移值，本节计算思路如下：

位移矩阵式(11.2-20)中各未知量，$k_i$、$k_b$、$\lambda_n$、$A_n$ 均为桩土相对位移 $\Delta s$（$\Delta s = \omega_i - T_i$）的函数，桩基的附加沉降是一个较复杂的过程，但最终附加沉降会趋于稳定，若直接假定出沉降稳定后桩基各节点的位移 $\omega_i$，再由 Loganathan 的土体竖向位移计算公式给出桩身各对应节点处的土体竖向位移 $T_i$，则可得桩土相对位移 $\Delta s = \omega_i - T_i$，相应地 $k_i$、$k_b$、$\lambda_i$、$A_i$ 也可以通过 $\Delta s$ 一一确定，最后代入上述差分矩阵式，求解上述大型方程组，即可得桩身各节点位移 $\omega_i$，从而避免了繁琐的迭代运算，且能给出各节点真实的位移值，进而更准确地获得桩身各节点的内力。

**2. 算例分析**

Ong[36]采用离心模拟试验分析了平均地层损失比为 3% 时，隧道开挖对邻近单桩的短期（ST）影响。如图 11.2-4 所示，试验所用土体为马来西亚高岭黏土均质地基，隧道中心线与地表 18m，直径为 6m，其轴线与桩轴线的距离约为 6m；根据面积相等将桩等效为直径 1.228m 的圆形桩，桩长 25m，入土深度 22m，抗弯刚度 $EI$ 为 $3.97 \times 10^6 \text{kN} \cdot \text{m}^2$。

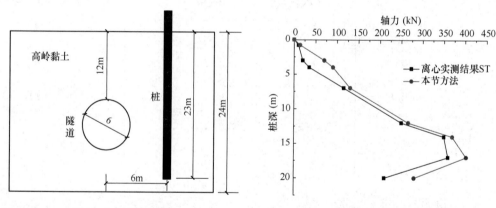

图 11.2-4　单桩试验　　　　图 11.2-5　桩身轴力分布曲线

如图 11.2-5 所示，按本节方法所得轴力值较离心实测结果虽略有偏大但整体仍较接近，究其原因，一是以 Boxlucas1 指数模型为荷载传递函数与真实的荷载传递关系有一定差异；二是 Loganathan 解较实际土体位移场略有偏大。不难发现，总体上本节计算结果在变化趋势及数值上与实测值吻合较好，从而在一定程度上证明了本节方法的合理性，故可在该基础上继续研究。

当桩基受上覆荷载及邻近盾构同时作用时，因盾构产生的附加土体竖向位移使桩土相对位移重新分布，进而改变桩基侧摩阻力的发挥次序，影响桩基的承载性能。本节以沈阳地铁 2 号线盾构隧道为工程背景建立分析模型，通过给定不同的桩基上覆荷载，以研究在盾构开挖及上覆荷载联合影响下的桩基响应规律。在本算例所选取的计算截面中，盾构隧道直径为 6m，中心埋深 16m，隧道外侧与桩基距离为 4m，桩基直径为 0.6m，桩基 $EA$

为 $3.45×10^4$ MPa，$\varepsilon$ 取 1.2%，示意图及相关参数如图 11.2-6 和表 11.2-1 所示。

| 厚度（m） | 名称 | $a$ | $b$ |
|---|---|---|---|
| 5 | 杂填土 | 22 | 509.1 |
| 9 | 粉细砂 | 39 | 287.2 |
| 9 | 中细砂 | 56 | 200.0 |
| 14 | 中粗砾 | 89 | 125.9 |
| $a_b$=1300kPa | | | $b_b$=192m$^{-1}$ |

土层参数　　　　　表 11.2-1

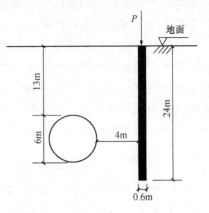

图 11.2-6　隧道与桩基相对位置示意图

当桩顶无外荷载时，按本节计算方法，可得桩身竖向位移及轴力分布如图 11.2-7 和图 11.2-8 所示。由图 11.2-7 可知，桩顶处有最大位移为 11.2mm，桩端处有最小位移为 10.7mm，故因桩身压缩而产生的沉降仅为 0.5mm，可见因摩阻产生的压缩是十分微小的，而邻近盾构开挖引起的桩周土的扰动，是桩基产生沉降的主要原因。

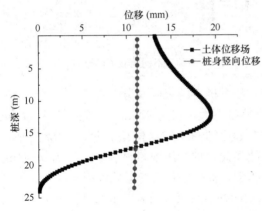

图 11.2-7　桩身竖向位移分布曲线

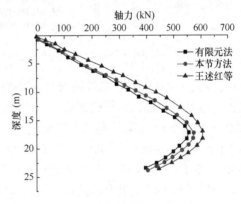

图 11.2-8　桩身轴力分布曲线

在图 11.2-8 中，由不同方法的结果可以发现：三种方法的计算结果在变化趋势及数值上均较为接近，其中，王述红等较本节方法计算结果明显偏大，原因在于其采用 Winkler 线弹性模型做荷载传递函数，无疑会高估桩侧摩阻力，导致轴力较本节方法偏大；而本节方法所采用的 Loganathan 解给出的土体位移场是基于线弹性理论，计算中忽略了土体的非线性，因而对土体位移会产生一定的高估，所以计算结果较有限元法略有一定的偏大。但不难发现，总体来看，本节方法的计算结果不论是在数值还是变化趋势上均与有限元法较为接近，因此在盾构前需快速评估其对邻近既有建筑的影响时，作为一种简便、快速的解析算法，在应用中是可行的，且精度并不比王述红法低。

由图 11.2-8 还可以发现：三种方法的桩身最大轴力均出现在盾构隧道中心深度处附近，这与熊巨华等[32]的结论一致，从而进一步证明本节计算方法的正确性。产生上述现象的原因在于：位于隧道上部的土体所受的扰动较大，产生的沉降也较大，在邻近隧道中心深度处，土体沉降量达到最大，且均大于桩基各节点处的位移，因而桩侧受到负摩阻力；而位于隧道下部的土体所受扰动相对较小，于桩端位置沉降降到最小，且均小于邻近桩基各节点的位移，因而桩基下部会受到正的摩阻力。不难发现，正负摩阻力的分界点就位于盾构中心深度附近，即桩身轴力出现的拐点处。

桩基是工程中用来承受上覆荷载的重要结构物，实际应用里的桩基大多处于承载状态，而既有的有关盾构开挖下邻近桩基的响应研究却大多忽略了桩基上覆的荷载，不考虑其上覆荷载显然与实际情况不符。为探究承载状态下的桩基在邻近盾构开挖影响下的响应规律，对于算例二，给定不同的上覆荷载 $P$，桩基在不同上覆荷载下的位移和轴力响应分别如图 11.2-9 和图 11.2-10 所示。

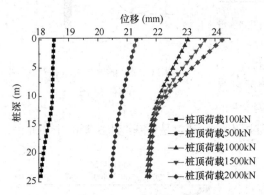

图 11.2-9　不同荷载下的桩身竖向位移分布　　图 11.2-10　不同荷载下的桩身轴力分布

由图 11.2-9 可知，当外荷载为 100kN 时，整个桩身的沉降量分布在 18.5～18.0mm 之间，这是因为桩顶的外荷载很小，桩身的压缩量不大，仅为 0.5mm，因此桩身沉降绝大部分还是来自桩端的刺入变形；当桩顶加载至 500kN 时，桩顶和桩端沉降分别为 21.3mm 和 20.4mm，可见桩端的刺入变形继续发展，桩身压缩量显著增大达到 0.9mm；随外荷载由 1000kN 进一步增至 2000kN 的过程中，桩端的刺入变形始终稳定在 21mm 左右，说明此时的端土反力已接近极限，继续增加的外荷载只能由侧摩阻力承担。

可以发现从 100～2000kN 的加载过程中，加载对隧道中心下部桩段的位移几乎没有影响，原因在于：对隧道中心下部的桩段，桩侧土受盾构扰动较小，使得桩土相对位移较大，故桩侧摩阻力较大，当桩顶外荷载大到一定程度时，桩侧摩阻力就接近极限；对隧道中心上部的桩段，情况则相反，因为桩侧土受盾构扰动较小，桩土相对位移和桩侧摩阻力较小，该摩阻力远未达到极限值，所以继续增加的外荷载只能由这部分的侧摩阻力承担。可见在考虑盾构影响和上覆荷载作用的工况下，桩基摩阻力是"下部先于上部到达极限的一个过程"这与桩基工程传统的"上部先于下部到达极限摩阻的一个过程"的认识不同，原因就在于盾构扰动改变了土体的位移场。

在邻近开挖影响下，桩基在不同上覆荷载下的轴力响应规律如图 11.2-10 所示，可见不同于图 11.2-9 中桩基轴力"先增后减"的变化。对不同的桩顶荷载，桩基轴力均呈现"先缓慢减小、再急剧减小、最后再缓慢减小"的"三段式"递减规律，尤其在上覆荷载越大的情况下，"三段式"越明显。由上述的分析已知，桩基下部的桩土相对位移大于上部，因此桩基的侧摩阻力的发挥程度是下部大于上部，所以，在一定外荷载的作用下，桩基下部的摩阻力容易先达到极限值，继续加载时，桩基下部的轴力就会缓慢变化，因为此时摩阻力已经无法进一步增大，增加的外荷载只能由桩基上部的摩阻力来承担，因此桩基上部的轴力就会急剧减小。本质上，桩身轴力曲线是桩身位移曲线的斜率体现，对桩身轴力的分析可类比于位移。

### 11.2.3　盾构下穿对既有隧道影响的解析法研究

#### 1. 模型假设

新建隧道上浮会挤压上覆土体，进而使上部隧道产生隆起变形，隆起量与上浮量之间呈正相关关系。本节计算模型基于两阶段分析法，先通过 Loganathan-Poulos 法求解新建隧道引发的自由土体位移，之后通过弹性地基梁法求解附加"位移荷载"作用下的既有隧道位移。为简化研究，本节计算模型进行如下假定：

（1）只考虑新建隧道上浮及开挖引发的土体损失对既有隧道的影响；

（2）既有隧道考虑为 Euler-Bernoulli 梁，并利用 Pasternak 地基模型考虑土体与既有隧道的相互作用；

（3）不考虑周围土体产生的排水固结作用；

（4）不考虑盾构切口压力不平衡和同步注浆对既有隧道的影响。计算模型示意图如图 11.2-11 所示。

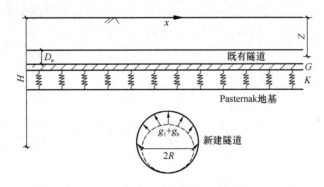

图 11.2-11　计算模型示意图

#### 2. 模型建立

Loganathan 和 Poulos[37] 给出了盾构施工引发土体竖向自由位移 $u(x)$ 的计算公式：

$$u(x) = R^2 \left\{ -\frac{Z-H}{(x\sin a)^2 + (Z-H)^2} + (3-4v)\frac{Z+H}{(x\sin a)^2 + (Z+H)^2} \right.$$
$$\left. -\frac{2Z[(x\sin a)^2 - (Z+H)^2]}{[(x\sin a)^2 + (Z+H)^2]^2} \right\} \varepsilon \exp\left\{ -\left[\frac{1.38(x\sin a)^2}{(H+R)^2} + \frac{0.69Z^2}{H^2}\right] \right\}$$

$$(11.2\text{-}21)$$

式中　$\varepsilon$——土体变形率，若隧道上浮造成的上覆土体隆起大于土体损失引发的土体沉降，则土体变形率为正值，反之则为负值；

$\upsilon$——土体泊松比；

$a$——新建隧道与既有隧道之间的夹角。

土体变形率可利用下式进行计算：

$$\varepsilon = \frac{4Rg + g^2}{4R^2}$$

$$(11.2\text{-}22)$$

式中 $g$——间隙参数，由物理间隙、掌子面引起的三维空间弹塑性变形和施工因子三部分组成，其本质为土体损失引起的拱顶土体径向沉降位移[42]。

由于受到新建隧道上浮的影响，拱顶土体会产生隆起位移。当上浮效应影响较大时，上覆土体位移场会呈现隆起状态。于是，本节提出考虑隧道上浮位移影响的间隙参数，即：

$$g = g_l + g_b \tag{11.2-23}$$

式中 $g_l$——土体损失引起的拱顶土体位移，一般依据施工经验进行选取；

$g_b$——隧道上浮造成的拱顶土体位移，可初步利用隧道平均上浮量确定。

将既有隧道看作是在附加"位移荷载"作用下的 Pasternak 地基无限长梁，可以得到既有隧道竖向变形 $w(x)$ 的计算方程为：

$$(EI)_{eq} \frac{d^4 w(x)}{dx^4} + Kw(x) - GD_e \frac{d^2 w(x)}{dx^2} = Ku(x) - GD_e \frac{d^2 u(x)}{dx^2} \tag{11.2-24}$$

式中 $(EI)_{eq}$——隧道等效抗弯刚度；

$K$——地基基床系数；

$G$——剪切层参数。

俞剑等[43]改进了 Vesic 的地基模量公式，可以考虑地基土埋深的影响，更为符合下穿工程实际情况。地基基床系数可通过下式得到：

$$K = \frac{3.08}{\eta} \frac{E}{1-v^2} \sqrt[8]{\frac{ED_e^{\ 4}}{(EI)_{eq}}} \tag{11.2-25}$$

$$\eta = \begin{cases} 2.18 & (Z/D_e \leqslant 0.5) \\ \left(1 + \dfrac{1}{1.7Z/D_e}\right) & (Z/D_e > 0.5) \end{cases} \tag{11.2-26}$$

式中 $\eta$——深度参数；

$E$——土体弹性模量，可取为 3 倍的土层压缩模量，即 1.5MPa。

剪切层参数可通过下式得到：

$$G = \frac{2.5 D_e E}{6(1+v)} \tag{11.2-27}$$

根据志波由纪夫等[44]提出的纵向等效连续化模型，典型地铁盾构隧道的纵向刚度有效率取为 1/15，可得 $(EI)_{eq}$ 为 $6.353 \times 10^4 \text{MN} \cdot \text{m}^2$，地基基床系数和剪切层参数分别可取为 10.1MPa 和 7.9MN/m。利用有限差分法，可求解式（11.2-24）得到既有隧道竖向位移。

**3. 实例分析与验证**

结合实际工程案例对本节提出的解析解模型进行验证。杭州文一路地下通道工程西起紫金港路以西，东至保俶北路，全长约 5.12km，分为东、中、西明挖段及东、西盾构段。盾构机外径为 11.66m，盾尾间隙为 300mm。隧道衬砌管片外径为 11.36m，内径为 10.36m，宽 2m，厚 0.5m。工程西段北线盾构区间全长 1836m，共 918 环，于 2017 年 5 月 3 日至 5 月 5 日在 415～428 环处约呈 81°由西向东下穿已建地铁 2 号线隧道，与 2 号线最小竖向净距约 5.1m。工程西段南线盾构于 2018 年 2 月 3 日至 2 月 5 日，在 417～430

环处由西向东下穿已建地铁 2 号线隧道，与 2 号线最小竖向净距约 6.8m。

杭州地铁 2 号线双线隧道中心水平距离约为 16m，受下穿影响区域隧道顶部埋深约 10.3m。盾构隧道管片外径 6.2m，内径 5.5m，宽 1.2m，厚度 0.35m。管片采用装配式钢筋混凝土管片，混凝土强度等级为 C50，环向分 6 块，错缝拼装。地铁隧道与新建隧道位置关系如图 11.2-12 所示。既有隧道所处淤泥质黏土层的压缩模量约为 1.5MPa。北线盾构下穿段新建隧道出现较大的上浮位移，平均上浮量为 42mm。南线盾构下穿下行线阶段平均上浮量为 11mm。

根据志波由纪夫等[44]提出的纵向等效连续化模型，典型地铁盾构隧道的纵向刚度有效率可取为 1/15，可得 $(EI)_{eq}$ 为 $6.353 \times 10^4 \mathrm{MN \cdot m^2}$。利用有限差分法可求解得到既有隧道竖向位移。

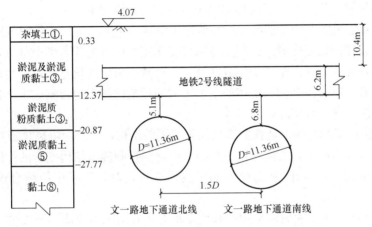

图 11.2-12　地铁隧道与新建隧道位置关系横断面图

图 11.2-13 展示了模型计算结果与下行线隧道出现最大隆起值时的位移实测值。可知，模型计算得到的隧道隆起值小于实测值，纵向隆起宽度大于实测结果，说明 Loganathan-Poulos 法计算得到的隆起位移与隧道上浮引发的真实土体位移有一定区别，其原因可能为隧道上浮引发的隧道周围土体位移边界条件与 Loganathan-Poulos 法假定的位移边界条件有所差别。应进一步研究隧道上浮引发的土体位移场，为更精确的解析理论计算提供基础。但模型计算结果与实测值趋势基本一致，验证了本节方法的有效性，可以利用

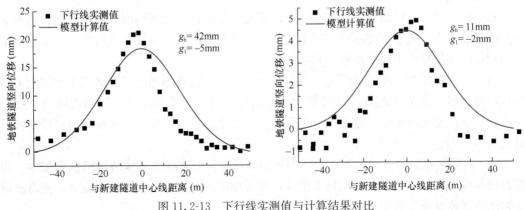

图 11.2-13　下行线实测值与计算结果对比

该方法为类似工程提供快速、可靠的变形预测。

## 11.3　地下空间开发环境效应的控制技术

### 11.3.1　基坑开挖施工环境影响控制技术

为了保护基坑施工与邻近建筑物、地铁隧道或地下管线等环境的安全，通常有主动控制技术和被动控制技术。

**1. 主动控制**

工程中，常采用基坑分区卸荷法、隔断法、基坑支护与地基加固法等措施，此类针对施加方——基坑的优化施工方案选择称为主动控制。具体如下：

（1）分区开挖法软土地区基坑开挖卸荷作用明显，产生的位移场影响范围广，常规大开挖的方式难以控制地层变形。即利用分隔桩将明挖基坑分为若干个小基坑，小基坑采用跳仓和分层开挖方式。深大基坑采用分区开挖，可减小单坑的长宽比，进而调动小开挖的空间效应，有效控制支护结构和土体的变形，对邻近地铁隧道的影响远小于整体开挖，目前该法已广泛应用于工程实际。

（2）隔断法即基坑与邻近地铁隧道之间设置隔断结构，一般为隔离桩或墙，可在一定程度上切断施工扰动所引起的位移传递路径，以起到控制隧道结构变形的作用。但是，一定范围内隔离桩的"牵引作用"，则不利于隧道变形控制，工程中应结合现场实际加以应用。

（3）基坑支护及地基加固法常用的基坑支护方式有地下连续墙、钢板桩、钻孔咬合灌注桩、SMW工法桩、内支撑体系及联合支护等。常用的基坑周边地基加固措施有TRD法、高压旋喷桩、袖阀管注浆和三轴水泥搅拌桩。当然，围护结构设置与地基处理必须充分考虑与隧道的相对间距，避免工前扰动。实际工程一般选择各项措施组合形成的综合方案。如下卧隧道工程案例中，大多采用钻孔灌注桩结合SMW工法桩作为止水帷幕，搅拌桩门式加固地铁隧道两侧，并辅以钢筋混凝土支撑和钢管支撑形成的内支撑体系；侧方隧道工程案例中，大多采用地下连续墙作为隔挡，钻孔灌注桩或三轴搅拌桩加固土体，并辅以钢筋混凝土支撑和钢管支撑形成的内支撑体系。

**2. 被动控制**

对于已运营的地铁隧道结构，工程中常采用注浆加固、内张钢圈加固、新型材料加固等控制修复技术，以达到控制隧道变形和整治病害的目的，这种针对受扰方——地铁隧道的防护加固选择称之为被动控制，具体如下：

（1）注浆加固为了降低对周边土体的扰动，目前，注浆加固已成熟运用于地铁隧道的变形控制领域。水泥-水玻璃双液微扰动注浆的施工可为地铁隧道的不均匀沉降整治提供参考，但要注意适时采用"近距离、多孔位、小方量、由远及近"注浆原则方可较好控制隧道变形。

（2）内张钢圈加固整环钢圈、半环钢圈加固可明显提高隧道整体结构刚度和强度，为工程现场应用提供了理论支撑和技术指导；钢板加固的补强效果和抗侧压能力，使得隧道结构能更好地发挥自承压优势。

（3）新型材料加固现有的传统加固方法已无法满足地铁隧道精细的施工要求和微小的变形控制要求，许多新型材料加固措施应运而生。芳纶布和碳纤维布加固能有效提升隧道纵缝接头的转角刚度，较好地限制隧道横向收敛和接头变形，且最佳加固层数为2～3层。此外，还有类似于高性能复合砂浆喷筑法、粘贴复合腔体加固法等新方法。

### 11.3.2　盾构隧道施工环境影响控制技术

按照周边土体扰动程度的大小，可将盾构周围土体划分成不同的扰动区。图11.3-1中，微扰动区、扰动区和剧烈扰动区对应的土体应变分别为极小应变区、小应变区和大应变区。一般认为，小应变和大应变的区分界限为$10^{-3}$。随着隧道埋深的增大，地表附近土体的扰动逐渐减小。

盾构施工控制的目标一般是将施工扰动引起的应变控制在小应变范围或应变控制阈值内。土体的刚度随应变的增加呈非线性变化，应变超过$1.0\times10^{-3}$时土体刚度将迅速减小。因此，为控制盾构施工对周边环境的扰动范围和扰动程度，须将施工引起的应变控制在小应变范围内，保证土体具有较大的刚度。根据不同的施工工法，可以选定不同的应变控制阈值，如基坑工程选用$5.0\times10^{-4}$、隧道工程选用$1.0\times10^{-3}$等。

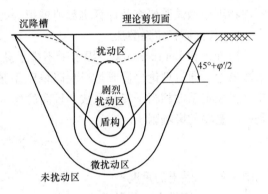

图11.3-1　盾构施工扰动程度分区图

由扰动机理的分析可知，要控制盾构隧道施工的环境影响，需从以下几个方面采取措施：

（1）控制开挖面处的土体移动在盾构掘进和推进时，应严格控制掌子面的支撑力，减少掌子面的移动。而掌子面的支撑力与盾构的推进速度、出土量、刀盘转速、千斤顶推力等有关，施工时要保证上述参数的协调。

（2）控制盾构后退引起的扰动在盾构机暂停推进、拼装衬砌时，由于千斤顶回缩和卸载等可能引起盾构的后退，使开挖面土体坍落或松动。因此，施工时要实时监控千斤顶的状态，并优化管片拼装顺序降低盾构机的停留时间。

（3）控制盾尾孔隙导致的土体挤入盾构机的盾壳直径一般略大于隧道的外径，致使盾尾衬砌脱出时存在盾尾孔隙，同时由于盾壳的剪切效应，盾构机存在背土现象，致使施工时的实际盾尾孔隙大于理论值。因此，施工时要精细化调整同步注浆参数，优化注浆浆液，严格控制注浆压力，确保注浆量适当。当发现注浆不足时，应通过注浆孔进行二次补浆调整。

（4）控制隧道轴线调整引起的超挖盾构在姿态调整时的实际开挖断面大于原定开挖断面，会引起地层损失。因此，在线路设计时应尽量避免存在小曲率半径，在盾构施工时须做到勤测勤纠，且每次的纠偏量应尽量小。

（5）控制衬砌结构变形和整体的下沉或上浮，在水土压力下，盾构隧道结构会发生变形，进而导致净断面的收缩，引起地面沉降。当隧道的覆土深度较浅时，隧道会发生整体上浮，从而引起地表隆起。当隧道下卧软弱层时，隧道可能出现整体下沉，从而增加地表沉降。因此在隧道选线时，应避开不良地质情况，且满足盾构抗浮的要求。

**1. 开挖面稳定控制**

盾构法施工时对地基变形的控制是一个很难解决的问题，因为盾构施工时与周围地层的耦合作用是极其复杂的，地基变形因素也是多方面的。对于土压平衡盾构掘进施工而言，地基变形的主要原因在于刀盘对前方土体支护压力的控制是否与开挖面的土压力保持平衡，如支护压力过大，导致地表隆起；反之，又会造成地表沉降过大。

盾构施工开挖面稳定相关研究主要包括开挖面控制支护压力大小的确定、极限支护压力大小的确定、开挖面破坏模式及机理研究、开挖面支护压力控制与施工对周围环境影响的理论研究等。研究的方法及手段主要有经验公式、解析计算方法、现场资料实测分析、室内物理模型试验研究及计算机数值模拟等。

1）开挖面稳定系数法

Broms 和 Bennermark[45]提出了不排水黏性材料无支护开挖中描述开挖面状态的稳定系数概念：通过理论分析或是经验以稳定系数 $N$ 的形式提出了保持开挖面稳定所需的支持力。稳定系数相当于安全系数，较高的稳定系数对应于较低的安全系数。而盾构埋深比是一个重要的影响因子。

$$N = \frac{\sigma_s + \gamma(C + D/2) - \sigma_r}{C_u} \quad (11.3-1)$$

式中　$\gamma$——黏土的重度；

$C_u$——不排水抗剪强度；

$\sigma_s$——地表超载；

$\sigma_r$——开挖面支护压力（无支护则为零）；

$C$——隧道埋深；

$D$——隧道直径。

通过实际现场开挖工程的实测统计及室内简单的试验研究表明，当稳定系数 $N$ 大于6时，开挖面将失去稳定。

2）极限平衡法

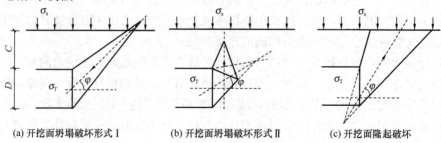

(a) 开挖面坍塌破坏形式 I　　(b) 开挖面坍塌破坏形式 II　　(c) 开挖面隆起破坏

图 11.3-2　Leca 和 Dormieux 提出的开挖面破坏形式

Leca 和 Dormieux[46]在前人研究基础上提出滑移面形状由一个或两个截锥形组成（图11.3-2），并且其计算材料考虑为具有一定 $c$、$\varphi$ 值的莫尔-库仑材料，运用塑性极限分析上、下边界理论确定盾构施工隧道开挖面稳定的最大及最小支护压力。

塑性极限分析求解繁琐，没有考虑土体内部的应力-应变关系，更无法考虑局部破坏对整体稳定的影响，计算中事先假定所分析的刚塑性体的边界与实际存在出入，其计算中开挖面支护压力的形式假定为矩形，这一假定适用于气压法隧道，而应用于后来发展的泥水式及土压力平衡式盾构施工是会出现由于开挖面支护压力形式与实际情况不符而存在误差，这些都制约了该研究方法的发展，所以开挖面整体稳定分析中，近年来较为直观、简单的楔形体理论模型得到大量应用。

楔型体模型应用中，首先假定开挖面前方土体滑动区域为如图 11.3-3 所示的楔形体，它由一个位于开挖面前方的楔形体和开挖面上方的棱柱体两部分组成，土体为满足莫尔-库仑破坏准则的刚塑性材料，通过开挖面前方楔型体力的平衡可以得出面 ABCD 上作用力的大小，通过假定开挖面前方楔型体的不同楔形量（$w$ 值），可以得到其对应的面 ABCD 作用力，最大值即为满足开挖面稳定的极限支护压力。三维楔形体计算模型的概念最早由 Horn[47] 基于 Janseen 的筒仓理论[48] 提出，后来 Jancsecz 和 Steiner 假定土层为均质，提出考虑上部土体的松动效应来求解极限支护压力。

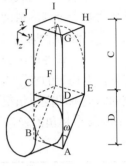

图 11.3-3　三维楔形体计算模型

盾构施工中，当压力舱内泥水或渣土作用于开挖面上时，支承介质会渗入开挖面一定深度，不但影响支护力的大小及分步，而且支护介质渗入土体孔隙导致超孔隙水压力的产生，支护介质渗入、孔隙压力变化及有效支护压力减小三者相互作用，对开挖面的稳定有很大的影响，不少学者对此研究分析结果用于楔形体受力分析并取得较为合理的结果。Anagnostou 和 Kovari[49] 利用同样的计算模型，提出了泥水式盾构施工中泥水注入影响、土压力盾构施工中地下水渗流产生的渗透力作用于楔形体内的影响。上述整体稳定分析楔形体计算模型都假定土层为均质土层，2001 年，荷兰 delft 研究人员 Broere[50] 提出把上述计算模型应用于成层地基条件分析泥水及土压式盾构施工极限支护压力。

由于三维模型计算较为复杂，所以部分学者采用二维模型进行开挖面极限支护计算分析，如图 11.3-4 所示，德国 Maid 等[51] 假定盾构前方因开挖释放而形成滑动面，由洞顶的滑动宽度求出盾构前进方向的松弛范围，计算出松动土压力，然后假定开挖面前部的滑动面始于开挖面下部，拱顶高度为铅直的对数螺线滑动面，通过假定各种松动范围，利用绕对数螺线中心 O 旋转的力矩平衡得到求解支护压力方程，求出最大的控制水平力则为满足开挖面稳定的极限支护土压力。

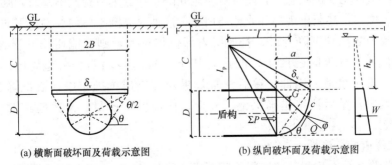

(a) 横断面破坏面及荷载示意图　　(b) 纵向破坏面及荷载示意图

图 11.3-4　松散土层隧道开挖支护荷载计算示意图

楔形体计算模型应用中，当隧道具有一定埋深时，由于开挖引起的应力释放引起隧道上方土体产生一定位移，土体颗粒的相互错动产生应力传递，使得隧道上方周围土体对下移的土体有一定的制约作用，导致隧道上部棱柱体对开挖面前方楔形块的作用力远小于土体自重，对滑动块上部覆土重量大小的考虑直接影响到极限支护压力大小的确定，目前在模型计算中多采用太沙基的松动土压力理论。楔形体计算模型确定盾构掘进开挖面极限支护压力基于合理的滑动面假定及明白作用滑动模块上的作用力，由于可以假定不同的滑移面，所以参考盾构施工现场或室内离心模型试验破坏面形状对滑动面的确定十分重要。

无论是塑性极限分析方法还是楔形体计算方法，模型在开挖面失稳破坏分析中能够确定开挖面稳定的极限支护压力，但并不能提供满足开挖面稳定条件不同支护压力作用下隧道周围地基的变位情况，这是该法的一个缺陷。为此，也有作者提出应用 Broms 和 Bennermark[45]提出的稳定率系数建立与地基变形的关系，如表 11.3-1 所示。

稳定系数与开挖面引起围岩变形关系　　　　　　　　　　表 11.3-1

| 稳定系数 N | 变形 | 稳定系数 N | 变形 |
| --- | --- | --- | --- |
| <1 | 忽略不计 | 4～6 | 塑性变形 |
| 1～2 | 弹性变形 | >6 | 失稳破坏 |
| 2～4 | 弹塑性变形 | | |

**2. 同步注浆施工控制**

盾构施工中，为了在盾尾拼装管片有足够的调整空间以及轴线段和纠偏推进，盾壳内侧和管片外侧一般都留有一定的距离，这就称为盾尾间隙。盾尾间隙加上盾壳的厚度，构成的盾尾后方的空间，称为盾尾建筑空隙。盾构向前推进，在盾尾拼装的管片衬砌将脱出盾尾，盾尾建筑空隙形成，周围土体与管片衬砌之间形成应力释放区域，导致周围土体的变形不断发展，而超大直径盾构的盾尾建筑空隙比小直径盾构大得多，增大了盾尾附近的主体应力释放效应，因此对盾尾建筑空隙的及时填充就显得非常重要。在实际施工中，通常在盾构掘进的同时，采用注浆方法将一些浆液材料注入盾尾建筑空隙中，形成周围土体的支护介质，达到抑制周围土体应力释放的目的。盾构施工流程图如图 11.3-5 所示[52]。

盾构隧道壁后注浆的目的可概括为以下四点[52]：

1）防止地层变形

盾构施工过程中，由于盾壳的厚度或超挖等导致盾尾脱离管片后，立即形成盾尾间隙而使周围土体出现无支护状态。若此时对盾尾间隙不加处理或处理不及时，则会导致周围土体极易产生位移，甚至出现局部或整环坍塌，这种对周围土体的扰动自下向上扩散至地表，最终导致地表出现沉降变形。若地层内部位移过大，则可能使地下管线设施破坏、地表结构物倾斜破坏等问题产生，严重时甚至导致地表塌陷，引起周围结构物倒塌，导致发生重大安全事故。因此，壁后注浆效果对控制盾构施工中地表沉降起着主导作用。施工过程中，壁后注浆是确保施工安全、保证施工质量、减少施工对周围环境干扰的重要环节。

2）提高隧道的抗渗性

壁后注浆浆液分布均匀，浆液凝固后形成一层防水层，有效地减少了管片衬砌的渗水现象。因此，壁后注浆直接关系到管片衬砌是否出现渗漏水问题。如果管片背后浆液注入

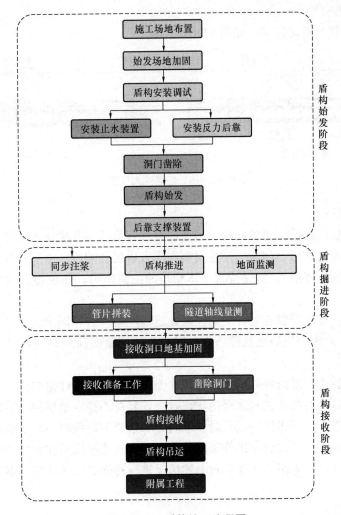

图 11.3-5 盾构施工流程图

效果不好（浆液分布不均、拱顶部分缺浆等），则地下水很容易与盾构管片接触。当地下水压较高时，在管片接缝处出现渗水现象，形成渗流通道，从而导致地层中地下水的流动或水位下降。地下水位的降低或地下水流动，地层有效应力增大时地层压密或地层中的土颗粒随水流移动使土颗粒空隙变化，引起地层出现变形。若变形较大则会扩散至地表，导致地表沉降，从而影响周围建筑物与地面的交通安全。

3）确保衬砌的早期稳定

壁后注浆将地层与管片衬砌紧密结合在一起，地层通过注浆层的早期强度对管片衬砌产生均匀压力。由于管片衬砌为圆形结构，使得管片结构受力完好，提高了管片衬砌的安全性。

4）约束管片，控制管片上浮

当浆液具有一定的早期强度时，浆液凝固约束管片衬砌且降低了盾构管片衬砌的上浮力，有效地控制管片上浮，从而确保衬砌管片结构的纵向稳定性。

同步注浆方式可以按照以下方式划分：

1）按注浆孔位置

分为管片注浆与盾尾注浆，如图 11.3-6 所示。

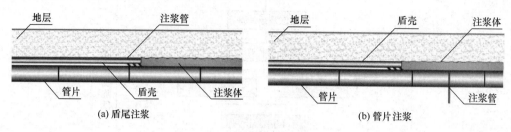

(a) 盾尾注浆  (b) 管片注浆

图 11.3-6　浆液注入位置

2）按注浆时间

同步注浆：盾构向前掘进的同时不停地向管片背部盾尾孔隙压入注浆材料的一种壁后注浆方法，由于通过加压不间断的注浆材料在压入盾尾孔隙后，注浆材料未凝固前（即强度未达到土体相同强度前），能保持与土体相当的注浆压力，使地层扰动减小，从而有效地控制地面沉降。

半同步注浆：通过设置在管片上的注浆孔进行注浆（若在同步注浆进行的情况下，则为进行二次补浆）。为缩短盾尾孔隙产生时间与充填注浆的滞后时间，要合理设计注浆孔位、注浆压力等。

后方注入：盾构推进数环以后，通过管片上的注浆孔进行注浆的注浆方法。该种方法可通过对注入孔以外的各孔抽水来提高注浆效果，其对不稳定地层的注浆效果较差。

二次注浆：当采用同步注浆或及时注浆时，如浆液为凝胶时间较长的惰性浆液时，由于浆液的流动性较好，导致管片拱部浆液流失时，或浆液凝固后收缩体积过大时；或为提高地层的抗渗性能时，采用二次注浆对上述情况进行补强。二次注浆基本采用可注性较好的双液浆。

3）按作用机理

充填注浆：将可塑性较好的浆液压入盾尾间隙中，浆液凝固填充孔隙并在管片周围形成一层防水层，达到加固及止水的目的。

渗透注浆：在稳定性较差的砂性地层中，当盾尾间隙形成时即立刻被周围土体层包裹，注浆压力将浆液压入孔隙中填充土体间隙，浆液固化后与土体颗粒形成结石体，起到加强地层强度及降低地层渗透性作用。显然渗透注浆与地层和浆液的性质有关，地层的渗流通道面积越大，浆材的颗粒越小，渗透注浆的扩散半径越大。

压密注浆：当盾构在黏性地层、细砂地层掘进，且浆材采用稠度较大的浆液，由于地层的孔隙小且浆液的流动阻力较大，导致浆液很难注入孔隙中，浆液填满孔隙后，注浆压力通过浆液传递作用在周围地层上。当注浆压力大于周围地层应力时，对周围地层产生压密效应，改变地层原始应力和地层渗透性等。

劈裂注浆：当盾尾注浆压力达到一定值后，浆液克服地层初始应力和抗拉强度，引起地层结构破坏，在地层中形成新的裂缝，从而使致密地层的可注性和浆液扩散距离增大。在盾尾注浆中，一般不会使用劈裂注浆。

在盾构隧道壁后注浆施工中，若施工不当，则易出现以下问题：

（1）地表沉陷与隆起：引起地表出现沉降的原因较多，如注浆压力小、导致浆液注入量少；注浆不及时，导致地层出现坍塌；地层中存在裂缝，导致浆液流失、跑浆；浆材收缩率大，且注浆对地层的扰动过大导致土体出现固结等。而对于隆起的原因，一般是注浆压力较大、注入浆材较多导致的。

（2）注浆液从盾尾流入：注浆压力过大，致浆液经盾壳流窜至掌子面，造成浆液损失；或注浆压力过大，导致浆液击穿盾尾刷或使管片螺栓剪短，造成漏浆，严重时会导致工程事故。

（3）管片上浮：未选取合适的浆液材料，浆液凝固时间过长导致前期强度不足，不能与周围土体共同约束盾构隧道；浆液初凝时间太长，导致浆液浮力对管片的作用时间较长；浆液的密度与管片的密度选择搭配不当，导致管片的浮力过大；注浆孔位设计不当等原因。

（4）注浆系统管路堵塞：浆液的凝固时间短（尤其是双液浆），浆液长距离输送时，则会导致在注浆管道出现堵塞；注浆管路设计不当，未设计冲刷管路等。

（5）管片注浆孔渗漏：在地下水位较高的地层、富水砂层及淤泥质地层，采用管片注浆开孔时，周围的水土可能通过注浆孔涌入隧道，引起地层位移，从而导致地表沉降等。

## 11.4  本章小结

### 11.4.1  基坑工程部分

隔断墙可明显降低坑外地表最大沉降值，同时改变沉降槽的形状，使地表沉降槽的面积减小，并可显著减小邻近建筑物的横向角变量，对减弱基坑开挖引起的建筑物损害效果明显。隔断墙减小基坑侧壁中点附近的最大沉降和不均匀沉降的效果比角部更明显。隔断墙可明显减小围护墙的水平位移，且越靠近隔断墙，地基浅层土体水平位移减少越明显；在隔断墙深度范围内围护墙外侧土压力比未设隔断墙情况偏小，隔断墙对围护墙有一定的"遮拦"作用。隔断墙对基底土体隆起量和分布基本没有影响；隔断墙技术在杭州某软土地基深基坑工程的成功应用和数值模拟验证了该措施对开挖引起的邻近建筑物沉降损害有抑制作用。

利用两阶段法，基于推导的考虑土体非等量径向移动的坑外土体自由位移场和修正后的 Pasternak 双参数地基基床反力系数，建立基坑开挖下邻近既有单桩的变形控制方程。利用本章计算理论可以预测在邻近基坑开挖情况下，既有单桩的水平向变形及响应规律。与三维有限元数值建模、既有理论解和工程实测数据进行了对比。

### 11.4.2  隧道工程部分

根据引起土体变形机制的不同，盾构施工过程中地层变形可以划分为切口到达前、盾构通过、盾尾闭合及同步注浆、浆液及扰动土体固结、扰动土体次固结五个阶段。

基于两阶段分析法，考虑桩土相互作用的非线性和地基土非均一性，通过引入 Box-lucas1 函数提出了一种在盾构隧道开挖下邻近既有桩基竖向反应的简化算法，结合两阶段分析法提出考虑新建盾构隧道上浮的隧道下穿对既有隧道影响的计算模型，并依托实际工程对模型进行验证，得出如下结论：

（1）随着新建隧道上浮量的增加，隧道纵向隆起逐渐增加，控制新建隧道上浮量可有效减小由于上浮效应造成的既有隧道隆起；

（2）地基基床系数对既有隧道隆起变形量的影响较小，但新建隧道直径对隧道隆起变形的影响较大。大直径隧道的上浮会使既有隧道产生更大的隆起变形。

既有隧道在下方双线隧道开挖下响应的解析计算方法中，提出了一种考虑双线隧道之间土体损失差异的计算方法。

盾构隧道施工的环境影响控制，可从开挖面处的土体移动、盾构后退引起的扰动、盾尾孔隙导致的土体挤入、隧道轴线调整引起的超挖、衬砌结构变形和整体的下沉或上浮等方面采取入手，通过采取合理的施工参数和工艺、同步注浆和二次注浆等措施来控制隧道施工的环境影响。针对既有隧道还可通过增大既有隧道结构刚度、加固既有隧道周围土体、支托隔断法等加固措施加强变形控制。

# 参考文献

[1] 陆培毅，杨靖，韩丽君. 双排桩尺寸效应的有限元分析[J]. 天津大学学报，2006，39（8）：963-967.

[2] 欧章煜，谢百钧. 深开挖邻产保护之探讨[J]. 岩土工程学报，2008，30(增刊)：509-517.

[3] 刘用海. 宁波软土工程特性及其本构模型的工程研究[D]. 杭州：浙江大学，2008.

[4] Sagaseta C. Analysis of undrained soil deformation due to ground loss [J]. Géotechnique，1987，37（3）：301-320.

[5] 林存刚，夏唐代，梁荣柱，等. 盾构掘进地面沉降虚拟镜像算法[J]. 岩土工程学报，2014，36(8)：1438-1446.

[6] 林存刚. 盾构掘进地面隆陷及潮汐作用江底盾构隧道性状研究[D]. 杭州：浙江大学，2014.

[7] Kachanov M，Shafiro B，Tsukrov I. Handbook of elasticity solutions [M]. Dordrecht：Kluwer，2003.

[8] Xu K J，Poulos H G. General elastic analysis of piles and pile groups [J]. International Journal for Numerical and Analytical Methods in Geomechanics，2000，24(15)：1109-1138.

[9] Kerr A D. On the determination of foundation model parameters [J]. Journal of Geotechnical Engineering，1985，111(11)：1334-1340.

[10] Vesic A B. Bending of beam resting on isotropic elastic solid [J]. Journal of Engineering Mechanics Division，ASCE，1961，87(2)：35-53.

[11] 梁发云，李彦初，黄茂松. 基于Pasternak双参数地基模型水平桩简化分析方法[J]. 岩土工程学报，2013，35(增1)：300-304.

[12] 俞剑，张陈蓉，黄茂松. 被动状态下地埋管线的地基模量[J]. 岩石力学与工程学报，2012，31(1)：123-132.

[13] Poulos H，Chen L T. Pile response due to excavation induced lateral soil movement [J]. Journal of Geotechnical and Geoenvironmental Engineering，1997，123(2)：94-99.

[14] 杜金龙，杨敏. 基坑开挖与邻近单桩相互作用的弹塑性解[J]. 岩土工程学报，2008，30(8)：1121-1125.

[15]  Finno R J, Lawrence S A, Allawh N F, et al.  Analysis of performance of pile groups adjacent to deep excavation [J].  Journal of Geotechnical Engineering, 1991, 117(6): 934-955.

[16]  Klar A, Marshall A M.  Shell versus beam representation of pipes in the evaluation of tunneling effects on pipelines[J].  Tunneling and Underground Space Technology, 2008, 23 (4): 431-437.

[17]  Lin C G, Huang M S.  Tunneling-induced response of a jointed pipeline and its equivalence to a continuous structure[J].  Soils and Foundations, 2019, 59 (4): 828-839.

[18]  Biot M A.  Bending of an infinite beam on an elastic foundation[J].  Journal of Applied Mathematics and Mechanics, 1922, 2(3): 165-184.

[19]  Terzaghi, K.  Evaluation of coefficients of subgrade reaction.  [J].  Geotechnique, 1955, 5(4): 297-326.

[20]  Yu J, Zhang C R, Huang M S.  Soil-pipe interaction due to tunneling: assessment of Winkler modulus for underground pipelines.  [J].  Computers and Geotechnics, 2013, 50: 17-28.

[21]  Tanahashi H.  Formulas for an infinitely long Bernoulli-Euler beam on the Pasternak model[J].  Soils and foundations, 2004, 44(5): 109-118.

[22]  Liang R, Xia T, Huang M, et al.  Simplified method for evaluating the effects of adjacent excavation on shield tunnel considering the shearing effect[J].  Computers and Geotechnics, 2017, 81: 167-187.

[23]  Liang R, Wu W, Yu F, et al.  Simplified method for evaluating shield tunnel deformation due to adjacent excavation[J].  Tunneling and Underground Space Technology, 2018, 71: 94-105.

[24]  Mindlin R D.  Force at a point in the interior of a semi - infinite solid[J].  Journal of Applied Physics, 1936, 7(5): 195-202.

[25]  Shiba Y, Kawashima K, Obinata N, et al.  An evaluation method of longitudinal stiffness of shield tunnel linings for application to seismic response analyses[J].  Doboku Gakkai Ronbunshu, 1988 (398): 319 -327.

[26]  Huang X, Huang H, Zhang D.  Centrifuge modelling of deep excavation over existing tunnels[J].  Proceedings of the ICE-Geotechnical Engineering, 2012, 167(1): 3-18.

[27]  侯永茂, 郑宜枫, 杨国祥, 等.  超大直径土压平衡盾构施工对环境影响的现场监测研究[J].  岩土力学, 2013, 34(01): 235-242.

[28]  Liu C, Zhang Z, Regueiro R A.  Pile and pile group response to tunnelling using a large diameter slurry shield - Case study in Shanghai[J].  Computers and Geotechnics, 2014, 59: 21-43.

[29]  顾刚, 吴曼琪, 武坤鹏.  珠海城际轨道交通工程大直径土压平衡盾构施工参数试验研究[J].  施工技术, 2017, 46(22): 101-104.

[30]  江华, 江玉生, 张晋勋, 等.  大直径土压平衡盾构施工诱发地层变形规律研究[J].  都市快轨交通, 2015, 28(2): 94-97.

[31]  王述红, 赵贺兴, 等.  基于两阶段法地铁盾构开挖对邻近桩基影响分析[J].  东北大学学报, 2014, 35(6): 1005-3026.

[32]  熊巨华, 王远, 等.  隧道开挖对邻近单桩竖向受力特性影响[J].  岩土力学, 2013, 34(2): 1000-7598.

[33]  章荣军, 郑俊杰, 蒲诃夫, 等.  基于 p-y 曲线分析隧道开挖对邻近单桩的影响[J].  岩土工程学报, 2010, 32(12): 1837-1845.

[34]  Morton J D, King K H.  Effect of tunneling on the bearing capacity and settlement of pile foundation [C] Proceedings of Tunneling 79, IMM, London, 1979: 57-68.

[35]  Lee Y J, Yoo C.  Behavior of a bored tunnel adjacent to a line of load piles[C] Safety in the Under-

ground Space，ITA-AITES 2006 World Tunnel Congress and 32 nd ITA General Assembly，Seoul，2006.

[36] Ong C W，Centrifuge model study of tunnel-soil-pile interaction in soft clay[D]. Singapore：National University of Singapore，2009.

[37] Loganathan N，Poulos H G. Analytical prediction for tunneling-induced ground movements in clays [J]. Journal of Geotechnical and Geoenvironmental Engineering，1998，124(9)：846-856.

[38] 王忠瑾. 考虑桩-土相对位移的桩基沉降计算及桩基时效性研究[D]. 浙江大学，2013.

[39] Clough G W，Duncan J M. Finite element analysis of retaining wall behavior[J]. Journal of the Soil Mechanics and Foundations Division，ASCE，1971. 97：1657- 1673.

[40] Vesic A S. Ultimate loads and settlements of deep foundations in sand[C]// Proceedings of the Symposium on Bearing Capacity and Settlement of Foundation，Durham，1965：53-68.

[41] Randolph M F，Worth C P. Analysis of deformation of vertically loaded piles[J]. Geotechnical Engineering Division，ASCE，1978，104(12)：1465-88.

[42] 王立忠，吕学金. 复变函数分析盾构隧道施工引起的地基 变形[J]. 岩土工程学报，2007，29(3)：319-327.

[43] 俞剑，张陈蓉，黄茂松. 被动状态下地埋管线的地基模量[J]. 岩石力学与工程学报，2012，31 (1)：123-132.

[44] 志波由纪夫，川島一彦，大日方尚己. 応答変位法によるシールドトソネルの地震時断面力の算定法[C]//土木学会論文集，2000.

[45] Broms BB，Bennermark H. Stability of clay at vertical openings[J]. Journal of the Soil Mechanics and Foundations Division，1967，93：71-94.

[46] Leca E，Dormieux L. "Upper and lower bound solutions for the face stability of shallow circular tunnels in frictional material[J]. Géotechnique，1990，40(4)：581-606.

[47] Horn M. Horizontal earth pressure on perpendicular tunnel face[C]. In Hungarian National Conference of the Foundation Engineer Industry，Budapest. (In Hungarian)，1961.

[48] 陈喜山，朱卫东. Janssen 公式的拓广与应用[J]. 土木工程学报，1996，29(5)：11-17.

[49] Anagnostou G，Kov′ari K. The face stability of slurry-shield-driven tunnels[J]. Tunnelling and Underground Space Technology，1994，9(2)：165-174.

[50] Broere W. Tunnel face stability and new CPT application[M]. Delft University of Technology，Delft University Press，Delft，The Netherlands，2001.

[51] Maid Bernhard，et al. Hardrock tunnel boring machines[M]. John Wiley & Sons，2008.

[52] 羌培. 超大直径土压平衡盾构最佳施工参数匹配研究[D]. 上海：上海大学，2015.

# 12  城市地下空间开发监测与控制技术

马海志[1,2]，任干[1]，曹宝宁[1]，姚爱敏[1]，闫宇蕾[1,3]，龚洁英[1]，廖鹏[1]，李芳凝[1,3]，薛伊芫[1]
（1. 北京城建勘测设计研究院有限责任公司，北京 100101；2. 北京城建设计发展集团股份有限公司，北京 100034；3. 城市轨道交通深基坑岩土工程北京市重点实验室，北京 100101）

## 12.1  概述

随着我国经济技术的发展，城市地下空间的开发利用进入了快速发展期。城市地下空间的建设主要包括地下综合体、地下交通枢纽、管廊、地铁、人防及其他类市政工民建的建设。这些地下工程的大量涌现，导致深基坑及隧道工程越来越多。城市地下空间的开发基本处于地质条件复杂、环境复杂、人口密集的城区，多数建设工程项目周边高楼林立，地下管网密集，城市桥梁、道路、轨道交通、既有铁路等纵横交错，给工程设计、施工以及城市基础设施运营带来诸多难题。城市地下空间的工程开发规模大、发展速度快，受安全质量风险的认知能力、工程建设费用、勘察设计及施工监理水平、工程管理经验等众多条件限制，工程建设规模和发展速度与工程建设技术水平和管理能力不相匹配，安全质量事故时有发生。钱七虎院士曾经明确指出，地下工程建设具有投资大、施工周期长、施工项目多、施工技术复杂、不可预见风险因素多和对社会环境影响大等特点，是一项高风险建设工程。

随着城市建筑、设施越来越多，环境安全要求越来越高，现有的城市地下空间工程都是深、大、近、紧、难，这是现代城市地下空间工程的五大特点。所以在建设过程中，我们不仅要关注工程自身，同时需关注在施作过程中对周边环境的影响。与其他客观实物一样，地下工程施工在空间上是三维的，在时间上是发展的，必须通过现场实测和数据分析，才能认识和把握其客观规律，而且地下工程越复杂，监测反馈的重要性越明显，这样也能规避风险，保障城市地下空间建设工程的安全。

工程事故大多是多风险因素叠加产生的，那么如何做好风险管控，防患于未然呢？专业是基础，重视是加码，两者缺一不可。这就要求专业的人干专业的事，出现苗头要重视。目前，全国各地对工程监测的规定并不明确，执行的方式也不一样，实际存在施工监测、第三方监测等多种作业模式，从业单位有勘察测绘单位、检测单位、施工单位、科研院校等，存在监测人员专业单一、工程经验不足、技术力量差别大等问题。施工监测是施工工序过程的必要组成部分，施工监测侧重工程自身安全，多由施工人员完成，缺乏对结构总体的专业判别，具有一定的局限性。因此，国内各地城市地下空间工程建设过程中结构破坏、环境破坏、人员财产损失的情况屡有发生，在这种情况下，北京、上海、广州、南京等各地在建设工程项目中均采用施工监测与第三方监测结合的方式，其中施工监测是施工单位本身或委托的专业监测单位开展的监测工作，第三方监测是建设单位为有效控制工程安全质量风险，委托第三方机构开展的监测及咨询服务工作，主要为建设单位、监督管理单位提供真实、准确、公正的第三方监测数据，防止施工方隐瞒真实数据，避免重大事故的发生，侧重保障工程周边建（构）筑物、桥梁、地下管线、交通线路、市政道路、地表水体及相关附属基础设施等环境对象的安全。自实施以来，在工程建设风险安全管理中，第三方监测作为信息化施工及提供管理信息的重要手段，越来越多地得到政府管理部门、建设单位的重视，是政府及建设单位依法强化工程安全质量管理工作、界定有关责任的有效手段，并逐步从国家到地方各级政府部门发布了一系列加强质量安全管理的规章制度。从实际效果看，对降低工程建设施工事故率起到了重要作用。

城市地下空间的开发利用是民生工程，也是高风险工程。近年来，国家、行业和地方出台了一系列工程建设安全质量和风险管理相关的政策、技术规范，如国家发展和改革委员会、住房和城乡建设部等政府机构发布的《关于进一步加强地铁建设安全管理工作的紧急通知》建质电［2008］118号、《关于加强重大工程质量安全保障措施的通知》发改投［2009］3183号、《房屋建筑和市政基础设施工程质量监督管理规定》建设部令2010年第5号、《城市轨道交通工程安全质量管理暂行办法》建质［2010］5号、《关于印发城市轨道交通工程质量安全检查指南的通知》建质［2012］68号、《危险性较大分部分项工程安全管理规定》住房和城乡建设部令第37号等文件具体推进了各地工程监测工作的开展。

各地方也颁布了相应的规章制度，其颁布的政策法规既是针对国家法规的细化和延续，又融合了各地区的区域特点。北京市规划委发布了第三方监测管理制度，制定了建设工程第三方监测技术规程，形成了完善的技术管理体系；广州市住建委以信息化技术为其主要特色，自动化手段贯穿了管理的全过程，严格控制第三方监测的方案编制、监测实施、监测预警处置、监测完成等全过程。上海市交通委采用施工监测、第三方监测同步管理的模式，针对软土地区特点发布了一系列的管理规定。南京市制定了完备的管理制度和管理法规，管理范围为建筑基坑第三方监测、轨道交通工程的施工监测和第三方监测，对工程监测项目实行监测单位备案、监测方案备案、监测过程监督管理制度。

结合城市地下空间的建设及安全风险管理实际，制定相应的实施细则或地方标准，不仅是对国家、行业政策要求的响应，也能推动和解决城市地下空间建设中风险评估、工程安全和施工对环境的影响及安全性保护等问题。城市地下空间工程安全风险管理已成常态和重要手段。近年来政府、行业主管部门、工程参建各方对城市地下空间建设风险的高度关注和风险管控意识不断加强，国家、行业和地方不断出台了相关规范性文件和标准规范，各城市不同程度地开展了安全风险评估与管理的研究和实践工作，通过建立健全过程风险管理体系，有效控制重大风险，使城市地下空间工程质量安全状况达到要求。

城市地下空间的开发对工程质量安全的保障标准要求较高，提高监测行业管理水平，对提升工程建设质量安全保障能力有着重要意义。结合不同的工法制定工程监测的技术手段，研究技术标准及作用对合理地引导配置资源，提高工程建设安全保障能力，不仅具有必要性而且具有迫切性。目前，城市地下空间建设工程有房建、轨道交通等部分专项监测技术规范用以指导施工监测工作，监测统一的技术和管理要求在不断丰富完善过程中。针对城市地下空间工程监测的国家标准《城市轨道交通工程监测技术规范》GB 50911—2013 于 2014 年 5 月实施。国内现已出版的城市地下空间的相关规范、规程对监测技术和管理均有不同程度的说明，如《城市轨道交通工程测量规范》GB 50308—2008、《建筑基坑工程监测技术标准》GB 50497—2019、《建筑变形测量规范》JGJ 8—2016、北京市地方标准《地铁工程监控量测技术规程》DB11/490—2007，《关于对地方标准〈建筑基础支护技术规程〉DB11/489—20016 中建筑深基坑支护工程监测项目和监测频率的有关问题解释的通知》京建发［2013］435 号，以及各个地方出台的地方监测技术标准，对相关监测项目的规范、规程、工程标准等进行规定，是对城市地下空间工程建设中监测技术和管理经验进行科学的总结，建立完善监测管理体系，是规范城市地下空间建设工程监测行业健康可持续发展的需要。

城市地下空间工程修建在地下深部空间，周边环境复杂，地质条件差，安全风险大，一旦发生安全风险事故不但影响工程自身，还会造成极大的社会影响。近年来各城市都十分重视建设期的安全风险管控工作，但工程事故还是时有发生，包括基坑坍塌、隧道冒顶、路面塌陷、建筑倾斜、管线爆裂等。事故案例警示我们，建设过程中安全风险影响因素多、安全风险极大，安全风险事故的代价高昂且沉痛。历年建设工程重大安全事故中地下工程事故约占事故总数的三分之一，这就要求我们针对建设工程，要管控风险、清晰来源、加强监测的管理。

地下工程施工过程中存在四大风险因素：自身、工程地质水文地质、环境、施工因素。每个风险因素又涉及多个风险源。因此土建施工过程的风险管理应对四大因素综合分析，分析四大因素在施工的某个部位、工序、阶段有多少个高风险源同时存在并发生作用，不同因素的风险源同时存在的越多，发生事故的概率就越高。

地下工程"非常先进的技术（盾构施工技术）与非常原始的作业（人工开挖）"并存。即便技术发展到现在，地下工程仍然是以"经验工程""类比工程"为主的经验设计、大量存在的无标准的施工作业、从力学原理上无法量化的施工措施等组成的，并且事故概率明显高于其他工程。

事故有预兆，可通过监测提前反映。事故萌芽到险情发生一般有 2～3d，在监测过程中数据结合工程建设自身的各类因素可分析采取对应措施。通过事故模型的认知，纠正失误，关注变化，防范事故发生，监测的管理和技术手段的实施不可或缺。

城市地下空间采用明挖、暗挖和盾构三大工法，施作过程中影响安全的主要因素包括：设计因素（支护形式及参数）、施工工法、工艺、工程地质、水文地质条件等。环境因素主要是施工带来对周边环境的影响，也是监测工作的区域重点。施工经验及管理水平、工期及造价、可接受准则（能力）在监测工作中都必须引以重视。监测工作不是只提供数据，更要结合风险因素进行分析，才能把实际工作落到实处。我们必须采用有效的工程监测技术手段来预防地下工程事故的发生，这就需要有专业的技术队伍，还要有监测技术研究，每项工程都有自己的特点，监测技术的应用也应当具有合适的切入点、适用性。

充分发挥城市地下空间建设工程监测的作用，主要需注意以下三点：

1）施工的"眼睛"——信息化施工

通过监测结果的信息反馈，掌握围岩和围（支）护结构体系的工作动态和沉降，优化施工工艺，改进施工方法，提高经济效益。

2）设计反馈——提高设计质量

通过监测掌握工程结构体系的受力和变形情况，及时修正设计参数，提高设计水平。

3）安全保障——工程结构及环境安全社会和谐

通过监测了解对工程结构、周围岩土体及周围地表、建（构）筑物、地下管线等的影响程度，以决定对其是否采取保护措施。

工程监测技术（包括监测手段、方法与仪器设备）的发展与进步，加速了信息化施工的推行，也提高了人们对地下空间设计方法和理论的认识。地下空间设计原则正从强度破坏极限状态控制向着变形极限状态、建筑物功能极限状态和可靠性设计方法控制方向发展。

我国城市地下空间监测技术新发展的一个重要表现，是城市地下空间信息化作业（融施工、监测和设计于一体的施工方法）的运行。信息化施工原理和环境效应问题被人们所关注、接受并付诸实施，不仅是城市地下空间技术本身的进步，更是工程界乃至社会各界在地下空间建设总体意识上的更新、进步和发展，已日益表现在地下空间各类行为信息化的监测、反馈、监控及其信息数据的及时处理和技术与管理措施的及时更新等。城市地下空间监测技术的进步和发展，是监测信息化得以实施的强有力的物质基础和技术保障。

纵观现代工程监测技术领域，监测技术的进步和发展具体表现在以下两个方面：一是监测方法及仪器设备本身的进步。电子芯片技术的成就已广泛应用于新型监测仪表器具中，各种材料及先进技术改进，不同形式的收敛计、多点位移计、应力计、压力盒、远视沉降仪、各类孔压计及测斜仪等的设计与制作，优化了仪器设备结构性能，提高了精度和稳定性。二是监测内容的不断扩大与完整。监测技术分析方法的不断提高，结构体竖向变形和侧向位移、岩土结构中初始应力及二次应力、土体侧向压力、基础结构内力、接触面应力、孔隙水压力以及施工环境诸因素和对象的反应监控等都能较全面地得到实施。前者为后者的实施提供了技术手段保证，而后者又促进了前者的技术更新与改进。监测用于施工，保证和控制了施工质量，防止了事故的发生，保障了环境安全，使城市地下空间工程设计施工整体水平提到新的高度。但是，我们必须看到，目前工程监测及应用方面还存在着一些问题，主要表现为以下几点：①监测仪表设备本身在线性、稳定性、重复性、响应特性及操作性方面需要继续提升。②对基础地质信息重视不够，信息处理的新技术、新方法有待进一步的研究和发展。③工程信息大数据库未得到充分应用。

随着科学技术水平的不断提高，一些先进监测仪器将不断开发研制出来，将工程安全监测信息管理与监测数据分析网络系统应用于工程的监测数据管理与处理分析，实现了监测数据的远程实时共享及网络化的管理和分析，大大减轻了人工数据分析的劳动强度，提高了劳动生产效率，减少了人为因素引起的错误，使监测分析成果能够及时、准确地反馈给设计人员，对规避设计和施工风险、保证建设工程施工和运行安全起到了重要作用。工程监测系统化正朝着功能多样集成化、数据采集自动化、计算分析 AI 智能化、信息反馈控制化的方向发展。

近年来，随着我国城市地下空间建设规模日益扩大，人们对城市地下空间安全风险控制逐渐有了更高的要求。随着工程监测技术的日趋成熟，其在城市地下空间安全风险管理方面也发挥出越来越大的作用。本章在城市地下空间监测管理与技术的发展及应用状况的基础上，结合城市地下空间领域提出的一些关于工程监测技术的新理论，从城市地下空间开发监测设计、监测仪器设备发展应用、监测系统平台开发利用、监测实施方法、监测预警与风险管控等方面进行了论述与探讨，给同仁们予以借鉴和应用。

## 12.2 城市地下空间开发监测设计

### 12.2.1 监测设计的基本原则

城市地下空间开发监测设计是为达到地下空间结构安全监测目的，从而确定监测部位、监测项目、监测方法、监测设备类型及布置，并规定监测设施埋设安装、数据采集、资料分析的技术方法和要求的工作。城市地下空间开发监测工作是一项系统工程，其设计原则可归纳如下。

**1. 可靠性原则**

可靠性原则是监测系统设计中所要考虑的最重要的原则。一方面，系统需采取可靠的设备；另一方面，人工监测设备可靠性相对较高，而且在监测过程中有较多的校准和调整余地。因此，采用自动化监测宜辅以人工监测对比测量，以提高监测系统的整体可靠性。

**2. 多层次监测原则**

多层次监测原则是指目前的监测技术和监测项目的设置以监测对象变形为主，但也考虑其他物理量监测，如应力、应变、温度；在监测方法上以仪器监测为主，并辅以巡检的方法；在监测设备选型上以技术成熟的设备为主，辅以新型技术设备；为了保证监测的可靠性，监测系统还应采用多种原理不同的方法和仪器，如采用自动化监测＋人工监测的方式。

**3. 重点监测关键区原则**

地下工程施工会对周围岩土体及环境产生一定程度的影响，但不同工程条件、施工工法对周边岩土体的扰动范围和扰动程度各不相同，工程影响分区指基于常规工程措施下，根据一定的判别准则反映工程施工对周围岩土体影响程度大小的空间区划。根据工程对周围岩土体影响程度不同，一般将工程影响区划分为主要影响区、次要影响区和可能影响区，其中主要影响区、次要影响区是监测关键区域，应重点监测并尽早实施。

**4. 经济合理原则**

地下空间建设工程监测工作既要满足技术要求，也要控制成本，不必过分追求仪器的"先进性"，以降低监测费用。做到安全可靠、技术先进、经济合理的原则。

### 12.2.2 监测设计主要内容

城市地下空间开发监测设计的主要内容包括监测系统功能设计、监测方法及传感器设备设计、数据采集设计、数据处理设计、预警管理设计等，其中系统功能设计属于总体功能、框架设计，监测方法及传感器设备设计、数据采集设计、数据传输设计属于系统硬件设计，数据处理设计、监测控制值及预警管理设计属于系统软件设计。

### 12.2.3 监测系统功能设计

监测系统功能设计应根据监测等级和监控对象的特点进行，功能设计至少应包括数据采集与传输功能设计、数据处理功能设计、数据存储功能设计、数据交换及融合功能设计、工程信息及监测成果展示功能设计。

**1. 数据采集与传输功能设计**

数据采集与传输模块设计应包括与传感器接口的匹配性设计、信号调理与数据采集方案、数据传输方案与路由设计、软件功能设计与集成方案。

（1）根据监测数据特点和数据分析要求，采用相应的数据采集方案，应保证信号信噪比高、不失真，动态信号还应满足采样定理；

（2）信号调理与数据采集设备应基于接口匹配性、环境适应性、稳定性、耐久性等要求进行选型；

（3）数据采集与传输设备应选用兼容性、耐久性和环境适应性好的产品，并应易于维护、便于更换，且采取防水、防尘、防雷、防损坏等防护措施；

（4）数据采集站（机柜）布置方案应考虑传感器布置、信号传输距离、易于维护等要求；

（5）数据采集和传输软件应自动采集与传输数据，并可进行人工干预采集与采集参数调整；

（6）数据传输路由与综合布线应基于现场情况、传感器与数据采集站布置方案及信号传输距离进行设计，宜利用工程施工走线，并远离强电等噪声源。

**2. 数据处理功能设计**

（1）数据处理应实现数据预处理和数据后处理功能，数据预处理宜采用数字滤波、去噪、截取和异常点处理等，数据后处理方式宜根据数据分析要求确定；

（2）平稳信号频谱分析宜采用离散傅里叶变换，非平稳信号宜采用时频域分析方法；

（3）频谱分析宜选择合适窗函数进行信号截断，以减少对谱分析精度的影响；

（4）时域变换宜利用自相关函数检验数据的相关性和混于随机噪声中的周期信号，宜利用互相关函数确定信号源位置，并检验受通道噪声干扰的周期信号；

（5）数据处理软件应实现数据备份、清除和故障恢复等功能。故障恢复功能宜兼具手工操作控制功能，其他功能应自动调用。

**3. 数据存储功能设计**

（1）表格数据应以数据库形式进行最终存储，便于数据集中管理和分析；

（2）Excel 表格导入数据库可采用自动上传或手动导入的方式；

（3）自动化监测平台应提供通用数据接口，便于人工监测的数据导入对比。

**4. 数据交换及融合功能设计**

（1）存于数据库中的数据应按照数据标准进行共享，共享文件的格式为文本或 Excel 等；

（2）数据共享应根据用户提供不同下载和查看的权限；

（3）数据共享可采用 Web Service 接口形式实现。

系统应支持不同编码格式或不同存储格式的数据文件在平台统一管理，多源数据融合应利用相关手段将数据采集、数据上传获取到的所有信息全部综合到一起，并对信息进行统一的评价，最后得到统一的数据呈现。

478

**5. 工程信息及监测成果展示功能设计**

1）工程信息展示（可视化）

（1）工程地图、工程进度和监测布置信息宜采用可视化方式表达，提高工程信息和监测数据的直观性、综合性和效率。

（2）二维可视化应采用平面图与剖面图相结合的方式。

（3）工程地图可视化宜采用 GIS 或 CAD 形式。

（4）基坑工程进度可视化，包括开挖深度可视化和支护体系施工状态可视化。开挖深度可视化在平面图和剖面图上可通过标识土层开挖深度实现。支护体系施工状态可视化可通过颜色区分方式对尚未施工、正在施工和已完成施工的构件进行区分。

（5）监测布置信息可视化宜将测点按类型分层，每层测点以不同颜色和符号进行区分。

（6）工程信息可视化可采用三维模型进行可视化，三维模型以构件或对象为基本单位，用颜色或透明度等方式区分构件信息的施工进度。监测点在三维模型中以一定大小的球形等几何体表达，监测数据可在三维模型中采用柱状图等方式表达。

（7）工程信息可视化可按图层打开或关闭。

2）监测成果展示（可视化）

监测数据可视化表达方式分为数据曲线图和专题图。数据曲线图包括单点时程曲线、多点时程曲线、剖面线曲线（如地表沉降或测斜曲线等），专题图则根据工程需要提供更综合、更丰富的表现形式。

## 12.2.4 监测传感设备设计

监测传感设备的设计和选择应根据监测对象特点、适用场景、监测项目、监测周期、采集频率、控制指标、精度要求、现有技术条件等综合确定。

**1. 根据监测对象特点设计**

（1）对于变化维度较多、结构形式复杂、较难选择特征点位的监测对象，宜选择线式或面式的监测技术进行监测；

（2）对于线性监测对象，宜采用线式监测技术进行监测；

（3）对于有特殊保护要求或者不能进行任何破坏性埋设的监测对象，宜选择非接触式监测技术进行监测；

（4）对于具有动态变化特征的监测对象，宜选择动参数监测技术进行监测。

**2. 根据适用场景设计**

（1）对于采光条件较差的场景，不宜选择光学监测技术进行监测；

（2）对于环境温差较大的场景，宜选用温度变化影响较小的监测技术进行监测；

（3）对于范围较大、距离较远的场景，宜选用合成孔径雷达、GNSS 等监测技术进行监测。

**3. 根据监测项目设计**

1）竖向位移

竖向位移监测可采用静力水准仪、自动全站仪、GNSS 卫星定位系统、位移计、机器视觉、电子水平传感器、分布式光纤、摄影测量、三维激光扫描等方法。

2）水平位移

基于点式传感技术的水平位移监测可采用自动全站仪、GNSS卫星定位系统、多点位移计、机器视觉、电子水平传感器、分布式光纤、摄影测量、三维激光扫描、孔径雷达等方法。

3）深层水平位移

深层水平位移监测可采用固定式测斜仪、滑动式自动测斜仪或光纤传感器等设备进行监测。

4）净空收敛

净空收敛监测可采用全站仪、激光测距仪、机器视觉测量仪、激光断面扫描仪、收敛计等仪器进行监测。

5）倾斜

倾斜监测可采用自动全站仪、静力水准仪、倾角测量仪等仪器进行监测。

6）地下水位

水位监测可采用振弦式、电容式、超声波式、红外测距仪、光纤式渗压计等传感器设备进行监测。

7）内力/应力/应变

内力/应力/应变监测可采用振弦式元件结合智能采集设备、光纤式传感元件结合智能采集设备或者也可采用伺服系统进行监测。

8）裂缝宽度

裂缝宽度监测可采用裂缝计、位移计、光纤传感器、近景摄影等设备监测。

9）轨道静态几何形位

轨道静态几何形位宜采用三维激光扫描、摄影测量等方法进行监测。

**4. 根据监测周期、采集频率设计**

对于监测周期较长、采集频率较高的监测项目工程，可采用自动采集、传输且数据后处理较简单的自动化监测技术进行监测。

**5. 根据控制指标、精度要求设计**

监测控制指标决定了监测精度，应采用满足监测精度的技术进行监测，同时应考虑量程的影响。

## 12.2.5 数据采集设计

（1）数据采集方式应根据结构的空间尺寸、测点数量和布置以及传感器类型等进行设计，满足下列要求：

① 测点相距较远且较分散，宜选用分布式数据采集方式；

② 测点相距较近且分布较集中，宜选用集中式数据采集方式或分布式与集中式相结合的数据采集方式。

（2）数据采集设备根据传感器输出信号类型、匹配性、兼容性、精度和分辨率等要求进行选型，并满足下列要求：

① 电荷信号应选用电荷放大器进行信号调理和采集；

② 数字信号可选用基于 RS485、CAN、Modbus TCP 或 UDP 等的分布式数据采集设

备，并确定传输距离、传输带宽和速率；

③ 模拟信号宜选用 $4\sim20mA$ 和 $-5\sim5V$ 等标准工业信号，可选用基于 PCI、PXI 等技术的集中式数据采集设备，并确定输入范围、分辨率、精度、传输带宽和速率；也可选用在传感器端进行模数转换；

④ 数据采集模数转换分辨率应满足传感器分辨率和监测要求，不宜低于 16 位；

⑤ 光信号数据采集应采用专用的光纤解调设备，应根据波长范围、采样通道与采样频率进行选型；

⑥ 电阻应变传感器应选用惠斯登电桥调理放大信号；

⑦ 电信号应进行光电隔离，以增强抗干扰能力；

⑧ 静态模拟信号可选用多路模拟开关和采样保持器进行多路信号依次采集；

⑨ 动态信号应选用抗混滤波器进行滤波和降噪。

（3）数据采集方案应根据监测变量类型、监测要求以及系统数据采集、传输、处理和管理能力确定。

（4）采样频率根据监测要求和功能要求设定。

（5）不同监测数据的采集时间如有同步要求，则同步精度应符合下列规定：

① 相同类型监测变量的数据采集时间同步误差宜小于 $0.1ms$；

② 不同类型监测变量的数据采集时间同步误差宜小于 $1ms$。

（6）数据采集宜考虑自校准功能，无自校准功能时应根据监测要求定期检测。

（7）数据采集应采用抗干扰措施，包括串模干扰抑制、共模干扰抑制以及接地技术和屏蔽技术，提高信噪比。

（8）数据采集站布置应根据监测要求和信号传输距离要求确定，不应影响数据质量；数据采集站之间应考虑数据采集时间同步性要求。

（9）数据采集软件开发符合下列规定：

① 应实现数据实时采集、自动存储缓存管理、即时反馈和自动传输等功能；

② 应与数据库系统和数据分析软件稳定、可靠地通信，可本地或远程调整设备配置，可通过标签数据库或本地配置文件进行信息读取；

③ 应对传感器输出信号、数据采集和传输设备的运行状态信号进行实时采集，对系统运行状态进行监控，异常时可及时报警；

④ 应接收并处理数据采集参数的调整指令，并记录和备份处理过程。

## 12.2.6 数据传输设计

### 1. 有线传输

有线传输是指利用光（电）缆将采集信号传送至控制平台，或者将操作指令由控制平台传送至采集模块。有线传输系统可采用支持多协议的串口光端机，串口光端机组网接入至运营商网络，采集模块将数据信息通过运营商网络传输至控制中心。有线传输方式具有稳定性强、传输带宽大的特点。

根据场景特点，有线传输系统主要是指光（电）缆的器材检验、敷设、线路保护与防护和终端测试等内容。

**2. 无线传输**

无线传输具有安装方便、灵活性强、网络易扩展的特点，在施工环境较复杂、布线施工困难的情况下，自动化监测系统应优先采用无线传输。

1）无线传输网络结构

根据场景特点，采用两级无线传输结构。首先对末端采集点收集到的控制信号进行汇集并进行协议转换；然后将各信号汇集点的信号回传至软件监测系统平台。

2）无线传输频谱类型

无线传输根据所使用的频谱类型分为采用授权频谱无线接入技术和采用非授权频谱无线接入技术。

根据传输特点采用非授权频谱无线接入技术，对末端采集点控制信号进行汇集并同时完成信号协议转换；采用授权频谱无线接入技术将信号回传至软件监测系统平台。

### 12.2.7 数据处理设计

**1. 数据质量评价**

1）数据质量评价因子

（1）数据的准确性。数据采集值或者观测值和真实值之间的接近程度，即误差值，数据的准确性很大程度上由数据的采集方法所决定。

（2）数据的精确性。对同一对象的观测数据在重复测量时所得到不同数据间的接近程度，精确性与数据采集的精度有关系，亦由数据的采集方法决定。

（3）数据的真实性。数据的真实性取决于数据采集过程的可控程度，可控程度高，可追溯情况好，数据的真实性容易得到保障，而可控程度低或者无法追溯，数据造假后无法追溯，则真实性难以保证。

（4）数据的及时性。数据的及时性与数据处理的速度和效率有直接的关系，为了提高数据的及时性，在管理信息系统中附加各种自动数据处理功能，从而保证数据处理的效率。

（5）数据的即时性。数据采集时间节点和数据传输的时间节点，一个数据在数据源头采集后立即存储，并立即加工呈现，就是即时数据；而经过一段时间之后再传输到信息系统中，则数据即时性就稍差。

（6）数据的完整性。由数据采集到的程度来衡量，是应采集和实际采集到数据之间的比例。

2）数据质量评价方法

（1）单因子评价法。单因子评价法是操作最为简单的一种评价方法，也是应用最广的一种评价方法，侧重于考察单个评价参数对数据质量影响的情况，其优点是可以客观、清晰地判断出主要的质量。

（2）综合指数评价法。综合指数评价法是用各参数监测值与其评价标准之比求出分指数，再通过各种数据手段将各参数的分指数综合运算得出的一个综合指数，以此来判断数据质量。

（3）不确定度评价法。不确定度评价法主要包括模糊数学法、灰色系统理论法、人工神经网络、物元分析理论与可拓集合分析法等，这类方法结合数据理论和计算机技术，可通过大量运算使评价结果更加真实客观，但不确定度方法从理论到操作计算均较为复杂，更多依赖系统的自适应性，尤其数据波动大时容易造成系统误差导致评价结果失真。

**2. 数据预处理**

数据预处理的主要目标是去除不必要的噪声和干扰，使得监测数据更加准确和可靠，主要方法如下。

1）数据清洗与去噪

监测数据中常常包含大量的噪声和干扰，比如传感器漂移、温度变化、风力影响等。为了提高数据的质量和准确性，需要对数据进行清洗和去噪。常用的方法包括滤波、平滑、降采样等。

2）数据对齐和校准

监测中采集到的数据通常来自不同的传感器和测点，这些数据需要进行对齐和校准，以消除因传感器位置和安装误差引起的偏差。常用的方法包括时间戳对齐、温度校正、放大倍数校正等。

3）数据解析和特征提取

监测数据通常包含大量的信息，需要对数据进行解析和特征提取，以便后续的分析和诊断。常用的方法包括小波变换、时频分析、频域分析、模态分析等。

**3. 数据后处理**

数据后处理是指采用统计分析、经验公式分析、数值模拟计算等方法，对监测数据成果进行进一步的整理、回归、预测，以获取监测对象安全状态的一种方法。

1）统计分析法

统计分析法指通过对研究对象的规模、速度、范围、程度等数量关系的分析研究，认识和揭示事物间的相互关系、变化规律和发展趋势，借以达到对事物的正确解释和预测的一种研究方法。

统计分析法就是运用数学方式，建立数学模型，对通过调查获取的各种数据及资料进行数理统计和分析，形成定量的结论。统计分析方法是广泛使用的现代科学方法，是一种比较科学、精确和客观的测评方法。其具体应用方法有很多，在实践中使用较多的是指标评分法和图表测评法。

监测工程中，统计数值主要包括各监测项目监测数据的最终变形值和历史最大变形值。最终变形值是指各个监测点最终的变形数值，历史最大变形值是指各个监测点变形过程中的最大变化数值。每一类数值又分为最小值、最大值、平均值和控制值等进行统计。对监测资料进行分析，采用定性的常规分析方法、定量的数值计算方法和各种数学物理模型分析方法对测点的实测值进行特征值统计，对于重要的测点在必要时可统计变异系数等离散和分布特征。对监测值的空间分布情况、历史时间的发展情况，特别是有无趋势性变化和趋势性变化的特征以及测值变化的原因进行分析。分析各监测物理量的变化规律和发展趋势，各种原因量和效应量的相关关系和相关程度。

2）经验公式法

经验公式法主要是根据监测对象的变形形态，采用一定的曲线形式表示，再根据实测结果或已有的资料，确定曲线的具体特征参数。在隧道施工引起的地表沉降中，地表沉降的大小和分布是最受关注的。对于这种方法，首先对地表沉降槽的形状进行观察，将沉降槽的曲线形态以数学形式加以表现，逐步对地表沉降分布、最大沉降量等进行理论和经验上的推断。

3) 数值模拟法

数值模拟也叫计算机模拟，依靠电子计算机，结合有限元或有限容积的概念，通过数值计算和图像显示的方法，达到对工程问题和物理问题乃至自然界各类问题研究的目的。

国内外科技工作者应用有限元法对隧道施工进行预测的研究很广泛，从一般断面的隧道模拟，发展到对大跨度隧道以及小净距隧道、交叉隧道、连拱隧道的模拟；从对弹性介质的模拟，发展到对弹塑性介质、黏弹塑性介质的模拟；从单一应力场问题模拟，发展到对应力场、渗流场乃至温度场等多场耦合问题的模拟；从平面问题施工过程的模拟，发展到对空间问题的动态施工模拟等。

施工过程动态数值模拟技术，其发展水平主要体现在国内外的相关商业软件中，国外能够模拟地下工程开挖过程的软件主要有 FLAC、ABAQUS、ADINA、ANSYS、MARC、MIDAS-GTS 等；国内主要有 2D-SIGMA、3D-SIGMA、同济曙光等。由于地下工程的复杂性，这些商业软件虽然已经发展到具有能够求解时空问题的功能，但都暴露出专业性不太强的问题，需要更多地依赖计算者的工程和计算经验。

## 12.2.8　监测控制值及预警管理设计

监测控制指标是工程安全风险监测的重要标准，是工程预警报警等级划分的重要基准数值，是工程安全风险管理的核心内容。控制指标具体数值应符合工程可接受准则的要求，根据当前经济、社会发展水平和风险监控技术水平的要求进行综合确定。所提出的监测项目控制值应科学、合理，可以此为依据对监测对象进行有效的安全风险管控。

科学、合理的控制指标能够系统地反映监测对象的安全状态，及时发现安全隐患，科学地预防安全事故的发生，切实保护人民生命财产安全，能够有效地规范工程监测工作，有助于增强工程安全风险监控标准的科学性，控制工程风险投入成本，避免浪费。

随着城市工程建设的快速发展，工程建设过程中已经积累了大量的监测资料，实际的监测数据可以很好地反映工程自身结构的变化大小、变化过程以及对应的安全状态变化情况，以及对周边地表和其他环境对象的影响情况。结合已有的理论、研究成果和通过对实测资料的收集、分析和总结，来确定不同监测项目的控制值，可以做到更科学、经济、实用地控制工程自身结构和周边环境的安全。

监测控制指标的确定与安全管理要求密切相关，落实在以不同监测对象分类的各类监测项目上，满足控制结构安全、环境安全及保证使用功能的目标。监测对象、监测项目不同，相应的控制指标影响因素不同。因此，应根据主导因素和基础条件，有针对性、有重点地开展控制指标的确定工作。

**1. 监测控制值制定**

1) 监测控制指标确定需综合考虑的因素

环境对象的功能性及安全性。国内各地城市轨道交通监测控制指标一般由设计单位在施工图设计文件中给定，监测控制指标的确定应综合考虑周边环境对象的实际状态、使用功能及安全性等保护要求。周边环境控制指标一般由评估单位在现状调查或检测、分析计算和评估的基础上结合产权单位的要求综合确定。

工程围（支）护结构的安全性。工程围（支）护结构与周围岩土体的控制指标由设计单位根据周边环境条件、场区工程地质条件、设计采用的围（支）护结构形式及采取的辅助加强措施综合分析计算确定，其控制指标的确定主要考虑围（支）护结构所能够承受的剪力、弯矩及周围岩土体对结构的围岩压力、土压力、水压力等的影响，根据工程围（支）护结构与周围岩土体的相互作用关系，综合确定围（支）护结构所能承受的变形或内力大小。

2）监测控制指标的确定应符合的原则

控制值应满足工程围（支）护结构安全及周边环境保护的要求，使其在施工影响下不出现异常、不影响正常使用、不发生危险。

监测项目控制值应针对不同施工工法特点、周围岩土体特征、周边环境保护要求结合当地工程经验确定，满足监测对象的安全状态得到合理、有效控制的要求。

围（支）护结构体系监测项目控制值应根据工程监测等级、围（支）护结构特点及设计计算结果综合确定。控制值应满足设计计算中对强度和刚度的要求，一般应小于或等于设计值，并保证其安全、正常使用。

周边环境监测项目控制值应根据环境对象的类型与特点、结构形式、变形特征、已有变形、正常使用条件及相关技术规范要求，并结合相关单位的要求综合确定。

周边环境安全现状评估工作完成之后，对重要性较低的周边环境对象可根据工程类比确定其控制指标，对重要、特殊或风险等级较高的环境对象应进行现状调查与检测，通过分析计算或专项评估确定监测项目控制值。

周围地表沉降等岩土体变形控制值应根据围（支）护结构工程安全等级和周边环境安全风险等级综合确定。

监测等级高、工况条件复杂的工程宜针对不同工况条件制定监测项目控制值，并分阶段控制监测对象的状态。

监测项目控制值按监测项目的性质分为变形监测控制值和力学监测控制值。变形监测控制值应由监测项目的累计变化值和变化速率值共同控制；力学监测控制值应由监测项目的最大值或最小值控制。

控制指标的确定应具有工程可实施性。在满足安全的条件下，应考虑提高工程进度和减少施工费用。

监测实施过程中，当某一监测控制指标超值时，除应及时进行报警外，还应与有关部门共同研究分析，判断监测对象的安全状态，条件充分时可对控制指标数值进行调整[1]。

**2. 预警管理标准制定**

预警管理标准是在监测控制值的基础上进行预控的一种措施，可在监测数据达到控制值之前进行预先报警，提前采取处理措施，防止数据进一步发展从而达到避免风险的目的，可根据工程项目的具体情况进行设置，一般分为单一指标控制和多重指标综合控制。

## 12.2.9 监测设计图纸标准化

监测设计图纸标准化内容应包括：

（1）监测设计图纸类别，如监测布点平面图、剖面图、地质断面图、监测设施大样图等；

（2）监测设计图纸内容，除图纸外还应包含监测项目、监测精度、测点布置原则、监测周期及频率、监测控制值等；

（3）监测项目类别、监测项目名称；

（4）测点点号类别命名规则；

（5）监测标识、图例。

### 12.2.10　监测数据标准化

1）数据标准化内容

监测数据标准化内容包括制定监测项目编码、监测点编码、监测数据编码及监测数据汇交方式等的标准。

2）监测项目编码

制定监测项目类别编号及监测点编码，如表 12.2-1 所示。

监测项目类别编号及监测点编码示意　　　　　　　　　表 12.2-1

| 监测类型 | 监测项目类别编号 | 监测项目 | 监测点编码 | 监测项目类别 |
|---|---|---|---|---|
| 明挖法和盖挖法的基坑支护结构监测 | MG | 支护桩（墙）、边坡顶部竖向位移 | ZQC | 沉降 |
| | | 支护桩（墙）、边坡顶部水平位移 | ZQS | 水平位移 |

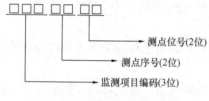

图 12.2-1　监测点编码示意图

（从上到下：测点位号(2位)、测点序号(2位)、监测项目编码(3位)）

3）监测点编码

监测点编码即是制定监测点的唯一身份代码，如监测数据编码共三级，包含监测项目编码（3位）、测点序号（2位）、测点位号（2位），监测点编码结构如图 12.2-1 所示。

4）数据交换接口协议

当前比较常用的数据交换格式主要包括以下三种：XML、JSON、YAML。因为监测系统数据交换的数据量比较大，而 JSON 的数据传输效率是这三种数据交换格式中最高的，监测系统数据交换多采用 JSON 通信方式。

## 12.3　城市地下空间开发监测仪器设备

### 12.3.1　监测仪器设备基本要求

用于城市地下空间开发监测的仪器所处环境条件十分恶劣，地质条件复杂，地下水位高低不一。由于岩土工程开始施工时仪器一般会随同埋设，而仪器一旦埋设进去就无法修理和更换，所以除了技术性能和功能要符合使用要求外[2]，通常还需要满足以下要求。

1）高可靠性

设计要周密，要采用高品质的元器件和材料制造，并要严格地进行质量控制，保证仪器埋设后的完好率。

2）长期稳定性

零漂、时漂和温漂满足设计和使用要求，一般有效使用寿命在三年以上。

3）高精度、高分辨率、高灵敏度

仪器必须满足监测需要的精度，且具有较好的直线性和重复性。观测数据不易受长距离测量和环境温度变化的影响，如果有影响所产生的测值误差应易于消除。

4）耐恶劣环境性

可在温度−25～60℃、湿度95%的条件下长期连续运行，设计有防雷击和过载冲击保护装置，耐酸、耐碱、防腐蚀，密封耐压性良好，防潮密封性良好，绝缘度满足要求，在水下工作要能承受设计规定耐水压能力。

## 12.3.2　常用传感器

监测仪器设备常用的传感器一般由敏感元器件及转换元器件组成[3]。近年来随着科技的发展，采用半导体及集成技术的信号调节转换电路和所需电源也成了传感器组成的重要部分。信号调节与转换电路种类有放大器、电桥、振荡器、电荷放大器等，它们分别与相应的敏感元器件和转换元器件组合成传感器。目前用于监测的传感器种类繁多，按照不同分类方法分为以下几种类型。

1）按物理量值分类

包括位移传感器、速度传感器、温度传感器、压力传感器等。

2）按工作原理分类

包括应变式、电容式、电感式、压电式、热电式、光纤光栅式传感器等。

3）按物理现象分类

包括依赖其结构参数变化实现信息转化的结构型传感器和依赖其敏感元件物理特性的变化实现信息转换的物理型传感器。

4）按能量关系分类

包括直接被测量的能量转换为输出量的能量转换型传感器及由外部供给传感器能量，而由被测量来控制输出的能量控制型传感器。

5）按输出信号分类

包括输出为模拟量的模拟传感器和输出为数字量的数字传感器。

目前地下空间工程上应用较多的传感器主要有电阻应变式传感器、压电式传感器、光电传感器、振弦式传感器及压阻式传感器。

1）电阻应变式传感器

电阻应变式传感器是应用最广泛，历史悠久的一种传感器。这种传感器在弹性敏感元器件上粘有电阻应变片，可用于测量位移、加速度、力、力矩、压力等各种参数[3]。具有如下优点：

（1）结构简单、使用方便，可以测量多种物理量；

（2）易于实现测试过程自动化和多点同步测量，远距测量和遥测；

（3）灵敏度高、测量速度快，静态、动态测量均可；

（4）性能稳定、可靠。

电阻应变片工作原理是基于金属导体的应变效应，即金属导体在外力作用下发生机械变形时，其电阻值随着所受机械变形的变化而变化（图12.3-1）。当试件受力在该处沿电阻丝方向发生线变形时，电阻丝也随之一起变形（伸长或缩短），因而使电阻丝的电阻发

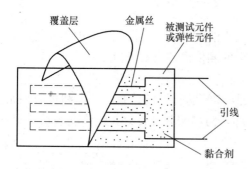

图 12.3-1　电阻应变片结构组成示意图

生改变（增大或缩小）。变化值和应变片粘贴的构件表面的应变成正比，最后通过应变仪的惠斯顿电桥将电阻信号转换成电压信号，再通过应变仪进行放大、滤波、模数转换等就可以显示出应变值，有的在软件里输入弹性模量，可以直接显示应力值，还可以进行应变转换计算等功能。

2) 压电式传感器

压电式传感器是一种基于压电效应的传感器，是一种自发电式和机电转换式传感器，用于测量力和能变换为电的非电物理量。它的优点是频带宽、灵敏度高、信噪比高、结构简单、工作可靠和重量轻等；缺点是某些压电材料需要防潮措施，而且输出的直流响应差，需要采用高输入阻抗电路或电荷放大器来克服这一缺陷。

压电式传感器中用得最多的是属于压电多晶的各类压电陶瓷和压电单晶中的石英晶体。其他压电单晶还有适用于高温辐射环境的铌酸锂以及钽酸锂、镓酸锂、锗酸铋等。

压电式传感器工作原理如下：

当沿着一定方向对其加力而使其变形时，在一定表面上将产生电荷。当外力去掉后，又重新回到正常的不带电状态，这种现象称为正压电效应。如果在这些物质的极化方向施加电场，这些物质就在一定方向上产生机械变形或机械应力，当外电场撤去时，这些变形或应力也随之消失，这种现象称为逆压电效应，或称为电致伸缩效应。

3) 光电传感器

光电传感器是通过将光信号转换成电信号的一种传感器。光电检测方法具有精度高、反应快、非接触等优点，而且可测参数多，传感器的结构简单、形式灵活多样，用光电元件作敏感元件的光电传感器，其种类繁多，在检测和控制中应用非常广泛。另外，近年来发展的光栅传感器实际上是光电传感器的一个特殊应用。光栅测量因具有结构简单、测量精度高、易于实现自动化和数字化等优点，得到了广泛的应用。

按光电传感器的输出量性质可分为两类：

（1）把被测量转换成连续变化的光电流而制成的光电测量仪器，可用来测量光的强度以及物体的温度、透光能力、位移及表面状态等物理量。例如：测量光强的照度计，光电高温计，光电比色计和浊度计，预防火灾的光电报警器，构成检查被加工零件的直径、长度、椭圆度及表面粗糙度等自动检测装置和仪器，其敏感元件均用光电元件。

（2）把被测量转换成继续变化的光电流。利用光电元件在受光照或无光照射时"有"或"无"电信号输出的特性制成的各种光电自动装置。光电元件用作开关式光电转换元件。例如电子计算机的光电输入器，开关式温度调节装置及转速测量数字式光电测速仪等。

光电传感器的工作原理是基于光电效应，指光照射在某物质上时，物质的电子吸收光子的能量而发生了相应的电效应现象。根据光电效应现象的不同将光电效应分为三类：

（1）在光线作用下能使电子溢出物体表面的现象称为外光电效应，如光电管、光电倍增管等；

（2）在光线作用下能使物体的电阻率改变的现象称为内光电效应，如光敏电阻、光敏晶体管等；

（3）在光线作用下物体产生一定方向电势的现象称为光生伏特效应，如光电池等。

4）振弦式传感器

振弦式传感器是以拉紧的金属弦作为敏感元件的谐振式传感器。当弦的长度确定之后，其固有振动频率的变化量即可表征弦所受拉力的大小，通过相应的测量电路，就可得到与拉力成一定关系的电信号。

振弦的材料与质量直接影响传感器的精度、灵敏度和稳定性。钨丝的性能稳定、硬度、熔点和抗拉强度都很高，是常用的振弦材料。此外，还可用提琴弦、高强度钢丝、钛丝等作为振弦材料。振弦式传感器由振弦、磁铁、夹紧装置和受力机构组成。振弦一端固定、一端连接在受力机构上。利用不同的受力机构可做成测压力、扭矩或加速度等的各种振弦式传感器。

常见的振弦式压力传感器的原理如图 12.3-2 所示。

传感器的振弦一端固定，另一端联结在弹性感压膜片上。弦的中部装有一块软铁，置于磁铁和线圈构成的激励器的磁场中。激励器在停止激励时兼作拾振器，或单设拾振器。工作时，振弦在激励器的激励下振动，其振动频率与膜片所受压力的大小有关。拾振器则通过电磁感应获取振动频率信号。

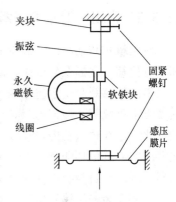

图 12.3-2　振弦式压力
传感器原理图

振弦振动的激励方式有间歇式和连续式两种。在间歇激励方式中，采用张弛振荡器给出激励脉冲，并通过一个继电器使线圈通电、磁铁吸住弦上的软铁块。激励脉冲停止后，磁铁被松开，使振弦自由振动。此时，在线圈中即产生感应电势，其交变频率即为振弦的固有振动频率。连续激励方式又可分为电流法和电磁法。电流法将振弦作为等效的 LC 回路并联于振荡电路中，使电路以振弦的固有频率振荡。电磁法采用两个装有线圈的磁铁，分别作为激励线圈和拾振线圈。拾振线圈的感应信号被放大后又送至激励线圈去补充振动的能量。为减小传感器非线性对测量精度的影响，需要选择适中的最佳工作频段和设置预应力，或采用在感压膜的两侧各设一根振弦的差动式结构。

5）压阻式传感器

压阻式传感器是指利用单晶硅材料的压阻效应和集成电路技术制成的传感器。单晶硅材料在受到力的作用后，电阻率发生变化，通过测量电路就可得到正比于力变化的电信号输出。压阻式传感器用于压力、拉力、压力差和可以转变为力的变化的其他物理量（如液位、加速度、重量、应变、流量、真空度）的测量和控制。

压阻式传感器工作原理如图 12.3-3 所示。

压阻式传感器是根据半导体材料的压阻效应在半导体材料的基片上经扩散电阻而制成的器件。其基片可直接作为测量传感元件，扩散电阻在基片内接成电桥形式。当基片受到外力作用而产生形变时，各电阻值将发生变化，电桥就会产生相应的不平衡输出。用作压阻式传感器的基片（或称膜片）材料主要为硅片和锗片，硅片为敏感材料而制成的硅压阻传感器越来越受到人们的重视，尤其是以测量压力和速度的固态压阻式传感器应用最为普遍。

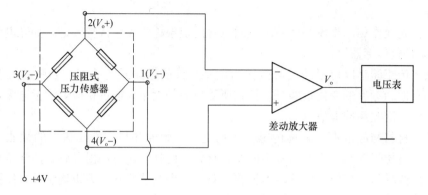

图 12.3-3　压阻式传感器原理图

### 12.3.3　常用变形监测仪器

对建筑物和地基的变形观测包括表面位移观测和内部位移观测。目的是观测水平位移和垂直位移，掌握变化规律，研究有无裂缝、滑坡、滑动和倾覆的趋势[2]。

表面位移观测一般包括两大类：①用经纬仪、全站仪、水准仪、GNSS、电子测距仪或激光准直仪等，根据起测基点的高程和位置来测量建筑物表面标点、觇标处高程和位置的变化。②在建筑物内、外表面安装或埋设一些仪器来观测结构物各部位间的位移，包括接缝或裂缝的位移测量。如在竖井、廊道、隧洞以及高边坡、深基础等部位安装位移测量仪器，观测其自身及相互间的位移和位移变化率。

内部安装的位移测量仪器要在结构物的整个寿命期内使用。因此，这些仪器必须具有良好的长期稳定性，耐久性好，有较强的抗蚀能力，适应恶劣工作环境的能力强等特点。常用的内部位移观测仪器有位移计、测缝计、倾斜仪、沉降仪、垂线坐标仪、引张线仪、多点变位计和应变计等[2]。

1）经纬仪

经纬仪是一种根据测角原理设计的测量水平角和竖直角的测量仪器，分为光学经纬仪和电子经纬仪两种，最常用的是电子经纬仪。经纬仪是望远镜的机械部分，使望远镜能指向不同方向。经纬仪具有两条互相垂直的转轴，以调校望远镜的方位角及水平高度。经纬仪是一种测角仪器，它配备照准部、水平度盘和读数的指标、竖直度盘和读数的指标。

2）全站仪

即全站型电子测距仪，是一种集光、机、电为一体的高技术测量仪器，是集水平角、垂直角、距离（斜距、平距）、高差测量功能于一体的测绘仪器系统。与光学经纬仪比较电子经纬仪将光学度盘换为光电扫描度盘，将人工光学测微读数代之以自动记录和显示读数，使测角操作简单化，且可避免读数误差的产生。因其一次安置仪器就可完成该测站上全部测量工作，所以称为全站仪（图 12.3-4）。广泛用于地上大型建筑和地下隧道施工等精密工程测量或变形监测领域。

3）水准仪

水准仪是建立水平视线测定地面两点间高差的仪器。原理为根据水准测量原理测量地面点间高差。主要部件有望远镜、管水准器（或补偿器）、垂直轴、基座、脚螺旋。按结构分为微倾水准仪、自动安平水准仪、激光水准仪和数字水准仪（又称电子水准仪，图 12.3-5）。按精度分为精密水准仪和普通水准仪。

图 12.3-4　Leica 全站仪

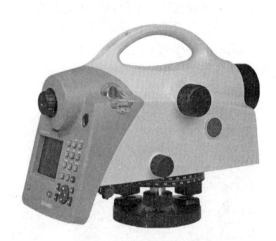

图 12.3-5　Trimble 电子水准仪

4）激光测量仪器

激光准直是激光应用最早的技术之一。激光准直仪（图 12.3-6）由激光器作为光源的发射系统、光电接收系统及附件三大部分组成。将激光束作为定向发射而在空间形成的一条光束作为准直的基准线，以标定直线的一种工程测量仪器。所谓准直，即所考察的各个物体的中心或参考点在同一直线上。地铁、隧道、地下大型管道的施工等都需要准直。激光准直仪分为大气激光准直仪和真空激光准直仪两种。

图 12.3-6　激光准直仪

5）GNSS 监测系统

全球导航卫星系统（Global Navigation Satellite System，GNSS），又称全球卫星导航系统，是能在地球表面或近地空间的任何地点为用户提供全天候的三维坐标和速度以及时间信息的空基无线电导航定位系统。其包括一个或多个卫星星座及其支持特定工作所需的增强系统。

全球卫星导航系统国际委员会公布的全球 4 大卫星导航系统供应商，包括中国的北斗卫星导航系统（BDS）、美国的全球定位系统（GPS）、俄罗斯的格洛纳斯卫星导航系统（GLONASS）和欧盟的伽利略卫星导航系统（GALILEO）。其中 GPS 是世界上第一个建立并用于导航定位的全球系统，GLONASS 经历快速复苏后已成为全球第二大卫星导航系统，二者正处现代化的更新进程中；GALILEO 是第一个完全民用的卫星导航系统，正在试验阶段；BDS 是中国自主建设运行的全球卫星导航系统，为全球用户提供全天候、全天时、高精度的定位、导航和授时服务。

利用全球卫星导航系统中载波相位差分技术（RTK），其测量精度可以达到以厘米为单位，与传统的人工测量相比，其拥有精度高、易操作、测量设备便携、可全天候操作、测量点之间无须通视等人工测量无法比拟的优势。全球卫星定位技术已广泛应用于大地测量、地壳运动、资源勘察、地籍测量等领域。

目前随着 GNSS 技术的发展，越来越多的 GNSS 位移监测一体机应用于大坝、边坡、桥梁、基坑等各项工程监测中（图 12.3-7、图 12.3-8）。

图 12.3-7　GNSS 位移监测一体机　　　　　图 12.3-8　RTK 应用

6）位移计

位移计用于长期测量水工结构物或其他混凝土结构物伸缩缝的开合度（变形），亦可用于测量土坝、土堤、边坡等结构物的位移、沉陷、应变、滑移，并可同步测量埋设点的温度。加装配套附件可组成基岩位移计、多点位移计（图 12.3-9）、土应变计等测量变形的仪器。

按照种类划分，通常分为差动电阻式土位移计、振弦式位移计、引张线式水平位移计、划线电阻式土位移计、变位计、滑动测微计及三向位移计等。

7）收敛计

收敛计又叫带式伸长计或卷尺式伸长计。对于测量两个外露测点的相对位移是一种比较简单而有效的、应用较为普遍的便携式仪器（图 12.3-10）。主要用于固定在建筑物、基坑、边坡及周边岩体的锚栓测点间相对变形的监测。它可以在施工期和竣工后定期观测隧洞顶板下沉、净空收敛、坑道顶板下垂、基坑形变、边坡稳定性的表面位移等。

8）测缝计

测缝计是测量结构接缝或裂缝两侧块体间相对移动的观测仪器（图 12.3-11）。

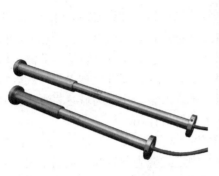

图 12.3-9　多点位移计

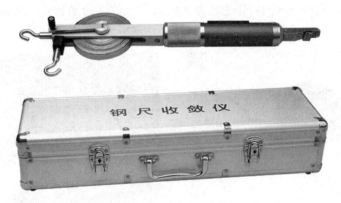

图 12.3-10　钢尺收敛计

按其工作原理有差动电阻式测缝计、电位器式测缝计、振弦式测缝计、旋转电位器式测缝计及金属标点结构测缝装置等。测缝计与各种形式加长杆连接可组装成基岩变形计，用以测量基岩变形。

图 12.3-11　测缝计

9）测斜仪

测斜仪是一种用于测量钻孔、基坑、地基基础、墙体和坝体坡等工程构筑物的顶角、方位角的仪器。测斜仪的基本配置包括测斜仪套管、测斜仪探头、控制电缆及测斜读数仪。

测斜仪是一种测定钻孔倾角和方位角的原位监测仪器。在国外，20 世纪 50 年代就利用测斜仪对土石坝、路基、边坡及其隧道等岩土工程进行原位监测。我国从 20 世纪 80 年代开始引进美、日、英等国生产的测斜仪对一些重大的岩土工程进行原位监测，取得了良好效果。一些相关的研究机构随后研制出电阻应变式、加速度计式和电子计式等智能型测斜仪。各种各样的测斜仪广泛应用于水利水电、矿产冶金、交通与城建岩土工程领域，在保证岩土工程设计、施工及其使用安全中发挥了重要的作用。

测斜仪分为便携式测斜仪（图 12.3-12）和固定式测斜仪（图 12.3-13），便携式测斜仪分为便携式垂直测斜仪和便携式水平测斜仪，固定式分为单轴和双轴测斜仪，应用最广的是便携式测斜仪。测斜仪是一种通过测定钻孔倾斜角从而求得水平向位移的原位监测仪器。

在基坑工程监测领域，测斜作为掌握基坑及岩土体变形最直观、最准确的测量仪器，在基坑工程监测中起到了举足轻重的作用。

图 12.3-12　便携式测斜仪

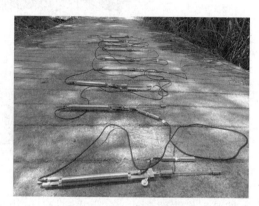

图 12.3-13　固定式测斜仪

10）静力水准仪

静力水准仪是测量高差及其变化的精密仪器。主要用于管廊、大坝、核电站、高层建筑、基坑、隧道、桥梁、地铁等垂直位移和倾斜的监测。静力水准仪一般安装在被测物体等高的测墩上或被测物体墙壁等高线上，通常通过现场采集箱内置单机版采集软件实现自动采集数据并存储于现场采集系统内，再通过有线或无线通信与互联网相连进而传到后台网络版软件，实现自动化观测。

液体静力水准仪的种类很多，主要区别在于测读液面高度的方法和手段不同。包括差动变压器式静力水准仪、振弦式多点静力水准仪、电容感应式静力水准仪、磁致式静力水准仪、光电式静力水准仪。

目前应用最多的电容式静力水准仪（图 12.3-14），其基本组成包括容器、浮子、传感器、液体、连通管、通气管等。

压差式静力水准仪（图 12.3-15）由储液器、超高精度芯体和特殊定制电路模块、保护罩等部件组成。沉降系统由多只同型号传感器组成，储液罐之间由通气管和通液管相连通，基准点置于一个稳定的水平基点。当测点相对于基准点发生升降时，将引起各点压力的变化。通过测量传感器压力的变化，来计算各测点相对水平基点的升降变化。

图 12.3-14　电容式静力水准仪　　　　　　图 12.3-15　压差式静力水准仪

11）应变计

当被测结构物内部的应力发生变化时，应变计同步感知变形，变形通过前、后端座传递给振弦转变成振弦应力的变化，从而改变振弦的振动频率。电磁线圈激振振弦并测量其振动频率，频率信号经电缆传输至读数装置，即可测出结构物内部的应变量。

混凝土应变计适用于长期埋设在混凝土结构的梁、柱、桩基、支撑、挡土墙、水工建筑物、衬砌、墩与底脚、桥梁、隧道衬砌及其基岩中监测其应力与应变，加装配套附件可测量表面应变量。

常用的应变计有埋入式应变计（图 12.3-16）、无应力式应变计和表面应变计（图 12.3-17）。按工作原理可分为差动电阻式、振弦式、差动电感式、差动电容式和电阻应变片式等。国内多采用差动电阻式应变计配合埋设无应力应变计进行混凝土应力应变观测。近年来也使用振弦式应变计。它与其他形式的应变计相比，长期稳定性较好、分辨率高，且不受传输电缆长度的影响。

图 12.3-16　埋入式应变计　　　　　　　图 12.3-17　表面应变计

## 12.3.4　压力监测仪器

城市地下空间开发项目的压力（应力）观测包括混凝土应力观测、土压力观测、孔隙压力观测、渗透压力观测、钢筋压力观测、岩体应力（地应力）及岩土工程的荷载或集中力的观测等。压力监测仪器主要分为如下类型。

1) 混凝土应力计

混凝土应力计是适用于长期埋设在水工结构物或其他混凝土结构物内，测量结构物内的受压状态，并可同步测量埋设点温度的振弦式传感器（图 12.3-18）。

混凝土应力计一般由背板、感应板、信号传输电缆、振弦及激振电磁线圈等组成。通常分为振弦式和差动电阻式两类。

其工作原理为：当被测结构物内部应力发生变化时，混凝土应力计感应板同步感受应力的变化，感应板将会产生变形，变形传递给振弦转变成振弦应力的变化，从而改变振弦的振动频率。电磁线圈激振振弦并测量其振动频率，频率信号经电缆传输至读数装置，即可测出被测结构物的压应力值。同时可同步测出埋设点的温度值。

2) 土压力计

土压力计由背板、感应板、信号传输电缆、振弦及激振电磁线圈等组成，是了解被测结构物内部土压力变化量并可同步测量埋设点温度的有效监测设备。

土压力计适用于长期测量土石坝、土堤、边坡、路基等结构物内部土体的压应力。按照埋设方法分为埋入式和边界式两类，按其结构形式又分为立式、卧式和分离式三种。按采用的传感器不同有振弦式（图 12.3-19）、差动电阻式、电阻应变片式、电感式和变磁阻式。

图 12.3-18　混凝土应力计　　　　　　　　图 12.3-19　振弦式土压力计

当被测结构物内土应力发生变化时，土压力计感应板同步感受应力的变化，感应板将会产生变形，变形传递给振弦转变成振弦应力的变化，从而改变振弦的振动频率。电磁线圈激振振弦并测量其振动频率，频率信号经电缆传输至读数装置，即可测出被测结构物的压应力值，同时可同步测出埋设点的温度值。

3) 孔隙水压力计

孔隙水压力计是用于测量构筑物内部孔隙水压力或渗透压力的传感器（图 12.3-20）。孔隙水压力计形式多样，一般分为竖管式、水管式、气压式和电测式四大类。电测式又依传感器不同分为差动电阻式、振弦式、电阻应变片式和压阻式等。

国内土石坝和其他土工结构物多采用竖管式、水管式、差动电阻式和振弦式，混凝土建筑物则多用差动电阻式和振弦式。

4）钢筋计

钢筋计适用于长期埋设在水工结构物或其他混凝土结构物内，测量结构物内部的钢筋应力，并可同步测量埋设点的温度。加装配套附件可组成锚杆测力计、基岩应力计等测量应力的仪器。

常用的钢筋计有差动电阻式、振弦式（图 12.3-21）和电阻应变片式三种。

图 12.3-20　孔隙水压力计

图 12.3-21　振弦式钢筋计

5）岩体应力观测仪器

为观测岩体应力（初始应力和二次应力）及其变化，需布设岩体应力观测仪器，该仪器系观测垂直于钻孔平面内一维、二维或三维应力变化，一般一个钻孔为一个测点。目前，用来测量岩体应力的传感器有振弦式、电阻应变片式、电容式和压磁式等。压磁式和电容式已设计出新的产品，可满足在同一钻孔中进行多点应力变化的测量。

6）荷载（力）观测仪器

用于岩土工程的荷载或集中力观测的传感器，称为测力计。在岩土工程中，采用预应力锚杆加固时，为了观测预应力锚固效果和预应力荷载的形成与变化，采用锚杆测力计；在观测锚索拉力、承载桩和支撑柱（架）的荷载时，也可使用此类测力计。用来测锚索的中空测力计为锚索计（图 12.3-22）、用来测量支撑柱（架）荷载的为叶反（轴）力计。

常用的测力计有轮辐式测力计、环式测力计和液压式测力计三种。

图 12.3-22　锚索测力计

## 12.3.5　其他监测仪器

除了上述的变形监测及压力监测外，由于地下水的水位变化、渗流变化及温度变化将会影响工程的实施。因此需要对水位、渗流量、温度等指标进行监测；地下工程中经常涉及爆破施工，也需要对爆破振动进行监测。对此类监测仪器分述如下。

1）水位监测仪器

水位监测仪器分为地表水位监测和地下水位监测两种。水位监测常用的仪器有水尺、电测水位计和遥测水位计。

水尺是水位最直观的监测仪器，常用的水尺分为直立水尺和倾斜水尺（图 12.3-23）。

电测水位计由测头、电缆、滚筒、手摇柄和指示器等组成。结构形式分为提匣式和卷筒式。

遥测水位计又分为浮子式遥测水位计和传感式遥测水位计。浮子式遥测水位计主要由水位感应、水位传动、编码器、记录器和基座等部分组成（图 12.3-24）。传感式遥测水位计由水位传感器、水位显示器及计时数字记录仪三部分组成。

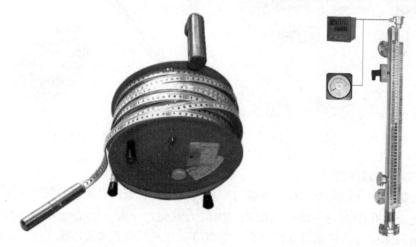

图 12.3-23 钢尺水位计　　　　　　图 12.3-24 浮子式遥测水位计

2）渗流量监测仪器

城市地下空间开发过程中，需对通过地下空间周围渗流的渗漏水的流量进行观测。水体渗流一般通过布置在绕流线或沿着渗流较集中的透水层中的测压孔来观测其水位变化。常见的渗流量监测仪器主要有量水堰计（图 12.3-25）、FL-1 型堰槽流量仪、YL 型量水堰渗流量仪及超声波流量计（图 12.3-26）。

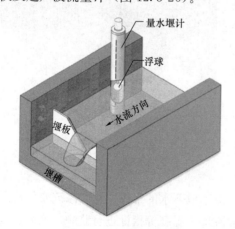

图 12.3-25 量水堰计

图 12.3-26 超声波流量计

3）温度监测仪器

混凝土建筑物在浇筑过程中，由于水泥的水化热而发生温升，大体积混凝土通常在浇筑后 7～20d 达到峰值温度，薄壁结构或采用人工冷却的结构中一般浇筑后 2～6d 即达到峰值温度。其后温度缓慢下降，控制温度变化速率可减少混凝土开裂的可能性。另外，采用冻结法施工过程中也需要观测温度来确定冻土的冻结程度。

温度监测仪器主要包括气温测量仪（图 12.3-27）、水温测量仪及电测温度计。其中电测温度计又分为电阻温度计、振弦式温度计（图 12.3-28）、热敏电阻式温度计、热电偶式温度计、电阻应变片式温度计。

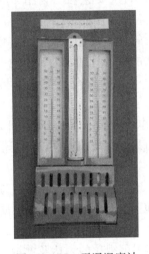

图 12.3-27　干湿温度计

图 12.3-28　振弦式温度计

4）振动监测仪器

爆破振动测试仪是用于监测爆破时的振动波对周围建筑物影响的仪器（图 12.3-29）。采用爆破振动的方法，用地震仪测量人工激发的弹性波在地层中的传播规律，可以用来勘测地下地质构造、划分地层和求取岩体的物理力学参数。地震仪在测定岩体弹性力学参数方面，可测得弹性波运动学指标，如纵波速、横波速、波速比、振动频率、频率比、衰减截距和能量衰减率等；并可计算岩体结构和力学参数，如岩体完整性系数、泊松比、动弹性模量等。这些指标可为工程岩体分类、岩体质量和岩体稳定性评价等提供定量依据。此外，地震仪还可用于测试地下洞室围岩松动范围及二次应力分带研究、检查地基灌浆效果、验收基坑开挖、测定松散土层原位动力参数、横波速度、判别砂基液化的可能性。

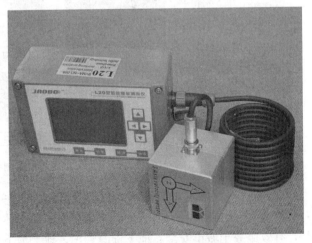

图 12.3-29　爆破振动测试仪

## 12.4 城市地下空间开发监测系统平台

现代城市的发展是一个"上天入地"的立体化过程，城市地下空间的开发与利用已成为热点，而且地下空间设施的安全运行关系到老百姓正常的生产和生活。因此，做好地下空间基础信息的采集与处理，依托地下空间智慧化平台，为城市地下空间的规划、建设、管理等提供智慧决策，是一项非常重要的工作。

在城市数字孪生、智慧化管理改革的大背景下，如何通过技术融合创新的方式解决城市地下空间管理的痛点和难点将是提升城市核心竞争力的重要途径。利用 CIM 技术、BIM 技术、SLAM、倾斜摄影测量、AI、物联网、云服务等多种技术融合应用，形成一套全生命周期城市地下空间动态管理解决方案，打造一个管理集成化、服务精益化、运营智能化、预警可视化的城市地下空间平台，实现地下空间的有效管理，为城市地下空间规划、建设、运行提供全方位的技术服务与支撑，提升地下空间安全防控水平具有重要意义。

为此，"城市地下空间开发监测系统平台"的研究工作，应满足但不限于以下要求：

（1）平台应采用共享与开放的技术框架，具有很高的共享性与兼容性，与其他共享信息平台、应急管理平台等都预留接口，便于各平台之间的共享访问；

（2）平台建设应包括但不限于地下管线、人防干道、地下交通设施（地铁、地下停车场、地下通道等）以及地下公共服务设施（地下商业、地下文体设施）、工程地质等地下空间设施与基础环境的数据库；

（3）平台对地下管网、地铁、地质体、钻孔等应能实现可视化的表达及展示。

### 12.4.1 概述

建立城市地下空间开发监测系统平台（图 12.4-1），指导城市地下空间开发利用、日常监管。

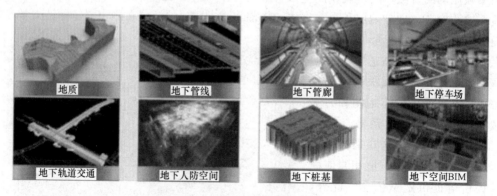

地质　地下管线　地下管廊　地下停车场

地下轨道交通　地下人防空间　地下桩基　地下空间BIM

图 12.4-1　地下空间开发监测应用环境

（1）通过平台集成并管理城市各部门地下空间相关数据，实现海量多源异构数据的一体化管理，全面再现城市地上地下全资源数据的立体结构，形成地上地下全资源"一张图"，有效服务于城市安全、地下资源管理、地上地下空间协同开发等领域。

（2）支持对地下空间资源进行全面系统的定性分析与定量评价，让城市规划更直观、更立体、更科学，为后续的城市建设指明方向，规避地下空间设施冲突、活动构造和不良地质体等安全风险。

（3）建立地下空间虚拟感知与监测预警体系，实现全资源多层次立体分析与评估，有效地减少和避免工程事故。通过灾害模拟，提高城市的应急处置和抗灾能力，充分保障城市安全。

（4）面向城市地下空间业务部门，围绕工程地质勘察、地下水资源开发、人防工程等进行服务分解与细化，全方位、深层次地为城市抗灾性能提升和服务能力增强提供高效的专业技术支撑。

**1. 应用环境要求**

监测系统平台应用环境要求如表 12.4-1 所示。

应用环境要求　　　　　　　　　　　　　　　　　　　　表 12.4-1

| 硬件环境 | 客户端配置要求 | CPU | 内存 | |
| --- | --- | --- | --- | --- |
| | | 外存 | 其他 | |
| | 服务器端配置要求 | CPU | 内存 | |
| | | 外存 | 其他 | |
| 软件环境 | 客户端配置要求 | 操作系统及版本 | Win XP、Win 7、Win 8… | |
| | | 浏览器及版本 | IE8+、火狐、谷歌、360 等 | |
| | 服务器端配置要求 | 操作系统及版本 | Windows 2003 SERVER | |
| | | 数据库及版本 | ORACLE 10g | |
| | | 中间件及版本 | Apache tomcat 6.0 | |

**2. 技术架构**

城市地下空间监测平台系统采用 B/S 架构。整个业务应用宜划分为：应用层（UI）、业务逻辑层（B）、数据访问层（DA）。

软件系统采用了标准的 TCP/IP 网络协议，不受网络的限制，可以在独立办公室使用，也可以通过 Internet 万维网在不同的地区间使用。

软件系统对数据库没有特定的要求，可以在多种数据库上使用（MySqser、Orace、DB2、Sqserver）。

**3. 系统功能**

（1）物联感知层（信息集成功能）。通过采集服务器采集相关设备的信息汇集到数据服务器，通过综合软件平台进行集中监测与控制，各子系统上位机通过读取数据服务器数据进行显示，也可将指令通过网络传至相关子系统设备。

（2）联动预警功能。管理平台将环境与设备监控系统、安全防范系统、火灾自动报警系统、可燃气体探测报警系统、通信系统等设施子系统关联协同、统一管理、信息共享和联动控制。

（3）冗余功能。管理平台的数据采集、存储、运维管理数据的存储、管理平台发布服务功能均实现冗余配置。

（4）统一、准确、及时监控。系统同步掌握被监测物体的实时状态及安全情况，便于快速做出反应，及时处理。

（5）数据共享功能。系统能通过预留接口与其他数据中心完成对接，实现综合监控信息和管理信息的实时交换，远程显示、查看相关数据。

（6）标准接口。基于标准通信协议，留有充分的扩展端口以适应系统今后扩容发展的需要。

（7）画面显示。实时直观地显示设备运行情况及用户系统的工作状况。

（8）控制功能。实现设备控制方式和控制过程选择、设备控制及过程参数的实时监测。

（9）诊断功能。系统能快速、正确地识别设备故障，自动报告通信错误等系统诊断结果。

（10）视频监控功能。实现运维管理的综合展示和分析。

### 12.4.2 数据库建设

**1. 基本要求**

（1）平台选择的数据库管理系统应具有空间数据管理功能。

（2）数据应包括结构化数据和非结构化数据。

（3）数据库应设计数据字典以记录字段的中英文对照、字段的枚举值及其含义、地质参数值的量纲等。

**2. 数据库设计**

（1）数据库设计应考虑城市地下空间的数据类型、数据量、要素的类别及数据访问的性能要求等。

（2）数据库概念设计应能真实充分地反映城市地下空间的基本特征，易于理解和更改，设计完整的 E-R 关系图，数据表设计应考虑以下要求：

① 数据表应避免可为空的列；

② 数据表不应有重复的值或者列；

③ 数据表记录应有唯一的标识符；

④ 数据表存储宜存储单一实体类型数据。

（3）数据库逻辑设计可通过增加冗余列、增加派生列、重新组表，规范数据库逻辑设计，以降低连接操作数目，提高查询效率。

（4）数据库物理设计，将数据库结构设计的 E-R 模型转换成与实际选择的 DBMS 所支持的数据模型相符合的存储结构。

（5）数据库性能设计，应保证节省数据的存储空间、数据的完整性、方便进行数据库应用系统的开发，宜创建适当的索引、触发器、存储过程等提高数据库的操作性能。

（6）数据库备份设计，应根据城市地下空间地质数据库建库和数据恢复模式的要求，组合选择数据库差异备份、完全备份、部分备份、日志备份等手段。

（7）数据库安全保密设计，应设置不同类型数据库用户的访问权限，数据库访问的密码应具有一定强度等级，并设置验证码。

**3. 数据内容**

1）数据构成应符合以下规定：

（1）城市地下空间数据库包括地理信息数据、地下管线数据、地质数据、地下建（构）筑物数据、元数据。

（2）基础地理信息数据应描述自然地理要素和人工结构物、设施空间及属性特征，包括地形要素数据和地理要素数据；

地形要素数据包括数字线划图（DLG）、数字高程模型（DEM）、数字正射影像（DOM）或数字栅格图（DRG）。

地理要素数据包括定位基础、水系、居民地及设施、交通、境界与政区、地貌、植被与土质、地名等要素的空间位置和属性信息。基础地形图可选择全幅或带状地形图。带状地形图的范围至少应保证沿管线分布的道路两侧第一排建筑物的完整性。

（3）地下管线种类包含给水、排水、燃气、热力、电力、信息与通信、工业，还增加了综合管沟、特殊管线、不明管线等。

（4）地质数据包含地质图、构造图、岩浆岩石图、矿产图、地质灾害图和岩相图及与之相应的地层、古生物、构造和岩性资料等。本标准涉及地质数据仅针对工程地质数据和与之关联的地形、地质及地质构造数据。

（5）地下建（构）筑物包括地下交通设施、地下市政公用设施、地下公共管理和公共服务设施、地下商业服务业设施、地下物流仓储设施、地下防灾等设施，以及其他地下设施。

（6）元数据应包含数据识别信息、数据质量信息、空间数据组织信息、空间参考信息、实体和属性信息、分发信息、限制信息等。

① 识别信息：有关数据集的基本信息；

② 数据质量信息：有关数据集质量的总和评价信息；

③ 空间数据组织信息：关于数据集空间信息的表示方法的信息；

④ 空间参考信息：描述数据集的空间参考系的有关信息；

⑤ 实体和属性信息：数据内容的有关信息，包括实体及其属性信息；

⑥ 分发信息：有关数据分发服务方面的相关信息；

⑦ 限制信息：与数据有关的法律及使用方面的信息。

要素数据字典是对要素信息的总体描述，应包括要素名称、代码、执阿特霍水印（点、线、面）、关联关系、属性内容、表示方法等。具体要求应遵循《基础地理信息要素数据字典》GB/T 20258—2019 的规定。

2）城市地下空间全要素数据建库要素分类大类采用面分类法、小类以下采用线分类法。遵照分类编码通用原则执行。

3）数据编码应符合以下规定：

（1）数据库的表、表中字段的命名应规范，有参照标准的按照标准执行，无标准的统一按照英文单词的简写组合而成；

（2）管线点编码是描述管线点的唯一标识；

（3）管线编码是描述管线的唯一标识；

（4）项目编码是描述项目的唯一标识；

（5）钻孔编号、点编号等数据编码应保证唯一性；

（6）地下建（构）筑物编码是描述建（构）筑物的唯一标识。

4）数据更新应符合以下规定：

（1）数据库应支持数据的增量更新和批量更新；

（2）数据更新后，应保留更新日志。

5）数据治理：

（1）数据校验：检验数据是否完整，保证数据入库时是准确的。

（2）数据提纯：提出完全符合要求的数据，剔除原始数据中的杂质信息。

（3）数据修复：对提纯之后的数据进行数据完善和修复。

**4. 数据建库**

1）原始数据经过标准化处理后，由平台提供的入库工具导入基础数据库，数据入库过程包括数据预处理（处理）、数据检查、数据批量或增量导入、图件数据入库、属性数据入库、三维模型入库、元数据入库。

2）数据预处理：对资料进行整理及筛选。数据整理为结构化数据和非结构化数据两大类。结构化数据又分为空间数据和属性数据。非结构化数据包括文本、图片、音频等。空间数据采用空间数据引擎和数据库结合的方式进行组织和管理，属性数据采用关系数据库进行组织和管理。非结构化数据采用文件形式进行组织和管理。

（1）数据处理阶段包括图形矢量化、点线编辑、图面检查、建立拓扑、空间数据分层、属性结构建立及数据录入、数据检查、数据转换、元数据建立。建库流程应符合现行国家标准《基础地理信息城市数据库建设规范》GB/T 21740—2008 的有关规定。

（2）空间数据分层是对数据进行分类，建立分层文件并标准化命名。基础地理部分分层应符合《基础地理信息要素分类与代码》GB/T 13923—2022 的有关规定。地下空间数据的分层应符合《城市地下空间设施分类与代码》GB/T 28590—2012 的有关规定。

（3）地形要素层属性包括图幅索引、测量控制点、水系面属性、水系点属性、水系注记属性等。

① 地下管线信息包括管线分类、材质、空间位置、压力、建设年代、权属单位等；

② 工程地质信息包括地层名称地质时代，地层成因、土层名称、土层年代、颜色、湿度、含水率等；

③ 地下建（构）筑物空间数据应包括各类建（构）筑物及附属设施的基础、主体、围护结构及井的空间位置和形状信息。具体包括建（构）筑物各部位的轮廓和结构的尺寸、高程、半径等数据内容。属性数据应包括结构类型、建筑面积、用途、层数、层高、顶面高程、深度、权属单位、建设日期及使用状况等。

3）数据检查主要有数据入库前检查、数据入库检查、数据入库后检查。

（1）数据入库前检查：按数据库设计要求对每类数据进行全面检查，主要包括数学基础、数据格式、属性结构、空间位置、命名规范等。对不符合建库要求的数据，按照一定工作程序和质量要求进行修正；

（2）数据入库检查：检查入库数据是否符合数据库设计要求，主要包括数学基础、数据格式和数据表结构的正确性，数据项的完整性和命名的正确性，数据内容的完整性等；

（3）数据入库后检查：数据是否存放在规定的数据表中，入库后数据是否完整，数据是否重复入库和数据拼接是否无缝等内容。

4）数据批量或增量导入。经过数据处理的数据，可采用手动添加或程序批量入库方式入库，数据入库过程应记录入库日志。

（1）入库数据应根据数据库设计的要求进行一致性转换，主要包括代码转换、格式转换、坐标变换、投影转换等；

（2）矢量数据可采用分区、按图幅或要素类别方式入库；

（3）栅格数据可采用分区或按图幅方式入库；

（4）其他数据可采用逐幅或逐点方式入库。

5）图件数据入库。地质专业人员（数据入库人员）对已检查且做正确处理的数据进行入库操作。

6）属性数据入库遵守下列规定：

（1）属性结构建立与录入应对照不同的地下空间要素，规定属性项名称、数量、定义、阈值、约束条件，并按规定录入属性数据；

（2）数据属性信息可规定有关属性项及数量、定义、阈值、约束条件等；

（3）系统对已导入的元数据文件进行解析，并将解析结果提供预览界面供用户查看；

（4）用户对导入的元数据进行注册操作，建立该元数据与模块数据库已有数据/服务的关联。

7）三维模型入库遵守下列规定：

（1）三维模型存储要素类及三维图例、三维注记、DEM 等信息，数据入库将三维图例、三维注记及 DEM 信息录入专题数据库中；

（2）3D 实体模型包含了模型对象的几何数据。3D 实体模型和其属性数据一起构成要素，根据要素的属性结构类型将要素分类管理，由此而形成要素类的概念；若干个具有某种相同特征的要素类譬如具有相同的空间参照系在一起形成要素数据集。三维地质模型存储以要素类进行管理，集成管理要素的几何数据和属性数据。

8）元数据入库遵守下列规定：

（1）用户人工判读是否已有元数据文件；

（2）若已有元数据文件为 .txt 或 .xml 格式，则导入该元数据文件；

（3）系统对已导入的元数据文件进行解析，并将解析结果提供预览界面供用户查看；

（4）用户对导入的元数据进行注册操作，建立该元数据与地质数据库已有数据/服务的关联；

（5）保存元数据至地质信息元数据库。

### 12.4.3 平台功能

**1. 基本要求**

（1）城市地下空间全要素信息平台功能模块应包括数据入库与管理模块、三维建模模块、三维模型可视化模块、数据输出与服务模块。

（2）平台应实现图形数据、属性数据、文档资料、元数据等数据的录入和管理。

（3）平台应实现三维建模、三维场景操作和模型分析应用等功能。

（4）平台终端包含桌面端、移动端和 Web 端。桌面端应包含平台所有功能；移动端和 Web 端应至少包含二维图件和三维地质模型等专题成果的 Web 服务功能。

（5）平台终端可通过网络为政府部门、专业人员、社会公众等不同用户提供不同层次的地下空间信息服务。

（6）平台应有能与智慧城市、城市大数据等城市管理平台进行数据共享、功能对接的接口。

**2. 数据入库与管理**

1）数据入库与管理：

（1）根据所选择数据的组织方式，矢量数据可采用分区、按图幅或分类的组织方式入库；栅格数据可采用分区或按图幅方式入库；其他数据可采用逐幅或逐点方式入库。将空间数据和属性数据关联并检查，同时将非结构化数据以文件格式存储。保证数据库运行正常，统计、查询无误。入库可选用手动添加或程序批量入库。完成后应记录入库日志。

（2）应实现属性表记录、图形几何和图形属性的编辑与更新。

2）数据查询应符合以下规定：

（1）数据查询条件应包括空间范围约束、多属性条件及其组合条件。

（2）查询和统计结果应实现表格、图形、图像、报告、模型等多种格式的实时查看、下载和输出。

3）标准地层构建与编辑应符合以下规定：

（1）数据库应建立项目的标准图层。

（2）应实现对图层名称、图层代号、图层颜色与花纹等标准图层参数的编辑，编辑结果可实时更新入库，并与模型、图件保持同步。

**3. 可视化分析**

1）平台的桌面端的可视化功能应包括以下内容：

（1）二维矢量图形和栅格图像的可视化；

（2）三维模型的可视化；

（3）全资源评价及评价成果的三维可视化；

（4）三维模型的剖面切割与块体切割可视化；

（5）三维模型的隧道模拟与漫游；

（6）场景的光照、天空包围盒等辅助场景参数的编辑与场景动态更新。

2）Web 端和移动端应提供的可视化功能应包括以下内容：

（1）OGC 标准地图服务的二维可视化与地图查询；

（2）基于 3D Tiles 的三维模型的可视化与模型查询；

（3）数据量测和检索。

**4. 运行与服务**

（1）平台应提供组织机构管理、角色管理、用户管理、统一认证、平台监控、日志管理等服务功能，以及信息资源、服务、功能和接口的注册、授权和注销等功能。

（2）平台应支持用户交互和可视化操作要求，主要包括以下内容：模型的缩放与漫游，数据的分层、属性的显示，显示比例尺的控制，显示范围的控制，层与地物类显示顺序的控制，显示窗口的风格、属性的控制，地物的符号化显示、随图放大显示、注记显示等。

（3）平台应支持多种终端的用户访问、查询、成果输出等操作。

（4）平台应支持常规业务的数据整理、优化分析等功能。

**5. 接口要求**

1）平台接口应符合以下要求：

（1）内部接口应尽量独立，减少相互依赖；

（2）外部接口应符合 OGC 标准等国际标准的规范或协议，其中，二维地图服务接口应提供 OGC 的 WMS、WFS 等服务，三维模型服务接口应提供国际标准 3D Tiles 服务；

（3）服务的粒度应尽量小，通过服务聚合以形成更大的服务。

2）系统内部接口应提供数据入库接口、数据查询接口、三维结构建模接口、三维属性建模接口、城市地下全资源评价接口等。

3）系统外部接口应提供数据导出接口、图形数据 OGC（Open Geospatial Consortium）发布服务接口、三维模型 Web 发布服务接口、图形数据导出为 CAD 格式接口等。

## 12.4.4　安全运维

**1. 性能**

1）本指南建议使用以下条件搭建平台：

（1）CPU：不低于 i77700；

（2）GPU：不低于 RTX1080；

（3）操作系统：不低于 win10 系统。

2）系统在正常情况和极限负载条件下，能够处理不断增加的访问请求，具有良好的性能扩展能力。

3）数据服务响应时间应符合以下要求：

（1）二维瓦片服务加载及响应时间不超过 5s；

（2）二维动态矢量服务初始加载时间不应超过 15s，后续响应时间不应超过 5s；

（3）基于二维动态矢量服务动态生成三维要素初始加载时间不应超过 15s，后续响应时间不应超过 5s；

（4）三维瓦片服务初始加载时间不应超过 10s，高精度显示等待时间不应超过 5s；

（5）在 1920×1080 分辨率下，三维模型可视化的帧率不低于 24 帧/s。

4）查询统计服务响应时间应符合以下要求：

（1）简单统计分析查询响应时间不超过 5s；

（2）千万级数据量下查询的响应时间不超过 10s；

（3）大数据统计分析报表的响应时间不超过 50s；

（4）系统应具有 7×24h 稳定运行、连续无故障的能力，系统具备集群技术，避免意外的死机。

**2. 安全与更新**

（1）平台和数据应具备安全性，建立必要的管理权限，禁止非授权用户修改软件系统或窃取数据。

（2）平台应以软件授权或硬件加密的手段进行合法用户的审核和限定。

（3）涉密数据应脱密后上网。

（4）各类型数据的更新应满足关联性的要求，基础数据发生变化，后期的模型数据等均需同步更新。

（5）平台数据库应定期进行数据自动备份与日志记录。

（6）平台数据库应考虑地形、地质图的国家安全问题。

**3. 升级**

（1）平台版本升级应向下兼容。

（2）平台软件升级应兼容常用硬件。

（3）平台应支持增量升级更新。

# 12.5　城市地下空间开发监测实施方法

## 12.5.1　城市地下空间开发监测实施组织设计

1）监测实施组织设计的依据和基础材料

编制监测施工组织设计前，应收集以下地下空间开发工程资料：

（1）勘察资料，包含工程地质、水文地质等；

（2）环境调查资料（建（构）筑物、管线调查资料）；

（3）设计文件（至少包含设计平面布置图、剖面图、施工布序图）；

（4）施工方案、施工组织计划及工筹计划；

（5）监测相关法律法规、规范规程。

2）监测实施组织设计内容

监测实施组织设计内容至少包含以下内容：

（1）工程概况，包括工程位置、周围建（构）筑物、地下管线、市政道路、桥梁及设施、河流湖泊等情况、风险工程详细描述、工程地质与水文地质条件、结构设计及施工工艺概况；

（2）编制依据，法律法规、政府部门规定、工程相关资料等；

（3）监测目的；

（4）监测范围及工程监测等级；

（5）监测（巡视）对象；

（6）监测（巡视）项目；

（7）监测精度；

（8）监测方法；

（9）监测周期及频率；

（10）控制指标；

（11）监测成果报送及反馈；

（12）人员及设备资源配置；

（13）安全及质量保证措施；

（14）附件，包括监测布点平面图、剖面图、地质剖面图。

3）现场踏勘和调研

根据收集到的岩土工程勘察资料、气象资料、施工图设计资料、风险工程情况等相关资料对各工点进行现场踏勘，了解工点周边的实际情况。必要时采用拍照、录像等方法保存，确定现场拟实施监测项目。与沿线周边风险工程产权单位联系，并听取了解产权单位、建设单位、设计单位等的意见、要求，记录在案，方便业主查用。

4）编制监测方案

根据收集到的资料与现场踏勘情况、场区工程地质与水文地质条件、基坑与隧道结构设计和施工方案、风险工程的详尽调查以及业主颁布的监测技术要求和管理办法，针对每个工程对原监测设计图纸及投标方案进行优化形成监测方案提交业主；经过业主组织相关专家进行综合评审论证后，提交给监理、建设方以及与监测所涉及的沿线相关产权单位。方案编制完成后，组织专家评审，设计评审，修改完善。报业主审查，经批复后存档备查。

5）监测工程的施工程序

现场安全监测作业的流程如图 12.5-1 所示。

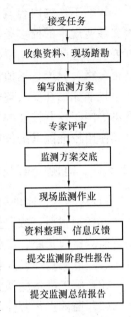

图 12.5-1　现场安全作业流程图

## 12.5.2　监测工程仪器配置、检定、校准及确认

**1. 监测工程仪器配置**

在监测项目开始前，统筹配置各监测项目仪器设备，监测仪器种类、型号及数量配置依据项目规模、监测项目设计、监测精度进行，应满足监测的地下空间岩土工程需求，同时考虑应急情况的备用。仪器设备应按周期进行检校，定期进行保养。

**2. 监测仪器检定、校准**

监测使用的全站仪、精密水准仪、测斜仪、频率读数仪、水位计等仪器设备应定期（一年）按时送具有相应资质的光电检测机构检定和校准。

**3. 监测仪器确认**

1）检定/校准证书基本内容确认

（1）仪器设备的基本信息：仪器设备名称、型号规格、设备编号、计量机构、证书编号、计量日期和下次计量日期等。还包括检定/校准项目、依据标准、标准要求、检定/校准结果、不确定度或修正值等信息。

（2）确认结论：合格、准用、停用依据其能否满足检验检测的规范要求和相应标准的要求，由仪器设备使用人签字确认，最后由审批人审核批准。

2）检定证书技术指标确认

检定证书是依据《计量检定规程》规定的量值误差范围，给出合格与不合格的判定，发给检定合格证书。资质认定评审准则要求仪器设备能够满足规范和相应标准的要求，而不是只符合《计量检定规程》的要求。

3）校准证书技术指标确认

校准工作的内容就是按照合理的溯源途径和国家计量校准规范或其他经确认的校准技术文件所规定的校准条件、校准项目和校准方法，将被校准对象与计量标准进行比较和数据处理。这些校准结果数据应清楚明确地表达在校准证书或校准报告中。校准证书不判定是否合格，只出具示值误差。

校准证书在反映整体的校准数据的同时，会提供校准时的测量不确定度。测量不确定度不等同于仪器校准的准确度偏差。

使用校准证书的仪器设备应确认能够满足监测的规范要求和相应标准的要求。

### 12.5.3 监测交底及培训

1）对施工、监理单位培训交底

方案报备后，按照业主认可的监测对施工、监理单位的管理要求，对施工、监理单位进行监测作业交底。交底的主要内容如下：

（1）监测点埋设及观测技术要求；

（2）施工准备期安全风险评估表及现场安全巡视表内容交底；

（3）监测点预警标准及施工巡视预警参考表内容交底；

（4）施工、监理单位施工现场安全巡视表交底；

（5）一般性信息、预报警及消警报送流程；

（6）预报警的响应流程；

（7）施工监测日常信息报送等。

2）对实施监测工作的项目部内部人员培训交底

方案报备后，按照方案对担任监测工作的人员进行方案交底，交底的主要内容如下：

（1）现场安全监测工作的目的；

（2）沿线风险工程的资料、工程的施工组织方案；

（3）现场安全监测、安全巡视的内容；

（4）现场安全监测、安全巡视的方法、频率、周期和手段；

（5）安全风险工程监测警戒标准等。

### 12.5.4 监测点埋设及监测设备安装

**1. 支护桩（墙）、边坡顶水平位移、边坡顶竖向位移**

有条件时，基坑设置观测台作为设站点，同时设置固定后视点，测点采用固定棱镜。

观测台的设置根据基坑周边环境情况浇筑便于人员操作仪器的观测墩台，墩台高度、与基坑边水平距离以及底座高度根据围栏高度及视线情况确定。观测台一般设置强制对中观测盘置于墩台底座上部。观测墩台数量应根据基坑长度确定，在满足规范监测精度要求的前提下，观测墩台间距不宜大于100m。后视点不少于4个。

测点设置兼作桩（墙）顶竖向位移测点。如图12.5-2～图12.5-7所示。

图 12.5-2 设站点（观测墩）

图 12.5-3 后视点防护围栏

图 12.5-4 对中盘

图 12.5-5 后视点

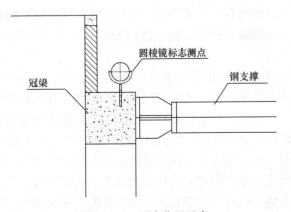

图 12.5-6 测点位置示意

图 12.5-7 测点（小棱镜）

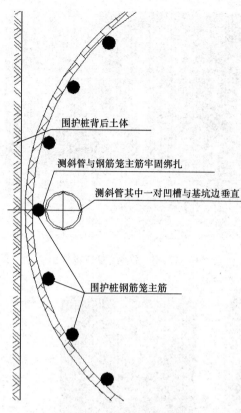

图 12.5-8　测斜管绑扎大样图

**2. 支护桩（墙）体水平位移**

支护桩（墙）体水平位移测点采用桩（墙）体施作过程预埋测斜管的方式进行。测斜管通过直接绑扎或设置抱箍将其固定在支护结构的钢筋笼或地下连续墙上，钢筋笼入孔（槽）后，浇筑混凝土。测斜管与钢筋笼的固定必须十分稳定，以防浇筑混凝土时，测斜管与钢筋笼相脱落。同时必须注意避免测斜管的纵向扭转，很小的扭转角度就可能使测斜仪探头被导槽卡住；埋设就位的测斜管必须保证有一对凹槽与基坑边缘垂直。

埋设大样图及现场安装效果如图 12.5-8～图 12.5-12 所示。

**3. 支护桩（墙）结构应力**

钢筋混凝土桩或地下连续墙内力，主要采用钢筋计监测钢筋的应力，然后通过钢筋与混凝土共同工作、变形协调条件反算支护桩（墙）结构应力。

钢筋计与受力主筋一般通过连杆电焊的方式连接。因电焊容易产生高温，会对传感器产生不利影响。在实际操作时有两种处理方法。其一，有条件时应先将连杆与受力钢筋碰焊对接（或碰焊），然后再旋上钢筋计。其二，在安装钢筋计的位置上先截下一段不小于传感器长度的主筋，然后将连上连杆的钢筋计焊接在被测主筋上焊上。钢筋计连杆应有足够的长度，以满足规范对搭接焊缝长度的要求。在焊接时，为避免传感器受热损坏，要在传感器上包上湿布并不断浇冷水，直到焊接完毕后钢筋冷却到一定温度为止。在焊接过程中还应不断测试传感器，看看传感器是否处于正常状态。

钢筋计电缆一般为一次成型，不宜在现场加长。如需接长，应在接线完成后检查钢筋计的绝缘电阻和频率初值是否正常。要求电缆接头焊接可靠，稳定且防水性能达到规定的耐水压要求。做好钢筋计的编号工作。

钢筋计与受力主筋在预留位置上焊接完成后，将导线编号后绑扎在钢筋笼上导出地表，从传感器引出的测量导线应留有足够的长度，中间不宜有接头，在特殊情况下采用接头时，应采取有效的防水措施。钢筋笼下沉前应对所有钢筋计全都测定核查焊接位置及编号无误后方可施工。对于桩内的环形钢筋笼，要保证焊有钢筋计的主筋位于开挖时的最大受力位置，即一对钢筋计的水平连线与基坑边线垂直，并保持下沉过程中不发生扭曲。电缆露出支护结构，应套上钢管，避免日后凿除浮渣时造成损坏。混凝土浇筑完毕后，应立即复测钢筋计，核对编号，并将同立面上的钢筋计导线接在同一块接线板不同编号的接线柱，以便日后监测。

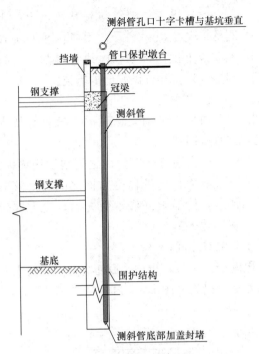

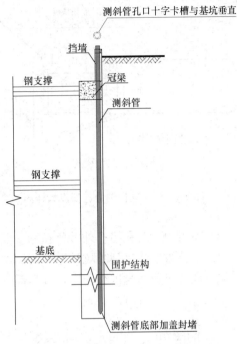

图 12.5-9　测斜管安设大样图（一）　　　图 12.5-10　测斜管安设大样图（二）
（挡墙在迎坑侧）　　　　　　　　　　　　（挡墙在迎土侧）

**4. 支撑轴力**

（1）采用专用的轴力架安装架固定轴力计，安装架圆形钢筒上没有开槽一端面与支撑的牛腿（活络头）上的钢板电焊焊接牢固，电焊时必须与钢支撑中心轴线与安装中心点对齐。

图 12.5-11　测斜管埋设现场实景图　　　　图 12.5-12　测斜管现场实景图

（2）待焊接冷却后，将轴力计推入安装架圆形钢筒内，并用螺栓（M10）把轴力计固定在安装架上。

（3）钢支撑吊装到位后，即安装架的另一端（空缺的那一端）与围护墙体上的钢板对上，中间加一块 250mm×250mm×25mm 的加强钢垫板，以扩大轴力计受力面积，防止轴力计受力后陷入钢板影响测试结果（图 12.5-13）。

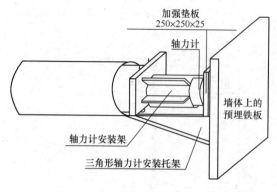

图 12.5-13　支撑轴力计安设大样图

（4）将读数电缆接到基坑顶上的观测站；电缆统一编号，用白色胶布绑在电缆线上做出标识，电缆每隔两米进行固定，外露部分做好保护措施。

**5. 锚杆拉力**

（1）施工锚索钻孔并注浆，等待水泥浆凝固；

（2）在墙体受力面之间增设钢垫板，保证测力计与墙体受力面之间有足够的刚度，使锚索（杆）受力后，受力面位置不致下陷；

（3）将测力计套在锚杆外，放在钢垫板和工程锚具之间；

（4）将读数电缆接到基坑顶上的观测站；电缆统一编号，用白色胶布绑在电缆线上做出标识，电缆每隔两米进行固定，外露部分做好保护措施（图 12.5-14、图 12.5-15）。

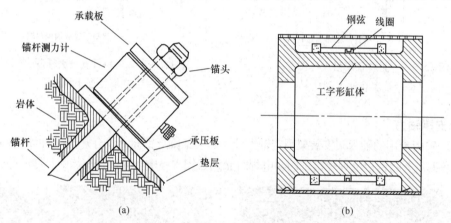

(a)　　　　　　　　　　　(b)

图 12.5-14　锚杆测力计安装示意图

图 12.5-15　锚杆测力计安装现场实景图

**6. 土体分层沉降及水平位移**

沉降管与磁环的埋设：

方法一：首先用钻机在预定孔位上钻孔，孔深由沉降管长度而定，孔径以能恰好放入磁环为佳。然后放入沉降管，沉降管连接时要用内接头或套接式螺纹，使外壳光滑，不影响磁环的上、下移动。在沉降管和孔壁间用膨润土球充填并捣实，至底部第一个磁环的标高再用专用工具将磁环套在沉降管外送至填充的黏土面上，施加一定压力，使磁环上的三个铁爪插入土中，再用膨润土球充填并捣实至第二个磁环的标高，按上述方法安装第二个磁环，直至完成整个钻孔中的磁环埋设。

方法二：在沉降管下孔前将磁环按设计距离安装在沉降管上，磁环之间可利用沉降管外接头进行隔离，成孔后将带磁环的沉降管插入孔内。磁环在接头处遇阻后被迫随沉降管送至设计标高。将沉降管向上拔起 1m，这样可使磁环上、下各 1m 范围内移动时不受阻，然后用细砂在沉降管和孔壁之间进行填充至管口标高。管口要做好防护墩台或井盖，盖好盖子，防止沉降管损坏和杂物掉入管内。

埋设形式如图 12.5-16 所示。

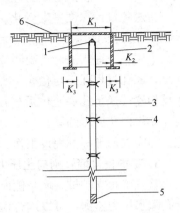

1—分层沉降管保护盖；2—保护井；3—分层沉降管；4—磁环；5—分层沉降管底封堵端；6—地表；$K_1$—保护井盖直径；$K_2$—保护井井壁厚度；$K_3$—井底垫圈宽度

图 12.5-16　土体分层沉降监测点

**7. 坑底隆起（回弹）**

基坑开挖是一个卸载的过程，随着坑内土体的开挖，坑底土体隆起也会越来越大，尤其是软弱土地区，过大的基底隆起会引起基坑失稳。因此进行基坑底部隆起观测也十分必要。

坑底隆起（回弹）测点采用将图 12.5-17 形式的标志利用辅助杆压入式进行埋设，如图 12.5-18 所示。

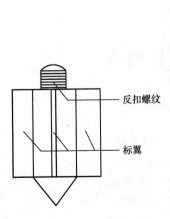

图 12.5-17　回弹标示意图

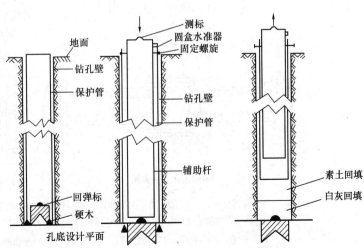

图 12.5-18　辅助杆压入式埋设步骤

回弹观测点标志加工成一端为长约 50cm 的三角铁，底部呈尖状，另一端加工成便于立尺的半圆形。目的是减少埋设时的阻力，便于平衡和巩固，如图 12.5-17 所示。

为避免设计深度发生变化，减少回弹标志点被破坏的概率，回弹标志埋入基底以下 0.5m，孔底设计深度为当时设计基底深度＋0.5m。

采用钻孔埋入法。在观测位置（使用全站仪精确放样）用钻机钻 $\phi127$ 的孔至孔底设计深度，成孔过程孔口与孔底中心偏差不大于 3/1000，孔底清除干净。将观测标志和钻杆用反扣连接送至孔底土体后轻压，使其与周围土固结，待观测完回弹标后，取出套管之后，先用白灰回填约厚 0.5m，再填素土至填满全孔，回填应小心缓慢进行，避免撞动标志。即完成回弹标的埋设工作。

### 8. 支护桩（墙）侧向土压力

基坑工程支护桩（墙）侧向土压力监测主要用于量测支护结构内、外侧的土压力。结合孔隙水压力监测，可以进行土体有效应力分析，作为土体稳定计算的依据。不同深度土压力监测可以为支护墙后水、土压力分算提供设计依据。埋设方法主要有钻孔法和挂布法。

（1）钻孔法土压力计（盒）安装。钻孔法是通过钻孔和特制的安装架将土压力计压入土体内。具体步骤如下：①先将土压力盒固定在安装架内；②钻孔到设计深度以上 0.5～1.0m；放入带土压力盒的安装架，逐段连接安装架压杆，土压力盒导线通过压杆引到地面。然后，通过压杆将土压力盒压到设计标高；③回填封孔。如图 12.5-19、图 12.5-20 所示。

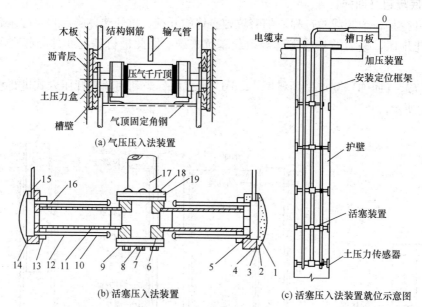

(a) 气压压入法装置

(b) 活塞压入法装置

(c) 活塞压入法装置就位示意图

1—标准砂；2—橡皮块；3—细棉纱；4—塑料薄膜；5—传感器；6—接头；
7—螺栓；8—垫圈；9—法兰；10—活塞缸；11—活塞；12—限位杆；13—限位板；
14—护盒；15—电缆；16—密封圈；17—进水管；18—橡胶垫圈；19—法兰

图 12.5-19　压入法装置及其就位示意图

（2）挂布法土压力计（盒）安装。挂布法用于量测土体与支护结构间接触压力。具体步骤如下：①先用帆布制作一幅挂布，在挂布上缝有安放土压力盒的布袋，布袋位置按设计深度确定；②将包住整幅钢笼的挂布绑在钢筋笼外侧，并将带有压力囊的土压力盒放入布袋内，压力囊朝外，导线固定在挂布上通到布顶；③挂布随钢筋笼一起吊入槽（孔）内；④混凝土浇筑时，挂布将受到侧向压力而与土体紧密接触。

图 12.5-20　土压计埋设实景

**9. 地下水位**

水位管选用直径 50mm 左右的钢管或硬质塑料管，管底加盖密封，防止泥沙进入管中。下部留出 0.5～1m 的沉淀段（不打孔），用来沉积滤水段带入的少量泥沙。中部管壁周围钻出 6～8 列直径为 6mm 左右的滤水孔，纵向孔距 50～100mm。相邻两列的孔交错排列，呈梅花状布置。管壁外部包扎过滤层，过滤层可选用土工织物或网纱。上部管口段不打孔，以保证封口质量。

水位孔一般用小型钻机成孔，孔径略大于水位管的直径，孔径过小会导致下管困难，孔径过大会使观测产生一定的滞后效应。成孔至设计标高后，放入裹有滤网的水位管，管壁与孔壁之间用净砂回填过滤头，再用黏土进行封填，以防地表水流入。承压水水位管安装前须摸清承压水层的深度，水位管放入钻孔后，水位管滤头必须在承压水层内。承压水面层以上一定范围内，管壁与孔壁之间采取特别的措施，隔断承压水与上层潜水的连通。

**10. 孔隙水压力**

（1）孔隙水压力计安装前的准备。将孔隙水压力计前端的透水石和开孔钢管卸下，放入盛水容器中热泡，以快速排除透水石中的气泡，然后浸泡透水石至饱和，安装前透水石应始终浸泡在水中，严禁与空气接触。

（2）钻孔埋设。孔隙水压力计钻孔埋设有两种方法，一种方法为一孔埋设多个孔隙水压力计，孔隙水压力计间距大于 1.0m，以免水压力贯通。此种方法的优点是钻孔数量少，比较适合于提供监测场地不大的工程，缺点是孔隙水压力计之间封孔难度很大，封孔质量直接影响孔隙水压力计埋设质量，成为孔隙水压力计埋设好坏的关键工序，封孔材料一般采用膨润土泥球。另一种方法采用单孔法即一个钻孔埋设一个孔隙水压力计。该方法的优点是埋设质量容易控制，缺点是钻孔数量多，比较适合于能提供监测场地或对监测点平面要求不高的工程。埋设如图 12.5-21 及图 12.5-22 所示。

**11. 管片围岩压力**

埋设形式有管片加工时预埋和完成隧道后埋两种形式。对于因双线盾构隧道近距离施工（包括水平近距离、垂直近距离、线路近距离交叉），对已完成盾构隧道的管片围岩压力监测点埋设可选择在已完成盾构隧道管片衬砌结构背后利用原有注浆孔埋设土压计的方法进行。而对于近距离穿越建（构）筑物和为验证设计或为研究而进行的管片围岩应力监测可选择在管片制作中预埋土压力计的方法埋设。

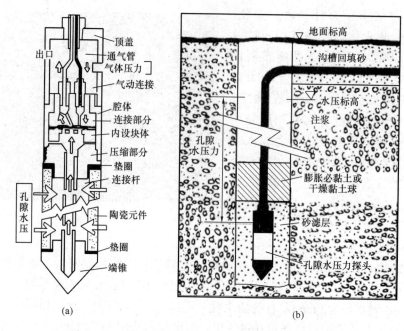

(a)  (b)

图 12.5-21  气动式孔隙水压力计结构及其在土中埋设图

图 12.5-22  孔隙水压力监测实景

**12. 初期支护结构拱顶沉降**

采用精密电子水准仪测量初期支护结构拱顶沉降，拱顶测点布设材料选用 $\phi22$ 螺纹钢，做成弯钩状埋设或焊接在拱顶，外露长度 5cm，外露部分应打磨光滑，并用红油漆标记统一编号。监测点布设方法如图 12.5-23 所示。

**13. 初期支护结构净空收敛**

采用收敛计监测净空收敛测点布设材料选用 $\phi22$ 螺纹钢，埋设或焊接导洞两侧，外露长度 5cm，在外露的螺纹钢头部焊接一椭圆形的铁环，并用红油漆标记统一编号。监测点布设方法如图 12.5-24、图 12.5-25 所示。

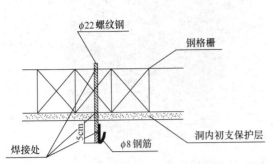

图 12.5-23　拱顶沉降监测点布设示意图

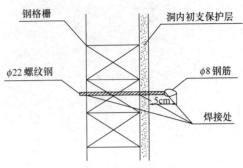

图 12.5-24　结构净空变形监测点布设示意图

图 12.5-25　结构净空变形监测点布设实景图

**14. 初期支护结构、二次衬砌应力**

量测钢筋计的加工与制作。选择现场实际施作的钢格栅作为内力量测钢格栅,钢格栅的主筋与钢筋计的尺寸相同,用焊接替换原来的主筋,以便量测准确的内力值。

钢筋计在钢筋加工厂预先与钢筋焊接好,焊接时应将钢筋与钢筋计的连接杆对中后采用对接法焊接在一起,为了保证焊接强度,在焊接处需加焊帮条,并涂沥青,包上麻布,以便与混凝土分开(图 12.5-26)。

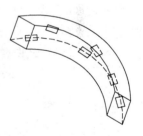

图 12.5-26　单格栅的
钢筋计布设

**15. 地表沉降**

为保护测点不受碾压影响,道路及沉降测点标志采用窨井测点形式,采用人工开挖或钻具成孔的方式进行埋设。地表测点埋设形式如图 12.5-27 所示。

**16. 建(构)筑物竖向位移**

建筑物测点布设形式首选布设钻孔式测点,钻孔式测点无法布设时,可依次按螺栓式测点、粘贴式测点、条码尺测点的优先顺序选择布设形式。标志点距离地面高度不宜低于 30cm。测点埋设稳固,做好清晰标记,方便辨识(图 12.5-28、图 12.5-29)。

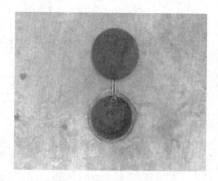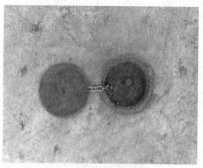

图 12.5-27　地表沉降监测点埋设实样图

图 12.5-28　粘贴式测点实景图　　　　图 12.5-29　条码式测点实景图

**17. 建（构）筑物倾斜**

倾斜测点标志埋设圆棱镜或粘贴反射片标志。埋设形式如图 12.5-30 所示。

埋设技术要求。测点标志埋设时应注意避开有碍设标与观测的障碍物；棱镜或反射片标志应面向基准点并埋设或粘贴牢固；测点埋设完毕后，应在附近做明显标记。

**18. 建（构）筑物裂缝**

选择结构裂缝典型部位进行监测，测点布置示意图如图 12.5-31 所示。

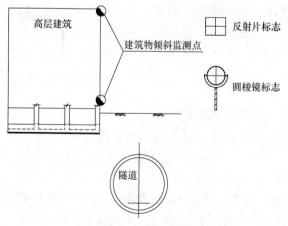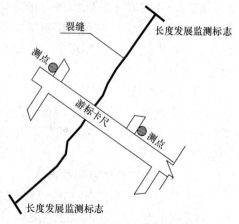

图 12.5-30　倾斜观测测点　　　　　图 12.5-31　裂缝宽度变化测点
　　标志埋设形式图　　　　　　　　　埋设及现场监测示意图

**19. 地下管线竖向位移**

地下管线竖向位移监测点布设一般有两种方式，一种位于管线上方以地表浅层点代替的方式，另一种位于管线侧方埋设管侧土体沉降的方式。

1）地表浅层测点

管线沉降采用地表间接测点的埋设方式进行。埋设形式如图 12.5-32 所示。

2）管侧土体沉降

管侧土体沉降采用钻孔方式进行，采用测杆形式埋设于管线外侧土体中，测杆底端宜与管线底标高一致，并采用混凝土与管线周边土体固定，测杆外加保护管，保护管外侧回填密实。埋设形式如图 12.5-33 所示。

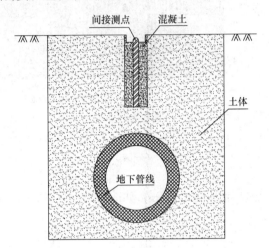

图 12.5-32　管线沉降间接测点标志埋设形式　图 12.5-33　管侧土体沉降测点标志埋设形式

**20. 高速公路与城市道路路面路基竖向位移**

高速公路、城市道路的路面竖向位移监测点埋设形式如图 12.5-34所示，路基竖向位移监测点埋设形式如图 12.5-35 所示。

**21. 桥梁墩（台）竖向位移**

桥梁墩（台）沉降测点应布设于桥梁墩（柱）或桥台上，标志点距离地面高度不宜低于 300mm，测点埋设稳固，做好清晰标记，方便保存，如图 12.5-36 所示。

**22. 桥梁墩柱倾斜位移**

（1）桥台高于1m 时，桥梁墩（台）倾斜测点优先布设安装小棱镜测点，若产权单位特殊要求或环境因素不具备条件时，可使用粘贴反光片。每组测点于桥台上下各布设一个测点，确保两点在一条竖直线上。

（2）桥台低于1m 时，使用倾角仪进行测试，仪器精度须满足设计图纸的要求。

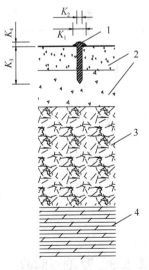

1—钢帽钉；2—路面结构；
3—路基垫层；4—原状土；
$K_1$—钉帽直径；$K_2$—顶杆直径；
$K_3$—顶杆长度；$K_4$—钉帽高度
图 12.5-34　路面竖向位移监测点

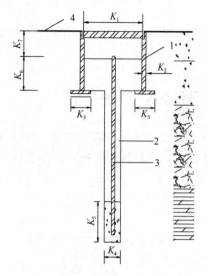

图 12.5-36　桥墩条形码式沉降
测点布设正面实景图

1—保护井；2—钻孔回填细沙；3—螺纹钢标志；4—路面；
$K_1$—保护井盖直径；$K_2$—保护井井壁厚度；$K_3$—井垫圈宽；
$K_4$—钻孔孔径；$K_5$—底端混凝土固结长度；$K_6$—井圈面距
测点顶部高度；$K_7$—测点顶部距井盖顶高度

图 12.5-35　路基竖向位移监测点

（3）采用粘贴反光片形式的测点，反光片尺寸为 $5cm \times 5cm$。如图 12.5-37～图 12.5-39
所示。

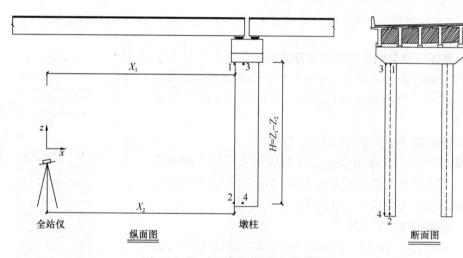

图 12.5-37　桥墩倾斜测点布设实景图

## 12.5.5　监测点验收

第三方监测单位会同监理单位对施工监测测点埋设的监测点质量进行验收，并涵盖所
有施工监测测点（不含洞内测点）、基准点与工作基点。施工单位出具监测点验收单，由
第三方监测单位与监理单位在监测点验收单上签字盖章确认后，存档备案。

图 12.5-38　粘贴式小棱镜测点实景图

图 12.5-39　反光片测点实景图

### 12.5.6　监测点标识及保护

　　施工现场监测点应进行标记，标识牌应简洁美观，规格统一。对位于场地或道路路面上的地表、管线沉降监测点可采用油漆就近书写编号或在附近灯杆、树木上悬挂标识牌，油漆书写编号应美观大方。标识牌应采用塑料板或铁板制作，尺寸不小于 300mm×200mm，对位于围护结构周边的桩（墙）顶位移、桩（墙）体位移测点可在测点附近的护栏、围挡上悬挂或粘贴测点标识牌，标识牌应醒目端正，内容清晰（图 12.5-40～图 12.5-42）。

图 12.5-40　地表沉降监测点

图 12.5-41　建筑物沉降监测点

　　监测点是实施一切监测工作的基础，施工单位是现场监测点保护的第一责任单位，日常工作中要加强对测点的巡查和保护。

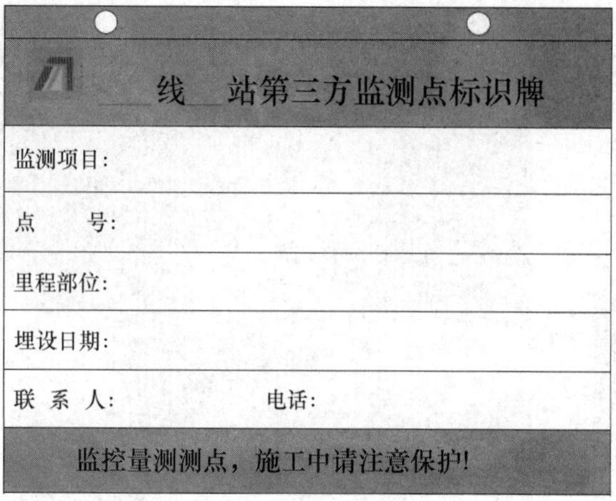

图 12.5-42 第三方监测测点标识牌样式

监测单位和施工单位要做好测点保护工作，发生测点损坏的，应及时修复。监测单位和施工单位在日常工作中应注意做好以下测点保护工作：

道路上布设的监测点易受到车辆碾压造成破坏，监测点布设完成后采取相应保护措施，以便保证监测数据的连续性。对于现场监测点应加设保护盖，并做好现场测点标识工作，监测过程中注意测点保护，测尺轻拿轻放，监测完毕后把保护盖放回原位，避免来回行驶车辆对测点造成碾压破坏。当测点发生破坏时，应及时督促施工单位恢复或进行必要的变更。

明挖基坑围护结构监测点易被破坏，布点时要求施工按监测点标准化方式进行布设，测斜管随钢筋笼下放后做好现场标识，凿除桩头时注意做好测斜管保护，防止堵塞、损坏，保证测斜管的成活率。桩顶水平位移测点做好测点保护罩，防止吊装、运输作业破坏测点。锚索、轴力计测线端头集中有序安放到线缆保护箱内。

## 12.5.7 初始值采集

埋设测点满足规范要求后，施工单位与第三方监测单位共同独立采集监测点初始值，测点初始值精度满足规范要求且双方比对无误后存档备案。

## 12.5.8 过程监测

工程开工前组织专家对工点的监测实施方案进行评审，并由业主审批，严格按审批后的方案实施监测工作。对人员、设备、操作方法等各方面进行严格把关，按照合同规定的范围、对象和内容等，开展监测工作，并及时整理、分析监测数据和巡视信息，编制现场监测成果资料。保证提交给业主的数据准确、真实、可靠。监测过程中遇到问题及时和业主沟通。

## 12.5.9 各项目监测作业方法

### 1. 竖向位移监测

1）监测方法和仪器选择

竖向位移监测常用几何水准测量方法，使用水准仪观测。在常规水准仪测量方法不能满足要求的情况下如监测人员不能到达的情况可采用三角高程测量法进行。

2）观测方法

采用水准测量方法，以基准点及工作基点为起算点，将监测点纳入其中，组成水准观测网，通过观测求取各期监测点高程值可计算竖向变形量。

水准路线形式有闭合水准路线、附合水准路线、支水准路线等形式，城市地下空间开发工程监测高程系统采用城市地下空间开发工程建设的高程系统,也可采用独立的假定高程系统。水准基准网一般布设成闭合或附合水准路线形式,将竖向变形监测点纳入其中进行观测。为保证有足够的起算数据检核,纳入基准网或观测网中的基准点与工作基点数量应各不少于 3 个。

考虑监测对象竖向变形监测控制指标及监测作业的经济性,监测精度一般要求达到控制指标的 $1/10 \sim 1/20$。对基准网与监测网的组网,可综合考虑使用的仪器精度与基准点、监测点的分布来进行网形设计,以满足监测精度要求。

3)数据处理

水准网观测成果高程计算时先以一点起算,沿观测路线计算各点概略高程值,通过推算至基准点的高程推算值与已知值进行比较,计算闭合差,根据测站数(或线路长)计算相应作业等级的闭合差允许值,并对观测精度进行评定。

**2. 水平位移监测**

1)监测方法和仪器选择

水平位移监测平面控制测量一般采用导线测量方法,监测点观测可视监测点的分布情况,采用交会测量、极坐标法、自由设站法、小角法、方向线偏移法、视准线法等方法。一般采用全站仪进行。

(1)导线测量。将测区内相邻控制点连成直线而构成的折线称为导线。这些控制点,称为导线点。导线测量就是依次测定各导线边的长度和各转折角值;根据起算数据,推算各边的坐标方位角,从而求出各导线点的坐标。导线测量一般用于平面控制测量。

(2)极坐标测量法。极坐标测量是通过使用全站仪在已知点或测定的点设站,观测设站点至监测点的角度、距离,计算测定监测点坐标的方法。

(3)前方交会法。如果在监测对象周边能够布设稳定的基准点,且具备通视条件,可采用这种方法。如图 12.5-43 所示,$A$、$B$ 为平面基准点,$P$ 为变形点,由于 $A$、$B$ 的坐标为已知,在观测了水平角 $\alpha$、$\beta$ 后,即求算 $P$ 点的坐标。

采用这种方法时,交会角宜在 $60° \sim 120°$ 之间,以保证交会精度。

水平位移监测仪器可使用带马达驱动目标自动识别的智能全站仪,仪器配备观测软件进行观测。一般情况下水平位移监测点相对基准点的精度达到 $\pm(1 \sim 2)$mm 时可满足大多

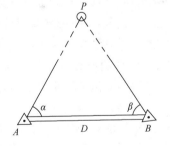

图 12.5-43 前方交会法原理图

数的监测精度要求。因此,控制网及监测点观测一般可按《工程测量标准》GB 50026—2020 二等水平位移监测网技术要求观测,有特殊要求的可提高观测等级。

2)数据处理

平面观测完成计算坐标时先以一点坐标、该点定向边方位起算,沿观测路线概算各点坐标值,通过推算至已知点和已知边的坐标与方位,与已知值进行比较,计算坐标闭合差与方位闭合差,根据测站数(或线路长),计算相应作业等级的闭合差允许值,合格后对闭合差进行分配平差,并对观测精度进行评定。

**3. 桩(墙)体水平位移监测**

1)监测方法和仪器选择

采用在支护桩、地下连续墙等支护结构内或土体内埋设测斜管，使用测斜仪观测，测斜仪的精度应不低于 4mm/15m。当支护结构嵌固深度范围不稳定时，应观测对应孔口坐标加以修正。

2）观测方法

（1）用模拟测头检查测斜管导槽。

（2）使测斜仪测读器处于工作状态，将测头导轮插入测斜管导槽内，缓慢地下放至管底，然后由管底自下而上沿导槽全长每隔 0.5m 读一次数据，记录测点深度和读数。测读完毕后，将测头旋转 180°插入同一对导槽内，以上述方法再测一次，深点深度同第一次相同。

（3）每一深度的正反两读数的绝对值宜相同，当读数有异常时应及时补测。

3）数据处理

在实际计算时，因读数仪显示的数值一般已经是经计算转化而成的水平量，因此只需按仪器使用说明书中告知的计算式计算即可，不同厂家生产的测斜仪其计算公式各不相同。要注意的是，读数仪显示的数值一般取 $l = 500$mm 作为计算长度。

**4. 土体分层沉降**

1）监测方法及仪器选择

通过埋设磁环，使用分层沉降仪观测。

2）观测方法

监测时应先用水准仪测出沉降管的管口高程，然后将分层沉降仪的探头缓缓放入沉降管中。当接收仪发生蜂鸣或指针偏转最大时，就是磁环的位置。捕捉响第一声时测量电缆在管口处的深度尺寸，每个磁环有两次响声，两次响声间的间距十几厘米。这样由上向下地测量到孔底，称为进程测读。当从该沉降管内收回测量电缆时，测头再次通过土层中的磁环，接收系统的蜂鸣器会再次发出蜂鸣声。此时，读出测量电缆在管口处的深度尺寸，如此测量到孔口，称为回程测读。磁环距管口深度取进、回程测读数平均数。

**5. 倾斜监测**

倾斜监测方法主要有倾斜仪观测法和全站仪多测回测角观测法两种。

1）倾斜仪观测法

常见的倾斜仪有水准管式倾斜仪、气泡式倾斜仪和电子倾斜仪等。

倾斜仪一般具有能连续读数、自动记录和数字传输等特点，有较高的观测精度，因而在倾斜观测中得到广泛应用。

（1）一般建（构）筑物的倾斜观测

对需要进行倾斜观测的一般建（构）筑物，要在几个侧面观测。在距离墙面大于墙高的地方选一点 A 安置经纬仪瞄准墙顶一点 M，向下投影得一点 M1，并做标志。过一段时间，再用经纬仪瞄准同一点 M，向下投影的 M2 点。若建筑物沿侧面方向发生倾斜，M 点已移位，则 M1 点与 M2 点不重合，于是量得水平偏移量 $a$。同时，在另一侧面也可测得偏移量 $b$，以 H 代表建筑物的高度，则建筑物的倾斜度为：

$$i = [(a_2 + b_2)] / H$$

（2）锥形建筑物的倾斜观测

当测定圆形建筑物，如烟囱、水塔等的倾斜度时，首先要求的顶部中心 O′点对底部中心 O 点的偏心距。其做法如下。

在烟囱底部边沿平放一根标尺，在标尺的垂直平分线方向上安置经纬仪，使经纬仪到烟囱的距离不小于烟囱高度的 1.5 倍。用望远镜瞄准底部边缘两点 A、A′ 及顶部边缘两点 B、B′，并分别投点到标尺上，设读数为 $y_1$、$y_1'$ 和 $y_2$、$y_2'$，则烟囱顶部中心 O′点对底部中心 O 点在 $y$ 方向的偏心距：

$$\delta y = (y_2 + y_2')/2 - (y_1 + y_1')/2$$

同法再安置经纬仪及标尺于烟囱的另一垂直方向，测得底部边缘和顶部边缘在标尺上投点读数为 $x_1$、$x_1'$ 和 $x_2$、$x_2'$，则在 $x$ 方向上的偏心距为：

$$\delta x = (x_2 + x_2')/2 - (x_1 + x_1')/2$$

烟囱的总偏心距为：$\delta = \sqrt{\delta x^2 + \delta y^2}$

烟囱倾斜为：$\alpha = \arctan(\delta/H)$

式中　$\alpha$——以轴作为标准方向线所表示的方向角。

以上观测，要求仪器的水平轴应严格水平。因此，观测前仪器应进行检验与校正，使观测误差在允许误差范围以内，观测时应用正倒镜观测两次取其平均值。

2）多测回测角观测法

水平位移监测控制网主要技术要求应符合《城市轨道交通工程测量规范》GB/T 50308—2017 的有关规定。

倾斜观测使用满足精度要求的经纬仪或全站仪进行观测，采用多测回测角方式进行。

观测注意事项如下：①对使用的全站仪、觇牌应在项目开始前和结束后进行检验，项目进行中也应定期进行检验，尤其是照准部水准管及电子气泡补偿的检验与校正；②观测应做到三固定，即固定人员、固定仪器、固定测站；③仪器、觇牌应安置稳固严格对中整平；④按精度要求正确设置各项限差；⑤仪器温度与外界温度一致时方可开始观测；⑥观测在目标成像清晰稳定的条件下进行；⑦应尽量避免受外界干扰影响观测精度。

建（构）筑物水平位移变形观测成果计算时，一般平差后，先计算测点的坐标，再通过与初始状态的比较，分别计算其沿 X、Y 坐标轴方向的变形值，从而了解建（构）筑物的水平位移。也可根据建（构）筑物的形状以及其在坐标系中的方位情况，归算至沿建（构）筑物长边和垂直于建（构）筑物长边等不同方向的变形情况。

**6. 裂缝监测**

建（构）筑物裂缝变化主要监测长度和宽度变化两项内容，宽度监测宜采用裂缝观测仪进行测读；或在裂缝两侧贴、埋标志，用千分尺或游标卡尺等设备直接量测；或用裂缝计、粘贴安装千分表等方法监测裂缝宽度变化（图 12.5-44）。裂缝长度监测一般采用直接量测法。

（1）观测前对测区的裂缝进行调查，并统一编号。

（2）布设裂缝观测标志。每条裂缝至少应

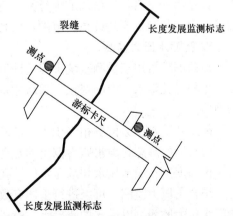

图 12.5-44　裂缝宽度变化测点
埋设及现场监测示意图

布设两组观测标志，一组在裂缝最宽处，另一组在裂缝末端。观测标志应具有可供量测的明晰端面或中心。观测期较长时，可采用镶嵌或埋入墙面的金属标志、金属标杆或楔形板标志；观测期短或要求不高时可采用油漆平行线标志或用建筑胶粘贴的金属片标志；要求较高、需要测出裂缝纵横向变化值时，可采用坐标方格网板标志。使用专用仪器设备观测的标志，可按具体要求另行设计。

（3）现场观测。对于数量不多，易于量测的裂缝，可视标志形式不同，用小钢尺、游标卡尺等工具定期量出标志间距来求得裂缝变位值，或用方格网板定期读取"坐标差"计算裂缝变化值；对需连续监测裂缝变化时，采用测缝计自动测记方法观测。

裂缝观测中，裂缝宽度数据应量取至 0.1mm，每次观测应绘出裂缝的位置、形态和尺寸，注明日期，附必要的照片资料。

### 7. 净空收敛监测

净空收敛监测可采用接触和非接触两种方法，其中接触监测主要采用收敛计进行，非接触监测则主要采用红外激光测距仪或全站仪进行。

采用收敛计进行净空收敛监测相对简单，通过监测布设于隧道周边上的两个监测点之间的距离，求出与上次量测值之间的变化量即为此处两监测点方向的净空变化值。读数时应进行三次，然后取其平均值。

对于跨度小、位移较大的隧道，可用杆式收敛仪进行监测，测杆可由数节组成，杆端装设百分表或游标尺，以提高监测精度。杆式收敛计的操作步骤如下：①当作铅垂向监测时，测杆的上下两圆锥面测座应埋设在顶板和底板上，为保证它们基本上能处于一铅直线上，宜先埋设上测座，再采用吊锤球的方法确定出下测座的位置，钻孔完成安装孔，并用水泥砂浆将圆锥面测座埋设于底板上；②初读数的接杆编号应记录清楚，接杆的螺纹每次应拧紧；③测座内锥面在每次监测时都应把泥沙灰尘擦干净；④监测时先将下端的球形测脚放入下测座的圆锥内，再通过细杆压紧弹簧，并使上端球形测脚放入上测座的圆锥内，再压紧弹簧。压紧弹簧的动作宜慢、稳，每次压紧方法应尽量一致。

每个收敛监测点应安装牢固，并采取保护措施，防止因监测点松动而造成监测数据不准确。收敛计读数应准确无误，读数时视线垂直测表，以避免视差。每次监测反复读数三次，读完第一次后，拧松调节螺母并进行调节，拉紧钢尺（或钢丝）至恒定拉力后重复读数，三次读数差不应超过精度范围，取其平均值为本次监测值。

### 8. 孔隙水压力监测

该监测项目用于量测基坑工程坑外不同深度土的孔隙水压力。由于饱和土受荷载后首先产生的是孔隙水压力的变化，随后才是颗粒的固结变形，孔隙水压力的变化是土体运动的前兆。

静态孔隙水压力监测相当于水位监测。

潜水层的静态孔隙水压力测出的是孔隙水压力计上方的水头压力，可以通过换算计算出水位高度。在微承压水和承压水层，孔隙水压力计可以直接测出水的压力。

结合土压力监测，可以进行土体有效应力分析，作为土体稳定计算的依据。不同深度孔隙水压力监测可以为支护墙后水、土压力分算提供设计依据。

1）监测方法及仪器选择

采用埋设孔隙水压力，采用数显频率仪测读的方法，仪器采用孔隙水压力计与数显频率仪。

2）观测方法

孔隙水压力计测试用数显频率仪测读、记录孔隙水压力计频率。

现场核实监测部位监测点编号及仪器编号，并进行必要的信息记录。将 GK-408 振弦读数仪与振弦式渗压计正确连接，电缆一端 10 针的插头连接在 GK-408 面板相应的插座上，另一端 5 根（颜色分别为红色、黑色、绿色、白色和蓝色）终端导线鳄鱼夹与振弦式渗压计引出同样颜色导线连接。打开 GK-408 型振弦读数仪电源开关，读数时选择"B"档。读取并存储记录 3 次相应的频率读数值。关闭 GK-408 型振弦读数仪电源开关，收起连接导线，仪器装箱。

取 3 次频率读数均值，按率定表中多项式方法进行最终孔隙水压力监测值计算。根据压力差，即可计算渗透压力变化。

**9. 地下水位监测**

1）监测作业方法

钢尺水位计的工作原理是在已埋设好的水管中缓慢向下放入水位计测头，当测头接触到水面时，启动讯响器，此时读取测量钢尺在管顶位置的读数，每次读取管顶读数对应的管顶位置应一致。然后用水准测量的方法测出水位管的管口高程，通过计算得出水位管内水面的高程。

2）数据处理

水位管内的地下水位应以绝对高程表示，一般计算公式如下：

$$D=H-h$$

式中　$D$——水位管内水面绝对高程（m）；

　　　$H$——水位管管口绝对高程（m）；

　　　$h$——水位管内水面至管口的距离（m）。

每次观测计算出本次水位与初始水位变化值及本次水位与上次水位变化值。

**10. 岩土压力监测**

岩土压力包括基坑支护桩（墙）侧向土压力、盾构法及矿山法隧道围岩压力。

基坑工程土压力监测主要用于量测支护结构内、外侧的土压力。结合孔隙水压力监测，可以进行土体有效应力分析，作为土体稳定计算的依据。不同深度土压力监测可以为支护墙后水、土压力分布提供设计依据。通过埋设土压力盒，采用数显频率仪读数仪观测。

矿山法施工通过在不同的主断面周围土体中布置土压盒，在初期支护的钢格栅上焊接钢筋应力计监测研究手段，达到分析围岩压力、支护结构受力状态及隧道结构支护效果评价的目的。了解围岩压力的量值及分布状态；判断围岩和支护的稳定性，分析二次衬砌的稳定性和安全度。

盾构管片衬砌和地层的接触应力是管片衬砌背后土体传递给管片衬砌结构的压力与盾构隧道管片衬砌完成后衬砌背后土体中应力重分布引起的土体内部压力，又称土压力。管片衬砌和地层接触应力监测与管片内力监测、管片外侧的孔隙水压力等监测数据相结合分析，为全面掌握管片结构的受力情况，进行盾构施工反演分析计算提供原始数据，与设计采用值比照参考，检验设计的模型与截面内力计算正确性。地质条件较差地段、上部荷载较大部位以及双线盾构隧道近距离施工后施工的隧道会对已完成的盾构隧道产生较大扰动，这些情况下对管片衬砌和地层接触应力监测较为重要。通过埋设土压力盒，采用数显频率仪读数仪观测。土压力测试用数显频率仪测读、记录土压力计频率即可，连续读取 3 个数据取均值作为测值。

**11. 支撑轴力、锚杆和土钉拉力监测**

1）监测方法

（1）支撑轴力

① 轴力计安装后，在施加钢支撑预应力前进行轴力计的初始频率的测量，在施加钢支撑预应力时，应该测量其频率，计算出其受力，同时要根据千斤顶的读数对轴力计的结果进行校核，进一步修正计算公式。

② 基坑开挖前应测试 2～3 次稳定值，取平均值作为计算应力变化的初始值。

③ 支撑轴力量测时，同一批支撑尽量在相同的时间或温度下量测，每次读数均应记录温度测量结果。

（2）锚杆（索）拉力

在锚杆测力计安装好并锚杆施工完成后，进行锚杆预应力张拉，这时要记录锚杆轴力计上的初始荷载，同时要根据张拉千斤顶的读数对轴力计的结果进行校核。量测时，同一批锚杆尽量在相同的时间或温度下量测，每次读数均应记录温度测量结果。

2）数据处理

测力计的工作原理是：当轴力计受轴向力时，引起弹性钢弦的张力变化，改变了钢弦的振动频率，通过频率仪测得钢弦的频率变化，即可测出所受作用力的大小。一般计算公式如下：

$$P = K\Delta F + b\Delta T + B$$

式中  $P$——支撑轴力（kN）；

$K$——轴力计的标定系数（kN/F）；

$\Delta F$——轴力计输出频率模数实时测量值相对于基准值的变化量（F）；

$b$——轴力计的温度修正系数（kN/℃）；

$\Delta T$——轴力计的温度实时测量值相对于基准值的变化量（℃）；

$B$——轴力计的计算修正值（kN）。

注：频率模数 $F = f^2 \times 10^{-3}$。

**12. 结构应力监测**

结构应力包括明挖法支护桩（墙）结构应力、立柱结构内力、围檩内力、盾构法管片结构应力、管片连接螺栓应力、矿山法施工初期支护结构、二次衬砌应力。

结构应力监测仪器为界面土压力计、频率接收仪、监测精度为 0.15%FS。

（1）调零与标定。在压力盒安设之前校核，读各仪器的 F0；

（2）隧道结构内安设完毕后，进行初始读数；

（3）根据隧道内的每道工序，定时量测；

（4）量测记录、计算及分析，分别绘制测点频率、受力及换算后的结构受力曲线，及时记录施工工序，形成一整套合理的变形、受力规律。

## 12.5.10 数据处理及分析

监测信息一般包含监测数据、巡视信息、视频监控信息和咨询信息。

　　(1) 监测数据：主要包括监测数据分析说明、监测项目、测点布置图、监测成果表（包括阶段测值、累计测值、变形差值、变形速率、数据预警判断结论等）、监测时程变化曲线，沉降断面图等；

　　(2) 巡视信息：包括周边环境巡视信息、支护结构巡视信息、作业面巡视信息等，成果主要包括巡视成果表（含巡视预警判断结论）、巡视情况图片等，以及通过施工安全风险监控系统及其他手段获取的监控及巡视信息；

　　(3) 按照管理方要求对指定部位进行监控，负责巡查摄像机按照跟进情况、设备的运行情况以及图像质量等内容，跟踪视频监控系统的运转，达到预警要求及时发布预警，建立视频监控管理台账并填写视频监控记录表；

　　(4) 咨询信息：依据监测数据、巡视工作进行的综合判断（包含工程安全风险状态评价、施工建议、预警处置及消警建议、预警处置现场评价等）。

## 12.5.11　监测预警及信息反馈

　　1）监测预警

　　监测控制指标是工程安全风险监控的重要标准，是工程预警报警等级划分的重要基准数值，是工程安全风险管理的核心内容。控制值一般由设计单位根据规范、模拟计算结果、产权评估结果结合工程经验和当地管理要求制定。预报警管理值是管理单位依据单位管理制度和相关行业、企业标准制定。监测工作应严格按确定的项目控制指标和预报警办法执行。

　　2）信息反馈

　　(1) 一般监控信息报送。一般监控信息主要包括监测数据、巡视报告、进度信息、专家巡视报告、测点验收及初始值报告、测点破坏及占压报告、监测停止报告、巡视停止报告、视频值班记录等。

　　(2) 预警信息报送。预警信息包括：监测预警、巡视预警和综合预警信息。预警信息应在第一时间通过电话、手机短信、微信、风险管理平台推送等形式报送线建设方、产权单位、监理单位、设计单位等相关参建方，同时具体情况以纸质预警单报送。

　　为保证监控信息报送的及时性、有效性，应组成数据分析及信息反馈组，专人负责日常监控信息的报送，即向各个相关单位报送书面文字报告；专人负责警戒快报的报送。制定监控信息报送制度及报送流程，制定项目信息报送计划，规定相关资料的报送时间节点。组织作业人员对信息反馈相关制度、流程进行培训学习，并制定奖惩制度。

　　做好预警事务的处理配合及跟踪，只有预警事务得到正确、及时的处理，才能消除工程安全隐患，真正实现对风险的控制目标。

## 12.5.12　监测成果报告

　　监测成果报告必须能以直观的形式（如表格、图形等）表达出获取的与施工过程有关的监测信息（如被测指标的当前值与变化速率等），监测结果一目了然，可读性强。监测成果报告包括日报、周报和最终报告。监测成果报告中应包含技术说明、监测时间、使用仪器、依据规范、监测方案及所达到精度，列出监测值、累计值、变形率、变形差值、变形曲线，并根据规范及监测情况提出结论性意见。

阶段性报告的编写内容主要有以下几点：

（1）施工工况：本阶段开挖、支护顺序与工程进展及施工监测开展情况简述；

（2）监测工作情况：本阶段主要施工影响范围内监测成果综述，重点监测对象及变形异常的监测数据重点说明；

（3）监测成果及异常情况分析：对监测数据进行归纳总结，绘制时间-位移或应力时态曲线，对于较大位移或应力监测数据，结合施工分析其原因及发展规律，对施工邻近建筑物、地下管线等变形的安全性分析，以利于采取进一步措施；

（4）对安全情况的总体评价；

（5）结论及建议：针对监测数据分析结果提出控制措施建议，指导下一步施工；

（6）测点变形沉降（变形）曲线、监测成果表汇总、监测点的分布示意图；

（7）下阶段监测计划：根据施工进度及生产计划，安排下阶段的监测布点和监测计划（附监测点布置图）。

总结报告的编写内容主要有以下几点：

（1）工程概况（包括具体的施工进度）；

（2）监测目的、监测项目和技术标准；

（3）采用的仪器型号、规格和标定资料；

（4）测点布置；

（5）监测数据采集和观测方法；

（6）现场安全巡视方法；

（7）监测资料、巡视信息的分析处理；

（8）预警情况、监控跟踪情况及其处理；

（9）监测结果评述；

（10）现场安全巡视效果评述；

（11）提供以下图表：

① 各项监测成果汇总表；

② 各项安全巡视信息成果表；

③ 典型测点的时程曲线图；

④ 围护结构（或土体）测斜监测提供测斜孔沿深度方向的水平位移变化值曲线图；

⑤ 沉降断面图；

⑥ 结合工程实际情况提供其他分析图表如等沉降值线图、测点的变化值随施工进展（或受力变化）变化曲线等；

⑦ 监测测点布置图。

## 12.6 城市地下空间开发监测预警与风险管控

### 12.6.1 概述

城市地下空间开发安全监测对设计、施工和运行信息化管控提供支撑，监测预警与风险管控是重要的环节。张建全等[1]对第三方安全监测关键技术进行了研究，提出了控制指标的确定方法，为监测预警提供了指标依据。黄宏伟等[4]对城市地下空间深开挖预警进行了系统研究，从定量化考虑工程经济与安全的博弈角度，提出了深开挖工程风险预警标准。常松等[5]对智慧管网安全运营监测预警关键技术进行了研究，构建了统一的智慧管网安全运营监测预警管理体系。

## 12.6.2　预警概念和意义

城市地下空间开发监测预警是指在地下空间施工及运行期间工程结构发生变形、位移、坍塌，地层发生滑移、空洞、渗流，自然界出现地震、暴雨、洪灾等异常风险影响前，通过对监测对象进行实时与动态的数据采集、分析和评估，通过监测数据和模型预测分析判断，及时发出对突发事件或可能发生的风险和危害的预警信息，提供预防措施的时间窗口，减少或避免对人民生命、财产和大自然造成的损失和破坏。其意义在于：

（1）减少和避免损失。监测预警可以及时发现、预警突发事件和风险，及时采取有效的措施，从而减少和避免损失。

（2）提高反应速度。监测预警可以及时发现潜在风险和危害，并通过快速反应和决策来降低风险和损失。

（3）优化决策。监测预警提供了实时、动态的数据和信息，可以帮助政府和企业制定更加科学、合理、有针对性的决策。

（4）降低成本。通过监测预警，可以在风险和危害发生前及时采取措施，从而避免了事后处理的成本。

（5）保障社会安全和稳定。监测预警是保障社会安全和稳定的重要手段，通过预警，可以有效预防和控制各种意外事件和自然灾害的危害，保障社会稳定。

## 12.6.3　预警方法和模型

城市地下空间开发的预警方法和模型包括基于监测数据的模型预警和基于数值模拟的物理模型预警。模型预警可利用监测数据建立统计模型、神经网络模型等进行预测。物理模型预警可通过构建数值分析模型模拟地下空间的结构和地层变形、地下水渗流、周边工程扰动、自然灾害影响等过程，预测灾害。近年来监测数据＋生成式人工智能模型技术也得到应用，对于监测预警精准度提升提供了支撑。

### 1. 基于监测数据的预警模型

预警方法和模型有多种，常见的包括概率模型、数据挖掘模型、模糊综合评价模型、神经网络模型等。

（1）概率模型。基于概率理论的预警模型，通过统计历史数据，分析其规律性和特点，预测风险事件。常见的概率模型包括贝叶斯网络、指数平滑模型、ARIMA 时间序列模型等。

（2）数据挖掘模型。利用数据挖掘技术对历史数据进行分析和挖掘，找出规律和特征，预测风险事件。常见的数据挖掘模型包括分类模型、聚类模型、关联规则模型等。

（3）模糊综合评价模型。运用模糊数学和多层次综合评价理论，将多个指标或因素综合考虑，评价对象的风险和事件，从而实现预警。常见的模糊综合评价模型包括模糊层次分析法、模糊综合评价模型等。

（4）神经网络模型。利用人工神经网络对历史数据进行训练，并通过对数据的学习和分析，预测风险事件。常见的神经网络模型包括 BP 神经网络、RBF 神经网络、卷积神经网络等。

**2. 基于数值模拟的物理模型**

构建基于数值模拟的物理模型的主要步骤包括：明确预警目标、建立基础数据集、选择合适的数值模型、收集模型运行所需的参数、模型验证和修正。基于数值模拟的预警方法和模型主要有：

（1）有限元分析方法。通过将复杂结构分割成若干简单的几何形状，然后将结构用离散节点和元素进行抽象，再利用数值计算方法对整个结构进行数值计算。分析步骤包括确定分析对象、建立有限元模型、划分单元剖分、求解模型、分析结果。有限元分析模型方法的优点在于可以对复杂结构进行准确分析和预测，同时可以指导优化工程设计，提高工程结构的性能和安全性。

（2）有限差分分析方法。将求解区域划分成网格，用有限差分公式逐一求解网格上的离散点的值，通常使用中心差分、向前差分和向后差分三种差分形式进行计算。有限差分方法可以解决分析工程施工过程、地震波传播、流体动力学等问题。

（3）离散元分析方法（DEM）。是一种模拟固体或粉末物质行为的数值方法，将物质划分为多个小的离散单元，通过对其间的相互作用和运动进行数值模拟来预测系统的整体行为。DEM 方法能够考虑物质微观结构和相互作用、精度高、能够模拟大尺度和高复杂度系统等。

**3. 监测数据＋生成式人工智能模型**

监测数据＋生成式人工智能是指利用深度学习、神经网络等技术，通过训练来模拟事物的发生发展过程，自动生成符合实际的结果。生成式人工智能可以利用大量的数据信息，对岩土工程的运行情况进行动态、实时的监测预警，提高岩土工程的安全性和可靠性。岩土工程监测预警具体方法应用：

（1）数据采集与预处理。利用传感器等设备采集地下水位、振动、温度、湿度、位移、应力等监测数据，并进行预处理，如缺失数据的补全、数据的清洗、去噪等。

（2）建立预测模型。利用监测数据训练生成式模型，可选择传统的回归模型、分类模型，也可利用深度学习模型，如基于深度神经网络的自编码器、变分自编码器、生成对抗网络等模型。

（3）预测分析与优化。通过训练生成式模型，获得相应的预测结果，通过对结果的分析和优化，进行可视化和结果均衡分析，提高预测结果的准确性、可靠性和显著性。

（4）风险评估与预警分析。根据岩土工程的实际情况，结合风险评估模型，进行数据挖掘和进一步分析，进而构建监测预警的模型和系统，评价岩土工程安全状况。

## 12.6.4　风险识别和评估

城市地下空间开发的风险识别和评估包括对地质灾害、结构安全、环境设施影响等风险因素的识别和评估。通过对风险因素的分析和评估，可以确定风险等级和相应的管控策略。

### 1. 城市地下空间开发地质灾害识别

城市地下空间开发需要对地质灾害进行充分的识别和评估，以下是一些常见的地质灾害类型和识别方法：

（1）地震灾害。地震灾害是城市地下空间开发中最具有挑战性的问题之一。地震灾害通常在活动板块和断层线附近发生，因此，对于地震活动区应该进行详细的地质勘查和地震风险评估。另外可以通过地震监测系统来监测地下结构的变化。

（2）断层灾害。断层是地壳中的断裂带，通常表现为线状或带状的地形或地貌特征。断层容易引起地震、滑坡、塌陷等地质灾害，必须进行详细的勘探和评估。

（3）地质滑坡灾害。地质滑坡是指地形坡度过大，受到水土流失、地震、地质变形等因素影响，导致土壤和岩石沿着坡面滑动或脱落的现象。地质滑坡可能导致地下结构的毁坏和安全隐患。因此，必须进行详细的地质勘探和预测。

（4）地下水灾害。地下水流的变化会引起地下结构和建筑物的沉降和上升等问题。在城市地下空间开发之前，必须对该地区的水文地质条件进行研究，并对可能出现的地下水灾害进行评估和预测。

（5）岩溶地质灾害。地质中的石灰岩、大理岩等岩石岩溶区易形成岩溶区，岩溶区通常存在着洞穴和地下水流，影响城市地下空间的建设。在城市地下空间开发之前，必须对该区域的岩溶地质条件进行研究和评估，以确定合理的开发方案。

### 2. 城市地下空间开发结构安全识别

城市地下空间的开发结构安全识别是指通过对结构进行综合评价和检测，确定其安全可靠性和可持续性，避免地下空间发生安全事故，是保障城市地下空间运行和利用的重要保证，有助于预防地下空间发生安全事故。主要包括以下几个方面：

（1）地质与构造安全识别。通过对地质构造和地下水等环境因素进行分析和预测，确定地下空间开发的安全稳定性和可靠性。包括地下水位、土壤稳定性、地下岩层结构等方面的识别和评估。

（2）结构安全识别。对地下空间的结构体系进行评估，确定其强度和稳定性是否满足设计要求以及使用寿命是否符合标准。包括地下空间的强度、刚度、稳定性等方面的识别和评估。

（3）设备安全识别。对地下空间内设备的使用情况进行评估，分析和预测设备的使用寿命和可靠性，以确认设备使用的安全性和可持续性。包括地下空间内的设备，如电气设备、供水设备、空气处理设备等方面的识别和评估。

（4）使用安全识别。对地下空间的使用情况进行评估，分析和预测地下空间的使用流量和使用负荷等因素，以确认其使用安全性和可持续性。包括地下空间的使用量、使用方式、使用频率等方面的识别和评估。

### 3. 城市地下空间开发周边环境安全识别

城市地下空间开发需要全面考虑周边环境的安全识别，采用科学的技术手段和管理措施，确保地下空间建设的稳定、可靠、安全、环保。城市地下空间开发需要考虑周边环境的安全识别，包括以下几个方面：

（1）地质条件。地下空间的开发需要考虑到地质条件的稳定性和可靠性。需要对周边地质环境进行详细的调查，评估地基承载能力和地下水等条件，以确保地下空间建设的稳定性和可靠性。

（2）建筑设施。开发建设可能对周边建筑物、管线、桥梁等造成影响，因此需要进行安全识别。主要影响因素包括地下水位的变化、地下空洞的形成、管线迁改、地基基础扰动等，需要充分识别这些因素，评估影响，采取控制措施。

（3）自然灾害。对周边自然灾害的风险，如地震、山体滑坡、洪水等。需要对周边自然灾害的历史发展和发生概率进行详细评估，并采取相应的防范和应急措施。

（4）消防安全。地下空间的建设需要以消防规范为基础，同时需要进行相关的消防设备配置和演练培训，以确保地下空间中人员的安全和消防的有效应对能力。

### 12.6.5 风险管控策略和措施

风险管控策略和措施包括风险防范措施、监测预警策略、应急响应制度等方面。风险防范可以通过合理规划和设计、加强监督管理等措施减少风险的发生。

**1. 地下空间开发风险防范策略和措施**

（1）风险识别与评估。建设期在施工前开展对地下空间的设计、施工、环境保护方案的风险评估，识别采用明挖、暗挖等工程风险对象和关键过程，提出对应的风险等级及建议措施，在施工中根据监测数据与具体施工进度开展对结构、施工工艺、环境设施影响的动态识别评估。运营期需要评价结构、设施运行安全。

（2）风险现场管控。通过建立现场监控中心，在风险识别的基础上，采用视频巡查和专家现场巡查的方法，动态查找问题隐患，由监控中心发布管控指令，指导施工控制措施和运行控制措施的落实。

**2. 地下空间开发监测预警策略**

安全预警结合工程类型、特点、施工顺序和方法、监测项目控制值和监测数据时空变化规律等特点构建科学可靠的预警模型，预警模型可分为实时预警模型与预测预警模型。

实时预警模型预警包括下列内容：

（1）阈值预警，对各类自动化监测项目，按监测项目控制值的一定比例，分等级设定监测成果的控制阈值，当监测数据超过相应的控制阈值应立即预警；

（2）统计预警，对多个监测项目的监测数据，使用关联统计、模态分析、趋势分析、频谱分析等方法建立统计模型，当统计指标超出安全范围时应立即预警；

（3）评估预警，对多源监测数据、巡查信息、工况信息等进行监测数据融合评估分析，当分析结果超出安全范围时应立即预警。

预测预警模型包括下列内容：

（1）短时预测，对于变形快速的高风险监测对象设施，构建以秒、分钟、小时为周期的预测预警模型，当预测数据超过安全范围时应立即预警；

（2）中期预测，对处于周期性变形的监测对象设施，构建以日、周、月为周期的预测预警模型，当预测数据超过安全范围时应立即预警；

（3）长期预测，对处于稳定期或缓慢变化的监测对象设施，构建以季度、年为单位的预测预警模型，当预测数据超过安全范围时进行预警；

（4）自适应预测，对于处于特定场景下的监测对象设施，构建动态自适应预测预警模型，当预测数据超过安全范围时立即预警。

### 12.6.6　风险监测和应急响应

风险监测和应急响应是城市地下空间开发风险管控的重要环节。通过自动化监测系统实时获取地下空间的监测数据，及时发现异常情况，触发相应的应急响应机制，减少损失和风险。

**1. 地下空间开发监测预警**

监测预警可以通过建设自动化监测和预警系统及时发现和预防潜在风险。

（1）设施建设。根据开展建设与运行需要，需要设施监控室、监控系统大屏、现场监测数据采集装置、数据传输装置、预警声光电报警装备。

（2）安全预警。当监测数据达到预警标准时，自动进行警情报送，预警信息通过短信、电话、邮件、APP消息等方式实时推送给建设、设计、施工、监理、产权及监管等单位的管理人员，并通过声光电报警器等终端进行警情现场播报。

**2. 地下空间开发应急响应**

应急响应可以通过建立应急预案和演练等方式，提高应对突发事件的能力。应急预案的制定需要考虑地质勘探、隧道施工、开挖和建造等一系列工程活动风险应急以及地震、火灾、水灾等自然灾害应急。储备应急资源和物资，包括人员、器材、药品、食品等，并保证其处于有效状态。开展应急演练检验预案的可行性和完整性，提高应急响应能力和效率。

### 12.6.7　地下空间三维建模与可视化

地下空间的三维建模与可视化技术可以将地下空间的结构和特征以可视化的方式展示出来，帮助进行规划建设、运行维护等管理决策。地下空间三维建模与可视化方法分类介绍如下。

**1. 激光扫描技术**

利用激光扫描仪对地下空间进行高精度扫描，获取大量的点云数据，通过数据融合和三维重建技术，构建出地下空间的三维模型，实现地下空间的可视化展示。主要步骤如下：

（1）激光扫描。针对特定的地下空间，在建模的同时可采用激光扫描技术，利用激光扫描仪将地下空间的图像资料进行高密度的采集，获取全面的三维建模数据。

（2）数据处理。对扫描数据进行数据处理，使其符合三维建模和可视化要求。数据处理包括数据的清洗、去噪、配准和融合等工作。

（3）三维建模。使用处理后的数据，使用三维建模软件进行建模操作，生成地下空间的三维模型。建模过程包括模型精度控制、模型构建、材质赋值、贴图等操作。

（4）可视化。生成地下空间的三维模型后，对模型进行可视化处理，使其更易于观察和理解。可视化工具包括虚拟现实技术、可交互式图形界面等。

（5）分析和应用。根据需求对地下空间的三维模型进行分析和应用。例如，地下空间的结构设计、检测、监测及安全评估等。

**2. 声波探测技术**

可视化声波探测技术以声波探测技术为基础，对地下空间进行三维建模和可视化分析的技术。主要通过以下步骤实现：

（1）声波探测。利用声波探测仪器对地下空间进行扫描，记录并获得地下空间的声波反射数据。

（2）数据处理：将获得的声波反射数据进行处理，通过计算和分析等手段，得出地下空间的结构和特征信息。

（3）三维建模：利用计算机软件对地下空间进行三维建模，将声波探测数据与地质填图数据等结合起来，形成真实、准确的地下空间三维模型。

（4）可视化分析：通过对三维模型进行可视化分析，即将数据转化为可视图像，以便人们更好地理解地下空间的结构和特征。

**3. 地质勘探技术**

通过勘探手段对地质数据进行采集，将地质数据转化为可视化的数字模型，通过对地质数据的三维可视化和交互式演示来展示地下空间的特征和内部结构，对地质结构和构造的深入认识和理解，对地下空间的物质、能量和动力等过程的仿真模拟，研究地下空间特点和变化规律。

**4. 遥感技术**

通过航空遥感和卫星遥感技术获取城市地下空间遥感影像，利用遥感图像处理技术，提取地下空间的信息，并进行空间分析和图像分类等数据处理。

**5. 数字化技术**

利用数字化技术将实际建筑物和地下设施信息数字化，再利用三维建模软件进行建模和可视化。

**6. 虚拟现实技术**

将三维建模结果与虚拟现实技术结合，实现地下空间的可视化和交互，提高数据的可读性和可操作性。

## 12.6.8 自动化监测与人工智能技术预警

人工智能技术可以实现监测数据的自动处理和解译，提高监测数据的分析效率。自动化技术可以实现监测设备的自动化运行和数据采集，减少人为因素的干扰。

**1. 自动化监测技术**

自动化监测技术是一种利用传感器、数据采集系统和数据分析算法等技术，对城市地下空间进行实时、自动化的监测和管理的技术。城市地下空间开发自动化监测技术方法主要包括：

（1）地下水位监测技术。通过在地下安装水位计或压力传感器等监测设备对地下水位进行连续监测，及时发现水位变化，并提出预警。

（2）地下渗流监测技术。通过在地下安装渗流计或渗压计等监测设备对地下水文流动进行监测，获得渗流数据，并进行分析、评估。

（3）地下结构健康监测技术。通过在地下安装振动传感器、应变计等监测设备对地下结构进行实时监测，发现结构变形、裂缝、松动等情况，及时采取措施维修。

（4）地下环境监测技术。通过在地下安装空气质量监测仪、有害气体浓度监测仪等监测设备对地下环境污染进行实时监测，保障地下空间的工作环境安全。

（5）地下设备监测技术。通过在地下管道、隧道等设施安装传感器对设备进行实时监测，发现设备故障并及时维修，确保设施运行稳定。

（6）结构保护监测技术。通过在结构内部安装振动传感器、地面安装视频监控系统，分析外部钻探、挖掘、爆破等施工活动对地下结构的潜在破坏风险，及时采取管控措施。

**2. 人工智能技术预警**

人工智能技术通过大数据分析、传感器监测等手段，快速、准确地掌握地下空间的状态和情况，提前预警地质灾害、安全风险等问题，为城市地下空间的安全利用提供保障。同时，将人工智能技术应用于地下空间监测预警还可以提高监测效率和准确性，降低人工成本和错误率。

（1）数据分析技术。通过对多源数据的分析和挖掘，发现并提取有价值的信息，用于风险评估和预警。

（2）模式识别技术。通过对多个数据维度的分析和对比，发现并识别不同的模式，并判断是否符合预期，用于预警。

（3）人工智能算法。如机器学习、深度学习等，通过对历史数据的学习和分析，预测未来可能出现的情况，并提供预警。

（4）自然语言处理技术。通过对文本、语音等非结构化数据的处理与分析，提取关键信息，支持智能决策。

## 12.6.9　数据挖掘与智能分析

数据挖掘与智能分析技术可以从大量的监测数据中发现隐藏的模式和规律，为风险预测和决策提供支持。通过数据挖掘和智能分析，可以发现地下空间开发的风险因素和影响因素，并进行风险评估和管控。

**1. 数据挖掘技术**

通过基于数据挖掘技术的城市地下空间开发监测与预警系统，对数据进行挖掘和分析，实现对城市地下空间开发和使用的监测和预警。该技术主要包括以下几个方面：

（1）数据采集。通过各种传感器、监测设备等手段，对城市地下空间的各项数据进行实时采集，包括地层、地下水、地下管线、地下交通、地下建筑等多种参数。

（2）数据挖掘与分析。利用数据挖掘技术，对城市地下空间的数据进行分析和挖掘，以发现其中的规律和趋势，帮助实现对城市地下空间的监测和预警。

（3）风险评估与预警。基于挖掘和分析出的数据，进行风险评估和预警，对城市地下空间的开发和使用进行监测，及时发现、预警并防范潜在的风险。

**2. 智能分析技术**

通过利用传感器和仪器监测成果进行智能分析，对城市地下空间的开发进行监测和预警。可以通过以下方式实现：

（1）传感器监测。利用传感器对城市地下空间的温度、湿度、氧气浓度、二氧化碳浓度、甲醛浓度等进行实时监测，及时发现异常情况。

（2）仪器测量。利用光波、电磁波、声波、地震波等技术手段，对城市地下空间进行非破坏性探测，可实时监测地下空间的结构变化，及时发现裂隙、沉降等异常情况。

（3）智能分析。通过人工智能技术，对传感器和监测仪器采集的数据进行智能分析，建立预警模型，及时预警可能发生的安全隐患，提高地下空间的安全度。

（4）数据管理。对监测数据进行集中管理，建立监测数据库和地图信息库，便于管理者进行数据分析和查询，及时采取必要的措施进行处理。

### 12.6.10　多源数据融合与集成

将多种数据源进行融合和集成，包括监测数据、遥感数据、地理信息数据等，实现更全面、准确的地下空间监测预警和风险管控。多种数据源的融合和集成步骤如下：

（1）数据清洗和预处理。对各个数据源进行数据清洗和预处理，包括数据格式转换、去重、修复缺失值、标准化等处理，确保数据的可用性和一致性。

（2）数据集成和匹配。对于不同数据源的数据，进行数据集成和匹配，找到各种数据之间的联系和相互作用。可以使用数据挖掘和机器学习等技术实现数据匹配和集成。

（3）数据分析和建模。根据监测目的和数据特点，采用不同分析方法和建模技术，对数据进行分析和模型建立，提取有用的信息和规律，为决策提供参考。

（4）预警和风险管控。根据模型分析和结果预测，设计和实施预警机制和风险管控措施，对地下空间进行监测和管理，及时发现和处理潜在的风险。

## 参考文献

[1]　张建全，等．建设工程安全监测技术及应用[M]．北京：中国计划出版社，2023．

[2]　国家电力监管委员会大坝安全监察中心．岩土工程安全监测手册：全2册[M]．3版．北京：中国水利水电出版社，2013．

[3]　刘军生，王社良，梁亚平，大跨空间结构施工监测及健康监测[M]．西安：西安交通大学出版社．2017．

[4]　黄宏伟，等．城市地下空间深开挖施工风险预警[M]．上海：同济大学出版社，2014．

[5]　常松，等．智慧管网安全运营监测预警关键技术．国家科技成果．

[6]　金淮，张建全，吴锋波，等．城市轨道交通工程监测理论与技术实践[M]．北京：中国建筑工业出版社，2014．

[7]　倪丽萍，蒋欣，郭享波，等．城市地下空间信息基础平台建设与管理[M]．上海：同济大学出版，2018．

[8]　住房和城乡建设部．城市地下空间规划标准：GB/T 51358—2019[S]．北京：中国计划出版社，2019．

# 13  地下工程数字孪生技术新进展

张洋[1]，杨磊[1]，严佳佳[2]，邱卉[3]

(1. 中国电建集团华东勘测设计研究院有限公司，浙江 杭州 311100；2. 浙江省智慧轨道交通工程技术研究中心，浙江 杭州 311120；3. 浙江浙峰云智科技有限公司，浙江 杭州 310000)

## 13.1  概述

近年来，随着社会经济发展与城市化进程加快，我国正经历着世界历史上规模最大、速度最快的城镇化进程。城市地下空间开发利用是我国近年来城市建设的热点，建设速度之快、规模之大，史无前例[1]。城市轨道交通、高速铁路、高速公路、地下管廊等工程迅猛推进，基础设施建设规模跨越式发展，给岩土工程提出了更高要求，催生精细化管理的需求，促进信息化建设，推动数据量爆发式增长。大型岩土工程具有投资规模大、建设周期长、风险性高、隐蔽性强、施工环境复杂等特点，传统项目管理模式和技术手段难以满足现代岩土工程信息化发展的需求，造成数据孤立化、信息孤岛化、模型多元化、应用离散化等突出问题，迫切需要研究和利用新的信息技术，推动智慧建造，提升管理水平[2]。

以云计算、大数据、物联网、人工智能、区块链、数字孪生为代表的新一代信息技术推动新一轮产业变革突破了过去由于算力性能不足、网络通信带宽传输效率低下、数据采集识别成本过高的种种瓶颈限制，人类正在进入一个以数字化为中心的全新阶段。数字孪生技术是实现信息物理融合的有效手段，通过数据和模型双驱动，构建虚拟模型反映真实物理世界中实体的全生命周期状态，实现全过程仿真、预测、监控和优化。为应对岩土工程面临的地质条件多样化和建设环境复杂化的挑战，满足勘察数字化、设计交互化、建造虚拟化、决策智能化、监控网络化、性能优越化的发展需求，迫切需要将数字孪生技术引入岩土工程领域。创建岩土工程数字孪生模型，建设虚实结合的数字孪生环境，发展岩土工程数字孪生核心技术体系，实现岩土工程数字化设计、协同化建造、动态化分析、可视化决策和透明化管理，有效提升岩土工程建设管理水平，深化岩土工程数字化转型升级，具有巨大的发展潜力和广阔的应用前景。

## 13.2  数字孪生技术发展现状

数字孪生技术的原理是将物理系统或产品的各个方面进行数字化，包括几何形态、材料属性、结构特征等，并利用多种计算机辅助设计和仿真技术，对数学模型进行求解，以实现对物理系统或产品的全过程仿真分析。

数字孪生起源于工业制造领域，随着三维建模、虚拟现实、计算仿真、物联网、大数据等关键技术的交叉融合而发展壮大。三维模型作为连接物理实体与虚拟实体的入口，是

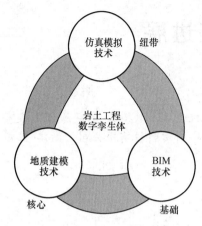

图 13.2-1 岩土工程数字孪生
关键技术支撑关系

建立数字孪生体的基础和关键所在。在岩土工程领域，三维地质建模技术运用地质统计学、空间分析和预测技术构建地质体空间模型，并进行地质解释。在建筑工程领域，BIM 是创建和使用三维建筑信息模型的数字化技术与工具，通过国际通用的、开放的数据标准 IFC，集成建筑工程项目的各类信息，构建三维数字化模型，应用于建筑规划设计、施工建造和运营管理的各个阶段，实现不同专业之间的协同作业[3,4]。BIM 技术在建筑工程行业的成功经验启发我们[5]：结合BIM 技术和三维地质建模技术，用于岩土工程数字孪生模型的构建，实现虚实空间协作运转（图 13.2-1），全面提升岩土工程信息的集成与共享水平，或许能够探索出一条岩土工程数字化建设的新路径，开拓出一种岩土工程信息化的创新性实践模式。

这种创新实践本质上是把肉眼可见的物理实体对象、不可见但客观存在的物理法则规律、可见的人类工程活动、工程活动相应的所有作业标准与管理规范，四大类对象及其内在关系进行数字孪生的映射仿真模拟（图 13.2-2），来实现对岩土工程更深一步的观察分析、理解掌控。

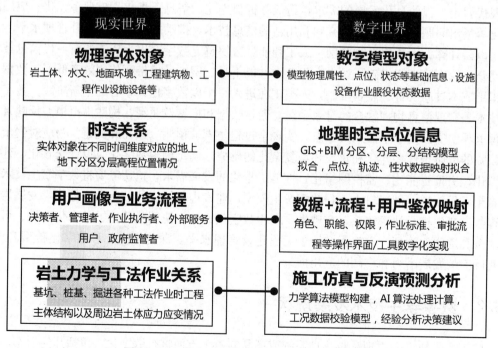

图 13.2-2 岩土工程仿真分析的关键对象与要素

数字孪生的发展历程可以分为三个阶段：

　　第一阶段：1960 年至 1990 年，数字孪生的雏形开始出现，主要用于工程建模和控制系统的设计。此阶段的数字孪生仍比较简单，主要用于辅助人们进行设计和测试。

　　第二阶段：2000 年至 2010 年，数字孪生逐渐发展为一种能够模拟物理实体运行的技术，并广泛应用于航空、能源、制造等领域。数字孪生的应用越来越广泛，成为重要的生产工具。NASA 在 2002 年推出了数字孪生概念，并在 2003 年首次在航天领域成功应用。

　　第三阶段：2010 年至今，随着数字技术的发展和智慧城市等新兴领域的崛起，数字孪生迎来了新的发展机遇。数字孪生的应用已经涵盖了许多领域，如城市规划、生态保护、智能交通等。欧洲也在数字孪生领域积极推动发展。2014 年，德国政府启动了"工业 4.0"战略，数字孪生技术被作为其中的关键领域之一。欧盟也将数字孪生技术作为其"数字化单一市场"的核心技术之一。

**1. 数字孪生**

　　1991 年，David Gelernter 出版的《镜像世界》（Mirror Worlds）中首次提出了数字孪生技术的理念。美国密歇根大学 Michael Grieves 博士于 2003 年将数字孪生概念首次应用于制造业并正式发布了数字孪生软件的概念[6]。最终，2010 年，美国国家航空航天局（NASA）的 John Vickers 引入了一个新名词"数字孪生"，2011 年左右逐渐进入人们视野，在航空航天领域崭露头角。美国航天局通过构建与真实飞行器一样的虚拟飞行器模型，利用传感器实现与飞行器实际情况完全同步，从而精确模拟和反映真实飞行器的飞行状态，辅助驾驶员做出正确决策[7,8]。在此基础上，美国空军研究室首次提出数字孪生的定义：数字孪生是充分利用物理模型、传感器更新、运行历史等数据，集成多学科、多物理量、多尺度、多概率的仿真过程，在虚拟空间中完成映射，从而反映相对应的实体装备的全生命周期过程。

　　随着工业 4.0 相关战略的不断出台，数字孪生技术得到各方的普遍关注[9]。近年来，达索、通用电气、西门子等工业巨头纷纷布局数字孪生业务，宣传和使用数字孪生技术[10]。英国国家基础设施委员会于 2017 年 11 月提出创建一个与国家基础设施相对应的数字孪生体，并于 2019 年 1 月启动。从 2016 年起，Garter 公司连续 4 年将数字孪生列为当年十大战略科技发展趋势之一[11]。目前数字孪生技术在产品设计[12]、智能制造[13]、医学分析[14]、工程建设[15]等多个领域得到广泛应用，大大推动了工业界的智能制造发展，促进了产业升级[16]。

　　国内对数字孪生的研究也取得了丰硕的成果，文献[17,18]提出了数字孪生五维模型，从物理实体、虚拟实体、服务、孪生数据及连接五个层面阐述了数字孪生模型的组成架构和应用准则。文献 [19] 结合数字孪生发展背景，提出了产品数字孪生体的内涵及体系结构，丰富了数字孪生技术的概念。我国 2020 年圆满完成任务的嫦娥五号也使用了数字孪生技术，通过对嫦娥五号航天器进行数字孪生仿真，加载遥测数据，实现航天器工作状态监测、多维遥测数据可视化分析等功能，助力科研工作者实时掌握月表采集情况。

　　在基础设施建设中，郑伟皓等[20]立足公路交通设施模型，提出了基于数字孪生的建模方案和一套标识编码方案；朱庆等[21]为了解决川藏铁路建设过程中的多源异构信息，制定了面向数字孪生川藏铁路的编码规则；Fan 等[22]提出了灾害数字孪生范式的设想；David 等[23]也设想利用数字孪生技术增强灾害管理水平。在新冠疫情期间，中南建筑设计院利用数字孪生技术规划和设计了闻名世界的武汉雷神山医院，助力医院快速建成和安全使用[24]。

综上所述，数字孪生是在新一代信息技术与制造业深度融合、推动制造业生产方式向数字化和智能化方向加速迈进的时代背景下诞生的，通过不断创新，逐步成为新一轮科技革命中各行各业，特别是制造业加快数字化转型的重要驱动力量。

数字孪生以数字化方式创建物理实体的虚拟模型，在虚拟空间中完成与真实世界的映射，构建平行世界，是一个对物理世界进行数字化解构、并在虚拟世界进行数字化重构的过程[14]。数字孪生以数据为纽带实现信息和物理系统的系统集成，以控制算法与模型为核心实现虚实体间的知识交互与迭代优化，因此数字孪生落地的关键是"数据＋模型"。模型是数字孪生的重要组成部分，是实现数字孪生功能的重要前提。

相对于制造业，岩土工程领域中的数字孪生技术研究还比较少；因此，结合岩土工程特点，引入数字孪生技术，聚焦岩土工程数字孪生模型的构建，推动岩土数字孪生体的专业化应用，探索新型岩土工程数字化建设路径和实践模式，还有大量的工作需要开展，更需要在理论上有所创新，技术上有所突破。

**2. 三维地质建模**

岩土工程既是建筑工程，又是地质工程。岩土工程中的三个核心要素是地质体、工程活动与工程结构体，三者交融共生，相依相存，相克相制，相互作用，相互影响。地质体既是岩土工程结构体的载体，又是岩土工程施工活动改造的对象；工程结构体对地质体进行补强加固和支撑保护；工程结构体与地质体共同承载并制约影响后续相关岩土工程行为。岩土工程信息化的发展与三维地质建模技术的发展相辅相成，岩土工程中的三维地质建模技术的发展促进了岩土工程信息化，岩土工程信息化日益增长的需求推动着三维地质建模技术的进步[25]。

1993年，加拿大学者Houlding最早提出了三维地质建模的概念[26]。法国Mallet教授建立了离散光滑插值（Discrete Smooth Interpolation，DSI）方法[27]，推动了三维地质建模的发展。随着三维地质建模方法及计算机技术的发展，很多公司研发了三维地质建模商业软件，如法国公司在DSI算法基础上推出的地质建模软件GOCAD[28]，澳大利亚公司研发的大型采矿工程软件Surpac Vision[29]等。

国内岩土工程中的三维地质建模技术虽然起步较晚，但近些年也得到了迅猛发展。陈昌彦等[30]提出了局部间断拟合函数，实现工程地质结构及边坡工程开挖的三维模拟和再现；文献［31，32］提出多层数字高程模型（Digital Elevation Model，DEM）建模方法，搭建了三维地质建模系统；文献［33，34］研发了基于三角网和交叉剖面的多种建模方法和系统；钟登华等[35]采用混合数据结构实现了地形类、地层类、断层类、界限类4类地质对象的拟合构造与几何建模，研发了针对水利水电工程的建模与分析系统；陈麒玉[36]提出了一种基于多点地质统计学的三维地质建模方法；郭甲腾等[37]发展了基于机器学习的隐式三维地质建模方法；杜子纯等[38]建立了一种基于地层沉积顺序的统一地层序列方法，进行城市三维地质建模；冉祥金[39]基于CGAN神经网络，提升了区域三维地质建模的智能化水平；李明超等[40]提出了基于NURBS的参数化地质建模方法；李建[41]等建立了多源数据融合的规则体元分裂三维地质建模方法；梁栋[42]引入贝叶斯和Copula等不确定性分析方法，提高了三维地质模型的精确度。

然而，现有岩土工程中的三维地质模型更多应用于可视化，不能和岩土工程结构模型进行深入融合和有机协作，难以发挥三维地质模型的作用；更加没有考虑具体岩土工程作业活动、岩土工程结构体与岩土体性状模态的相互影响；因此，基于数字孪生理念，考虑三维地质体与工程作业以及工程结构体的特点，深化理论认知水平，探索几何拓扑一致的数据模型，设计数据融合共享机制，发展三维地质体与工程结构体的自洽整合算法，实现岩土工程耦联体的数据联动、模型协动、虚实互动，构建岩土数字孪生体的系统底层架构和基础数据体系，是岩土数字孪生模型研究中亟待解决的理论问题。

**3. BIM 技术**

BIM 是一种创新理念与方法，自提出以来已席卷全球工程建设行业，引发工程建设领域的第二次数字革命，推动建筑相关行业转型升级[43,44]。美国国家建筑信息建模标准给出了 BIM 的定义：BIM 是设施物理和功能特征的数字表示，是一种共享的知识资源，用于提供有关设施的信息，为其生命周期内的决策提供可靠的基础[45]。

国外在研究和应用 BIM 技术方面起步较早，美国、日本、新加坡及欧洲等国家和地区的 BIM 技术应用比较广泛。BIM 进入中国后，逐步得到了建筑领域的关注，政府和行业协会对 BIM 的研究和应用也十分重视。2020 年住房和城乡建设部、国家发展改革委、科技部等 13 部门联合印发了《关于推动智能建造与建筑工业化协同发展的指导意见》，要求在建造全过程加大 BIM 等新技术的集成与创新应用，提升建筑工业信息化水平[46]。

BIM 技术以三维数字技术为基础，构建数据化、智能化建筑信息模型，应用于工程的全生命周期[47]，有效实现各专业之间的协同设计和各工种之间的协同作业[48-50]，提高工作效率[51]，降低施工风险[52]，在建筑工程领域已经得到了广泛的应用并取得了巨大的成功。近年来，BIM 技术在隧道工程、基坑工程、水电工程等岩土工程相关行业中也得到了应用（表 13.2-1），有效促进了岩土工程信息化的发展。

BIM 技术在地下结构体与地质体中的应用 表 13.2-1

| 工程领域 | 地下结构体 | 地质体 |
| --- | --- | --- |
| 隧道工程 | 文献 [53-56, 58, 68] | 文献 [64-65] |
| 基坑工程 | 文献 [59] | 文献 [65] |
| 水电工程 | 文献 [60] | 文献 [68] |
| 交通工程 | 文献 [61-62] | 文献 [69] |

在隧道工程方面，Cho 等[53]针对新奥尔良法隧道，基于参数化建模方法，提出了标准化全断面隧道 BIM 族库的构建方法；李晓军等[54]提出了山岭隧道结构 BIM 多尺度建模与自适应拼接方法，并利用 Revit 软件建立了隧道结构标准段与特殊段参数化模型单元；钟宇等[55,56]、Christian 等[57]、刘曹宇[58]利用 BIM 技术进行了参数化建模，构建了盾构隧道模型。在基坑工程方面，郭柯兰等[59]结合神经网络模型和 BIM 模型，识别基坑工程风险因素，对基坑工程进行风险量化研究。在水电工程方面，谭尧升等[60]基于 BIM 技术建立了水电工程边坡施工全过程信息模型，以白鹤滩水电站为例实现了数字化管控。在其他与岩土工程相关工程中，BIM 技术也得到了应用[61,62]。

针对岩土工程中的地质体，一些学者也尝试利用 BIM 技术进行三维地质建模[63,64]。Zivec 和 Zib-ert[65]采用 BIM 建模技术为隧道项目创建三维地质模型，基于该模型进行了地质结构推断、岩体描述和调查规划；饶嘉谊等[66]基于 Revit 软件二次开发，利用钻孔数据构建三维岩土体模型；钱睿[67]依托 Civil 3D 软件进行二次开发，构建煤层三维地质模型；钱骅等[68]在 CATIA 软件的基础上，利用 VB 编程开发了适用于水利水电行业的三维地质建模平台；苏小宁[69]基于 CATIA 软件构建了公路隧道三维地质模型。

综上所述，BIM 技术广泛应用于建筑行业，在岩土工程中也快速发展，应用于构建岩土工程结构模型或者地质模型，但地质模型和结构模型的组织方式和构建方法存在显著差异，BIM 技术尚难以构建复杂地质体模型。总体而言，虽然在高层建筑工程方面，BIM 技术取得了令人瞩目的成绩，但在岩土工程方面，难以真正实现复杂地质体和工程结构体的一体化集成，亟待开展针对性的研究。因此，将 BIM 技术真正落地于岩土工程，基于几何拓扑一致的底层数据模型，融合工程结构体和复杂地质体，研发两者协同共享的岩土工程耦联体建模技术，构建与物理实体孪生并行、精准映射的 BIM 模型，形成岩土数字孪生体的建模方法体系，是迫切需要突破的技术瓶颈。

**4. 仿真模拟**

在岩土工程中，通常会利用 ABAQUS, ANSYS, PLAXIS 和 FLAC 3D 等数值模拟软件构建计算模型，对隧道[70]、边坡[71]、路基[72]等工程进行力学计算，分析复杂岩土体和工程结构体的相互作用机制与变形演化规律，评价工程安全性和稳定性。近年来，随着 BIM 技术在岩土工程中的逐步应用，学者们开始关注 BIM 模型和数值计算模型的转换与融合问题。

封大为[73]分析了 REVIT 软件和 ANSYS 软件的特点，利用 REVIT API 接口开发程序进行 Revit 与 ANSYS 之间的数据转换，实现 BIM 结构模型可计算；宋杰等[74]、刘彦凯[75]基于 Revit 软件，将 BIM 模型信息和力学参数提取出来转换为 ANSYS ADPL 命令流，进行力学计算。王玄玄等[76]提取 BIM 模型中的几何尺寸和材料参数等数据，自动对模型进行网格划分，生成 INP 文件，打通了 Revit 与 ABAQUS 之间的数据壁垒。文献[77-79]基于 IFC 标准提取 BIM 结构模型信息，研发了基于 BIM 的统一数据转换平台，实现了 BIM 模型数据向有限元（FEM）分析模型的转换。LAI 等[80]打造了基于 IFC 标准的数据交换平台，将 BIM 结构模型信息转换成对应数值分析软件的数据模型。上述研究推动了 BIM 模型进行数值计算与力学分析的发展，但仅针对 BIM 结构模型，对于岩土工程而言，地质模型是不可或缺的一部分。

Fabozzi 等[81]采用 Bentley 系列软件分别构建了隧道结构模型和三维地质模型，通过 CAD 文件格式导入 PLAXIS 有限元软件，划分网格后进行数值计算。Alsahly 等[82]探讨了 BIM-FEM 的工作流程，将地质模型和隧道结构模型转换成 ACIS 数据格式，导入有限元软件中进行网格划分和力学分析。Ninic 等[83]结合多级仿真的概念，研究了 BIM 模型到仿真计算软件的流程。姚翔川等[84]利用 Revit 构建地质模型和结构模型，将其转换成 ANSYS 及 FLAC 计算模型，在 ANSYS 中划分网格后导入 FLAC 3D 进行计算。

以上研究在岩土工程数值模拟和力学分析中虽然考虑了基于 BIM 技术构建的工程结构模型和地质模型，但从模型的精细程度和两种模型的融合程度而言，难以达到大规模精细化的岩土工程计算要求，尤其是对于施工过程中出现的地质动态变化引起的设计变更问题，尚缺乏有效的数值模型更新和计算网格划分手段，难以满足岩土工程数字化设计和动态化反馈分析的需求。因此，基于 BIM 技术定制岩土工程耦联体模型，考虑数值分析的计算网格要求，研发确保地质体和结构体模型拓扑一致性的计算网格剖分方法，是拓展岩土数字孪生体数值计算功能的关键所在。

## 13.3 城市地下工程数字孪生技术创新应用情况

### 13.3.1 勘察设计期的应用

#### 1. 趋势与现状

工程地质勘察是城市地下工程建设的基础工作，它的影响力涵盖了建设工程的整个生命周期，包括规划、设计、建造和运营。目前国内在工程地质勘察阶段的数字化平台应用多集中在勘察数据采集，数据存储等数据处理的初级阶段。基于岩土体规律实现工程地质勘察数据的可视化表达，并结合 BIM 技术运用在建设工程的地质勘察中是目前工程勘察阶段的重点发展方向。

目前的设计阶段广泛应用信息化设计工具，但数字化应用仍受限于设计工具所提供的正向设计内容实现阶段。在不同的设计内容之间，专业之间的信息沟通存在时效性和完整性的不足。此外，设计意图的理解和表达也存在不充分的情况。因此，设计的结果不能够完全有效地应用于建设工程全生命周期中。

为了有效解决勘察设计中存在的问题，迫切需要在勘察阶段和设计过程中应用数字可视化技术，并通过数字孪生技术将不同的设计专业连接起来，以提高勘察设计的效果。

在建设工程勘察设计中，通过整合 BIM 的正向设计过程和数字孪生技术，结合地质勘察模型，形成具备各专业特点的建设勘察设计数字孪生应用，已成为当前阶段的主要发展方向。

在城市地下工程领域的勘察设计阶段，数字化应用技术尚处于起步阶段。目前国内城市地下工程领域的勘察设计阶段在数字化应用方面的完整案例还比较少，仍然需要探索基础数据构建和适用场景，与集成应用和形成项目级、企业级、行业级的系统应用解决方案还有一定的距离。因此，我们需要以实际项目为背景，积极探索适合城市地下工程领域的数字化应用场景，为城市地下工程建设增值。

在城市地下工程建设的勘察设计过程中，通常涉及重点周边控制因素，其中敏感建（构）筑物的保护是一个常见的难点和重要问题。敏感建（构）筑物对于施工扰动更加敏感，相关规范对其要求也更为严格，监管部门也高度重视。因此，在保护敏感建（构）筑物方面，利用数字化管理手段至关重要。传统的场地分析存在一些问题，如定量分析不足、主观因素过重、无法处理大量数据信息等。通过在勘察阶段应用地质勘察模型及 BIM 技术，可以帮助项目评估场地的使用条件和特点，从而在规划阶段做出最理想的场地规划、交通流线组织关系、建筑布局等关键决策。

在勘察设计中传统管线的迁改方案综合设计依赖于 CAD 平台，分专业完成，在管线密集区域诸如燃气管道、城市地下光缆、雨污水管道，受场地条件所限需多次迁改，设计过程复杂，各产权单位协调工作繁复，经常出现管线迁改作业滞后，造成整体工期延误，所以在勘察设计期结合数字孪生技术创建实时三维动态模型，为后期工程管理带来了便利。

在勘察设计阶段从设计成果的展示到设计成果数字化移交给施工单位，包括碰撞检查、深化设计、管线综合、二次结构洞口预留以及未来施工阶段的基于 4D 或 5D 的施工管理都能通过数字孪生的设计展示平台获益；从大型复杂项目到一般项目，从以前的兑现甲方承诺、技术展示、解决项目中的难题，到现在的项目全流程管理工具结合工程施工项目经验，数字孪生的设计展示平台都提供了直观的解决方案，辅助设计方和建设方能够针对具体问题采取相应措施，解决工程难题并带来实际效益。

勘察设计期现状如下：

现阶段地质勘察的数字孪生系统主要实现的功能包括：采用钻探勘察、地表勘察获取岩土体信息，形成基于地质 BIM 模型的数字孪生辅助分析系统。重点构建风险与隐患库，把风险源属性以及触发因子与隐患管理措施进行具体直观建模建库，为后续设计与施工方案深化提供安全专项管理的相关依据，从而辅助设计人员进行风险预测。

通过实际勘察数据、空中摄影测量收集的数据，将地形地貌数据进行分析处理，对周边建（构）筑物的现状进行勘查，包括结构、功能、建造年代、损伤情况等，形成数字孪生的地表模型，评估工程实施过程对周边建（构）筑物、城市交通等的影响，为危大建（构）筑物监控、加固、拆除和交通导改规划等提供技术支持，降低工程建设的风险。

对建筑勘察区域内的地下管线进行调查和研究，包括自来水、燃气、电力、通信等管线，在设计阶段建立数字孪生管线实时三维动态模型用于实现管线迁改的方案比选呈现，可以大大提高面向所属业主单位与监管部门的解释说明效果，辅助各参建方精准高效管理管线迁改工作。

**2. 勘察期的应用**

1）地表地貌勘察应用案例

以杭州某市政地下排水深隧工程为例，工程建设方成功建立了一套系统完整的应用服务，覆盖了工程的三个阶段。其中，在勘察阶段，通过整合 BIM＋GIS 技术，实现了勘察数据的数字孪生，并借助边缘云计算技术深度服务于深隧工程的建设要点。达到了简洁而直观地显示地质条件、工法难点和风险管控要点的管控效果，构建了项目级的"数字孪生"智慧工程建造管理系统，如图 13.3-1 所示。

图 13.3-1　智慧工程建造管理系统

在智慧工程建造管理系统的实施中，通过应用GIS影像和高精度倾斜摄影技术，成功再现了工程的勘察地形地貌情况，实现了工程地表涉及的地貌数据的可视化数字呈现，如图13.3-2所示。

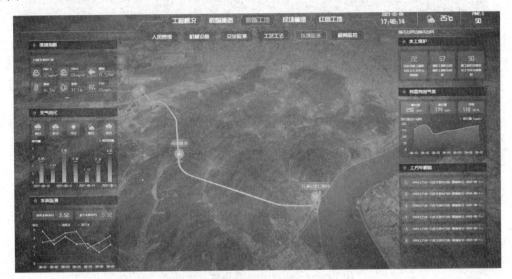

图13.3-2　地貌数据的可视化数字呈现

同时，借助数字孪生平台，该地貌情况还可与工程区域的环境和气象等实时动态监测数据相结合，为各参建单位提供了整体设计的综合展示和整合，如图13.3-3所示。

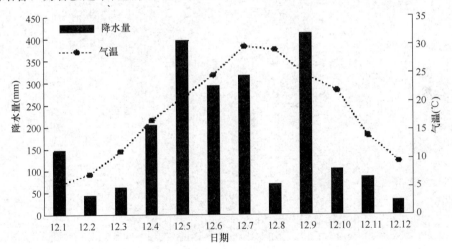

图13.3-3　环境和气象实时动态监测数据

2）地质岩土勘察应用案例

在智慧工程建造管理系统中，可以通过数字孪生系统实现地质勘察期数据汇集，形成数据库，通过数字孪生模型在各个阶段进行地质信息（图13.3-4，图13.3-5）和构筑物信息（图13.3-6）展示，为后续设计提供参考，帮助规避工程风险，并提供运维回顾的演示依据。

3）地下管线勘察应用案例

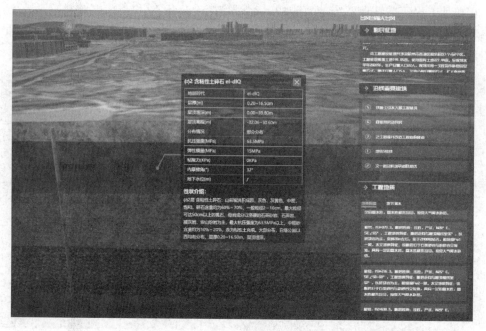

图 13.3-4　数字孪生-地质信息展示一

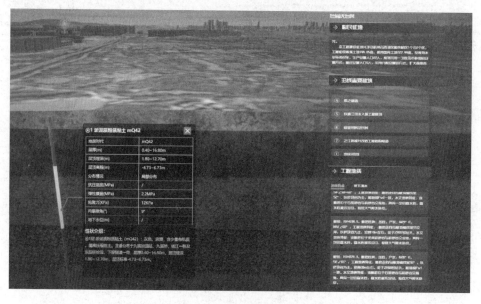

图 13.3-5　数字孪生-地质信息展示二

　　以管线探测数据为基础，通过数字孪生技术，将"不可见"的地下管线的排布、走向以可视化的方式呈现出来，如图 13.3-7 所示。

　　图 13.3-8、图 13.3-9 为某地下三维管线管理系统，该系统是基于数字孪生平台开发的一个专门针对三维地下综合管线的管理系统软件，结合地理信息系统（GIS）技术、数据库技术和三维技术，直观显示地下管线的空间层次和位置，以仿真方式形象展现地下管线的埋深、材质、形状、走向以及与周边环境的关系。与以往的管线平面图相比，极大地

图 13.3-6　数字孪生-构筑物信息展示

图 13.3-7　数字孪生-管线分布展示

方便了排管、工井等占用情况与位置等信息的查找，帮助用户以标准化的方式对综合管线进行管理，并提供丰富强大的各类查询、统计和辅助分析等功能。为今后地下管线资源的统筹利用和科学布局、管线迁改占用审批等工作提供了准确、直观、高效的参考。

**3. 设计期的应用**

以基坑为例，设计期可以结合设计过程的图纸，勘察阶段的地质 3D 模型，对基坑设计中的地质概述、结构设计、力学计算、施工方法、周边环境及风险源情况等以数字孪生的方式进行融合展示，方便设计单位准确直观阐述工程的设计理念及思路，提高整个工程方案的决策效率。

设计期的数字孪生应用主要包括：

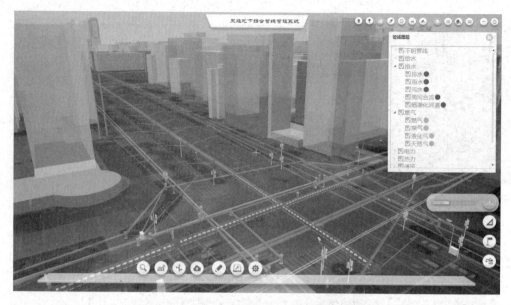

图 13.3-8　地下三维管线管理系统-管线排布示意图

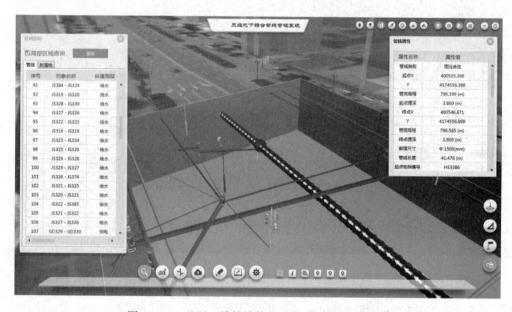

图 13.3-9　地下三维管线管理系统-管线属性示意图

（1）数据采集和处理。在设计期，需要对基坑场地的各种数据进行采集和处理，如地形图、地质资料、岩土参数等。这些数据将作为数字孪生技术建模和仿真的基础。

（2）模型构建。根据采集和处理后的数据，将其导入数字孪生技术的建模平台，构建出基坑场地的精确数字模型。建模过程中需要考虑基坑的位置、深度、土层结构、支撑体系等因素。

（3）构建施工过程模型。基于数字模型，通过数字孪生技术的仿真平台，模拟基坑工程的施工过程，包括开挖、架撑、回填等环节，以及施工期间的变化情况。

（4）进行仿真分析。基于施工过程模型，数字孪生技术可以进行各种分析和模拟，如模拟基坑悬挑、地下水涌流等情况，并帮助工程师评估施工过程中的风险和安全问题。

1）基于数字孪生的设计仿真应用案例

以杭州某地铁工程项目为例，在设计环节，采用数字孪生系统，将地勘报告中的关键数据融合进地质3D模型中，使整个模型包含项目现场所有需要关注的细节，包括地形、地上建筑、地下管线和地下水等信息。

在将项目现场情况以数字化形式"孪生仿真"出来并将设计单位的设计方案（例：基坑围护结构模型）可视化后，我们能够模拟出设计方案实施后对整个工程地质以及周边环境的影响，通过模型融合与数据融合的方式将方案可视化呈现，使得各参建方能够清楚了解到设计方案的实施对施工区域及周边环境的影响。

图13.3-10展示了通过数字孪生模型导入勘察阶段的地形地貌，用于设计概况的数字孪生展示。

图13.3-11通过数字孪生模型展示了管线布置的详细情况，此结果可供设计方作为设

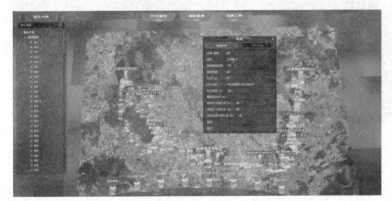

图 13.3-10　地形导入

图 13.3-11　管线布置

计依据，以针对施工区域内管线做出针对性的设计方案，更进一步的，当针对管线情况做出不同方案时，通过数字孪生技术，我们可将多种管线迁改方案具象化呈现，将复杂的设计方案以更直观的形式展示，方便设计方将设计思路呈现出来，辅助建设方决策。

图13.3-12通过数字孪生模型对基坑设计中相关的周边重点风险源进行了3D数字孪生展示。

图 13.3-12    周边重点风险源 3D 数字孪生展示

2）基坑设计方案比选展示应用案例

方案比选：数字孪生技术可以对不同方案进行数字仿真，评估其在不同工况下的性能。在数字孪生系统中，工程师可以修改参数和变量，直观地了解不同方案对工程的影响，以此进行最终的方案决策，如图 13.3-13 所示。

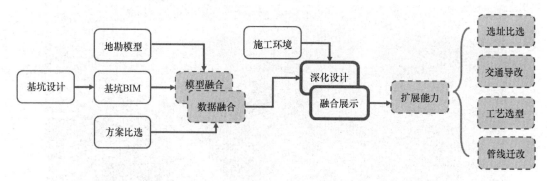

图 13.3-13    方案比选

交通导改：数字孪生技术可以模拟交通导改设计方案，比较不同方案的交通流、停车、转向等情况，从而选择最优方案。数字孪生技术中的交通仿真可以模拟现实中的交通情况，并且可以根据实际数据对仿真进行验证和改进，提高方案比选的准确度和可靠性，如图 13.3-14 所示。

图 13.3-14  交通导改

深化设计：数字孪生技术可以将基坑的建设过程和车站的运行过程进行数字化建模，通过虚拟仿真来模拟基坑不同阶段的施工和运行情况。在这个过程中，工程师可以从中观察和优化设计，解决并预防潜在的问题。

通过上述数字孪生技术，设计方案可以以可视化方式呈现。这种呈现方式能够辅助决策方进行方案比选，将原本晦涩庞杂的设计文件直观展示，并将各个需要考虑的因素（管线、地下水、周边建筑）全部呈现，使得决策方能够更加清晰明了获取各个方案的优劣。

进一步地，在设计方案交付实施阶段，数字孪生技术能够利用实际的项目现场基坑监测数据来建立力学模型（图 13.3-15），以分析基坑后续施工过程的受力及变形情况。通过实测模型反演（图 13.3-16），利用云计算的庞大计算能力，我们可以无限逼近真实物理世界，获取更精确的工程物理力学参数。这一过程能够辅助设计单位制定更加深入的基坑设计方案，从而提高工程的施工效率和安全性。

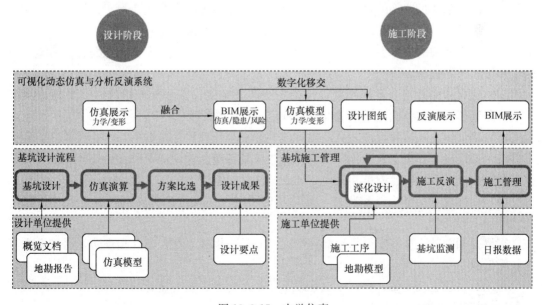

图 13.3-15  力学仿真

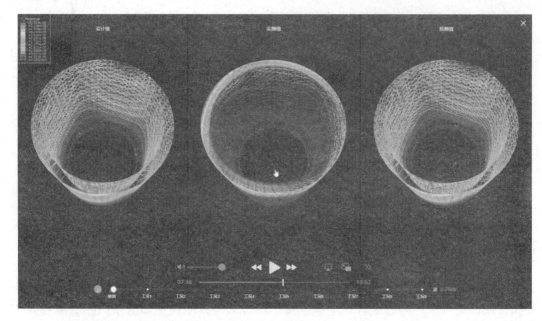

图 13.3-16　施工反演

## 13. 3. 2　施工期的应用

**1. 数字孪生技术在施工安全管理方面的应用案例**

以某城市地下工程施工期的安全管理为例，安全管理包括了基坑施工的安全监测管理，盾构等施工的安全监测管理，以及周边敏感构筑物安全的地保文保应用。这些典型的数字孪生应用都通过统一的数字孪生平台以工程管理为核心整合在一起。

传统情况下，基坑工程的安全管理主要通过以下方面来实现：

（1）制定详细的工作方案，包括工程设计方案、安全施工方案、应急处置预案等，确保工作按照计划进行。

（2）建立和完善安全管理制度，包括安全责任制度、安全操作规程、安全检查制度等，确保管理人员和作业人员都能够按照规定进行工作。

（3）培训作业人员和管理人员，提高他们的安全意识和操作水平。作业人员应了解和掌握安全操作规程和应急处置预案，管理人员应具备安全管理知识和管理技能。设置警示标志和警戒线，提示作业人员和其他工作人员注意安全。

（4）加强现场安全检查和监督，及时发现和纠正违规行为和安全隐患，及时采取措施，确保工程安全。

需要强调的是，这些安全管理措施绝大部分是采用纯人工去监督和预防，这种方式往往较为低效。

采用数字孪生技术后，我们可以在以下几个部分看到较为显著的提升：

1）风险源可视化

数字孪生技术可以通过数学建模、仿真运行等手段，对地下工程中的风险源进行实时动态监测、跟踪和分析，包括风险源的位置、状态、趋势、影响因素等。通过数据可视化的方式，将复杂的信息简化并呈现给管理人员和现场工人，使其能够更加直观地了解风险，更好地制定相应的防范和控制措施。同时，数字孪生技术还能对实施防范和控制措施的进展情况进行推送、跟踪和呈现，实现全过程的管控，提高管理效率和精度。

图 13.3-17 是为某市政地下排水深隧工程运用数字孪生技术做的一个"工程建设管理平台"系统大屏，图中展示的是现场管理-危险源模块的界面，通过对现场区域危险源划分，使项目重点区域风险源可视化。

图 13.3-17　某市政地下排水深隧工程-风险源

2）变形控制

（1）施工变形控制

地下工程在施工过程中，不可避免地会产生各类变形，如果变形超过了设计给定的限值，则极易对工程的安全性带来重大的影响。数字孪生技术的应用可以通过对地下结构、土体和工程机械等进行数学建模、仿真运行等，利用实时监测的各项变形数据，实现对后续变形的预测，为工程的安全管理保驾护航。此外，数字孪生技术还可以对变形的"过程"进行模拟和重构，对施工过程中的各种变形因素进行深入分析和研究，帮助管理人员制定更加科学和精准的防范和控制策略。

图 13.3-18 和图 13.3-19 为数字孪生平台中数智工地-安全监测的模块，通过各项监测设备接入平台，实现在平台内"数字孪生工地"进行各项变形数据的实时监测，并且能够追溯各个测点全生命周期的数据，保障施工过程中各节点的安全，实现变形控制。

图 13.3-20 和图 13.3-21 是采用数字孪生技术为某河流综合治理工程开发的"智能化基坑安全监测系统"-监测管理模块，该模块主要承担的功能是：通过现场物联监测设备采集各结构施工过程中变形数据并接入平台监测管理模块，将数据清洗后生成数据表单，通过预设的规则实现对超出阈值的异常数据进行风险预警，通过这种方式，使得参建各方能够全面、及时、高效地掌握施工现场的结构变形情况。

（2）周边建筑及文物变形控制

通过数字孪生技术可以对工程周边地理环境进行全面的三维建模、仿真分析，帮助设

图 13.3-18　某市政地下排水深隧工程-变形监测

图 13.3-19　某市政地下排水深隧工程-变形监测数据展示

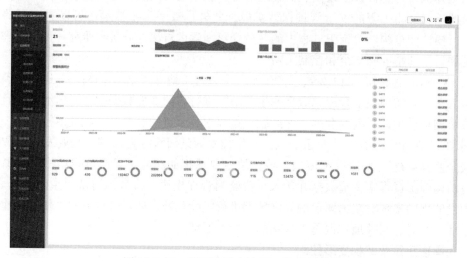

图 13.3-20　某河流综合治理工程-监测统计

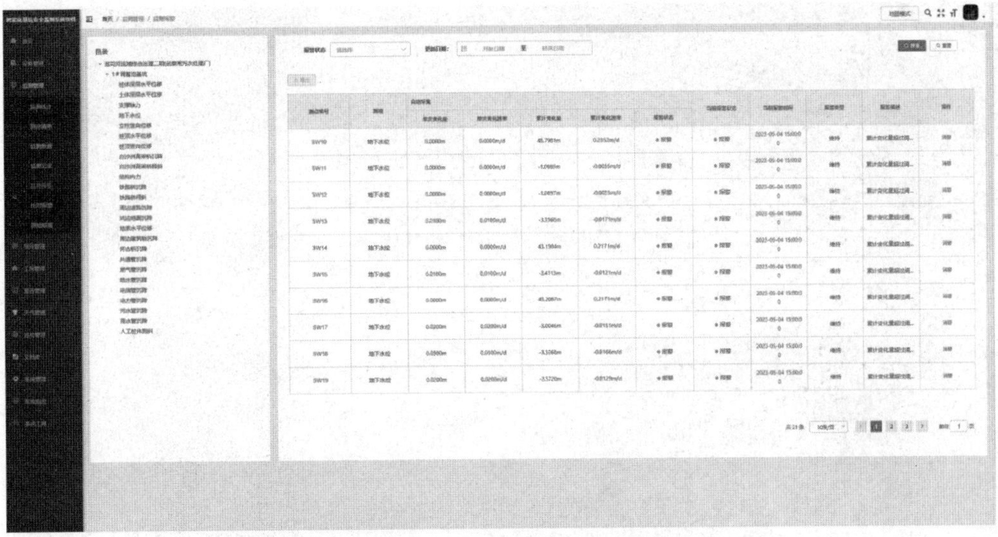

图 13.3-21 某河流综合治理工程-变形监测报警信息

计人员深入了解地形地貌、地下水文等自然条件，更好地掌握工程施工条件。基于这个前提，数字孪生技术可以提高地保文保的监测与管控能力。在设计及施工期，数字孪生技术可以通过精细的模型展示各保护建筑（文物）的位置，辅助设计方更好地针对保护物进行设计，并且能够直观将设计方案实施时对保护物的影响模拟展示出来，交付施工时，通过实时数据获取、数字化模拟、虚拟实验等手段对施工过程中的地质灾害风险进行动态监测和预警，及时发现并采取措施，更好地保护工程安全和周围环境的文化、历史等遗址资产。

图 13.3-22～图 13.3-27 为杭州某大型综合管廊建设工程数字孪生系统，该平台以基

图 13.3-22 三维交互式实时和动态模型映射联动显示 1

图 13.3-23　三维交互式实时和动态模型映射联动显示 2

图 13.3-24　三维交互式实时和动态模型映射联动显示 3

图 13.3-25 结合 GIS＋BIM＋全景摄影，实现三维交互式实时和动态模型映射联动显示

图 13.3-26 建筑物监测综合分析

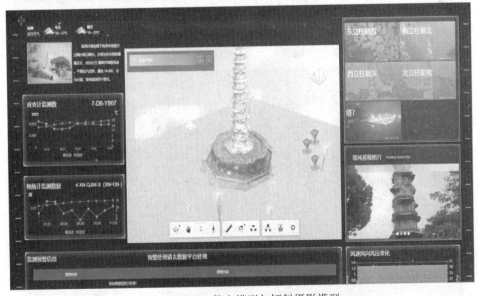

图 13.3-27 数字模型与倾斜摄影模型

坑施工管理、盾构施工管理和周边敏感构建物管理三大应用场景为核心，借助三维可视化、信息集成化的优势，辅助决策，打通设计与施工阶段的信息传递与存储，为施工阶段提供周边建筑安全管理的可视化数据及应用支撑。

通过对保护建筑的数字孪生建模，结合物理监测设备同步到数字孪生管理平台，实现对保护建筑各项监测数值的实施监测，保障施工过程中周边保护建筑结构安全。

借助三维数字孪生的场景，通过关联进度信息数据，可以实现基于三维可视化的动态进度信息的展示，一目了然地了解现场的进度情况；同时进度信息、质量信息、参数信息的录入有助于数字资产的建设；同时结合全域地质模型与剖切工具，可以同步直观地动态查看周边与地下地质情况。

图 13.3-28 为地上地下一体化相关信息分析的数字孪生展示。

图 13.3-28　地上地下一体化分析

图 13.3-29 为数字孪生的文保管理模块，可实现在三维模型中标出各地保（文保）单

图 13.3-29　某盾构工程-文保管理模块

位，结合盾构施工实时进度展示，当盾构设备运行到接近保护单位时，能够辅助提醒管理方提高对施工安全的管控，避免施工过程中对地保（文保）单位造成破坏。

3）风险控制

数字孪生技术可以通过对地下工程场地的数学建模、仿真运行等，对潜在的风险因素进行有效的识别、分析、评估和控制，为工程的安全施工提供有力保障。

作为数字孪生应用的安全管理模块的配套系统，图 13.3-30～图 13.3-32 展示了数智建造-安全管理模块风险管控子模块的界面，能够对项目内各工区风险案件进行统计和展示，结合"智慧建管系统"的功能可将现场风险同步到智慧建管系统内，通过记录单一风险案件的风险因子，后端实时记录并展示该案件风险等级，实现影响因子的呈现，使得风险事件能够尽早暴露、动态控制、及时整改，使得各风险能够有效控制，保障施工安全。

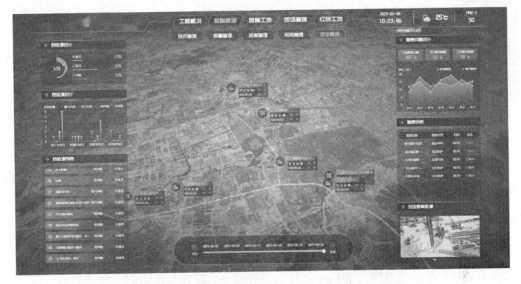

图 13.3-30　某市政地下排水深隧工程大屏-安全管理风险统计

图 13.3-31　某市政地下排水深隧工程大屏-安全管理风险表单展示

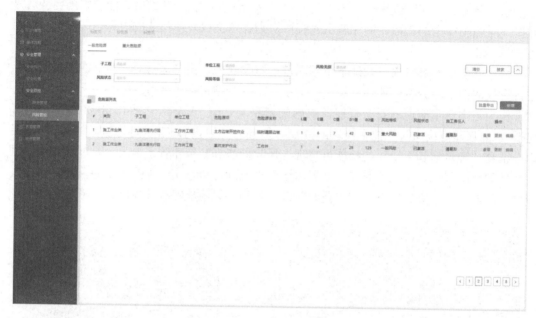

图 13.3-32　某市政地下排水深隧工程建设管理平台-安全管理，风险管控

4）实时决策支持

数字孪生技术可以将施工现场的数据进行统计和展示，同时可以借助内置的"风险数据库"辅助做好风险的提前预防、及时发现工作，帮助管理人员制定更加科学、实用、有效的决策，并根据实时数据进行调整和优化，从而提高决策的准确性和精度。

图 13.3-33 是采用数字孪生技术为某河流综合治理工程开发的"智能化基坑安全监测系统"-风险源管理模块，通过该模块可实现对风险源库风险源事件的管理，针对现场实施过程中可能产生的风险事件实现定制化，实现现场风险项精准聚焦、快速整改。

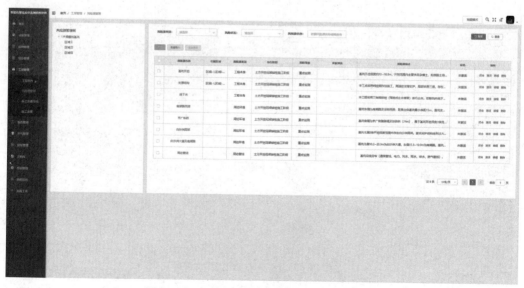

图 13.3-33　某河流综合治理工程-风险源管理

综上所述，数字孪生技术在施工过程中的安全管理的应用，可以带来以下好处：

首先，数字孪生技术可以帮助参建单位对施工过程中隐蔽性强直观感知力弱的风险源以及变化趋势进行快速精准的管控。通过对施工过程中可能发生的各种不确定因素进行建模和仿真，参建单位可以在施工前就预测可能存在的问题，采取有效措施进行处理，从而减少风险并降低施工事故的发生率。

其次，数字孪生技术可以在施工过程中快速精准地分析实测变形数据，通过数字孪生模拟可以预测基坑后续变形情况，辅助参建单位对施工方案进行动态调整，使得施工过程更加安全、顺畅。

因此，数字孪生技术在城市地下工程行业中的应用，不仅在风险管控和变形控制方面具有独特的优势，且能够帮助管理人员实现对施工安全方面的全过程全面管控，显著提高工作效率，为城市地下工程领域数字化转型提供了典型的范例。在未来，数字孪生技术的应用范围和深度将得到不断拓展和提升，数字孪生技术的应用也将推动城市地下工程行业向智能化、数字化方向发展，提高效率、降低成本、减少风险，为城市地下工程的管理范式带来全新的变革。

**2. 数字孪生技术在施工进度管理方面的应用案例**

1）进度可视化

数字孪生技术可以通过在数字孪生模型中嵌入实时施工进度数据，实现施工现场的实时可视化，精确地展示施工过程中的进度，并通过数字孪生模型的角度和距离控制功能，使得管理人员可以从不同视角、不同距离观察施工进度，更加全面、准确地了解工程的进展情况，如图 13.3-34 所示。

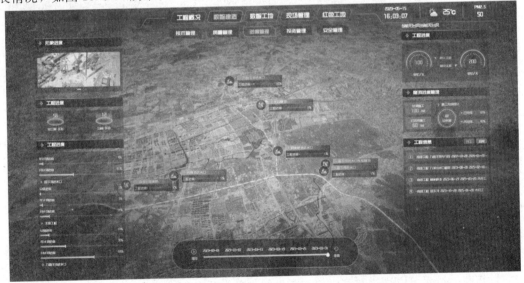

图 13.3-34　某市政地下排水深隧工程-进度管理总览

图 13.3-35～图 13.3-38 是工程数字孪生平台关于进度管理模块的相关界面，通过数字孪生系统，我们能够做到统计并查看数字孪生平台内各"数字化"工点施工进度，实现对施工进度的合理管控，同时配合视频摄像装置，实现在数字平台内实时查看施工现场施工情况的功能，用虚实结合的"视频融合"技术，将现场视频监控抓取的施工画面实况融

合进数字孪生平台现场模型内，实现"施工进度可视化"。

图 13.3-35　某市政地下排水深隧工程大屏-进度管理工点模型展示

图 13.3-36　某市政地下排水深隧工程大屏-进度管理数字模型进度展示

2）施工进度管理

数字孪生技术可以通过对实时施工进度数据的分析和对比，实现对纵向和横向延伸的进度管控，捕捉并及时分析施工进度变化，帮助管理人员及时发现和处理延期、超前等问题，从而实现精细化管理。

图 13.3-39 是某河流综合治理工程"智能化基坑安全监测系统"-施工进度管理模块，该模块的主要功能是收集和展示各工区分部分项工程的进度统计数据，并且能够联动预设的施工进度节点，做到施工进度的延期预警，便于管理方对项目进度整体做到更好的把控。

图 13.3-37 某市政地下排水深隧工程大屏-现场管理监控视频

图 13.3-38 某市政地下排水深隧工程大屏-视频虚实融合技术

图 13.3-40～图 13.3-42 是杭州某管廊及道路提升工程研发的 BIM 建设管理平台-进度管理模块，通过计划进度与实际进度的统计与展示，当施工进度滞后于计划进度时，能够给到管理方及时的提醒，辅助管理方合理管控施工进度。

3) 投资进度管理

投资进度的统计和分析：数字孪生技术建立的模型可以统计和分析项目的投资进度，并可辅助对投资节奏进行优化和调整，以保证投资的效益最大化。

优化管理效率：数字孪生技术可以对项目执行情况进行监测和数据分析，快速发现问题并进行调整，提高项目管理效率和质量。

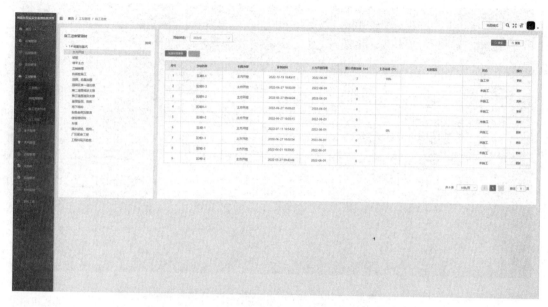

图 13.3-39　某河流综合治理工程-施工进度管理

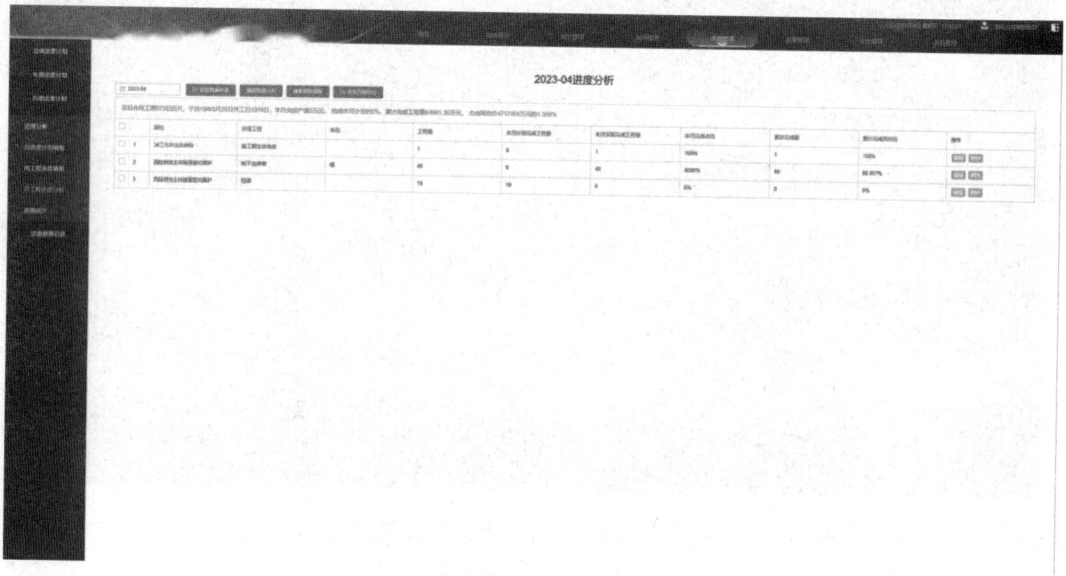

图 13.3-40　杭州某管廊及道路提升工程-施工进度管理-月工程进度分析

决策支持：数字孪生技术可以为项目参建各方提供科学的决策支持，通过实时数据和统计分析来指导投资决策和项目交付决策。

以杭州某市政地下排水深隧工程为例，通过数字孪生平台的数智建造-投资管理模块（图 13.3-43），能够将工程各工区、各阶段的投资情况清晰展示出来，此外，随着智慧建管系统投资管理模块的定制化开发，还能够实现投资金额使用情况的透明展示、成本追溯，确保每一笔款项使用链路清晰完整。

图 13.3-41　杭州某管廊及道路提升工程-施工进度管理-月进度计划

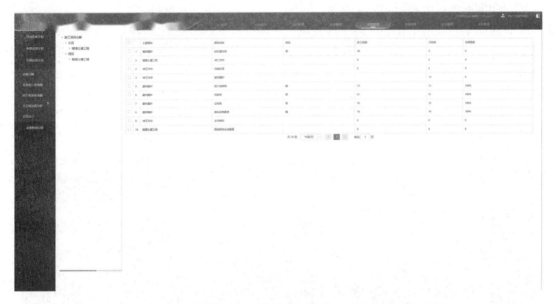

图 13.3-42　杭州某管廊及道路提升工程-施工进度管理-进度统计

**3. 数字孪生技术在施工期质量管理方面的应用案例**

模拟和分析施工过程和变化：正如上述关于数字孪生在施工过程进度管理方面的应用，数字孪生技术可以建立一个虚拟的"双胞胎"模型，用于模拟地下工程施工的各个阶段和变化过程。在施工中，可以将实际施工过程与虚拟模型进行对比和分析，以确定潜在的问题和隐患，并及时进行干预调整实现优化。

数字孪生技术能够帮助及时发现和解决问题：在安全管理部分，数字孪生技术可以对施工现场进行实时监测和各类工况数据的采集（文本、图表、自然语义、视频图像等），

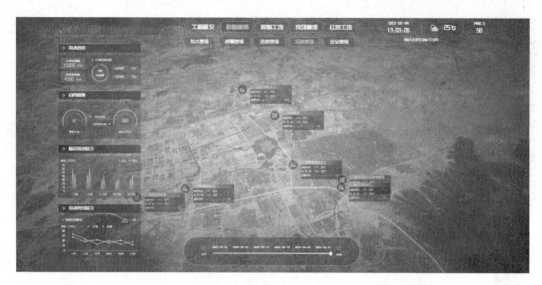

图 13.3-43 某市政地下排水深隧工程大屏-投资管理

通过数据统计、分析和处理,及时发现潜在问题和异常情况,并及时采取措施加以解决,从而避免问题的扩大和影响施工质量。

以杭州某市政地下排水深隧工程为例,在进行地下盾构施工作业时,管理方很难直观看到地下设备施工作业场景,采用数字孪生技术,将盾构机的实时坐标进行数据采集,在模型中实时定位盾构机位置,同时可以同步查看地上周边环境以及地下实时断面地质情况;动态采集管片安装的进度数据,基于 BIM 模型编码同步实现管片安装进度信息的联动,实时动态反映盾构掘进状态,使得管理方能够清晰看到设备运行各项数据,判断此当下设备施工质量是否符合质量标准,如图 13.3-44、图 13.3-45 所示。

图 13.3-44 某市政地下排水深隧工程-盾构 TBM 管理模块示意图

图 13.3-45  某市政地下排水深隧工程-盾构 TBM 定位、进度示意图

图 13.3-46、图 13.3-47 是杭州某市政地下排水深隧工程智慧建管系统-质量管理模块示意图，通过对质量问题的收集与统计，将其与整改环节结合，实现质量问题的"发现-整改-审核"闭环，实现对整个工程质量的全过程的管控。

图 13.3-46  某市政地下排水深隧工程建设管理平台-质量管理总览

图 13.3-48 和图 13.3-49 是 BIM 建设管理平台-质量整改模块，该模块承担的主要功能是：集中展示并统计质量整改问题，做到质量问题的全过程追踪，辅助提升现场人员对施工质量问题的管控能力。

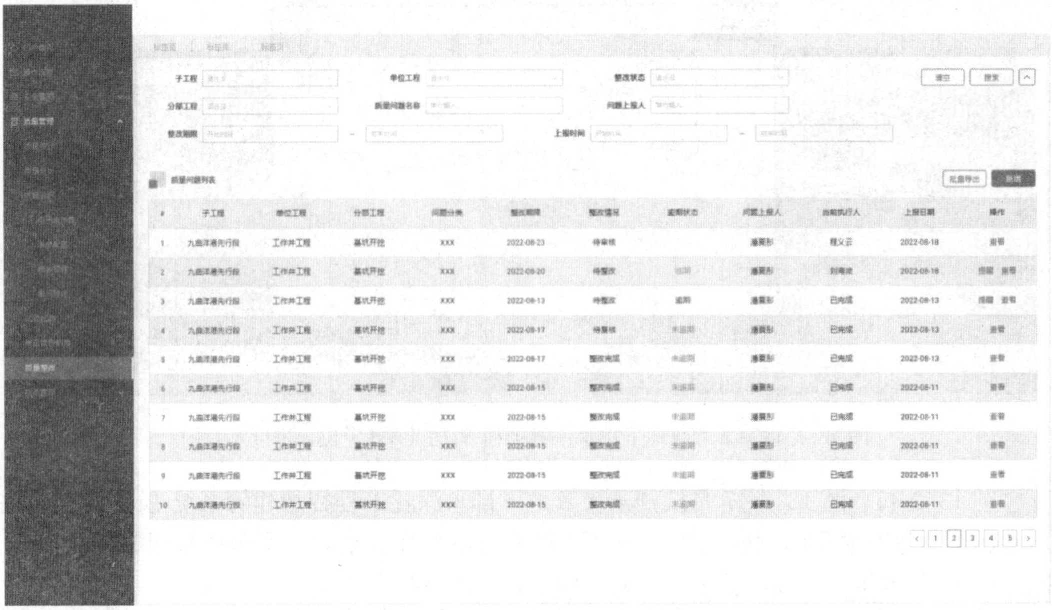

图 13.3-47　某市政地下排水深隧工程建设管理平台-质量整改模块

图 13.3-48　杭州某管廊及道路提升工程-质量整改模块-质量问题列表

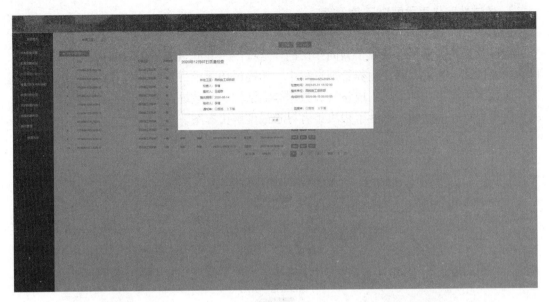

图 13.3-49 杭州某管廊及道路提升工程-质量整改模块-质量问题详情

图 13.3-50 为温州某海塘项目的桩基管理系统示意图，通过现场的物联网设备，可以接入现场实时桩基设备参数，同时接入仿真演算基础数据，通过数据转换、数据清洗、数据融合，建立底层数据库，并通过分布式协同架构，在 web 端页面进行综合展示，供施工管理人员实时查询，赋能现场管理。

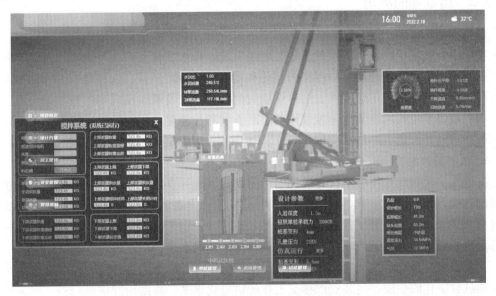

图 13.3-50 温州某海塘项目的桩基管理系统示意图

通过在以上方面有效应用数字孪生技术，施工管理方能够实现对工程质量的精细管理。借助数字孪生技术对施工过程进行实时控制和深入分析，能够显著提升施工的准确性和可靠性，从而确保地下工程的质量。

**4. 通过数字化手段解决三角平衡**

如图 13.3-51 所示，在工程实际运行管理中，总是会经历各种各样的矛盾和问题，每个工程场景都是由多种复杂因子共同作用的，这些因子共同组成了工程的边界条件，在工程的勘察设计、施工管理、运养管理过程中，始终经历寻求最优解的过程。

而数字化作为一种信息集成整合、数据全面清洗、参数综合分析的工具，可以有效解决目前工程存在的问题，赋能工程决策者寻求最佳解决方案。

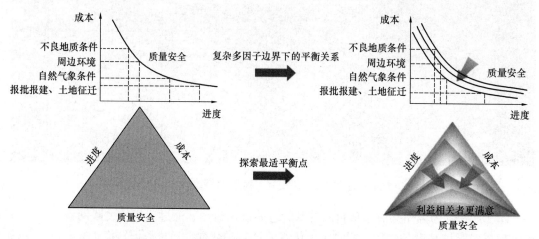

图 13.3-51　数字化工具辅助用户寻找三角平衡最优解

## 13.3.3　运维期的应用

以城市地铁隧道工程为例，传统的地铁隧道维护方式主要依靠人工定期巡视检测。在人工定期巡视检测中，地铁隧道的管道、轨道系统、排水系统和照明系统等均需要定期进行巡视检测，以及时发现运营中存在的问题和潜在的风险。然而，这种维护方式存在人工成本高、维护效率低、工作量大、巡检作业时间窗口短以及难以实现实时监测等问题。

随着数字孪生技术在隧道运维领域的不断发展和智能化应用的推进，隧道维护方式会更加智能自动化，以下是典型应用场景。

**1. 数字资产移交**

工程数字化移交系统是项目建设期与运营期过渡的一个重要方面。做好信息的互通与数据的打通，结合轨道工程的实际情况，进行模型和设备的数字信息的移交，实现基于 BIM 模型的设备信息配置、录入与管理，支持对于 BIM 模型进行管理。同时可实现对于设备信息的录入、查看、检索，以模型和表单的形式对于设备信息进行管理。

工程数字化移交系统分为属性配置、设备信息录入、设备信息管理、模型管理四大部分，通过数字化的手段，提高资产移交工作的信息化水平，协助做好信息归档工作，建立资产移交系统，并且将资产移交工作与 BIM 模型关联起来，提高资产移交工作的直观性与便捷性（图 13.3-52）。

**2. 日常病害巡查**

通过对隧道进行数字孪生建模，将整个地下隧道空间转移到数字孪生平台中，通过巡检机器人根据地铁保护专项方案按节点日常巡查，拍照记录，上传巡查影像资料、巡查报

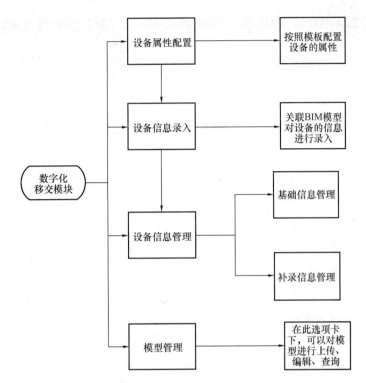

图 13.3-52　资产移交框架图

告等，并进行人工辅助定期巡检。同时，将病害问题映射到隧道模型上，并将病害数据同步到后台管理系统中。系统内置线路巡查常见问题与措施，在病害整改完毕后通过后台数据流转完成问题整改闭环。这样可以有效管理病害巡查信息，大大降低人工参与程度，同时提高病害整改效率。

以某交通隧道运维的数字孪生系统管理平台为例，隧道日常维护采用机器人巡视和清洁地铁隧道，同时拍摄并记录隧道问题完成"问诊"，通过隧道医院分类型"诊断"，结合专家建议给出解决方案，以便于隧道养护单位采取更加方便快捷的保养维护方式，大大提高维护效率和安全性。

图 13.3-53 是"某隧道运维监测管理数字孪生系统"的统计面板，通过机器人巡检并拍摄病害照片，在系统内生成病害记录，由专业人员"诊断"病害原因并给出整治措施，后期，能够通过数字孪生系统将整段隧道"孪生"到平台内，结合物联设备监测并将病害投射到"隧道数字孪生模型"上，这样就能够实现对隧道病害的"及时发现、精准定位"，从而提高隧道运营维护效率。

**3. 设施健康管理**

通过数字孪生系统管理平台，可实现地铁设施现状及沿线地质信息管理：

（1）线路文件。全线网线路、车站附属结构、电缆管线及区间结构各类图纸及文件报告。

（2）线路初始状态记录。线路、车站、附属结构、电缆管线及区间结构健康现状（隧道三维扫描数据、裂缝调查报告及探伤等信息）。

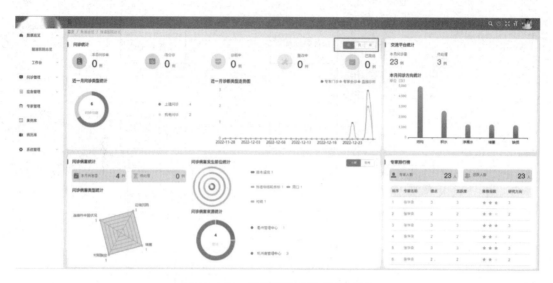

图 13.3-53　隧道医院系统-统计面板

（3）长期运营监测数据管理：根据现场采集的数据搭建地铁运营设施长期监测数据库。

（4）病害及整治记录。隧道内部掉块、漏水等结构病害信息，及病害整治工作进行记录，包括掉块、漏水、裂缝等的处理，及钢环加固注浆整治。

（5）对轨交沿线钻孔信息、岩土参数、勘察报告等信息进行管理，可以对各个区域岩土参数等进行查询。包含对已有环缝识别算法、病害算法的优化。隧道状态评估包含综合信息、变形监测、结构检测、病害整治、文档资料等。

以下以某地铁运维一体化管理平台为例，图 13.3-54～图 13.3-56 是地铁运维一体化

图 13.3-54　地铁运维一体化管理平台设备管理界面

管理平台设备管理相关子界面，通过车站站内设备数据接口采集信息并接入数字孪生系统管理平台，实时掌控站内设备工作状态及异常信息，并可快速定位故障设备。

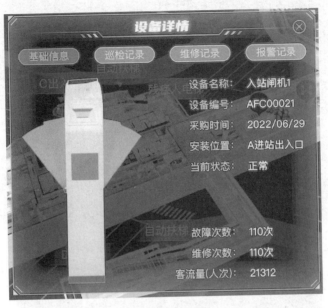

图 13.3-55　地铁运维一体化管理平台设备详情界面

图 13.3-56　地铁运维一体化管理平台设备故障告警界面

　　进一步的，通过将设备报警事件与触发因子的结合，可实现对设备异常状态做出实时报警，并可快速定位设备故障原因，图 13.3-57、图 13.3-58 是地铁运维一体化管理平台报警中心子模块界面，通过报警管理界面实时查看当前故障设备信息，快速定位故障设备位置及故障因子。

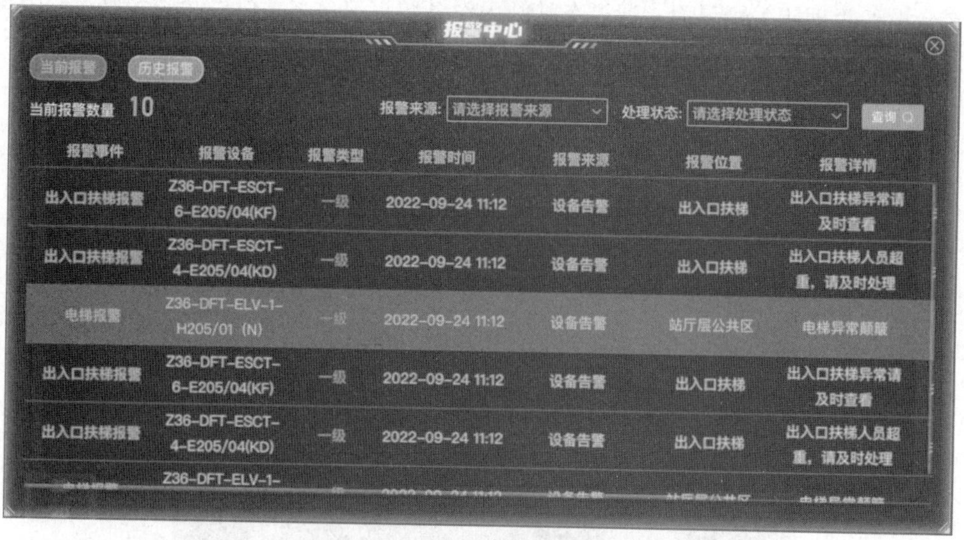

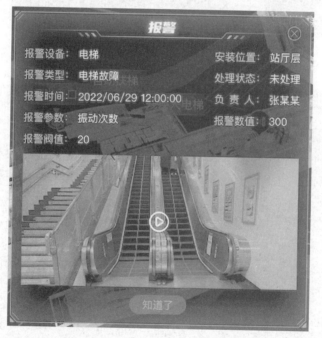

图 13.3-57　地铁运维一体化管理平台报警中心界面

图 13.3-58　地铁运维一体化管理平台报警详情界面

### 4. 运营安全管控

通过在数字孪生平台后端预留科技助防智能 AI 监控识别电子围栏、感应式光纤、基于定位式装置的电子围栏系统接口的方式，实现对隧道日常运营期间的异常管控，当隧道出现非法侵入或未知阻挡时，可立即在数字孪生模型上投射异常点位及异常状态，配合平台接入的物联监控设备，可实现快速查看异常点位的现场实时情况功能，相较于传统的"人工发现异常-通知运维管理部门-运维管理专员查看-做出整改"方式，采用数字孪生技术能够大大提高运维安全管控效率。

**5. 建管养一体化提升经济效益**

地下工程主体结构的健康服役状态主要受工程施工质量以及周边地质条件和地面环境的影响，地下工程在建设期进行数字孪生系统建设能真实积累下工程施工质量所有相关数据，以及勘察设计阶段的地质水文数据与周边地面环境数据，可以通过一个数字孪生平台实现相关数据的无缝迁移，用于运营期对地下工程建筑的主体结构进行针对性预防性的养护，延长建筑物的服役寿命，优化服役性能状态。

如图13.3-59所示，为某项目建管养一体化的系统截图，本系统融合可视化数据模型，将桩基管理设计参数、施工数据以及运维数据有机结合起来，实现数据的全过程贯通传递，实现信息互通融合。

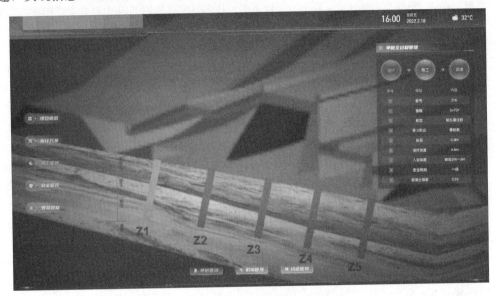

图13.3-59　某工程桩基建管养一体化管理页面

# 13.4　总结与展望

迄今为止的研究成果和技术积累为岩土工程数字孪生技术的发展奠定了良好基础，为解决岩土工程数字信息化集成度不高、多源异构数据融合困难、信息模型应用不够深入、系统计算通信性能低加载速度慢功能效果使用体验差、岩土工程全生命周期信息化管理平台缺乏等问题提供了技术储备和科技支撑。

经过多年的数据积累和技术积累，城市地下空间数字化建设内容正在由可视化向可实用、可持续方向发展，整合各类已有城市地下空间数据资源，并通过数字化支撑政府管理和社会运维成为未来的发展方向。

数据的更新机制是未来数字化建设关注的重点。通过结合当前已有的工程建设项目审批系统、BIM模型、CIM平台和数字化交付等手段，建立互动机制成为实现地下空间数据常态化更新的主要途径，通过更新来保障数字底板的质量和生命力。

未来，基于当前研究中存在的问题和不足，结合城市地下工程数字孪生技术的实际需求，需要进行创新性理论探索，攻克关键技术瓶颈，聚焦城市地下工程数字孪生模型的构建，发展基于物联网的城市地下工程实时监测和数据融合技术，提升设计施工协同仿真计算能力，推动城市地下工程数字孪生模型的专业化应用，推进城市地下工程的数字化和智能化建设进程。相信在不久的将来，数字孪生关键技术一定会取得重大突破，并且在城市地下工程领域的应用取得更大的发展。

# 参考文献

[1] 钱七虎.中国城市地下空间开发利用的现状评价和前景展望[J].民防苑，2006(S1)：1-5.

[2] 陈健，盛谦，陈国良，吴佳明.岩土工程数字孪生技术研究进展[J].华中科技大学学报（自然科版），2022，50(08)：79-88.

[3] Volk R，Stengel J，Schultmann F. Corrigendum to "Building Information Modeling（BIM）for existing buildings—Literature review and future needs"[J]. Automation in Construction，2014，43(5)：109-127.

[4] Costin A，Adibfar A，Hu H，et al. Building Information Modeling（BIM）for transportation infrastructure—Literature review, applications, challenges, and recommendations[J]. Automation in Construction，2018，94(OCT.)：257-281.

[5] Huang M，Ninic J，Zhang Q. BIM, machine learning and computer vision techniques in underground construction：Current status and future perspectives[J]. Tunnelling and Underground Space Technology，2021，108：103677.

[6] M Grieves，J Vickers. Digital Twin：Mitigating Unpredictable, Undesirable Emergent Behavior in Complex Systems[J]. Zeitschrift für wirtschaftlichenFabrikbetrieb，2020，115(s1)：3-6.

[7] Tuegel E J，Ingraffea A R，Eason T G，et al. Reengineering Aircraft Structural Life Prediction Using a Digital Twin[J]. International Journal of Aerospace Engineering，2011，1687-5966.

[8] Glaessgen E，Stargel D. The Digital Twin Paradigm for Future NASA and U. S. Air Force Vehicles[C]// Aiaa/asme/asce/ahs/asc Structures, Structural Dynamics & Materials Conference Aiaa/asme/ahs Adaptive Structures Conference Aiaa. 2012.

[9] Fei，Tao，Jiangfeng，et al. Digital twin-driven product design, manufacturing and service with big data[J]. The International Journal of Advanced Manufacturing Technology，2018，94（9-12）：3563-3576.

[10] 中国信息通信研究院.工业数字孪生白皮书[EB/OL].[2021-12-06].

[11] 黄培.数字孪生在制造业的应用[J].中国工业和信息化，2020(7)：7.

[12] Tao F，Sui F，Liu A，et al. Digital twin-driven product design framework[J]. Taylor & Francis，2019(12).

[13] 李浩，王昊琪，刘根，等.工业数字孪生系统的概念，系统结构与运行模式[J].计算机集成制造系统，2021，27(12)：18.

[14] 胡天亮，连宪辉，马嵩华.数字孪生诊疗系统的研究[J].生物医学工程研究，2021，40(1)：7.

[15] 郑伟皓，周星宇，吴虹坪，等.基于三维 GIS 技术的公路交通数字孪生系统[J].计算机集成制造系统，2020，26(1)：12.

[16] 陶飞，刘蔚然，刘检华，等.数字孪生及其应用探索[J].计算机集成制造系统，2018，24(1)：18.

[17] 陶飞，刘蔚然，张萌.数字孪生五维模型及十大领域应用[J].计算机集成制造系统，2019，v.25；No. 249(01)：5-22.

[18] 陶飞，张贺，戚庆林，等．数字孪生模型构建理论及应用[J]．计算机集成制造系统，2021，27(1)：15.

[19] 庄存波，刘检华，熊辉，等．产品数字孪生体的内涵、体系结构及其发展趋势[J]．计算机集成制造系统，2017，23(4)：16.

[20] 郑伟皓，周星宇，吴虹坪，等．基于三维 GIS 技术的公路交通数字孪生系统[J]．计算机集成制造系统，2020，26(1)：12.

[21] 朱庆，朱军，黄华平，等．实景三维空间信息平台与数字孪生川藏铁路[J]．高速铁路技术，2020，11(2)：8.

[22] Chao F A，Cheng Z A，Ay B，et al. Disaster City Digital Twin：A vision for integrating artificial and human intelligence for disaster management[J]. International Journal of Information Management，2019，56.

[23] Ford D N，Wolf C M. Smart cities with digital twin systems for disaster management[J]. Journal of management in engineering，2020，36(4)：04020027.

[24] 范华冰，李文滔，魏欣，等．数字孪生医院——雷神山医院 BIM 技术应用与思考[J]．华中建筑，2020，38(4)：4.

[25] 白世伟，贺怀建，王纯祥．三维地层信息系统和岩土工程信息化[J]．华中科技大学学报：城市科学版，2002，19(001)：23-26.

[26] Christian J T. 3D geoscience modeling：Computer techniques for geological characterization[J]. Earth-Science Reviews，1996，40( 3-4)：299-301.

[27] Mallet J L. Discrete smooth interpolation in geometric modelling[J]. Computer-Aided Design，1992，24( 4)：178-191.

[28] B A Z A，C S F，A Z S，et al. 3D reconstruction of complex geological bodies：Examples from the Alps[J]. Computers & Geosciences，2009，35( 1)：49-69.

[29] Zhou-quan Luo，Cheng-yuXie，Ji-ming Zhou，et al. Numerical analysis of stability for mined-out area in multi-field coupling[J]. Journal of Central South University，2015.

[30] 陈昌彦，张菊明，杜永廉，等．边坡工程地质信息的三维可视化及其在三峡船闸边坡工程中的应用[J]．岩土工程学报，1998，20(4)：6.

[31] 王笑海．基于三维拓扑格网结构的 GIS 地层模型研究[J]．岩石力学与工程学报，2016，19(1)：000023-23.

[32] 陈健．三维地层信息系统的建模与分析研究[D]．武汉：中国科学院武汉岩土力学研究所，2001.

[33] 朱良峰，孙建中，张成娟．沉积地层系统三维实体模型构建方法[J]．岩土力学，2012，33(11)：8.

[34] 陈国良，刘修国，盛谦，等．一种基于交叉剖面的地质模型构建方法[J]．岩土力学，2011，32(008)：2409-2415.

[35] 钟登华，李明超，王刚，等．水利水电工程三维数字地形建模与分析[J]．中国工程科学，2005，7(7)：65-70.

[36] 陈麒玉．基于多点地质统计学的三维地质体随机建模方法研究[D]．武汉：中国地质大学(武汉)，2018.

[37] 郭甲腾，刘寅贺，韩英夫，王徐磊．基于机器学习的钻孔数据隐式三维地质建模方法[J]．东北大学学报(自然科学版)，2019，40(09)：1337-1342.

[38] 杜子纯，刘镇，明伟华，王向东，周翠英．城市级三维地质建模的统一地层序列方法[J]．岩土力学，2019，40(S1)：259-266.

[39] 冉祥金．区域三维地质建模方法与建模系统研究[D]．长春：吉林大学，2020.

[40] 李明超，白硕，孔锐，等．工程尺度地质结构三维参数化建模方法[J]．岩石力学与工程学报，

2020，39(S1)：2848-2858.

[41] 李健，刘沛溶，梁转信，等．多源数据融合的规则体元分裂三维地质建模方法[J]．岩土力学，2021，42(04)：1170-1177.

[42] 梁栋．三维地质模型不确定性分析方法研究[D]．北京：中国地质大学，2021.

[43] 张洋．基于 BIM 的建筑工程信息集成与管理研究[D]．北京：清华大学，2009.

[44] 林良帆，邓雪原．BIM 数据存储标准与集成管理研究现状[J]．土木建筑工程信息技术，2013，5(3)：14-19+36.

[45] NBIMS-US．National BIM Standard-United States Version 3[R]．Hertfordshire：BuildingSMART Alliance，2015.

[46] 中华人民共和国住房和城乡建设部．住房和城乡建设部等部门关于推动智能建造与建筑工业化协同发展的指导意见[EB/OL]．[2020-07-03]．Yen C I，Chen J H，Huang P F．The study of bim-based mrt structural inspection system[J]．2012.

[47] Yen C I，Chen J H，Huang P F．The study of bim-based mrt structural inspection system[C]．Proceedings of the 29th ISARC，Eindhoven，The Netherlands，2012.

[48] Marzouk M，Aty A A．Maintaining Subway Infrastructure Using BIM[C]// Construction Research Congress．2012：2320-2328.

[49] A. M. Shirolé，Chen S S，Puckett J A．Bridge information modeling for the life cycle：Progress and challenges[J]．Transportation Research E Circular，2008.

[50] Breunig M，Borrmann A，Rank E，et al．Collaborative multi-scale 3D city and infrastructure modeling and simulation[J]．ISPRS - International Archives of the Photogrammetry，Remote Sensing and Spatial Information Sciences，2017，XLII-4/W4：341-352.

[51] Shim C S，Yun N R，Song H H．Application of 3D Bridge Information Modeling to Design and Construction of Bridges[J]．Procedia Engineering，2011，14(none)：95-99.

[52] Huang S F，Chen C S，Dzeng R J．Design of Track Alignment Using Building Information Modeling[J]．Journal of Transportation Engineering，2011，137(11)：823-830.

[53] Cho D，Cho N S，Cho H，et al．Parametric modelling based approach for efficient quantity takeoff of NATM-Tunnels[C]// 29th International Symposium on Automation and Robotics in Construction；Held jointly with the 8th World Conference of the International Society for Gerontechnology．2012.

[54] 李晓军，田吟雪，唐立，等．山岭隧道结构 BIM 多尺度建模与自适应拼接方法及工程应用[J]．中国公路学报，2019，32(2)：126-134.

[55] 钟宇，陈健，陈国良，等．基于建筑信息模型技术的盾构隧道结构信息模型建模方法[J]．岩土力学，2018，39(5)：1867-1876.

[56] 钟宇，周少东，陈健，等．基于 IFC 标准的盾构隧道结构数据模型研究[J]．地下空间与工程学报，2017，13(S2)：613-622.

[57] Koch C，Vonthron A，Koenig M．A tunnel information modelling framework to support management，simulations and visualisations in mechanised tunnelling projects[J]．Automation in Construction，2017，83(nov.)：78-90.

[58] 刘曹宇．基于 Autodesk 及 Bentley 平台的地铁区间 BIM 技术应用研究[J]．铁道工程学报，2019，36(6)：91-96.

[59] 郭柯兰，陈帆．基于 BP 网络-BIM 模型的深基坑工程风险量化研究[J]．建筑经济，2020，41(9)：39-43.

[60] 谭尧升，陈文夫，郭增光，等．水电工程边坡施工全过程信息模型研究与应用[J]．清华大学学报

（自然科学版），2020，60（7）：566-574.

[61]　傅战工，郭衡，张锐，等．BIM 技术在常泰长江大桥主航道桥设计阶段的应用[J]．桥梁建设，2020，50（5）：90-95.

[62]　王建伟，高超，董是，等．道路基础设施数字化研究进展与展望[J]．中国公路学报，2020，33（11）：101-124.

[63]　刘为群．BIM 技术应用于数字铁路建设的实践与思考[J]．铁道学报，2019，41（3）：97-101.

[64]　陈国良，吴佳明，钟宇，等．基于 IFC 标准的三维地质模型扩展研究[J]．岩土力学，2020，41（8）：2821-2828.

[65]　IvecT，Ibert M．The 3D Geological Model of the Karavanke Tunnel，Using Leapfrog Geo[C]//ITA - AITES WTC 2016 The World Tunnel Congress．2016.

[66]　饶嘉谊，杨远丰．基于 BIM 的三维地质模型与桩长校核应用[J]．土木建筑工程信息技术，2017，9（3）：38-42.

[67]　钱睿．基于 BIM 的三维地质建模[D]．北京：中国地质大学（北京），2015.

[68]　钱骅，乔世范，许文龙，等．水利水电三维地质模型覆盖层建模技术研究[J]．岩土力学，2014，35（07）：2103-2108.

[69]　苏小宁，王野，韩旭，等．基于 CATIA 的三维地质建模及可视化应用研究[J]．人民长江，2015，46（19）：101-104.

[70]　任松，欧阳汛，姜德义，等．软硬互层隧道稳定性分析及初期支护优化[J]．华中科技大学学报（自然科学版），2017，45（7）：17-22.

[71]　杨文东，杨栋，谢全敏．基于云模型的边坡风险评估方法及其应用[J]．华中科技大学学报（自然科学版），2018，46（4）：30-34.

[72]　谢明星，郑俊杰，曹文昭，等．联合支挡结构中抗滑桩设计参数分析与优化[J]．华中科技大学学报（自然科学版），2019，47（7）：1-7.

[73]　封大为．BIM 模型与力学结构分析接口开发研究[D]．西安：长安大学，2019.

[74]　宋杰，张亚栋，王孟进，等．Revit 与 ANSYS 结构模型转换接口研究[J]．土木工程与管理学报，2016，33（01）：79-84.

[75]　刘彦凯．基于 Revit 与 ANSYS 的建筑信息模型数据转换研究[D]．西宁：青海大学，2019.

[76]　王玄玄，黄玉林，赵金城，等．Revit-Abaqus 模型转换接口的开发与应用[J]．上海交通大学学报，2020，54（2）：135-143.

[77]　Hu Z Z，Zhang X Y，Wang H W，et al．Improving interoperability between architectural and structural design models：An industry foundation classes-based approach with web-based tools[J]．Automation in Construction，2016：29-42.

[78]　Zhang X Y，Hu Z Z，Wang H W，et al．An Industry Foundation Classes (IFC) Web-Based Approach and Platform for Bi-Directional Conversion of Structural Analysis Models[J].

[79]　张晓洋，胡振中．面向结构有限元分析的模型转换方法研究[J]．工程力学，2017，34（6）：120-127.

[80]　Lai H，Deng X．Interoperability analysis of ifc-based data exchange between heterogeneous BIM software[J]．Journal of Civil Engineering and Management，2018，24(6-8)：537-555.

[81]　Fabozzi S，Biancardo S A，Veropalumbo R，et al．I-BIM based approach for geotechnical and numerical modelling of a conventional tunnel excavation[J]．Tunnelling and underground space technology，2021(Feb.)：108.

[82]　Alsahly A，Hegemann F，Knig M，et al．Integrated BIMto FEM approach in mechanised tunnelling[J]．Geomechanik und Tunnelbau，2020，13（2）：212-220.

［83］ Ninic J , Bui H G , Koch C , et al. Computationally Efficient Simulation in Urban Mechanized Tunneling Based on Multilevel BIM Models［J］. Journal of Computing in Civil Engineering，2019，33 （3）：04019007. 1-04019007. 17.

［84］ 姚翔川，郑俊杰，章荣军，等 . 岩土工程 BIM 建模与仿真计算一体化的程序实现［J］. 土木工程与管理学报，2018，35(5)：134-139.